W0376258

Física y Química

1

Enrique Andrés del Río
Jorge Yáñez González
David Saura López

Coordinador y asesor didáctico
Enrique Andrés del Río

Revisores técnicos
Pablo Sócrates Domínguez Lorenzo
José Javier Lozano Rodríguez

Revisor pedagógico
Santiago Jiménez Herranz

Mc Graw Hill

MADRID · BUENOS AIRES · CARACAS · GUATEMALA · LISBOA · MÉXICO · NUEVA YORK
PANAMÁ · SAN JUAN · BOGOTÁ · SÃO PAULO · AUCKLAND · HAMBURGO · LONDRES
MILÁN · MONTREAL · NUEVA DELHI · PARÍS · SAN FRANCISCO · SÍDNEY · SINGAPUR
SAINT LOUIS · TOKIO · TORONTO

Cómo se utiliza este libro

«La manera de transmitir el conocimiento: la base de nuestro proyecto»

Presentación de la unidad

Comenzamos con una exposición de los **contenidos** y con un **texto motivador** que te presenta la unidad y la acerca a tu entorno.

Antes de empezar te proponemos **El Reto: actividad de descubrimiento por experimentación** sobre un contenido que después tratarás en la unidad.

Atrévete a mirar te invita al autoconocimiento y a ser consciente de tu aprendizaje.

Desarrollo de contenidos y actividades final de epígrafe

Estudiar será divertido con este libro. Los textos se alternan con gráficos, infografías, dibujos y simulaciones que **estimulan tu inteligencia visual.** Aprenderás con ejemplos cotidianos que te ayudarán a entenderlo todo.

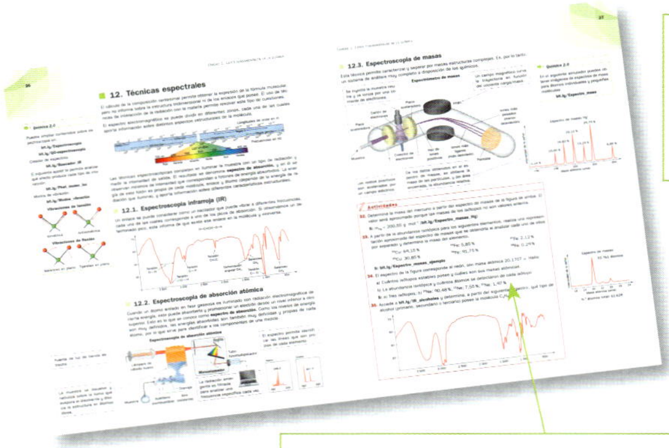

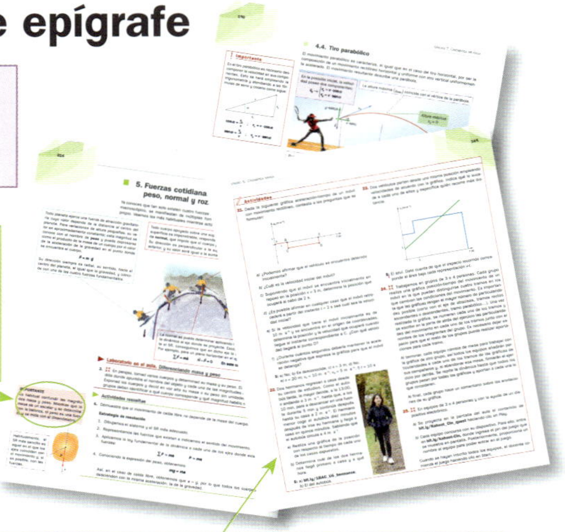

IMPORTANTE. Aclaraciones destinadas a evitar errores o confusiones habituales.

Todas las actividades con sus **soluciones incluidas.**

Páginas enteras llenas de **Actividades** tras los epígrafes.

También se incluyen **actividades EBAU** que puedes resolver en 1.° de Bachillerato.

Actividades resueltas

Guían al alumno porque tienen por objetivo **enseñar a resolver.**

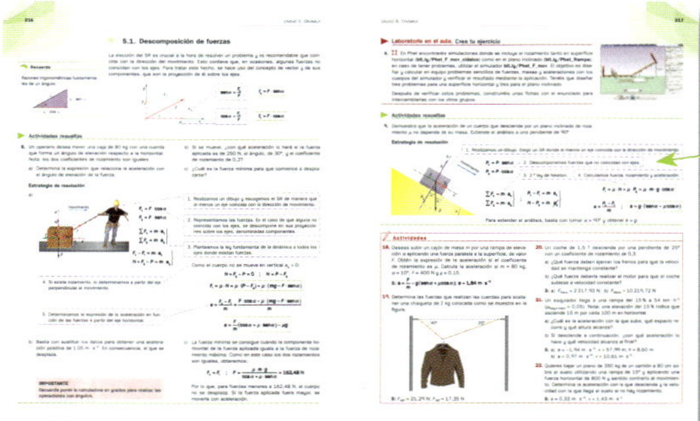

Con razonamientos que explican **el cómo y el porqué** de cada paso.

Cuando la materia lo permite, se introducen **simulaciones** con programas específicos o **entornos matemáticos adecuados,** que potencian tu capacidad de aprender, al tiempo que te preparan para un entorno cada vez más avanzado: **hojas de cálculo, GeoGebra, Simuladores web, etc.**

Actividades de carácter experimental

Experiencias de **«laboratorio exprés»**, de corta duración, diseñadas principalmente para facilitar la comprensión del contenido.

Los **Experimenta** pueden realizarse fácilmente en casa.

El **trabajo en equipos cooperativos** lo puedes encontrar en actividades, en el reto inicial y en experimentos.

Los **Laboratorio en el aula** se realizan bajo la supervisión del docente.

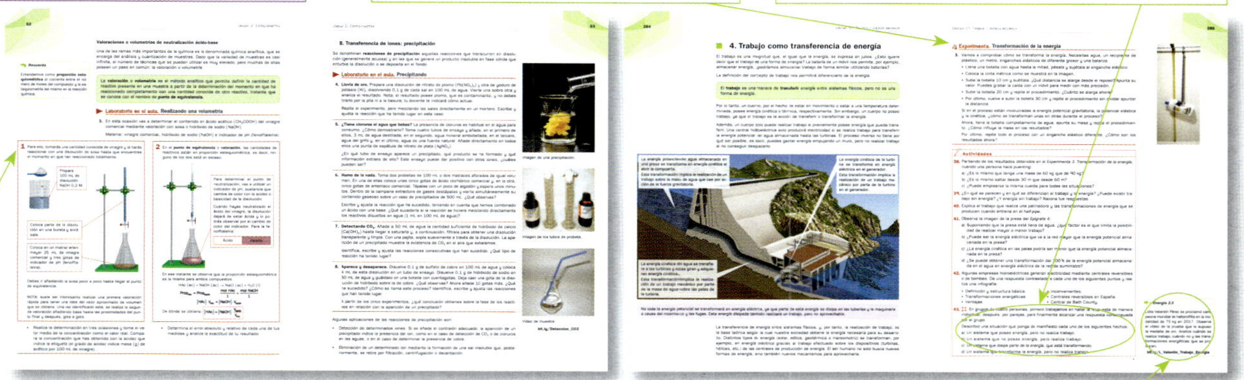

Los **Ciencia 2.0** están íntimamente asociados a la teoría que se trabaja en el momento y te conducen por aplicaciones que simulan o reproducen fenómenos reales en entornos virtuales controlados. También encontrarás vídeos, juegos y otros contenidos digitales.

Secciones finales de la unidad

Las **actividades globales** procuran abarcar diversos epígrafes de la unidad para otorgar una visión de conjunto; estas presentan mayor grado de dificultad.

A la caza del ERROR incluye actividades resueltas de forma simple pero con errores, que intentan reproducir los fallos más habituales de los estudiantes.

Tendrás que localizarlos y resolverlos, e incluso puedes discutirlos con tus compañeros.

En los **Problemas propuestos** encontrarás una colección de actividades clasificadas por contenidos.

Se refieren generalmente a situaciones reales que pueden suceder o han sucedido en la vida real. También hay preguntas EBAU que puedes resolver.

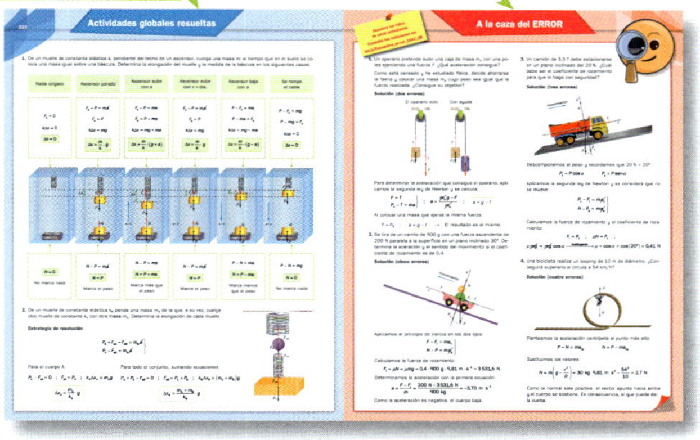

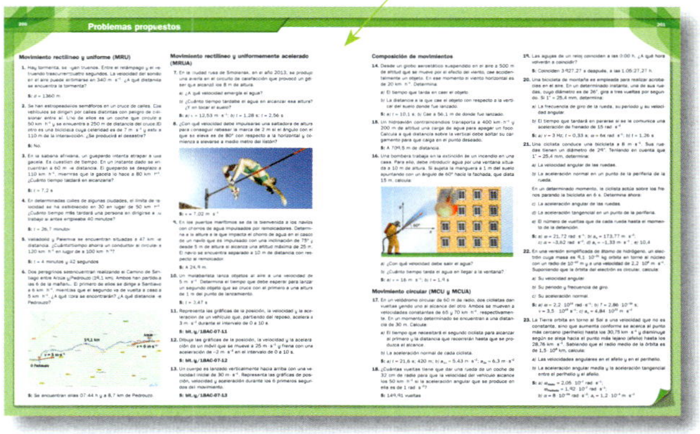

La **Práctica 1** es específica de la unidad para trabajar en el laboratorio. La **Práctica 2** es una **práctica virtual** que permite experimentar sin salir del aula. Ambas trabajan la competencia científica.

En **Hablando de ciencia...** vamos a conocer importantes avances científicos y sus protagonistas, tanto actuales como a lo largo de la historia.

El proyecto contiene además los **Anexos** de Nomenclatura inorgánica y GeoGebra, así como dos **proyectos de investigación**, uno de química y otro de física.

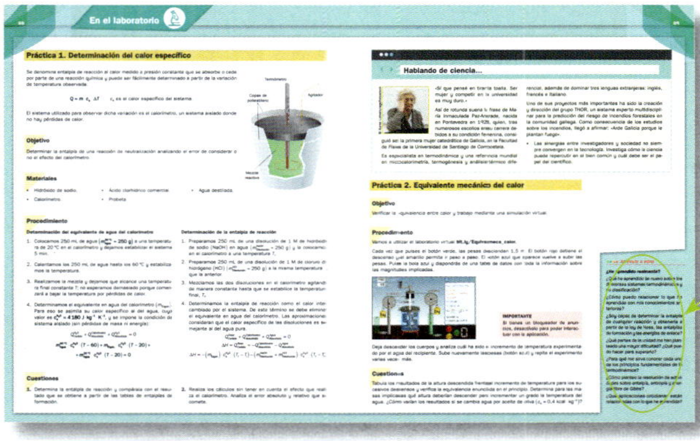

Con la sección final de **Atrévete a mirar** serás consciente de tus conocimientos, de si has mejorado tus habilidades y de cómo lo has conseguido. Podrás evaluarte con un simbólico semáforo de colores.

1. Leyes fundamentales de la química

Contenidos

- Evolución histórica del concepto de materia
- Masa atómica, moléculas y fórmula
- El mol
- Leyes de los gases
- Fórmula empírica y molecular
- Disoluciones
- Técnicas espectrales

Conocer los elementos que componen la materia y el modo en que interactúan para conseguirlo fue un ansiado propósito de la filosofía y es la gran aspiración de la ciencia en la actualidad.

El gasto en investigación para conocer todos los componentes de la materia permite obtener numerosas aplicaciones.

La finalidad de la ciencia pura es conocer por qué suceden los fenómenos y utilizar ese conocimiento para predecir nuevos comportamientos. Gracias a ella, desde mediados del siglo XVII el conocimiento sobre la composición del mundo ha avanzado y, desde el punto de vista filosófico, las repercusiones de los avances científicos han sido indudables.

El modelo atómico de Dalton permitió superar la anterior noción de los cuatro elementos, apoyada por Aristóteles, así como poner fin a la idea de la continuidad de la materia.

Al perfeccionar la balanza, el matrimonio Lavoisier estableció las bases de las leyes ponderales, lo que significó el fin de la alquimia, de su forma de trabajo y del mito de la transmutación de ciertos metales en oro.

Otros avances, como el análisis de la composición centesimal de los compuestos o las técnicas estructurales, permitieron erradicar la idea del flogisto y de la esencia vital.

Las repercusiones filosóficas de los avances científicos son quizás menos pragmáticas que las repercusiones tecnológicas, pero fueron más importantes, ya que cambiaron el paradigma del momento.

Cuestiones

1. Analiza qué argumentaban los modelos filosóficos mencionados y las razones por las que se superaron.
2. ¿Cuáles son las consecuencias tecnológicas aludidas?

«Considero la naturaleza como un amplio laboratorio químico en el que tienen lugar toda clase de síntesis y descomposiciones», Antoine Lavoisier.

El reto

La espectroscopia incluye una serie de técnicas de análisis de la materia que permiten determinar su composición o aportar información sobre la forma en la que los átomos están enlazados.

Por regla general, los elementos se encuentran en la naturaleza en el estado fundamental, el estado de mínima energía, pero, mediante la aplicación de determinados tipos de energía, se puede inducir a que pasen a diferentes estados excitados. Cuando estos decaen a estados de menor energía, lo hacen emitiendo un fotón de una energía en particular. El conjunto de estos fotones es propio de cada elemento y constituye su huella espectral. Este fenómeno se conoce como **espectro de emisión,** y permite diferenciar un elemento de cualquier otro.

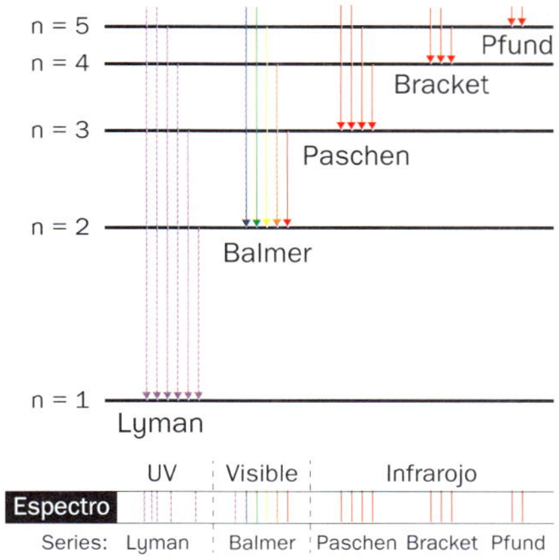

Espectro de emisión del sodio

Espectro de emisión del mercurio

Espectro de emisión del hidrógeno

Experimento: Espectroscopio casero

Construye un espectroscopio casero para obtener información sobre espectros de emisión. Es posible cuantificar esta información si el espectroscopio se une a una cámara conectada a un ordenador.

Para fabricarlo, necesitas los siguientes materiales:

- Un CD o DVD.
- Una caja o un tubo largo.
- Cinta aislante negra.
- Cartulina negra.
- Fuente de luz.
- Tijeras.

Sigue estos pasos para construir el espectroscopio:

- Toma la caja o el tubo alargado, córtalo como en la figura y cubre su interior con cartulina negra unida con adhesivo.
- Corta una porción del CD o DVD. Separa la parte metalizada haciendo palanca ligeramente y quédate con la parte transparente. Corta una pequeña sección y colócala en el extremo de la ventana cuadrada. Fíjala con cinta adhesiva o pegamento.

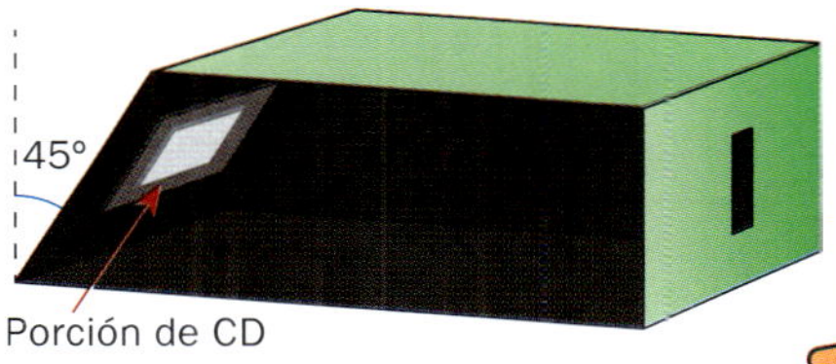

- Apuntando hacia una fuente de luz, como una bombilla de bajo consumo o un led, podrás observar la imagen del espectro desde el otro extremo. Si lo unes a una cámara conectada a un ordenador, podrás importar el espectro y ajustarlo con Spectral Workbench (**spectralworkbench.org**).

Puedes aprender más sobre este tema en estos enlaces:

- Espectroscopio de bolsillo:
  - Plantilla: **bit.ly/Plantilla_Espectroscopio_bolsillo**
  - Vídeo: **bit.ly/Espectroscópio_pequeño_casero**
- Espectroscopio en tubo: **bit.ly/Espectroscópio_casero_tubo**

Atrévete a mirar

¿Quiero aprender?

¿Qué conozco sobre los gases y las leyes que los relacionan mediante presión, volumen y temperatura?

¿De qué formas puedo cuantificar la concentración de una disolución?

¿Qué es lo que entiendo por composición centesimal de una sustancia?

¿Qué conozco sobre los isótopos y que relación poseen con la masa de un elemento?

¿Puedo definir lo que es el número de Avogadro y su relación con el mundo que nos rodea?

¿Qué sé de la interacción de la radiación electromagnética y los compuestos químicos?

1. Leyes ponderales

A finales del siglo XVIII, y gracias a la medida de la masa de las sustancias implicadas en las reacciones químicas, se determinaron una serie de leyes que, bajo la denominación de **ponderales** (del latín *ponderare* = pesar), permiten obtener una regularidad en los resultados de dichas reacciones.

Ley de conservación de la masa o de Lavoisier

Mediante el uso de la balanza, Antoine Lavoisier llevó a cabo numerosas determinaciones de masas de reactivos y productos, lo que le permitió enunciar la siguiente ley:

La **ley de conservación de la masa** afirma que en toda reacción química la masa permanece constante, es decir, la masa de los **reactivos** es igual a la masa de los **productos.**

Laboratorio en el aula. Conservación de la masa

1. Toma tres mezclas diferentes de yoduro de potasio (KI) y nitrato de plomo(II) ($Pb(NO_3)_2$) y mide sus masas con precisión. Colócalas en un mortero y tritura la mezcla hasta que cambie el color. Determina nuevamente la masa de los productos y verifica que la masa se conserva dentro de los errores experimentales.

Exper.	m_{Cl} (g)	m_O (g)	$\frac{m_O}{m_{Cl}}$
A	127,62	28,8	0,2257
B	56,72	89,6	1,5797
C	113,44	76,8	0,6770
D	21,27	33,6	1,5797
E	35,45	40	1,1283
F	63,81	14,4	0,2257
G	92,17	20,8	0,2257

Ley de las proporciones definidas o de Proust

El cuadro muestra diferentes reacciones entre el cloro y el oxígeno. ¿Proporcionan todas ellas diferentes compuestos? Para determinarlo, se ha calculado la proporción o cociente entre las masas de los elementos.

En el análisis del resultado observamos que se obtienen cuatro proporciones. La razón de que haya experimentos que tienen el mismo resultado es que, en realidad, se trata del mismo compuesto, pero obtenido en diferente cantidad. Tenemos, pues, cuatro compuestos diferentes.

Resultados similares permitieron a Joseph Louis Proust, en 1799, enunciar la siguiente ley:

La **ley de las proporciones definidas** establece que, cuando dos o más elementos se combinan para formar un mismo compuesto, la relación (cociente) entre sus masas es siempre constante.

Exper.	A-F-G	C	E	B-D
m_O/m_{Cl}	0,2257	0,6770	1,1283	1,1283
m_O^X/m_O^A	1:1	3:1	5:1	7:1

Si analizamos la proporción entre las masas de oxígeno que reaccionan con cada gramo de cloro, obtenemos (en la tabla respecto al A):

$$\frac{m_O^C}{m_O^A} = \frac{0,6770}{0,2257} = 2,9996 \approx 3$$

Ley de las proporciones múltiples o de Dalton

A partir del análisis de las proporciones de masa en las diferentes combinaciones de los mismos elementos, en 1808, John Dalton observó una regularidad que le permitió enunciar la siguiente ley:

La **ley de las proporciones múltiples** afirma que, cuando dos elementos se combinan para formar distintos compuestos, lo hacen de manera que las masas de uno de ellos, que se combina con una cantidad fija del otro, mantienen una relación de números enteros sencillos.

2. Modelo de Dalton

Entre los siglos V y IV a. C., Demócrito propuso su modelo de la discontinuidad de la materia y enunció la existencia de partículas indivisibles que denominó **átomos.** Sin embargo, frente a su modelo, se impusieron las ideas apoyadas por Aristóteles sobre la continuidad de la materia y la existencia de los cuatro elementos terrenales (tierra, fuego, agua y aire) más el éter celestial.

Las leyes ponderales contradijeron las ideas imperantes e impulsaron a Dalton a retomar el concepto de discontinuidad y a proponer un nuevo modelo basado en cuatro postulados:

1 Todos los elementos están formados por partículas extraordinariamente pequeñas, invisibles e indestructibles denominadas **átomos.**

2 Todos los **átomos** de un mismo elemento son iguales entre sí en masa, tamaño y propiedades, y diferentes a los átomos de otro elemento.

3 Los **compuestos químicos** son agrupaciones de átomos de varios elementos en la proporción numérica más sencilla posible.

4 En cualquier **proceso químico,** los átomos ni se crean ni se destruyen, tan solo se recombinan de diferente forma.

Bajo estas premisas, es sencillo justificar las leyes ponderales:

La **ley de conservación de la masa** surge de manera natural del cuarto postulado: si los átomos no aparecen ni desaparecen, la masa total, suma de sus masas, se conserva.

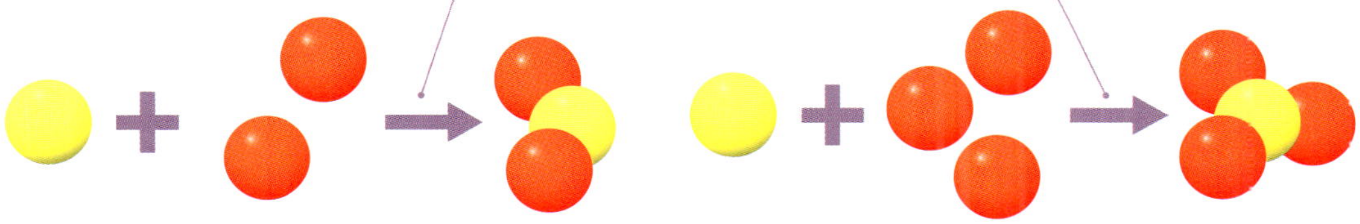

La **ley de las proporciones definidas** se justifica por el segundo y tercer postulado: cualquier compuesto es siempre una combinación del mismo número y tipo de partículas, luego su proporción en masa es siempre constante.

La **ley de las proporciones múltiples** se basa en el segundo y tercer postulado: cada compuesto posee su propia agrupación de átomos que, al ser indivisibles, mantendrán proporciones de números enteros, tanto en partículas como en masa.

El modelo de Dalton supuso un gran avance, ya que permitió comprender de una manera sencilla las trasformaciones químicas. A pesar de ello, contenía algunas limitaciones:

- Presupone que el átomo es indivisible, cuando realmente está compuesto de partículas subatómicas: protones, neutrones y electrones.
- Asume que todos los átomos de un mismo elemento son iguales en masa, pero actualmente sabemos que existen diferentes isótopos para cada elemento.
- El segundo postulado indica que los compuestos surgen de la combinación más sencilla posible, asumiendo que el agua es HO y que los elementos son monoatómicos. Como veremos, ambas ideas son erróneas.

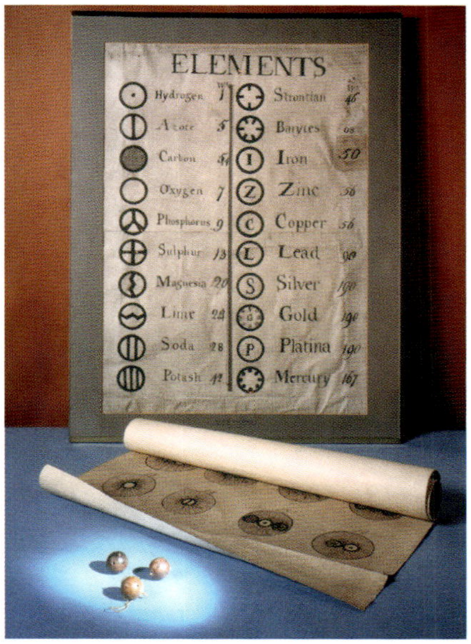

Muestra de la simbología utilizada en 1803 por Dalton para representar los elementos conocidos. La notación mediante iniciales no fue propuesta hasta 1813 por el químico sueco Jöns Jakob Berzelius.

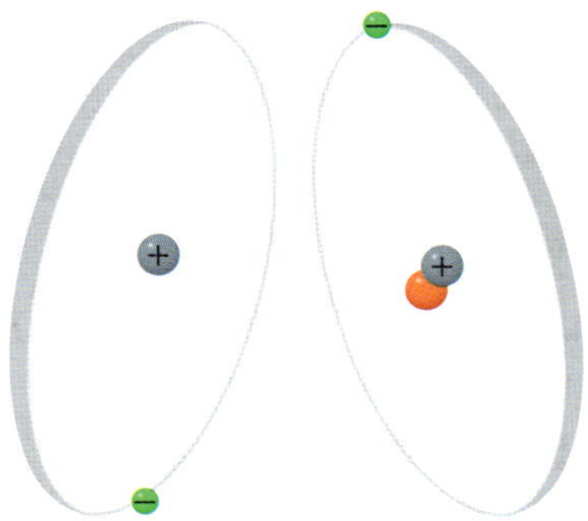

Dos isótopos del hidrógeno: el ^1_1H, conocido como hidrógeno, y el ^2_1H, conocido como deuterio.

3. Ley de los volúmenes de combinación

Las leyes anteriores son válidas para las sustancias en cualquier estado de agregación, pero Louis Joseph Gay-Lussac observó, en 1808, que la relación entre los volúmenes de los gases implicados en una reacción química sigue un comportamiento añadido. Veamos tres ejemplos:

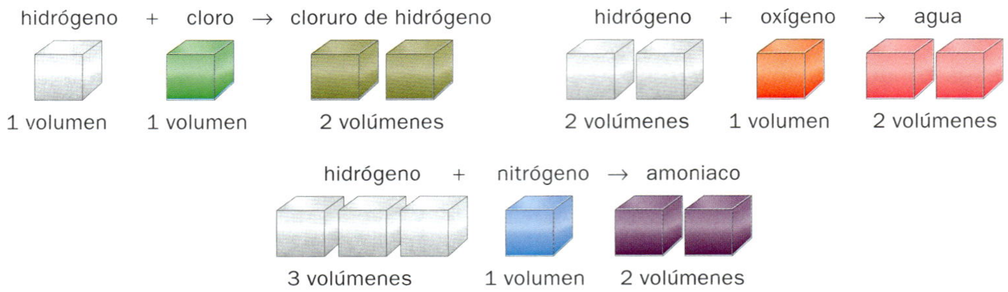

En el caso del amoniaco observamos:

$$\frac{V_{\text{amoniaco}}}{V_{\text{hidrógeno}}} = \frac{2}{3} \qquad \frac{V_{\text{amoniaco}}}{V_{\text{nitrógeno}}} = \frac{2}{1} \qquad \frac{V_{\text{hidrógeno}}}{V_{\text{nitrógeno}}} = \frac{3}{1}$$

Se observa que la proporción entre los volúmenes de todos los compuestos implicados, tanto reactivos como productos, siempre es de números enteros; por ejemplo, nunca se observa una relación 1:4,45. Esto permitió a Gay-Lussac enunciar la siguiente ley:

Ley de los volúmenes de combinación: los volúmenes de los gases implicados en una reacción mantienen una relación constante de números enteros sencillos cuando todos ellos tienen las mismas condiciones de presión y temperatura.

Química 2.0

Puedes experimentar con la ley de los gases de Gay-Lussac en el siguiente enlace:

bit.ly/Fábrica_gases

¿Eres capaz de obtener los gases que te indican sin tener excedentes de los reactivos?

Actividades resueltas

1. Las tablas adjuntas muestran dos reacciones diferentes entre el nitrógeno y el oxígeno. Verifica las leyes ponderales y volumétricas.

	Reacción A		
	N	**O**	**N:O**
***m* (g)**	8,4	1,8	10,2
***V* (L)**	1,2	3,6	2,4

	Reacción B		
	N	**O**	**N:O**
***m* (g)**	5,6	0,8	6,4
***V* (L)**	3,2	6,4	3,2

Estrategia de resolución

Verificar la ley de conservación de la masa es sencillo: $m_N + m_O = m_{N:O}$

Para analizar la ley de Proust, dividimos la masa de los elementos tomando el pequeño como denominador. Las diferentes proporciones indican la existencia de dos compuestos diferentes:

$$\frac{m_N^A}{m_O^A} = 4{,}6667 \qquad \frac{m_N^B}{m_O^B} = 7{,}0000$$

La ley de Dalton se puede observar al dividir la masa de nitrógeno que reacciona por cada gramo de oxígeno en los diferentes compuestos:

$$\frac{m_N^B}{m_N^A} = \frac{7{,}0000}{4{,}6667} = \frac{3}{2}$$

La ley de los volúmenes de combinación se observa al obtener la proporción respecto al menor volumen para cada una de las reacciones:

$$\text{Reacción A: } \frac{1{,}2}{1{,}2} : \frac{3{,}6}{1{,}2} : \frac{2{,}4}{1{,}2} \Rightarrow 1:3:2 \qquad \text{Reacción B: } \frac{3{,}2}{3{,}2} : \frac{6{,}4}{3{,}2} : \frac{3{,}2}{3{,}2} \Rightarrow 1:2:1$$

Actividades

1. En un experimento, 2 L de nitrógeno reaccionaron con 5 L de oxígeno para dar 2 L de compuesto. En dos experimentos sucesivos, los volúmenes N : O : Compuesto fueron de 1,5 : 3,75 : 1,5 L y 0,8 : 1,2 : 0,8 L. ¿Hemos obtenido siempre el mismo producto?

S: No, hay dos compuestos diferentes.

4. Hipótesis de Avogadro

En 1811, el italiano Amedeo Avogadro, partiendo de la ley de los volúmenes de combinación y la existencia del átomo indivisible, razonó que, para que se forme un compuesto, no deben sobrar partículas. De ello se deduce que, bajo las mismas condiciones de presión y temperatura, volúmenes iguales deben contener el mismo número de partículas.

No obstante, el resultado es parcialmente incompatible con la teoría atómica de Dalton, que asumía que los gases eran monoatómicos, formados por un único átomo del elemento.

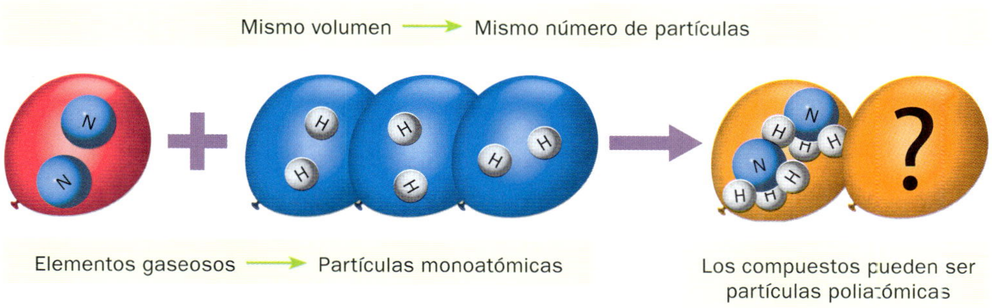

Posteriormente, propuso un modelo alternativo que ampliaba el concepto de partícula:

Hipótesis de Avogadro: los elementos gaseosos están constituidos por partículas, que corresponden a átomos individuales o agrupaciones de átomos, denominadas **moléculas.**

Todos los gases, en las mismas condiciones de presión, volumen y temperatura, contienen el **mismo número de partículas** (átomos individuales o moléculas).

Con el paso del tiempo, la hipótesis ha sido confirmada y convertida en ley. La composición del amoniaco ejemplifica a la perfección esta ley:

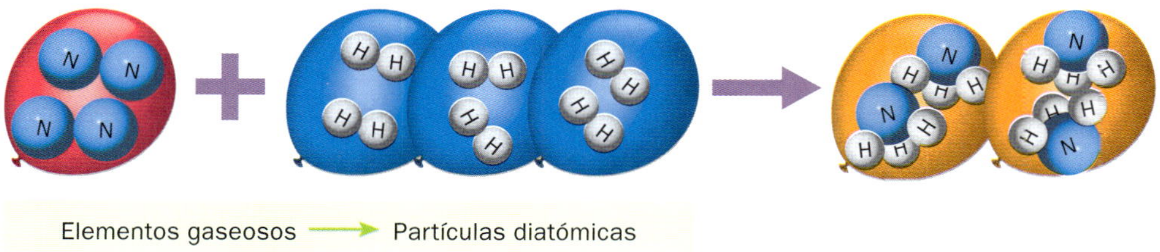

Actividades

2. Una empresa de gases proporciona botellas a presión del mismo volumen y a la misma presión y temperatura, pero sus etiquetas indican que contienen 0,9 kg de hidrógeno, 14,4 kg de oxígeno, 12,6 kg de nitrógeno, 26,1 kg de butano y 7,2 kg de metano. ¿Cómo es posible que tengan diferente masa si los recipientes son iguales?

3. En el departamento de química de una universidad, los investigadores hacen reaccionar cobalto con oxígeno y obtienen los siguientes resultados:

Compuesto	A	B	C	D	E
m_{Co} (g)	35,36	58,93	106,07	153,22	188,58
$m_{Compuesto}$ (g)	49,76	82,93	178,07	174,02	316,58

Determina cuántos compuestos diferentes hay y verifica la ley de Dalton.

S: Tres compuestos diferentes (A=B, C=E, D) con proporciones A : C ≡ 5 : 3, D : C ≡ 15 : 3.

Los actuales cambios de protocolos web pueden dificultarte el acceso a alguno de los enlaces.

Para evitarlo, en la siguiente dirección te proporcionamos un nuevo enlace y el planteamiento correspondiente:

bit.ly/Enlace_2_0_1BAC_U1

5. Masa atómica, molecular y fórmula

Salvo en situaciones muy especiales, en química no se puede trabajar con átomos individuales, sino con grandes cantidades de ellos que determinamos mediante la masa. Se deben, pues, aclarar diferentes conceptos relativos a ella.

5.1. Masa atómica

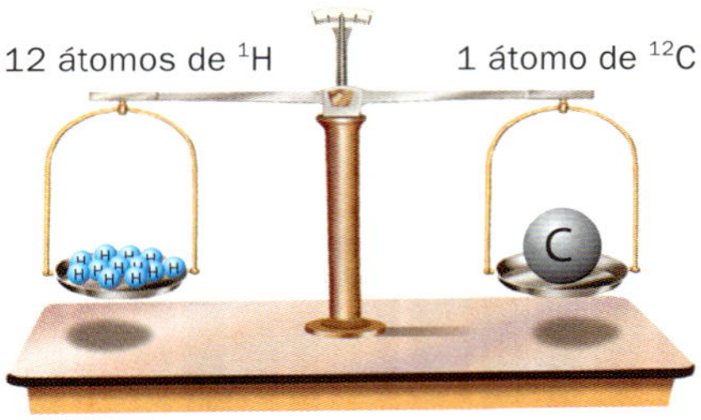

$A_r(H) = 1$ u $A_r(C) = 12$ u

La **masa atómica (A_r)** se corresponde con la masa de un átomo, pero ¿en qué unidades la calculamos? Históricamente, al no poder determinar la relación entre masa y partículas contenida en una cierta cantidad de materia, era imposible otorgar un valor de masa a un átomo, por lo que se buscó un patrón de referencia entre las mismas partículas. Se eligió el átomo de hidrógeno como primer patrón y las demás masas se referenciaron a la masa de este elemento.

Esta magnitud de masa atómica era un cociente, solo tenía carácter adimensional. Para dotar a las masas atómicas de unidades, se asignó una unidad a la masa patrón, denominada **unidad de masa atómica (u = uma),** también conocida como **dalton (Da).**

$$\text{Masa atómica relativa del hidrógeno } A_r(H) = 1 \text{ u}$$

Estas masas atómicas son relativas a un átomo, pero para un mismo elemento pueden existir átomos de diferente masa, denominados isótopos. De acuerdo con ello:

La **masa de un elemento** es la media de las masas atómicas de sus isótopos ponderada por la abundancia de cada uno de ellos.

$$A_r(X) = \sum_{i}^{\text{Isótopos}} A_r(X_i) \cdot \%X_i$$

Actividades resueltas

2. Existen dos isótopos de la plata, de masas 109 u y 107 u, con abundancia relativa de 48,2 % y 51,8 %, respectivamente. Calcula la masa atómica de la plata.

Estrategia de resolución

Al conocer las masas atómicas y la abundancia, solo hay que aplicar la expresión:

$$A_r(Ag) = A_r(^{109}Ag) \cdot \% \, ^{109}Ag + A_r(^{107}Ag) \cdot \% \, ^{107}Ag = 109 \cdot \frac{48{,}2}{100} + 107 \cdot \frac{51{,}8}{100} = 107{,}964 \text{ u}$$

3. El cobre existe en la naturaleza en dos isótopos, de masas 63 y 65 u. Calcula la abundancia relativa de cada uno si la masa atómica del Cu es 63,6.

Estrategia de resolución

Denominamos x y $1 - x$ a las abundancias de los isótopos y aplicamos la expresión:

$$\left.\begin{array}{l} \% \, ^{63}Cu: x \\ \% \, ^{65}Cu: 1-x \end{array}\right\} \quad A_r(Cu) = 63{,}6 = 63x + 65 \cdot (1 - x) \quad ; \quad x = 0{,}7 \quad ; \quad \left\{\begin{array}{l} ^{63}Cu\text{: } 70\,\% \\ ^{65}Cu\text{: } 30\,\% \end{array}\right.$$

Química 2.0

A lo largo del curso, puedes hacer uso de algunas calculadoras químicas especializadas en la materia que integran las masas atómicas de los elementos en su sistema. Algunos ejemplos son:

www.omnicalculator.com

www.wolframalpha.com

Ambos en la sección *Chemistry*.

5.2. Masa molecular o masa fórmula

De manera similar, se define como **masa molecular (M_r)** a la masa de una molécula, que se corresponde con la suma de las masas atómicas de todos sus átomos.

$$M_r(N_2O_4) = 2 \cdot A_r(N) + 4 \cdot A_r(O) = 2 \cdot 14 \text{ u} + 4 \cdot 16 \text{ u} = 92 \text{ u}$$

En los compuestos iónicos no se puede determinar una estructura finita, por lo que, para calcular su masa, se utiliza la **masa fórmula,** que es el número de átomos que aparecen en su fórmula empírica.

$$M_r(Fe_2O_3) = 2 \cdot A_r(Fe) + 3 \cdot A_r(O) = 2 \cdot 55{,}85 \text{ u} + 3 \cdot 16 \text{ u} = 159{,}7 \text{ u}$$

6. El mol, la masa molar y el número de Avogadro

El modelo de Dalton ayuda a entender la química como la interacción de pequeñas partículas en un número inmensamente grande que, para poder ser cuantificadas, se ha acordado darle un nombre a dicha agrupación: **el mol.**

1 decena = 10 u 1 centena = 100 u 1 millar = 1 000 u 1 mol = $6{,}022 \cdot 10^{23}$ u

Gracias al mol, se pueden manejar cantidades de sustancia mesurables con una balanza.

El número de partículas de un mol recibe el nombre de **constante de Avogadro (N_A)** y, para entender de dónde viene, hay que retrotraerse a la primera definición de mol. Para determinar la cantidad de sustancia, se escogió una cantidad de átomos de carbono-12, cuya masa era exactamente 0,012 kg. El valor de esa cantidad se denominó constante o número de Avogadro y a dicha agrupación se la llamó mol.

Esta definición de mol depende de la definición de masa, por lo que, para evitarlo, el concepto de mol se expresa como sigue:

El **mol** es una agrupación de $6{,}02214076 \cdot 10^{23}$ unidades elementales, cantidad que se conoce como **número de Avogadro** cuando es expresado en unidades de mol^{-1}.

El número de Avogadro permite relacionar el número de partículas (N) con la cantidad de materia de que se dispone, los moles (n), mediante la expresión:

$$N = n \cdot N_A$$

Pero ¿qué ventaja posee exactamente utilizar el número de Avogadro para determinar el mol? Es simple: permite relacionar la masa de una sustancia ($m_{\text{Sustancia}}$) con la cantidad de partículas que la constituye en moles ($n_{\text{Sustancia}}$). De este modo, podemos enunciar:

La **masa molar, M_m,** o **masa de un mol** de sustancia, coincide con el **valor** de su masa atómica o molecular expresado en gramos, y su unidad es $g \cdot mol^{-1}$.

$$M_m(\text{Sustancia}) = \frac{m_{\text{Sustancia}}}{n_{\text{Sustancia}}}$$

$6{,}022 \cdot 10^{23}$ átomos ^{12}C

¿Cuánto tiempo tardarían en contar un mol de moléculas de agua (18 g) diez personas si cada una puede contar 100 000 moléculas por segundo?

1 átomo de O
$A_r(O) = 16$ u
1 mol de átomos de O
$6{,}022 \cdot 10^{23}$ átomos de O
$M_m(O) = 16\ g \cdot mol^{-1}$

1 molécula de O_2
$M_r(O_2) = 32$ u
1 mol de moléculas de O_2
$6{,}022 \cdot 10^{23}$ moléculas de O_2
$M_m(O_2) = 32\ g \cdot mol^{-1}$

Actividades resueltas

4. Determina cuál es el número de moles y de moléculas que hay en 50 g de amoniaco (NH_3).

Estrategia de resolución

Utilizando una fórmula

$$n_{NH_3} = \frac{m_{NH_3}}{M_m(NH_3)} = \frac{50\ g\ NH_3}{17\ g \cdot mol^{-1}} = 2{,}94\ mol\ NH_3$$

Utilizando un factor de conversión

$$n_{NH_3} = 50\ g\ NH_3 \cdot \frac{1\ mol\ NH_3}{17\ g\ NH_3} = 2{,}94\ mol\ NH_3$$

El número de moléculas es: $N = nN_A = 2{,}94 \cdot 6{,}022 \cdot 10^{23} = 1{,}77 \cdot 10^{24}$ moléculas

Actividades

4. Se tienen 2 g de H_2, HF, H_2O, NH_3 y CH_4. ¿Cuántos moles de moléculas y cuántos átomos de H se tienen en cada caso?

S: {moles de moléculas; átomos H} = H_2 {1; 2 N_A}; HF {0,1; 0,1 N_A}; H_2O {0,111; 0,222 N_A}; NH_3 {0,118; 0,354 N_A}; CH_4 {0,125; 0,5 N_A}

5. Para obtener $5{,}2 \cdot 10^{24}$ átomos de sodio, ¿qué masa de cloruro de sodio (NaCl) he de tomar?

S: $m_{NaCl} = 504{,}72$ g

Química 2.0

Aquí puedes encontrar la revisión del concepto de mol que entró en vigor el 20 de mayo de 2019:

bit.ly/BIPM_rev_SI

7. Leyes de los gases

Desde la segunda mitad del siglo XVII, se han enunciado un conjunto de leyes que tratan de explicar el comportamiento de los gases en recipientes cerrados, y que, por tanto, mantienen la **masa de gas constante,** basándose en magnitudes macroscópicas: ***p*, *V* y *T*.**

Ley de Boyle-Mariotte (1662-1676)	Ley de Charles (1787)	Ley de Gay-Lussac (1802)
A **temperatura constante,** el volumen de un gas es inversamente proporcional a la presión.	A **presión constante,** el volumen de un gas es directamente proporcional a la temperatura (escala absoluta, Kelvin).	A **volumen constante,** la presión de un gas es directamente proporcional a la temperatura (escala absoluta, Kelvin).
$p \cdot V = k_1$ o bien $p \cdot V = p' \cdot v'$	$\frac{V}{T} = k_2$ o bien $\frac{V}{T} = \frac{V'}{T'}$	$\frac{p}{T} = k_3$ o bien $\frac{p}{T} = \frac{p'}{T'}$
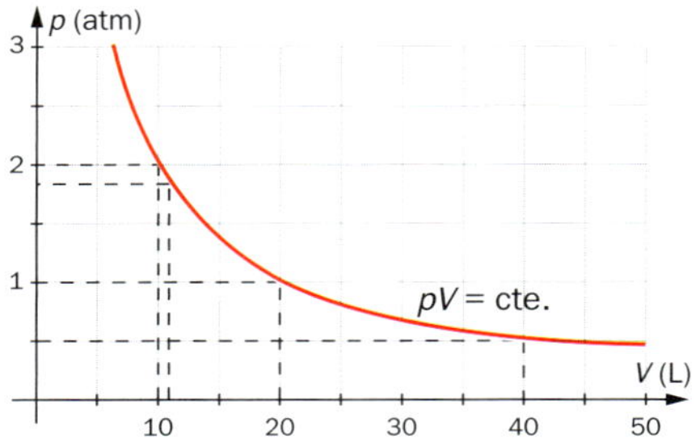	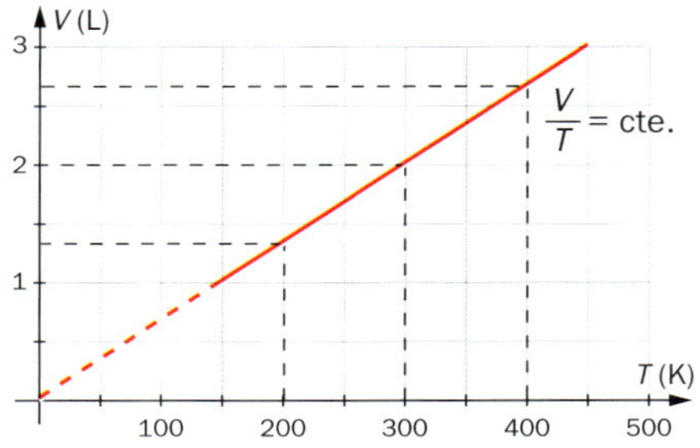	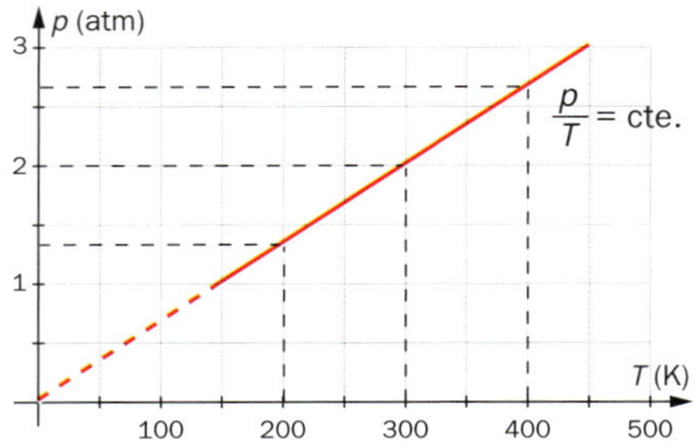
Si disminuye el volumen y se mantiene la temperatura, aumenta la frecuencia de los choques de las partículas y, por tanto, aumenta la presión.	Si aumenta la temperatura y se mantiene la presión, aumentará la velocidad de las partículas, por lo que, para mantener la presión, deben ocupar más espacio para colisionar menos.	Si aumenta la temperatura y se mantiene el volumen, aumentará la velocidad de las partículas y, con ella, la frecuencia de sus choques y, por tanto, la presión.

Las tres leyes se pueden resumir en un caso general conocido como **ley de los gases:**

En ningún caso interviene la **masa** o **número de moles** de gas, ya que este no varía.

La **ley de los gases** indica que, en un sistema gaseoso de masa constante, la presión, el volumen y la temperatura del sistema se relacionan de la siguiente manera:

$$\frac{p \cdot V}{T} = \frac{p' \cdot V'}{T'} \quad \text{o bien} \quad \frac{p \cdot V}{T} = K$$

Actividades resueltas

5. Un recipiente de 3 L con gas a una presión de 2,5 atm está conectado mediante una espita cerrada a otro recipiente de 5 L en el que se realizó el vacío. Si el sistema se mantiene a temperatura constante, ¿cuál será la presión cuando se abra la válvula?

Estrategia de resolución

Identificamos los estados. El volumen final es el contenido de ambos recipientes: 8 L.

$$\left.\begin{array}{ll} \text{Estado inicial:} & V = 3\ \text{L} \\ \text{Estado final:} & V' = 8\ \text{L} \end{array}\right\} \quad pV = p'V' \quad ; \quad 2{,}5\ \text{atm} \cdot 3\ \text{L} = p' \cdot 8\ \text{L} \quad ; \quad p' = 0{,}94\ \text{atm}$$

6. Una fría mañana, a 8 °C, se rellena un neumático con aire hasta una presión de 2,1 bar. Se inicia la marcha durante unos kilómetros y el neumático alcanza la temperatura de 50 °C. ¿Cuál es la presión del interior, suponiendo que su volumen no varía? Dato: 1 bar = 0,9869 atm.

Estrategia de resolución

Identificamos estados sabiendo que la temperatura debe estar en la escala Kelvin:

$$\left.\begin{array}{ll} \text{Estado inicial:} & T = 8\ °\text{C} = 281\ \text{K} \\ \text{Estado final:} & T' = 50\ °\text{C} = 323\ \text{K} \end{array}\right\} \quad \frac{p}{T} = \frac{p'}{T'} \quad ; \quad \frac{2{,}1\ \text{bar}}{281\ \text{K}} = \frac{p'}{323\ \text{K}}$$

$$p' = 2{,}41\ \text{bar} \cdot \left(\frac{0{,}9869\ \text{atm}}{1\ \text{bar}}\right) = 2{,}38\ \text{atm}$$

Química 2.0

Puedes experimentar en Educaplus con las leyes de los gases:

bit.ly/Educa_gases

Selecciona *Leyes* en el menú de la izquierda y observa lo que sucede en cada caso.

8. Ley de los gases ideales

Según el principio de Avogadro, la cantidad de gas existente dentro de un volumen determinado es proporcional al número de moles de gas que contiene. Por lo tanto, la constante en la **ley de los gases** se puede generalizar a cualquier masa (moles) de gas como:

$$\frac{p \cdot V}{T} = n \cdot R, \text{ siendo } R \text{ una constante para todos los gases.}$$

En 1834, siguiendo este razonamiento, Émile Clapeyron realizó la primera deducción de lo que hoy se conoce como **ley de los gases ideales:**

La **ley de los gases ideales** relaciona la presión, p, de un gas con la cantidad de moles, n, que contiene un determinado volumen, V, a una temperatura establecida, T:

$$p \cdot V = n \cdot R \cdot T, \text{ siendo } R = 0{,}082 \text{ atm} \cdot \text{L} \cdot \text{mol}^{-1} \cdot \text{K}^{-1}$$

Como puedes observar, las relaciones dependen de la cantidad de partículas (moles) y, en consecuencia, son independientes de la composición del gas contenido. Por tanto:

El mismo número de moles de dos gases diferentes en las mismas condiciones de presión y temperatura ocupan el mismo volumen.

Esta relación permite obtener el volumen que ocupa un mol de cualquier gas en unas condiciones establecidas de 1 atm y 0 °C = 273 K. Estas últimas se conocen como **condiciones normales,** y, si bien la IUPAC (Unión Internacional de Química Pura y Aplicada) recomienda abreviarlas como STP (Standard Temperature & Pressure), nosotros preferimos hacerlo como CN:

$$\left.\begin{array}{l} p = 1 \text{ atm} \\ T = 273 \text{ K} \end{array}\right\} \; ; \; V = \frac{n \cdot R \cdot T}{p} = \frac{1 \text{ mol} \cdot 0{,}082 \text{ atm} \cdot \text{L} \cdot \text{mol}^{-1} \cdot \text{K}^{-1} \cdot 273 \text{ K}}{1 \text{ atm}} = 22{,}4 \text{ L}$$

Se define como **volumen molar** o **volumen de un mol de gas** al volumen que ocupa un mol de cualquier gas en condiciones normales (CN), y que corresponde a 22,4 L.

Actividades resueltas

7. Un aerosol de aire comprimido para limpiar útiles informáticos indica un volumen de 400 mL y 3,22 g de nitrógeno (N_2). ¿Cuál es la presión interior a 25 °C?

Estrategia de resolución

1. Calculamos el número de moles de N_2:

$$n_{N_2} = 3{,}22 \text{ g } N_2 \cdot \frac{1 \text{ mol } N_2}{28 \text{ g } N_2} = 0{,}115 \text{ mol } N_2$$

2. Aplicamos la ley de los gases ideales:

$$\left.\begin{array}{l} V = 400 \text{ mL} = 0{,}4 \text{ L} \\ T = 25 \text{ °C} = 298 \text{ K} \\ n = 0{,}115 \text{ mol} \end{array}\right\} \; ; \; p = \frac{nRT}{V} = \frac{0{,}115 \text{ mol} \cdot 0{,}082 \cdot 298 \text{ K}}{0{,}4 \text{ L}} = 7{,}03 \text{ atm}$$

Actividades

6. ¿Qué cantidad de gas queda a 25 °C en un recipiente de 250 mL del que ya no sale gas? Si el envase puede soportar una presión de 2,5 atm, ¿se podrá lanzar sin peligro a una hoguera donde alcanzará 550 °C?

S: $n = 1{,}023 \cdot 10^{-2}$ mol. No, la presión sería 2,76 atm.

7. ¿Cuál es la masa molar de un gas si 40 g ocupan 61,09 L en condiciones estándar? ¿Cuánto ocuparía el gas en CN? ¿Qué volumen medido en CN ocupará si se disocia según $A(g) \rightarrow B(g) + C(g)$?

S: $M(X) = 16$ g·mol^{-1}; $V_{CN} = 55{,}97$ L; $V_{CN} = 111{,}94$ L

Análisis dimensional

Las unidades de la constante de los gases se pueden obtener aislando R de la ley de los gases ideales:

$$p \cdot V = n \cdot R \cdot T$$

$$R = \frac{p \cdot V}{n \cdot T}$$

$$[R] = \frac{\text{atm} \cdot \text{L}}{\text{mol} \cdot \text{K}}$$

$$[R] = \text{atm} \cdot \text{L} \cdot \text{mol}^{-1} \cdot \text{K}^{-1}$$

! Importante

Al igual que en otras áreas de física y química, en el estudio de los gases se escogen unas condiciones privilegiadas para compartir datos experimentales. Existen dos condiciones importantes:

Condiciones normales

$p = 1$ atm $T = 0$ °C

Condiciones estándar

$p = 1$ atm $T = 25$ °C

Desde 1982, la IUPAC recomienda que la presión anterior cambie a 10^5 Pa, lo que corresponde a 0,986 atm.

8.1. Presión parcial y fracción molar

> **! Importante**
>
> Que cada gas actúe como si estuviera solo únicamente se cumple para condiciones de baja presión, donde el volumen ocupado por las partículas es despreciable frente al volumen disponible.

Cuando varios componentes gaseosos se mezclan en un mismo volumen, cada uno de ellos se comporta como si estuviera solo ocupando todo el espacio posible, provocando una presión denominada **presión parcial**. En 1808, Dalton encontró una relación entre esta presión parcial y la presión total.

La **ley de las presiones parciales** indica que la presión total provocada por la mezcla de gases en un recipiente cerrado es igual a la suma de sus presiones parciales.

$$p_{Total} = \sum_{i}^{Gases} p_i, \text{ donde } p_i \text{ es la presión parcial del componente } i \text{ de la mezcla.}$$

Para una mezcla de gases A y B en un recipiente de volumen V y a una temperatura T:

$$p_A = \frac{n_A \cdot R \cdot T}{V} \qquad p_B = \frac{n_B \cdot R \cdot T}{V}$$

De acuerdo con la ley de las presiones parciales:

$$p_{Total} = p_A + p_B = \frac{n_A \cdot R \cdot T}{V} + \frac{n_B \cdot R \cdot T}{V} = \frac{(n_A + n_B) \cdot R \cdot T}{V} \quad ; \quad p_{Total} = \frac{n_{Total} \cdot R \cdot T}{V}$$

Se observa que la presión total depende de la suma de partículas (moles), sin importar a qué componente pertenecen. Si se divide la presión parcial entre la presión total, se puede definir una nueva magnitud, conocida como **fracción molar, X_i**, del componente i:

$$\frac{p_A}{p_{Total}} = \frac{n_A \cdot \left(R \cdot \frac{T}{V}\right)}{n_{Total} \cdot \left(R \cdot \frac{T}{V}\right)} = X_A, \text{ con lo que } X_A = \frac{n_A}{\sum_{i}^{Gases} n_i}, \text{ que incluye solo a gases.}$$

La **presión parcial, p_i**, de un gas es igual a su fracción molar por la presión total.

$$p_i = X_i \cdot p_{Total}$$

Actividades resueltas

8. En un laboratorio se dispone de un recipiente de 3 L lleno de 3 g de O_2, unido mediante una espita cerrada a otro recipiente de 5 L que contiene 5 g de N_2, ambos a una temperatura de 27 °C.

En un instante determinado, se abre la llave de la espita y se permite la difusión de los gases a temperatura constante.

a) ¿Cuáles son las presiones de cada gas antes y después de abrir la espita?

b) ¿Cuál es la presión total y las fracciones molares de ambos gases?

Estrategia de resolución

El número de moles de cada uno de los gases que indica el enunciado es:

$$n_{O_2} = 3 \text{ g } O_2 \cdot \frac{1 \text{ mol } O_2}{32 \text{ g } O_2} = 0{,}0938 \text{ mol } O_2$$

$$n_{N_2} = 5 \text{ g } N_2 \cdot \frac{1 \text{ mol } N_2}{28 \text{ g } N_2} = 0{,}1786 \text{ mol } N_2$$

a) Aplicando la ley de los gases ideales a cada uno de los gases a 300 K ($R = 0{,}082$ atm · L · mol^{-1} · K^{-1}):

Antes (diferente volumen)

$$p_A = \frac{0{,}0938 \text{ mol} \cdot R \cdot 300 \text{ K}}{3 \text{ L}} = 0{,}77 \text{ atm}$$

$$p_B = \frac{0{,}1786 \text{ mol} \cdot R \cdot 300 \text{ K}}{5 \text{ L}} = 0{,}88 \text{ atm}$$

Después (mismo volumen)

$$p_A = \frac{0{,}0938 \text{ mol} \cdot R \cdot 300 \text{ K}}{8 \text{ L}} = 0{,}29 \text{ atm}$$

$$p_B = \frac{0{,}1786 \text{ mol} \cdot R \cdot 300 \text{ K}}{8 \text{ L}} = 0{,}55 \text{ atm}$$

b) La presión total se puede determinar por la suma de las presiones parciales ($p_{Total} = p_A + p_B = 0{,}84$ atm) o aplicando la ecuación de los gases ideales al número total de moles ($n_{Total} = n_A + n_B = 0{,}2724$ mol gas).

Las fracciones molares se hallan a partir de los moles:

$$X_A = \frac{n_A}{n_{Total}} = \frac{0{,}0938 \text{ mol } O_2}{0{,}2724 \text{ mol gas}} = 0{,}344$$

$$X_B = 1 - X_A = 0{,}656$$

Actividades

8. Indica si las siguientes afirmaciones son verdaderas o falsas, justificando tu respuesta y enunciando la sentencia correcta en el caso de que sea errónea:

a) Cuando se incrementa la presión y el volumen de una masa constante de gas, la temperatura disminuye.

b) Al duplicar el volumen de un gas a temperatura constante, la presión se duplica.

c) Al duplicar la temperatura de un gas desde 100 °C a 200 °C, la presión se duplica.

d) Como la masa de un gas no aparece en la ley de los gases ideales, 20 g de N_2 y 20 g de O_2 ocupan el mismo volumen a igualdad de presión y temperatura.

e) Se disponen *n* moles de un gas a unas condiciones *p* y *T* en un recipiente de volumen *V*. Si se introducen otros *n* moles de gas, es posible encontrar el sistema a la misma temperatura, pero al cuádruple de presión y ocupando la mitad del volumen.

9. Como miembro de un grupo de investigación, has obtenido un componente gaseoso, pero dudas de si es metano (CH_4) o etano (CH_3CH_3). Para verificarlo, determinas que su densidad en condiciones estándar es de 1,23 $g \cdot L^{-1}$. Escribe la expresión que relaciona la densidad de un gas, ρ, con sus condiciones *p*, *T*. ¿Qué compuesto es?

S: $p = \frac{\rho \cdot R \cdot T}{M(X)}$; se ha obtenido etano.

10. Realizad primero cada apartado individualmente. Compartid después los resultados en pareja y, por último, verificadlos en grupos de cuatro miembros.

Dados 20 L de helio en unas condiciones de 20 °C y 2 atm, analizad y determinad:

a) El valor de la presión si reducimos el volumen a la mitad a temperatura constante.

b) El valor de la temperatura si reducimos el volumen a la mitad a presión constante.

c) El valor de la temperatura si, simultáneamente, reducimos el volumen a la mitad y aumentamos la presión al doble.

d) El valor de la presión si, simultáneamente, reducimos el volumen a la mitad y aumentamos la temperatura absoluta al doble.

e) El valor de la presión si la temperatura pasa a ser de 40 °C a volumen constante.

S: *a)* $p = 4$ atm; *b)* $T = -126{,}5$ °C; *c)* $T = 20$ °C; *d)* $p = 8$ atm; *e)* $p = 2{,}14$ atm

11. En grupos de cuatro personas, deducid las tres leyes de los gases y el principio de Avogadro a partir de la ecuación de los gases ideales. Elaborad después un póster donde, de manera gráfica, se muestren vuestras conclusiones.

S: es.wikipedia.org/wiki/Ley_de_los_gases_ideales

12. En una fábrica química hay un contenedor cilíndrico de 8 m de largo y 3 m de diámetro que se rellena con 300 kg de dióxido de carbono y 300 kg de oxígeno. Si la temperatura de hoy es de 15 °C:

a) ¿Cuál es la presión que alcanza cada gas y cuál es la presión total?

b) Vuelve a contestar el apartado anterior si la temperatura sube hasta 40 °C.

c) Para bajar la presión en el apartado *b)* y que retorne a las condiciones del apartado *a)*, se abre la espita. ¿Qué masa de cada gas se habrá dejado escapar y cuál es la presión parcial de cada uno? La fracción molar de cada gas se mantiene.

S: *a)* $p_{CO_2} = 2{,}85$ atm; $p_{O_2} = 3{,}92$ atm; $p_{Total} = 6{,}77$ atm

b) $p_{CO_2} = 3{,}09$ atm; $p_{O_2} = 4{,}26$ atm; $p_{Total} = 7{,}35$ atm

c) $m_{CO_2} = 23{,}71$ kg; $m_{CO_2} = 23{,}62$ kg; La misma que en *a)*.

13. ¿Cuántas partículas hay en una burbuja esférica de aire de 2 mm de diámetro en el agua si está a 20 °C? ¿Qué le sucedería si se encontrara a 1 m de profundidad?

S: $N = 1{,}050 \cdot 10^{14}$ partículas

Importante

La ley de los gases ideales es un modelo simplificado de la realidad que únicamente proporciona resultados precisos en condiciones de baja presión.

El modelo posee dos limitaciones:

- Considera que las partículas de gas no ocupan volumen, por lo que cada una de ellas experimenta la totalidad del recipiente.
- Asume que no existe interacción, ni atractiva ni repulsiva, entre dichas partículas.

Existen versiones modificadas de la ecuación de los gases ideales que permiten tener en cuenta estas limitaciones, pero su estudio excede el nivel del curso.

9. Fórmula empírica y molecular

La fórmula de un compuesto indica sus elementos, pero puede expresarse de varias formas:

Fórmula empírica

Expresión que incluye los elementos presentes en un compuesto y la **proporción estequiométrica** más simple entre ellos.

Butano: C_2H_5

Fórmula molecular

Expresión que incluye los elementos presentes en un compuesto y **la cantidad atómica real** de cada uno de ellos.

Butano: C_4H_{10}

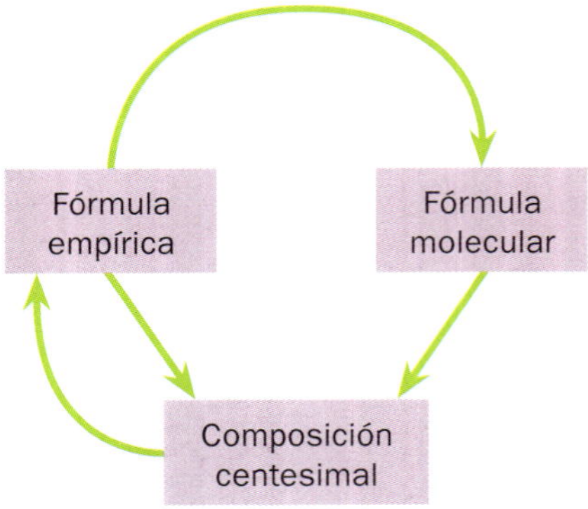

9.1. Composición centesimal

Indica la abundancia de un determinado elemento en un compuesto. Corresponde a la proporción en masa de los elementos de un compuesto y se calcula a partir de la fórmula empírica o de la molecular.

$$H_2O \quad \left.\begin{array}{l}\text{Masa hidrógeno} = 2 \cdot A_r(\text{H}) = 2\ \text{u} \\ \text{Masa oxígeno} = 1 \cdot A_r(\text{O}) = 16\ \text{u}\end{array}\right\} \quad m_{H_2O} = 18\ \text{u} \quad ; \quad \%\,\text{H} = \frac{m_H}{m_{H_2O}} = \frac{2\ \text{u}}{18\ \text{u}} = 11{,}11\ \%$$

9.2. De fórmula a composición centesimal

Si se conoce la fórmula del compuesto, se puede determinar fácilmente la masa de cada uno de los átomos implicados y, con ello, la composición centesimal.

Actividades resueltas

9. Determina la composición centesimal del tetróxido de dinitrógeno, cuya fórmula molecular es: N_2O_4. Repite los resultados utilizando una hoja de cálculo.

Estrategia de resolución

Identificamos el número de átomos de la fórmula y sus masas atómicas.

Elemento	Masa atómica	Estequiometría	Masa elemento en la fórmula	Porcentaje
N	14 u	2	$2 \cdot 14\ \text{u} = 28\ \text{u}$	$\%\,\text{N} = \frac{m_N}{m_{N_2O_4}} = \frac{28\ \text{u}}{28\ \text{u} + 64\ \text{u}} = 30{,}43\ \%$
O	16 u	4	$4 \cdot 16\ \text{u} = 64\ \text{u}$	$\%\,\text{O} = \frac{m_O}{m_{N_2O_4}} = \frac{64\ \text{u}}{28\ \text{u} + 64\ \text{u}} = 69{,}57\ \%$

Con la hoja de cálculo procedemos de igual forma, pero haciendo referencias relativas a las celdas para aprovechar toda la potencia de estas aplicaciones.

Modificando los datos de las columnas A, B y C, se puede adaptar la hoja a cualquier otro compuesto.

masa = coef. esteq. $\cdot A_r$ = **B2*C2**

Composición centesimal $\%\,\text{N} = \frac{m_N}{m_{N_2O_4}}$ = **D2/D$4**

	A	B	C	D	E
1	Elemento	A_r (g·mol^{-1})	coef. Esteq.	$m_{elemento}$ (g)	%
2	N	14	2	28	30,43 %
3	O	16	4	64	69,57 %
4			M_{total}	92	

El **$** se aplica para fijar la localización posterior.

9.3. De composición centesimal a fórmula empírica. De fórmula empírica a fórmula molecular

El cálculo contrario al del epígrafe anterior, para convertir la composición centesimal a la fórmula molecular, no se puede hacer directamente. Primero, necesitamos obtener la fórmula empírica a partir de la composición centesimal y, con ella y la masa molar, calculamos la fórmula molecular.

Química 2.0

El uso de la hoja de cálculo permite automatizar procedimientos y ganar en seguridad. El siguiente enlace es una muestra que permite conseguir cualquier composición centesimal a partir de una fórmula o viceversa.

bit.ly/Compo-F_molecular

Actividades resueltas

10. ¿Cuál es la fórmula molecular de un compuesto gaseoso si 178,35 g ocupan 30,75 L, a 1,2 atm y 300 K, y su composición es del 59,63 % de cloro y el resto, de oxígeno?

Estrategia de resolución

De composición centesimal a fórmula empírica

Para hacerlo más sencillo, utilizamos el porcentaje, determinando la masa de cada elemento en 100 g de compuesto; de esta manera trabajaremos en gramos.

	$m_{Elemento}$	$n_{Elemento}$	Proporción	× 2
Cl	59,63 g	$n_{Cl} = \frac{m_{Cl}}{A_r(Cl)} = \frac{59{,}63\ g}{35{,}45\ g \cdot mol^{-1}} = 1{,}682\ mol\ Cl$	$\frac{1{,}682\ mol}{1{,}682\ mol} = 1$	2
O	40,37 g	$n_O = \frac{m_O}{A_r(O)} = \frac{40{,}37\ g}{16\ g \cdot mol^{-1}} = 2{,}523\ mol\ H$	$\frac{2{,}523\ mol}{1{,}682\ mol} = 1{,}5$	3

Determinamos el número de moles de cada uno de los elementos.

Calculamos la proporción molar dividiendo entre el menor número de moles.

Si el resultado no es un número entero, multiplicamos todos ellos por el menor número entero posible hasta conseguir que todos ellos sean valores exactos.

En este caso, la fórmula empírica que se consigue es la proporción: Cl_2O_3.

De fórmula empírica a fórmula molecular

Debemos comparar la masa molar real proporcionada por el enunciado con la masa molar que indica la fórmula empírica, ya que esta será un submúltiplo de la primera:

- Masa molar empírica $(Cl_2O_3)_\alpha$:

$$M_m = 2 \cdot 35{,}45\ g \cdot mol^{-1} + 3 \cdot 16\ g \cdot mol^{-1} = 118{,}9\ g \cdot mol^{-1}$$

- Masa molar real (Cl_xO_y)

$$\left.\begin{array}{l} P = 1{,}2\ atm \\ T = 300\ K \\ V = 30{,}75\ L \end{array}\right\} \quad n = \frac{PV}{RT} = \frac{1{,}2 \cdot 30{,}75}{0{,}082 \cdot 300} \quad ; \quad n = 1{,}5\ mol$$

Determinamos la masa molar: $n = \frac{m}{M_m}$; $M_m = \frac{m}{n} = \frac{178{,}35}{1{,}5} = 118{,}9\ g \cdot mol^{-1}$

Comparando ambas masas moleculares, obtenemos el factor de proporcionalidad:

$$\alpha \cdot M_m(\text{empírica}) = M_m(\text{real}) \quad ; \quad \alpha \cdot 118{,}9 = 118{,}9 \quad ; \quad \alpha = 1$$

Luego la formula molecular coincide con la empírica en Cl_2O_3.

Actividades

14. Determinad, en equipo, la composición centesimal de:

a) NH_3 *c)* HNO_3 *e)* H_2O *g)* $HClO_4$

b) SO_3 *d)* $Pb(OH)_2$ *f)* $HClO_3$ *h)* $Cu_3(PO_4)_2$

15. Un compuesto posee el 15,79 % de aluminio, el 28,07 % de azufre y el resto es oxígeno. Halla su fórmula molecular si su masa molar es 342 $g \cdot mol^{-1}$.

S: $Al_2(SO_4)_3$

9.4. Fórmula molecular a partir de reacciones de combustión

Es muchas ocasiones, la información para determinar la composición centesimal proviene de la combustión del compuesto. Si es un compuesto orgánico, producirá dióxido de carbono, agua y, en caso de poseer nitrógeno, algún compuesto de nitrógeno.

$$C_xH_yO_zN_t + O_2 \rightarrow CO_2 + H_2O + \text{Compuesto de } N$$

Todo el carbono está en el CO_2.

Todo el hidrógeno está en el H_2O.

Todo el nitrógeno está en el compuesto.

Actividades resueltas

11. EvB AU Un compuesto orgánico contiene C, H y O. Por combustión completa de 0,219 g, se obtienen 0,535 g de dióxido de carbono y 0,219 g de vapor de agua. En estado gaseoso, 2,43 g de este compuesto ocupan un volumen de 1,09 L a la temperatura de 120 °C y a la presión de 1 atm. Halla la fórmula empírica y molecular del compuesto.

Estrategia de resolución

Planteamos la reacción y anotamos los datos conocidos:

$C_xH_yO_z$	+	O_2	→	CO_2	+	H_2O
0,219 g				0,535 g		0,219 g

Hallamos la masa de carbono e hidrógeno a partir del CO_2 y del agua:

$$m_C = 0{,}535 \text{ g } CO_2 \cdot \frac{12 \text{ g C}}{44 \text{ g } CO_2} = 0{,}14591 \text{ g C}$$

$$m_H = 0{,}219 \text{ g } CO_2 \cdot \frac{2 \text{ g H}}{18 \text{ g } H_2O} = 0{,}02433 \text{ g H}$$

Observa que la molécula de agua posee dos átomos de hidrógeno.

La masa de oxígeno la obtenemos por diferencia con la masa reaccionada:

$$m_O = m_{C_xH_yO_z} - m_C - m_H = 0{,}04877 \text{ g O}$$

No es necesario obtener la composición centesimal, podemos utilizar los datos de masa directamente con el procedimiento ya estudiado:

$$m_{\text{Elemento}} \rightarrow n_{\text{Elemento}} \rightarrow \text{Proporción molar}$$

Obtenemos los moles y la proporción molar más simple:

$$n_C = \frac{0{,}14591 \text{ g C}}{12 \text{ g C} \cdot \text{mol}^{-1}} = 0{,}01216 \text{ mol C} \quad ; \quad \frac{0{,}01216 \text{ mol}}{0{,}00305 \text{ mol}} = 3{,}987 \approx 4$$

$$n_H = \frac{0{,}02433 \text{ g H}}{1 \text{ g H} \cdot \text{mol}^{-1}} = 0{,}02433 \text{ mol H} \quad ; \quad \frac{0{,}02433 \text{ mol}}{0{,}00305 \text{ mol}} = 7{,}977 \approx 8$$

$$n_O = \frac{0{,}04877 \text{ g O}}{16 \text{ g O} \cdot \text{mol}^{-1}} = 0{,}00305 \text{ mol O} \quad ; \quad \frac{0{,}00305 \text{ mol}}{0{,}00305 \text{ mol}} = 1$$

Por tanto, la fórmula empírica es C_4H_8O.

Para la fórmula molecular, igualamos las masas molares real y empírica:

Masa molar empírica:

$$M_m = 4 \cdot 12 + 8 \cdot 1 + 1 \cdot 16$$
$$M_m = 72 \text{ g} \cdot \text{mol}^{-1}$$

Masa molar real ($C_xH_yO_z$):

$$\left.\begin{matrix} m = 2{,}43 \text{ g} & P = 1 \text{ atm} \\ V = 1{,}09 \text{ L} & T = 393 \text{ K} \end{matrix}\right\} \quad M_m = \frac{mRT}{pV} = 71{,}8 \text{ g} \cdot \text{mol}^{-1}$$

Comparando las dos masas moleculares, obtenemos el factor de proporcionalidad:

$$\alpha \cdot M_m(\text{empírica}) = M_m(\text{real}) \quad ; \quad \alpha \cdot 72 = 71{,}8 \quad ; \quad \alpha = 1$$

Luego la formula molecular coincide con la empírica en C_4H_8O.

IMPORTANTE

Los cálculos para la determinación de la fórmula empírica son muy sensibles a los decimales. Por tanto, conviene que trabajes con, al menos, cuatro cifras significativas.

! Importante

Aunque siempre debemos partir de la ley de los gases ideales, es posible modificarla para obtener directamente otras magnitudes:

$$p \cdot V = \frac{m}{M_m} \cdot R \cdot T$$

$$M_m = \frac{m \cdot R \cdot T}{p \cdot V}$$

Actividades

16. Se debe construir en equipo una hoja de cálculo capaz de, a partir de su fórmula molecular, proporcionar la composición centesimal de cualquier compuesto orgánico formado por carbono, hidrógeno, oxígeno y nitrógeno en cualquier proporción, es decir, puede que no aparezcan todos los elementos.

Para ello, se forman grupos de cuatro miembros y se establece un plazo de entrega de la hoja de cálculo. A continuación, se elabora una lista de veinte compuestos y se verifica que todos los trabajos proporcionan el resultado correcto.

17. El sulfato amónico $(NH_4)_2SO_4$ se utiliza frecuentemente como fertilizante agrícola. ¿Cuál es el porcentaje de nitrógeno en masa de este compuesto? ¿Qué cantidad de sulfato amónico se necesita para suministrar 10,0 g de nitrógeno?

S: % N = 21,21 g; $m_{(NH_4)_2SO_4} = 47,15$ g

18. EvB AU Cierto hidrocarburo gaseoso tiene un 81,82 % de carbono y un 18,18 % de hidrógeno. Determina la fórmula empírica y molecular del compuesto sabiendo que un litro de este gas a 0 °C y 1 atm de presión tiene una masa de 1,966 g.

S: Las dos fórmulas son la misma: C_3H_8.

19. Un mineral de pirita tiene la siguiente composición centesimal: 46,7 % de hierro y 53,3 % de azufre. ¿Cuál es su fórmula empírica?

S: FeS_2.

20. EvB AU Un compuesto orgánico presenta la siguiente composición centesimal:

C = 58,5 %   H = 4,1 %   N = 11,4 %   O = 26 %

Por otro lado, se sabe que 1,5 g de dicho compuesto en fase gaseosa a 1 atm de presión y a la temperatura de 500 K ocupan un volumen de 500 mL. Determina la fórmula empírica y molecular del compuesto.

S: Las dos fórmulas son la misma: $C_6H_5O_2N$.

21. Al calentarse en aire una muestra de 2,862 g de un óxido de cobre rojo, este reaccionó y dio como resultado 3,182 g de óxido de cobre negro. Cuando se calentó en hidrógeno, el óxido de cobre negro reaccionó y dejó un residuo de 2,542 g de cobre puro. ¿Cuáles son las dos fórmulas empíricas de los dos óxidos?

S: Óxido de cobre rojo: Cu_2O; óxido de cobre negro: CuO.

22. Un compuesto orgánico está formado por C, H, O y N. Al quemar 8,9 g de este compuesto, se obtienen 2,7 g de agua, 8,8 g de dióxido de carbono y 1,4 g de nitrógeno. A vaporizar el compuesto a 270 °C a una presión de 3 atm, 0,1 L del vapor que se produce posee una masa de 1,2 g. Determina la fórmula empírica y molecular del compuesto.

S: Fórmula empírica: $C_2H_3O_3N$; fórmula molecular: $C_4H_6O_6N_2$.

23. EvB AU Cierto compuesto orgánico solo contiene C, H y O, y, cuando se produce la combustión de 4,6 g con 9,6 g de oxígeno, se obtienen 8,8 g de dióxido de carbono y 5,4 g de agua. Además, se sabe que 9,2 g de dicho compuesto ocupan un volumen de 5,80 L, medidos a la presión de 780 mmHg y 90 °C. Determina la fórmula empírica y molecular del compuesto.

S: Las dos fórmulas son iguales: C_2H_6O.

24. El sulfato de cobre hidratado es un compuesto que posee agua de hidratación que forma parte de su estructura, y puede expresarse como $CuSO_4 \cdot x\ H_2O$, siendo *x* una incógnita. Al calentar 62,39 g del sulfato de cobre hidratado, se eliminó toda el agua y quedó un residuo de 39,89 g de sulfato de cobre anhidro, $CuSO_4$. Calcula el valor de *x* en la fórmula.

S: $x = 5$ y el compuesto es $CuSO_4 \cdot 5\ H_2O$.

Química 2.0

En el siguiente enlace, dispones de una hoja de cálculo que te permite obtener la fórmula empírica o molecular de un compuesto orgánico a partir de los datos proporcionados por combustiones.

bit.ly/Reacc-F_empirica

10. Disoluciones

Es habitual que las sustancias se presenten en la naturaleza en general, y en el laboratorio en particular, en forma de mezclas. Entre estas mezclas son especialmente interesantes las homogéneas, también conocidas como disoluciones.

En una **disolución** se distinguen dos partes: el **disolvente,** o componente mayoritario, y los **solutos,** o componentes minoritarios. La proporción con la que estos solutos aparecen en la mezcla se denomina **concentración.**

10.1. Medidas de concentración

Existen numerosas formas de expresar la concentración, pero en todas ellas, a excepción de la molalidad, siempre se determina la proporción entre el **soluto** y la **disolución**.

		Ejemplos
Porcentaje en masa	$\%m = \frac{m_{Soluto}}{m_{Disolución}} \cdot 100$	Calcula la riqueza o porcentaje en masa de ibuprofeno de una crema si se mezclan 2,5 g de ibuprofeno con 80 g de base Weller: $\%\,ibuprofeno = \frac{2{,}5\ g}{2{,}5\ g + 80\ g} \cdot 100 = 3{,}03\,\%$
Porcentaje en volumen	$\%V = \frac{V_{Soluto}}{V_{Disolución}} \cdot 100$	¿Qué volumen de etanol hay en una botella de ron de 70 cL si la riqueza es del 40 %? Resolver mediante fórmula y factor de conversión. $\frac{40}{100} = \frac{V_{Alcohol}}{70\ cL}$; $V_{Alcohol} = 28\ cL = 280\ mL$ o $V_{Alcohol} = 70\ cL\ ron \cdot \frac{40\ cL\ alcohol}{100\ cL\ ron} = 28\ cL$
Concentración $\left(\frac{\mathbf{g}}{\mathbf{mL}}, \frac{\mathbf{g}}{\mathbf{L}}, \frac{\mathbf{mg}}{\mathbf{L}}\right)$	$c = \frac{m_{Soluto}}{V_{Disolución}}$	¿Qué volumen se ha de tomar de una disolución de agua de mar si se desea obtener 25 g de sal y su concentración es del 35 g · L⁻¹? • Mediante expresión: $35\ g \cdot L^{-1} = \frac{25\ g\ sal}{V_{Agua\ de\ mar}}$; $V_{Agua\ de\ mar} = \frac{25\ g\ sal}{35\ g \cdot L^{-1}} = 0{,}714\ L \equiv 714\ mL$ • Utilizando el factor de conversión: $V_{Agua\ de\ mar} = 25\ g\ sal \cdot \frac{1\ L\ agua\ de\ mar}{35\ g\ sal} = 0{,}714\ L = 714\ mL$
Concentración molar o molaridad $\left(\frac{\mathbf{mol}}{\mathbf{L}} = \mathbf{M}\right)$	$[X] = \frac{n_{Soluto}}{V_{Disolución}(L)}$	Calcula la molaridad de la disolución que resulta de disolver 0,5 g de hidróxido de sodio (NaOH) en agua y de enrasarla a 250 mL. • Cálculo de los moles de sal: $n_{NaOH} = 0{,}5\ g\ NaOH \cdot \frac{1\ mol\ NaOH}{40\ g\ NaOH} = 0{,}0125\ mol\ NaOH$ • Molaridad de la disolución: $[NaOH] = \frac{0{,}0125\ mol\ NaOH}{0{,}25\ L} = 0{,}05\ \frac{mol}{L} = 0{,}05\ M$ (molar)
Molalidad $\left(\frac{\mathbf{mol}}{\mathbf{kg}}\right)$	$M = \frac{n_{Soluto}}{m_{Disolvente}(kg)}$	¿Qué molalidad resulta al disolver 2 g de azúcar ($C_{12}H_{22}O_{11}$) en 150 g de agua? • Moles de azúcar: $n_{azúcar} = 2\ g\ azúcar \cdot \frac{1\ mol\ azúcar}{342\ g\ azúcar} = 0{,}00585\ mol\ azúcar$ • Molalidad de la disolución: $M_{Azúcar} = \frac{0{,}00585\ mol\ azúcar}{0{,}15\ kg} = 0{,}039\ \frac{mol}{kg} = 0{,}039$ molal

Los porcentajes son proporciones homogéneas, por lo que carecen de dimensión. No obstante, si van determinadas respecto al cien por cien deben ir seguidas por el símbolo %.

10.2. Cálculos y toma de alícuotas

En el laboratorio es habitual disponer de los reactivos en disoluciones muy concentradas. Sin embargo, para poderlos utilizar en nuestros experimentos, se debe tomar una porción, conocida como **alícuota,** y preparar una disolución más diluida.

> **Química 2.0**
>
> Con este interesante simulador puedes trabajar con la concentración:
>
> **bit.ly/Phet_concentración**

Actividades resueltas

12. De una botella comercial de ácido sulfúrico (H_2SO_4), que indica 96 % de riqueza y 1,84 kg·L^{-1} de densidad, se toman 2 mL y se añaden a un matraz aforado de 250 mL enrasando con agua. ¿Cuál es la molaridad de la disolución final?

Estrategia de resolución

Existen numerosas maneras de resolver el problema, por ello es conveniente preparar un camino o estrategia de resolución que informe de los pasos que se seguirán:

$$V_B \xrightarrow{\rho} m_B \xrightarrow{\%} m_{H_2SO_4} \xrightarrow{M(H_2SO_4)} n^B = n^C \xrightarrow{V_C} [H_2SO_4]_C$$

- Cálculo del número de moles de H_2SO_4 en la alícuota **B**:

$$n_B = 2\ \text{mL} \cdot \frac{1{,}84\ \text{g disolución}}{1\ \text{mL}} \cdot \frac{96\ \text{g } H_2SO_4}{100\ \text{g disolución}} \cdot \frac{1\ \text{mol } H_2SO_4}{98\ \text{g } H_2SO_4} = 0{,}036\ \text{mol } H_2SO_4$$

- Cálculo de la molaridad al coincidir el número de moles de **B** y **C**:

$$[H_2SO_4] = \frac{n_{H_2SO_4}}{V\ (L)} = \frac{0{,}036\ \text{mol } H_2SO_4}{0{,}25\ \text{L}} = 0{,}144\ \frac{\text{mol}}{\text{L}} = 0{,}144\ \text{M}$$

13. ¿Qué volumen de ácido nítrico comercial (HNO_3, 65 % y 1,40 kg·L^{-1}) hace falta para conseguir 100 mL de una disolución 0,2 molar?

Estrategia de resolución

Este es el caso contrario a la actividad 12, por lo que se ha de ir desde **C** hasta **A**:

$$[HNO_3]_C \xrightarrow{V_C} n^C = n^B \xrightarrow{M(HNO_3)} m_{H_2SO_4} \xrightarrow{\%} m_B \xrightarrow{\rho} V_B$$

- Cálculo del número de moles de HNO_3 en la alícuota **C**:

$$[HNO_3] = \frac{n_{HNO_3}}{V\ (L)} \quad ; \quad n_{HNO_3} = [HNO_3] \cdot V\ (L) = 0{,}2\frac{\text{mol } HNO_3}{\text{L}} \cdot 0{,}1\ \text{L} = 0{,}02\ \text{mol } HNO_3$$

- Cálculo del volumen de la alícuota al coincidir el número de moles de **B** y **C**:

$$V_B = 0{,}02\ \text{mol } HNO_3 \cdot \frac{63\ \text{g } HNO_3}{1\ \text{mol } HNO_3} \cdot \frac{100\ \text{g disolución}}{65\ \text{g } HNO_3} \cdot \frac{1\ \text{mL}}{1{,}40\ \text{g disolución}} = 1{,}38\ \text{mL}$$

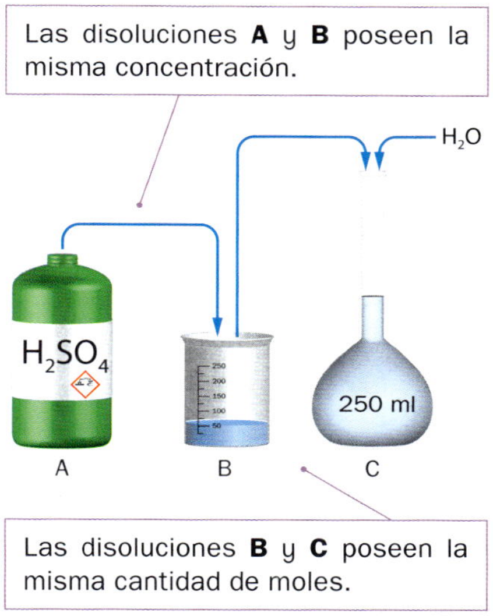

Actividades

25. En grupos, realizad un esquema en forma de infografía donde defináis, ampliéis e indiquéis ejemplos de cada una de las diferentes formas en las que se puede medir la concentración de una disolución.

26. Trabajad esta actividad en grupos de cuatro. Una persona respira unos 1 700 L de oxígeno (O_2) al día. ¿Qué volumen de aire necesita aspirar si el porcentaje de oxígeno en volumen de aire es del 21 %? ¿Cuál es la fracción molar del oxígeno?

Asumiendo que el otro componente solo es N_2, ¿cuál es el porcentaje en masa de O_2 en el aire? En caso de encontrar problemas, resolverlo en CN.

S: $V_{Aire} = 8\,095{,}24$ L; $X_{O_2} = 0{,}21$; $\%m_{O_2} = 23{,}30\ \%$

27. Se pide preparar una disolución al 10 % en volumen de etanol en agua, ¿Se está haciendo bien si se añade 10 mL de alcohol a 100 mL de agua?

S: No, ya que el porcentaje real sería del 9,09 %. Habría que añadir 10 mL de etanol y agua hasta los 100 mL.

28. Una botella de amoniaco (NH_3) comercial indica 30 % y 1,13 kg·L^{-1}. ¿Qué volumen se ha de tomar para conseguir 100 mL de amoniaco 0,5 M?

S: $V_{NH_3} = 2{,}51$ mL

29. Se toman 5 mL de ácido nítrico (HNO_3) comercial, al 60 % de riqueza y 1,13 kg·L^{-1} de densidad, y se enrasan a 250 mL. ¿Cuál es la molaridad final?

S: $[HNO_3] = 0{,}216$ M

11. Propiedades coligativas

Se denominan disoluciones verdaderas a aquellas mezclas homogéneas donde la masa de las partículas es inferior a 10^4 u. En ellas podemos identificar tres tipos de propiedades:

- Las que dependen de la naturaleza del soluto: color, sabor, densidad, viscosidad, etc.
- Las que dependen del disolvente: tensión superficial, índice de refracción, etc.
- Las que dependen de la concentración del soluto, pero no de su naturaleza. A estas propiedades se las denomina **propiedades coligativas.** No dependen del tamaño de los solutos ni de sus características, tan solo del número de partículas.

Las propiedades coligativas son cuatro, y, para comprender las tres primeras, debemos entender lo que se conoce como **diagrama de fases.** En este diagrama aparecen las regiones de existencia de los diferentes estados de agregación, sólido, líquido y gaseoso, en función de la presión y la temperatura del sistema.

Química 2.0

Amplia conocimientos sobre las propiedades coligativas:

bit.ly/ehu_Prop_coligativas

Aprende más sobre los diagramas de fase:

bit.ly/YTB_diagrama_fases

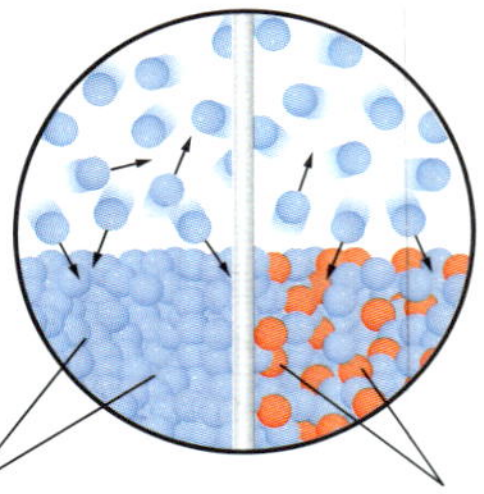

Presión de vapor

Se corresponde a la presión que ejercen las moléculas de la fase de vapor sobre el líquido o sólido con el que se encuentran en equilibrio (sistema cerrado) a una temperatura determinada.

Cuando se añade un soluto, este dificulta la evaporación y disminuye la presión de vapor.

Esta disminución en la presión de vapor viene determinada por la **ley de Raoult,** que enuncia:

$$\Delta p = X_s \cdot p_0$$

Dónde X_S es la fracción molar del soluto y p_0 es la presión de vapor del disolvente puro.

A una presión de 1 atm, un líquido como el agua funde $(S \to L)$ a 0 °C y bulle $(L \to G)$ a 100 °C.

Cuando se disuelve un soluto que **no produce iones,** la curva de cambio de fase de fusión y de ebullición se desplaza hacia el origen.

El desplazamiento es más acusado cuanto mayor es la cantidad añadida.

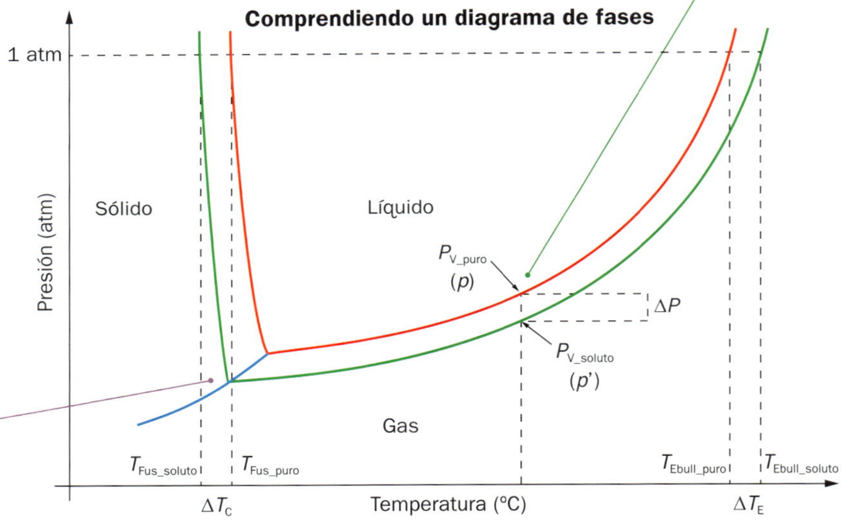

Al añadir sal al agua de un cazo, esta ebullirá a mayor temperatura que sin ella.

Descenso crioscópico

La temperatura de fusión disminuye:

$$\Delta T_c = -K_c \cdot m$$

Incremento ebulloscópico

La temperatura de ebullición aumenta:

$$\Delta T_e = K_e \cdot m$$

Donde m es la molalidad de la disolución y K_C y K_e son las constantes crioscópica y ebulloscópica del disolvente.

En invierno, se vierte sal sobre las carreteras heladas para conseguir una disminución del punto de congelación y evitar placas de hielo. Si se utiliza cloruro de calcio, además, libera calor al disolverse.

11.1. Presión osmótica

De manera similar a los gases, y en concordancia con la **teoría cinético-corpuscular**, las partículas del disolvente están en constante movimiento y ejercen una presión sobre las paredes del recipiente al colisionar con él. Esta presión recibe el nombre de **presión osmótica,** π, y depende del número de partículas por unidad de volumen, es decir, de la concentración.

Una manera de medir esta presión consiste en situar una membrana semipermeable, que solo permite el paso de moléculas de disolvente, en un tubo en U, y colocar en cada rama una disolución de diferente concentración. Esta desigualdad provoca una diferencia de presión sobre la membrana por parte del disolvente que, como si de un gas se tratara, se desplazará desde la disolución diluida a la concentrada para igualar la presión.

Si el papel de la disolución diluida es el disolvente puro, la diferencia de presión es directamente la presión osmótica de la disolución concentrada.

Por semejanza con el comportamiento de los gases, esta presión osmótica, π, se relaciona con la concentración a través de la ecuación $\pi V = nRT$, por lo que:

$$\pi = \frac{n}{V} \cdot R \cdot T = [\mathrm{X}] \cdot R \cdot T, \text{ siendo } [\mathrm{X}] \text{ la concentración molar}$$

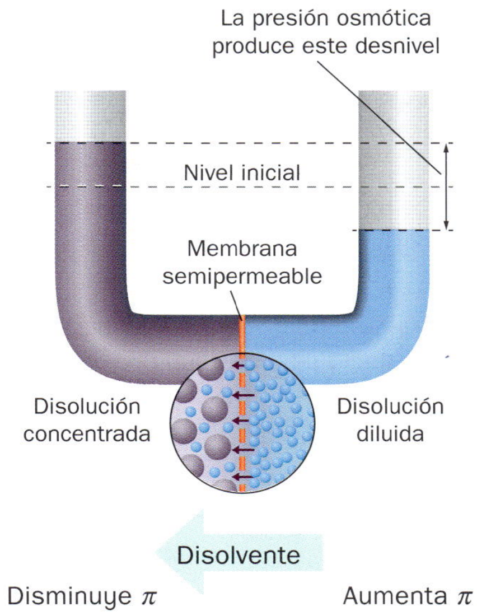

Actividades resueltas

14. Se añaden 40 g de PCl_5 a 400 g de una disolución de tolueno. A partir de los datos de la tabla, determina la fracción molar, la nueva presión de vapor y las temperaturas de fusión y ebullición, así como la presión osmótica de la disolución a 30 °C.

Compuesto	Tolueno
$T_{Fusión}$ (°C)	−94,95
K_c (°C · kg · mol^{-1})	3,55
$T_{Ebullición}$ (°C)	110,63
K_e (°C · kg · mol^{-1})	3,4
$V_{Disolución}$ (mL)	421
P_{Vapor} (mmHg)	27,75

Estrategia de resolución

Para la presión de vapor, comenzamos con los moles de soluto y disolvente:

$$\left.\begin{aligned} n_{PCl_5} &= 40 \text{ g } PCl_5 \cdot \frac{1 \text{ mol } PCl_5}{208{,}25 \text{ g } PCl_5} = 0{,}192 \text{ mol } PCl_5 \\ n_{C_7H_8} &= 400 \text{ g } C_7H_8 \cdot \frac{1 \text{ mol } C_7H_8}{92 \text{ mol } C_7H_8} = 4{,}348 \text{ mol } C_7H_8 \end{aligned}\right\} \quad X_{PCl_5} = \frac{n_{PCl_5}}{n_{PCl_5} + n_{C_7H_8}} = 0{,}04231$$

$$\Delta p = X_{PCl_5} P_0 = 0{,}04231 \cdot 27{,}75 = 1{,}17 \text{ mmHg} \quad ; \quad p_v^{Nueva} = p_0 - \Delta p = 26{,}58 \text{ mmHg}$$

Determinamos la molalidad y, a partir de ella, las variaciones en las temperaturas:

$$M_{PCl_5} = \frac{n_{PCl_5}}{m_{C_7H_8}} = \frac{0{,}192 \text{ mol } PCl_5}{0{,}4 \text{ kg } C_7H_8} = 0{,}48 \text{ mol} \cdot \text{kg}^{-1}$$

$$\Delta T_c = -K_c m = -3{,}55 \cdot 0{,}48 = -1{,}70 \text{ °C} \qquad \Delta T_e = K_e m = 3{,}4 \cdot 0{,}48 = 1{,}63 \text{ °C}$$

Por lo que las nuevas temperaturas de cambio de estado serán:

$$T_{Fusión} = -96{,}65 \text{ °C} \qquad T_{Ebullición} = 112{,}26 \text{ °C}$$

Para calcular la presión osmótica, necesitamos la concentración molar:

$$[PCl_5] = \frac{n_{PCl_5}}{V_{Disolución}} = \frac{0{,}192 \text{ mol } PCl_5}{0{,}421 \text{ L}} = 0{,}456 \text{ M}$$

Y de aquí: $\pi = 0{,}456 \text{ M} \cdot 0{,}082 \cdot (273 + 30) = 11{,}33 \text{ atm} = 8\,610{,}6 \text{ mmHg}$

Actividades

30. Al añadir una masa de n-hexano (C_6H_{14}) a 600 g de tetracloruro de carbono (CCl_4), desciende la presión de vapor del líquido de 12,2 a 10,35 mmHg. ¿Cuál es la fracción molar del hexano y qué masa hay disuelta?

S: $X_{Hexano} = 0{,}1517$; $m_{Hexano} = 60$ g

31. ¿Qué masa de etilenglicol ($C_2H_6O_2$) hay que añadirle a los 5 litros de agua de un radiador de un coche para que la temperatura de congelación descienda por debajo de −5 °C? ¿A qué temperatura bulliría? (Datos: $K_c = 1{,}86$; $K_e = 0{,}52$.)

S: $m_{Etilenglicol} = 833{,}9$ g; $T_{ebull} = 101{,}40$ °C

12. Técnicas espectrales

El cálculo de la composición centesimal permite obtener la expresión de la fórmula molecular, pero no informa sobre la estructura tridimensional ni de los enlaces que posee. El uso de técnicas de interacción de la radiación con la materia permite resolver este tipo de cuestiones.

El espectro electromagnético se puede dividir en diferentes zonas, cada una de las cuales aporta información sobre distintos aspectos estructurales de la molécula.

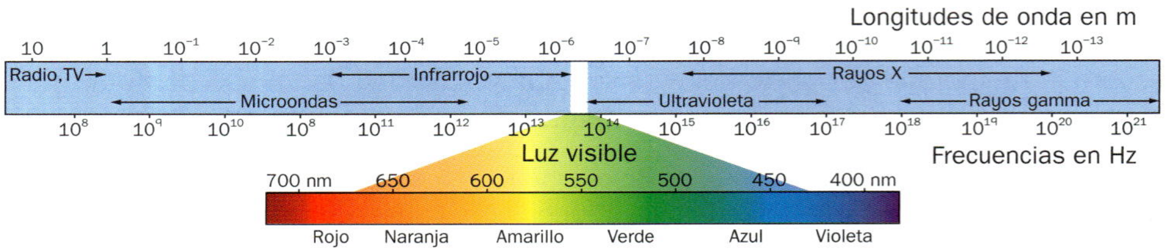

Las técnicas espectroscópicas consisten en iluminar la muestra con un tipo de radiación y medir la intensidad de salida. El resultado se denomina **espectro de absorción,** y en él se observan mínimos de intensidad que corresponden a fotones de energía absorbidos. La energía de este fotón es propia de cada molécula, enlace y átomo (depende de la energía de radiación que ilumina), y aporta información sobre diferentes características estructurales.

12.1. Espectroscopia infrarroja (IR)

Un enlace se puede considerar como un oscilador que puede vibrar a diferentes frecuencias, cada una de las cuales corresponde a uno de los picos de absorción. Si observamos un determinado pico, este informa de que existe ese enlace en la molécula y viceversa.

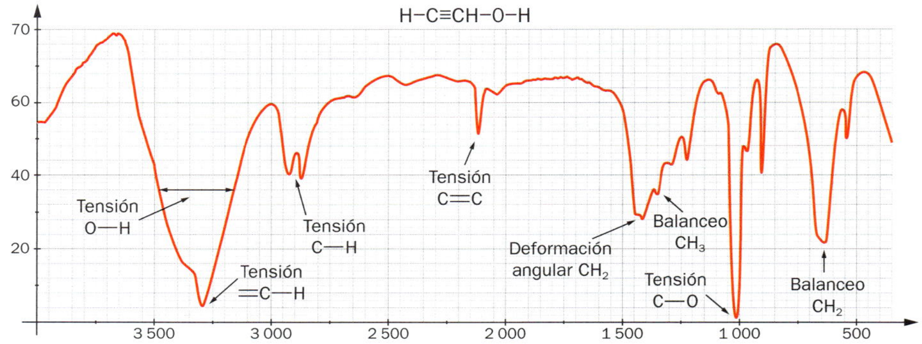

12.2. Espectroscopia de absorción atómica

Cuando un átomo aislado en fase gaseosa es iluminado con radiación electromagnética de cierta energía, este puede absorberla y promocionar un electrón desde un nivel inferior a otro superior. Esto es lo que se conoce como **espectro de absorción**. Como los niveles de energía son muy definidos, las energías absorbidas son también muy definidas y propias de cada átomo, por lo que sirve para identificar a los componentes de una mezcla.

Espectroscopia de absorción atómica

Fuente de luz de banda estrecha.

La muestra se disuelve y nebuliza sobre la llama que evapora el disolvente y disocia la estructura en átomos libres.

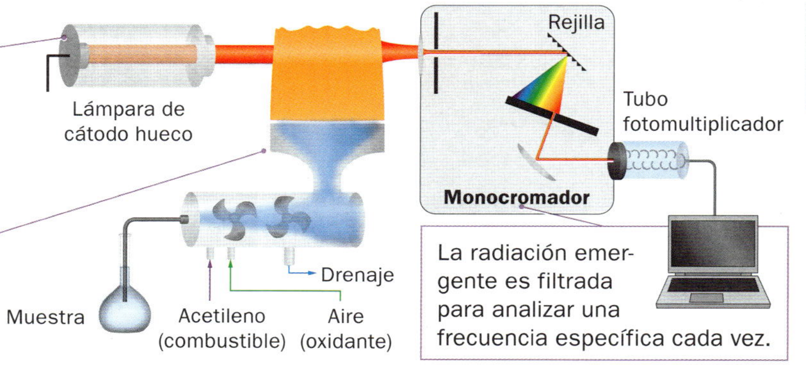

El espectro permite identificar las líneas que son propias de cada elemento.

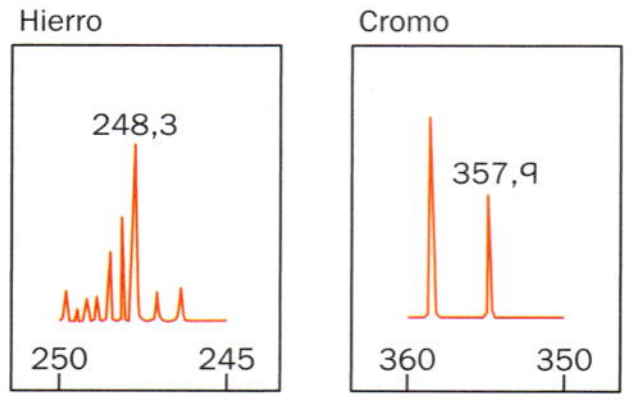

> **Química 2.0**
>
> Puedes ampliar contenidos sobre espectroscopia en:
>
> **bit.ly/Espectroscopía**
>
> **bit.ly/QO-espectroscopía**
>
> Creador de espectros:
>
> **bit.ly/Buscador_IR**
>
> El siguiente *applet* te permite analizar qué efecto produce cada tipo de interacción:
>
> **bit.ly/Phet_molec_luz**
>
> Modos de vibración:
>
> **bit.ly/Modos_vibración**
>
> **Vibraciones de tensión**
>
> 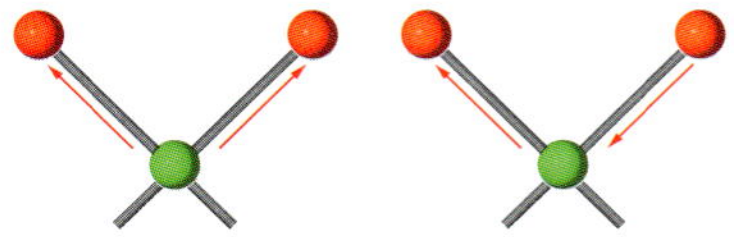
>
> Simétrica Antisimétrica
>
> **Vibraciones de flexión**
>
> 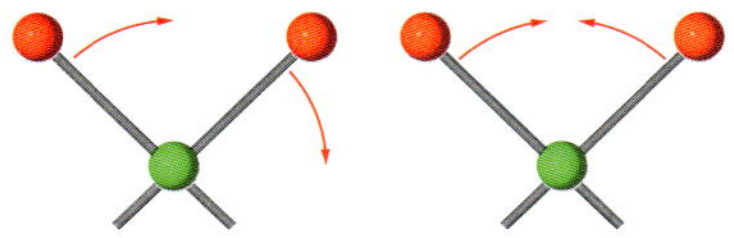
>
> Balanceo en plano Tijereteo en plano

12.3. Espectroscopia de masas

Esta técnica permite caracterizar y separar por masas estructuras complejas. Es, por lo tanto, un sistema de análisis muy completo a disposición de los químicos.

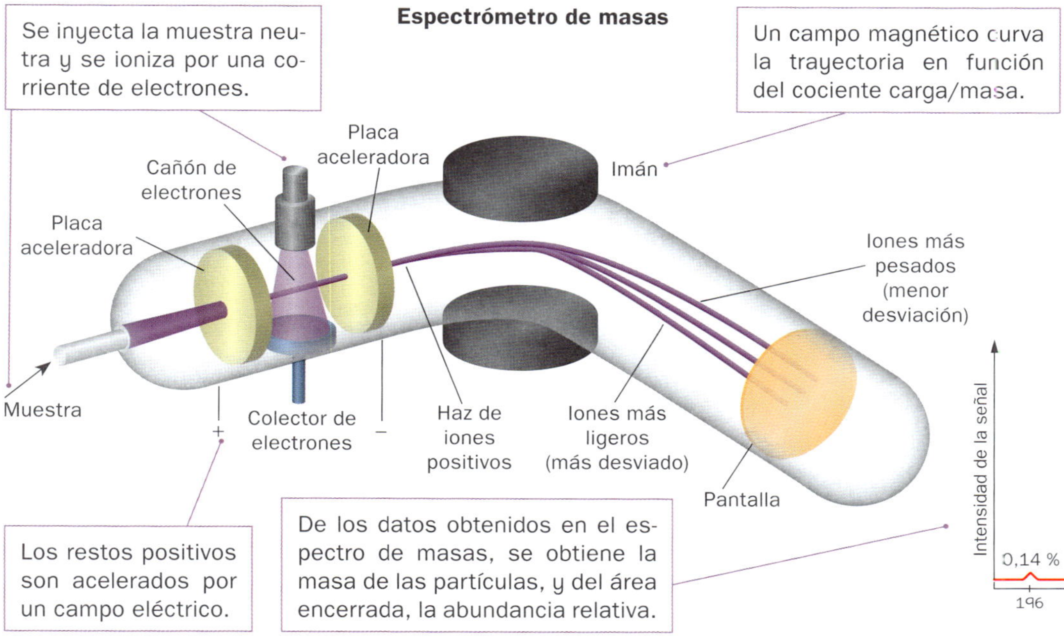

Química 2.0

En el siguiente simulador puedes obtener imágenes de espectros de masa para átomos individuales y pequeñas moléculas:

bit.ly/Espectro_masa

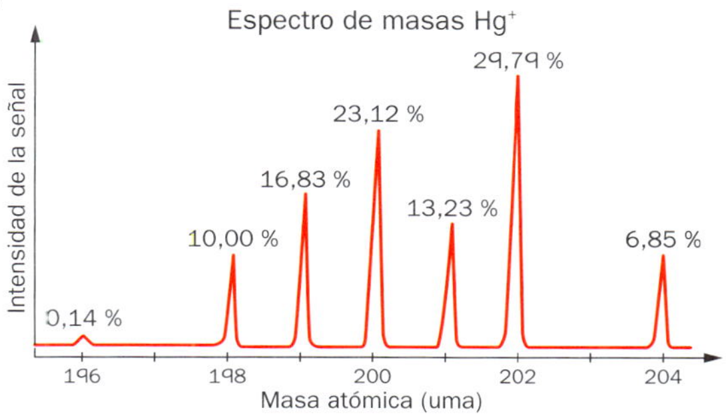

Actividades

32. Determina la masa del mercurio a partir del espectro de masas de la figura de arriba. El valor será aproximado porque las masas de los isótopos no son valores enteros.

S: $m_{Hg} = 200{,}55\ g \cdot mol^{-1}$ (**bit.ly/Espectro_masas_Hg**)

33. A partir de la abundancia isotópica para los siguientes elementos, realiza una representación aproximada del espectro de masas que se obtendría al analizar cada uno de ellos por separado y determina la masa del elemento.

^{63}Cu: 69,15 %	^{54}Fe: 5,85 %	^{57}Fe: 2,12 %
^{65}Cu: 30,85 %	^{56}Fe: 91,75 %	^{58}Fe: 0,29 %

S: bit.ly/Espectro_masas_ejemplo

34. El espectro de la figura corresponde al neón, con masa atómica 20,1707 u. Halla:

a) Cuántos isótopos estables posee y cuáles son sus masas atómicas.

b) La abundancia isotópica y cuántos átomos se detectaron de cada isótopo

S: *a)* Tres isótopos; *b)* ^{20}Ne: 90,48 %; ^{21}Ne: 7,55 %; ^{22}Ne: 1,97 %

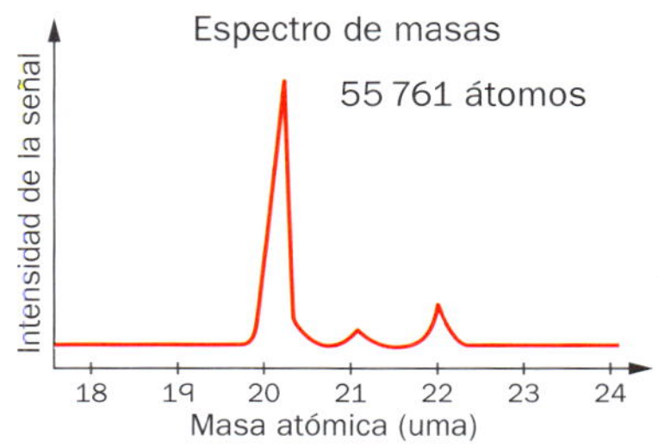

N.º átomos total: 61 628

35. Accede a **bit.ly/IR_alcoholes** y determina, a partir del siguiente espectro, qué tipo de alcohol (primario, secundario o terciario) posee la molécula C_4H_9OH.

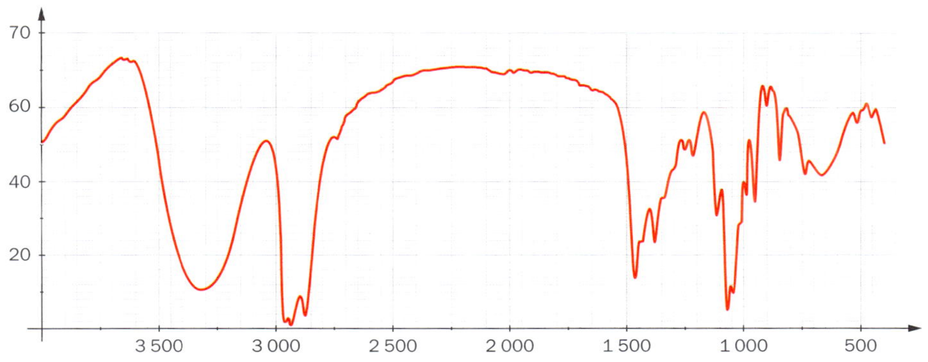

Actividades globales resueltas

1. El neón posee tres isótopos estables de masas 20, 21 y 22 u. Sabiendo que la abundancia del primero es del 90,48 % y que la masa atómica del elemento es 20,1877 u, determina las abundancias de los dos.

Estrategia de resolución

Asignamos una variable x a la abundancia de uno de los isótopos desconocidos y operamos en tanto por uno:

$$^{20}\text{Ne: } 0{,}9048 \qquad ^{21}\text{Ne: } x \qquad ^{22}\text{Ne: } 1-0{,}9048-x$$

Determinamos la masa atómica:

$$A_r(\text{Ne}) = A_r\left(^{20}\text{Ne}\right)\cdot \%\ ^{20}\text{Ne} + A_r\left(^{21}\text{Ne}\right)\cdot \%\ ^{21}\text{Ne} + A_r\left(^{21}\text{Ne}\right)\cdot \%\ ^{21}\text{Ne}$$

$$20{,}1877 = 20\cdot 0{,}9048 + 21\cdot x + 22\cdot(1-0{,}9048-x)$$

$$x = 0{,}0027$$

$$^{20}\text{Ne: } 90{,}48\ \% \qquad ^{21}\text{Ne: } 0{,}27\ \% \qquad ^{22}\text{Ne: } 9{,}25\ \%$$

2. Un recipiente de volumen V contiene hidrógeno y helio a una presión p. En un instante determinado, se abre una trampilla que deja ver una pared porosa al hidrógeno que conecta con otro recipiente de volumen V.

Cuando se vuelve a alcanzar el equilibrio, la presión en el primer recipiente se ha reducido a $\frac{2p}{3}$. Determina la fracción molar de los gases de mezcla inicial.

Estrategia de resolución

Del análisis de la situación, se puede plantear lo siguiente para la presión en el primer recipiente:

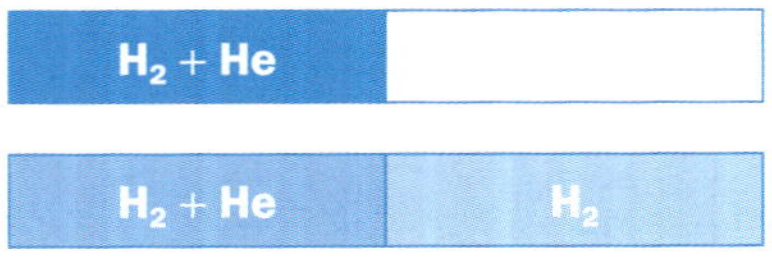

$$p_{H_2} + p_{He} = p$$

$$p'_{H_2} + p_{He} = \frac{2p}{3}$$

Para analizar el valor final de la presión de hidrógeno, utilizamos la ley de Boyle-Mariotte:

$$pV = p'\cdot 2V \quad ; \quad p' = \frac{p}{2}$$

Obtenemos un sistema de dos ecuaciones con dos incógnitas, que resolvemos:

$$\left.\begin{array}{l} p_{H_2} + p_{He} = p \\ \dfrac{p_{H_2}}{2} + p_{He} = \dfrac{2p}{3} \end{array}\right\} \quad ; \quad \left\{\begin{array}{l} p_{H_2} = \dfrac{2p}{3} \\ p_{He} = \dfrac{p}{3} \end{array}\right.$$

Teniendo en cuenta que las fracciones molares relacionan presión parcial con presión total, obtenemos:

$$X_{H_2} = \frac{p_{H_2}}{p} = \frac{2}{3} \quad ; \quad X_{He} = \frac{p_{He}}{p} = \frac{1}{3}$$

También se podría hacer aplicando el cambio a fracciones molares antes de resolver el sistema:

$$X_{H_2} + X_{He} = 1 \quad ; \quad \frac{X_{H_2}}{2} + X_{He} = \frac{2}{3}$$

3. Cuando se queman completamente en oxígeno 0,210 g de un hidrocarburo (que solo contiene carbono e hidrógeno), se recoge agua y 0,660 g de dióxido de carbono.

a) ¿Cuál es la fórmula empírica del hidrocarburo?

b) Disolviendo 50 g de este compuesto en 500 g de benceno (C_6H_6) a 26 °C, se observa que la presión de vapor del disolvente puro pasa de 100 a 91,506 mmHg. ¿Cuál es la fórmula molecular del hidrocarburo?

Estrategia de resolución

a) La secuencia es: $m_{\text{Elemento}} \rightarrow n_{\text{Elemento}} \rightarrow \text{proporción}_{\text{Molar}}$

Planteamos la reacción y determinamos la masa de cada uno de los elementos que la componen:

$$C_xH_y + O_2 \rightarrow CO_2 + H_2O$$

$$m_C = 0{,}660\text{ g } CO_2 \cdot \frac{12\text{ g C}}{44\text{ g } CO_2} = 0{,}180\text{ g C}$$

No disponemos de la masa de agua, pero es fácil saber que lo que reste hasta 0,210 g será hidrógeno:

$$m_H = m_{C_xH_y} - m_C = 0{,}210\text{ g} - 0{,}180\text{ g} = 0{,}030\text{ g H}$$

Obtenemos los moles y la proporción molar más simple:

$$n_C = \frac{0{,}180\text{ g C}}{12\text{ g C}\cdot\text{mol}^{-1}} = 0{,}015\text{ mol C} \quad ; \quad \frac{0{,}015\text{ mol}}{0{,}015\text{ mol}} = 1$$

$$n_H = \frac{0{,}030\text{ g H}}{1\text{ g H}\cdot\text{mol}^{-1}} = 0{,}030\text{ mol H} \quad ; \quad \frac{0{,}030\text{ mol}}{0{,}015\text{ mol}} = 2$$

Así, obtenemos que la fórmula empírica es CH_2.

b) Para determinar la fórmula molecular, necesitamos comparar la masa molar real con la empírica:

$$\alpha\cdot M_m(\text{empírica}) = M_m(\text{real})$$

La masa molar empírica es fácil de conocer:

$$M_m = 1\cdot 12\text{ g}\cdot\text{mol}^{-1} + 2\cdot 1\text{ g}\cdot\text{mol}^{-1} = 14\text{ g}\cdot\text{mol}^{-1}$$

La masa molar real se puede obtener a partir de la disminución de la presión de vapor:

$$\left.\begin{array}{r} p_0 = 100{,}000\text{ mmHg} \\ p_{\text{Disolución}} = 91{,}506\text{ mmHg} \end{array}\right\} \quad \Delta p = X_s\,p_0 \quad ; \quad X_s = 0{,}0849$$

Con la fracción molar y los moles de benceno tenemos:

$$\left.\begin{array}{l} X_s = \dfrac{n_{C_xH_y}}{n_{C_xH_y} + n_{\text{Benceno}}} \\ n_{\text{Benceno}} = \dfrac{500\text{ g}}{78\text{ g}\cdot\text{mol}^{-1}} = 6{,}410\text{ mol} \end{array}\right\} \quad ; \quad n_{C_xH_y} = 0{,}595\text{ mol}$$

Conocida la masa disuelta, hallamos la masa molar:

$$M\left(C_xH_y\right) = \frac{50\text{ g}}{0{,}595\text{ mol}} = 84\text{ g}\cdot\text{mol}^{-1}$$

Comparando ambas masas, obtenemos para $(CH_2)_\alpha$:

$$\alpha\cdot M_m(\text{empírica}) = M_m(\text{real}) \quad ; \quad \alpha\cdot 14 = 84 \quad ; \quad \alpha = 6$$

En consecuencia, la fórmula molecular es C_6H_{12}.

Descubre los fallos de estas actividades.
Consulta las soluciones en:
bit.ly/Encuentra_error_1BAC_U1

A la caza del ERROR

1. ¿Cuál es el porcentaje de masa del azufre en el compuesto Sb_2S_3? ¿Qué cantidad de azufre hay en 28,4 g del compuesto? ¿Qué masa del compuesto contiene 64,4 g de azufre?

Solución (tres errores)

- Cálculo del porcentaje en masa:

$$m_S = \frac{32 \text{ g S}}{339{,}52 \text{ g } Sb_2S_3} = 0{,}094\ \%$$

- Cantidad de azufre:

$$m_S = 32 \text{ g S} \cdot 0{,}094\ \% = 0{,}03 \text{ g S}$$

- Masa de compuesto:

$$m_{Sb_2S_3} = 64{,}44 \text{ g S} \cdot \frac{100 \text{ g } Sb_2S_3}{0{,}094 \text{ g S}} = 68\,553{,}19 \text{ g } Sb_2S_3$$

2. ¿Cuántos moles hay en 225,4 g de ácido fosfórico (H_3PO_4)? ¿Cuántos moles de átomos de hidrógeno? ¿Cuántos átomos de hidrógeno?

Solución (dos errores)

- Cálculo de la masa molecular del H_3PO_4:

$$M_m(H_3PO_4) = 3 \cdot A_r(H) + 1 \cdot A_r(P) + 4 \cdot A_r(O) = 98 \text{ g} \cdot \text{mol}^{-1}$$

- Determinación de los moles de ácido:

$$n_{H_3PO_4} = 225{,}4 \text{ g} \cdot \frac{98 \text{ g}}{1 \text{ mol}} = 22\,099 \text{ mol } H_3PO_4$$

- Moles de átomos de hidrógeno:

$$n_{H_2} = 3 \cdot n_{H_3PO_4} = 66\,297 \text{ moles } H_3PO_4$$

- Número de átomos de hidrógeno:

$$N_{H_2} = 3 \cdot n_{H_2} = 198\,891 \text{ moles } H_3PO_4$$

3. Se toma una alícuota de 5 mL de una disolución de ácido acético (CH_3COOH) al 5 % y 1,4 $\text{g} \cdot \text{mL}^{-1}$, y se añade a un matraz aforado enrasando a 500 mL. Determina la molaridad de la disolución resultante.

Solución (dos errores)

- Cálculo de la masa molecular de ácido que añadimos:

$$m_{\text{Ácido}} = 5 \text{ mL} \cdot \frac{1{,}4 \text{ g}}{1 \text{ mL}} = 7 \text{ g ácido}$$

- Cálculo de los moles de ácido:

$$n_{\text{Ácido}} = 7 \text{ g ácido} \cdot \frac{1 \text{ mol}}{60 \text{ g}} = 0{,}117 \text{ mol}$$

- Cálculo de la concentración molar:

$$[CH_3COOH] = \frac{0{,}117 \text{ mol}}{5 \text{ mL}} = 0{,}0234 \text{ M}$$

4. Determina el número de moles de moléculas, de moles de átomos, de átomos de cada elemento y el número total de átomos en 150 g de $Ni_3(PO_4)_2$.

Solución (dos errores)

- Cálculo de la masa molar del compuesto:

$$M_m = 3 \cdot 58{,}7 + 31 - 4 \cdot 16 \cdot 2 = 335{,}1 \text{ g}$$

- Cálculo del número de moles de moléculas:

$$n_{Ni_3(PO_4)_2} = 150 \text{ g} \cdot \frac{1 \text{ mol}}{335{,}1 \text{ g}} = 0{,}447 \text{ mol } Ni_3(PO_4)_2$$

- Cálculo del número de moles de átomos:

$$n_{Ni} = 3 \cdot n_{Ni_3(PO_4)_2} = 1{,}341 \text{ mol Ni}$$

$$n_P = 1 \cdot n_{Ni_3(PO_4)_2} = 0{,}447 \text{ mol P}$$

$$n_O = 8 \cdot n_{Ni_3(PO_4)_2} = 3{,}576 \text{ mol O}$$

- Cálculo del número de átomos de cada elemento:

$$N_{Ni} = n_{Ni} N_A = 8{,}076 \cdot 10^{23} \text{ átomos Ni}$$

$$N_P = n_P N_A = 2{,}692 \cdot 10^{23} \text{ átomos P}$$

$$N_O = n_O N_A = 2{,}148 \cdot 10^{24} \text{ átomos O}$$

- Cálculo del número de átomos total:

$$N_{Total} = N_H + N_P + N_O = 3{,}225 \cdot 10^{24} \text{ átomos}$$

5. Una empresa minera ha obtenido tres muestras de mineral y te ha encargado que determines si se trata del mismo compuesto. Para ello, realizas un análisis espectroscópico de absorción atómica y observas que las muestras solo tienen dos elementos: níquel y oxígeno. Después las mandas a analizar y recibes los siguientes resultados:

Muestra	$m_{Muestra}$	m_{Ni}	m_O
A	119,52 g	93,92 g	25,60 g
B	52,29 g	41,09 g	11,20 g
C	148,86 g	105,66 g	43,20 g

Determina, aplicando la ley de las proporciones múltiples, si los minerales son el mismo compuesto.

Solución (un error)

Para saber si las muestras son del mismo compuesto, determinamos el cociente de masas entre elementos de las diferentes muestras de acuerdo con la ley de Proust:

- Entre las muestras A y B:

$$\frac{m_{Ni}^A}{m_{Ni}^B} = \frac{93{,}92 \text{ g}}{41{,}09 \text{ g}} = 2{,}2857 \quad ; \quad \frac{m_O^A}{m_O^B} = \frac{25{,}60 \text{ g}}{11{,}20 \text{ g}} = 2{,}2857$$

- Entre las muestras C y B:

$$\frac{m_{Ni}^C}{m_{Ni}^B} = \frac{105{,}66 \text{ g}}{41{,}09 \text{ g}} = 2{,}571 \quad ; \quad \frac{m_O^C}{m_O^B} = \frac{43{,}20 \text{ g}}{11{,}20 \text{ g}} = 3{,}857$$

Según estos resultados, A y B son el mismo compuesto, pero C es diferente, luego hay dos compuestos diferentes.

Problemas propuestos

Leyes ponderales y volumétricas

1. Como ingeniera encargada del laboratorio de gases, te encomiendan la realización de un informe de la última reacción. Acudes a tu libreta de laboratorio y observas que tienes apuntado que se partió de 454 mL de gas, pero no consigues diferenciar si el producto final fueron 631, 637, 681 o 687 mL de gas. ¿Cuál es el resultado correcto y cuál es la base teórica en la que te fundamentas?

S: 681 mL

2. Un investigador ha publicado un artículo donde analiza una determinada reacción química y aporta estos datos:

A (s)	+	BC (g)	→	AB (g)	+	C (g)
2,56 g		3,32 g		4,25 g		1,83 g
–		2,53 L		7,59 L		12,10 L

¿Son razonables los datos proporcionados?

S: No se cumple la ley de los volúmenes de combinación ni la conservación de la masa.

3. Trabajando en grupo, responded a las siguientes cuestiones. Cada miembro debe dar una solución a cada pregunta obligatoriamente y, cuando todos han hablado, consensuar la respuesta.

Analizad el aporte de cada una de las leyes ponderales a la determinación de compuestos exponiendo casos reales con ejemplos numéricos de cada una de ellas.

Moles y partículas

4. Completa el siguiente cuadro:

Sustancia	*m* (g)	*n* (mol)	*N* (moléc.)	*N* (át. O)
OCl_2	25	...	...	...
O_3Cl_2	...	25	...	...
O_5Cl_2	...	...	$25 \cdot 10^{23}$	...
O_7Cl_2	...	...	...	$25 \cdot 10^{23}$

S: bit.ly/Tabla_N-n-m

5. Trabajad en grupos de cuatro personas. En primer lugar, de forma individual, pensad el planteamiento de resolución del problema. Después, repetidlo por parejas y, por último, hacedlo en grupo.

¿Cuál es el concepto actual de mol y cómo ha cambiado en relación con la anterior definición? ¿Cuáles han sido los motivos para realizar este cambio?

6. Determina el número de moléculas de agua y de átomos de hidrógeno que hay en una gota de agua de 0,1 mL cuando la densidad del agua se aproxima a $1\ kg \cdot L^{-1}$.

S: $3{,}346 \cdot 10^{21}$ moléculas agua; $6{,}691 \cdot 10^{21}$ átomos de H

Leyes de los gases

7. Un aerosol de 250 mL contiene gas parcialmente licuado a una presión de 4 atm cuando se encuentra a 25 °C.

a) ¿Cuánto vale esta presión si se calienta el recipiente hasta los 100 °C?

b) Si la máxima presión que puede soportar el envase fuera de 12 atm, ¿cuál sería la máxima temperatura que podría soportar?

S: *a)* $P = 5$ atm; *b)* $T = 621$ °C

8. Se construye un termómetro utilizando la dilatación de un gas en un recipiente como el de la imagen con una única pared móvil y se rellena inicialmente con gas hasta ocupar unas dimensiones de $5 \times 10 \times 20$ cm cuando la temperatura es de 20 °C.

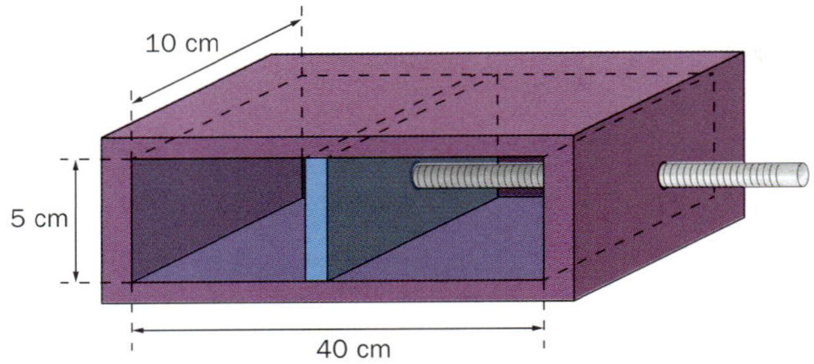

Realizad en equipo una hoja de cálculo donde tabuléis lo que marcará el émbolo en función de la temperatura expresada en la escala centígrada.

a) ¿Dónde habrá que situar la marca de 0 °C? ¿Y la de 100 °C?

b) De acuerdo con la longitud de la caja, ¿cuál sería la temperatura máxima que podría marcar? ¿Y la mínima?

c) Si la caja puede soportar 2 atm, ¿cuál sería la máxima temperatura que la caja podría soportar?

S: *a)* 18,63 cm; 25,46 cm; *b)* 313 °C; –273 °C; *c)* 899 °C

9. Se tiene un recipiente de 4 L de nitrógeno a 20 °C y 850 mmHg, unido mediante una espita cerrada a un segundo recipiente de 6 L de oxígeno a 40 °C y 2 atm.

Se abre la espita y se lleva el conjunto a 0 °C. ¿Cuál es la presión en atmósferas de cada gas y la presión total del sistema cuando se alcance el equilibrio?

S: $p_{N_2} = 0{,}417$ atm; $p_{O_2} = 1{,}047$ atm; $p_{Total} = 1{,}464$ atm

10. Se introducen 138 g de gas en un recipiente de 50 L y se calienta hasta los 80 °C. La medida de la presión es de 660 mmHg.

a) ¿Qué cantidad de gas hay en el recipiente?

b) ¿Cuál es la masa molar del gas?

S: *a)* $n_{Gas} = 1{,}5$ mol; *b)* $M(X) = 92\ g \cdot mol^{-1}$

Composición centesimal y fórmula molecular

11. Tras analizar un óxido de hierro, se determina que la riqueza del hierro es de 69,94 %. Determina la fórmula empírica e indica si estamos ante hierro(II) o hierro(III).

S: Fe_2O_3; hierro(III)

12. Indica la fórmula molecular de un compuesto con una composición centesimal del 25,40 % de azufre, 38,10 % de oxígeno y el resto de sodio si su masa molar es 126 g · mol^{-1}.

S: Na_2SO_3

13. Determina la fórmula de un hidrocarburo gaseoso sabiendo que el 85,70 % es carbono y que 2 g a 45 °C y 1,5 atm ocupan 49,7 cL.

S: C_5H_{10}

14. EvAU El p-cresol es un compuesto de masa molecular relativa M_r = 108,1 que se utiliza como desinfectante y en la fabricación de herbicidas. El p-cresol solo contiene C, H y O, y la combustión de una muestra de 0,3643 g de este compuesto produjo 1,0390 g de CO_2 y 0,2426 g de H_2O.

a) Calcula su composición centesimal en masa.

b) Determina sus fórmulas empírica y molecular.

S: *a)* C (77,8 %); H (7,4 %); O (14,8 %); *b)* C_7H_8O (las fórmulas empírica y molecular coinciden).

Concentración y alícuotas

15. Determina la concentración molar de una disolución de ácido nítrico (HNO_3) si se toman 3 mL de una botella comercial cuya etiqueta indica 64 % de riqueza y 1,12 kg · L^{-1} de densidad y se enrasa a 500 mL.

S: $[HNO_3]$ = 0,0683 M

16. ¿Qué volumen de disolución comercial de ácido sulfúrico (H_2SO_4) del 96 % y 1,2 kg · L^{-1} de densidad es necesario tomar para conseguir 250 mL de disolución 0,2 M?

S: V = 4,25 mL

17. A partir de 50 g de una crema de cloruro de potasio (KCl) al 5 %, una farmacéutica debe preparar otra al 15 %. ¿Cuánta masa de sal debe añadir?

S: m_{KCl} = 5,88 g

Propiedades coligativas

18. La presión de vapor del agua a 20 °C es de 17,546 mmHg. ¿Cuál es la presión para 1,2 L de agua de una olla si se añaden 30 g de NaCl? (ρ_{Agua} = 1 kg · L^{-1})

S: p = 17,412 mmHg

19. Determina la masa de acetaldehído (CH_3–COH) que se ha de añadir a una bolsa con 50 kg de agua para que se congele por debajo de –15 °C. Con esa cantidad, ¿a qué temperatura ebulliría?

S: m_{Etanal} = 17,741 kg; T_{Ebull} = 104,193 °C

20. ¿Qué masa de glucosa ($C_6H_{12}O_6$) hemos de utilizar por litro para preparar una disolución intravenosa si la presión osmótica de la sangre a 25 °C es de 7,65 atm?

S: m_{NaCl} = 55,80 g

21. En grupos de tres, elaborad una hoja de cálculo que permita determinar el descenso crioscópico y el incremento ebulloscópico de cualquier líquido a partir de los datos de las constantes del disolvente implicadas y la masa molar del soluto añadido.

Se tabularán para cantidades de soluto añadidas a 1 kg de disolución desde 0 hasta 1 kg en incrementos de 50 g. La hoja de cálculo debe ser autocalculable. Realizad los cálculos para agua, CCl_4 y amoniaco como disolvente, y tres solutos diferentes a elegir para cada caso.

S: bit.ly/Ejer_Prop_coaligativas_pfus_pebull

Técnicas espectrales

22. Determina la abundancia de los isótopos que faltan sabiendo que su masa es 83,8842 u.

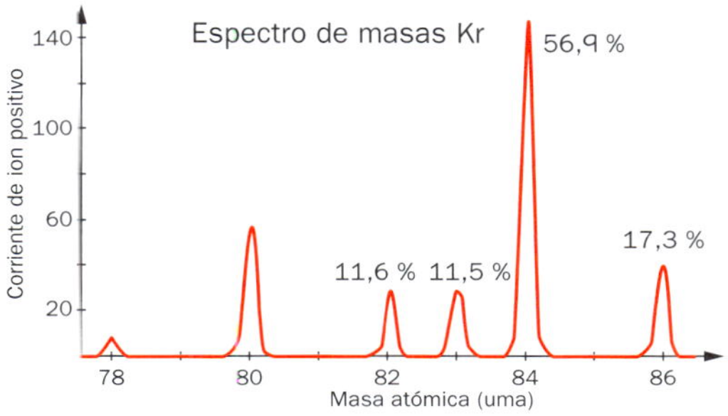

S: ^{78}Kr: 0,34 %; ^{80}Kr: 2,36 %

Problemas globales

23. La sustancia responsable del sabor peculiar de algunas frutas, como la naranja, el pomelo o el limón, es el ácido cítrico. Dicha sustancia está formada únicamente por carbono, hidrógeno y oxígeno. Si quemamos 2,885 g de ácido cítrico, se obtienen 3,967 g de dióxido de carbono y 1,082 g de agua. Determina las fórmulas empírica y molecular del ácido cítrico sabiendo que 850 mL de una disolución acuosa de dicha sustancia, que contiene 3,187 g de ella, tiene una concentración cuyo valor es 1,95 · 10^{-2} M.

S: Las dos fórmulas son iguales: $C_6H_8O_7$.

24. EvAU Un compuesto está formado por C, H y O, y su masa molecular es de 60 g/mol. Cuando se queman 30 g del compuesto en presencia de un exceso de oxígeno, se obtiene un número igual de moles de dióxido de carbono (CO_2) y de agua. Sabiendo que el dióxido de carbono obtenido genera una presión de 2 449 mmHg en un recipiente de 10 L a 120 °C de temperatura, determina la fórmula empírica y molecular del compuesto.

S: Fórmula empírica: CH_2O; fórmula molecular: $C_2H_4O_2$

Práctica 1. Preparación de disoluciones

Objetivo

Adquirir y dominar la técnica de preparación de disoluciones a partir de sólidos y de disoluciones concentradas.

Materiales

- Permanganato de potasio ($KMnO_4$).
- Ácido sulfúrico comercial 98 %.
- Vidrio de reloj.
- Vaso de precipitados.
- Matraz aforado.
- Agua destilada.

Buscad información sobre las normas de seguridad que hay que cumplir en el uso de ácidos y oxidantes.

Procedimiento

Preparación de 250 mL de una disolución de permanganato de potasio 0,1 M

Calcular la masa de permanganato de potasio ($KMnO_4$) necesaria y medirla con la báscula o la balanza.

Disolverla en unos 50 mL de agua ayudándose del frasco lavador hasta que no quede resto de color.

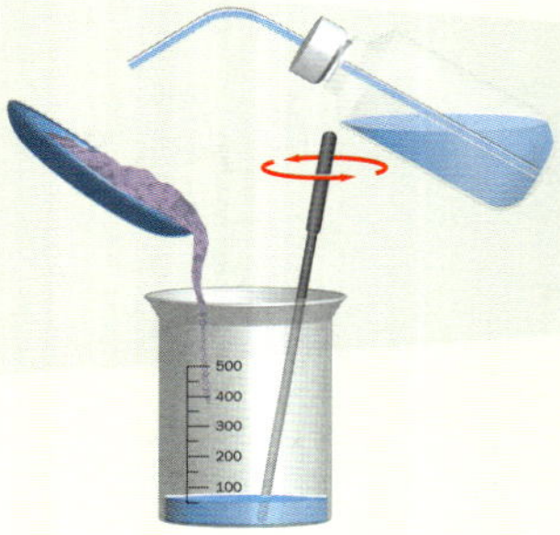

Verter en el matraz aforado lavando el vaso de precipitados hasta que no quede color, y agitar la mezcla.

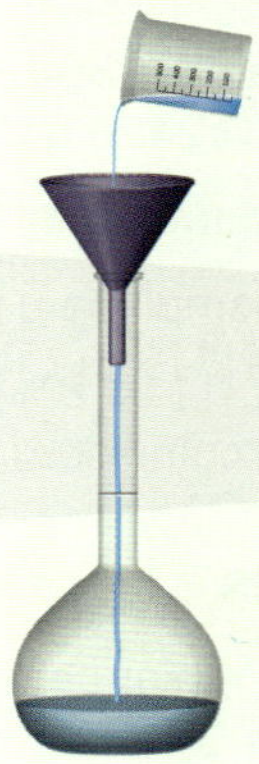

Aforar el matraz ayudándose de un cuentagotas, si es necesario, y agitar nuevamente la disolución.

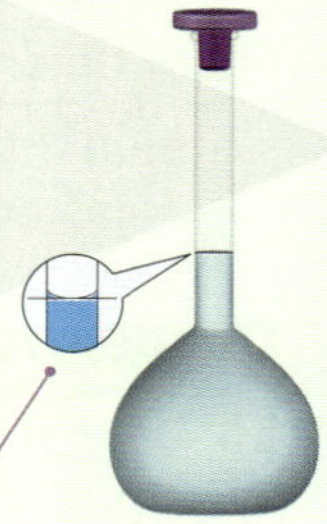

El menisco se debe visualizar desde la misma altura en horizontal y su base, sobre la línea.

Preparación de 250 mL de una disolución de ácido sulfúrico 0,1 M

Calcular el volumen de ácido comercial necesario a partir de los datos de la botella y pipetear con una pera la cantidad deseada.

Verter en un vaso de precipitados que contenga unos 100 mL de agua y agitar con cuidado.

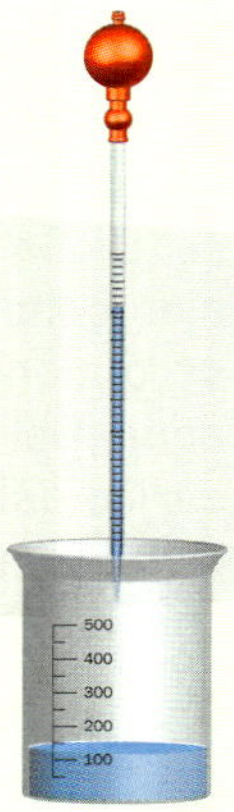

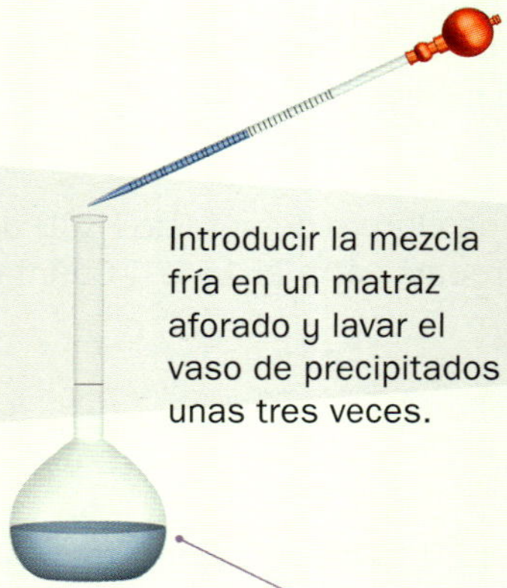

Introducir la mezcla fría en un matraz aforado y lavar el vaso de precipitados unas tres veces.

Aforar el matraz ayudándose de un cuentagotas si es necesario y agitar la disolución.

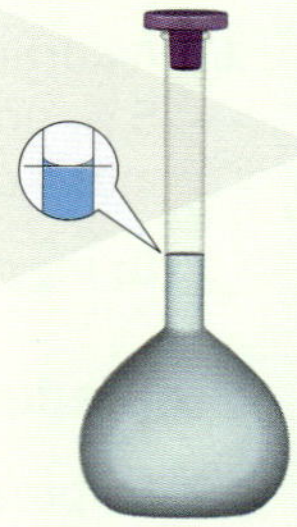

Importante. Siempre se ha de verter el ácido sobre el agua. Al ser un proceso muy exotérmico, en el caso del sulfúrico, realizarlo al revés provocaría que el agua entrara en ebullición y causara salpicaduras corrosivas y calientes.

Cuestiones

1. Escribe en tu cuaderno de laboratorio los cálculos realizados y los valores reales, intermedios y finales.
2. ¿Por qué es necesario lavar tanto el vaso? ¿Qué pasaría si fuera un producto incoloro?

Hablando de ciencia...

La segunda mitad del siglo xx fue, sin duda, el periodo de esplendor de la bioquímica, que vivió una de sus máximas cumbres al determinar, mediante difracción de rayos X, la geometría de la doble hélice de ADN. Si se acude a la bibliografía sobre este hecho, se observará que se otorga el descubrimiento a James Watson y a Francis Crick, quienes, junto con Maurice Wilkins fueron reconocidos en 1962 con el Nobel de Medicina. Sin embargo, apenas se menciona a la persona que obtuvo la foto que permitió obtener las conclusiones definitivas sobre la forma del ADN: Rosalind Franklin.

Con el paso de los años y con el análisis de los cuadernos de laboratorio y sus artículos científicos, el trabajo sistemático y empírico de Rosalind ha sido reconocido. Su necesidad de contrastar las teorías sobre los modelos con datos experimentales es una de las facetas que más destaca de esta investigadora, para quien no se debía publicar nada que no tuviese pruebas definitivas.

A pesar de que falleció prematuramente a los 37 años, sus contribuciones han sido más que notables. Entre ellas, destaca ser la codescubridora de la estructura del ADN, de la estructura fina del carbón y del grafito, así como la determinación de estructuras de diversos virus, incluidos el de la polio y el del mosaico de tabaco.

El debate sobre la concesión del Nobel es desacertado, pues el premio se otorga a personas vivas, y Franklin ya había fallecido cuando fue otorgado. Pero la falta de mención a su trabajo es lo que ha suscitado mayor debate.

Analiza cómo la perseverancia del investigador contribuye al avance de la ciencia, así como la necesidad de apoyar sus ideas y modelos en resultados que estén claramente contrastados. Puedes apoyarte en el papel de Rosalind y el caso de la **fotografía 51.**

Práctica 2. Interpretación de espectros infrarrojos

Objetivo

Adquirir nociones y práctica sobre la interpretación de espectros IR a partir de simuladores y tablas de frecuencias vibracionales.

Procedimiento

Es recomendable realizar el trabajo coordinadamente en grupos de cuatro. Uno de los miembros investigará y acudirá a otros grupos de trabajo (o a una charla del docente) para analizar cómo están procediendo y, al volver a su grupo de referencia, informará de lo que ha observado al resto de los componentes.

Acceded al simulador en **bit.ly/Buscador_IR** y a las tablas de frecuencias asignadas a enlaces en **bit.ly/Tabla_frecuencia_IR_UNAM**, **bit.ly/Tabla_frecuencia_IR_UGR** o Wikipedia. Utilizad el panel superior de simulador para dibujar las siguientes moléculas y obtened el espectro IR asociado:

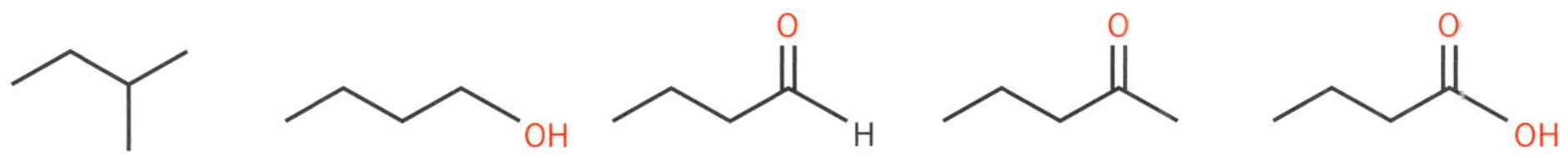

Interpretad las principales líneas de absorción de acuerdo con las tablas y elaborad un breve cuadro que os permita identificar rápidamente las líneas principales asociadas a hidrocarburos, alcoholes, aldehídos, cetonas y ácidos.

Comprendido el procedimiento, diseñad tres moléculas sencillas que posean solo uno de los grupos estudiados, obtened sus espectros IR y relacionadlos por un código. Se pondrán en común el conjunto de los espectros de todos los grupos y las fórmulas correspondientes, y cada equipo relacionará la mayor cantidad de espectros y fórmulas posible.

Atrévete a mirar

¿He aprendido realmente?

¿Qué he aprendido de nuevo sobre las leyes ponderales, las leyes de los gases y el mol?

¿Cómo puedo relacionar lo que he aprendido con mis conocimientos anteriores?

¿Soy capaz de determinar la concentración de cualquier disolución y operar con ella para obtener valores?

¿Qué partes de la unidad me han planteado una mayor dificultad? ¿Qué puedo hacer para superarlo?

¿Para qué me sirve utilizar como cantidad de materia el mol en lugar de la masa?

¿Cómo planteo la resolución de actividades sobre concentración y gases?

¿Qué aplicaciones cotidianas puede tener lo que he aprendido?

2. Estequiometría

Contenidos

- La reacción química
- Cálculos estequiométricos
- Tipos de reacciones químicas

La química ha marcado el ritmo del progreso de la humanidad hasta el punto de que las grandes épocas se nombran a partir de los materiales empleados en la fabricación de herramientas: la Edad de Piedra (Paleolítico y Neolítico), la Edad de los Metales (Cobre, Bronce y Hierro) y, actualmente, la Edad del Plástico.

Pero, aparte de los materiales, en los dos últimos siglos, la química ha sido determinante, sobre todo, en el avance de los medios de locomoción, gracias al estudio y control de las reacciones químicas originadas en la quema de combustibles fósiles. El aspecto negativo de este desarrollo tecnológico es que ha provocado un grave problema: el calentamiento global.

Si la combustión supuso un importante avance, la segunda reacción que marcará un nuevo hito en la evolución es la pila de combustible, en particular la pila de hidrógeno, capaz de mover un vehículo convirtiendo la energía del hidrógeno en energía eléctrica sin producir residuos contaminantes.

Pero el paso de la primera reacción a la segunda implica adaptar muchas de las infraestructuras y de los procesos de producción actuales. ¿Puede el planeta esperar a esta transformación?

Cuestiones

1. ¿Cuándo comenzó la humanidad a utilizar la combustión como fuente de energía? ¿Y cuándo la empleó para desplazarse?
2. De acuerdo con el texto, ¿cómo nombrarías el periodo a partir del cual se utiliza la combustión como fuente de energía para el transporte?
3. ¿En qué consiste la pila de hidrógeno? ¿Qué combustible utiliza y cuál es el comburente?
4. ¿Cuáles son las infraestructuras y los procesos de producción que, según el texto, se deben adaptar y cuáles serían estas modificaciones?

El reto

Estamos rodeados de reacciones químicas: desde las oxidaciones de los metales hasta la comida que cocinamos. Incluso nosotros mismos somos un conjunto de reacciones químicas. Lo difícil es aprender a reconocerlas.

A continuación, te proponemos realizar una serie de reacciones químicas. Observa qué cambios suceden: qué sustancias desaparecen, cuáles aparecen y en qué estado.

Descomposición del agua oxigenada

El peróxido de hidrógeno (H_2O_2), cuyas disoluciones se conocen como agua oxigenada, es un compuesto inestable que se descompone espontáneamente en agua y dioxígeno. Este proceso, con claras limitaciones cinéticas, se puede acelerar aumentando la temperatura o utilizando un catalizador. En esta ocasión vas a emplear este segundo método.

Para la vida, el peróxido de hidrógeno es un compuesto residual del metabolismo celular de muchos organismos que se emplea en la defensa frente a patógenos. No obstante, es un producto medianamente agresivo, por lo que el cuerpo ha diseñado rutas y enzimas encargadas de su destrucción y eliminación. La **catalasa,** presente en plantas y animales, es una de esas enzimas.

Vamos a analizar los efectos del peróxido sobre diferentes muestras y cómo la catalasa permite destruir este compuesto.

Experimento: Acción del peróxido de hidrógeno

Necesitarás: trozos de 2 cm^2 de jamón de York, carnes magras y carnes rojas, un poco de pan, una hoja de espinaca y otra de lechuga, una lenteja, unas rodajas de zanahoria finas, pequeñas porciones de patata, un huevo crudo y un poco de leche. Puedes ampliar la lista con más ejemplos de tu interés.

Toma cada una de estas piezas y sumérgelas en diferentes vasos pequeños (lo más parecidos a un tubo de ensayo) con peróxido de hidrógeno; deben quedar completamente cubiertas. Deja actuar durante 30 minutos. Anota y fotografía lo que observas.

Clasifica las diferentes muestras en función de su comportamiento:

- Las piezas que son «atacadas» por el agua oxigenada.
- Las sustancias que potencian su descomposición.
- Los elementos que no muestran interacción.

¿Qué relación encuentras entre esta clasificación y la presencia o no de catalasa en las muestras?

Cuando sobre una herida con un poco de sangre se vierte peróxido de hidrógeno, aparecen unas burbujas. Relaciona este fenómeno con lo que has aprendido.

Atrévete a mirar

¿Quiero aprender?

¿Qué sé sobre las reacciones químicas?

¿Qué quiero aprender?

¿Qué importancia tiene para mí saber hacer cálculos sobre reacciones químicas?

¿Qué importancia tiene para mí reconocer y diferenciar entre reacciones?

¿Qué conozco sobre ácidos, bases y oxidaciones?

¿Puedo enumerar tres ácidos? ¿Y tres bases?

¿Puedo reconocer diferentes reacciones químicas en el mundo cotidiano?

1. La reacción química

Acabas de estudiar cómo la química ayuda a entender las propiedades de las sustancias y de sus preparaciones. Otra importante faceta de esta ciencia es la capacidad de crear, mediante reacciones químicas, nuevos materiales con propiedades a la carta. Pero ¿qué es una reacción química?

Una **reacción química** es el proceso mediante el cual los átomos de unas sustancias, denominadas **reactivos,** se reordenan, rompiendo y formando enlaces, para producir unas sustancias diferentes, conocidas como **productos.**

Reactivos → Productos

Para poder describir lo que sucede, tanto a nivel macroscópico como microscópico, se recurre a la ecuación química:

Una **ecuación química** es la representación mediante símbolos de una reacción química. Muestra las sustancias de las que parte la reacción **(reactivos)** y las que se forman, **(productos)** en sus estados de agregación junto a unos **coeficientes estequiométricos** que indican la proporción en moles (y en moléculas) en la que las sustancias participan, la energía implicada en el proceso y los catalizadores que intervienen en él.

➡ • *Química 2.0*

Puedes repasar y ampliar muchos de los contenidos de esta unidad en las siguientes direcciones:

Reacciones I:

bit.ly/INTEF_Reacc_I

Reacciones II:

bit.ly/INTEF_Reacc_II

Actividades resueltas

1. Observa la siguiente ecuación química ¿Qué información podemos extraer de ella?

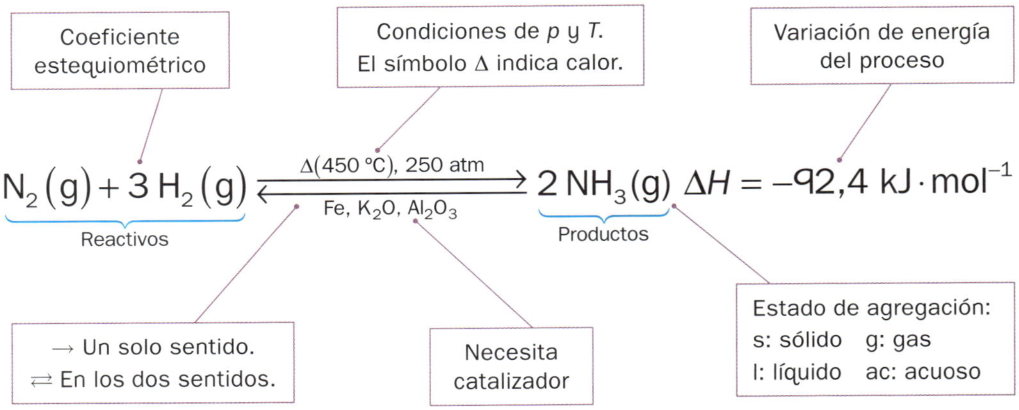

Los coeficientes estequiométricos aportan información sobre la cantidad de materia que interacciona tanto a nivel molecular como en número de moles.

Ecuación	$N_2(g)$ +	$3\,H_2(g)$ →	$2\,NH_3(g)$
Átomos	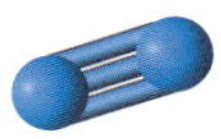		
Moles	1 mol de $N_2(g)$	3 mol de $H_2(g)$	2 mol de $NH_3(g)$
Moléculas	$1 \cdot 6{,}022 \cdot 10^{23}$	$3 \cdot 6{,}022 \cdot 10^{23}$	$2 \cdot 6{,}022 \cdot 10^{23}$
Masa	$1 \cdot 28$ g = 28 g	$3 \cdot 2$ g = 6 g	$2 \cdot 17$ g = 34 g
Ley conservación masa	Reactivos: 28 g + 6 g = 34 g		Productos: 34 g

Sabías que...

La ecuación química puede completarse con más información en caso necesario.

Por ejemplo, si se desea destacar que se desprende un gas, se coloca junto a este una flecha que apunta hacia arriba (↑).

Si lo que aparece es un precipitado, la flecha apunta hacia abajo (↓)

1.1. Ajuste de reacciones químicas

Al analizar una ecuación química se observa que no puede haber excedente de átomos ni en reactivos ni en productos. Este hecho nos lleva a la necesidad de **ajustar** la reacción química mediante los **coeficientes estequiométricos,** lo que será la base de la ley de conservación de la masa. En el curso pasado estudiaste dos procedimientos para ajustar las reacciones químicas: por tanteo y mediante coeficientes.

Veamos cómo se realiza este proceso ajustando la reacción:

$$C_2H_6\ (g) + O_2\ (g) \rightarrow CO_2\ (g) + H_2O\ (l)$$

Por tanteo

1. Asignar un coeficiente 1 al compuesto más complejo y ajustar el resto de los elementos dejando el oxígeno y el hidrógeno para el final.

$$\mathbf{C_2}H_6 + O_2 \rightarrow \mathbf{2\ C}O_2 + H_2O$$

2. Ajustar el hidrógeno.

$$C_2\mathbf{H_6} + O_2 \rightarrow 2\ CO_2 + \mathbf{3\ H_2}O$$

3. Por último, ajustar el oxígeno.

$$C_2H_6 + \mathbf{7/2\ O_2} \rightarrow \mathbf{2}\ C\mathbf{O_2} + \mathbf{3}\ H_2\mathbf{O}$$

4. En caso de aparecer un coeficiente fraccionario, se puede multiplicar todo por el mínimo común múltiplo de los denominadores para eliminarlos.

$$\mathbf{2}\ C_2H_6 + \mathbf{7}\ O_2 \rightarrow \mathbf{4}\ CO_2 + \mathbf{6}\ H_2O$$

Mediante coeficientes

1. Asignar un coeficiente a cada compuesto.

$$\mathbf{a}\ C_2H_6 + \mathbf{b}\ O_2 \rightarrow \mathbf{c}\ CO_2 + \mathbf{d}\ H_2O$$

2. Plantear una ecuación para cada elemento igualando el número de átomos.

Carbono: $2 \cdot a = c$

Hidrógeno: $6 \cdot a = 2 \cdot d$

Oxígeno: $2 \cdot b = 2 \cdot c + d$

3. Asignar un valor arbitrario a uno de los coeficientes y resolver el sistema.

$\mathbf{a} = 1$; entonces $\mathbf{c} = 2$; $\mathbf{d} = 3$; $\mathbf{b} = 7/2$

4. Escribir la reacción. En caso de coeficiente fraccionario se puede multiplicar todo por el mínimo común múltiplo de los denominadores para eliminarlos.

$$\mathbf{2}\ C_2H_6 + \mathbf{7}\ O_2 \rightarrow \mathbf{4}\ CO_2 + \mathbf{6}\ H_2O$$

Química 2.0

Las siguientes aplicaciones web permiten ajustar reacciones químicas y cuentan con una importante cantidad de reacciones para practicar:

bit.ly/Greg_Ajuste_ec

bit.ly/Ajuste_reacciones

Por su parte, PhET proporciona un simulador que permite visualizar lo que sucede y un juego con niveles sobre ajuste de reacciones:

bit.ly/Phet_balanceo_reacc

Actividades

1. Ajusta las siguientes reacciones químicas:

a) $Na\ (s) + Cl_2\ (g) \rightarrow NaCl\ (s)$

b) $HCl\ (ac) + Ca(OH)_2\ (ac) \rightarrow CaCl_2\ (ac) + H_2O\ (l)$

c) $Al\ (s) + HBr\ (g) \rightarrow AlBr_3\ (s) + H_2\ (g) \uparrow$

d) $C_4H_{10}\ (g) + O_2\ (g) \rightarrow CO_2\ (g) + H_2O\ (g)$

e) $S\ (s) + HNO_3\ (ac) \rightarrow H_2SO_4\ (ac) + NO_2\ (g) + H_2O\ (l)$

f) $Sb_2S_3\ (s) + HCl\ (ac) \rightarrow SbCl_3\ (ac) + H_2S\ (g)$

g) $PH_3\ (g) + N_2O\ (g) \rightarrow P_4O_{10}\ (s) + H_2O\ (l) + N_2\ (g)$

2. Para el siguiente proceso químico sin ajustar:

$$Al\ (s) + H_2SO_4\ (ac) \rightarrow Al_2(SO_4)_3\ (ac) + H_2\ (g) \uparrow \qquad \Delta H^0 = -2\,629{,}68\ kJ \cdot mol^{-1}$$

a) Extrae toda la información posible de la ecuación.

b) ¿Cuántos moles de aluminio son necesarios para producir 18 moles de hidrógeno? ¿Y para obtener 6,75 moles del mismo gas?

c) ¿Cuántas moléculas de hidrógeno se han producido a partir de $2{,}5 \cdot 10^{24}$ átomos de aluminio?

S: *b)* 12 mol Al; 4,5 mol Al; *c)* $3{,}75 \cdot 10^{24}$ moléculas de hidrógeno.

Los actuales cambios de protocolos web pueden dificultarte el acceso a alguno de los enlaces.

Para evitarlo, en la siguiente dirección te proporcionamos un nuevo enlace y el planteamiento correspondiente:

bit.ly/Enlace_2_0_1BAC_U2

2. Cálculos estequiométricos

Tras comprender lo que sucede en un proceso químico, el interés recae ahora en la capacidad de poder predecir resultados cuantitativos. Para ello disponemos de la ley de conservación de la masa, que permite relacionar reactivos con productos. Gracias a ello se define una parte esencial de la química: la **estequiometría.**

> Entendemos por **cálculos estequiométricos** el conjunto de operaciones que permiten determinar la cantidad de una de las sustancias que participa en una reacción química a partir de otra.

Hemos visto que la ecuación química aporta principalmente información sobre la proporción en moles de los compuestos implicados. En consecuencia, para establecer relaciones entre las sustancias, todos los datos del problema se han de convertir a **moles.**

$$2\ HCl\ (ac) + Zn\ (s) \rightarrow ZnCl_2\ (ac) + H_2\ (g) \uparrow$$

Paso 1: Datos ↓ Moles

Paso 2: Moles ⟶ Moles

Paso 3: Datos ↑ Moles

La siguiente etapa es relacionar las diferentes magnitudes a través de los distintos pasos.

2.1. Factores de conversión

En la unidad anterior has aprendido a relacionar diferentes magnitudes con el número de moles resolviendo el paso uno y tres indicados anteriormente. En cursos previos, para determinar la relación entre los moles de las sustancias implicadas utilizaste la proporción en moles. En esta ocasión vamos a utilizar un método alternativo, el factor de conversión:

> El **factor de conversión** es un cociente que relaciona dos magnitudes que mantienen una determinada proporción.

En el ámbito de las reacciones químicas, los factores de conversión se utilizan en múltiples ocasiones, ya que permiten:

- Convertir entre magnitudes de una misma sustancia:

$$M(H_2O) = 18\ g \cdot mol^{-1} \quad ; \quad \frac{18\ g\ H_2O}{1\ mol\ H_2O}$$

- Relacionar una misma magnitud entre diferentes sustancias:

$$N_2 + 3\ H_2 \rightarrow 2\ NH_3 \quad ; \quad \frac{2\ mol\ NH_3}{3\ mol\ H_2}$$

Actividades resueltas

2. La reacción entre el dióxido de nitrógeno (NO_2) y el agua produce ácido nítrico (HNO_3) y óxido de nitrógeno (NO). Determina el número de moles de ácido que se producen a partir de 7 moles de dióxido de nitrógeno.

Estrategia de resolución

- Escribimos y ajustamos la reacción:

$$3\ NO_2\ (g) + H_2O\ (l) \rightarrow 2\ HNO_3\ (ac) + NO\ (g)$$

3 moles ⟶ 2 moles

El factor de conversión relaciona las dos especies implicadas a través de la **estequiometría** de la reacción.

- Calculamos del número de moles de HNO_3:

$$7\ mol\ NO_2 \cdot \frac{2\ mol\ HNO_3}{3\ mol\ NO_2} = 4{,}67\ mol\ HNO_3$$

2.2. Cálculos con masas

La forma habitual de cuantificar la cantidad de sustancia de un sólido es mediante la masa, y la relación necesaria para convertir esta masa en número de moles es la **masa molar.**

La resolución se puede efectuar por medio de dos técnicas diferentes: las proporciones molares, estudiadas en el curso pasado, y los factores de conversión, estudiados en este curso.

> ***Recuerda***
>
> La proporción entre moles de sustancias es otra forma de expresar la relación entre cantidades de sustancia.
>
> Puedes trabajar la proporción a partir de la estequiometría de la reacción en el miembro de la izquierda:
>
> $$\left.\frac{\text{mol B}}{\text{mol A}}\right|_{\text{esteq.}} = \left.\frac{\text{mol B}}{\text{mol A}}\right|_{\text{real}}$$
>
> y la proporción entre los datos reales en el miembro de la derecha.

Actividades resueltas

3. ¿Qué masa de sulfuro de hierro se forma al reaccionar 50 g de hierro con azufre (S_8) en exceso? ¿Qué cantidad de masa de azufre se ha utilizado? Resuélvelo utilizando proporciones molares.

Estrategia de resolución

1. Escribimos la reacción química ajustada y se plantea la estrategia de resolución.

2. Determinamos las masas molares de los compuestos implicados.

$$\mathbf{8\,Fe\,(s) + S_8\,(s) \rightarrow 8\,FeS\,(s)}$$

50 g Fe → (a) → moles Fe → (b) → moles FeS → (c) → m_{FeS} = ¿?

Masas molares

$M_m(Fe) = 55{,}85\ g \cdot mol^{-1}$

$M_m(FeS) = 87{,}85\ g \cdot mol^{-1}$

(a) Cálculo del número de moles de hierro.

$$n_{Fe} = 50\ g\ Fe \cdot \frac{1\ mol\ Fe}{55{,}85\ g\ Fe} = 0{,}90\ mol\ Fe$$

3. Convertimos el dato proporcionado a moles de sustancia.

(b) Cálculo del número de moles de sulfuro de hierro.

$$\frac{8\ mol\ de\ FeS}{8\ mol\ de\ Fe} = \frac{n_{FeS}\ mol\ de\ FeS}{0{,}90\ mol\ de\ Fe}$$

$$n_{FeS} = 0{,}90\ mol\ de\ Fe \cdot \frac{8\ mol\ de\ FeS}{8\ mol\ de\ Fe} = 0{,}90\ mol\ de\ FeS$$

4. Relacionamos los moles de la sustancia conocida con los moles de la sustancia que se quiere calcular.

En ocasiones como esta, aunque la proporción es evidente, permite pasar de las unidades iniciales a las finales.

(c) Cálculo de la masa de sulfuro de hierro.

$$m_{FeS} = 0{,}90\ mol\ FeS \cdot \frac{87{,}85\ g\ de\ FeS}{1\ mol\ de\ FeS} = 79{,}07\ g\ de\ FeS$$

5. Convertimos moles de productos al dato que nos pidan.

4. Determina la masa de óxido de hierro(III) que ha reaccionado con ácido clorhídrico en exceso si se han formado 300 g de cloruro de hierro(III) y liberado agua. Resuélvelo usando el factor de conversión.

Estrategia de resolución

$$Fe_2O_3\,(s) + 6\,HCl\,(ac) \rightarrow 2\,FeCl_3\,(ac) + 3\,H_2O\,(l)$$

300 g $FeCl_3$ → (a) → moles $FeCl_3$ → (b) → moles Fe_2O_3 → (c) → $m_{Fe_2O_3}$ = ¿?

Masas molares

$M_m(Fe_2O_3) = 159{,}7\ g \cdot mol^{-1}$

$M_m(FeCl_3) = 162{,}2\ g \cdot mol^{-1}$

(a) Cálculo del número de moles de $FeCl_3$:

$$n_{FeCl_3} = 300\ g\ FeCl_3 \cdot \frac{1\ mol\ FeCl_3}{162{,}2\ g\ FeCl_3} = 1{,}85\ mol\ FeCl_3$$

(b) Cálculo del número de moles de Fe_2O_3 (uso del factor de conversión):

$$n_{Fe_2O_3} = 1{,}85\ mol\ FeCl_3 \cdot \frac{1\ mol\ Fe_2O_3}{2\ mol\ FeCl_3} = 0{,}93\ mol\ Fe_2O_3$$

(c) Determinación de la masa de Fe_2O_3:

$$m_{Fe_2O_3} = 0{,}93\ mol\ Fe_2O_3 \cdot \frac{159{,}7\ g\ Fe_2O_3}{1\ mol\ Fe_2O_3} = 148{,}52\ g\ Fe_2O_3$$

2.3. Cálculo con disoluciones

Uno de los factores que controlan la velocidad de una reacción es la superficie de contacto, y esta se puede maximizar al disolver una sustancia y obtener una disolución. La única diferencia con las actividades anteriores consiste en utilizar las magnitudes relacionadas con la concentración.

Actividades resueltas

5. ¿Qué volumen de ácido sulfúrico 3 M reacciona con 50 mL de amoniaco comercial del 25 % de riqueza y densidad 0,903 g · cm^{-3}?

Estrategia de resolución

$2\,NH_3\,(ac) + H_2SO_4\,(ac) \rightarrow (NH_4)_2SO_4\,(ac)$

50 mL NH_3 $\qquad$ $V_{H_2SO_4} = ¿?$

(a) ↓ $\qquad$ ↑ (c)

moles NH_3 —(b)→ moles H_2SO_4

Masas molares

$M_m(NH_3) = 17\ g \cdot mol^{-1}$

$M_m(H_2SO_4) = 98\ g \cdot mol^{-1}$

(a) Cálculo del número de moles de amoniaco:

$$n_{NH_3}^{Puro} = 50\ mL\ NH_3^{Com} \cdot \frac{0{,}903\ g\ NH_3^{Com}}{1\ mL\ NH_3^{Com}} \cdot \frac{25\ g\ NH_3^{Puro}}{100\ g\ NH_3^{Com}} \cdot \frac{1\ mol\ NH_3^{Puro}}{17\ g\ NH_3^{Puro}} = 0{,}66\ mol\ NH_3^{Puro}$$

(b) Cálculo del número de moles de ácido sulfúrico:

$$n_{H_2SO_4} = 0{,}66\ mol\ NH_3 \cdot \frac{1\ mol\ H_2SO_4}{2\ mol\ NH_3} = 0{,}33\ mol\ H_2SO_4$$

(c) Cálculo del volumen de ácido sulfúrico:

$$V_{H_2SO_4} = 0{,}33\ mol\ H_2SO_4 \cdot \frac{1\ L}{3\ mol\ H_2SO_4} = 0{,}11\ L = 110\ mL$$

Actividades

3. Para determinar la concentración molar de ácido sulfúrico (H_2SO_4) de una disolución se toman 25 mL de ella y se hace reaccionar con hidróxido de sodio (NaOH) obteniendo sulfato de sodio (Na_2SO_4) y agua. ¿Cuál es la concentración del ácido si ha sido necesario añadir 2,5 g de hidróxido?

S: $[H_2SO_4] = 1{,}25\ M$

4. Se desea neutralizar un vertido de 15 mL de ácido clorhídrico comercial (37 %, densidad 1,19 g · mL^{-1}) con carbonato de sodio (Na_2CO_3). ¿Qué masa se precisa de este compuesto si los productos son cloruro de sodio, dióxido de carbono y agua?

S: $m_{Na_2CO_3} = 9{,}59\ g$

5. En parejas, plantead y resolved los apartados *a)* y *b)*. A continuación, formad un grupo de cuatro miembros para resolver el apartado *c)*. Al mezclar disoluciones acuosas de sulfato de sodio (Na_2SO_4) y cloruro de bario ($BaCl_2$), aparece un precipitado de sulfato de bario ($BaSO_4$) y permanece cloruro de sodio en disolución. El sistema sirve para determinar concentraciones desconocidas de sulfato en disoluciones muestra. Como miembros del departamento de análisis de una empresa:

a) Plantead y ajustad la ecuación química del proceso.

b) Obtened la expresión que permita determinar la concentración de sulfato (SO_4^{2-}) de una muestra de volumen *V* a partir de la masa *m* de precipitado obtenida.

c) Construid una hoja de cálculo para tabular la concentración de sulfato de diferentes muestras de volumen comprendido entre 0 y 25 mL en intervalos de 1 mL si se obtienen masas de producto entre 0 y 5 g a intervalos de 0,2 g.

S: bit.ly/2BAC_U2_L1

2.4. Cálculo con gases

Es habitual que muchas reacciones químicas utilicen o produzcan gases. El procedimiento es similar al de apartados anteriores, con la consideración de que en la conversión entre volumen de gas y moles de sustancia se emplea la ley de los gases ideales. También es posible utilizar el concepto de volumen molar de un gas si se trabaja en condiciones normales.

Actividades resueltas

6. La descomposición térmica del carbonato de calcio produce óxido de calcio y dióxido de carbono. ¿Qué volumen de este gas, medido a 15 °C y 740 mmHg, se produce en la descomposición de 25 g de carbonato? ¿Y medido en condiciones normales (CN)?

Observa: es posible encadenar varios factores de conversión.

Estrategia de resolución

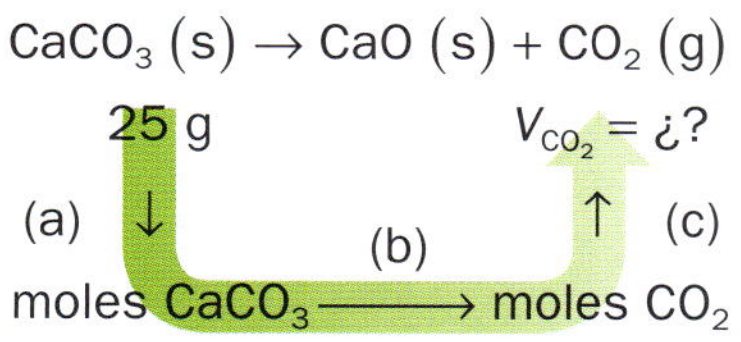

Masas molares

$M_m(CaCO_3) = 100{,}1\ g \cdot mol^{-1}$

(a) y (b) Cálculo del número de moles de CO_2:

$$n_{CO_2} = 25\ g\ CaCO_3 \cdot \frac{1\ mol\ CaCO_3}{100{,}1\ g\ CaCO_3} \cdot \frac{1\ mol\ CO_2}{1\ mol\ CaCO_3} = 0{,}25\ mol\ CO_2$$

(c) Cálculo del volumen de CO_2 (g) a 15 °C y 740 mmHg:

$R = 0{,}082\ atm \cdot L \cdot mol^{-1} \cdot K^{-1}$

$$\left.\begin{array}{l} P = 740\ mmHg \cdot \dfrac{1\ atm}{760\ mmHg} = 0{,}974\ atm \\ T = 15\ °C = 288\ K \end{array}\right\} \quad PV = nRT \quad ; \quad V_{CO_2} = \frac{nRT}{P} = 6{,}06\ L\ CO_2$$

Cálculo del volumen de CO_2 (g) en CN: se puede aplicar el concepto de volumen molar:

$$V_{CO_2} = 0{,}25\ mol\ CO_2 \cdot \frac{22{,}4\ L_{CN}}{1\ mol\ CO_2} = 5{,}6\ L\ CO_2\ (CN)$$

Laboratorio en el aula. Produciendo hidrógeno

1. Uno de los métodos más sencillos para producir pequeñas cantidades de hidrógeno en el laboratorio es la oxidación de un metal activo con ácido. En este caso vas a utilizar la reacción entre el cinc y el ácido clorhídrico:

- Toma una cantidad de cinc conocida (alrededor de 2 g) y determina de forma teórica el volumen de hidrógeno esperado en la reacción con clorhídrico.
- Monta el sistema de la figura. La probeta ha de estar inicialmente llena de agua.
- Añade el cinc al erlenmeyer y mide el volumen de hidrógeno obtenido por desplazamiento del agua. Compara el resultado obtenido con el valor teórico.
- Cuantifica el error experimental, absoluto y relativo, cometido suponiendo que el valor teórico es el real.
- En la determinación del volumen del hidrógeno no se tiene en cuenta el vapor de agua que contribuye ejerciendo una presión de vapor. Busca el valor de esta presión a la temperatura de trabajo y utilízala para determinar el valor teórico correcto del volumen de hidrógeno. Determina nuevamente el apartado anterior.

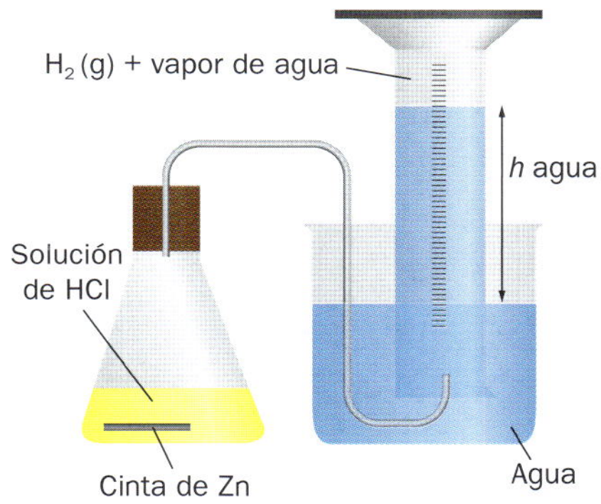

$$P_{atm} = P_{Vapor\ agua} + P_{H_2}$$

Actividades

6. El butano (C_4H_{10}) se vende en botellas de 12,5 kg y se utiliza para producir calor durante su combustión con oxígeno, de la que se obtiene dióxido de carbono y agua en fase gaseosa. Determina el volumen de dióxido de carbono y agua que genera una botella de butano a 740 mmHg de presión y a una temperatura de 20 °C.

S: $V_{Generado} = 4{,}79 \cdot 10^4\ L$

2.5. Riqueza

Si bien en el laboratorio se suelen utilizar productos puros, en la industria química, en el análisis de productos o en el peritaje químico es habitual encontrar reactivos que posean numerosas impurezas o, directamente, son mezclas de sustancias. Para tratar estas situaciones, se define el concepto de pureza o riqueza.

La **pureza** o **riqueza** de una sustancia es la proporción en la que el compuesto que se va a estudiar aparece en ella. Habitualmente, se expresa en porcentaje:

$$\%\text{Riqueza} = \frac{m_{\text{Sustancia pura}}}{m_{\text{Total sustancia}}} \cdot 100$$

Cristal de galena

Actividades resueltas

7. La galena es un mineral de un color entre gris metálico y negro compuesto, fundamentalmente, por sulfuro de plomo(II) y es la fuente más importante de obtención de plomo. En una de las etapas del proceso, el sulfuro de plomo(II) reacciona con oxígeno para producir óxido de plomo(II) y dióxido de azufre. Determina la riqueza del mineral en sulfuro de plomo(II) si a partir de 200 g de galena se han obtenido 150 g de óxido de plomo en exceso de oxígeno. Utiliza el factor de conversión.

Estrategia de resolución

$$2\ PbS\ (s) + 3\ O_2\ (g) \rightarrow 2\ PbO\ (g) + 2\ SO_2\ (g)$$

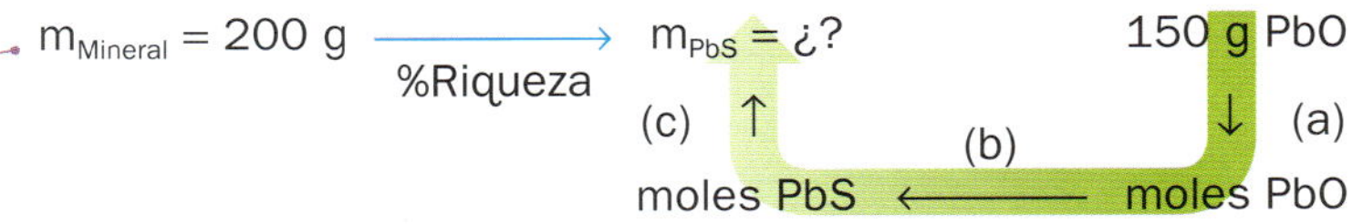

La estrategia consiste en determinar la cantidad de PbS que ha reaccionado y compararla con la masa del mineral utilizado.

- Cálculo de la masa de PbS (puro) necesaria; se han encadenado varios factores:

$$m_{PbS} = 150\ \text{g PbO} \cdot \frac{1\ \text{mol PbO}}{223{,}2\ \text{g PbO}} \cdot \frac{2\ \text{mol PbS}}{2\ \text{mol PbO}} \cdot \frac{239{,}2\ \text{g PbS}}{1\ \text{mol PbS}} = 160{,}75\ \text{g PbS}$$

- Cálculo de la riqueza de la muestra:

$$\%\text{Riqueza} = \frac{m_{PbS}}{m_{\text{Galena}}} = \frac{160{,}75\ \text{g PbS}}{200\ \text{g galena}} \cdot 100 = 80{,}38\ \%$$

Masas molares

$M_m(PbO) = 223{,}2\ g \cdot mol^{-1}$

$M_m(PbS) = 239{,}2\ g \cdot mol^{-1}$

Actividades

7. Determina la pureza de una mena de dióxido de manganeso sabiendo que 2 g de mineral reaccionan exactamente con 5 mL de ácido clorhídrico comercial del 38 % en peso y densidad 1,18 $kg \cdot L^{-1}$ de acuerdo con la siguiente reacción sin ajustar:

$$MnO_2\ (s) + HCl\ (ac) \rightarrow MnCl_2\ (ac) + Cl_2\ (g) + H_2O\ (l)$$

S: 66,8 %

8. La esfalerita o blenda es un mineral cuyo principal compuesto es sulfuro de cinc. Al laboratorio han llegado 150 g de una muestra que indica una riqueza del 75 %. Si se hace reaccionar con clorhídrico según la siguiente reacción sin ajustar, se obtiene el característico olor a huevos podridos del sulfuro de hidrógeno:

$$ZnS\ (s) + HCl\ (g) \rightarrow ZnCl_2\ (s) + H_2S\ (g)$$

a) ¿Qué volumen medido a 780 mmHg y 25 °C se debería obtener de este gas si la pureza indicada fuera la correcta?

b) ¿Cuál es la pureza real si se han obtenido 20 L de gas en iguales condiciones?

S: *a)* $V_{H_2S} = 27{,}5$ L; *b)* 54,54 %

IMPORTANTE

Para determinar la pureza o riqueza de una muestra, también se puede utilizar el factor de conversión o las proporciones entre magnitudes.

2.6. Rendimiento

Hasta el momento hemos supuesto que, en un proceso químico, los reactivos se consumen en su totalidad. No obstante, esto no suele ser lo habitual y en la práctica se obtienen cantidades menores de lo esperado. Para cuantificar esta diferencia, se introduce el concepto de rendimiento.

El rendimiento es la relación entre la cantidad real obtenida de un producto y la cantidad teórica esperada. Habitualmente, se expresa como porcentaje y se puede emplear como un factor de conversión más:

$$\%\text{Rendimiento} = \frac{n_{\text{Real obtenida}}}{n_{\text{Teórica prevista}}} \cdot 100$$

Sabías que...

Uno de los efectos más importantes de los explosivos se debe a la formación de la onda de choque, que es provocada por la generación en muy poco tiempo de grandes cantidades de gas a elevada temperatura, lo que hace que ocupen un gran volumen.

Actividades resueltas

8. La nitroglicerina es un potente explosivo de difícil manejo. Alfred Nobel consiguió estabilizarla al absorberla sobre un medio sólido, como el serrín, e inventó así la dinamita. Determina el volumen de los gases producidos (dióxido de carbono, agua, dioxígeno y dinitrógeno), en condiciones estándar, en la explosión de 100 g si el rendimiento es del 85 %.

Estrategia de resolución

$$4\ C_3H_5(NO_3)_3\ (l) \rightarrow 12\ CO_2\ (g) + 10\ H_2O\ (g) + O_2\ (g) + 6\ N_2\ (g)$$

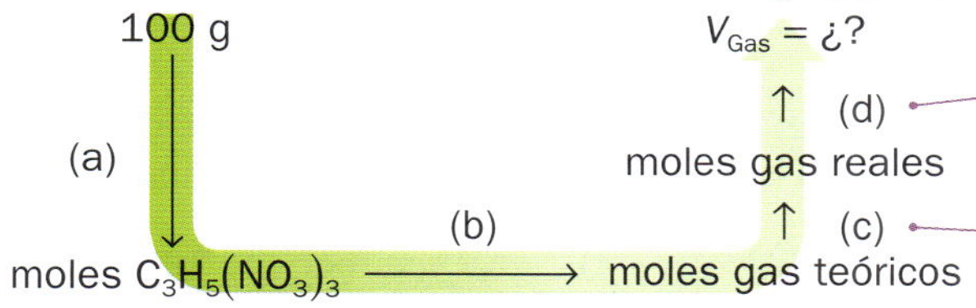

Como todos los gases contribuyen a la presión, es posible tratarlos a la vez.

Se aplica el rendimiento.

- Cálculo de los moles de gas reales:

$$n_{C_3H_5(NO_3)_3} = 100\ g\ C_3H_5(NO_3)_3 \cdot \frac{1\ mol\ C_3H_5(NO_3)_3}{227\ g\ C_3H_5(NO_3)_3} \cdot \frac{29\ mol\ \text{teóricos gas}}{4\ mol\ C_3H_5(NO_3)_3} \cdot$$

$$\cdot \frac{85\ mol\ \text{reales gas}}{100\ mol\ \text{teóricos gas}} = 2{,}71\ mol\ \text{reales de gas}$$

Otra opción es determinar los moles teóricos de gas (3,19) y después, el rendimiento:

$$\frac{85\ mol\ \text{gas reales}}{100\ mol\ \text{gas teóricos}} = \frac{n\ mol\ \text{gas reales}}{3{,}19\ mol\ \text{gas teóricos}}$$

- A continuación, determinamos el volumen de gas obtenido en las condiciones indicadas utilizando la ecuación de los gases ideales:

$$\left.\begin{array}{l} P = 1\ atm \\ T = 25\ °C = 298\ K \end{array}\right\} \quad ; \quad PV = nRT \quad ; \quad V_{Gas} = \frac{nRT}{P} = 66{,}22\ L$$

Actividades

9. Por tostación de sulfuro de cinc se obtiene el óxido del metal y se desprende dióxido de azufre. Si el rendimiento del proceso es del 65 %, determina, a partir de 2 g de sulfuro de cinc:

a) La masa de óxido que se obtendrá.

b) El volumen de oxígeno utilizado medido a 15 °C y 745 mmHg, así como el volumen de aire (21 % en oxígeno).

S: *a)* $m_{SO_2} = 0{,}854$ g; *b)* $V_{O_2} = 0{,}482$ L; $V_{Aire} = 2{,}297$ L

10. Se queman 15 L de acetileno (etino) C_2H_2 medido en CN y se obtienen 10 L de dióxido de carbono medido en las mismas condiciones. ¿Cuál ha sido el rendimiento?

S: 33,33 %

2.7. Reactivo limitante

Hasta ahora hemos considerado que la reacción se produce hasta que uno de los reactivos se agota, pero ¿y si no supiésemos cuál es ese reactivo que está en menor proporción?

Química 2.0

Una forma sencilla de entender el concepto de **reactivo limitante** consiste en analizar lo que sucede en la primera etapa de la siguiente simulación:

bit.ly/Phet-reactivo-limit

¿Eres capaz de superar todos los retos del juego con una puntuación de 10 sobre 10?

Piensa y razona

1. ¿Puedes predecir cuál de los dos compuestos está en exceso si unimos 2 L de CH_4 con 3,5 L O_2 en los siguientes casos?

a) $CH_4 + 2\ O_2 \rightarrow CO_2 + 2\ H_2O$ *b)* $2\ CH_4 + 3\ O_2 \rightarrow 2\ CO + 4\ H_2O$

Para encontrar el reactivo limitante, no basta con analizar la masa o el número de moles de los reactivos, sino que es necesario tener en cuenta la estequiometría entre ellos.

Se denomina **reactivo limitante** al compuesto que se consume antes que los demás en un proceso químico, y esto sucede porque se encuentra estequiométricamente en menor proporción. El resto se dice que está en exceso.

Una vez identificado el reactivo limitante, los demás cálculos se realizan con él.

Actividades resueltas

9. Se hace reaccionar 50 L de propeno (C_3H_6) con 112 L de oxígeno, ambos medidos en CN. Determina el reactivo limitante y el volumen de gas final en CN.

Estrategia de resolución

Se trata de determinar la proporción estequiométrica dividiendo los moles disponibles entre la estequiometría de la reacción. El valor menor proporcionará el reactivo limitante.

$$2\ C_3H_6\ (g) + 9\ O_2\ (g) \rightarrow 6\ CO_2\ (g) + 6\ H_2O\ (g)$$

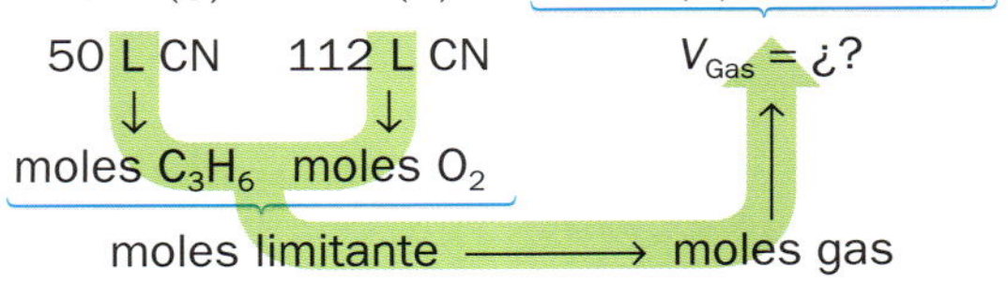

- Cálculo moles de C_3H_6:

$$n = \frac{pV}{RT} = 2{,}23\ \text{mol}\ C_3H_6$$

- Cálculo proporción estequiométrica:

$$\text{Prop}_{C_3H_6} = \frac{2{,}23\ \text{mol}\ C_3H_6}{2} = 1{,}11$$

- Cálculo moles de O_2:

$$112\ L_{O_2} \cdot \frac{1\ \text{mol}\ O_2}{22{,}4\ \text{L CN}} = 5\ \text{mol}\ O_2$$

- Cálculo proporción estequiométrica:

$$\text{Prop}_{O_2} = \frac{5\ \text{mol}\ O_2}{9} = 0{,}56$$

El oxígeno es el reactivo limitante porque sus 5 moles se consumen 9/2 veces más rápido que los 2,23 moles del propino.

A pesar de estar en mayor cantidad, su ritmo más rápido de consumo provoca que se agote antes, lo que pone fin a la reacción.

Observa que el reactivo limitante es el oxígeno. En lo sucesivo, utilizaremos sus 5 moles:

- Cálculo del propeno sin reaccionar:

$$\text{Reacciona: } n_{C_3H_6} = 5\ \text{mol}\ O_2 \cdot \frac{2\ \text{mol}\ C_2H_6}{9\ \text{mol}\ O_2} = 1{,}11\ \text{mol}\ C_3H_6$$

$$\text{Sin reaccionar: } n_{C_3H_6} = 2{,}23\ \text{mol} - 1{,}11\ \text{mol} = 1{,}12\ \text{mol sobra}\ C_3H_6$$

- Cálculo de los moles de gas producidos (CO_2 y H_2O):

$$n_{Gas} = 5\ \text{mol}\ O_2 \cdot \frac{12\ \text{mol gas}}{9\ \text{mol}\ O_2} = 6{,}67\ \text{mol gas}$$

- Cálculo del volumen final de gas (los productos más lo que sobra de C_3H_6):

$$n_{Gas}^{Final} = 1{,}12\ \text{mol} + 6{,}67\ \text{mol} = 7{,}79\ \text{mol} \xrightarrow{\text{Ocupan}} 7{,}79\ \text{mol gas} \cdot \frac{22{,}4\ L_{CN}}{1\ \text{mol gas}} = 174{,}50\ L_{CN}$$

IMPORTANTE

Entendemos como proporción estequiométrica el cociente entre el número de moles del compuesto y su estequiometría en la reacción química.

Laboratorio en el aula. Humo morado

2. Las reacciones automantenidas son poco habituales, pero bastante interesantes en química. En ellas, el mismo sistema, o actúa como catalizador de sí mismo, o aporta la energía suficiente para mantener el proceso de forma continua. Este es un ejemplo:

En un crisol, mezcla con cuidado alrededor de 1 g de aluminio en polvo, o finamente dividido, con yodo y sitúalo en una campana extractora o en un lugar muy ventilado y alejado de las personas.

Para iniciar el proceso, añade una o dos gotas de agua y agita ligeramente la mezcla hasta que comience a emitir unos vapores morados. Aléjate hasta que cese la reacción. ¡Atención!: el gas morado es tóxico por inhalación.

- ¿Qué es el humo morado que emite la mezcla?
- A la vista de lo sucedido, ¿qué elemento crees que es el reactivo limitante?

Nota: en caso de que la reacción no suceda, disuelve la mezcla con abundante agua antes de desecharla. En caso contrario, podría reaccionar en el contenedor de desechos.

Actividades

11. Identifica cuál es el reactivo limitante y cuál en exceso en los siguientes casos. Determina qué cantidad sobra del reactivo en exceso.

a) 25 g de $Pb(NO_3)_2$ con 25 g de KI según: $Pb(NO_3)_2 + 2\ KI \rightarrow 2\ KNO_3 + PbI_2$

b) 2 L de CH_4 con 3,5 L O_2 según: $CH_4 + 2\ O_2 \rightarrow CO_2 + 2\ H_2O$

c) 2 L de CH_4 con 3,5 L O_2 según: $2\ CH_4 + 3\ O_2 \rightarrow 2\ CO + 4\ H_2O$

S: *a)* Prácticamente estequiométrica; *b)* Limitante O_2; sobran 0,25 L de CH_4;
c) Limitante CH_4; sobran 0,5 L de O_2.

12. El cloro es un elemento corrosivo y peligroso, por lo que en muchos laboratorios se suele evitar su almacenamiento y se sintetiza en el momento de uso. Por el método de Scheele, se obtiene cloro según el proceso:

$$HCl\ (ac) + MnO_2\ (s) \rightarrow MnCl_2\ (ac) + H_2O\ (l) + Cl_2\ (g) \uparrow$$

Asumiendo un rendimiento del 100 %, determina el volumen de cloro medido en condiciones normales (CN) que es posible obtener a partir de 15 g de dióxido de manganeso con 45 mL de ácido clorhídrico comercial del 37 % y 1,14 g/mL de densidad.

S: $V_{Cl_2} = 2{,}915$ L

13. Una modificación del método de Scheele para la obtención de cloro en el laboratorio es utilizar cloruro de sodio y ácido sulfúrico en lugar de ácido clorhídrico:

$$NaCl\ (ac) + MnO_2\ (s) + H_2SO_4\ (ac) \rightarrow Na_2SO_4\ (ac) + MnSO_4\ (ac) + H_2O\ (l) + Cl_2\ (g) \uparrow$$

¿Qué volumen de cloro medido en condiciones normales (CN) se obtiene si se mezclan 15 g de cloruro de sodio con 15 g de dióxido de manganeso y con 50 mL de ácido sulfúrico del 95 % de riqueza y 1,84 $kg \cdot L^{-1}$ de densidad?

S: $V_{Cl_2} = 2{,}872$ L

14. Un tercer proceso para la obtención de cloro en el laboratorio consiste en el empleo de permanganato de potasio ($KMnO_4$) como oxidante frente al HCl:

$$2\ KMnO_4\ (ac) + 16\ HCl\ (ac) \rightarrow 2\ KCl\ (ac) + 2\ MnCl_2\ (ac) + 8\ H_2O\ (l) + 5\ Cl_2\ (g) \uparrow$$

Determina si el permanganato de potasio ha sido el limitante si, a partir de 15 g, se ha obtenido 4 L de cloro medido a 30 °C y 800 mmHg. Si es el limitante, define qué masa de HCl reaccionó. Si está en exceso, indica qué masa ha sobrado.

S: Está en exceso y sobran 4,29 g de permanganato de potasio.

El cloro es un gas tóxico de ligero color amarillo verdoso y con un fuerte carácter oxidante.

2.8. Reacciones consecutivas

En ocasiones, el sistema químico se compone de una serie de pasos o reacciones químicas que se suceden de manera consecutiva y donde el producto de una de ellas es el reactivo de la siguiente. Para su resolución, en función de lo que se demande, se procede de la siguiente manera:

- Si se demandan datos de productos intermedios: se aplican las estrategias anteriores a cada una de las reacciones como si fueran independientes.
- Si solo se demandan datos de los productos inicial y final: es posible obtener lo que se conoce como ecuación global, una expresión donde no aparecen los productos intermedios.

Actividades resueltas

10. El plomo se extrae de la galena, mineral formado básicamente por sulfuro de plomo(II), en dos pasos:

(I) $2\ PbS\ (s) + 3\ O_2\ (g) \rightarrow 2\ PbO\ (g) + 2\ SO_2\ (g)$

(II) $PbO\ (s) + C\ (s) \rightarrow Pb\ (l) + CO\ (g)$

¿Qué masa de galena del 90 % de riqueza es necesaria para conseguir 2 kg de plomo?

Estrategia de resolución

- Obtención de la **reacción global.** Como solo se pide relacionar la galena con el plomo final, obtenemos **la ecuación global** sumando ecuaciones de tal manera que los productos intermedios se contrarresten.

Multiplicamos por 2 para poder eliminar el PbO.

$$2\ PbS\ (s) + 3\ O_2\ (g) \rightarrow \cancel{2\ PbO}\ (g) + 2\ SO_2\ (g)$$
$$\cancel{2\ PbO}\ (s) + 2\ C\ (s) \rightarrow 2\ Pb\ (l) + 2\ CO\ (g)$$
$$2\ PbS\ (s) + 3\ O_2\ (g) + 2\ C\ (s) \rightarrow 2\ Pb\ (l) + 2\ SO_2\ (g) + 2\ CO\ (g)$$

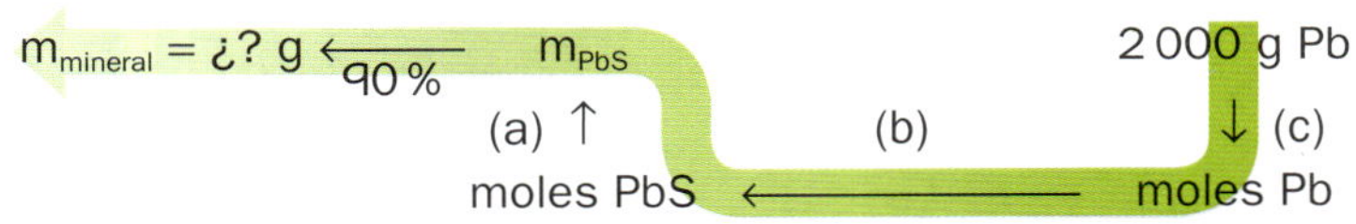

- Cálculo de la masa de sulfuro de plomo(II):

$$m_{PbS} = 2\,000\ g\ Pb \cdot \frac{1\ mol\ Pb}{207{,}2\ g\ Pb} \cdot \frac{2\ mol\ PbS}{2\ mol\ Pb} \cdot \frac{239{,}2\ g\ PbS}{1\ mol\ PbS} = 2\,308{,}88\ g\ PbS$$

- Cálculo de la masa de galena del 90 %:

$$m_{Galena} = 2\,308{,}88\ g\ PbS \cdot \frac{100\ g\ galena}{90\ g\ PbS} = 2\,565{,}42\ g\ galena$$

IMPORTANTE

Fíjate en que la masa de galena ha de ser mayor que la del compuesto puro (PbS).

Actividades

15. Para la obtención del hierro a partir de la hematita en un alto horno, se utilizan varias etapas consecutivas, que analizaremos en el tema de química industrial. Sin embargo, es posible obtener una reacción global que permite simplificar los pasos:

$$3\ Fe_2O_3\ (s) + CO\ (g) \rightarrow 2\ Fe_3O_4\ (s) + CO_2\ (g)$$
$$Fe_3O_4\ (s) + CO\ (g) \rightarrow 3\ FeO\ (s) + CO_2\ (g)$$
$$FeO\ (s) + CO\ (g) \rightarrow Fe\ (s) + CO_2\ (g)$$

Y como fuente de monóxido de carbono: $C\ (s) + CO_2\ (g) \rightarrow 2\ CO\ (g)$

Halla la ecuación global del proceso, la masa de carbono utilizada y el volumen de dióxido de carbono generado para obtener 2 t de hierro, medido a 2 atm y 20 °C.

S: $2\ Fe_2O_3 + 3\ C \rightarrow 4\ Fe + 3\ CO_2$; $m_C = 322{,}29$ kg; $V_{CO_2} = 322\ 641$ L

Actividades

16. El magnesio tiene la particularidad de que, cuando se le hace arder en presencia de oxígeno, produce óxido de magnesio (MgO) y desprende una gran cantidad de luz. Este efecto ha sido aprovechado para fabricar los antiguos flashes de las cámaras fotográficas, las bengalas y los fuegos artificiales, y hasta como elemento disuasorio por parte de las fuerzas de seguridad por su luz cegadora. Si se hace reaccionar 1 g de magnesio:

a) ¿Qué volumen de oxígeno, medido en CN, ha sido necesario? ¿Cuál es volumen de aire si el 21 % es oxígeno?

b) ¿Qué masa de óxido se ha formado?

S: *a)* $V_{O_2} = 0{,}46$ L; $V_{Aire} = 2{,}19$ L; *b)* $m_{MgO} = 1{,}66$ g

17. En la fabricación del ácido nítrico, HNO_3, tiene lugar la siguiente reacción:

$$3\ NO_2\ (g) + H_2O\ (g) \rightarrow 2\ HNO_3\ (g) + NO\ (g)$$

Si se desea obtener 1 t de ácido, determina:

a) El volumen de dióxido de nitrógeno (NO_2) necesario medido a 2 atm y 50 °C.

b) La masa de agua necesaria para el proceso.

c) Repite los cálculos anteriores si el rendimiento fuera del 80 %.

S: *a)* $V_{NO_2} = 315{,}3$ m³; *b)* $m_{H_2O} = 142{,}86$ kg; *c)* $V_{NO_2} = 394{,}3$ m³; $m_{H_2O} = 178{,}57$ kg

18. Para eliminar todo el ácido clorhídrico presente en una disolución, se añade bicarbonato de sodio ($NaHCO_3$), de manera que se obtenga cloruro de sodio, agua y se desprenda dióxido de carbono. ¿Qué volumen de este último gas, medido en CN, se ha obtenido a partir de 25 mL de una disolución de ácido 0,3 M?

S: $V_{CO_2} = 167{,}90$ mL

19. El cloruro de aluminio ($AlCl_3$) es uno de los catalizadores más utilizados en química orgánica y se sintetiza haciendo reaccionar aluminio en polvo con cloro gaseoso. Si se mezclan 2 g de aluminio con 2 L de cloro medido en condiciones normales, ¿qué masa de producto se ha obtenido?, ¿qué masa de reactivo ha sobrado y cuál ha sido?

S: $m_{AlCl_3} = 7{,}946$ g; han sobrado 0,39 g de aluminio.

20. Se te encarga calcular la concentración de una disolución de determinado ácido monoprótico (HA). Para ello tomas 50 mL y la neutralizas con hidróxido de sodio (NaOH) 0,2 M utilizando 22,5 mL. ¿Cuál es la concentración?

$$HA\ (ac) + NaOH\ (ac) \rightarrow NaA\ (ac) + H_2O\ (l)$$

S: [HA] = 0,09 M

21. La producción industrial del ácido sulfúrico (H_2SO_4) se realiza a través del conocido como método de contacto, proceso que consta de estas reacciones encadenadas:

$$4\ FeS_2\ (s) + 11\ O_2\ (g) \rightarrow 2\ Fe_2O_3\ (s) + 8\ SO_2\ (g)$$

$$2\ SO_2\ (g) + O_2\ (g) \rightarrow 2\ SO_3\ (g)$$

$$SO_3\ (g) + H_2O\ (l) \rightarrow H_2SO_4\ (l)$$

Si se parte de 500 kg de pirita, cuya riqueza en sulfuro de hierro (FeS_2) es del 90 %, y suponiendo un rendimiento del 100 % en el proceso, determina:

a) La ecuación global del proceso y la masa del ácido sulfúrico obtenido.

b) Porcentajes de reacción tan altos son casi imposibles. En una determinada industria química se han conseguido rendimientos del 60 %, 90 % y 70 %, respectivamente, en cada etapa. Estima ahora la masa de ácido obtenida y el rendimiento neto del proceso. Nota: se debe analizar cada etapa por separado y calcular la producción real de SO_2 y SO_3 en cada una de ellas.

S: *a)* $4\ FeS_2 + 15\ O_2 + 8\ H_2O \rightarrow 2\ Fe_2O_3 + 8\ H_2SO_4$; $m_{H_2SO_4} = 735{,}95$ kg;
b) $m_{SO_2} = 288{,}37$ kg; $m_{SO_3} = 324{,}42$ kg; $m_{H_2SO_4} = 278{,}19$ kg; 37,8 %

La cinta de magnesio arde en presencia de oxígeno con una luz muy viva. Dicho fenómeno fue utilizado en fotografía para obtener flashes de un solo uso.

La pirita, también conocida como el «oro del loco» porque los buscadores desesperados solían confundirla con el preciado metal, es un mineral de FeS_2 de color dorado que cristaliza en cubos, lo que la diferencia claramente del oro, que se muestra en forma amorfa en la naturaleza.

3. Tipos de reacciones químicas

La variedad de transformaciones químicas es enorme, por lo que es necesario clasificar las distintas reacciones químicas. Los factores en función de los cuales se pueden clasificar dichas reacciones son muy diversos.

3.1. Clasificación por cambio de estructura

Esta clasificación atiende a la forma en que se agrupan o separan los átomos que forman los compuestos de una reacción química. De acuerdo con esta forma, podemos encontrar reacciones de síntesis, de sustitución y de descomposición.

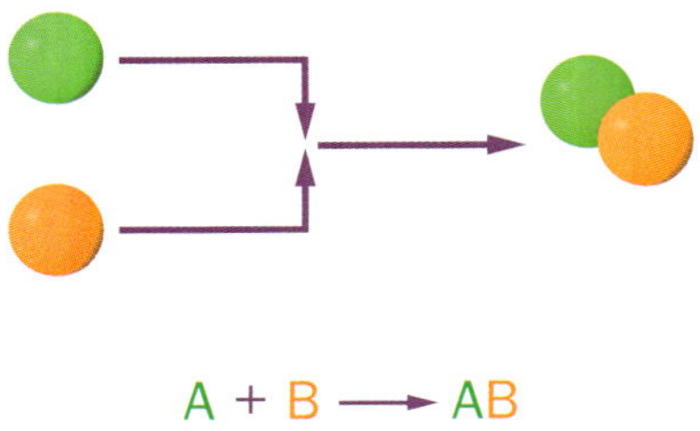

Reacción de síntesis.

A. Reacciones de síntesis

En este tipo de reacciones varias sustancias se unen para formar una nueva estructura más compleja. Por ejemplo:

- En fase gaseosa:

Formación del amoniaco

$$N_2\,(g) + 3\,H_2\,(g) \rightarrow 2\,NH_3\,(g)$$

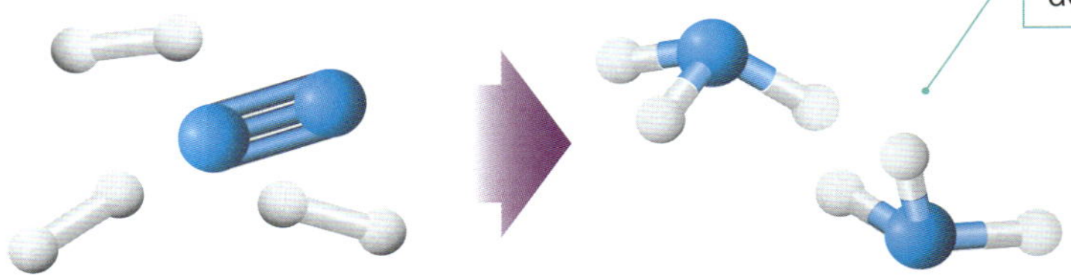

Obtención industrial de este producto químico a través del proceso **Haber-Bosch.**

Formación del ozono

$$3\,O_2\,(g) \rightarrow 2\,O_3\,(g)$$

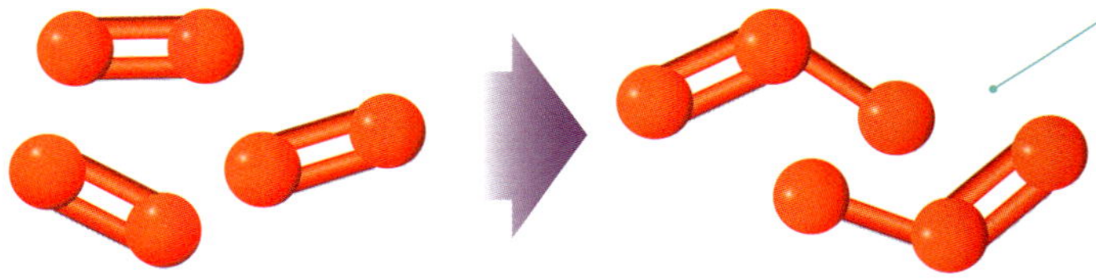

Formación del ozono en las capas altas de la atmósfera por mediación de la radiación ultravioleta.

- En fase sólida:

Oxidación del aluminio

$$4\,Al\,(s) + 3\,O_2\,(g) \rightarrow 2\,Al_2O_3\,(s)$$

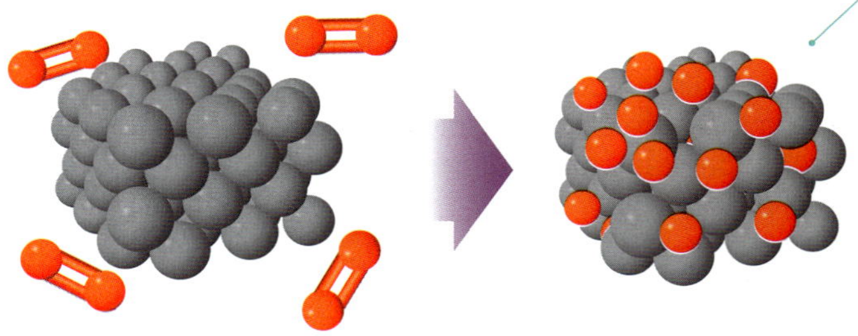

Formación de una película protectora sobre el aluminio que lo aísla de sucesivos contactos con el oxígeno y, por ende, de su oxidación total.

B. Reacciones de sustitución

En este tipo de reacciones un elemento o grupo de elementos sustituye a otro elemento o grupo de una estructura mayor. Se diferencia de la síntesis en que, tras la formación de la nueva sustancia, se desprende una estructura que estaba enlazada.

Podemos diferenciar dos tipos de sustituciones:

- **Simple:** entra una estructura y reemplaza a otra preexistente que abandona el compuesto. Por ejemplo:

Obtención de hidrógeno

$$2\ Al\ (s) + 6\ HCl\ (ac) \rightarrow 2\ AlCl_3\ (s) + 3\ H_2\ (g) \uparrow$$

Obtención rápida de hidrógeno en el laboratorio. Detección de metales activos (reaccionan frente a los ácidos).

Obtención del cobre

$$Zn\ (s) + CuSO_4\ (ac) \rightarrow ZnSO_4\ (ac) + Cu\ (s)$$

Formación de cobreados sobre superficies.

- **De intercambio o doble sustitución:** dos sustancias complejas intercambian alguna de sus estructuras de manera que no se desprende nada. Por ejemplo:

Reacción de la lluvia de oro

$$2\ KI\ (s) + Pb(NO_3)_2\ (s) \rightarrow 2\ KNO_3\ (s) + PbI_2\ (s)$$

Formación de una sustancia fuertemente coloreada que se utilizó como pigmento amarillo. Está en desuso por su alto contenido en plomo.

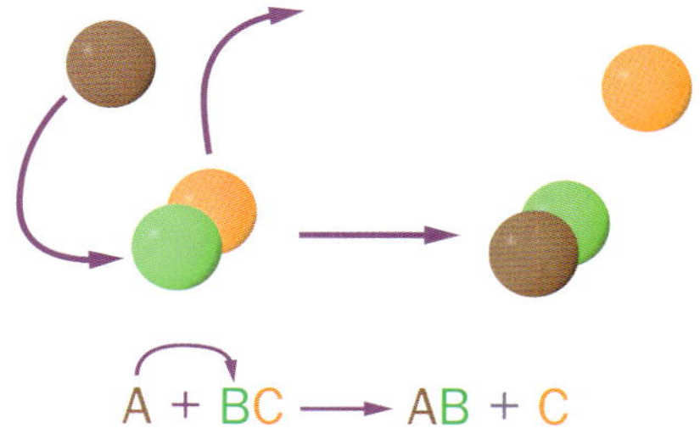

Reacción de sustitución simple.

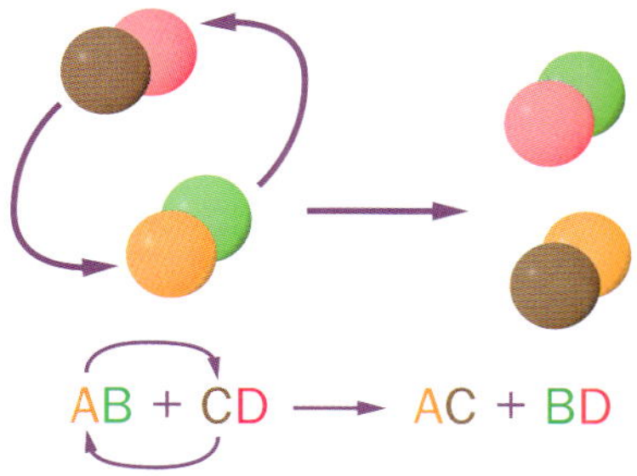

Reacción de sustitución de intercambio.

C. Reacciones de descomposición

En este tipo de reacciones, una sustancia compleja se descompone en varias más simples. Es el proceso inverso a las reacciones de síntesis. Por ejemplo:

- En fase sólida:

Descomposición del clorato de potasio utilizando calor

$$2\ KClO_3\ (s) \xrightarrow{\Delta} 2\ KCl\ (s) + 3\ O_2\ (g) \uparrow$$

Explosivos, obtención de oxígeno.

Descomposición del carbonato de calcio utilizando calor

$$CaCO_3\ (s) \xrightarrow{\Delta} CaO\ (s) + CO_2\ (g) \uparrow$$

Levadura química.

- En fase acuosa:

Descomposición del ácido carbónico

$$H_2CO_3\ (ac) \rightarrow H_2O\ (l) + CO_2 \uparrow$$

Levadura química, formación de burbujas en refrescos.

Descomposición del agua oxigenada

$$H_2O_2\ (l) \rightarrow H_2O\ (l) + O_2\ (g) \uparrow$$

Eliminación de ella en sistemas biológicos, catalizada por la enzima catalasa.

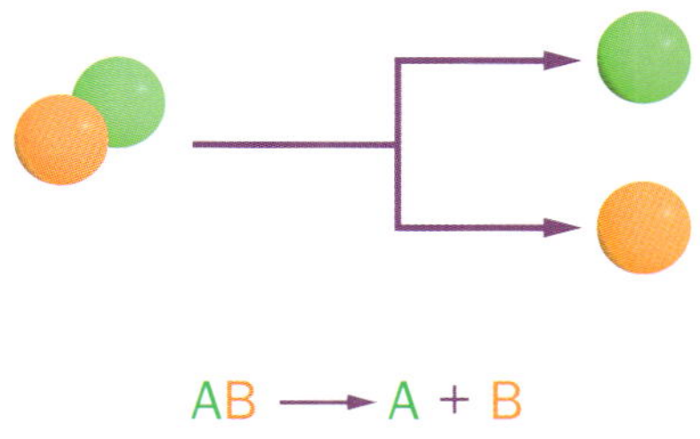

Reacción de descomposición.

Actividades

22. En parejas, ajustad y clasificad las reacciones químicas según el cambio de estructura. Posteriormente, reuníos con otra pareja y comparar las conclusiones. Por último, exponedlas en clase y debatid entre todos si hay discrepancias en la clasificación.

a) $Cl_2\ (g) + H_2\ (g) \rightarrow 2\ HCl\ (g)$

b) $Ca(OH)_2\ (ac) + HCl\ (ac) \rightarrow CaCl_2\ (ac) + H_2O\ (l)$

c) $C_6H_{12}O_6\ (ac) \rightarrow CH_3CH_2OH\ (ac) + CO_2\ (g)$

3.2. Clasificación por transferencia

Otra forma de clasificar las reacciones químicas responde a la capacidad de determinadas sustancias de intercambiar una determinada estructura. Diferenciamos tres casos: por transferencia de protones, de electrones y de iones.

! Importante

Conviene diferenciar entre dos términos que habitualmente se confunden:

Hidróxido: anión poliatómico OH^- implicado en los procesos ácido-base.

Hidroxilo: grupo funcional formado por oxígeno e hidrógeno y enlazado por el primero (–OH), característico de alcoholes y ácidos carboxílicos.

A. Transferencia de protones: ácido-base

En este caso, la estructura que se intercambia es el **protón (H^+),** lo que origina una de las clasificaciones más antiguas que se conoce de las sustancias: **ácidos** y **bases.**

Ácidos	Bases
• Poseen sabor ácido. • Son corrosivas sobre la piel y los tejidos. • Atacan a la caliza desprendiendo CO_2. • Atacan a determinados metales (Zn, Mg, Fe) desprendiendo hidrógeno.	• Poseen sabor amargo. • Producen quemaduras sobre la piel. • Neutralizan a los ácidos. • Permiten obtener jabón.

Dos teorías explican este comportamiento:

Teoría de Arrhenius (1880)

Ácido: sustancia que, en disolución acuosa, se disocia produciendo protones H^+.

$$HCl\,(ac) \rightarrow Cl^-\,(ac) + \mathbf{H^+}\,(ac)$$

Base: sustancia que, en disolución acuosa, se disocia produciendo aniones hidróxido OH^-.

$$NaOH\,(ac) \rightarrow Na^+\,(ac) + \mathbf{OH^-}\,(ac)$$

Inconvenientes:

- Solo es útil en disolución acuosa.
- No es capaz de explicar la razón del carácter básico del amoniaco NH_3. ¿Cómo puede ser básico si no posee grupos hidróxido (OH^-)?

Teoría de Brönsted-Lowry (1923)

Ácido: sustancia capaz de ceder protones (H^+). En disolución acuosa produce protones hidratados H_3O^+ denominados hidronio.

$$HCl\,(ac) + H_2O\,(l) \xrightarrow{} Cl^-\,(ac) + H_3O^+\,(ac) \quad (H^+ \text{ de } HCl \text{ a } H_2O)$$

Base: sustancia capaz de aceptar protones (H^+). En disolución acuosa produce aniones hidróxido OH^-.

$$NH_3\,(ac) + H_2O \rightleftarrows NH_4^+\,(ac) + OH^-\,(ac) \quad (H^+ \text{ de } H_2O \text{ a } NH_3)$$

Ventajas:

- Concepto de acidez y basicidad extendido a cualquier disolvente.
- Explica la basicidad del NH_3 por la acepción de protones del agua.
- Puede explicar la basicidad de las bases hidroxidadas $M(OH)_n$ a través de la liberación del grupo hidróxido y su posterior actuación:

$$OH^-\,(ac) + H_2O \rightleftarrows H_2O\,(ac) + OH^-\,(ac) \quad (H+ \text{ de } H_2O \text{ a } OH^-)$$

Al analizar la teoría de Brönsted-Lowry, se puede observar:

En toda **reacción ácido-base** hay una especie que cede protones y actúa como un **ácido** y otra especie que los acepta y actúa como una **base.**

Por otra parte, si analizamos la actuación del agua, observaremos que, frente a un ácido, esta acepta un protón comportándose como una base, mientras que, ante una base, el agua cede un protón y se comporta como un ácido. Cuando una especie posee este doble comportamiento, se denomina **anfótera.**

Un **anfótero** es una especie que puede actuar como ácido y como base en función de la especie con la que interactúe.

Escala de pH

Se acaba de relacionar el carácter ácido o básico con la ganancia o pérdida de protones **$[H^+]$;** se puede, pues, utilizar esta magnitud para cuantizar el carácter ácido de una disolución. No obstante, al tomar esta concentración valores tan pequeños, conviene cambiar a una escala más manejable, como la logarítmica. Se define así una nueva magnitud, el **pH** de una disolución:

$$pH = -\log [H^+] = -\log [H_3O^+] \qquad [H^+] = [H_3O^+] = 10^{-pH}$$

Como el agua pura ya tiene protones, el valor de pH neutro no es nulo, sino que está situado en el 7. Una disolución ácida contendrá una concentración mayor de protones, pero, a causa del exponente negativo, su pH es menor que 7.

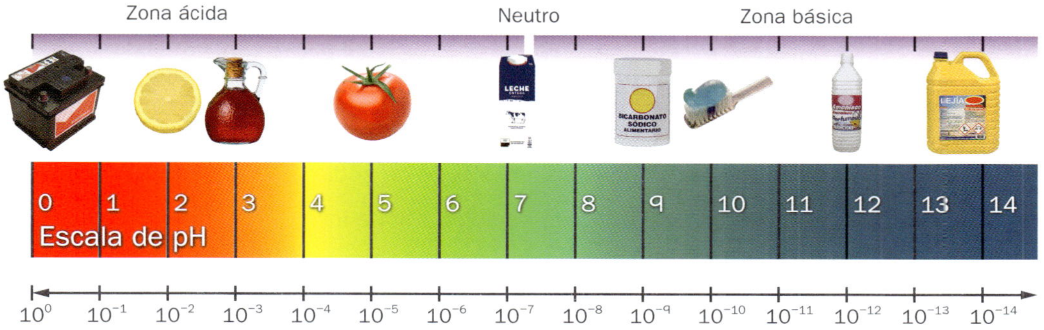

Si trabajamos con bases, calculamos el $pOH = -\log [OH^-]$ y obtenemos el pH a partir de la expresión: $pH + pOH = 14$.

Actividades resueltas

11. Determina el pH, $[H^+]$ y $[OH^-]$, de una disolución 0,002 M de ácido nítrico (HNO_3).

Estrategia de resolución

$$HNO_3\,(ac) + H_2O \rightarrow NO_3^-\,(ac) + H_3O^+\,(ac)$$
$$0{,}002\ M \longrightarrow [H_3O^+] = ¿?$$

- Como la estequiometría entre protones y el ácido nítrico es 1:1, obtenemos:

$$[H_3O^+] = 0{,}002\ M$$

- Determinamos el pH y el pOH:

$$pH = -\log [H_3O^+] = -\log (0{,}002\ M) = 2{,}70 \qquad pOH = 14 - pH = 11{,}3$$

- Obtenemos los hidróxidos:

$$[OH^-] = 10^{-pOH}\ M = 10^{-11{,}3}\ M = 5{,}01 \cdot 10^{-12}\ M$$

12. El pH de disolución de hidróxido de potasio es 10,5. ¿Cuál es su concentración?

Estrategia de resolución

$$KOH\,(s) \rightarrow K^+\,(ac) + OH^-\,(ac)$$
$$C_0 \longrightarrow [OH^-] = C_0$$

Para bases hidroxiladas, utilizamos la teoría de Arrhenius.

- Calculamos el pOH y, a partir de este, la concentración de OH^- y, por tanto, la inicial:

$$[OH^-] = 10^{-pOH} = 10^{-3{,}5} = 3{,}16 \cdot 10^{-4} \text{ por tanto } [KOH] = C_0 = 3{,}16 \cdot 10^{-11}\ M$$

Importante

El logaritmo decimal permite extraer el exponente de una potencia de base diez.

$$\log 10^4 = 4$$

El cambio de signo se introduce para obtener valores positivos, ya que la concentración es muy pequeña.

$$-\log 10^{-2} = -(-2) = 2$$

Para obtenerlo con la calculadora, basta con escribir el valor y pulsar la tecla:

El paso contrario se consigue con:

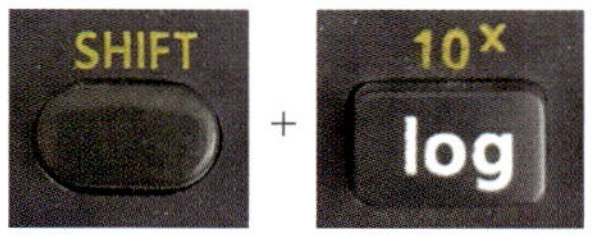

Química 2.0

En el siguiente enlace de Phet puedes observar la relación ácido-base y la cantidad de protones del medio.

Escala de pH (básica):

bit.ly/Phet_pH_basico

Escala de pH:

bit.ly/Phet_pH_escala

Disoluciones ácido-base:

bit.ly/Phet_ac-base

Actividades

23. Halla el pH resultante de disolver 0,2 g de ácido clorhídrico (HCl) en 200 mL de agua.

S: $pH = 1{,}56$

24. ¿Qué pH se obtiene al disolver 2,5 g de hidróxido de sodio (NaOH) en 200 mL de agua?

S: $pH = 13{,}50$

25. En el laboratorio comprobamos que el pH de una disolución desconocida es 2,5:

a) Indica si es ácida o básica.

b) Determina su concentración de protones y aniones hidróxido.

S: *b)* $[H_3O^+] = 3{,}162 \cdot 10^{-3}$; $[OH^-] = 3{,}162 \cdot 10^{-12}$ M

Recuerda

Entendemos como **proporción estequiométrica** al cociente entre el número de moles del compuesto y la estequiometría del mismo en la reacción química.

Valoraciones o volumetrías de neutralización ácido-base

Una de las ramas más importantes de la química es la denominada química analítica, que se encarga del análisis y cuantización de muestras. Dado que la variedad de muestras es casi infinita, el número de técnicas que se pueden utilizar es muy elevado, pero muchas de ellas poseen un paso en común: la valoración o volumetría.

La **valoración** o **volumetría** es el método analítico que permite definir la cantidad de reactivo presente en una muestra a partir de la determinación del momento en que ha reaccionado completamente con una cantidad conocida de otro reactivo, instante que se conoce con el nombre de **punto de equivalencia.**

Laboratorio en el aula. Realizando una volumetría

3. En esta ocasión vas a determinar el contenido en ácido acético (CH_3COOH) del vinagre comercial mediante valoración con sosa o hidróxido de sodio (NaOH).

Material: vinagre comercial, hidróxido de sodio (NaOH) e indicador de pH (fenolftaleína).

1 Para ello, tomarás una cantidad conocida de vinagre y la harás reaccionar con una disolución de sosa hasta que encuentres el momento en que han reaccionado totalmente:

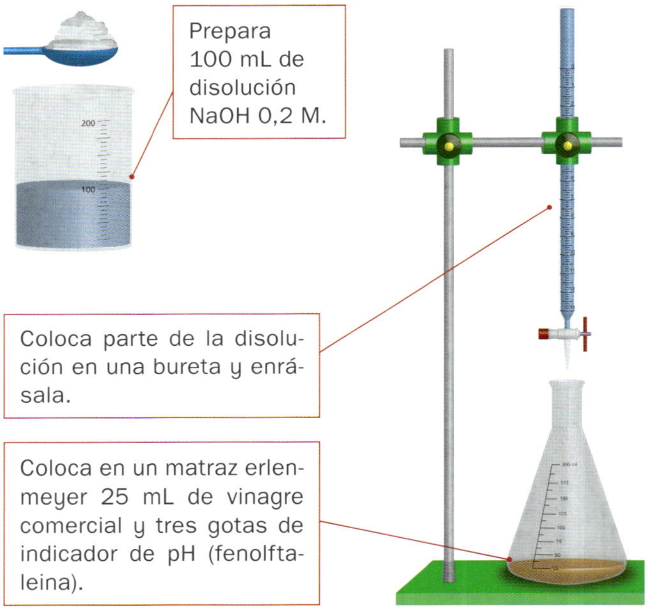

Debes ir añadiendo la sosa poco a poco hasta llegar al punto de equivalencia.

NOTA: suele ser interesante realizar una primera valoración rápida para tener una idea del valor aproximado de volumen que se obtiene. Una vez identificado este, se realiza la segunda valoración añadiendo base hasta las proximidades del punto final y después, gota a gota.

2 En el **punto de equivalencia** o **valoración**, las cantidades de reactivos están en proporción estequiométrica, es decir, ninguno de los dos está en exceso.

En ese instante se observa que la proporción estequiométrica es la misma para ambos compuestos:

$$\text{HAc (ac)} + \text{NaOH (ac)} \rightarrow \text{NaCl (ac)} + H_2O\text{ (l)}$$

$$Prop_{HAc} = Prop_{NaOH} \qquad \frac{\text{mol HAc}}{1} = \frac{\text{mol NaOH}}{1}$$

$$[\text{HAc}] \cdot V_{HAc} = [\text{NaOH}] \cdot V_{NaOH}$$

De dónde se obtiene: $[\text{HAc}] = [\text{NaOH}] \cdot \dfrac{V_{NaOH}}{V_{HAc}}$

- Realiza la determinación en tres ocasiones y toma el valor medio de la concentración como el valor real. Compara la concentración que has obtenido con la acidez que indica la etiqueta (el grado de acidez indica masa (g) de acético por 100 mL de vinagre).
- Determina el error absoluto y relativo de cada una de tus medidas y analiza la exactitud de tu resultado.

B. Transferencia de iones: precipitación

Se denominan **reacciones de precipitación** aquellas reacciones que transcurren en disolución (generalmente acuosa) y en las que se genera un producto insoluble en fase sólida que enturbia la disolución o se deposita en el fondo.

Laboratorio en el aula. Precipitando

4. **Lluvia de oro.** Prepara una disolución de nitrato de plomo ($Pb(NO_3)_2$) y otra de yoduro de potasio (KI), disolviendo 0,1 g de cada sal en 100 mL de agua. Vierte una sobre otra y analiza el resultado. Nota: el resultado posee plomo, que es contaminante, y no debes tirarlo por la pila ni a la basura; tu docente te indicará cómo actuar.

   Repite el experimento, pero mezclando las sales directamente en un mortero. Escribe y ajusta la reacción que ha tenido lugar en este caso.

5. **¿Tiene cloruros el agua que bebes?** La presencia de cloruros es habitual en el agua para consumo. ¿Cómo demostrarlo? Toma cuatro tubos de ensayo y añade, en el primero de ellos, 3 mL de agua destilada; en el segundo, agua mineral embotellada; en el tercero, agua del grifo y, en el último, agua de una fuente natural. Añade directamente en todos ellos una punta de espátula de nitrato de plata ($AgNO_3$).

   ¿En qué tubo de ensayo aparece un precipitado, qué producto se ha formado y qué información extraes de ello? Este ensayo puede dar positivo con otros iones, ¿cuáles pueden ser?

6. **Humo de la nada.** Toma dos probetas de 100 mL o dos matraces aforados de igual volumen. En una de ellas coloca unas cinco gotas de ácido clorhídrico comercial y, en la otra, cinco gotas de amoniaco comercial. Tápalas con un poco de algodón y espera unos minutos. Dentro de la campana extractora de gases destápalas y vierte simultáneamente su contenido gaseoso sobre un vaso de precipitados de 500 mL. ¿Qué observas?

   Escribe y ajusta la reacción que ha sucedido, teniendo en cuenta que hemos combinado un ácido con una base. ¿Qué sucedería si la reacción se hiciera mezclando directamente los reactivos disueltos en agua (1 mL en 100 mL de agua)?

7. **Detectando CO_2.** Añade a 50 mL de agua la cantidad suficiente de hidróxido de calcio ($Ca(OH)_2$) hasta llegar a saturarla y, a continuación, fíltrala para obtener una disolución transparente y limpia. Con una pajita, sopla suavemente a través de la disolución. La aparición de un precipitado muestra la existencia de CO_2 en el aire que exhalamos.

   Identifica, escribe y ajusta las reacciones consecutivas que han sucedido. ¿Qué tipo de reacción ha tenido lugar?

8. **Aparece y desaparece.** Disuelve 0,1 g de sulfato de cobre en 100 mL de agua y coloca 4 mL de esta disolución en un tubo de ensayo. Disuelve 0,1 g de hidróxido de sodio en 50 mL de agua y guárdalo en una botella con cuentagotas. Deja caer una gota de la disolución de hidróxido sobre la de cobre. ¿Qué observas? Ahora añade 10 gotas más. ¿Qué ha sucedido? ¿Cómo se llama este proceso? Identifica, escribe y ajusta las reacciones que han tenido lugar.

   A partir de los cinco experimentos, ¿qué conclusión obtienes sobre la fase de los reactivos en relación con la aparición de un precipitado?

Imagen de una precipitación.

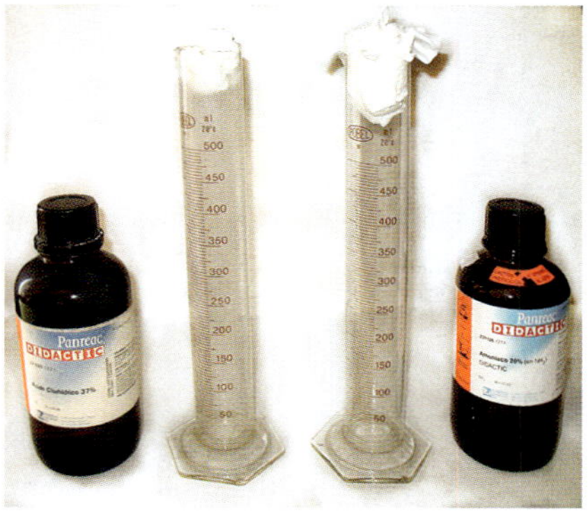

Imagen de los tubos de probeta.

Vídeo de muestra:

bit.ly/Deteccion_CO2

Algunas aplicaciones de las reacciones de precipitación son:

- Detección de determinados iones. Si se añade el contraión adecuado, la aparición de un precipitado indica la presencia del ion, como en el caso de detección de CO_2 o de cloruros en las aguas, o en el caso de determinar la presencia de cobre.
- Eliminación de un determinado ion mediante la formación de una sal insoluble que, posteriormente, se retira por filtración, centrifugación o decantación.

C. Transferencia de electrones: redox

Acabamos de estudiar las reacciones en las que se intercambian cargas positivas, como los protones en ácido-base. En esta ocasión, el intercambio será de cargas negativas en forma de electrones, lo que origina dos comportamientos:

Oxidación	Reducción
Proceso en el que una sustancia **pierde** electrones. $Zn\ (s) \rightarrow Zn^{2+}\ (ac) + 2\ e^-$	Proceso en el que una sustancia **gana** electrones. $Cu^{2+}\ (ac) + 2\ e^- \rightarrow Cu\ (s)$

> ***Sabías que...***
>
> Se puede recordar fácilmente el proceso de oxidación a partir de la oxidación del hierro metálico.
>
> $Fe\ (s) \rightarrow Fe^{2+}\ (ac) + 2\ e^-$
>
> $Fe\ (s) \rightarrow Fe^{3+}\ (ac) + 3\ e^-$
>
> Oxidación $\rightarrow$ perder e^-

Como observarás, los procesos deben suceder de manera simultánea: alguien debe perder electrones para que otra sustancia los pueda ganar. Esto permite definir el proceso **redox** como dos semirreacciones, una de **red**ucción y otra de **ox**idación:

Reductor: sustancia que provoca que otra se reduzca. A cambio, ella pierde los e^- y se oxida.

$$Zn\ (s) \rightarrow Zn^{2+}\ (ac) + 2\ e^-$$

Zn es el reductor. — Semirreacción de oxidación

Oxidante: sustancia que provoca que otra se oxide. A cambio, ella gana los e^- y se reduce.

$$Cu^{2+}\ (ac) + 2\ e^- \rightarrow Cu\ (s)$$

Cu^{2+} es el oxidante. — Semirreacción de reducción

Las aplicaciones de los procesos redox son muy numerosas. Veamos algunas de ellas:

- Deposición de metales nobles: utilizando el reductor adecuado, es posible conseguir la formación de una capa de un metal noble (Au, Ag, incluso Cu) sobre un cuerpo a partir de una disolución de alguna de sus sales.
- Decapado: es el caso opuesto al anterior, la eliminación de un metal.
- Protección catódica: consiste en introducir en el sistema una sustancia que se oxide antes de la que queremos proteger. Un ejemplo es el uso de barras de magnesio en el interior de los calentadores eléctricos. Este metal se oxida antes que el hierro que forma la carcasa metálica, por lo que esta está protegida.
- Procesos biológicos, como la fotosíntesis, poseen una cadena bastante compleja de procesos redox que permiten transportar la energía luminosa del sol y convertirla en energía química. La respiración hace el ciclo inverso para aprovechar la energía química y convertirla en movimiento, reparación celular, etc.
- El intercambio de electrones producido en los procesos redox se puede aprovechar y transferir por un conductor eléctrico. Tan solo hay que separar las dos semirreacciones con un tabique poroso o en dos recipientes independientes. En este último caso hay que cerrar el circuito eléctrico con un puente salino que permita el flujo de cargas en forma de iones.

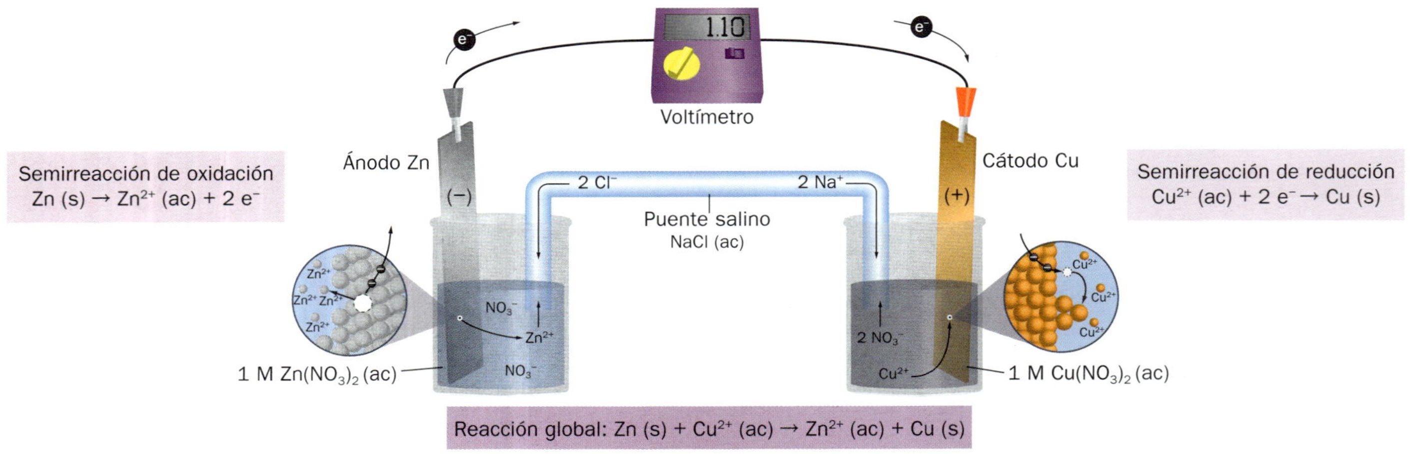

Experimenta. Una pila por 50 céntimos

1. Vas a construir una de las primeras pilas de las que se tiene constancia; se trata de una variación de la pila de Daniell. Toma diez monedas de 5 céntimos cada una, diez trocitos cuadrados de papel de aluminio de unos 1,5 × 1,5 cm, similares al tamaño de la moneda. Prepara nueve trozos de cartón o papel de unos 2 × 2 cm, algo mayores que la moneda y los trozos de aluminio, y humedécelos totalmente con una disolución de agua salada o con vinagre.

Monta ahora el sistema de la figura alternando las capas de los componentes. Une el cable que sale de la moneda al polo negativo de un LED y el cable que sale del papel de aluminio al polo positivo. Busca y analiza la reacción que sucede en este caso.

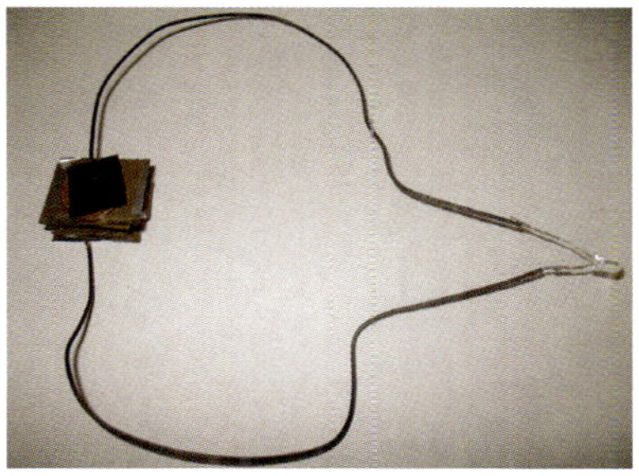

Química 2.0

Tienes un interesante vídeo sobre el funcionamiento de la pila de Daniell a nivel atómico en las siguientes direcciones:

bit.ly/Pila_Daniell_video

La combustión

Una de las reacciones químicas que más ha influido en la historia de la humanidad pertenece a los procesos redox y corresponde a las **combustiones:** nos permitió calentarnos, protegernos de los depredadores y, sobre todo, cocinar los alimentos para que fueran más digeribles; además, posibilitó a la humanidad el descubrimiento de la metalurgia y la transición de la Edad de Piedra a la de los Metales.

Cualquier combustión es un caso particular de proceso redox entre un **combustible** (que se oxida) y un **comburente** (que actúa como oxidante), acompañado de emisión de energía en forma de luz y, sobre todo, de calor. Se concluye, por tanto, que las combustiones son procesos exotérmicos.

En la combustión del carbón (esencialmente carbono) o del Mg de una bengala, tenemos:

Reducción

$O_2 + 4\ e^- \rightarrow 2\ O^{2-}$

$$C\ (s) + O_2\ (g) \rightarrow CO_2\ (g)$$

Oxidación

$C \rightarrow C^{4+} + 4\ e^-$

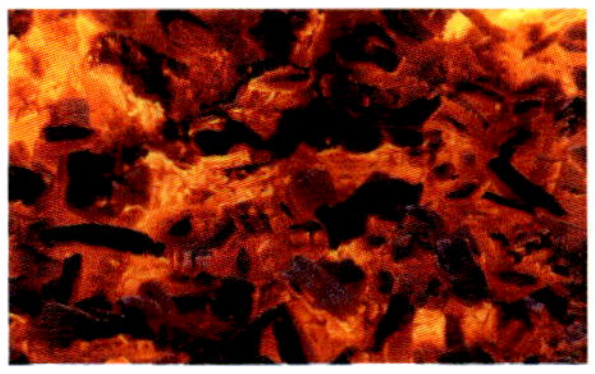

Reducción

$O_2 + 4\ e^- \rightarrow 2\ O^{2-}$

$$2\ Mg\ (s) + O_2\ (g) \rightarrow 2\ MgO\ (g)$$

Oxidación

$2\ Mg \rightarrow 2\ Mg^{2+} + 4\ e^-$

Sabías que...

Exotérmico: proceso fisicoquímico que desprende energía.

Endotérmico: proceso fisicoquímico que absorbe energía.

Actividades

26. En parejas, ajustad e identificad en las siguientes reacciones el oxidante, el reductor, qué sustancia se oxida y cuál se reduce. Clasificadlas de acuerdo con el criterio de estructura. Al terminar, uníos con otra pareja y compartid sus conclusiones y exponedlas en el aula. Ganará quien cometa menos errores.

a) $Cu\ (s) + O_2\ (g) \rightarrow CuO\ (s)$

b) $H_2\ (g) + O_2\ (g) \rightarrow H_2O\ (g)$

c) $H_2O_2\ (l) \rightarrow H_2O\ (l) + O_2\ (g)$

d) $Na\ (s) + Cl_2\ (g) \rightarrow NaCl\ (s)$

27. Los metales activos son aquellos que reaccionan con los ácidos y producen hidrógeno. Determina la riqueza en cinc de una mezcla sabiendo que, a partir de 5 g, se han recogido 50 mL de hidrógeno medido a 20 °C y 650 mmHg.

$$Zn\ (s) + HCl\ (ac) \rightarrow ZnCl_2\ (ac) + H_2\ (g) \uparrow$$

S: 2,33 %

1. La gasolina es una mezcla de muchos compuestos que forman lo que se denomina nafta ligera. El octanaje que le corresponde se determina comparando su capacidad de detonación con una mezcla entre *iso*-octano y *n*-heptano, donde el octanaje es el porcentaje de *iso*-octano de dicha mezcla. De esta manera, una gasolina de 95 octanos equivale a una mezcla con 95 % de *iso*-octano (C_8H_{18}).

Se toman 25 ml de la mezcla equivalente a gasolina de 95 octanos y densidad 650 kg/m^3 y se la hace reaccionar con oxígeno en exceso. Determina la cantidad de dióxido de carbono obtenida.

Estrategia de resolución

En este caso, los dos componentes de la mezcla, *iso*-octano y *n*-heptano, van a reaccionar simultáneamente.

1. Determinamos la masa de cada componente:

$$m_{\text{Mezcla}} = 25 \cdot 10^{-3}\ \text{L} \cdot \frac{650\ \text{g}}{1\ \text{L}} = 16{,}25\ \text{g mezcla}$$

$$\begin{cases} 5\ \%\ n\text{-heptano} & m_{\text{Heptano}} = 0{,}813\ \text{g} \\ 95\ \%\ iso\text{-octano} & m_{\text{Octano}} = 15{,}437\ \text{g} \end{cases}$$

2. Planteamos las reacciones y determinamos qué cantidad produce para cada uno de los componentes:

$$C_7H_{16}\ (l) + 11\ O_2\ (g) \rightarrow 7\ CO_2\ (g) + 8\ H_2O\ (g)$$

$$m_{CO_2} = 0{,}813\ \text{g}\ C_7H_{16} \cdot \frac{1\ \text{mol}\ C_7H_{16}}{100\ \text{g}\ C_7H_{16}} \cdot \frac{7\ \text{mol}\ CO_2}{1\ \text{mol}\ C_7H_{16}} \cdot \frac{44\ \text{g}\ CO_2}{1\ \text{mol}\ CO_2}$$

$$m_{CO_2} = 2{,}50\ \text{g}\ CO_2$$

$$2\ C_8H_{18}\ (l) + 25\ O_2\ (g) \rightarrow 16\ CO_2\ (g) + 18\ H_2O\ (g)$$

$$m_{CO_2} = 15{,}437\ \text{g}\ C_8H_{18} \cdot \frac{1\ \text{mol}\ C_8H_{18}}{114\ \text{g}\ C_8H_{18}} \cdot \frac{16\ \text{mol}\ CO_2}{2\ \text{mol}\ C_8H_{18}} \cdot \frac{44\ \text{g}\ CO_2}{1\ \text{mol}\ CO_2}$$

$$m_{CO_2} = 47{,}67\ \text{g}\ CO_2$$

Obtenemos un total de 2,50 + 47,67 = 50,17 g de CO_2.

2. Calcula la concentración de una base dihidroxidada ($B(OH)_2$) totalmente deshidroxidada si su pH es 11,4.

Estrategia de resolución

1. Planteamos el equilibrio y determinamos el $[OH^-]$ para una concentración inicial C_0. Por ser una base hidroxidada, utilizamos la teoría de Arrhenius:

$$B(OH)_2 \rightarrow B^+\ (ac) + 2\ OH^-\ (ac)$$

$$[B(OH)_2] = C_0 \qquad [OH^-] = 2\ C_0$$

2. Escribimos el $[OH^-]$ a partir de los datos del enunciado:

$$\text{pOH} = 14 - \text{pH} = 2{,}6,\ \text{por lo que}\ [OH^-] = 10^{-2{,}6}\ \text{M}$$

3. Igualamos expresiones:

$$\left.\begin{aligned} [OH^-] &= 2\ C_0 \\ [OH^-] &= 10^{-2{,}6}\ \text{M} \end{aligned}\right\}$$

$$[Ba(OH)_2] = C_0 = \frac{10^{-2{,}6}}{2} = 1{,}26 \cdot 10^{-2}\ \text{M}$$

3. El magnesio y el aluminio en polvo arden muy fácilmente en una atmósfera rica en oxígeno. Se toman 5 g de una mezcla de estos elementos, se les hace arder en el aire y se obtienen 8,99 g de producto. ¿Cuál era la composición de la mezcla inicial?

Estrategia de resolución

Estamos ante un proceso donde suceden dos reacciones de manera simultánea.

1. Planteamos las reacciones químicas que suceden. Asignamos un valor de masa a cada uno de los metales y determinamos la cantidad de producto que se produce en cada caso de manera estequiométrica:

$$2\ Mg\ (s) + O_2\ (g) \rightarrow 2\ MgO\ (s) \qquad m_{Mg} = x$$

$$m_{MgO} = x\ \text{g Mg} \cdot \frac{1\ \text{mol Mg}}{24{,}31\ \text{g Mg}} \cdot \frac{2\ \text{mol MgO}}{2\ \text{mol Mg}} \cdot \frac{40{,}31\ \text{g MgO}}{1\ \text{mol MgO}}$$

$$m_{MgO} = 1{,}66 \cdot x\ \text{g MgO}$$

$$4\ Al\ (s) + 3\ O_2\ (g) \rightarrow 2\ Al_2O_3\ (g) \qquad m_{Al} = y$$

$$m_{Al_2O_3} = y\ \text{g Al} \cdot \frac{1\ \text{mol Al}}{27\ \text{g Al}} \cdot \frac{2\ \text{mol}\ Al_2O_3}{4\ \text{mol Al}} \cdot \frac{102\ \text{g}\ Al_2O_3}{1\ \text{mol}\ Al_2O_3}$$

$$m_{Al_2O_3} = 1{,}89 \cdot y\ \text{g}\ Al_2O_3$$

2. Imponemos las condiciones del enunciado y obtenemos el sistema de ecuaciones, que resolvemos:

$$\left.\begin{aligned} x + y &= 5 \\ 1{,}66x + 1{,}89y &= 8{,}99 \end{aligned}\right\} \quad \begin{aligned} x &= 2\ \text{g Mg} \quad 40\ \%\ \text{Mg} \\ y &= 3\ \text{g Al} \quad 60\ \%\ \text{Al} \end{aligned}$$

4. El segundo paso en la obtención del aluminio implica fundir una mezcla de alúmina (Al_2O_3) y criolita con carbón, y hacer circular una corriente eléctrica produciendo el proceso:

$$Al_2O_3\ (l) + C\ (s) \xrightarrow{1\,000\ °C} Al\ (l) + CO_2\ (g)$$

Determina la riqueza de la mezcla en alúmina si, a partir de 1 t de aquella, se han obtenido 317,650 kg de Al.

Estrategia de resolución

1. Escribimos y ajustamos la reacción:

$$2\ Al_2O_3\ (l) + 3\ C\ (s) \xrightarrow{1\,000\ °C} 4\ Al\ (l) + 3\ CO_2\ (g)$$

2. Determinamos la masa de alúmina original con rendimiento:

$$m_{Al_2O_3} = 317\,650\ \text{g Al} \cdot \frac{1\ \text{mol Al}}{27\ \text{g Al}} \cdot \frac{2\ \text{mol}\ Al_2O_3}{4\ \text{mol Al}} \cdot \frac{102\ \text{g}\ Al_2O_3}{1\ \text{mol}\ Al_2O_3}$$

$$m_{Al} = 600\,005\ \text{g Al} = 600\ \text{kg Al}$$

3. Determinamos la pureza de la mezcla:

$$\%\text{Pureza} = \frac{m_{Al_2O_3}}{m_{\text{Mezcla}}} \cdot 100 = \frac{600\ \text{kg}}{1\,000\ \text{kg}} \cdot 100 = 60\ \%$$

Descubre los fallos de estas actividades.
Consulta las soluciones en: bit.ly/Encuentra_error_1BAC_U2

A la caza del ERROR

1. El dihidrogenotrioxidodisulfato $(H_2S_2O_3)$ es un oxoácido que se descompone al disolverse en agua. Una de sus posibles reacciones es:

$$H_2S_2O_3\ (ac) \rightarrow H_2O\ (l) + SO_2\ (g) + S\ (s)$$

Sabiendo que el rendimiento del proceso es del 80 %, determina el volumen de gas en condiciones normales que se obtiene al descomponer 50 mL de una disolución 0,2 M de ácido.

Solución (dos errores)

- Cálculo de los moles de ácido:

$$[H_2S_2O_3] = \frac{n_{H_2S_2O_3}}{V}$$

$$n_{H_2S_2O_3} = 0{,}2\ M \cdot 50\ mL = 10\ mol\ H_2S_2O_3$$

- Determinación de los moles de SO_2 teóricos:

$$n_{SO_2} = 10\ mol\ H_2S_2O_3 \cdot \frac{1\ mol\ SO_2}{1\ mol\ H_2S_2O_3} = 10\ mol\ SO_2$$

- Determinación de los moles de SO_2 reales:

$$10\ mol\ SO_2 \cdot \frac{100\ mol\ SO_2}{80\ mol\ SO_2} = 125\ mol\ SO_2$$

- Obtención del volumen de gas:

$$125\ mol\ SO_2 \cdot \frac{22{,}4\ L\ CN}{1\ mol\ SO_2} = 2\,800\ L$$

2. Se añaden 1,5 g de cinc a 200 mL de una disolución de ácido clorhídrico 0,2 M. Determina el volumen de hidrógeno producido y la concentración de cloruro de cinc $(ZnCl_2)$ resultante a 27 °C y 780 mmHg.

Solución (tres errores)

- Escribimos y ajustamos la reacción:

$$Zn\ (s) + 2\ HCl\ (ac) \rightarrow ZnCl_2\ (ac) + H_2\ (g)$$

- Calculamos los moles de hidrógeno:

$$1{,}5\ g\ Zn \cdot \frac{1\ mol\ Zn}{65{,}4\ g\ Zn} \cdot \frac{1\ mol\ H_2}{1\ mol\ Zn} = 0{,}0229\ mol\ H_2$$

- Determinamos el volumen de hidrógeno:

$$V = \frac{nRT}{P} = \frac{0{,}0229\ mol\ H_2 \cdot 0{,}082 \cdot 300\ K}{\frac{780\ mmHg}{760\ mmHg}} = 0{,}549\ mL$$

- Hallamos los moles de cloruro de cinc:

Igual que el hidrógeno: 0,0229 mol $ZnCl_2$.

- Calculamos el volumen de cloruro de cinc:

Igual que el hidrógeno: 0,549 mL.

- Obtenemos la concentración de cloruro de cinc:

$$[ZnCl_2] = \frac{n_{ZnCl_2}}{V} = \frac{0{,}0229\ mol\ ZnCl_2}{0{,}549 \cdot 10^{-3}\ L} = 41{,}71\ L$$

3. El óxido de boro (B_2O_3) es un compuesto poco soluble en agua, pero que puede reaccionar en caliente con ella para producir diborano y liberar oxígeno.

$$B_2O_3\ (s) + H_2C\ (l) \xrightarrow{\Delta} B_2H_6\ (g) + O_2\ (g)$$

Determina el volumen de gas medido a 100 °C y 1,6 atm que se produce a partir de 10 moles del óxido de boro.

Solución (cuatro errores)

- Cálculo de los moles de óxido:

$$n_{B_2O_3} = 10\ g\ B_2O_3 \cdot \frac{69{,}6\ g\ B_2O_3}{1\ mol\ B_2O_3} = 690\ mol\ B_2O_3$$

- Determinación de los moles de diborano:

$$n_{B_2H_6} = 690\ mol\ B_2O_3 \cdot \frac{1\ mol\ B_2H_6}{1\ mol\ B_2O_3} = 690\ mol\ B_2H_6$$

- Obtención del volumen de diborano:

$$V = \frac{nRT}{P} = \frac{690\ mol\ B_2H_3 \cdot 0{,}082 \cdot 100}{1{,}6\ atm} = 3\,536{,}25\ L$$

4. El hidróxido de bario y el nitrato amónico reaccionan en estado sólido de acuerdo con la siguiente reacción:

$$Ba(OH)_2\ (s) + 2\ NH_4NO_3\ (s) \rightarrow Ba(NO_3)_2 + 2\ NH_3\ (g) + 2\ H_2O$$

¿Qué volumen de gas se produce a 15 °C y 740 mmHg al mezclar 10 g de hidróxido de bario y 5 g de nitrato amónico?

Solución (tres errores)

- Cálculo del reactivo limitante:

$$10\ g\ Ba(OH)_2 \cdot \frac{1\ mol\ Ba(OH)_2}{171{,}33\ g\ Ba(OH)_2} = 0{,}0584\ mol\ Ba(OH)_2$$

$$5\ g\ NH_4NO_3 \cdot \frac{1\ mol\ NH_4NO_3}{80\ g\ NH_4NO_3} = 0{,}0625\ mol\ NH_4NO_3$$

El limitante es el $Ba(OH)_2$ por estar en menor cantidad.

- Cálculo de los moles de amoniaco:

$$0{,}0584\ mol\ Ba(OH)_2 \cdot \frac{1\ mol\ Ba(OH)_2}{2\ mol\ NH_3} = 0{,}0292\ mol\ NH_3$$

- Cálculo del volumen de amoniaco:

$$V = \frac{nRT}{P} = \frac{0{,}0292\ mol\ H_2 \cdot 0{,}082 \cdot 288\ K}{\frac{760\ mmHg}{740\ mmHg}} = 0{,}67\ L$$

5. Calcula el pH de una disolución de 2 g de hidróxido de potasio en 100 mL de agua.

Solución (dos errores)

- Escribimos y ajustamos la reacción:

$$KOH\ (s) \rightarrow K^+\ (ac) + OH^-\ (ac)$$

- Determinamos los moles de hidróxido:

$$2\ g\ KOH \cdot \frac{1\ mol\ KOH}{56{,}1\ g\ KOH} \cdot \frac{1\ mol\ OH^-}{1\ mol\ KOH} = 0{,}0357\ mol\ OH^-$$

- Obtenemos el pH: $pH = -\log(0{,}0357) = 1{,}45$

Problemas propuestos

Ajuste de reacciones

1. Ajusta las siguientes reacciones químicas:

a) Al_2S_3 (s) + H_2O (l) → $Al(OH)_3$ (ac) + H_2S (g)↑

b) $Mn(NO_3)_3$ (ac) + Na_2S (ac) → MnS_3 (s) + $NaNO_3$ (ac)

c) Mg_2 (s) + $FeCl_3$ (ac) → Fe (s) + $MgCl_2$ (ac)

d) KCl (ac) + HNO_3 (ac) + O_2 (g) → KNO_3 + Cl_2 (g)↑ + H_2O (l)

e) $MgCO_3$ (ac) + HCl (ac) → $MgCl_2$ (ac) + CO_2 (g)↑ + H_2O (l)

f) P_4 (s) + Cl_2 (g) → PCl_5 (g)

g) Fe_2S_3 (s) + O_2 (g) → Fe_2O_3 (s) + SO_2 (g)

h) $MnCl_4$ (ac) + Fe (s) → $FeCl_2$ (ac) + Mn (s)

i) KO_2 (s) + CO_2 (g) → K_2CO_3 (s) + O_2 (g)

j) Mg_3N_2 (ac) + H_2SO_4 (ac) → $MgSO_4$ (ac) + $(NH_4)_2SO_4$ (ac)

k) Fe (s) + O_2 (g) + H_2O (l) → $Fe(OH)_2$ (s)

l) Si_4H_{10} (l) + O_2 (g) → SiO_2 (s) + H_2O (l)

m) P_4O_{10} (s) + H_2O (l) → H_3PO_4 (l)

n) Sn (s) + H_3PO_4 (l) → H_2 (g)↑ + $Sn_3(PO_4)_2$ (s)

o) P_4 (s) + NaOH (ac) + H_2O (l) → PH_3 (g) + Na_2HPO_3 (ac)

2. El primer compuesto químico orgánico que se sintetizó fue la urea, $(NH_2)_2CO$, y permitió desterrar la idea de la esencia vital. Una de sus aplicaciones actuales es como fertilizante y se produce en cantidades de millones de toneladas. La reacción global que se utiliza es:

$$NH_3\ (g) + CO_2\ (g) \rightarrow (NH_2)_2CO\ (ac) + H_2O\ (l)$$

Asumiendo un rendimiento del 100 %:

a) Ajusta la reacción y determina cuántos moles de amoniaco se necesitan para obtener 3,5 moles de urea.

b) Partiendo de $3{,}5 \cdot 10^{24}$ moléculas de amoniaco, ¿cuántas moléculas de urea se obtendrán?

S: *a)* 7 moles de amoniaco; *b)* $1{,}75 \cdot 10^{24}$ moléculas de urea.

3. El óxido de dinitrógeno (N_2O) u óxido nitroso, conocido como gas de la risa, es un gas incoloro de olor dulce, ligeramente tóxico, que puede provocar alucinaciones y un estado eufórico en los seres humanos. Se ha utilizado como sedante o tranquilizante junto con la anestesia en clínicas odontológicas y en hospitales. Este gas contribuye de forma importante al efecto invernadero, por lo que se está investigando la descomposición en sus elementos. Para este proceso:

a) Escribe y ajusta la reacción.

b) ¿Cuántos moles de nitrógeno, oxígeno y productos finales se obtienen a partir de 3,5 moles de N_2O? ¿Se conserva el número de moles en el proceso?

c) ¿Cuántas moléculas de oxígeno se han producido a partir de $2{,}5 \cdot 10^{24}$ moléculas de óxido nitroso?

S: *b)* 3,5 mol N_2; 1,75 mol O_2; 5,25 mol productos; *c)* $1{,}25 \cdot 10^{24}$ moléculas de oxígeno.

Cálculos de reacciones

4. A lo largo del siglo XIX se utilizó fósforo blanco (P_4) para la fabricación de las cerillas, pero fue prohibido a comienzos del siglo XX debido a su elevada toxicidad.

Considerando que la reacción de ignición se puede simplificar a una oxidación con oxígeno para dar óxido de fósforo(V) (P_2O_5), contesta:

a) ¿Qué masa de óxido de fósforo(V) se obtiene para una cabeza de cerilla típica de 0,8 g de masa?

b) ¿Qué masa de oxígeno se ha utilizado?

S: *a)* $m_{P_2O_5} = 1{,}832$ g; *b)* $m_{O_2} = 1{,}032$ g

5. Trabajad en parejas y después compartid el resultado en pequeños grupos. Durante mucho tiempo, el butano (C_4H_{10}) ha sido utilizado para cocinar y calentarse, según la reacción de combustión con oxígeno, para producir dióxido de carbono y agua en fase gaseosa.

Se tiene una botella de 12,5 kg de butano. Determina:

a) El volumen de oxígeno que consume medido a 20 °C y 740 mmHg.

b) La masa de CO_2 producida en el proceso.

c) La masa de agua que se produce en el proceso.

d) El volumen de los gases que se obtienen a 20 °C y 740 mmHg.

S: *a)* $V_{O_2} = 34\,567$ L; *b)* $m_{CO_2} = 37{,}93$ kg; *c)* $m_{H_2O} = 19{,}40$ kg; *d)* $V_{Gas} = 47\,862$ L

6. Se acerca una llama a 3,5 g de hierro finamente dividido, con lo que se consigue una rápida combustión de todo el material. Determina la masa de óxido de hierro(III) (Fe_2O_3) obtenida y el volumen de oxígeno utilizado en CN.

S: $m_{Fe_2O_3} = 5$ g; $V_{O_2} = 1{,}05$ L

7. Una forma de obtener sulfuro de hidrógeno (H_2S), que huele a huevos podridos, consiste en colocar el sulfuro de hierro (FeS) presente en la pirita en una disolución de ácido clorhídrico:

$$FeS\ (s) + HCl\ (ac) \rightarrow FeCl_2\ (ac) + H_2S\ (g) \uparrow$$

Determina el volumen de gas medido a 18 °C y 780 mmHg que se obtiene a partir de 5 g de sulfuro de hierro.

S: $V_{H_2S} = 1{,}323$ L

8. El etanol se suele obtener de la fermentación de determinados azúcares de las plantas y se puede utilizar, entre otros usos, como combustible, con el inconveniente de que es fuente de CO_2. En junio de 2019, la Universidad de Stanford publicó una nota indicando que habían dado un paso hacia la formación de etanol a partir de CO_2, es decir, la reacción opuesta, utilizando un catalizador de cobre
(Fuente: **stanford.io/2Da36gK**).

Determina, según la reacción, cuántos litros de etanol se pueden obtener a partir de 20 000 L de CO_2 determinados a 22 °C y 1,01 atm de presión ($d_{Etanol} = 0{,}79\ g \cdot cm^{-3}$).

$$CO_2\ (g) + H_2O\ (g) \xrightarrow{Cu} CH_3CH_2OH\ (l) + O_2\ (g)$$

S: $V_{Etanol} = 24{,}5$ L

9. Se toman 5 mL de amoniaco comercial (NH_3) de 1,15 g · mL de densidad y 25 % de riqueza, y se añaden sobre una disolución de ácido nítrico (HNO_3). Sabiendo que se forma nitrato de amonio (NH_4NO_3), indica:

a) La masa de nitrato que se forma.

b) La masa de ácido nítrico que ha reaccionado.

c) Si el ácido nítrico proviene de una botella comercial que indica densidad 1,36 g · cm^3 y 58 % de riqueza, ¿qué volumen de esta ha sido necesario tomar?

S: *a)* $m_{NH_4NO_3} = 6{,}765$ g; *b)* $m_{HNO_3} = 5{,}327$ g;
c) $V_{Ácido} = 6{,}75$ mL

10. La hidracina (N_2H_4) es un compuesto inestable frente al oxígeno, con el que reacciona enérgicamente, por lo que se ha utilizado como combustible en determinados cohetes. La reacción que experimenta es:

$$N_2H_4\ (l) + O_2\ (g) \rightarrow N_2\ (g) + H_2O\ (g)$$

La rápida formación de gases a elevada temperatura provoca el empuje de la nave al tratar de ocupar estos el volumen que les corresponde a temperatura ambiente.

Determina el volumen de gases generados a temperatura ambiente (25 °C) y 1 atm a partir de 500 L de hidracina sabiendo que su densidad es 1 010 kg · m^3.

S: $V = 1\,157\ m^3$

11. Los fuegos artificiales utilizan una mezcla formada por nitrato de potasio (KNO_3), carbono y azufre que, al reaccionar con oxígeno, produce d óxido de carbono, sulfuro de potasio (K_2S) y nitrógeno gaseoso, según la siguiente reacción:

$$10\ KNO_3 + 8\ C + 3\ S \rightarrow 2\ K_2CO_3 + 3\ K_2SO_4 + 6\ CO_2 + 5\ N_2$$

Se quiere diseñar una carcasa con 50 g de nitrato de potasio. Determina:

a) La masa de carbono y azufre necesaria.

b) El volumen de dióxido de carbono y nitrógeno producido a 25 °C y 770 mmHg.

S: *a)* $m_C = 4{,}75$ g; $m_S = 4{,}75$ g
b) $V_{CO_2} = 7{,}16$ L; $V_{N_2} = 5{,}96$ L

Volumetrías

12. Se valora una disolución de ácido nítrico (HNO_3) con una disolución de hidróxido de potasio preparada disolviendo 2 g de este compuesto y enrasando a 100 mL. ¿Cuál será la concentración de ácido nítrico si para neutralizar 25 mL de esta ha sido necesario utilizar 45 mL de hidróxido?

S: $[HNO_3] = 0{,}9$ M

13. Se pretende valorar 25 mL de una disolución de vinagre que indica una acidez de 5° con una disolución de sosa o hidróxido de sodio (NaOH) 0,5 M. ¿Qué volumen de base se ha utilizado?

Nota: la acidez del vinagre es la masa en gramos de ácido acético (CH_3COOH) contenida en 100 mL de vinagre. Considera al vinagre como un ácido monoprótico (HA).

S: $V_{NaOH} = 41{,}5$ mL

14. Trabajando en parejas, resolved el ejercicio y comparad los resultados. Elaborad un póster explicando el procedimiento.

Se desea determinar la concentración molar en cloruro de hidrógeno (HCl) de una muestra comercial de salfumán para lo cual se toman 5 mL de esta sustancia y se disuelven hasta 100 mL. Se toman 25 mL de esta disolución y se valora cuatro veces con hidróxido de calcio ($Ca(OH)_2$) 0,1 M, y se obtienen 11 mL, 10 mL, 11 mL y 11 mL. ¿Cuál es la concentración molar del salfumán?

S: $[HCl]_{Vinagre} = 0{,}86$ M

Problemas propuestos

Riqueza y rendimiento

15. El proceso industrial de síntesis de la urea supone varias etapas bastante complejas, lo que conlleva una reducción del rendimiento, pero que se pueden resumir en:

$$NH_3\ (g) + CO_2\ (g) \rightarrow (NH_2)_2CO\ (ac) + H_2O\ (l)$$

a) Determina el valor de este rendimiento si a partir de 5 000 L de amoniaco medidos en CN se obtienen 5 kg de urea.

b) ¿Qué volumen de dióxido de carbono medido en las mismas condiciones ha sido utilizado?

S: *a)* 74,62 %; *b)* $V_{CO_2} = 2\,500$ L

16. Para determinar la riqueza de una roca caliza en carbonato de calcio ($CaCO_3$), se toman 0,5 g, se trituran y se hacen reaccionar con ácido clorhídrico 0,2 M hasta que deja de burbujear, según la reacción:

$$CaCO_3\ (s) + HCl\ (ac) \rightarrow CaCl_2\ (s) + CO_2\ (g)\uparrow + H_2O\ (l)$$

¿Cuál es la riqueza en masa de la muestra de caliza si se han utilizado 45 mL de ácido?

S: Riqueza = 90 %

Reactivo limitante

17. El cinc es inestable en una disolución de sulfato de cobre(II), ya que se reduce y produce cobre metálico de acuerdo con el proceso:

$$Zn\ (s) + CuSO_4\ (ac) \rightarrow ZnSO_4\ (ac) + Cu\ (s)$$

Determina la masa de cobre obtenida a partir de 5 g de cinc añadidos a 25 mL de sulfato de cobre(II) 2,5 M.

S: $m_{Cu} = 3{,}97$ g

18. Se hace reaccionar en el laboratorio una mezcla de 5 g de azufre y 5 g de hierro para obtener sulfuro de hierro:

$$S_8\ (s) + Fe\ (s) \rightarrow FeS\ (s)$$

a) ¿Qué masa de sulfuro se ha obtenido?

b) ¿Qué reactivo sobra y en qué cantidad?

S: *a)* $m_{FeS} = 7{,}86$ g; *b)* Azufre; $m_{S_8} = 2{,}14$ g

19. Determina la masa de yoduro de plomo(II) (PbI_2) que precipita al unir 50 mL de una disolución 0,2 M de nitrato de plomo(II) ($Pb(NO_3)_2$) con 35 mL de una disolución 0,35 M de yoduro de potasio (KI).

S: $m_{PbI_2} = 2{,}82$ g

20. ¿Qué volumen de amoniaco (NH_3) medido en CN se obtiene a partir de 12 g de sulfato de amonio ($(NH_4)_2SO_4$) y 6 g de hidróxido de sodio (NaOH) si también se obtiene sulfato de sodio (Na_2SO_4) y agua?

S: $V_{NH_3} = 3{,}36$ L

Reacciones consecutivas

21. Los antiguos mineros utilizaban para iluminarse lámparas de carburo de calcio (CaC_2), sustancia que, al mezclarse con agua, produce acetileno gaseoso (C_2H_2) e hidróxido de calcio ($Ca(OH)_2$). Prendiendo fuego al gas, se alumbraban en su trabajo por los estrechos túneles.

a) Escribe las ecuaciones de los dos pasos y obtén la ecuación global del sistema.

b) ¿Cuál es el volumen de dióxido de carbono, medido a 4 °C y 740 mmHg, que se obtiene a partir de 50 g de carburo de calcio?

S: *b)* $V_{CO_2} = 36{,}39$ L

22. Se queman 3,5 g de glicerina ($CH_2OH{-}CHOH{-}CH_2OH$) y se recogen los gases para su análisis. Para determinar el volumen de CO_2 que se produce en la combustión, se hace pasar la mezcla gaseosa por una disolución saturada de hidróxido de calcio ($Ca(OH)_2$) precipitando en la misma carbonato de calcio ($CaCO_3$) según la reacción:

$$Ca(OH)_2\ (ac) + CO_2\ (g) \rightarrow CaCO_3\ (s)\downarrow + H_2O\ (l)$$

Determina el volumen de dióxido de carbono obtenido a 25 °C y 780 mmHg, así como la masa de carbonato de calcio obtenida.

S: $V_{CO_2} = 2{,}70$ L; $m_{CaCO_3} = 11{,}42$ g

Reacciones de transferencia

23. Ajusta y clasifica las siguientes reacciones de acuerdo con el criterio estructural. Identifica si corresponden a ácido-base, redox o precipitación. Indica qué especie actúa como ácido, cuál, como base, y cuál, como oxidante o reductor:

a) $HNO_3\ (ac) + NH_3\ (ac) \rightarrow (NH_4)NO_3\ (ac)$

b) $Fe\ (s) + S_8\ (s) \rightarrow FeS\ (s)$

c) $CO_2\ (g) \rightarrow CO\ (g) + O_2\ (g)$

d) $AgNO_3\ (ac) + K_2CrO_4\ (ac) \rightarrow Ag_2CrO_4\ (s) + KNO_3\ (ac)$

e) $Na\ (s) + H_2O\ (l) \rightarrow NaOH\ (ac) + H_2\ (g)$

f) $Pb\ (s) + CuSO_4\ (ac) \rightarrow PbSO_4\ (ac) + Cu\ (s)$

24. Se disuelven 1,25 g de hidróxido de magnesio ($Mg(OH)_2$) hasta conseguir 250 mL de disolución.

a) Justifica si es un ácido o una base e indica la teoría en la que te basas y la razón de su uso.

b) Escribe la disociación de la especie química.

c) ¿Cuál es el pH de la mezcla?

S: *c)* pH = 13,23

25. Se burbujea fosfano (PH_3) a través de agua, donde es poco soluble, y el pH obtenido de la disolución es 8,25.

a) Justifica el comportamiento ácido o básico del fosfano e indica la teoría en la que te basas.

b) Halla la concentración de protones e iones hidróxido.

S: *a)* Básico; *b)* $[H^+] = 5{,}62 \cdot 10^{-9}$ M; $[OH^-] = 1{,}78 \cdot 10^{-6}$ M

26. Una botella de ácido nítrico (HNO_3) comercial indica una densidad de 1,356 $g \cdot cm^{-3}$ y una riqueza del 58 %.

a) ¿Cuál es el pH de la disolución comercial?

b) Se toman 2 mL de la botella y se añaden a un matraz aforado enrasando a 200 mL. ¿Cuál es el pH de la disolución final?

S: *a)* pH = –1,09; *b)* pH = 0,90

27. ¿Cuál es la concentración de una disolución de ácido diprótico (H_2A) si su pH es 2,3?

S: $[H_2A] = 2{,}5 \cdot 10^{-3}$ M

28. Se disuelve hidróxido de bario hasta conseguir 150 mL de disolución, midiendo un pH de 12,97. ¿Qué masa de hidróxido se ha disuelto?

S: $m_{Ba(OH)_2} = 1{,}2$ g

29. Para determinar la cantidad de sulfato (SO_4^{2-}) de una muestra, se añade cloruro de bario ($BaCl_2$) y se obtiene un precipitado de sulfato de bario ($BaSO_4$). Si partimos de 200 mL de una disolución de agua mineral y hemos obtenido 6,077 g de precipitado, ¿cuál es la concentración de sulfato de la disolución en $g \cdot L^{-1}$? ¿Y en mol por litro?

S: $C_{SO_4^{2-}} = 12{,}5\ g \cdot L^{-1}$; $[SO_4^{2-}] = 0{,}1302$ M

30. La determinación cuantitativa de cloruro (Cl^-) de una disolución se puede realizar de forma gravimétrica precipitándolo en forma de cloruro de plata (AgCl) añadiendo nitrato de plata a la disolución.

Una muestra indica una concentración de 125 $mg \cdot L^{-1}$ en cloruro de sodio. Para confirmar que es correcta, se toman 100 mL, se añade nitrato de plata y se obtienen 0,040 g de precipitado.

a) Escribe la reacción.

b) ¿Es correcta la concentración indicada en la muestra?

S: *b)* No, $C_{NaCl} = 163\ mg \cdot L^{-1}$

Problemas globales

31. El etanol (CH_3CH_2OH) arde fácilmente y emite una viva llama azul. Tabula el volumen de todos los gases producidos de la combustión de entre 0 y 25 mL de etanol medidos a 200 °C y 860 mmHg ($d_{etanol} = 789\ kg \cdot m^{-3}$).

S: bit.ly/1BAC_Combustión_etanol

32. Se queman 7,5 g de una mezcla de magnesio y hierro finamente dividida en presencia de oxígeno, y se obtiene una mezcla de 11,8 g de sólido. Sabiendo que los óxidos que se forman en la reacción son el óxido de magnesio (MgO) y el óxido de hierro(III) (Fe_2O_3), determina la proporción de la mezcla.

S: 65,7 % Mg; 34,3 % Fe

33. Un método para determinar la cantidad de dióxido de carbono de una mezcla gaseosa consiste en burbujearlo por una disolución saturada de hidróxido de calcio ($Ca(OH)_2$) precipitando el carbonato de calcio ($CaCO_3$). Se aplica el procedimiento a 5 L en CN de una mezcla gaseosa, y se recogen 14,53 g de carbonato de calcio. Escribe la reacción química y determina la riqueza de la mezcla.

S: $CO_2\ (g) + Ca(OH)_2\ (ac) \rightarrow CaCO_3\ (s) + H_2O\ (l)$; 65 % en CO_2

34. Una empresa comercializa una botella de combustible para soplete formada por una mezcla de metano (CH_4) y butano (C_4H_{10}). Para determinar la composición de la mezcla, se quema el contenido de una botella de 750 g, y se obtiene un volumen de 1 175,71 L de CO_2, medido a 15 °C y 1 atm de presión. ¿Cuál es la composición?

S: 40 % CH_4; 60 % C_4H_{10}

35. El sulfato de magnesio ($MgSO_4$) es un compuesto que se utiliza en jardinería para compensar las deficiencias de magnesio del terreno, ya que es una sustancia esencial para formar la clorofila. Se desea determinar la riqueza en esta sal de un abono, para lo cual se toman 50 g de abono, se agitan en 2 L de agua y se filtra la mezcla. A la disolución resultante se añade cloruro de bario en exceso y se produce un precipitado de sulfato de bario ($BaSO_4$) que se filtra y se seca en una estufa hasta conseguir una masa constante de 2,90 g. ¿Qué riqueza en masa poseía la mezcla en sulfato de magnesio?

S: 3 % en $MgSO_4$

36. EV AU En el proceso de elaboración del vino, la glucosa fermenta para producir etanol según la siguiente reacción (no ajustada):

$$C_6H_{12}O_6\ (ac) \rightarrow C_2H_5OH\ (ac) + CO_2\ (g)$$

a) Si, en un proceso de fabricación, partimos de 71 g de glucosa y se obtiene el equivalente a 30,4 mL de etanol, ¿cuál es el rendimiento de esta reacción?

b) ¿Cuál será el volumen de CO_2 obtenido en el apartado a), medido a 20 °C y 1,3 atm?

Datos: densidad del etanol a 20 °C: 0,789 $g \cdot mL^{-1}$.

S: *a)* 66,1 %; *b)* $V_{CO_2} = 9{,}64$ L

Práctica 1. Volumetría redox

Objetivo

Aplicar el concepto de volumetría al estudio de un proceso redox y utilizarlo para valorar una disolución de sulfato de hierro(II) de concentración desconocida.

Materiales

- Permanganato de potasio ($KMnO_4$).
- Disolución para analizar de sulfato de hierro(II) ($FeSO_4$).
- Ácido sulfúrico comercial 98 %.
- Bureta.
- Erlenmeyer.
- Agua destilada.

Fundamento

Las volumetrías redox utilizando permanganato, conocidas como permanganimetrías, tienen la ventaja de que evitan utilizar ningún indicador para observar la neutralización.

El intenso color violáceo del permanganato, que aparece cuando este está en exceso y, por tanto, ha superado el punto de equivalencia, es indicativo suficiente del proceso.

Procedimiento

Preparación de las disoluciones

- Disolución de sulfato de hierro(II) para analizar: se toman 20 mL de la disolución del problema que os hayan proporcionado y se coloca en un erlenmeyer de 200 cm^3. Se añaden 2 mL de ácido sulfúrico comercial 98 % y 100 mL de agua.
- Disolución del patrón de permanganato de potasio 0,1 M: preparar 100 mL de disolución de las mencionadas características.

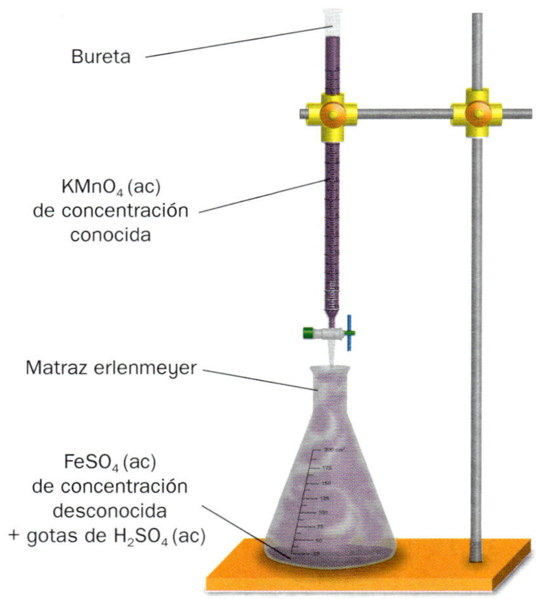

Proceso de valoración

Se carga la bureta con la disolución de permanganato de potasio y se gotea sobre la muestra preparada de sulfato de hierro(II) hasta que el color de la disolución cambie de amarillo débil (Fe^{3+}) a rosa (MnO_4^{2-}). El volumen añadido en ese instante será el que se considere volumen del punto de equivalencia.

Análisis de resultados

Para analizar la concentración de la disolución de sulfato de hierro(II), nos fijaremos que en el punto de equivalencia se cumple la proporción estequiométrica de la siguiente reacción:

$$5\ Fe^{2+}\ (ac) + MnO_4^{2-}\ (ac) + 8\ H^+ \rightarrow 5\ Fe^{5+}\ (ac) + Mn^{2+}\ (ac) + 4\ H_2O\ (l)$$

Cuestiones

1. Identifica el oxidante, el reductor, la especie que se oxida y la que se reduce.
2. ¿Cuál es la concentración molar en anión MnO_4^{2-}?
3. ¿Cuál es la concentración molar en catión Fe^{2+}?
4. ¿Cuál es la concentración molar en $FeSO_4$?
5. ¿Cuál es la concentración en $g \cdot L^{-1}$ en $FeSO_4$?
6. Si el sulfato de hierro(II) se presenta como sal heptahidratada, determina qué masa de sulfato de hierro heptahidratado ($FeSO_4 \cdot 7\ H_2O$) se ha de tomar para preparar 100 mL de la disolución patrón.

Hablando de ciencia...

Seguro que has utilizado alguna vez el baño maría, pero ¿te has preguntado de dónde viene ese nombre? Se atribuye a la que es considerada una de las primeras alquimistas: María la Judía, María la Profetisa o la Alquimista, que vivió alrededor del siglo I a. C. Esta mujer era conocedora de muchos procesos (hoy, reacciones químicas) por los que se obtenía una infinidad de interesantes productos (químicos). Se sabe que escribió varios libros, aunque todos se perdieron en alguna de las destrucciones de la biblioteca de Alejandría. Sin lugar a duda, su contribución más interesante y que ha llegado hasta nuestros días, junto con el *tribikos* y el *kerotakis,* es el baño que lleva su nombre. Lo más probable es que, originalmente, el baño fuera de arena, aunque actualmente es de agua, en un primer recipiente con agua en ebullición se sumerge otro con la sustancia que se desea calentar.

La historia de esta química de la Antigüedad enlaza con la historia de otra mujer, que podría considerarse su equivalente actual. Lourdes Ramos ha sido reconocida en 2016, según la revista *The Analytical Scientist,* como una de las cincuenta mujeres más influyentes del mundo en el área de la química analítica. Su investigación versa sobre el desarrollo de nuevos métodos miniaturizados de preparación de muestras para analizar la presencia de microcontaminantes orgánicos en los alimentos provenientes de los envases. El estudio del flujo de nanopartículas desde el recipiente hacia los alimentos es esencial para realizar un eficiente control de calidad, y las técnicas que está desarrollando van a permitir procedimientos de análisis más rápidos, seguros y rentables. Dos carreras científicas orientadas al desarrollo de métodos químicos con un mismo objetivo: mejorar la sociedad en la que viven.

- ¿Qué papel desarrollaba la alquimia en el siglo I a. C. y cuándo adquirió tintes esotéricos? Si la obra de María la Judía se quemó en el incendio de la biblioteca, ¿por qué sabemos que existió y cómo conocemos sus aportaciones?
- Lourdes Ramos confiesa que una de sus pasiones es «La idea del aprendizaje permanente y la capacidad de proporcionar soluciones prácticas a los problemas nuevos». (Fuente: **bit.ly/1Bac-Lourdes_Ramos**). Realiza una pequeña investigación bibliográfica sobre los centros de investigación y las universidades en los que ha trabajado. ¿Por qué es tan importante en ciencia realizar estancias en diferentes países?

Práctica 2. Valoración virtual

Objetivo

Aplicar los conocimientos adquiridos sobre neutralizaciones y valoraciones ácido-base a un caso real mediante un simulador químico.

Procedimiento

En esta ocasión vamos a utilizar el laboratorio virtual **bit.ly/Lab-Virtual_S-Hurtado** de Salvador Hurtado. Selecciona *química* y a continuación ***valoración ácido-base***.

Toma la primera alícuota, agrega un indicador y realiza una valoración aproximada añadiendo la base de la bureta de forma rápida para disponer de un valor próximo del volumen al que sucede el cambio. Repítelo nuevamente, pero añadiendo gota a gota cerca del punto de equivalencia para disponer de un valor más preciso. Realiza un total de tres valoraciones de esta alícuota y, con la media, calcula su concentración.

Procede de igual forma con el resto de alícuotas.

Cuestiones

Presenta una memoria de laboratorio con la teoría implicada en el proceso, el procedimiento seguido, los datos obtenidos y el resultado de las concentraciones de cada una de las diferentes alícuotas. ¿Qué pasa si cambias el indicador utilizado? ¿Varía el volumen de neutralización?

Atrévete a mirar

¿He aprendido realmente?

¿Soy capaz de ajustar cualquier reacción química utilizando los métodos disponibles en la unidad?

¿He comprendido la potencia del uso de los factores de conversión?

¿Soy capaz de decidir entre el uso de factores de conversión o expresiones matemáticas diferentes para realizar cálculos estequiométricos?

¿Soy capaz de resolver cualquier cálculo estequiométrico a partir de cualquier dato inicial?

¿Qué partes de la unidad me han planteado una mayor dificultad? ¿Qué puedo hacer para superarlas?

¿Para qué me sirve la realización de cálculos estequiométricos en mi vida cotidiana?

¿Soy capaz de reconocer los diferentes tipos de reacciones en mi entorno?

3. Termoquímica

Contenidos

- Sistemas termodinámicos
- Primer principio de la termodinámica
- Entalpía
- Ley de Hess
- Segundo principio de la termodinámica
- Tercer principio de la termodinámica
- Energía libre de Gibbs

Cambio climático, efecto invernadero, coche eléctrico, motor diésel y gasolina, máquina de vapor, partículas contaminantes atmosféricas e índice PM (material particulado, por sus siglas en inglés), boina de polución... ¿Qué tienen en común todos estos términos? Que todos provienen de uno de los fenómenos que ha permitido a la humanidad alcanzar los niveles de bienestar que disfrutamos actualmente en gran parte del planeta: el aprovechamiento de la energía del universo en forma de calor, esto es, la máquina térmica.

Desde que Herón de Alejandría inventó en el siglo I la primera máquina térmica de la historia, un sistema de aprovechamiento mecánico del calor, conocido como eolípila *(aeoli-pila)*, hasta que Thomas Newcomen y John Calley construyeron la primera máquina atmosférica con pistón, la evolución de los sistemas de aprovechamiento energético ha sido constante. Pero todos ellos se basan en el mismo principio: aprovechar la energía que se desprende de un proceso químico conocido como combustión para producir un trabajo mecánico útil.

Este largo camino nos ha acompañado durante los últimos dos mil años, pero ha provocado una consecuencia negativa: el incremento del efecto invernadero y la aparición del cambio climático.

Cuestiones

1. Busca una definición de los principales términos que encabezan este texto y construye una wiki con ellos.
2. ¿Qué es una eolípila? ¿Cómo está diseñada la máquina de Newcomen y Calley? Realiza una línea temporal con los principales avances en el campo de las máquinas térmicas.
3. ¿Cómo afecta el cambio climático a tu entorno más próximo, a tu comunidad local?

«Desconocer la segunda ley de la termodinámica es como no haber leído nunca el Quijote», Charles Percy Snow.

El reto

Desde tiempos antiguos, la humanidad ha desarrollado máquinas para aprovechar y convertir fuentes de energía en trabajo útil; las máquinas térmicas son un claro ejemplo. En ellas, a diferencia de aquellas que utilizaban trabajo animal, se utiliza el flujo de energía térmica desde un lugar a mayor temperatura a otro de menor y se transforma en movimiento o trabajo mecánico. Uno de los ejemplos más claros es la eolípila de Herón de Alejandría.

Experimento: La máquina térmica

Vas a construir una máquina de vapor casera que aproveche el flujo térmico para convertirlo en trabajo cinético.

Vas a necesitar una lata metálica, un alambre, un molinillo de plástico o metal, un soporte de madera y unas velas.

Toma la lata sin abrir y, con un punzón, cuidadosamente, horada un orificio de 1 mm de diámetro en una de las tapas. Ten cuidado, es muy probable que el contenido salga a chorros. Espera hasta que deje de salir por sí solo.

Se puede vaciar el resto del contenido de varias formas, pero una manera sencilla es permitir la entrada de aire con una jeringa y una aguja, por ejemplo.

Prepara un soporte con alambre como el que aparece en la figura y coloca la lata sobre él de manera que el orificio quede en la parte superior.

Con ayuda de la jeringa, rellena el interior con agua sin sobrepasar el 25 % del volumen.

Coloca frente al orificio el molinillo y aplica calor al sistema con unas velas. Observarás que, a medida que sale vapor, el sistema comienza a girar. Habrás logrado entonces convertir el calor absorbido por el sistema en energía cinética de rotación que puede utilizarse para mover una rueda o un engranaje transmitiendo la energía.

Eolípila.

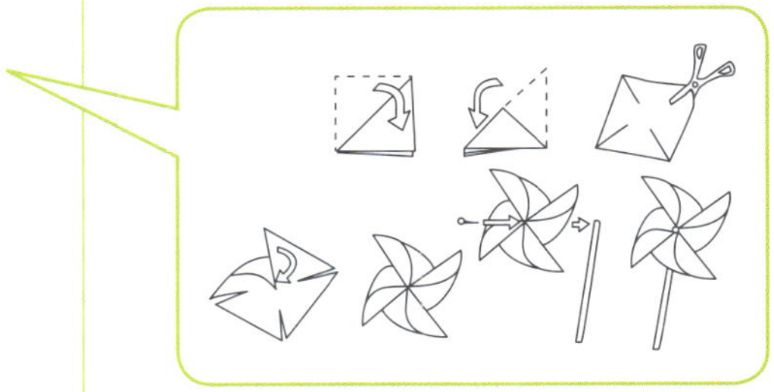

Atrévete a mirar

¿Quiero aprender?

¿Qué conozco sobre los sistemas termodinámicos y su clasificación?

¿Qué entiendo por principio de conservación de la energía?

¿Qué conozco sobre reacciones químicas y su energía?

¿Qué relación creo que existe entre energía de enlace y energía en las reacciones químicas?

¿Puedo relacionar el desorden con el mundo que nos rodea?

¿Qué sé sobre procesos reversibles e irreversibles?

1. Sistemas termodinámicos

Termodinámica 2.0

Sin ser especialmente riguroso, el siguiente vídeo de QuantumFracture te puede ayudar a entender el tema:

bit.ly/QF_Leyes_Termo

En otras unidades, hemos analizado el aspecto material de los procesos químicos y, bajo el **principio de conservación de la masa** de Lavoisier, se ha estudiado la estequiometría implicada en una reacción química. Pero existe otro aspecto que debemos analizar en estos procesos: el energético.

Toda reacción química implica que las sustancias que reaccionan deben romper alguno de sus enlaces para formar otros nuevos. Para romper un enlace, se debe aportar energía y, cuando se forma otro, esta se desprende. Este balance puede originar dos situaciones:

Procesos exotérmicos

Cuando se libera más energía para formar enlaces que la absorbida para romperlos.

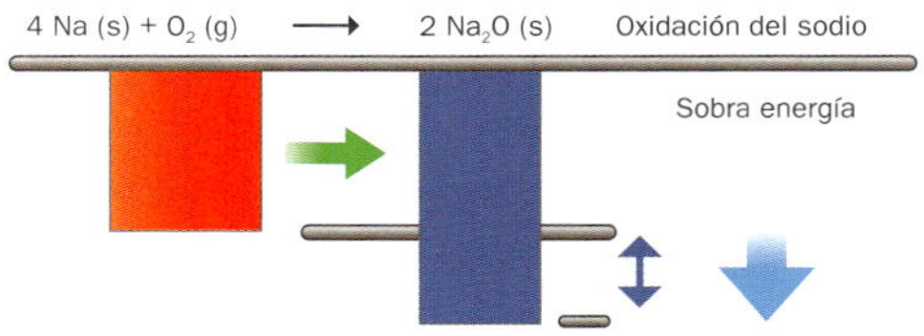

Procesos endotérmicos

Cuando se necesita más energía para romper enlaces que la desprendida al formarlos.

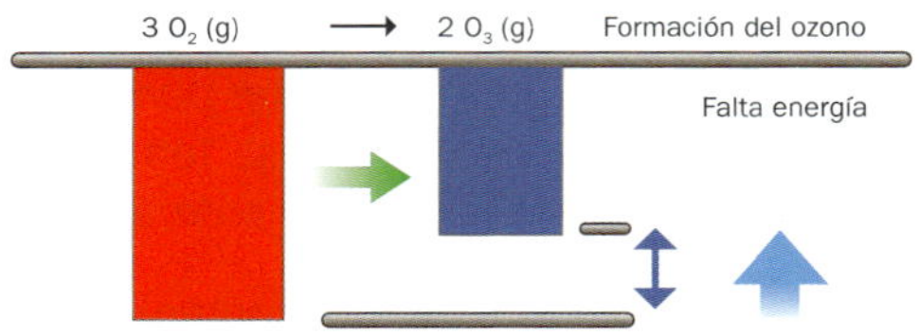

La **termodinámica** estudia los intercambios energéticos en los diferentes procesos físicos, químicos y biológicos. La parte que analiza los intercambios vinculados a las reacciones químicas se denomina **termoquímica.**

1.1. Clasificación de los sistemas materiales

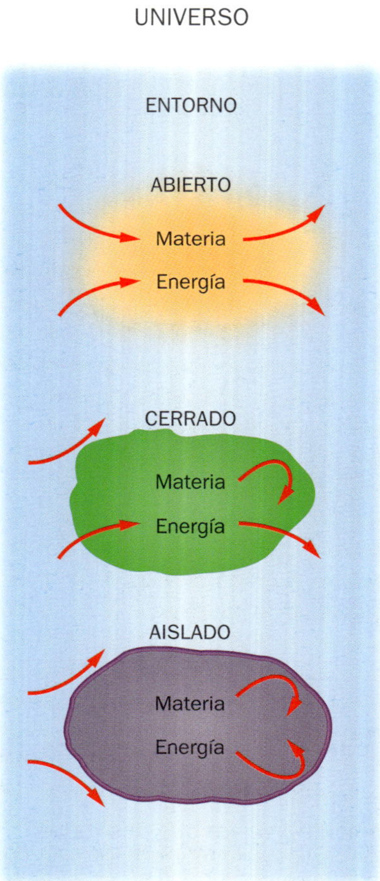

Para poder estudiar los aspectos energéticos se necesita acotar muy bien la región que se debe analizar. Esta precisión permite definir dos conceptos:

Se denomina **sistema termodinámico** a la región del universo que será motivo de estudio, y llamamos **entorno** a todo lo que la rodea.

A partir de estos dos conceptos, podemos definir tres tipos de sistemas:

Sistema abierto	Sistema cerrado	Sistema aislado
Intercambia materia y energía con el entorno.	Intercambia energía, pero no materia.	No intercambia ni materia ni energía.
Un ejemplo de este tipo de sistemas sería cualquier combustión al aire libre, que adquiere oxígeno y libera dióxido de carbono junto con energía en forma de luz y calor.	La cocción de un alimento en una olla a presión y la neutralización entre el ácido nítrico y el hidróxido de sodio son ejemplos de este sistema. Se gana o desprende energía en forma de calor, pero la materia no varía.	Un ejemplo sería cualquier transformación que sucediera en un calorímetro o en un termo cerrado. Los bordes impiden la circulación de la materia y el flujo de energía entre el interior y el exterior.

1.2. Variables termodinámicas

Un sistema termodinámico posee infinidad de variables microscópicas asociadas a las diferentes partículas, como la posición, la velocidad y la energía. Para caracterizar al sistema, es necesario conocer estas variables, pero la cantidad de partículas existentes (del orden del número de Avogadro) hace imposible poder caracterizarlo.

No obstante, desde el punto de vista macroscópico, se pueden observar fácilmente determinadas magnitudes, que corresponden a la acción conjunta de las anteriores, como la presión relacionada con las colisiones de las partículas entre ellas y las paredes del recipiente o la temperatura que depende de la masa y de la velocidad de las partículas. Estas magnitudes son de fácil estudio y se denominan **variables termodinámicas**.

Estas variables termodinámicas se clasifican a su vez en:

- **Variables intensivas**: su valor no depende de la cantidad de materia considerada, como son la presión (p), la temperatura (T) o la densidad (ρ).
- **Variables extensivas**: su valor depende de la cantidad de materia considerada, como son la masa (m), el volumen (V) o la energía interna (U).

Entre estas variables, son especialmente interesantes aquellas que adquieren un valor único para cada estado del sistema y constituyen lo que se denomina funciones de estado.

Se denominan **funciones de estado** a las variables termodinámicas cuyo valor depende exclusivamente del estado del sistema y cuya variación es función tan solo de los estados inicial y final, pero nunca del camino seguido.

! Importante

El conjunto de las variables microscópicas que afectan a una sola partícula se puede agrupar en las variables macroscópicas, que incluyen el estudio de un gran conjunto de partículas.

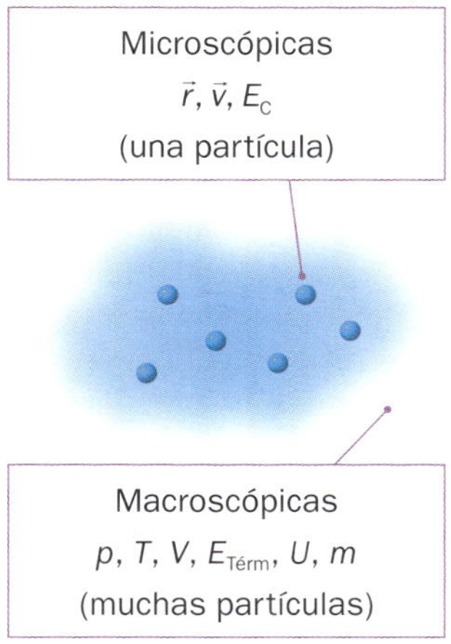

1.3. El trabajo en termodinámica

«¡El agua está caliente!» «Pues yo la noto fría.» Cuántas veces habrás oído este diálogo. ¿Quién tiene razón? Físicamente, ninguno, ya que los cuerpos no tienen calor. Esta es una de las dos formas que tiene la naturaleza de transferir energía entre sistemas.

El **trabajo, *W*,** es la energía que se transfiere entre sistemas, a los que se les aplican fuerzas y desplazamientos.

$$W = F \cdot \Delta x$$

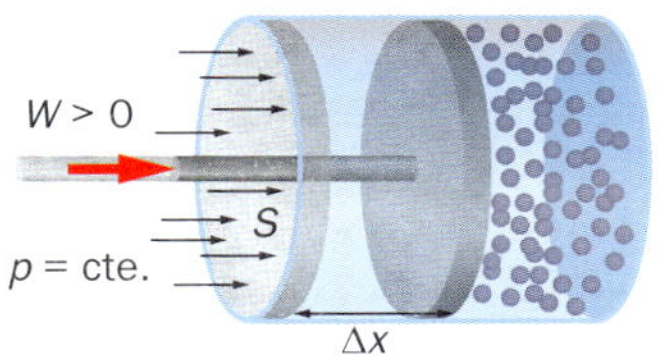

El **calor, *Q*,** es la energía que se transfiere entre dos cuerpos que se encuentran a diferente temperatura

$$Q = m \cdot c_e \cdot \Delta T$$

c_e: calor específico de una sustancia.

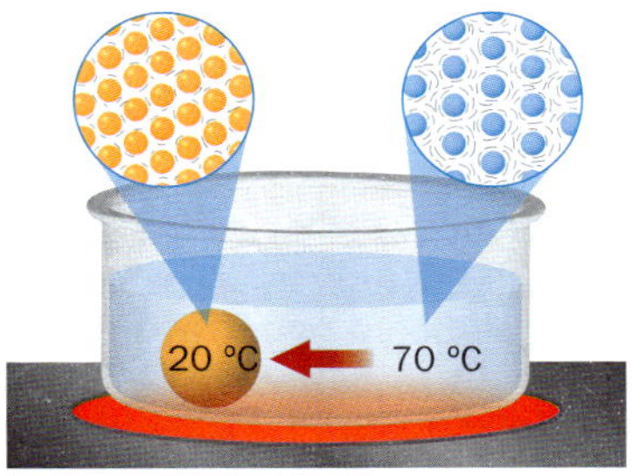

A partir del dispositivo que se muestra, James Joule demostró, en 1849, la relación entre el trabajo y el calor intercambiado.

El trabajo realizado por las pesas al descender mueve las palas, que calientan el agua e incrementan su temperatura.

De la medición obtuvo el equivalente mecánico del calor:

1 caloría ≡ 4,18 J

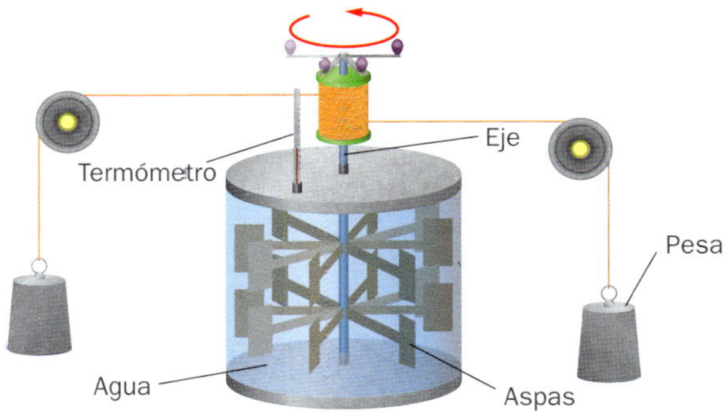

Actividades

1. Resolved en parejas y compartid el resultado con otra pareja. Se divide por la mitad un recipiente de 23,5 L que contiene 44 g de dióxido de carbono (CO_2) a 25 °C y 790 mmHg de presión, con una densidad de 1,87 g · L^{-1}. Realizad una infografía en un A4 indicando cuál es el valor de las diferentes magnitudes que aparecen, clasificándolas en intensivas y extensivas, y proporcionando sus valores antes y después de la división.

S: Intensivas: $T = 25$ °C; $p = 790$ mmHg; $\rho = 1{,}87$ g · L^{-1};
Extensivas: $V_i = 23{,}5$ L; $m_i = 44$ g; $V_f = 11{,}75$ L; $m_f = 22$ g

2. Primer principio de la termodinámica

Exceptuando los procesos de transformación nuclear donde existe conversión entre masas y energía de acuerdo con la expresión de Einstein ($E = m \cdot c^2$), en el universo se cumple el **principio de conservación de la energía**, es decir, su energía es constante, ni se crea ni se destruye, tan solo se transforma. Este principio se puede particularizar para el caso de sistemas termodinámicos de la siguiente manera:

La suma de la energía intercambiada entre un sistema y su entorno en una transformación es nula: la energía que uno gana es igual a la que el otro pierde. En consecuencia, la variación de energía del universo es nula.

Si bien es fácil medir la energía intercambiada por un sistema, no lo es tanto determinar la energía que un sistema posee. ¿Qué energía posee un litro de butano en condiciones normales? Es difícil determinarlo, ya que a su energía contribuyen tanto las energías asociadas al estado cinético de las moléculas de gas, cada una con su velocidad, como la energía asociada a las diferentes interacciones entre los átomos que las constituyen, los enlaces y fuerzas intermoleculares, como las fuerzas de Van der Waals.

A la energía que posee un sistema en función del estado de sus partículas se le denomina **energía interna, *U*,** y, aunque determinar su valor es complejo, no lo es estudiar su variación, ya que la energía interna es una función de estado y, por tanto, sus variaciones no dependen del camino seguido, sino tan solo de los valores inicial y final.

El primer principio de la termodinámica ayuda a cuantificar esas variaciones indicando que un sistema tan solo puede variar su energía interna en forma de calor o trabajo físico.

Primer principio de la termodinámica para sistemas cerrados

La variación de energía interna, U, de un sistema es la suma de la transferencia de energía en forma de calor, Q, y trabajo, W.

$$\Delta U = W + Q$$

Para estudiar estas variaciones, es necesario determinar un criterio de signos a estas transferencias. Si observamos que un sistema gana energía interna ($\Delta U > 0$) gracias a que ha recibido calor o trabajo, es fácil asignar el signo positivo a aquella transferencia de energía que «entre» en el sistema y el negativo a aquella que «salga» del sistema.

¿Cómo afecta este criterio de signos a nuestras definiciones de calor y trabajo?

El calor se relaciona con la variación de temperatura del sistema. Para determinar si esta relación sigue siendo válida, se deben analizar los signos implicados. Sea un cuerpo de masa m que gana energía en forma de calor ($Q_{\text{Absorbido}} > 0$) e incrementa su temperatura desde T_1 hasta T_2:

$$\Delta T = T_2 - T_1 > 0 \qquad Q_{\text{Absorbido}} > 0$$

Observa que ambos signos coinciden, por lo que la expresión sigue siendo válida.

$$Q = m \cdot c_e \cdot \Delta T$$

Donde el calor específico, c_e, cuantifica el calor necesario para que un 1 kg de sustancia eleve su temperatura 1 K o un 1 °C.

Sabías que...

El piso de un edificio es una función de estado: su valor depende de dónde te encuentres, no importa cómo llegaste hasta ahí.

De igual manera, podemos saber si subo o bajo tres pisos, pero este conocimiento no me informa de en qué piso estoy.

Los actuales cambios de protocolos web pueden dificultarte el acceso a alguno de los enlaces.

Para evitarlo, en la siguiente dirección te proporcionamos un nuevo enlace y el planteamiento correspondiente:

bit.ly/Enlace_2_0_1BAC_U3

Por el contrario, para el trabajo el efecto es diferente. El trabajo se relaciona con la variación de volumen del sistema si solo consideramos el trabajo realizado por los gases:

$$W = p \cdot \Delta V$$

¿Qué sucede ahora con los signos?

- Si el sistema realiza trabajo $(W < 0)$ y se expande el volumen $(\Delta V > 0)$.
- Si el sistema recibe trabajo $(W > 0)$ y se comprime el volumen $(\Delta V < 0)$.

Observamos que el valor de los signos es opuesto, lo que es lógico, porque planteamos dicho trabajo a partir de la presión externa del sistema. Por tanto, desde el punto de vista del sistema, el **trabajo que realiza o recibe el sistema** tiene la expresión:

$W = -p \cdot \Delta V$ Que, para gases ideales, se expresa como: $W = -n \cdot R \cdot \Delta T$

De esta manera, se pueden identificar cuatro tipos de sistemas especialmente importantes:

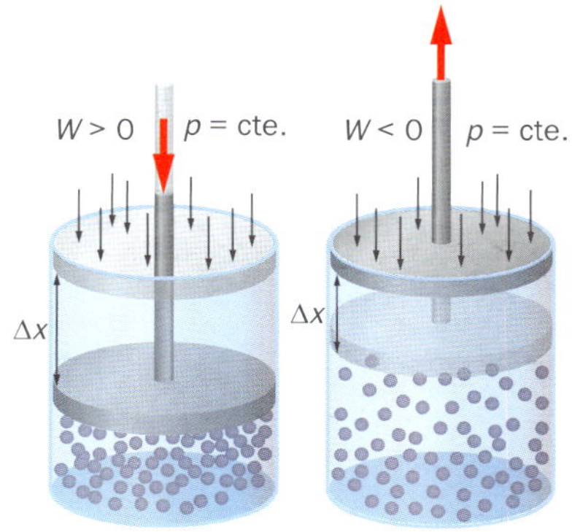

Procesos termodinámicos			
Isotermo $(T = \text{constante} \rightarrow \Delta U = 0)$		**Isobaro** $(p = \text{constante})$	
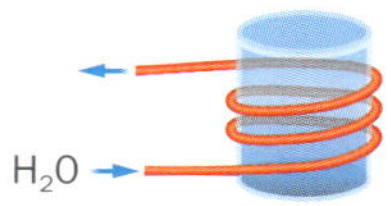	$Q + W = 0$		$\Delta U = Q + W$ $\Delta U = Q - p \cdot \Delta V$
Isocoro $(V = \text{constante} \rightarrow \Delta V = 0)$		**Adiabático** $(Q = 0)$	
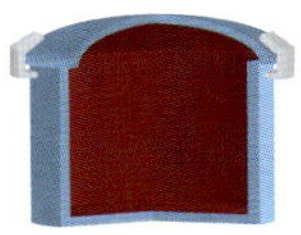	$W = -p \cdot \Delta V = 0$ $\Delta U = Q_V$	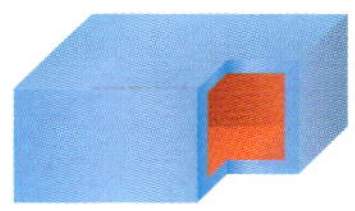	$\Delta U = W$

Análisis dimensional

Vamos a utilizar un análisis dimensional para determinar las unidades de c_e:

$$[c_e] = \frac{[Q]}{[m] \cdot [\Delta T]}$$

Por lo que resulta:

$$[c_e] = J \cdot kg^{-1} \cdot K^{-1}$$

Actividades resueltas

1. Se calienta un pistón que contiene 30 g de N_2 a 320 K y se observa que su temperatura aumenta hasta los 380 K. ¿Cuánto ha variado su energía interna si la presión ambiente es 1 atm? Datos: $c_e(N_2) = 1\,040\ J \cdot kg^{-1} \cdot K^{-1}$; $R = 8{,}31\ J \cdot mol^{-1} \cdot K^{-1}$

Estrategia de resolución

Absorción de calor: $Q = m \cdot c_e \cdot \Delta T = 0{,}03\ kg \cdot 1\,040\ J \cdot kg^{-1} \cdot K^{-1} \cdot 60\ K = 1\,872\ J$

Según la ley de Charles, al aumentar la temperatura de un gas a presión constante se incrementa el volumen, luego el sistema realiza trabajo. Comprobamos que $W < 0$:

$$W = -n \cdot R \cdot \Delta T \quad ; \quad W = -\frac{30\ g}{28\ g \cdot mol^{-1}} \cdot 8{,}31\ J \cdot mol^{-1} \cdot K^{-1} \cdot 60\ K = -534{,}21\ J$$

Así, la energía interna ha variado: $\Delta U = Q + W = 1\,872\ J + (-534{,}21\ J) = 1\,337{,}79\ J$

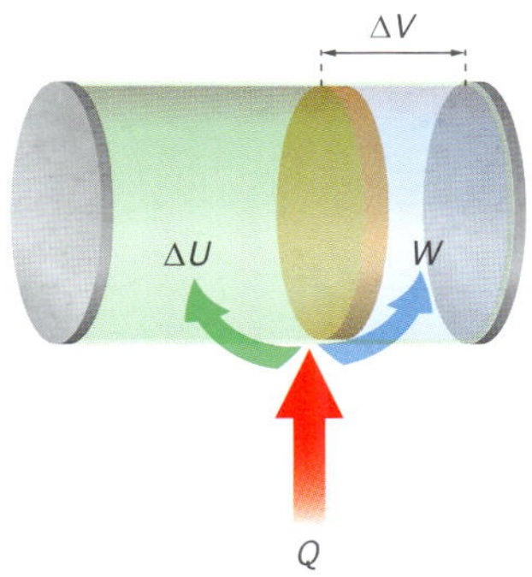

El calor se invierte en realizar un trabajo e incrementar la energía interna del sistema.

IMPORTANTE

Recuerda utilizar la masa en kilogramos de acuerdo con las unidades c_e.

Actividades

2. Aplica el primer principio de la termodinámica a los siguientes sistemas:

a) Agua hirviendo en un recipiente abierto.

b) El gas de un neumático de coche al circular.

S: *a)* Proceso isotermo: $\Delta U = 0$, $Q = -W$; *b)* Proceso isocoro: $\Delta U = Q_V$

3. ¿Cómo responde un sistema isotermo cuando se aplica un trabajo de 200 J?

S: Desprende calor por 200 J.

3. Entalpía

A la hora de analizar el aspecto energético de una transformación química, necesitamos conocer la variación de energía interna de un sistema (ΔU), y esta se relaciona con el calor y el trabajo transferido por y hacia el sistema. La cuestión es: ¿cuál de todas las posibles situaciones es la más sencilla de realizar en el laboratorio?

Habitualmente, las reacciones se llevan a cabo en sistemas abiertos o cerrados y, en menos ocasiones, en sistemas aislados. En consecuencia, nuestro sistema intercambia calor con el entorno, por lo que no consideramos ni los procesos adiabáticos ($Q = 0$) ni los isotermos ($\Delta T = 0$). Por lo tanto, quedan dos variables sobre las que podemos actuar: presión y volumen.

Procesos a presión y volumen variable

En ellos, para el cálculo de la variación de energía interna, se necesita conocer el calor intercambiado y la gráfica presión-volumen, ya que el término de trabajo de los gases no posee ninguna magnitud constante. Por tanto, no es la opción más interesante.

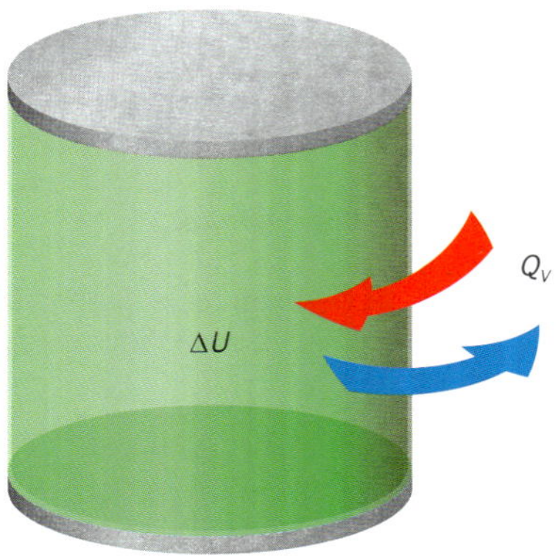

Procesos a volumen constante

Al no variar el volumen ($\Delta V = 0$), en un proceso isocoro no existe trabajo de expansión de gases, por lo que la variación de energía interna se produce únicamente como consecuencia del intercambio de calor.

$$\left.\begin{array}{l}\Delta U = Q + W \\ W = -p \cdot \Delta V = 0\end{array}\right\} \quad \Delta U = Q_V \qquad \text{Calor a volumen constante.}$$

La situación es interesante desde el punto de vista teórico, pero es desaconsejable de forma práctica, porque se ha de trabajar con recipientes cuyo volumen no varía, lo cual, además de costoso, es peligroso por los incrementos de presión que se pueden producir.

Procesos a presión constante. Entalpía

Coloquemos etanol en un crisol y acerquemos una llama. ¿Qué se mantiene en el proceso? Está claro que se producen gases, por lo que el volumen varía y se desprende calor, pero la presión de sistema corresponde a la presión atmosférica, y esta es constante.

Es, por tanto, la situación más sencilla, y en ella la variación de energía interna corresponde a la suma del calor intercambiado más el trabajo a presión constante.

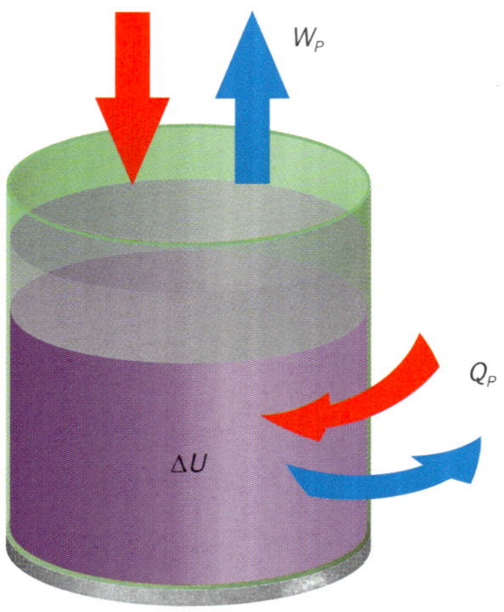

$$\Delta U = Q + W$$

$$\Delta U = Q_P - p \cdot \Delta V$$

$$Q_P = \underbrace{\Delta U + p \cdot \Delta V}_{\Delta H}$$

$$Q_P = \Delta H \qquad \Delta H = \Delta U + p \cdot \Delta V$$

$$Q_P = \Delta H \approx \Delta U$$

En el laboratorio se mide el calor a presión constante, $\boldsymbol{Q_P}$, que está relacionado con la **energía interna, ΔU**, más el término del **trabajo de expansión**.

La **variación de entalpía (ΔH)** es una **variable termodinámica** que es posible determinar a partir del calor de reacción a presión constante y cuantifica la variación de una magnitud denominada **entalpía (H)**, que es una función de estado.

Salvo para variaciones muy notables de volumen (se producen muchos gases), el término de trabajo de expansión no es muy importante y la variación de entalpía es una aceptable aproximación a la variación de **energía interna del sistema.**

3.1. Diagrama entálpico

Para ayudar a comprender la entalpía, se hace uso de los diagramas entálpicos:

Un **diagrama entálpico** es la representación de las energías de los estados (en el eje vertical) y de la coordenada de avance de reacción que muestra el paso desde reactivos hacia productos (en el eje horizontal).

De acuerdo con el contenido energético de reactivos y productos podemos diferenciar:

Reacción endotérmica ($\Delta H > 0$)

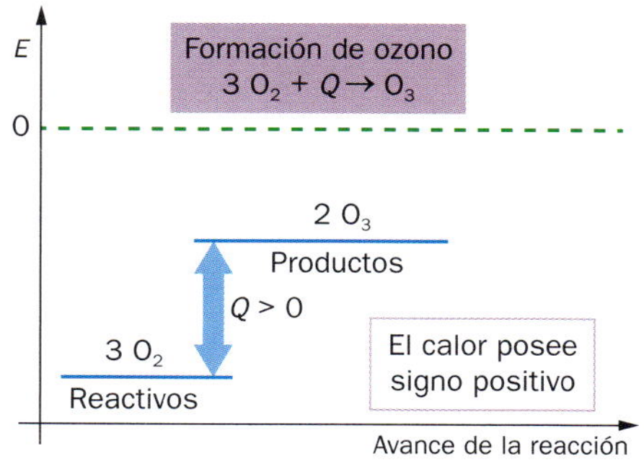

El sistema absorbe energía

Reacción exotérmica ($\Delta H < 0$)

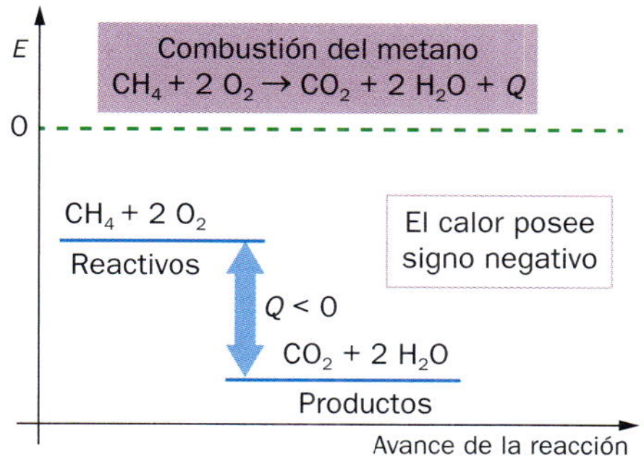

El sistema desprende energía

Sabías que...

A diferencia del estudio de los gases, las condiciones habituales en las que se indican las entalpías son las **condiciones** o **estado estándar (CS):**

$$p = 1 \text{ atm}$$

$$T = 25\,°\text{C} = 298 \text{ K}$$

Para indicar que se trabaja en dichas condiciones, se coloca en la variación de entalpia, en superíndice, «°»:

$$\Delta H°$$

3.2. Ecuaciones termoquímicas

Desde un punto de vista químico, las transformaciones químicas no solo implican transformación de unas sustancias **(reactivos)** en otras **(productos),** sino que llevan aparejada una absorción o emisión de energía en forma de calor. Por ello, a la ecuación química hay que incorporarle el aspecto energético en forma de calor a presión constante, o **entalpía**.

Si se hace por mol de compuesto, se obtendrá la entalpía molar ΔH_m ($\text{kJ} \cdot \text{mol}^{-1}$). Esta puede ser de dos tipos:

- **Entalpía de formación:** energía implicada en la formación de 1 mol de compuesto a partir de sus elementos en estado estándar.

  Formación amoniaco:

  $$1/2\, N_2\,(g) + 3/2\, H_2\,(g) \rightarrow \mathbf{1}\ NH_3\,(g) \qquad \Delta H_f^0 = -46{,}2 \text{ kJ} \cdot \text{mol}^{-1}$$

  Las entalpías de formación de los elementos libres son nulas. ¿Por qué?

- **Entalpía de combustión:** energía implicada en la combustión de 1 mol de compuesto para formar su óxido. Si el compuesto es orgánico, producirá CO_2 y agua.

  Por ejemplo, la combustión del butano:

  $$\mathbf{1}\ C_4H_{10}\,(g) + 13/2\, O_2\,(g) \rightarrow 4\, CO_2\,(g) + 5\, H_2O\,(g) \qquad \Delta H_c^0 = -2\,877{,}5 \text{ kJ} \cdot \text{mol}^{-1}$$

IMPORTANTE

La entalpía molar se define como el calor intercambiado por unidad de cantidad de materia:

$$\Delta H_m = \frac{Q}{n}$$

A partir de esta ecuación, se puede determinar el calor intercambiado mediante un factor de conversión o con la ecuación:

$$Q = n \cdot \Delta H_m$$

Actividades resueltas

2. Indica la cantidad de calor que se desprenderá al quemar 25 L de hidrógeno en condiciones estándar, suponiendo que se condensa todo el vapor de agua según:

$$H_2\,(g) + 1/2\, O_2\,(g) \rightarrow H_2O\,(l) \qquad \Delta H_f^0 = -286 \text{ kJ} \cdot \text{mol}^{-1}$$

Estrategia de resolución

La entalpía de formación del agua se define por mol de agua y coincide por mol de hidrógeno. Podemos determinar el calor para el número de moles del enunciado:

$$n = \left.\frac{pV}{RT}\right|_{CS} = 1{,}023 \text{ mol } H_2 \qquad Q = n \cdot \Delta H_m^0 = 1{,}023 \text{ mol} \cdot \left(\frac{-286 \text{ kJ}}{1 \text{ mol}}\right) = -292{,}6 \text{ kJ}$$

4. Ley de Hess

El monóxido de carbono se obtiene en combustiones incompletas; sin embargo, no puede realizarse una reacción de formación del monóxido de carbono a partir del carbono y del oxígeno, ya que siempre se obtiene dióxido de carbono. Esta situación hace imposible medir directamente el calor de formación del citado monóxido.

$C\ (s) + 1/2\ O_2\ (g) \rightarrow CO\ (g)$ Imposible $C\ (s) + O_2\ (g) \rightarrow CO_2\ (g)$ Siempre sucede

La solución consiste en utilizar la propiedad de la entalpía de ser función de estado, es decir, que el valor de una variación de entalpía solo depende del estado inicial y final, no del camino conseguido para alcanzarla. Este hecho permite determinar la siguiente ley:

Ley de Hess: la variación de entalpía de una reacción química se puede calcular mediante la suma de las entalpías de varios procesos cuya reacción global coincida con la buscada.

$$\Delta H = \sum_i \Delta H_i = \Delta H_1 + \Delta H_2 + \Delta H_3 + \ldots$$

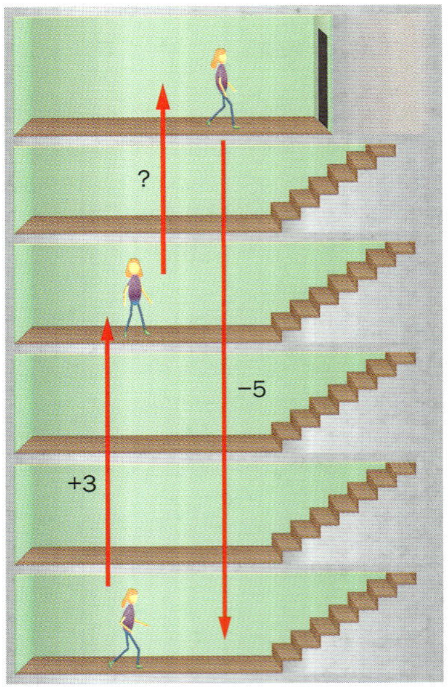

Como la altura de un piso es una función de estado, la diferencia del número de pisos entre dos plantas se puede determinar a través de múltiples caminos sin necesidad de conocer los valores exactos de los pisos.

Para el caso de la variación de entalpía en la formación del monóxido de carbono, necesitamos conocer la entalpía de formación del CO_2 y la oxidación del CO.

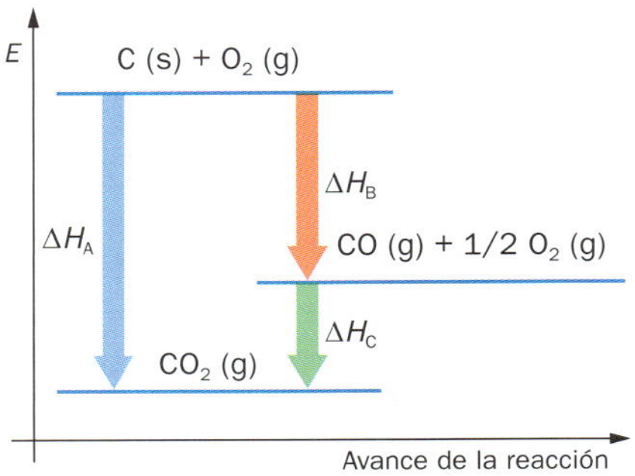

(A) Entalpía de formación del CO_2:

$C\ (s) + O_2\ (g) \rightarrow CO_2\ (g)$ $\Delta H_A = -393{,}5$ kJ

(B) Entalpía de formación del CO:

$C\ (s) + 1/2\ O_2\ (g) \rightarrow CO\ (g)$ $\Delta H_B = ¿?$

(C) Entalpía de oxidación del CO:

$CO\ (g) + 1/2\ O_2\ (g) \rightarrow CO_2\ (g)$ $\Delta H_C = -282{,}4$ kJ

Para poder obtener la reacción deseada, observamos que los dos caminos, formación directa de CO_2 y formación a través de CO, deben proporcionar el mismo valor. Por tanto:

$$\Delta H_A = \Delta H_B + \Delta H_C \qquad \Delta H_A - \Delta H_C = \Delta H_B$$

Esto se puede calcular utilizando las ecuaciones termoquímicas para eliminar los términos intermedios y obtener la reacción consecutiva global, teniendo en cuenta que:

- Si una ecuación invierte el sentido, la variación de entalpía cambia de signo.
- Si una ecuación queda multiplicada o dividida por una constante, su entalpía queda afectada de igual forma.

Ecuación	(A)	$C\ (s) + O_2\ (g) \rightarrow \cancel{CO_2\ (g)}$	$\Delta H_A = -393{,}5$ kJ
Ecuación	−(C)	$\cancel{CO_2\ (g)} \rightarrow CO\ (g) + 1/2\ O_2\ (g)$	$-\Delta H_C = -(-282{,}4$ kJ$)$
		$C\ (s) + 1/2\ O_2\ (g) \rightarrow CO\ (g)$	$\Delta H_B = \Delta H_A - \Delta H_C = -111{,}11$ kJ

Actividades resueltas

3. Calcula ΔH^o para la reacción $2\ F_2\ (g) + 2\ H_2O\ (l) \rightarrow 4\ HF\ (g) + O_2\ (g)$ a partir de:

(A) $H_2\ (g) + F_2\ (g) \rightarrow 2\ HF\ (g)$ $\Delta H_A = -542$ kJ

(B) $2\ H_2\ (g) + O_2\ (g) \rightarrow 2\ H_2O\ (l)$ $\Delta H_B = -572$ kJ

Estrategia de resolución

2 · (A)	$\cancel{2\ H_2}\ (g) + 2\ F_2\ (g) \rightarrow 4\ HF\ (g)$	$2 \cdot \Delta H_A = 2 \cdot (-542$ kJ$)$
−(B)	$2\ H_2O\ (l) \rightarrow \cancel{2\ H_2}\ (g) + O_2\ (g)$	$-\Delta H_B = +572$ kJ
	$2\ F_2\ (g) + 2\ H_2O\ (l) \rightarrow 4\ HF\ (g) + O_2\ (g)$	$\Delta Hr = 2 \cdot \Delta H_A - \Delta H_B = -512$ kJ

Multiplicamos por 2 para obtener 4 HF.

Invertimos para tener 2 H_2O en reactivos.

4.1. Entalpías de formación

Podemos obtener nuevas ecuaciones combinando linealmente ecuaciones con datos conocidos. Por lo tanto, para determinar cualquier combinación, necesitaríamos tabular infinidad de reacciones. Como disponemos de las reacciones de formación, podemos simplificar el cálculo.

Estas son reacciones a partir de elementos libres, cuya combinación siempre puede simplificarse para proporcionar los compuestos buscados. Observa que las entalpías de formación de los elementos libres es nula. Analizando el resultado de la aplicación de la ley de Hess mediante ecuaciones, obtenemos:

La ley de Hess a partir de entalpías de formación: la variación de entalpía de un proceso es la suma de las entalpías de formación de los productos menos la suma de las entalpías de formación de los reactivos:

$$\Delta H_R = \sum_i^{\text{Productos}} \nu_i \cdot \Delta H_i - \sum_i^{\text{Reactivos}} \nu_i \cdot \Delta H_i$$

Donde ν_i es el coeficiente estequiométrico de la sustancia *i* y ΔH_i su entalpía de formación.

Actividades resueltas

4. El metanol se planteó como combustible debido a su poder calorífico. Determina la entalpía de combustión del etanol a partir de las ecuaciones siguientes:

(A) $2\,C\,(s) + 3\,H_2\,(g) + 1/2\,O_2\,(g) \rightarrow CH_3CH_2OH\,(l)$ $\quad \Delta H^o{}_A = -277{,}1$ kJ

(B) $C\,(s) + O_2\,(s) \rightarrow CO_2\,(g)$ $\quad \Delta H^o{}_B = -393{,}5$ kJ

(C) $H_2\,(g) + 1/2\,O_2\,(g) \rightarrow H_2O\,(g)$ $\quad \Delta H^o{}_C = -241{,}8$ kJ

Estrategia de resolución

Combustión del metanol: **1** $CH_3CH_2OH\,(l) + 3\,O_2\,(g) \rightarrow 2\,CO_2\,(g) + 3\,H_2O\,(g)$

- Aplicamos la ley de Hess combinando ecuaciones para conseguir la combustión:

$-(A)$ $\quad CH_3CH_2OH\,(l) \rightarrow 2\,C\,(s) + 3\,H_2\,(g) + 1/2\,O_2\,(g)$ $\quad -\Delta H_A^0 = -(-277{,}1\ \text{kJ})$

$2\cdot(B)$ $\quad 2\,C\,(s) + 2\,O_2\,(s) \rightarrow 2\,CO_2\,(g)$ $\quad 2\cdot\Delta H_B^0 = 2\cdot(-393{,}5\ \text{kJ})$

$3\cdot(C)$ $\quad 3\,H_2\,(g) + 3/2\,O_2\,(g) \rightarrow 3\,H_2O\,(g)$ $\quad 3\cdot\Delta H_C^0 = 3\cdot(-241{,}8\ \text{kJ})$

$CH_3CH_2OH\,(l) + 3\,O_2\,(g) \rightarrow 2\,CO_2\,(g) + 3\,H_2O\,(g)$ $\quad \Delta H_r^0 = -1\,235{,}3$ kJ

- El segundo camino es utilizar las entalpías de formación, justamente las ecuaciones químicas que nos ha proporcionado:

$$\Delta H_R = \sum_i^{\text{Productos}} \nu_i \cdot \Delta H_i - \sum_i^{\text{Reactivos}} \nu_i \cdot \Delta H_i$$

$$\Delta H_r^0 = \left[2\cdot\Delta H_f^0(CO_2\,(g)) + 3\cdot\Delta H_f^0(H_2O\,(g))\right] - \left[\Delta H_f^0(CH_3CH_2OH\,(g)) + 3\cdot\Delta H_f^0(O_2\,(g))\right]$$

$$\Delta H_r^0 = \left[2\cdot(-393{,}5) + 3\cdot(-241{,}8)\right] - \left[(-277{,}1) + 3\cdot 0\right] = -1\,235{,}3\ \text{kJ}$$

Recuerda: la entalpía de formación de los elementos libres en estado estándar es cero.

Actividades

4. Calcula la entalpía de formación del acetaldehído líquido (CH_3CHO (l)) sabiendo que su entalpía de combustión para dar agua líquida es $-1\,170$ kJ · mol^{-1}.

S: $\Delta H = -188$ kJ/mol

5. Calcula, a partir de los datos, la entalpía de formación del $Mg(OH)_2$ (s):

$2\,Mg\,(s) + O_2\,(g) \rightarrow 2\,MgO\,(s)$ $\quad \Delta H^0 = -1\,203{,}7$ kJ

$MgO\,(s) + H_2O\,(l) \rightarrow Mg(OH)_2\,(s)$ $\quad \Delta H^0 = -36{,}7$ kJ

$2\,H_2O\,(l) \rightarrow 2\,H_2\,(g) + O_2\,(g)$ $\quad \Delta H^0 = +572{,}4$ kJ

S: $\Delta H^0 = -924{,}75$ kJ

Tabla de entalpías de formación en condiciones estándar (CS)

Sustancia	(kJ · mol^{-1})
O_2 (g)	0,00
C (grafito)	0,00
C (diamante)	1,9
HCl (g)	−92,3
H_2O (g)	−241,8
H_2O (l)	−285,8
NH_3 (g)	−46,2
HNO_3 (l)	−173,2
NO (g)	90,3
NO_2 (g)	33,2
NH_4Cl (s)	−314,43
H_2SO_4 (l)	−811,3
CaO (s)	−635,1
$CaCO_3$ (s)	−1210
CO_2 (g)	−393,5
CO (g)	−110,4
CH_4 (g)	−74,8
CH_3CH_2OH (l)	−277,0
C_3H_8 (g)	−103,8
SO_2 (g)	−296,90
SO_3 (g)	−395,72

Termodinámica 2.0

Puedes encontrar una tabla ampliada con información sobre magnitudes termodinámicas en:

bit.ly/Tabla_prop_Termo

4.2. Energías de enlace

La variación de entalpía de una reacción es, en último término, un balance entre la energía utilizada en romper y formar enlaces por un lado y, por otro, la energía implicada en la traslación, vibración y rotación molecular en las condiciones de la reacción. De esta manera, considerando únicamente las energías de los enlaces, es fácil hacer una aproximación.

Una aproximación a la **variación de entalpía** de una reacción es el balance entre la energía utilizada en la ruptura de los enlaces y la desprendida en la formación de enlaces nuevos.

$$\Delta H = \sum_{i}^{\text{Rotos}} \Delta EE_i - \sum_{i}^{\text{Formados}} \Delta EE_i$$

Es una aproximación no solo porque no se tiene en cuenta la energía traslacional, vibracional y rotacional, sino porque no existe una energía de enlace A–B como tal, únicamente se considera el valor promedio de las energías de ese enlace en múltiples compuestos.

Tabla de energías de enlace

Enlace	E_{Enlace} ($kJ \cdot mol^{-1}$)
H–H	436
C–H	415
N–H	390
O–H	460
O=O	494
C–C	347
C=C	610
C≡C	830
C=O	743
C=O*	802
C–N	326
N≡N	946
F–F	150
Cl–Cl	244
Br–Br	192
I–I	150
H–F	568
H–Cl	430
H–Br	366
H–I	298
H–S	338

* Energía de enlace en la molécula de CO_2.

Puedes encontrar un mayor número de energías en enlace en la siguiente dirección:

bit.ly/Tabla_prop_Termo

Actividades resueltas

5. Estima la entalpía de formación del amónico a partir de sus energías de enlace.

Estrategia de resolución

Determinamos la reacción que sucede. Aunque no es imprescindible, se planteará en números enteros para no tener enlaces fraccionarios, y, en un segundo paso, se adecúa a la ecuación buscada:

$$N_2\,(g) + 3\,H_2\,(g) \rightarrow 2\,NH_3\,(g)$$

N≡N 3 H–H 6 N–H

Expresamos la entalpía en función de los enlaces modificados.

$$\Delta H_r^0 = [E_{N\equiv N} + 3 \cdot E_{H-H}] - [6 \cdot E_{N-H}]$$

$$\Delta H_f^0 = [946 + 3 \cdot 436] - [6 \cdot 390] = -86\ kJ$$

Lo que hemos obtenido es el doble de la reacción buscada. Dividiéndolo entre dos:

$$1/2\,N_2\,(g) + 3/2\,H_2\,(g) \rightarrow NH_3\,(g) \qquad \Delta H_f^0 = -43\ kJ \cdot mol^{-1}$$

6. Halla una aproximación a la entalpía de combustión del propano (C_3H_8) a partir de las entalpías de formación y de las energías de enlace. Considera el agua en estado gaseoso.

Estrategia de resolución

Planteamos la ecuación que vamos a estudiar:

$$C_3H_8\,(g) + 5\,O_2\,(g) \rightarrow 3\,CO_2\,(g) + 4\,H_2O\,(g)$$

a) A partir de entalpías de formación:

$$\Delta H_r^0 = [3 \cdot \Delta H_f^0(CO_2(g)) + 4 \cdot \Delta H_f^0(H_2O(g))] - [\Delta H_f^0(C_3H_8(g)) + 5 \cdot \Delta H_f^0(O_2(g))]$$

(con $\Delta H_f^0(O_2(g)) \rightarrow 0$)

$$\Delta H_r^0 = [3 \cdot (-393,5) + 4 \cdot (-285,8)] - [(-103,8) + 5 \cdot 0] = -2\,219,9\ kJ$$

b) A partir de energías de enlace, nos fijamos en qué enlaces se forman y cuales se rompen.

$$\Delta H_r^0 = [2 \cdot E_{C-C} + 8 \cdot E_{C-H} + 5 \cdot E_{O=O}] - [6 \cdot E_{C=O} + 8 \cdot E_{O-H}] = -2\,008\ kJ$$

Actividades

6. Determina la entalpía de la cloración del hidrógeno a partir de las energías de enlace. ¿Qué relación posee con la entalpía de formación del cloruro de hidrógeno (HCl)?

S: $\Delta H_r^0 = -180\ kJ$

7. Calcula la energía de enlace entre el hidrógeno y el azufre a partir de la entalpía de formación del sulfuro de hidrógeno, si utilizamos azufre S_8, sabiendo que la entalpía de formación del H_2S es de $-20,6\ kJ \cdot mol^{-1}$.

S: $E_{Enlace\ H-S} = 254,94\ kJ \cdot mol^{-1}$

Actividades resueltas

7. Indica cuál es la entalpía de formación del yoduro de hidrógeno (HI) a partir de la reacción:

$$2\ HI\ (g) \rightarrow H_2\ (g) + I_2\ (g) \qquad \Delta H^0 = -52{,}8\ kJ \cdot mol^{-1}$$

Estrategia de resolución

La reacción de formación es la mitad de la reacción opuesta.

$$-1/2 \cdot (2\ HI\ (g) \rightarrow H_2\ (g) + I_2\ (g)) \qquad -1/2 \cdot \Delta H^0 = -1/2 \cdot \left(-52{,}8\ kJ \cdot mol^{-1}\right)$$

De esta forma, la entalpía de formación es:

$$1/2\ H_2\ (g) + 1/2\ I_2\ (g) \rightarrow HI\ (g) \qquad \Delta H_f^0 = 26{,}4\ kJ \cdot mol^{-1}$$

8. El propano (C_3H_8 (g)) es ampliamente utilizado como fuente de energía para conseguir calor. Sabiendo que la entalpía de combustión para dar agua gaseosa es de $-2\,219{,}9$ kJ, determina:

a) El calor (en calorías) que se obtiene de la combustión de 1 g de propano.

b) La masa de propano necesaria para conseguir 100 000 kcal.

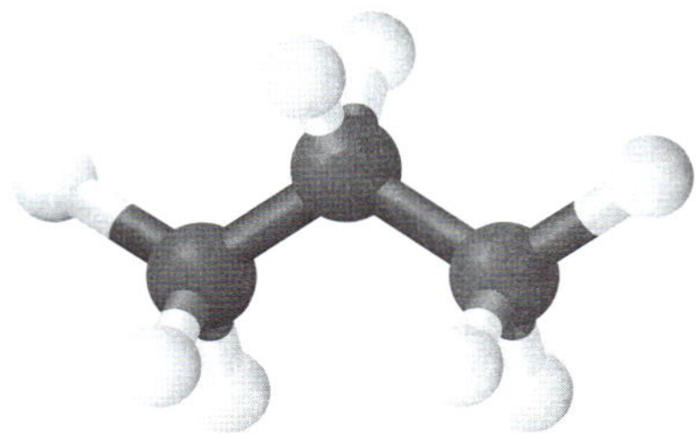

Propano (CH_3–CH_2–CH_3)

Estrategia de resolución

a) La entalpía de combustión del propano es una entalpía molar, luego necesitamos comenzar calculando el número de moles de propano:

$$n_{C_3H_8} = 1\ g\ C_3H_8 \cdot \frac{1\ mol\ C_3H_8}{44\ g\ C_3H_8} = 0{,}02273\ mol\ C_3H_8$$

Ahora aplicamos un factor de conversión para determinar el calor obtenido:

$$Q = 0{,}02273\ mol\ C_3H_8 \cdot \frac{-2\,219{,}9\ kJ}{1\ mol\ C_3H_8} = -50{,}46\ kJ$$

Observa que es una reacción exotérmica ($Q < 0$).

Trasformamos el resultado en calorías:

$$Q = -50{,}46\ kJ \cdot \frac{1\ kcal}{4{,}18\ kJ} = -12{,}07\ kcal$$

b) Se corresponde al caso opuesto al apartado *a)*. Operando con factores:

$$m_{propano} = 10^5\ kcal \cdot \frac{4{,}18\ kJ}{1\ kcal} \cdot \frac{1\ mol\ C_3H_8}{2\,219{,}9\ kJ} \cdot \frac{44\ g\ C_3H_8}{1\ mol\ C_3H_8} = 8\,285{,}06\ g\ C_3H_8$$

Actividades

8. Calcula la entalpía de formación del óxido de hierro(III) (s) a partir de:

$$3\ C\ (s) + 2\ Fe_2O_3\ (s) \rightarrow 4\ Fe\ (s) + 3\ CO_2\ (g) \qquad \Delta H^0 = 460\ kJ \cdot mol^{-1}$$

$$C\ (s) + O_2\ (g) \rightarrow CO_2\ (g) \qquad \Delta H_f^0 = -394\ kJ \cdot mol^{-1}$$

S: $\Delta H_f^0 = -821\ kJ \cdot mol^{-1}$

9. La fermentación del azúcar produce alcohol y CO_2, de donde se obtienen los licores, el vino o la cerveza. Calcula el calor de reacción de la fermentación:

$$C_6H_{12}O_6\ (s) \rightarrow 2\ C_2H_5OH\ (l) + 2\ CO_2\ (g)$$

Sabiendo que el calor de combustión del azúcar ($C_6H_{12}O_6$ (s)) es $15{,}7\ kJ \cdot g^{-1}$ y el calor de combustión del etanol (C_2H_5OH (l)) es $29{,}8\ kJ \cdot g^{-1}$.

S: $\Delta H = -84{,}4\ kJ \cdot mol^{-1}$

10. En equipos de cuatro miembros, plantead una hoja de cálculo que permita determinar la entalpía de cualquier combustión de un compuesto orgánico con C, H, O y N, a partir de los datos de su estequiometría. Durante el diseño, uno de los componentes acudirá a otro equipo para observar cómo lo están resolviendo.

S: bit.ly/Entalpía_combustión

La fermentación de los azúcares de la uva produce alcohol etílico, que convierte el mosto en vino.

Sabías que...

La interpretación estadística de la entropía permite calcularla como

$$S = k \cdot \ln\Omega$$

Dónde Ω en el número de estados accesible por el sistema y k la constante de Boltzmann $(1{,}38 \cdot 10^{-23}\ J \cdot K^{-1})$.

El siguiente vídeo puede ayudarte en la interpretación de la entropía:

bit.ly/IFT_entropía

5. Segundo principio de la termodinámica

Si dejamos una pelota sobre una mesa, es probable que se caiga al suelo. El primer principio de la termodinámica explica el intercambio de energía que ha sucedido en la caída en términos de trabajo y calor, pero no impone un determinado sentido. Este principio no se opone a que la pelota suba a la mesa desde el suelo, pero ¿puede subir de manera espontánea?

Se necesita de un nuevo principio que indique cuál es el sentido en el que suceden los fenómenos, cuál es la dirección o flecha del tiempo.

Tomemos un recipiente con una pared intermedia que mantiene el gas en una de las partes. Si eliminamos la pared, el gas se expande hasta ocupar la totalidad del volumen. Nada impide que las partículas, en su movimiento errático, vuelvan a ocupar la mitad del recipiente, pero este hecho nunca se ha observado. ¿Qué ha cambiado?

Situación inicial: volumen V

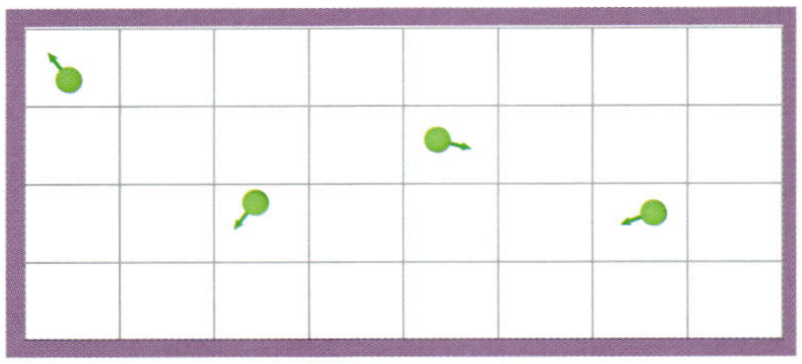

Situación final: volumen $2 \cdot V$

4 partículas	16 posiciones
Estados accesibles	$16 \cdot 15 \cdot 14 \cdot 13 =$ **43 680**

4 partículas	32 posiciones
Estados accesibles	$32 \cdot 31 \cdot 30 \cdot 29 =$ **863 040**

Observa que existen más posibilidades de encontrarnos en la situación final que en la inicial. Nada impide que las partículas se sitúen en el volumen de la izquierda, pero es poco probable. Si incrementamos el número de partículas y la cantidad de posiciones, la diferencia es mucho mayor.

La magnitud física que mide este número de posibilidades es la **entropía**.

La **entropía** es la magnitud termodinámica que cuantifica el número de estados accesibles por el sistema. Es nula en el caso de una única posibilidad y se incrementa con el número de estados. Se representa por la letra **S** y su unidad es $J \cdot K^{-1}$.

Se suele relacionar **entropía** y **desorden** debido a que entendemos este último como una disposición donde los componentes pueden ocupar cualquier lugar además del que le corresponde.

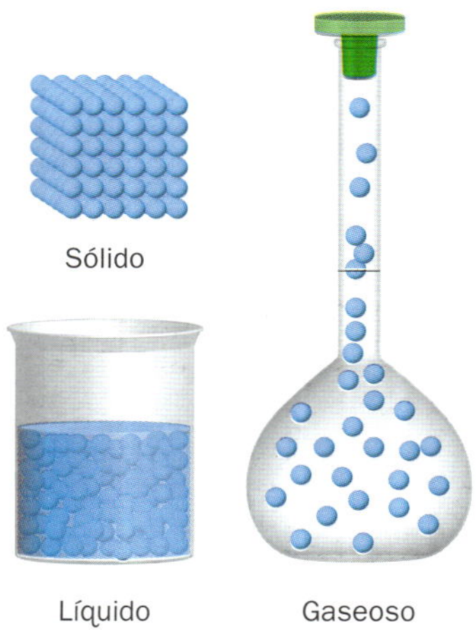

Actividades resueltas

9. Cuando una sustancia pasa de sólido a líquido y después a gaseoso, ¿la entropía aumenta o disminuye?

Estrategia de resolución

Podemos observar que en estado sólido las partículas ocupan posiciones fijas y solo pueden vibrar alrededor de estas.

Cuando se pasa a estado líquido, ya pueden desplazarse, luego el número de estados (posiciones) accesibles se incrementa aumentando la entropía. Este fenómeno es más acusado al pasar al estado gaseoso.

Al analizar el comportamiento del gas en el recipiente, es fácil determinar que el sistema evoluciona hacia donde hay más número de estados, hacia una mayor entropía. Cabe pensar, entonces, que los sistemas siempre evolucionan hacia una mayor entropía, pero esto no es así.

Observa que, en el experimento del gas encerrado en un recipiente con pared o en el caso de la pelota que se cae, es posible volver a la situación inicial, pero siempre a costa de aplicar trabajo desde el exterior del sistema. Esto implica que el entorno ha producido un trabajo que conlleva un cierto cambio.

Por ejemplo, al empujar la pared, tanto si lo haces tú, como si lo realiza una máquina, este trabajo implicará un consumo de energía que se obtendrá de una transformación química, en nuestro caso, del consumo de glucosa, y, en una máquina, del consumo de gasolina. En ambos casos se pasa de un sólido o líquido a un gas, es decir, el entorno ha incrementado su entropía. En el balance neto del proceso, la entropía del universo ha aumentado. Esta es la denominada flecha del tiempo.

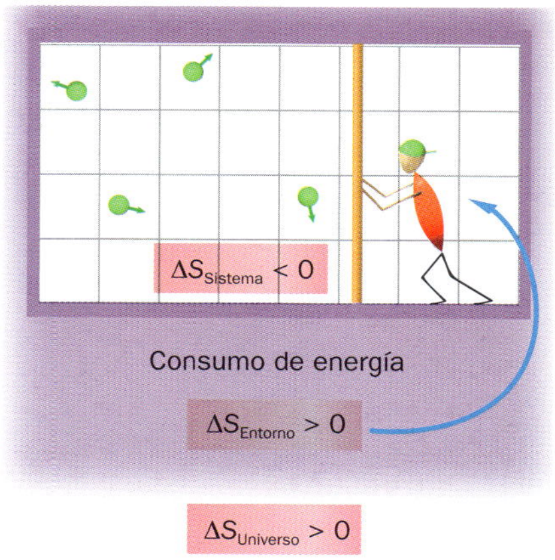

El **segundo principio de la termodinámica** afirma que, en todo proceso espontáneo, la entropía del universo aumenta y solo es nula para procesos reversibles.

$$\Delta S_{Universo} = \Delta S_{Sistema} + \Delta S_{Entorno} \geq 0$$

Hay que notar que el segundo principio no impide que, en un proceso espontáneo, la entropía del sistema disminuya, se ordene. Lo que afirma es que, para que eso suceda, el entorno debe incrementar su entropía en un valor mayor, de manera que la variación de entropía del universo siempre sea positiva.

Sabías que...

El segundo principio implica que la entropía del universo aumenta constantemente y, cuando esta sea máxima, ya no podrán suceder transformaciones en él. Este hecho se conoce como **muerte térmica** del universo.

Actividades resueltas

10. Indica en las siguientes transformaciones si la entropía aumenta o disminuye:

a) Sublimación. *b)* Precipitación. *c)* $N_2\,(g) + 3\,H_2\,(g) \rightarrow 2\,NH_3\,(g)$

Estrategia de resolución

a) Aumenta el número de partículas en estado gaseoso.

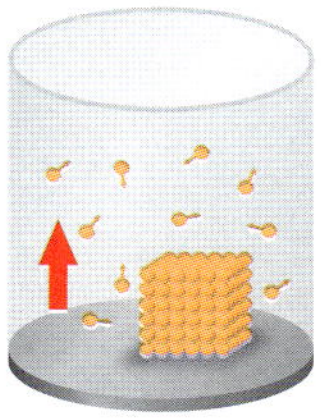

$\Delta S = S_{Gas} - S_{Sólido} > 0$

b) Disminuye el número de partículas en estado acuoso.

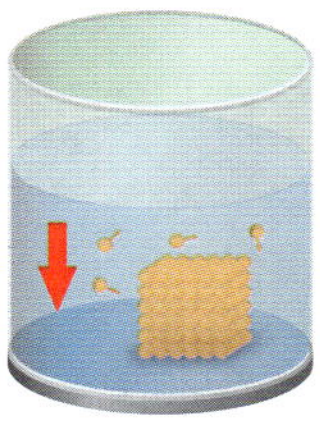

$\Delta S = S_{Sólido} - S_{Disol.} < 0$

c) Disminuye el número de partículas en estado gaseoso.

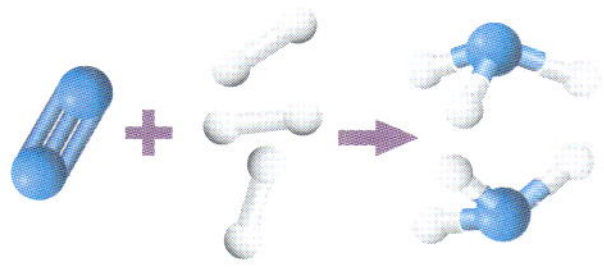

$\Delta S = S_{NH_3} - S_{N_2+H_2} < 0$

Actividades

11. En estos procesos, ¿la entropía aumenta o disminuye?

a) Barajamos las cartas de una baraja nueva.

b) Numeramos las hojas de nuestros apuntes y las colocamos en una funda.

12. Razona la variación de entropía en estas reacciones:

a) $H_2O\,(g) \rightarrow H_2O\,(l)$

b) $C\,(s) + O_2\,(g) \rightarrow CO_2\,(g)$

c) $HCl\,(g) + NH_3\,(g) \rightarrow NH_4Cl\,(s)$

d) $S\,(cristal) \rightarrow S\,(vítreo)$

e) $H_2\,(g) + I_2\,(g) \rightarrow 2\,HI\,(s)$

f) $Fe(s) + 1/2\,O_2\,(g) \rightarrow FeO\,(s)$

13. Contestad individualmente a las siguientes preguntas de manera razonada. Después, comparad vuestras respuestas con otro estudiante. Por último, formad equipos de dos parejas y elaborad una respuesta con razonamiento científico sobre ella.

a) ¿Pueden existir reacciones espontáneas con disminución de entropía?

b) Un estudiante afirma que su cuarto está tan ordenado que su entropía es negativa.

5.1. Reversibilidad o irreversibilidad de un proceso

El segundo principio de la termodinámica proporciona un criterio para determinar qué condiciones debe cumplir un fenómeno para que sea espontáneo:

$$\Delta S_{Universo} \geq 0$$

Pero este principio no condiciona lo que ha de valer la variación de entropía de un sistema; recuerda que esta puede ser negativa y que el sistema puede ordenarse espontáneamente, siempre que la entropía del universo aumente. Pero ¿puedo conocer algo sobre el proceso a partir únicamente del valor de la entropía del sistema?

Existe un tipo ideal de proceso, conocido como **proceso reversible,** que es aquel que, después de transitar desde el estado inicial al final, puede volver exactamente al mismo estado inicial. Para que esto suceda, se han de cumplir las siguientes características:

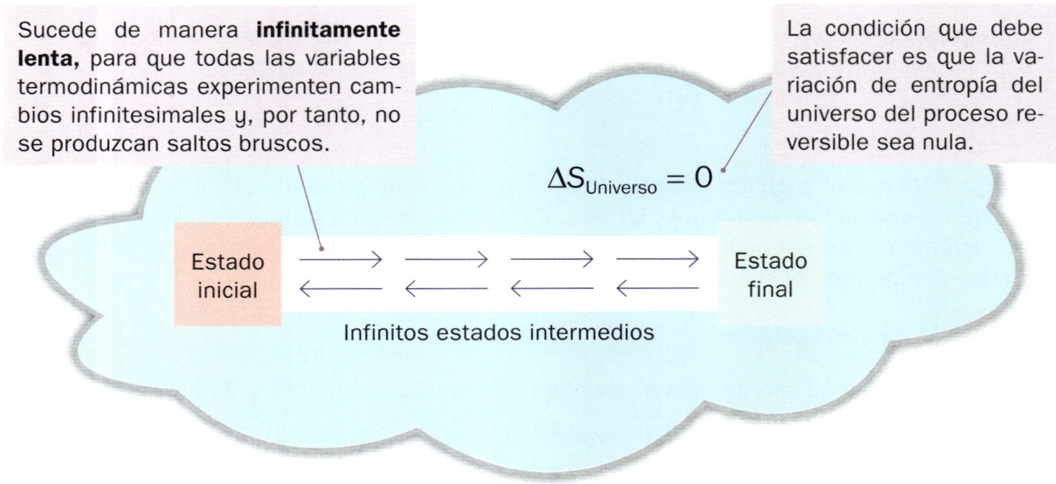

! Importante

Observa que un proceso es reversible si cumple que es bidireccional y la transformación se realiza mediante una sucesión infinita de estados donde el sistema está en equilibrio con su entorno y es posible devolver el sistema a su estado inicial por el mismo camino.

- Observa que es la entropía del universo la que es nula, no la del sistema, que cumple:

$$\Delta S_{Sistema} = -\Delta S_{Entorno}$$

- En el caso de que la variación de entropía no sea nula, el proceso es **irreversible** y el estado inicial no puede volver a alcanzarse.

Actividades

14. En grupos de tres, buscad información sobre los procesos reversibles en el mundo físico. ¿Qué características tienen que cumplir? ¿Es posible encontrar algún proceso reversible en el mundo real?

15. Formad grupos de cuatro o cinco miembros y distribuid los roles de coordinación, secretario, portavoz y mediación. La tarea consiste en realizar un videorreportaje sobre la entropía: su significado físico y los conocimientos que la gente posee sobre ella.

Aunque es vuestra tarea identificar los conceptos que se vayan a tratar y la forma de realizarlo, os aportamos algunas ideas:

- Entropía: definición macroscópica y microscópica.
- La entropía como flecha del tiempo.
- Percepción de la población sobre la idea de entropía. Se pueden realizar entrevistas con toma de datos a compañeros, familiares, gente en la calle y a docentes de ciencias.

Recordad que la finalidad es que el proyecto salga adelante y, para eso, hay que trabajar en equipo. Si bien el docente os puede ayudar con más detalle, os recordamos en el cuadro del margen las tareas principales de cada uno de los roles.

Coordinación
Conoce de la totalidad del proyecto: coordina, dirige, comprueba y motiva al resto.
Secretario
Recuerda, anota y comprueba.
Portavoz
Habla en nombre del grupo: presenta, pregunta y responde.
Mediación
Intercede en caso de conflicto: escucha, tranquiliza y comprende.

6. Tercer principio de la termodinámica

Una vez estudiadas las variaciones de entropía de los sistemas en general, cabe preguntarnos por la entropía en los sistemas químicos. Tal y como dijimos, la entropía es nula cuando las partículas tienen un único estado donde disponerse; esta sería la situación más ordenada posible. El análogo químico a esta situación sería el estado sólido, que debería estar, para minimizar el desorden por vibración, a la menor temperatura posible.

El **tercer principio de la termodinámica** afirma que cualquier sustancia en estado sólido y forma cristalina a la temperatura de 0 K posee una entropía nula.

Si bien este estado es imposible de conseguir, nos sirve para situar un cero en la escala de entropía. En consecuencia, es posible indicar la entropía de una sustancia en unas determinadas condiciones de presión, temperatura y estado de agregación como la variación de entropía experimentada desde el cero absoluto.

Si esta entropía está expresada por mol, se la denomina **entropía molar,** con la etiqueta de **estándar** si se halla en condiciones estándar (25 °C, 1 atm), y su unidad es $J \cdot K^{-1} \cdot mol^{-1}$. Si se dispone de valores de entropía de las sustancias que constituyen una reacción química, es posible calcular la variación de su entropía.

La variación de entropía de una reacción en el balance de las entropías de las sustancias implicadas en el proceso es:

$$\Delta S_R = \sum_i^{\text{Productos}} \nu_i \cdot S_i - \sum_i^{\text{Reactivos}} \nu_i \cdot S_i$$

Donde ν_i es el coeficiente estequiométrico de la sustancia y S_i su entropía.

Actividades resueltas

11. Calcula la variación de entropía de la combustión del butano en condiciones estándar (CS) cuando produce agua en estado gaseoso.

Estrategia de resolución

1. Escribimos la reacción y determinamos las entropías de cada compuesto.

	$2\,C_4H_{10}\,(g)$	+	$13\,O_2\,(g)$	$\rightarrow$	$8\,CO_2\,(g)$	+	$10\,H_2O\,(g)$
$S^0\,(J \cdot K^{-1} \cdot mol^{-1})$	310,20		205,10		213,70		188,80

2. Aplicamos la expresión para calcular la variación de entropía:

$$\Delta S_R^0 = \sum_i^{\text{Productos}} \nu_i \cdot S_i - \sum_i^{\text{Reactivos}} \nu_i \cdot S_i = \left[8 \cdot S^0_{CO_2} + 10 \cdot S^0_{H_2O}\right] - \left[2 \cdot S^0_{C_4H_{10}} + 13 \cdot S^0_{O_2}\right]$$

$$\Delta S_R^0 = \left[8 \cdot (213{,}70\ J \cdot K^{-1} \cdot mol^{-1}) + 10 \cdot (188{,}80\ J \cdot K^{-1} \cdot mol^{-1})\right] -$$

$$-\left[2 \cdot (310{,}20\ J \cdot K^{-1} \cdot mol^{-1}) + 13 \cdot (205{,}10\ J \cdot K^{-1} \cdot mol^{-1})\right] = 310{,}9\ J \cdot K^{-1}$$

El valor positivo concuerda con el incremento del número de moles de gas.

Actividades

16. Determina la variación de la entropía de las siguientes reacciones en condiciones estándar (CS). Considera que el agua se encuentra en estado gaseoso:

a) Formación del amoniaco.

b) Combustión del etanol líquido.

c) $HCl\,(g) + NH_3\,(g) \rightarrow NH_4Cl\,(s)$

d) $CaCO_3\,(s) \rightarrow CaO\,(s) + CO_2\,(g)$

S: *a)* $\Delta S^0 = -99{,}3\ J \cdot K^{-1}$; *b)* $\Delta S^0 = 218{,}84\ J \cdot K^{-1}$; *c)* $\Delta S^0 = -284{,}81\ J \cdot K^{-1}$; *d)* $\Delta S^0 = 164{,}7\ J \cdot K^{-1}$

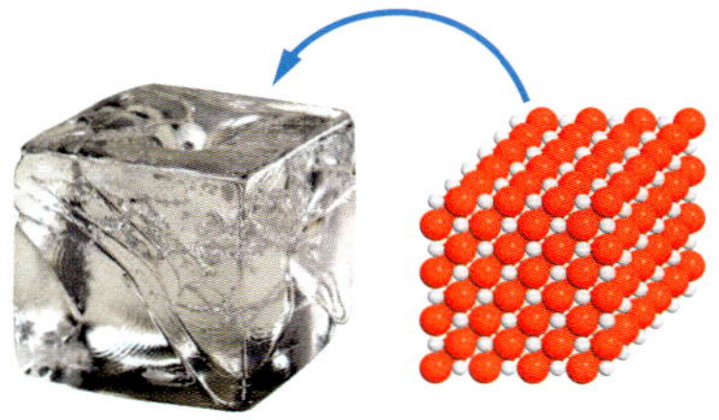

Solo en el cero absoluto se disminuye al mínimo la vibración de los átomos; de acuerdo con el principio de incertidumbre, la vibración nunca se detiene. Es la energía de punto cero.

Asignamos a este estado un valor nulo de entropía.

Tabla de entropías molares estándar (CS)

Sustancia	$S^0\,(J \cdot mol^{-1} \cdot K^{-1})$
$H_2\,(g)$	130,7
$O_2\,(g)$	205,1
$N_2\,(g)$	191,5
$Cl_2\,(g)$	222,9
$I_2\,(s)$	116,7
$I_2\,(g)$	260,6
$HCl\,(g)$	186,91
$H_2O\,(g)$	188,8
$H_2O\,(l)$	70,0
$NH_3\,(g)$	192,5
NO	210,8
$NO_2\,(g)$	240,1
$NH_4Cl\,(s)$	94,60
$CaO\,(s)$	39,7
$CaCO_3\,(s)$	88,7
$CO_2\,(g)$	213,8
$CH_4\,(g)$	186,3
$CH_3CH_2OH\,(l)$	159,86
SO_2	248,22
SO_3	256,76

En este enlace encontrarás la tabla completa de entropías molares:

bit.ly/Tabla_prop_Termo

7. Energía libre de Gibbs

Hasta el momento, hemos estudiado dos términos relacionados con la espontaneidad de un proceso: el término entálpico, que cuantifica la energía, y el entrópico, que mide el desorden. Pero ninguno por sí solo permite determinar cuándo un proceso es o no espontáneo.

Josiah Willard Gibbs propuso una nueva magnitud que trataba de analizar el efecto conjunto de las anteriores magnitudes y planteó la energía libre de Gibbs como la suma del término entálpico más el término entrópico multiplicado por la temperatura:

$$G = H - T \cdot S$$

Al ser todas ellas funciones de estado, la variación de la energía libre de Gibbs se calcula como la combinación de sus variaciones y permite determinar la espontaneidad de un proceso a partir de sus valores.

La **variación de la energía libre de Gibbs** se calcula como:

$$\Delta G = \Delta H - T \cdot \Delta S$$

Para que un proceso a presión y temperatura constante sea espontáneo, la variación de la energía libre de Gibbs del sistema ha de ser negativa: $\Delta G_{\text{Sistema}} < 0$.

En consecuencia, el signo que adquiera ΔG dependerá de los signos de ΔH y ΔS. La expresión proporciona cuatro diferentes comportamientos en función de la temperatura:

	$\Delta H < 0$	$\Delta H > 0$
$\Delta S > 0$	$\Delta G < 0 / \forall T$ El proceso **siempre** es espontáneo.	$\Delta G > 0 / T\downarrow$ — $\Delta G < 0 / T\uparrow$ No espontáneo — Espontáneo $\Delta G = 0 \Rightarrow T_{\text{Equilibrio}} = \frac{\Delta H}{\Delta S}$
$\Delta S < 0$	$\Delta G < 0 / T\downarrow$ — $\Delta G > 0 / T\uparrow$ Espontáneo — No espontáneo $\Delta G = 0 \Rightarrow T_{\text{Equilibrio}} = \frac{\Delta H}{\Delta S}$	$\Delta G > 0 / \forall T$ El proceso **nunca** es espontáneo.

Actividades resueltas

12. ¿En qué intervalo de temperatura es espontánea una reacción con $\Delta H = -120$ kJ y $\Delta S = -60\ \text{J} \cdot \text{K}^{-1}$?

Estrategia de resolución

Del análisis de los signos obtenemos que la entalpía indica que la reacción es exotérmica $(\Delta H < 0)$ y, por tanto, a favor de la espontaneidad, mientras que la entropía muestra que aumenta el orden $(\Delta S < 0)$ y, por tanto, va en contra.

Para esta situación, existe una temperatura denominada de equilibrio, donde $\Delta G = 0$:

$$T_{\text{Equilibrio}} = \frac{\Delta H}{\Delta S} = \frac{-120\ \text{kJ}}{-60 \cdot 10^{-3}\ \text{kJ} \cdot \text{K}^{-1}} = 2\,000\ \text{K}$$

Es fácil observar que, para temperaturas menores a la de equilibrio, el término entálpico domina $(|\Delta H| > |T \cdot \Delta S|)$, por lo que será espontánea en ese rango y no espontánea para temperaturas superiores a la de equilibrio.

IMPORTANTE

En las tablas termodinámicas, las unidades en las que se proporciona la entropía $(\text{J} \cdot \text{K}^{-1})$ son diferentes a aquellas en las que se proporciona la entalpía $(\text{kJ} \cdot \text{mol}^{-1} \cdot \text{K}^{-1})$.

Para determinar la temperatura de equilibrio, se ha de convertir una en otra.

Actividades resueltas

13. Justifica por qué el agua no hierve a 25 °C. ¿A partir de qué temperatura será un proceso espontáneo, asumiendo que se pueden extrapolar los datos de 25°C?

Estrategia de resolución

1. Calculamos la entalpía y la entropía del proceso $H_2O\ (l) \rightarrow H_2O\ (g)$:

$$\Delta H_R^0 = \Delta H_f^0\left[H_2O\ (g)\right] - \Delta H_f^0\left[H_2O\ (l)\right] = 44\ kJ \cdot mol^{-1}$$

$$\Delta S_R^0 = S^0\left[H_2O\ (g)\right] - S^0\left[H_2O\ (l)\right] = 118{,}7\ J \cdot K^{-1} \cdot mol^{-1}$$

2. Obtenemos la energía libre de la transformación: $\Delta G_R^0 = \Delta H_R^0 - T \cdot \Delta S_R^0$

$$\Delta G_R^0 = \left(44\ kJ \cdot mol^{-1}\right) - 298 \cdot \left(118{,}7 \cdot 10^{-3}\ J \cdot K^{-1} \cdot mol^{-1}\right) = 8{,}63\ kJ \cdot mol^{-1}$$

3. La temperatura buscada es la de equilibrio y, manteniendo los datos, tenemos:

$$T_{Equilibrio} = \frac{\Delta H_R^0}{\Delta S_R^0} = \frac{44\ kJ \cdot mol^{-1}}{118{,}7 \cdot 10^{-3}\ J \cdot K^{-1} \cdot mol^{-1}} = 370{,}68\ K$$

7.1. Energía libre de formación

Nuevamente, por ser la energía libre de Gibbs una función de estado, se puede obtener una expresión análoga a la de la entropía a partir de las reacciones de formación.

Se define como **energía libre de formación** de un compuesto a la energía libre de formación de un mol de compuesto a partir de sus elementos en estado fundamental para unas condiciones de presión y temperatura determinadas.

A partir de estas energías libres, se determina la energía libre de cualquier reacción:

$$\Delta G_R = \sum_i^{Productos} \nu_i \cdot \Delta G_i - \sum_i^{Reactivos} \nu_i \cdot \Delta G_i$$

Donde ν_i es el coeficiente estequiométrico de la sustancia y ΔG_i su energía libre.

Al igual que para la entalpía, las energías libres de formación de los elementos libres en estado estándar son nulas.

Actividades

17. Calcula la energía libre de la combustión del metano cuando se obtiene agua líquida a partir de las energía libres en CS. ¿Es espontánea en estas condiciones?

S: $\Delta G_f^0 = -817{,}8\ kJ \cdot mol^{-1}$; sí, es espontánea.

18. ¿A partir de qué temperatura será espontánea una reacción con ΔH = 980 kJ y $\Delta S = 125\ J \cdot K^{-1}$?

S: $T = 7\,567$ °C

19. Calcula la variación de la energía estándar de la reacción:

$$2\ NO_2\ (g) \rightarrow 2\ NO\ (g) + O_2\ (g)$$

a) ¿Es espontánea en dichas condiciones? ¿Qué factor domina más?

b) Verifica el apartado anterior a partir de las energías libres de Gibbs.

c) ¿A partir de qué temperatura cambiará de espontaneidad?

S: *a)* No, entálpico desfavorable; *c)* $T_{Equilibrio} = 503{,}11$ °C

20. En equipos de cuatro alumnos, analizad las cuatro posibilidades de la energía libre de Gibbs, interpretando la función correspondiente como una función afín, tal y como se muestra en la figura. Se debe obtener la gráfica asociada a cada uno de los casos e interpretar su geometría y el signo de la función en cada uno de los tramos. Presentad un mural en A3 con todas las posibilidades.

Tabla de energías libres de formación en condiciones estándar (CS)

Sustancia	ΔG_f^0 ($kJ \cdot mol^{-1}$)
O_2 (g)	0,00
C (grafito)	0,00
C (diamante)	2,9
HCl (g)	–95,3
H_2O (g)	–228,6
H_2O (l)	–237,1
NH_3 (g)	–16,5
HNO_3 (l)	–80,71
NO (g)	86,6
NO_2 (g)	51,31
NH_4Cl (s)	–202,87
H_2SO_4 (l)	–690,00
CaO (s)	–604,0
$CaCO_3$ (s)	–1124,8
CO_2 (g)	–394,4
CO (g)	–137,2
CH_4 (g)	–50,8
CH_3CH_2OH (l)	–174,20

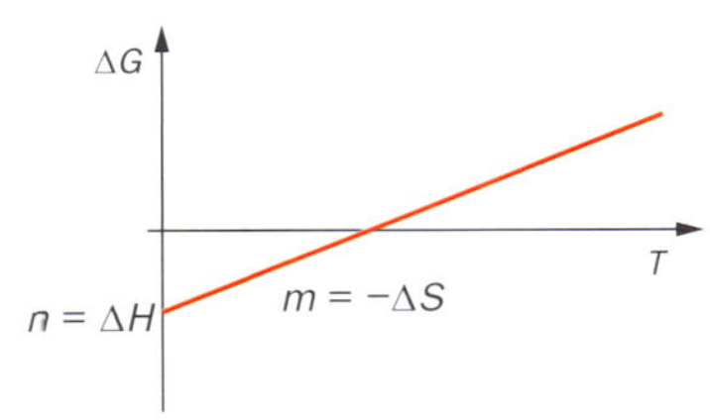

Comparando la variación de energía libre de Gibbs con una función afín:

$$\Delta G = \Delta H - \Delta S \cdot T$$

$$y = n + m \cdot x$$

1. EvB AU Determina el calor desprendido, la variación de la energía interna, la variación de entropía y la energía libre de Gibbs de la siguiente reacción sabiendo que transcurre en condiciones estándar. Datos: $R = 8{,}31\ J \cdot mol^{-1} \cdot K^{-1}$.

$$H_2O\ (l) \rightarrow H_2O\ (g)$$

Estrategia de resolución

Planteamos la ecuación química e identificamos datos:

	H_2O (l)	$\rightarrow$	H_2O (g)
ΔH_f^0 ($kJ \cdot mol^{-1}$)	–285,5		–241,6
S^0 ($J \cdot mol^{-1} \cdot K^{-1}$)	69,9		188,8

Calculamos la entalpía, la entropía y la energía libre de Gibbs:

- Cálculo de la entalpía (calor desprendido):

$$\Delta H_r^0 = \left[\Delta H_f^0\left(H_2O\ (g)\right)\right] - \left[\Delta H_f^0\left(H_2O\ (l)\right)\right] = 43{,}9\ kJ$$

Es un proceso endotérmico: vaporización.

- Cálculo de la entropía:

$$\Delta S_r^0 = \left[S^0\left(H_2O\ (g)\right)\right] - \left[S^0\left(H_2O\ (l)\right)\right] = 118{,}9\ J$$

Es un proceso que incrementa la entropía: paso a gas.

- Cálculo de la energía libre de Gibbs:

$$\Delta G_r^0 = \Delta H_r^0 - T\Delta S_r^0$$

$$\Delta G_r^0 = 43{,}9 - 298 \cdot 118{,}9 \cdot 10^{-3} = 8{,}47\ kJ$$

Es un proceso no espontáneo en CS.

- Cálculo de la energía interna:

A partir del primer principio y de la definición de entalpía como calor a presión constante, obtenemos:

$$\Delta U = Q + W \xrightarrow{p \text{ constante}} Q = Q_p; \quad W = -p\Delta V$$

Por tanto, podemos calcular la energía interna en CS:

$$\Delta U_r^0 = \Delta H_r^0 - p\Delta V \xrightarrow{\text{Para gases}} \Delta U_r^0 = \Delta H_r^0 - \Delta nRT$$

$\Delta n_{Gas} = 1 - 0 = 1\ mol_{Gas}$ | Adecuamos las unidades

$$\Delta U_r^0 = 43{,}9\ kJ - 1\ mol \cdot 8{,}31 \cdot 10^{-3}\ kJ \cdot mol^{-1} \cdot K^{-1} \cdot 298\ K$$

$$\Delta U_r^0 = 41{,}42\ kJ$$

El sistema incrementa su energía interna.

2. Calcula el calor de formación del metano a partir de:

$C(s) + O_2\ (g) \rightarrow CO_2\ (g)$ $\quad \Delta H^0 = -393{,}5\ kJ$

$H_2\ (g) + 1/2\ O_2\ (g) \rightarrow H_2O\ (l)$ $\quad \Delta H^0 = -285{,}8\ kJ$

$CH_4\ (g) + 2\ O_2\ (g) \rightarrow CO_2\ (g) + 2\ H_2O\ (l)$ $\quad \Delta H^0 = -890{,}4\ kJ$

¿Cuál es el calor implicado en la formación de 0,2 mol de CH_4?

Estrategia de resolución

Podemos plantear el problema de dos formas diferentes:

- Utilizando la ley de Hess combinando ecuaciones.

Buscamos la reacción de formación del metano:

$$C\ (s) + 2\ H_2\ (g) \rightarrow CH_4\ (g)$$

Combinamos las ecuaciones:

(A) $\quad C\ (s) + \cancel{O_2}\ (g) \rightarrow \cancel{CO_2}\ (g)$ $\quad \Delta H_A^0 = -393{,}5\ kJ$

$2 \cdot$ (B) $\quad 2\ H_2\ (g) + \cancel{O_2}\ (g) \rightarrow \cancel{2\ H_2O}\ (l)$ $\quad 2 \cdot \Delta H_B^0 = -571{,}6\ kJ$

–(C) $\quad \cancel{CO_2}\ (g) + \cancel{2\ H_2O}\ (l) \rightarrow CH_4\ (g) + \cancel{2\ O_2}\ (g)$ $\quad -\Delta H_C^0 = +890{,}4\ kJ$

$$C\ (s) + 2\ H_2\ (g) \rightarrow CH_4\ (g)$$

$$\Delta H_r^0 = \Delta H_A^0 + 2 \cdot \Delta H_B^0 - \Delta H_C^0 = -74{,}7\ kJ \cdot mol^{-1}$$

- Identificando los datos como reacciones de formación y combustión y utilizándolas en la ley de Hess.

Podemos observar que las dos primeras reacciones son la formación del agua y del dióxido de carbono y la tercera es la combustión del metano. Por tanto, aplicando termoquímica a la combustión del metano:

$$CH_4\ (g) + 2\ O_2\ (g) \rightarrow CO_2\ (g) + 2\ H_2O\ (l)$$

$$\Delta H_C^0 = -890{,}4\ kJ$$

$$\Delta H_C^0 = \left[\Delta H_f^0\left(CO_2\ (g)\right) + 2 \cdot \Delta H_f^0\left(H_2O\ (l)\right)\right] -$$

$$-\left[\Delta H_f^0\left(CH_4\ (g)\right) + 2 \cdot \underbrace{\Delta H_f^0\left(O_2\ (g)\right)}_{\rightarrow 0}\right]$$

Despejando la formación del metano:

$$\Delta H_f^0\left(CH_4\ (g)\right) = \left[\Delta H_f^0\left(CO_2\ (g)\right) + 2 \cdot \Delta H_f^0\left(H_2O\ (l)\right)\right] - \Delta H_C^0$$

$$\Delta H_f^0\left(CH_4\ (g)\right) = -74{,}7\ kJ \cdot mol^{-1}$$

Se desprende calor por ser negativo. Para 0,2 mol de CH_4:

$$Q = n_{CH_4} \cdot \Delta H_f^0 = 0{,}2\ mol \cdot \left(-74{,}7\ kJ \cdot mol^{-1}\right) = -14{,}9\ kJ$$

3. ¿En qué condiciones son correctas estas afirmaciones?

a) En un proceso espontáneo el sistema evoluciona hacia un estado de menor energía.

b) En un proceso espontáneo la entropía del sistema aumenta.

Estrategia de resolución

a) Un proceso es espontáneo cuando $\Delta G < 0$, por lo que la energía libre final es menor que la inicial, pero esta no es la energía del sistema. El sistema posee energía interna parcialmente identificada por la entalpía y sobre ella no hay condición. Un proceso puede ser endotérmico e incrementar su energía y, al mismo tiempo, espontáneo si el término entrópico domina.

b) Similar al caso anterior. Un incremento de entropía del sistema es favorable a la espontaneidad, pero no es un requisito imprescindible. Su valor puede ser compensado por el término entálpico.

Descubre los fallos de estas actividades.
Consulta las soluciones en:
bit.ly/Encuentra_error_1BAC_U3

A la caza del ERROR

1. La variación de entalpía de la reacción es:

$$Ag_2O\ (s) \rightarrow 2\ Ag\ (s) + 1/2\ O_2\ (g) \qquad \Delta H^\circ = 30{,}60\ kJ$$

Sabiendo que la variación de entropía de esta reacción viene dada por $\Delta S^\circ = 66{,}04\ J \cdot K^{-1}$ y suponiendo que ΔH° y ΔS° permanecen constantes con la temperatura, calcula:

a) La variación de energía libre de Gibbs a 25 °C, indicando si la reacción será o no espontánea.

b) La temperatura a partir de la cual la reacción es espontánea.

Solución (dos errores)

a) Calculamos la energía libre de Gibbs:

$$\Delta G^0 = \Delta H^0 - T\Delta S^0 = 30{,}60 - 298 \cdot 66{,}04 = -19\,649{,}32\ kJ$$

La energía libre es negativa, luego estamos ante un proceso espontáneo.

b) Para hallar el límite de espontaneidad, aplicamos $\Delta G = 0$:

$$T_e = \frac{\Delta H^0}{\Delta S^0} = \frac{30{,}60}{66{,}04} = 0{,}4333\ K = -272{,}54\ °C$$

Para temperaturas superiores el proceso es espontáneo.

2. La descomposición de la piedra caliza ($CaCO_3$ (s)) en cal viva (CaO (s)) y CO_2 (g) se realiza en un horno de gas.

a) Escribe la reacción ajustada de la descomposición de la caliza y calcula la cantidad de energía, en forma de calor, necesaria para obtener 1 000 kg de cal viva (CaO (s)) por descomposición de la cantidad adecuada de $CaCO_3$ (s).

b) Si el calor proporcionado al horno en el apartado anterior proviene de la combustión del butano (C_4H_{10} (g)), ¿qué cantidad de butano (en kg) será necesario quemar para la obtención de los 1 000 kg de cal viva (CaO (s))?

Entalpías de formación estándar, ΔH_f^0 $(kJ \cdot mol^{-1})$:

$CaCO_3$ (s) = –1 207; CaO (s) = –635; CO_2 (g) = –393,5;

C_4H_{10} (g) = –125,6; H_2O (l) = –285,8

Solución (tres errores)

a) Reacción de descomposición:

$$CaCO_3\ (s) \rightarrow CaO\ (s) + CO_2\ (g)$$

Para hallar el calor necesario, determinamos la entalpía:

$$\Delta H_r^0 = \left[\Delta H_f^0(CaO\ (s)) + \Delta H_f^0(CO_2\ (g))\right] - \left[\Delta H_f^0(CaCO_3\ (s))\right]$$

$$\Delta H_r^0 = 178{,}5\ kJ \cdot mol^{-1}$$

La entalpía es positiva, luego la reacción absorbe calor. La entalpía obtenida está referida por mol de carbonato de calcio ($CaCO_3$) descompuesto, pero también lo está por mol de óxido de calcio (CaO) formado.

Como se pide para 1 000 kg de cal viva, podemos obtener el calor necesario a partir de los moles:

$$n_{CaO} = 1\,000 \cdot \frac{1\ mol\ CaCO_3}{56{,}1\ g\ CaCO_3} =$$
$$= 17{,}83\ mol\ CaCO_3$$

Luego el calor necesario se determina:

$$Q = n_{CaO} \cdot \Delta H^0 = 17{,}83\ mol\ CaO \cdot 178{,}5\ kJ \cdot mol^{-1}$$

$$Q = 3\,182{,}66\ kJ$$

b) Todo el calor proviene de la combustión del butano. Escribimos la reacción de combustión:

$$C_4H_{10}\ (g) + O_2\ (g) \rightarrow CO_2\ (g) + H_2O\ (g)$$

Determinamos su entalpía de combustión:

$$\Delta H_c^0 = \left[\Delta H_f^0(CO_2\ (g)) + \Delta H_f^0(H_2O\ (g))\right] -$$
$$-\left[\Delta H_f^0(C_4H_{10}\ (g)) + \Delta H_f^0(O_2\ (g))\right] = -553{,}7\ kJ$$

Esta reacción debe alimentar la reacción anterior, luego debe suministrar –3 182,66 kJ. Por tanto:

$$Q = n_{C_4H_{10}} \cdot \Delta H_C^0$$

De donde:

$$n_{C_4H_{10}} = \frac{Q}{\Delta H_C^0} = \frac{-3\,182{,}66\ kJ}{-553{,}7\ kJ} = 5{,}75\ mol\ C_4H_{10}$$

Convirtiendo los moles en masa de butano:

$$m_{C_4H_{10}} = 5{,}75\ mol\ C_4H_{10} \cdot \frac{1\ mol\ C_4H_{10}}{58\ g\ C_4H_{10}} = 0{,}09914\ g\ C_4H_{10}$$

3. Con los siguientes datos:

$B_2H_6\ (g) + 3\ O_2\ (g) \rightarrow B_2O_3\ (s) + 3\ H_2O\ (g)$ $\quad \Delta H_A^0 = -1\,939\ kJ$

$4\ B\ (s) + 3\ O_2\ (g) \rightarrow 2\ B_2O_3\ (s)$ $\quad \Delta H_B^0 = -1\,182\ kJ$

$H_2\ (g) + 1/2\ O_2\ (g) \rightarrow H_2O\ (\ )$ $\quad \Delta H_C^0 = -286\ kJ$

$H_2O\ (l) \rightarrow H_2O\ (g)$ $\quad \Delta H_D^0 = +41\ kJ$

Calcula ΔH° para la reacción de formación del diborano (B_2H_6) gas a partir de sus elementos.

Solución (dos errores)

Escribimos la reacción buscada:

$$2\ B\ (s) + 3\ H_2\ (g) \rightarrow B_2H_6\ (g)$$

Combinamos las ecuaciones para conseguir la anterior:

–(A) $B_2O_3(s) + 3\ H_2O(g) \rightarrow B_2H_6(g) + 3\ O_2(g)$ $\quad \Delta H_A^0 = -1\,939\ kJ$

1/2 (B) $2\ B(s) + 3/2\ O_2(g) \rightarrow B_2O_3(s)$ $\quad 1/2 \cdot \Delta H_B^0 = -591\ kJ$

3 (C) $3\ H_2(g) + 3/2\ O_2(g) \rightarrow 3\ H_2O(l)$ $\quad 3 \cdot \Delta H_C^0 = -858\ kJ$

$$2\ B(s) + 3\ H_2(g) \rightarrow B_2H_6(g)$$

$$\Delta H_r^0 = \Delta H_A^0 + 1/2 \cdot \Delta H_B^0 + 3 \cdot \Delta H_C^0 = -4\,808{,}5\ kJ \cdot mol^{-1}$$

Sistemas termodinámicos

1. Clasifica en abierto, cerrado y aislado los sistemas que aparecen a continuación:

a) Un aerosol con gas.

b) El motor de explosión de un coche.

c) La Estación Espacial Internacional.

d) Un submarino bajo la superficie.

e) El gas de una nevera.

f) Una nevera de camping ideal.

2. En parejas, realizad una lista con cinco sistemas abiertos, cinco cerrados y cinco aislados que existan a vuestro alrededor. Formad un grupo con dos parejas y consensuad las aportaciones.

Por último, en grupo, poned en común con el resto de la clase todas las aportaciones hasta conseguir tres listas diferentes. Repartíos entre las parejas los diferentes sistemas y preparad, con ellos, unas tarjetas que informen de las características de cada uno de los ejemplos.

Primer principio de la termodinámica

3. Un sistema absorbe 345 kJ y produce un trabajo de 213 kJ. ¿Cuál ha sido su variación de energía interna?

S: $\Delta U = 132$ kJ, incrementa su energía interna.

4. El trabajo realizado por los gases de un sistema es $p \cdot \Delta V$. Determina cuánto ha variado su energía interna si se hacen reaccionar en un recipiente adiabático 2 moles de A, a una temperatura constante de 18 °C, en cada uno de los siguientes casos (dato: $R = 8'31\ \text{J} \cdot \text{mol} \cdot \text{K}$):

a) $A\ (g) \rightarrow 3\ B\ (g) + 2\ C\ (g)$

b) $2\ A\ (g) + B\ (s) \rightarrow C\ (g) + D\ (g)$

c) $3\ A\ (g) + 2\ B\ (s) \rightarrow D\ (g)$

S: *a)* $\Delta n = 4$; $\Delta U = 9672{,}84\ \text{J} = 9{,}67\ \text{kJ}$; *b)* $\Delta n = 0$; $\Delta U = 0$ kJ; *c)* $\Delta n = -2$; $\Delta U = -4836{,}42\ \text{J} = -4{,}84\ \text{kJ}$

Entalpía y ley de Hess

5. El óxido de hierro(II) se reduce por el monóxido de carbono de acuerdo con la reacción:

$$FeO\ (s) + CO\ (g) \rightarrow Fe\ (s) + CO_2\ (g)$$

Determina la entalpía del proceso a partir de los siguientes datos:

$Fe_3O_4\ (s) + CO(g) \rightarrow 3\ FeO\ (s) + CO_2\ (g)$ $\Delta H° = 38$ kJ

$2\ Fe_3O_4\ (s) + CO_2\ (g) \rightarrow 3\ Fe_2O_3\ (s) + CO\ (g)$ $\Delta H° = 59$ kJ

$Fe_2O_3\ (s) + 3\ CO\ (g) \rightarrow 2\ Fe\ (s) + 3\ CO_2\ (g)$ $\Delta H° = -28$ kJ

S: $\Delta H_r^0 = -16{,}83$ kJ

6. Calcula la variación de entalpía para la reacción del dióxido de nitrógeno con el agua:

$$3\ NO_2\ (g) + H_2O\ (l) \rightarrow 2\ HNO_3\ (ac) + NO\ (g)$$

a partir de la siguiente información:

$2\ NO\ (g) + O_2\ (g) \rightarrow 2\ NO_2\ (g)$ $\Delta H° = -173$ kJ

$2\ N_2\ (g) + 5\ O_2\ (g) + 2\ H_2O\ (l) \rightarrow 4\ HNO_3\ (ac)$ $\Delta H° = -255$ kJ

$N_2\ (g) + O_2\ (g) \rightarrow 2\ NO\ (g)$ $\Delta H° = 181$ kJ

S: $\Delta H_r^0 = -49$ kJ

7. A partir del diagrama entálpico que se muestra en la figura y de que el proceso D → C desprende 70 kJ, determina la variación de entalpía del proceso B → C. ¿Es exotérmico?

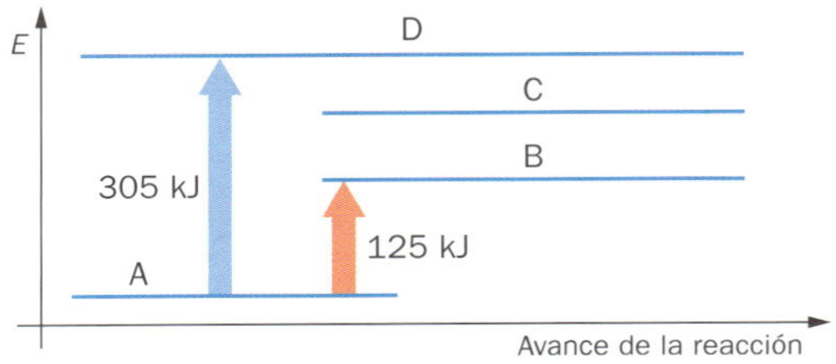

S: $\Delta H = 110$ kJ

8. EvB AU En enero de 2015 se produjo un grave accidente al estrellarse un caza F-16 contra otras aeronaves. Estos aviones de combate utilizan hidrazina (N_2H_4) como combustible para una turbina auxiliar de emergencia que reacciona con dioxígeno, según la reacción:

$$N_2H_4\ (l) + O_2\ (g) \rightarrow N_2\ (g) + 2\ H_2O\ (g)$$

a) Calcula el volumen total de los gases producidos, medido a 650 °C y 700 mmHg, cuando se queman completamente 640 g de hidracina.

b) Calcula la energía liberada en el proceso de combustión de los 640 g de hidracina.

Entalpías de formación estándar:

$$\Delta H_f^0\ (H_2O) = -241{,}8\ \text{kJ} \cdot \text{mol}^{-1}$$

$$\Delta H_f^0\ (N_2H_4) = 95{,}4\ \text{kJ} \cdot \text{mol}^{-1}$$

S: *a)* $V = 4930{,}4$ L; *b)* $Q = -11580$ kJ

9. EvB AU El gasohol es una mezcla de gasolina (octano, C_8H_{18}) y etanol (C_2H_6O) que se utiliza como combustible para reducir las emisiones globales de CO_2. Calcula:

a) Las entalpías molares de combustión del octano y el etanol.

b) La cantidad de energía en forma de calor que se liberará al quemar 1 L de una mezcla de gasohol que contiene el 12,5 % (en peso) de etanol (siendo el 87,5 % restante de octano) si la densidad de la mezcla es de $0{,}757\ g \cdot cm^{-3}$.

Valores de $\Delta H_f^0\ (kJ \cdot mol^{-1})$:

C_8H_{18} (l): –249,9 C_2H_6O (l): –277,7

CO_2 (g): –393,5 H_2O (l): –285,8

S: *a)* $\Delta H_c^0(C_4H_8) = -5\,470{,}3\ kJ \cdot mol^{-1}$;
$\Delta H_c^0(C_2H_6O) = -1\,366{,}7\ kJ \cdot mol^{-1}$; *b)* $Q = -34\,595{,}5$ kJ

10. El metanol se puede obtener a partir de la reacción:

$$2\ H_2\ (g) + CO\ (g) \rightarrow CH_3OH\ (l) \qquad \Delta H_r = -128\ kJ$$

a) Sabiendo que la entalpía de formación del monóxido de carbono (CO (g)) vale $-110{,}5\ kJ \cdot mol^{-1}$, calcula la entalpía molar de formación del metanol líquido.

b) Si sabemos que la entalpía de vaporización del metanol es de $35{,}2\ kJ \cdot mol^{-1}$, calcula la entalpía de formación del metanol gas.

S: *a)* $\Delta H_f^0(CH_3OH\ (l)) = -238{,}5\ kJ \cdot mol^{-1}$;
b) $\Delta H_f^0(CH_3OH\ (g)) = -203{,}3\ kJ \cdot mol^{-1}$

11. Bajo ciertas condiciones, el cloruro amónico (NH_4Cl (s)) se disocia completamente en amoníaco (NH_3 (g)) y cloruro de hidrógeno (HCl (g)). Calcula:

a) La variación de entalpía de la reacción de descomposición del cloruro amónico en condiciones estándar, indicando si la reacción absorbe o cede energía en forma de calor.

b) Representa el diagrama entálpico del proceso

c) ¿Qué cantidad de energía en forma de calor absorberá o cederá la descomposición de una muestra de 87 g de NH_4Cl (s) de una pureza del 79 %?

d) Si la reacción del apartado anterior se lleva a cabo a 1 000 K en un horno eléctrico de 25 L de volumen, ¿cuál será la presión en su interior al finalizar la reacción?

$$\Delta H_f^0(NH_4Cl\ (s)) = -315{,}5\ kJ \cdot mol^{-1}$$

$$\Delta H_f^0(HCl\ (g)) = -92{,}3\ kJ \cdot mol^{-1}$$

$$\Delta H_f^0(NH_3\ (g)) = -46{,}3\ kJ \cdot mol^{-1}$$

S: *a)* $\Delta H = 176{,}9$ kJ; *c)* $Q = 227{,}49$ kJ;
d) $p = 8{,}436$ atm

Energías de enlace

12. Determina la entalpía de hidrogenación del eteno (CH_2CH_2) para dar etano (CH_3–CH_3) a partir de las energías de enlace.

S: $\Delta H = -131$ kJ

13. Calcula la energía de enlace entre el carbono y el oxígeno sabiendo la entalpía de la siguiente reacción:

$$CH_2{=}CH_2\ (l) + H_2O\ (l) \rightarrow CH_3{-}CH_2{-}OH\ (l) \qquad \Delta H = -87\ kJ$$

S: $E_{Enlace\ C-O} = 395\ kJ \cdot mol^{-1}$

14. Como miembro del departamento de química orgánica, te encargas de la síntesis de la urea (H_2N–CO–NH_2). Para esto, realizas una búsqueda bibliográfica y descubres el método Bazarov, que permite obtenerla a partir de CO_2 y NH_3, pero primeramente debes calcular la entalpía de esta reacción. Utiliza para ello dos procedimientos:

a) A partir de las energía de enlace.

b) A partir de las entalpías molares de formación.

Dato: $\Delta H_f^0 = -377{,}2\ kJ \cdot mol^{-1}$

S: *a)* $\Delta H_f^0 = -49\ kJ \cdot mol^{-1}$; *b)* $\Delta H_f^0 = -133{,}1\ kJ \cdot mol^{-1}$

15. Para la siguiente reacción:

$$H_2\ (g) + Cl_2\ (g) \rightarrow 2\ HCl\ (g) \qquad \Delta H° = -184{,}42\ KJ$$

y a partir de los siguientes datos,

- Energía de enlace H–H: $435\ kJ \cdot mol^{-1}$
- Energía de enlace Cl–Cl: $243\ kJ \cdot mol^{-1}$

determina:

a) La entalpía estándar de formación del cloruro de hidrógeno gaseoso (HCl (g)).

b) ¿El calor se absorbe o se desprende en la formación de 300 g de HCl (g)?

c) La entalpía de enlace entre el cloro y el hidrógeno.

S: *a)* $\Delta H_f^0 = -92{,}21\ kJ \cdot mol^{-1}$;
b) $Q = -758{,}93$ kJ, se desprende;
c) $E_{H-Cl} = 431{,}21\ kJ \cdot mol^{-1}$

16. EvB AU El etano se obtiene por hidrogenación del eteno a partir de la reacción:

$$CH_2{=}CH_2\ (g) + H_2 \rightleftarrows CH_3{-}CH_3\ (g) \qquad \Delta H° = -137\ kJ$$

Calcula la energía del enlace C=C, teniendo en cuenta que las energías de los enlaces C–C, H–H y C–H son, respectivamente, 346, 391 y 413 $kJ \cdot mol^{-1}$.

S: $E_{C=C} = 644\ kJ \cdot mol^{-1}$

Segundo principio de la termodinámica

17. Predice el signo de variación de entropía en las siguientes reacciones:

a) $2\ CO\ (g) + O_2\ (g) \rightarrow 2\ CO_2\ (g)$

b) $Mg\ (s) + Cl_2\ (g) \rightarrow MgCl_2\ (s)$

c) $CH_4\ (g) + 2\ O_2\ (g) \rightarrow CO_2\ (g) + 2\ H_2O\ (l)$

Energía libre de Gibbs

18. Señala qué enunciados son correctos y corrige los que no lo sean:

a) En todos los procesos espontáneos, los sistemas tienden al mínimo de energía.

b) En todos los procesos espontáneos, los sistemas tienden al máximo de entropía.

c) Todos los procesos espontáneos son exotérmicos.

d) Las reacciones con ΔH positivo y ΔS positivo nunca pueden ser espontáneas.

19. A una cierta temperatura, la energía libre del siguiente proceso vale 236 kJ:

$$2\ KCl\ (s) + 3\ O_2\ (g) \rightleftarrows 2\ KClO_3\ (s)$$

¿Cuáles de las siguientes afirmaciones es correcta? Escribe correctamente las que no lo sean.

a) El sistema está en equilibrio.

b) Se formará $KCO_3\ (g)$ espontáneamente.

c) Se descompondrá espontáneamente el $KCO_3\ (g)$.

20. EvB AU Considere la reacción de descomposición del trióxido de azufre ($SO_3\ (g)$) en dióxido de azufre ($SO_2\ (g)$) y oxígeno molecular:

a) Calcule la variación de entalpía de la reacción indicando si ésta absorbe o cede calor.

b) Determine la variación de entropía del proceso.

c) Calcule la temperatura a la cuál se invierte la espontaneidad del proceso.

S: *a)* $\Delta H_r^0 = 98{,}82$ kJ; endotérmica, absorbe calor; *b)* $\Delta S_r^0 = 94{,}025\ J \cdot K^{-1}$; *c)* $T = 778\ °C$

21. Calcula la variación de la energía libre de la reacción:

$$2\ HCl\ (g) \rightarrow H_2\ (g) + Cl_2\ (g)$$

a) ¿La reacción es espontánea o no espontánea a temperatura ambiente?

b) ¿Qué factor domina más a temperatura ambiente?

c) ¿A partir de qué temperatura la reacción cambiará de espontaneidad?

S: *a)* $\Delta G_r^0 = 190{,}6$ kJ, no espontánea; *b)* El entálpico; *c)* Nunca se vuelve espontánea.

22. EvB AU Para cada una de las siguientes reacciones, justifica si será espontánea a baja temperatura, si será espontánea a alta temperatura, espontánea a cualquier temperatura o no será espontánea para cualquier temperatura.

a) $2\ NH_3\ (g) \rightarrow N_2\ (g) + 3\ H_2\ (g)$ $\qquad \Delta H_r^0 = +92{,}2$ kJ

b) $2\ NH_4NO_3\ (s) \rightarrow 2\ N_2\ (g) + 4\ H_2O\ (g) + O_2\ (g)$ $\qquad \Delta H_r^0 = -225{,}5$ kJ

c) $N_2\ (g) + 3\ Cl_2\ (g) \rightarrow 2\ NCl_3\ (l)$ $\qquad \Delta H_r^0 = +230{,}0$ kJ

d) $2\ H_2\ (g) + O_2\ (g) \rightarrow 2\ H_2O\ (l)$ $\qquad \Delta H_r^0 = -571{,}6$ kJ

S: *a)* Espontánea a alta *T*. *b)* Espontánea siempre. *c)* Nunca espontánea. *d)* Espontánea a baja *T*.

23. A partir de la combustión del propano ($C_3H_8\ (g)$) cuando se obtiene agua gaseosa, calcula:

a) La energía desprendida en la combustión de 200 g de propano si el rendimiento es del 80 %.

b) La variación de entropía de la reacción.

c) ¿Es espontánea en condiciones estándar?

d) Puede variar la espontaneidad de la reacción con la temperatura. En este caso, ¿a partir de qué temperatura la reacción cambia de espontaneidad?

Dato: $S°\ (C_3H_8) = 270{,}2\ kJ \cdot mol^{-1}$.

S: *a)* $Q = -7\,440{,}01$ kJ; *b)* $\Delta S_r^0 = 101{,}4\ J \cdot K^{-1}$; *c)* $\Delta G_r^0 = -2\,047{,}2$ kJ, espontánea; *d)* No, es espontánea a cualquier *T*.

Problemas globales

24. Explica por qué en un proceso cíclico se cumple $W = -Q$.

25. EvB AU Considera la reacción de descomposición del cloruro amónico (NH_4Cl) en cloruro de hidrógeno (HCl) y amoníaco (NH_3):

$$NH_4Cl\ (s) \rightarrow HCl\ (g) + NH_3\ (g)$$

$$\Delta H^0 = +176{,}0\ kJ \cdot mol^{-1}$$

Discute razonadamente si las siguientes afirmaciones son verdaderas o falsas:

a) Como $\Delta H°$ es positivo, la reacción de descomposición del NH_4Cl será espontánea a cualquier temperatura.

b) La síntesis de NH_4Cl a partir de HCl y NH_3 libera energía en forma de calor.

c) La reacción de descomposición del NH_4Cl tiene un cambio de entropía, $\Delta S°$, negativo.

d) Es previsible que la descomposición del NH_4Cl sea espontánea a temperaturas elevadas.

26. Como miembro del departamento de química orgánica te encargan la síntesis del etino ($CH \equiv CH$) a partir de la deshidrogenación del eteno ($CH_2=CH_2$) y, para conocer su espontaneidad, necesitas calcular su entalpía:

a) A partir de las energía de enlace.

b) A partir de las entalpías molares de formación.

c) A partir de la ley de Hess, utilizando las ecuaciones:

$CH \equiv CH + 2\ H_2 \rightarrow CH_3CH_3 \qquad \Delta H^0 = -310{,}5\ kJ \cdot mol^{-1}$

$CH_2=CH_2\ (g) + H_2 \rightleftarrows CH_3–CH_3\ (g) \qquad \Delta H^0 = -136{,}1\ kJ \cdot mol^{-1}$

S: *a)* $\Delta H^0 \approx 174$ kJ; *b)* y *c)* $\Delta H^0 = 174{,}4$ kJ

27. Determina la variación de energía interna que experimenta un sistema sobre el que se aplican las siguientes transformaciones (ten en cuenta que $R = 8{,}31\ J \cdot mol^{-1} \cdot K^{-1}$):

a) Se suministran 350 kcal en forma de calor y el sistema produce 1 463 kJ en forma de trabajo.

b) El sistema recibe 250 kcal en forma de calor y se realizan sobre él 1 045 kJ de trabajo.

c) No se aporta calor, pero el sistema realiza un trabajo de 150 kcal.

d) El sistema recibe un trabajo de 4 180 kJ y desprende 100 cal.

e) Se comprime adiabáticamente un gas a 25 °C a consecuencia de una reacción en la que se pasa de seis a cuatro moles de gas.

S: *a)* $\Delta U = 0$ kJ; *b)* $\Delta U = 2\,090$ kJ; *c)* $\Delta U = -627$ kJ;
d) $\Delta U = 3\,762$ kJ; *e)* $\Delta U = +4{,}95$ kJ

28. El metanol se obtiene industrialmente a partir de monóxido de carbono e hidrógeno de acuerdo con la reacción:

$$CO\ (g) + 2\ H_2\ (g) \rightarrow CH_3OH\ (g)$$

Teniendo en cuenta estas reacciones termoquímicas:

$CO\ (g) + 1/2\ O_2\ (g) \rightarrow CO_2\ (g) \qquad \Delta H^0 = -283{,}0\ kJ$

$CH_3OH\ (g) + 3/2\ O_2\ (g) \rightarrow CO_2\ (g) + 2\ H_2O\ (l) \qquad \Delta H^0 = -764{,}4\ kJ$

$H_2\ (g) + 1/2\ O_2\ (g) \rightarrow H_2O\ (l) \qquad \Delta H^0 = -285{,}8\ kJ$

calcula el cambio de entalpía para la reacción de obtención del metanol a partir de CO (g) y H_2 (g) e indica si la reacción absorbe o cede calor.

S: $\Delta H_r = -90{,}2$ kJ; es exotérmica, luego desprende calor.

29. Justifica termodinámicamente por qué al cerrar a presión un recipiente con agua hirviendo esta deja de hervir.

S: Como el recipiente está cerrado herméticamente, el sistema no puede hacer trabajo de expansión de gases, en consecuencia $\Delta U = Q$, por lo que no puede mantener su energía interna constante y, al incrementarse esta, debe aumentar su temperatura y dejará de hervir.

30. Tarea competencial para realizar en trabajo cooperativo en grupos de entre cuatro y cinco miembros. La finalidad es producir un producto útil para la comunidad, como un vídeo, un programa de radio, un tríptico, etc. En definitiva, se ha de desarrollar un trabajo de investigación, análisis y elaboración que tenga repercusión en la comunidad.

El tema de estudio es:

Análisis del impacto del uso de los combustibles fósiles y posibles soluciones

Se deben trabajar los siguientes puntos:

- Consecuencias del uso de los combustibles fósiles:
  - Impacto en la calidad de vida: *smog* fotoquímico.
  - Efecto invernadero y calentamiento global.
  - Lluvia ácida.
  - Reducción de los recursos naturales.
- Cambio hacia actitudes sostenibles:
  - Migración a energías alternativas.
  - Medidas de ahorro energético.

El planteamiento del tema es de máximos, y pueden tratarse todos los puntos mencionados o centrarse en unos pocos, siempre que se acuerde con el docente.

El estudio debe realizarse en diversas etapas:

- Búsqueda bibliográfica de la información.
- Realización de algún experimento o prueba.
- Adquisición de datos a partir de la bibliografía o del experimento realizado.
- Procesamiento de los datos con elaboración de tablas y gráficas.
- Interacción con el entorno a partir de los resultados obtenidos: elaboración de una encuesta en el entorno más próximo.
- Interpretación de los datos de la encuesta.
- Elaboración del producto final: videorreportaje, audio, presentación, etc.

Práctica 1. Determinación del calor específico

Se denomina entalpía de reacción al calor medido a presión constante que se absorbe o cede por parte de una reacción química y puede ser fácilmente determinado a partir de la variación de temperatura observada:

$$Q = m \cdot c_e \cdot \Delta T \qquad c_e \text{ es el calor específico del sistema.}$$

El sistema utilizado para observar dicha variación es el calorímetro, un sistema aislado donde no hay pérdidas de calor.

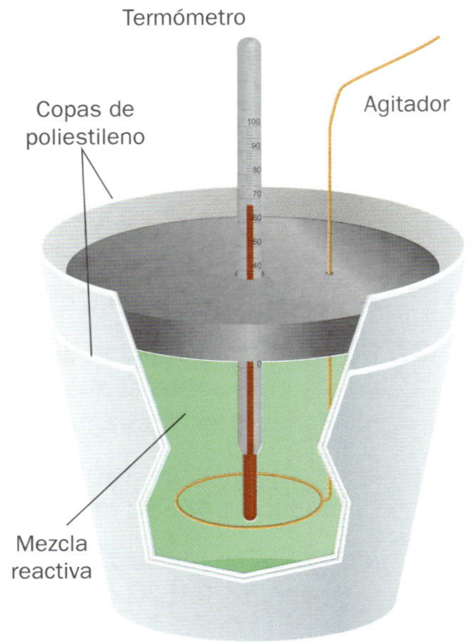

Objetivo

Determinar la entalpía de una reacción de neutralización analizando el error de considerar o no el efecto del calorímetro.

Materiales

- Hidróxido de sodio.
- Calorímetro.
- Ácido clorhídrico comercial.
- Probeta
- Agua destilada.

Procedimiento

Determinación del equivalente de agua del calorímetro

1. Colocamos 250 mL de agua $\left(m_{\text{Agua}}^{20\,°\text{C}} \approx 250 \text{ g}\right)$ a una temperatura de 20 °C en el calorímetro y dejamos estabilizar el sistema 5 min.
2. Calentamos los 250 mL de agua hasta los 60 °C y estabilizamos la temperatura.
3. Realizamos la mezcla y dejamos que alcance una temperatura final constante T; no esperamos demasiado porque comenzará a bajar la temperatura por pérdidas de calor.
4. Determinamos el equivalente en agua del calorímetro (m_{Equiv}). Para eso se asimila su calor específico al del agua, cuyo valor es $c_e^{H_2O} = 4\,180 \text{ J} \cdot \text{kg}^{-1} \cdot \text{K}^{-1}$, y se impone la condición de sistema aislado (sin pérdidas de masa ni energía):

$$Q_{\text{Cedido}}^{H_2O} + Q_{\text{Absorbido}}^{\text{Calorímetro}} + Q_{\text{Absorbido}}^{H_2O} = 0$$

$$m_{\text{Agua}}^{60\,°\text{C}} \cdot c_e^{H_2O} \cdot (T - 60) + m_{\text{Equiv.}} \cdot c_e^{H_2O} \cdot (T - 20) +$$
$$+ m_{\text{Agua}}^{20\,°\text{C}} \cdot c_e^{H_2O} \cdot (T - 20) = 0$$

Determinación de la entalpía de reacción

1. Preparamos 250 mL de una disolución de 1 M de hidróxido de sodio (NaOH) en agua $\left(m_{\text{Disolución}}^{\text{NaOH}} \approx 250 \text{ g}\right)$ y la colocamos en el calorímetro a una temperatura T_i.
2. Preparamos 250 mL de una disolución de 1 M de cloruro de hidrógeno (HCl) $\left(m_{\text{Disolución}}^{\text{HCl}} \approx 250 \text{ g}\right)$ a la misma temperatura T_i que la anterior.
3. Mezclamos las dos disoluciones en el calorímetro agitando de manera constante hasta que se estabilice la temperatura final, T_f.
4. Determinamos la entalpía de reacción como el calor intercambiado por el sistema. De este término se debe eliminar el equivalente en agua del calorímetro. Las aproximaciones consideran que el calor específico de las disoluciones es semejante al del agua pura.

$$Q_{\text{Cedido}}^{\text{Reac}} + Q_{\text{Absorbido}}^{\text{Calorímetro}} + Q_{\text{Absorbido}}^{\text{Agua}} = 0$$

$$\Delta H = Q_{\text{Cedido}}^{\text{Reac}} = -Q_{\text{Absorbido}}^{\text{Calorímetro}} - Q_{\text{Absorbido}}^{\text{Agua}}$$

$$\Delta H = -\left(m_{\text{Equiv}}\right) \cdot c_e^{H_2O} \cdot (T_f - T_i) - \left(m_{\text{Disolución}}^{\text{NaOH}} + m_{\text{Disolución}}^{\text{HCl}}\right) \cdot c_e^{H_2O} \cdot (T_f - T_i)$$

Cuestiones

1. Determina la entalpía de reacción y compárala con el resultado que se obtiene a partir de las tablas de entalpías de formación.
2. Realiza los cálculos sin tener en cuenta el efecto que realiza el calorímetro. Analiza el error absoluto y relativo que se comete.

Hablando de ciencia...

© Xurxo Lobato/agefotostock

«Sí que pensé en tirar la toalla. Ser mujer y competir en la universidad es muy duro.»

Así de rotunda suena la frase de María Inmaculada Paz-Andrade, nacida en Pontevedra en 1928, quien, tras numerosos escollos en su carrera debidos a su condición femenina, consiguió ser la primera mujer catedrática de Galicia, en la Facultad de Física de la Universidad de Santiago de Compostela.

Es especialista en termodinámica y una referencia mundial en microcalorimetría, termogénesis y análisis térmico diferencial, además de dominar tres lenguas extranjeras: inglés, francés e italiano.

Uno de sus proyectos más importantes ha sido la creación y dirección del grupo THOR, un sistema experto multidisciplinar para la predicción del riesgo de incendios forestales en la comunidad gallega. Como consecuencia de los estudios sobre los incendios, llegó a afirmar: «Arde Galicia porque le plantan fuego».

- Las sinergias entre investigadores y sociedad no siempre convergen en la tecnología. Investiga cómo la ciencia puede repercutir en el bien común y cuál debe ser el papel del científico.

Práctica 2. Equivalente mecánico del calor

Objetivo

Verificar la equivalencia entre calor y trabajo mediante una simulación virtual.

Procedimiento

Vamos a utilizar el laboratorio virtual **bit.ly/Equiva_meca_calor.**

Cada vez que pulses el botón verde, las pesas descienden 1,5 m. El botón rojo detiene el descenso y el amarillo permite ir paso a paso. El botón azul que aparece vuelve a subir las pesas. Pulsa la bola azul y dispondrás de una tabla de datos con toda la información sobre las magnitudes implicadas.

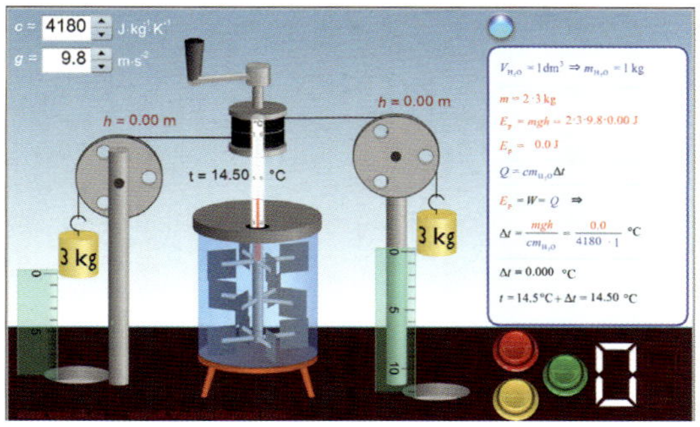

IMPORTANTE

Si tienes un bloqueador de anuncios, desactívalo para poder interactuar con la aplicación.

Deja descender los cuerpos y analiza cuál ha sido el incremento de temperatura experimentado por el agua del recipiente. Sube nuevamente las pesas (botón azul) y repite el experimento varias veces más.

Cuestiones

Tabula los resultados de la altura descendida frente al incremento de temperatura para los sucesivos descensos y verifica la equivalencia enunciada en el principio. Determina para las masas implicadas qué altura deberían descender para incrementar un grado la temperatura del agua. ¿Cómo varían los resultados si se cambia agua por aceite de oliva ($c_e = 0{,}4\ \text{kcal} \cdot \text{kg}^{-1}$)?

Atrévete a mirar

¿He aprendido realmente?

¿Qué he aprendido de nuevo sobre los diferentes sistemas termodinámicos y su clasificación?

¿Cómo puedo relacionar lo que he aprendido con mis conocimientos anteriores?

¿Soy capaz de determinar la entalpía de cualquier reacción y obtenerla a partir de la ley de Hess, las entalpías de formación y las energías de enlace?

¿Qué partes de la unidad me han planteado una mayor dificultad? ¿Qué puedo hacer para superarlo?

¿Para qué me sirve conocer cada uno de los principios fundamentales de la termodinámica?

¿Cómo planteo la resolución de actividades sobre entalpía, entropía y energía libre de Gibbs?

¿Qué aplicaciones cotidianas están relacionadas con lo que he aprendido?

4. Química industrial

Contenidos

- La química industrial
- El amoniaco
- El ácido sulfúrico
- La siderurgia
- Los nuevos materiales

¿Conoces la expresión «esto tiene mucha química…»? Suele tener una connotación negativa, ¿verdad? Sin embargo, desde los combustibles más eficientes hasta las prótesis, pasando por medicamentos o nuevos materiales textiles, todos estos elementos son resultado del uso de la industria química. ¿No te parece algo positivo?

Entonces, ¿por qué esa mala fama? Una de las razones se encuentra en la cantidad de residuos que se generan y en la forma de gestionarlos, lo que transmite una imagen negativa de esta industria y de su actividad e induce al cuestionamiento de su utilidad.

Impulsada muchas veces por la sociedad, la química industrial busca soluciones a los problemas que genera: con el control de las emisiones gaseosas, a través de su filtrado o reciclado; promoviendo una adecuada gestión de los residuos sólidos; por medio del desarrollo de procesos más eficientes energéticamente, etc.

En la actualidad, la filosofía promovida por la conocida como **química verde** se presenta como una alternativa viable. Así mismo, todas las personas tenemos la obligación de practicar un consumo responsable de los productos de la industria química.

En esta misma línea de respeto al medioambiente, se encuentra la llamada «regla de las cinco erres» (5R): reutilizar, reducir, reparar, reciclar y regular.

Cuestiones

1. ¿Conoces alguno de los postulados de la filosofía conocida como química verde?
2. Investiga cómo está respondiendo a las 5R la industria, los gobiernos y las instituciones internacionales.
3. De las 5R, ¿cuáles te afectan más directamente como consumidor responsable?
4. ¿Qué beneficios tendría sobre el medioambiente la aplicación exhaustiva de la norma de las 5R?

«Investigar es ver lo que todo el mundo ha visto y pensar lo que nadie ha pensado», Albert Szent-Györgyi (1893-1986)

El reto

A lo largo de la presente unidad vamos a conocer una de las ramas de la polifacética química: la química industrial. Basta con dar una vuelta por casa para comprender su alcance. Si abres tu armario, la variedad de tejidos y de colores que observas en tu ropa es fruto de esta industria. Los medicamentos del botiquín, el PVC de la ventana, el aislante y la pintura de las paredes, los colorantes alimenticios...

Ahora dirígete al lugar donde guardan en tu casa los productos de limpieza del hogar: es otra muestra de la enorme variedad de productos químicos que genera esta industria. Si examinas alguno de sus envases, verás que presentan pictogramas en su etiqueta, como los reactivos que usas en el laboratorio. Al igual que no se te ocurriría jugar con los productos del laboratorio, tampoco es buena idea jugar con los productos químicos de casa.

Experimento: colorantes hasta en la sopa

De entre todos estos productos de limpieza vamos a experimentar con la lejía. Su nombre científico es hipoclorito de sodio. ¿Serías capaz de formularlo?

- Debido a que la lejía es un producto irritante si no se maneja de forma adecuada, trabajaremos con la ayuda de un adulto y poniendo la máxima atención.
- Coge un trozo de tejido coloreado que no uses y añádele unas gotas de lejía. Es muy probable que ya conozcas el resultado.
- Sirve un par de dedos de refresco de naranja, limón, cola, etc., en diferentes vasos. Con cuidado, añade una pequeña cantidad de lejía en cada vaso. Agita las mezclas con precaución para no salpicarte. ¿Qué es lo que ocurre?
- Toma una gominola y sumérgela en lejía. ¿Se produce algún cambio?

Una vez realizados los experimentos, ni la bebida ni la gominola son aptas para el consumo. Para eliminar el residuo líquido, deja correr el agua del grifo y vacía los vasos. La gominola puedes tirarla al cubo de basura.

Ahora responde a las siguientes cuestiones:

- ¿Qué tienen en común todas las sustancias del experimento para obtener resultados similares? ¿En qué se diferencian?
- ¿Está la química industrial detrás de estos productos?
- Observa la gran variedad de productos químicos de limpieza que tienes en casa, ¿no sería mejor organizarlos según las normas de seguridad, como se hace en el laboratorio?

Atrévete a mirar

¿Quiero aprender?

¿Qué ejemplos conozco que pongan de manifiesto la importancia de la química industrial?

¿Qué aplicaciones conozco de sustancias como el ácido sulfúrico y el amoniaco?

Sin control de las emisiones de la industria química, ¿qué consecuencias habría?

¿La transformación del hierro en acero es un proceso químico o físico?

¿Qué aplicaciones del acero existen en mi centro educativo?

¿Para qué podría emplear materiales como la silicona o la fibra de carbono?

¿Conozco nuevos materiales y cuáles son sus usos?

1. La industria química

Desde sus orígenes, el ser humano se ha distinguido por su capacidad para transformar los materiales presentes en la naturaleza, como grasa animal, cobre o hierro, en productos diferentes, como jabón, bronce o acero, con nuevas utilidades. Podríamos hablar de una industria química básica

Sin embargo, el punto de inflexión para esta industria tendrá lugar en el siglo XVIII con la Revolución Industrial. El carbonato de sodio era una materia fundamental para la obtención de jabón, vidrio, papel o tintes. En 1791, Nicolas Leblanc construyó la primera fábrica de esta sustancia en Saint-Denis (París).

Aunque los acontecimientos revolucionarios provocan la ruina de la fábrica, ya nada será igual para la industria química. Leblanc realizó la primera síntesis industrial al obtener carbonato de sodio a partir del cloruro de sodio presente en la sal marina. Para ello desarrolló un complejo proceso industrial que empleaba ácido sulfúrico, carbón y carbonato de calcio.

Los actuales cambios de protocolos web pueden dificultarte el acceso a alguno de los enlaces.

Para evitarlo, en la siguiente dirección te proporcionamos un nuevo enlace y el planteamiento correspondiente:

bit.ly/Enlace_2_0_1BAC_U4

En la actualidad, basta con mirar a nuestro alrededor: productos de limpieza, plásticos en el televisor o el ordenador, fibra de carbono en la bicicleta, acero en los barcos o colorantes en los alimentos y en los productos textiles. Todos estos elementos están elaborados por la industria química. Pero ¿qué es la industria química?

La **industria química** se encarga de extraer y procesar las materias primas para transformarlas en diferentes productos elaborados. Esta transformación se lleva a cabo a través de diferentes reacciones químicas.

1.1. Clasificación de la industria química

Bajo la denominación de industria química se da respuesta a las necesidades de múltiples sectores, desde la industria agraria a la farmacéutica, pasando por la siderurgia o la cosmética. No obstante, todas estas industrias químicas especializadas pueden clasificarse en dos grandes grupos: industria química de base e industria química de transformación.

Industria del azufre

Industria papelera

La **industria química de base** emplea materias primas básicas para elaborar productos sencillos que pueden salir directamente al mercado o servir de materia base a otras industrias.

La **industria química de transformación** fabrica productos más elaborados a partir de los materiales proporcionados por la industria química de base. Estos productos están destinados a satisfacer las necesidades de los consumidores.

Las industrias de producción de ácido sulfúrico, de amoniaco, de etanol o de ácido acético son ejemplos de industrias químicas de base, mientras que la industria alimentaria, textil o farmacéutica son industrias químicas de transformación.

Actividades

1. En 1783, el rey Luis XVI y la Academia de Ciencias de Francia ofrecían un premio en metálico a la persona que presentara un método de producción industrial de carbonato de sodio a partir de sal marina. El concurso lo ganó Nicolas Leblanc con un proceso que lleva su nombre. Busca información contrastada para responder a las cuestiones que aparecen a continuación:

a) ¿Qué reacciones químicas, ajustadas, se producen en este proceso?

b) ¿Qué problemas medioambientales presentaba?

c) El proceso Leblanc sería sustituido por el de Solvay. ¿Cuáles son las ventajas que ofrecía este último?

d) ¿Qué relación guarda todo esto con el natrón empleado por los antiguos egipcios?

1.2. Fases del proceso industrial

La complejidad de los procesos industriales químicos ha alcanzado tal nivel que ya no basta con hacer una mera traslación del laboratorio a la industria. Es necesario llevar a cabo un detallado análisis de todo el proceso, que aborde tanto las condiciones experimentales de trabajo como los aspectos económicos, con el fin de determinar su rentabilidad, además de acometer el estudio del impacto medioambiental sobre la zona y de buscar medidas para minimizarlo.

El proceso industrial comprende varias etapas: desarrollo en el **laboratorio,** optimización en la **planta piloto** y producción en la **planta química.**

¿Cómo se realiza el paso desde el laboratorio a la planta química?

¿Es viable el proceso industrial de interés?
Esa es la gran pregunta que intenta responder el **laboratorio.**
Se estudian las condiciones de trabajo (temperatura, presión, catalizadores, rendimiento, etc.) y se optimizan para buscar su viabilidad química y económica.
Este trabajo lo llevan a cabo personas con formación en ciencias básicas como química, física, biología...

¿A qué problemas técnicos podemos enfrentarnos en la planta química?
Esa es la gran pregunta que intenta responder la **planta piloto.**
Su propósito es predecir el comportamiento de una planta industrial operando en condiciones similares a las esperadas. Los datos obtenidos serán la base del diseño de la planta química, fijando elementos como las condiciones de la operación, los parámetros de diseño, los problemas ambientales, etc.
Este trabajo lo llevan a cabo personas con formación en ingeniería química.

La planta química
Produce a gran escala las materias que necesita la sociedad actual.
Este trabajo lo llevan a cabo personas de variada formación.

Este proceso recibe el nombre de **escalamiento.** Literalmente, escalar un proceso químico es desarrollarlo desde su fase de investigación (laboratorio y planta piloto) hasta la fase de producción industrial. Es decir, es llevar el proceso desde el matraz al reactor.

Actividades

2. Una alumna de ingeniería química lee que el agua marina posee, de media, 4 ppb (partes por billón) de oro. ¿Qué volumen es necesario tratar para obtener 1 kg de oro? ¿Debe plantearse la estudiante un método de extracción?

Densidad del agua de mar = $1\,027\ \text{kg}\cdot\text{m}^{-3}$

S: $V_{\text{Agua marina}} = 2{,}4\cdot 10^8\ \text{m}^3$

3. ¿Por qué es necesario realizar el escalamiento en un proceso industrial? ¿Qué papel desempeñan en él las personas con una titulación en ingeniería química?

2. Amoniaco

Conocido y empleado por el ser humano desde la Antigüedad, el uso fundamental del amoniaco (NH_3), o azano, en la actualidad es la síntesis de fertilizantes. Sin embargo, como veremos más adelante, su empleo se extiende a un elevado número de industrias químicas, haciendo de este compuesto uno de los productos químicos más empleados del mundo.

Laboratorio en el aula. Características del amoniaco

1. Además de su extendido uso industrial, el amoniaco también se emplea en el hogar como limpiador y desinfectante. Podéis trabajar en equipo para responder a las siguientes cuestiones:

   - Leed la etiqueta de una botella de amoniaco y prestad especial atención a los pictogramas. ¿Cuáles son las medidas de precaución en su manejo?
   - Abrid el bote y, con la ayuda de unas pinzas largas, colocad una tira de papel indicador sobre su boca. ¿De qué color se vuelve el papel? ¿Qué indica este color sobre el amoniaco?
   - Preparad una disolución diluida de amoniaco (15 mL de amoniaco concentrado en 100 mL de agua) y otra de sulfato de cobre(II) pentahidratado de concentración 100 $g \cdot L^{-1}$. Llenad la cuarta parte de un tubo de ensayo con cada uno de los reactivos y mezcladlos. Buscad información sobre la reacción química que se produce y escribid la ecuación ajustada.
   - Tomad dos erlenmeyer y añadid la misma cantidad de aceite. Incorporad en uno agua y en el otro amoniaco (en igual cantidad). Agitad con movimientos circulares y dejad reposar. ¿Cuál de las dos sustancias emplearíais como desengrasante?

2.1. Obtención del amoniaco

Industria química 2.0

Dirige tu propia empresa productora de amoniaco. Optimiza el proceso industrial para tratar de obtener el máximo beneficio:

bit.ly/Simul_síntesis_NH3

A comienzos del siglo XX, el químico alemán Fritz Haber, en el laboratorio, y el ingeniero químico Carl Bosch, en la industria, desarrollaron un método para obtener amoniaco a partir de nitrógeno (N_2) e hidrógeno (H_2). Este proceso fijaba de forma sencilla y abundante el N_2 atmosférico. La ecuación global, del llamado **proceso Haber-Bosch**, es la siguiente:

$$N_2\,(g) + 3\,H_2\,(g) \rightleftarrows 2\,NH_3\,(g) \qquad \Delta H° = -92{,}2\ kJ \cdot mol^{-1}$$

La doble flecha indica que es un equilibrio, es decir, una reacción que puede evolucionar en ambos sentidos según las condiciones de trabajo. Bajar la temperatura favorece la formación de amoniaco, pero su cinética es muy lenta. El químico F. Haber aumentó la temperatura y compensó su efecto negativo elevando la presión. Como el rendimiento era muy bajo, introdujo un catalizador de óxido de hierro(III). Además, en el proceso es clave la extracción del amoníaco y el reciclado de reactivos para aumentar el rendimiento. F. Haber, en 1918, y C. Bosch, en 1931, recibirían el Premio Nobel por el desarrollo y la optimización de este proceso industrial.

Proceso industrial de obtención de NH_3

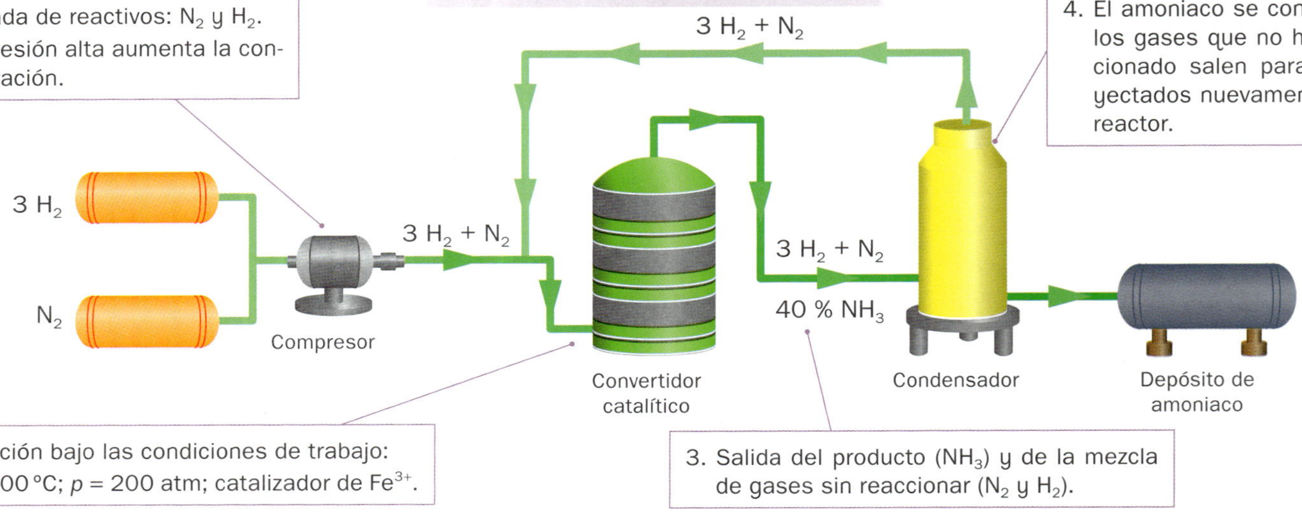

1. Entrada de reactivos: N_2 y H_2. La presión alta aumenta la concentración.

2. Reacción bajo las condiciones de trabajo: $T = 500\ °C$; $p = 200$ atm; catalizador de Fe^{3+}.

3. Salida del producto (NH_3) y de la mezcla de gases sin reaccionar (N_2 y H_2).

4. El amoniaco se condensa y los gases que no han reaccionado salen para ser inyectados nuevamente en el reactor.

2.2. Aplicaciones del amoniaco

La importancia de este producto se pone de manifiesto al observar el gran número de aplicaciones que posee no solo en la industria de base, sino también en la de transformación.

Fertilizantes

La producción a gran escala en la agricultura precisa de estos productos. Su uso principal se da en forma de nitrato de amonio, sulfato de amonio o urea.

Explosivos

El explosivo de alta potencia ANFO (del inglés *Ammonium Nitrate-Fuel Oil)* se obtiene por combinación de nitrato de amonio con combustibles derivados del petróleo. Se emplea en la industria minera y de demolición.

Uso doméstico

Sus disoluciones se emplean como desengrasantes en cristales y azulejos, en suelos y muebles de madera, para ropa y calzado, para eliminar olores...

Otros

Obtención de ácido nítrico y derivados, carbonato de sodio, colorantes, fibras textiles sintéticas, plásticos, pesticidas, productos farmacéuticos, refinado del petróleo, refrigeración, sacarina, tintes, levadura química...

2.3. Impacto medioambiental

En la actualidad es imposible pensar en un proceso industrial sin consecuencias adversas para el medioambiente, y la química del amoniaco y sus derivados no es una excepción.

Emisiones atmosféricas		
Efectos	En los procesos industriales se liberan gases, como los óxidos de nitrógeno, que originan fenómenos como la lluvia ácida y el aumento del ozono troposférico.	
Medidas	Empleo de catalizadores (en la actualidad se están investigando los nanocatalizadores de zeolitas), quemadores especiales basados en el suministro de aire escalonado, o empleo de lecho fluido para optimizar el proceso de combustión.	
Eutrofización		
Efectos	Los nitratos depositados en mares y ríos provocan la proliferación de algas y bacterias, lo que termina por agotar el oxígeno disuelto en el agua y, en consecuencia, la vida.	
Medidas	Empleo de estaciones depuradoras de aguas residuales, uso de fertilizantes más eficientes y desarrollo de prácticas de cultivo que minimicen su uso.	

Actividades

4. ¿Por qué el proceso Haber-Bosch fue determinante en la Primera Guerra Mundial? Busca información y haz una exposición de dos minutos.

5. ¿Quién fue Clara Immerwahr? ¿Cuál es su relación con el proceso Haber-Bosch? ¿Cómo murió?

6. El proceso Haber-Bosch supuso que el método Ostwald se impusiera en la producción de ácido nítrico. Realiza una exposición sobre las reacciones implicadas en este, las aplicaciones del HNO_3 y el impacto medioambiental. ¿Qué método se utilizaba antes?

7. En el proceso de Haber-Bosch, el N_2 se extrae del aire. El H_2 se obtiene a través de la reacción de vapor de agua a elevada temperatura con metano (CH_4, compuesto principal del gas natural). La reacción química viene descrita por la ecuación (sin ajustar):

$$CH_4\ (g) + H_2O\ (g) \rightarrow CO\ (g) + H_2\ (g)$$

¿Cuántos moles de metano se necesitan para obtener 1 m^3 de hidrógeno, medido a 700 mmHg y 15 °C, si el rendimiento es del 89 %?

S: $n_{CH_4} = 14{,}6$ mol

3. Ácido sulfúrico

Conocido desde antiguo, en la alquimia el ácido sulfúrico (H_2SO_4) se obtenía a partir del sulfato de hierro. En la actualidad es el compuesto químico con mayor producción mundial y un indicador del nivel de industrialización de un país.

! Importante

La mezcla de ácido sulfúrico y agua es muy exotérmica. La disolución de una pequeña cantidad de agua sobre ácido sulfúrico provoca que la temperatura alcanzada sea superior a la temperatura de ebullición del agua y puedan producirse salpicaduras.

Asegúrate siempre de añadir un volumen pequeño de ácido sulfúrico sobre un volumen grande de agua. Agita de manera constante la disolución para absorber el calor producido.

Laboratorio en el aula. El ácido sulfúrico

2. Vamos a trabajar en grupos.

- Leed la etiqueta del bote de ácido sulfúrico y fijaos en los pictogramas que aparecen. ¿Cuáles son las medidas de precaución? ¿Son parecidas a las del amoniaco?
- Abrid el bote y colocad una tira de papel indicador sobre su boca con unas pinzas. ¿Cambia el papel? ¿Qué indica del ácido sulfúrico? Comparadlo con el amoniaco.
- Tomad un vaso de precipitado y colocad un termómetro. Con ayuda de una pipeta, añadid a 50 mL de agua 1 mL de ácido sulfúrico. ¿Qué ocurre? ¿Qué temperatura alcanza el termómetro?
- Preparad una disolución saturada de azúcar. Llenad un cuarto de tubo de ensayo y añadid 0,5 mL de ácido sulfúrico con una pipeta. ¿Qué se observa? ¿Qué productos se obtienen?

3.1. Obtención del ácido sulfúrico

Para la obtención de ácido sulfúrico, se emplea el **método de contacto,** con el que se adquiere un producto de alta pureza y concentración (hasta el 98 %). Como inconveniente, este proceso requiere de reactivos muy puros y del uso de catalizadores.

1. Producción de SO_2 (dos opciones)

- **Quemar azufre:** $S\ (s) + O_2\ (g) \rightarrow SO_2\ (g)$. El azufre se obtiene de depósitos subterráneos. Su pureza asegura un rendimiento alto.
- **Tostar pirita:** $4\ FeS_2\ (s) + 11\ O_2\ (g) \rightarrow 8\ SO_2\ (g) + 2\ Fe_2O_3\ (s)$. Las impurezas del reactivo deben ser eliminadas. Genera un rendimiento menor que en el caso anterior.

2. Producción de SO_3

$2\ SO_2\ (g) + O_2\ (g) \rightarrow 2\ SO_3\ (g)$

Proceso catalizado con V_2O_5.

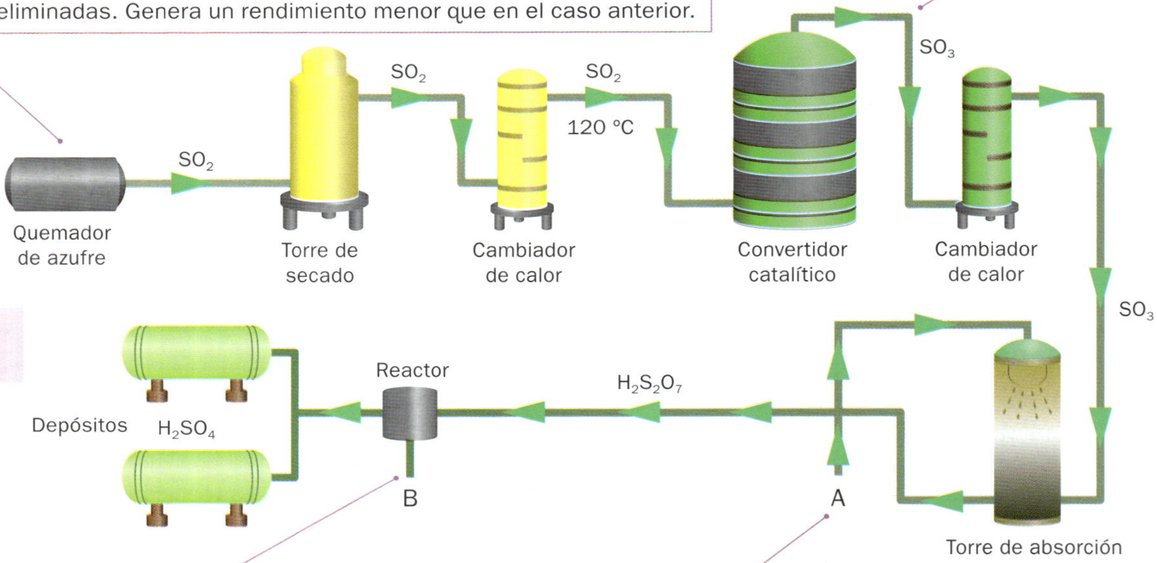

Proceso industrial de obtención de H_2SO_4

3. Producción de $H_2S_2O_7$

$SO_3\ (g) + H_2SO_4\ (ac) \rightarrow H_2S_2O_7\ (ac)$

El H_2SO_4 procede de la recirculación desde los depósitos. Entra por el punto A del diagrama. El SO_3 no se disuelve directamente en agua para obtener ácido sulfúrico al ser un proceso muy exotérmico.

4. Producción de H_2SO_4

$H_2S_2O_7\ (ac) + H_2O\ (l) \rightarrow 2\ H_2SO_4\ (ac)$

El H_2O entra en el reactor por el punto B del diagrama.

3.2. Aplicaciones del ácido sulfúrico

Este compuesto químico tiene aplicaciones múltiples y variadas, por lo que está presente en casi todos los aspectos de nuestra vida diaria.

Industria petroquímica

Procesos de refinado, alquilación y purificación de destilados de crudo. También como agente nitrante, sulfonante y deshidratante.

Fertilizantes y abonos

Se emplea fundamentalmente en la elaboración de fertilizantes. De forma directa, en la producción de sulfato de amonio. De forma indirecta, para producir el ácido fosfórico empleado en los fosfatos y superfosfatos.

Procesado de metales

Tratamiento de acero, cobre, uranio o vanadio. Preparación de baños electrolíticos para la purificación y el plateado de metales no ferrosos.

Otros

Producción de pigmentos de dióxido de titanio, industria de la madera, del papel o en la industria textil. También se usa en la producción de detergentes y en la purificación de aguas residuales.

3.3. Impacto medioambiental

Como cualquier otro proceso industrial, la química del ácido sulfúrico y sus derivados lleva asociada un impacto medioambiental que se ha ido reduciendo considerablemente.

	Gases	
Efecto	Emisión de dióxido de azufre, trióxido de azufre y vapor de ácido sulfúrico. Todos estos compuestos intervienen directamente en la producción de lluvia ácida.	
Medidas	Recirculación de gases, optimización de los procesos para obtener rendimientos más próximos al 100 %.	
	Líquidos y sólidos	
Efecto	Emisión de desechos, líquidos y sólidos, provocados por derrames, fugas o por la purgación de sistemas de la propia industria (como las calderas).	
Medidas	Reutilización de esos materiales dentro de la propia planta.	

Actividades

8. En el método de contacto se usa pirita (FeS_2) como materia prima. La ecuación química del proceso, sin ajustar, es:

$$FeS_2\ (s) + O_2\ (g) \rightarrow Fe_2O_3\ (s) + SO_2\ (g)$$

a) ¿Qué cantidad de pirita del 71 % de riqueza se necesita para obtener 250 L de SO_2 a 1 atm y 30 °C? Rendimiento del proceso: 78 %.

b) Halla la expresión para determinar la cantidad de FeS_2 necesaria para obtener la cantidad de SO_2 del apartado anterior en las condiciones mencionadas, en función de la riqueza de la pirita y del rendimiento de la reacción.

c) Tabula en una hoja de cálculo la cantidad de pirita necesaria para una riqueza que varía entre el 20 % y el 80 %, y un rendimiento, entre el 30 % y el 80 %, en incrementos del 10 %.

S: 1,09 kg de pirita; **bit.ly/1BAC_U4_Pirita**

9. Antes de que se instaurara el método de contacto, en la obtención de ácido sulfúrico, se utilizaba el procedimiento de las cámaras de plomo. Busca información contrastada sobre este método y responde a las siguientes cuestiones:

a) Reacciones químicas involucradas en este método.

b) ¿Por qué dejó de emplearse?

4. Siderurgia: la metalurgia del hierro

Ya desde la prehistoria, el ser humano ha mantenido una estrecha relación con los metales presentes en la corteza terrestre y sus aleaciones. Siete son los metales conocidos por la humanidad desde la Edad Antigua: cobre, estaño, hierro, mercurio, oro, plata y plomo. El arte de extraer metales para su transformación es el origen de la **metalurgia**.

La **metalurgia** es la ciencia y la técnica aplicadas a la extracción de metales de sus fuentes naturales y a su preparación, en forma de metal puro o de aleación, para un uso práctico.

Salvo contadas excepciones, como, por ejemplo, el cobre, los metales no se encuentran en estado nativo (independiente) en la naturaleza, sino formando parte de otros compuestos químicos llamados **minerales**. La metalurgia se encarga de separar la mena (parte de interés en el mineral) de la ganga (material sobrante, sin interés). Las etapas en que se divide el proceso metalúrgico son:

Etapa relacionada con **operaciones de carácter físico** (trituración, molienda, filtración, etc.), basadas en las diferencias que existen entre las propiedades de la mena y la ganga.

Etapa relacionada con **operaciones de carácter químico** (reducción, tostación, electrolisis, etc.), de naturaleza más específica, en función del metal que se vaya a extraer.

Aunque la variedad de metales y de aleaciones en la actualidad es casi incontable, los tres grandes elementos de la metalurgia moderna son el hierro, el aluminio y el cobre.

El cobre, aunque se encuentra nativo en la corteza terrestre, debido a su interés y demanda también se extrae de sulfuros mixtos de cobre y hierro, como la calcopirita ($CuFeS_2$). Se emplea fundamentalmente en la fabricación de conductores eléctricos y dispositivos electrónicos.

El aluminio es el metal más abundante de la corteza terrestre. La fuente principal de extracción es la bauxita ($Al_2O_3 \cdot 2\ H_2O$). Sus propiedades de resistencia a la corrosión y de baja densidad favorecen su empleo en la industria aeroespacial.

Sin embargo, la pieza fundamental para la metalurgia es el **hierro.**

Sabías que...

Las *ferrerías* eran antiguas instalaciones para transformar mineral de hierro en metal de hierro apto para ser trabajado en la forja, por ejemplo, para la fabricación de aperos de labranza. En la parte central del taller se ubicaba el horno bajo, en el que se alternaban capas de mineral, materia fundente y carbón vegetal. La ventilación de las ferrerías se conseguía por medio de un fuelle accionado manualmente.

Actividades

10. El aluminio, el cobre, el plomo o el cinc poseen importantes aplicaciones. En grupos cooperativos, buscad información contrastada y grabad un vídeo donde respondáis a las siguientes preguntas de manera concreta para cada uno de estos metales.

a) Características del proceso metalúrgico de cada elemento.

b) Impacto medioambiental.

c) Propiedades y aplicaciones de cada metal y sus aleaciones.

El **hierro** es el cuarto elemento químico más abundante en la corteza terrestre. Su descubrimiento y la extensión de su uso dio nombre a uno de los periodos de la prehistoria, la Edad de Hierro, y a una industria química con nombre propio: la siderurgia. De cada 100 kg de metales producidos industrialmente, más de 90 kg son de hierro.

La **siderurgia** es el proceso industrial por el que, mediante diferentes técnicas, se obtiene metal de hierro y aleaciones de este a partir de diferentes minerales de hierro y de chatarra reciclada.

El acero es la aleación del hierro más importante y, por tanto, su producción es uno de los objetivos fundamentales de la industria siderúrgica.

El **acero** es una aleación de hierro y de carbono en una cantidad de este último que oscila entre el 0,05 % y el 1,5 %. También presenta, en cantidades mínimas, otros elementos de naturaleza no metálica (Si, P, S) y metálica (Mn, Ti, Cr, Mo, etc.).

La importancia del acero reside en su versatilidad. Ofrece un gran número de aplicaciones, ya que es posible modificar sus propiedades mediante la adición controlada de elementos químicos metálicos y no metálicos.

Tipo de acero	Características		Aplicaciones
Al carbono 	Resistencia a fuerzas estáticas y dinámicas.		Edificios Puentes Trenes Coches
	Acero dulce (0,25 % C)	Acero semiduro (0,45 % C)	
	Acero semidulce (0,35 % C)	Acero duro (0,55 % C)	
Aleados 	Muy variadas.		Herramientas Rodamientos Tubos Aparatos de presión
	Dureza (5 % W)	Dureza y tenacidad (0,2 % V y 1 % Cr)	
	Tenacidad (13 % Mn)	Resistencia y ductilidad (1,2 % Cr y 0,25 % Mo)	
Inoxidables 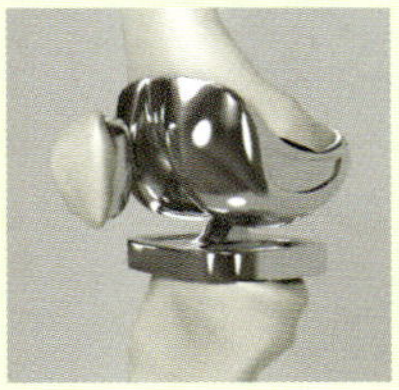	Gran resistencia a condiciones extremas de humedad, agentes químicos, temperatura, etc.		Depósitos Equipo quirúrgico Prótesis Utensilios de cocina
	Mínimo del 10 % de Cr y cantidades variables de Ni.		

Sabías que...

La estructura de la famosa torre Eiffel está construida con hierro pudelado. El hierro pudelado, a diferencia del acero, se obtenía agitando en el horno el hierro y su escoria para aumentar su oxidación y hacer un hierro más viscoso. Esta operación rebaja al mínimo el contenido en carbono y elimina prácticamente todo el azufre.

Actividades

11. Las fundiciones son aleaciones de hierro y carbono con un contenido de carbono que puede oscilar entre el 2 % y el 7 %. ¿Por qué no se consideran acero?

12. El uso del titanio y de sus aleaciones es cada vez más importante.

a) ¿A qué se debe? Busca información contrastada para responder.

b) La fuente principal de obtención del metal es su óxido (TiO_2). Determina el porcentaje en masa de titanio presente en el óxido.

S: 60 % Ti

4.1. La obtención del acero

En la actualidad existen dos posibilidades para obtener acero: la **ruta de la siderurgia integral** y la **ruta del horno de arco eléctrico**.

A. Ruta de la siderurgia integral

En este proceso, el acero se obtiene a partir de los diferentes minerales de hierro. La planta de producción contiene todos los elementos necesarios para la obtención de hierro y acero. En ella se busca eficacia y rentabilidad económica.

El elemento central de este proceso es el **alto horno,** el lugar donde se transforma el mineral de hierro en hierro fundido, también llamado **arrabio.** Tiene una altura aproximada de 30 m y consta de una cuba de acero recubierta con un material refractario, como la cerámica. Por su zona superior, se introduce el mineral de hierro, el coque y el fundente y se produce la liberación de gases, como los óxidos de carbono y de nitrógeno.

Materia prima			
Mineral de hierro	**Carbón mineral**	**Fundente**	**Aire caliente**
• Los más utilizados son la hematita (Fe_2O_3), la magnetita (Fe_3O_4) y la siderita ($FeCO_3$). • El mineral se tritura y sinteriza para conseguir un material poroso.	• Se transforma en coque mediante un proceso térmico. • El coque es a la vez combustible y agente reductor.	• Disminuye la temperatura necesaria durante la reducción. • Facilita la eliminación de impurezas en la escoria. • En función de las características del mineral, se emplea $CaCO_3$, SiO_2 o CrO.	• Permite la combustión del coque. • Se introduce por la tobera inferior.

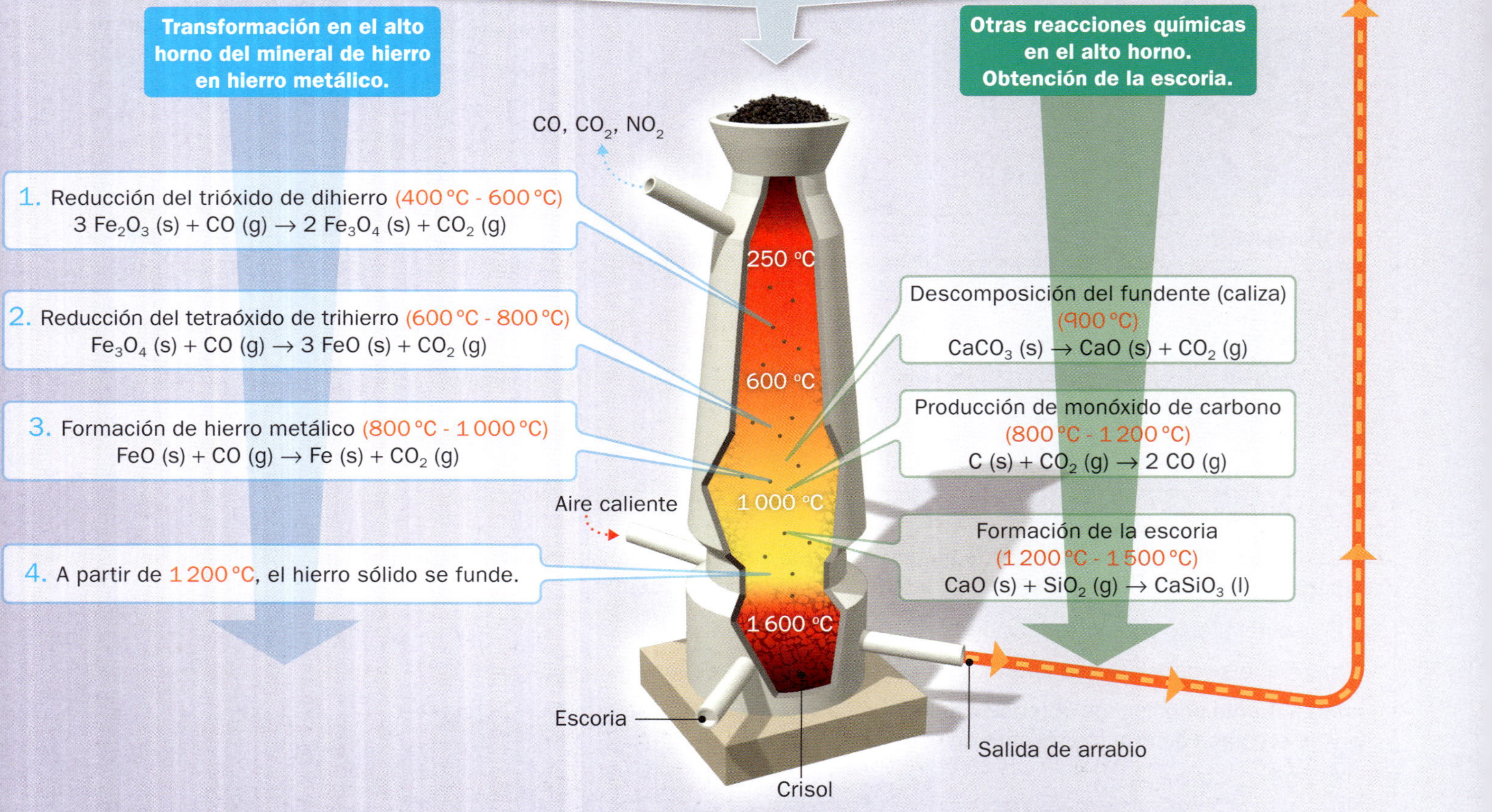

> **Proceso afino**
>
> En el proceso de afino en el convertidor, la escoria que flota sobre el acero se retira simplemente basculando el recipiente en el que tiene lugar la reacción.

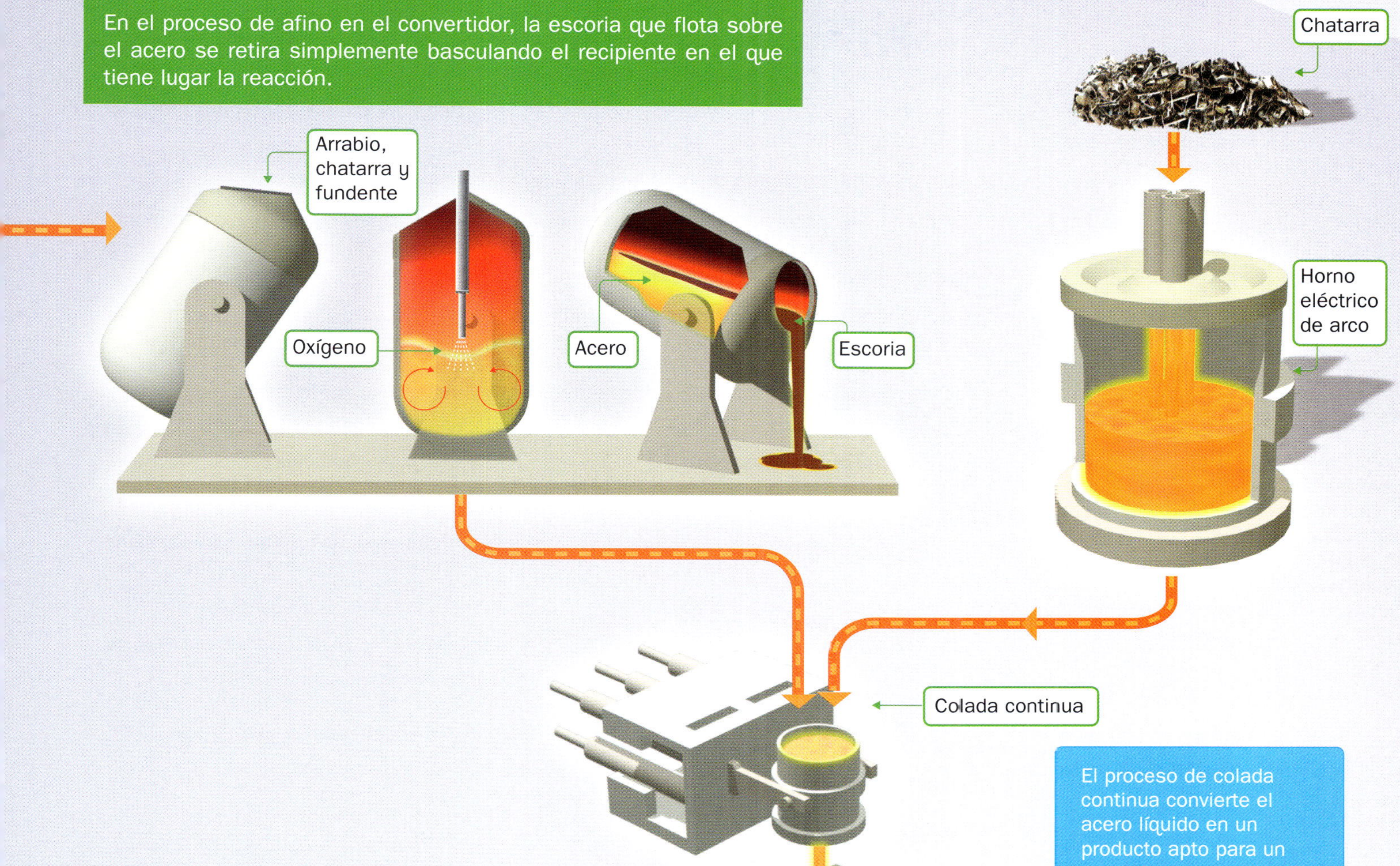

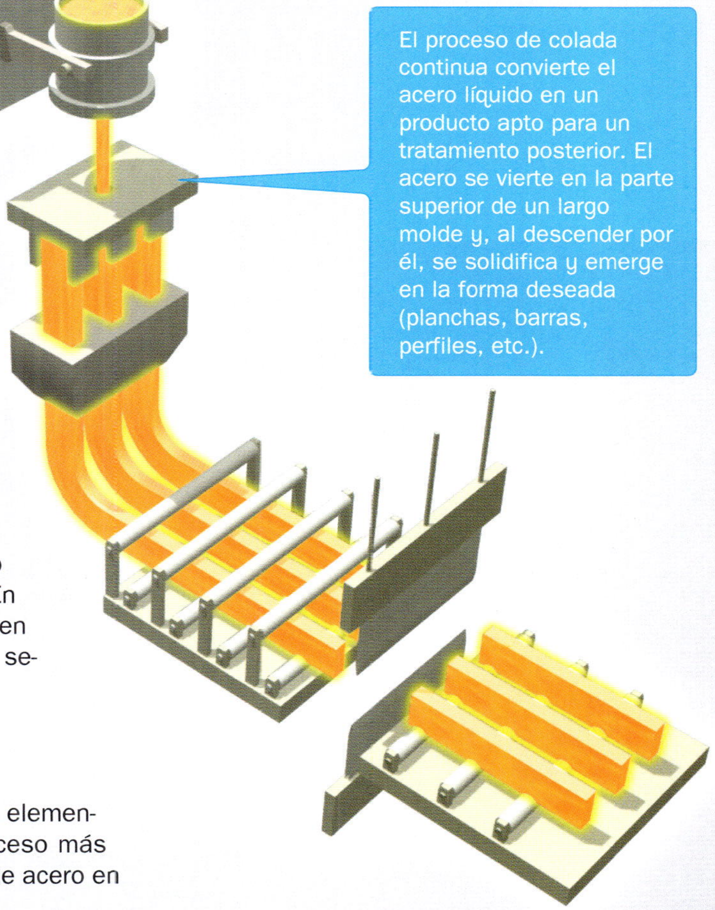

Por su zona inferior, se insufla aire caliente a través de la tobera y se obtiene el arrabio y la escoria, que es un residuo formado por la ganga del mineral de hierro, el coque y el fundente.

Son múltiples las reacciones químicas que tienen lugar en un alto horno.

El arrabio obtenido en el alto horno, cuya concentración en carbono es del 3-4 %, es blando y poco tenaz y presenta pocas aplicaciones directas. Estas propiedades no deseadas se deben a las impurezas que arrastra, como silicio, azufre, fósforo, manganeso, carbono, etc.

Para que el arrabio se transforme en acero, es necesario el uso del **convertidor** en un proceso que recibe el nombre de **afino**. En este dispositivo, las impurezas del arrabio se oxidan y producen óxidos volátiles y sólidos que forman una escoria que se puede separar ya del acero.

B. Ruta del horno de arco eléctrico

En esta ruta, el acero se obtiene de la chatarra, lo que supone un elemento positivo desde el punto de vista medioambiental. Es un proceso más económico que la ruta integral y permite obtener cualquier tipo de acero en función de la carga empleada.

4.2. Impacto medioambiental de la siderurgia

En la actualidad, y por razones económicas, el acero es el material más reciclado del mundo. Sin embargo, el impacto medioambiental de la siderurgia es muy grande. Incluso durante los trabajos previos al proceso industrial, la huella generada en el entorno es de consideración:

- En muchas ocasiones es necesario talar grandes extensiones de terreno para proceder a la extracción del mineral.
- La maquinaria empleada provoca la erosión y la degradación del suelo.
- Las máquinas excavadoras y los explosivos liberan micropartículas que contaminan la atmósfera y, al depositarse, también los suelos y las aguas próximas; asimismo pueden provocar graves enfermedades en las personas que las inhalan.

Además, la industria siderúrgica produce millones de toneladas de acero y, por tanto, una enorme cantidad de productos de tratamiento y de desecho que es imprescindible vigilar.

Industria química 2.0

¿Qué implicaciones sociales, medioambientales o económicas tiene la implantación de una siderurgia?

bit.ly/Ciudad_de_hierro

Industria química 2.0

La escoria producida en la siderurgia se puede reciclar para fabricar asfalto y pavimentos. En el siguiente vídeo puedes ver un resumen del proyecto colaborativo entre la Universidad y la industria para transformar la escoria negra en material de construcción.

bit.ly/Reciclar_Escoria

Altos hornos

Impacto medioambiental	Solución
La emisión de SO_2, SO_3 o H_2S: lluvia ácida. La emisión de CO_2: efecto invernadero.	Condensación y adsorción de vapores. Circuito cerrado: los gases que salen por la zona superior del horno se insuflan en la tobera.
Contaminación del suelo por enfriamiento de la escoria con agua, fugas en el sistema de refrigeración o limpieza del acero producido.	Controlar los sistemas de refrigeración. Almacenamiento seguro de líquidos contaminantes. Mezclar los ácidos usados con lodos de cal.
La escoria ocupa grandes extensiones de terreno y puede contaminar las aguas cercanas.	Diseñar procesos de reciclado para un nuevo uso.

Actividades

13. Antes de introducir el mineral en el alto horno, uno de los pasos fundamentales es su sinterización. ¿En qué consiste este proceso? ¿Por qué se hace?

14. El paso de hierro a acero se debe a que el carbono está presente en forma de una sustancia química denominada cementita (Fe_3C), que es la responsable de las características generales del acero. Determina el porcentaje en masa de cada elemento en la cementita.

S: 93,3 % Fe y 6,7 % C.

15. El convertidor es una pieza clave en la fabricación del acero. Han existido diferentes tipos a lo largo de la historia de la siderurgia: convertidor Bessemer, convertidor L-D, convertidor Martin-Siemens. Ordénalos cronológicamente e indica las características propias de cada uno de ellos.

16. En 1994, la fábrica de siderurgia integral de Völklingen (Alemania), con una extensión de 60 000 m^2, fue declarada Patrimonio de la Humanidad por la Unesco. Lee las siguientes noticias publicadas por la Unesco (en inglés) y responde a las cuestiones:

bit.ly/Volklingen_1 **bit.ly/Volklingen_2**

a) ¿En qué año dejó de funcionar esta fábrica?

b) ¿Cuál llegó a ser su producción de acero?

c) ¿Qué actividades se desarrollan hoy en sus instalaciones?

d) Bajo el título «Need a man? Get a woman!», ¿qué quiere poner de manifiesto la temática de esta visita guiada por sus instalaciones?

Fábrica de siderurgia integral de Völklingen (Alemania).

Actividades resueltas

1. Tradicionalmente, la eficiencia de un proceso químico se mide a través del rendimiento, es decir, de la relación existente entre la masa de producto obtenido y la masa de producto esperado. Sin embargo, con el desarrollo de la química verde en la década de 1990, se introdujo un concepto nuevo desarrollado Barry Trost, de la Universidad de Stanford (EE. UU.). El concepto era el de economía atómica.

En esta nueva idea se relaciona la masa de producto deseado y la masa total de reactivos. De esta manera se ponen de manifiesto los desechos que aparecen en el proceso o, lo que es lo mismo, los recursos malgastados que la industria deberá asumir para su tratamiento, reciclado o almacenamiento. Desde este punto de vista, un proceso químico será más ventajoso cuanto más se acerque su economía atómica al 100 %, situación que implica que no hay reactivos malgastados.

$$\text{Economía atómica (\%)} = \frac{\text{Masa producto deseado}}{\text{Masa total reactivo}} \cdot 100$$

El cloruro de aluminio ($AlCl_3$) es una sustancia que se emplea como antitranspirante y como catalizador en múltiples síntesis orgánicas. Aplica la economía atómica a la producción de cloruro de aluminio mediante estos dos posibles métodos de obtención:

- Método 1: $Al\ (s) + Cl_2\ (g) \rightarrow AlCl_3\ (s)$
- Método 2: $Al\ (s) + HCl\ (ac) \rightarrow AlCl_3\ (s) + H_2\ (g)$

Estrategia de resolución

1. Observamos si las ecuaciones químicas están ajustadas y, si no lo están, las ajustamos.

   Las ecuaciones descritas no están ajustadas. Realizamos el ajuste por tanteo:

   Método 1:

   $$2\ Al\ (s) + 3\ Cl_2\ (g) \rightarrow 2\ AlCl_3\ (s)$$

   Método 2:

   $$2\ Al\ (s) + 6\ HCl\ (ac) \rightarrow 2\ AlCl_3\ (s) + 3\ H_2\ (g)$$

2. Determinamos la masa de cada una de las sustancias implicadas con ayuda del sistema periódico:

   Método 1:

   $m(Al) = 54$ g $m(Cl_2) = 213$ g $m(AlCl_3) = 267$ g

   Método 2:

   $m(Al) = 54$ g $m(HCl) = 219$ g

   $m(AlCl_3) = 267$ g $m(H_2) = 6$ g

3. Sustituimos los datos en la fórmula que define el concepto pedido. Realizamos los cálculos sin olvidar las unidades.

   Método 1:

   $$\text{Economía atómica} = \frac{267\ \text{g}\ AlCl_3}{54\ \text{g Al} + 213\ \text{g}\ Cl_2} \cdot 100 = 100\ \%$$

   Método 2:

   $$\text{Economía atómica} = \frac{267\ \text{g}\ AlCl_3}{54\ \text{g Al} + 219\ \text{g HCl}} \cdot 100 = 97{,}8\ \%$$

4. Comparamos los resultados obtenidos y después los comentamos.

   El método 1 es más adecuado, ya que presenta una mayor economía atómica (100 %), lo que indica que no se produce ningún tipo de desecho o residuo que se deba eliminar.

   El método 2 es menos favorable (97,8 %), ya que genera hidrógeno como residuo, algo que la industria deberá gestionar.

Actividades

17. El óxido de magnesio (MgO) es el componente industrial de magnesio más importante y se utiliza, principalmente, en el sector del acero y de los materiales refractarios, materiales que son capaces de soportar temperaturas por encima de 1 500 °C sin descomponerse.

Los principales problemas medioambientales de la producción de óxido de magnesio son la contaminación atmosférica y el consumo energético.

Para la obtención de este componente se plantean tres vías posibles:

- Vía 1. Síntesis directa:

  $$2\ Mg\ (s) + O_2\ (g) \rightarrow 2\ MgO\ (s)$$

- Vía 2. Descomposición térmica del carbonato de magnesio:

  $$MgCO_3\ (s) \rightarrow MgO\ (s) + CO_2\ (g)$$

- Vía 3. Reacción del cloruro de magnesio con hidróxido de calcio:

  $$MgCl_2\ (s) + Ca(OH)_2\ (ac) \rightarrow MgO\ (s) + H_2O\ (l) + CaCl_2\ (ac)$$

A partir del concepto de economía atómica, determina cuál de las vías indicadas es la más favorable y cuál es la más desfavorable para la obtención industrial de óxido de magnesio.

S: La vía 1 es la más favorable, economía atómica del 100 %. La menos favorable es la vía 3, economía atómica del 24 %.

5. Los nuevos materiales

El desarrollo continuo de nuevos materiales es fruto de un complejo trabajo interdisciplinar en el que participan la ciencia básica, la ingeniería y la informática. Su empleo se extiende a todos los ámbitos, desde la medicina a la industria pasando por el ocio y las telecomunicaciones. Veamos una pequeña muestra de ellos.

Cristal líquido

Presenta propiedades de los sólidos cristalinos y de los líquidos (movilidad y fluidez), además de propiedades diversas según la dirección del espacio; algunos cristales líquidos permiten la movilidad de sus moléculas en el plano, pero no entre planos. Se usa en dispositivos ópticos y en fibras ultrarresistentes, como el kevlar.

Siliconas

Polímeros de silicio, son materiales flexibles, ligeros, moldeables y de gran resistencia. Aislantes del calor y de la electricidad y biocompatibles. Se emplean en revestimientos exteriores, implantes, material quirúrgico, etc.

Semiconductores

Están compuestos principalmente de silicio o de arsénico y galio. Su conductividad depende de múltiples factores, como la temperatura, la tensión mecánica, el grado de iluminación, etc. Se emplean en la construcción de circuitos integrados y láseres de estado sólido.

Superconductores

Son aleaciones de niobio y titanio o cerámicas de óxidos complejos. Presentan una nula resistencia al paso de la corriente a bajas temperaturas. Se emplean en la resonancia magnética nuclear y en aceleradores de partículas como el del CERN.

Fibra de carbono

Material formado por hilos de carbono de grosor inferior a un milímetro en una matriz de resina termoestable, todo ello unido por un agente endurecedor que lo compacta. Es liviano y de gran resistencia mecánica. Se emplea en material deportivo, en tecnología aeroespacial, carrocerías, etc.

Materiales con memoria de forma

Englobados dentro de los materiales inteligentes, recuperan una forma diseñada inicialmente bajo la acción de estímulos externos, como la luz, la temperatura, la presión, etc. Se emplean en arcos de ortodoncia, *stents* o juntas de tuberías.

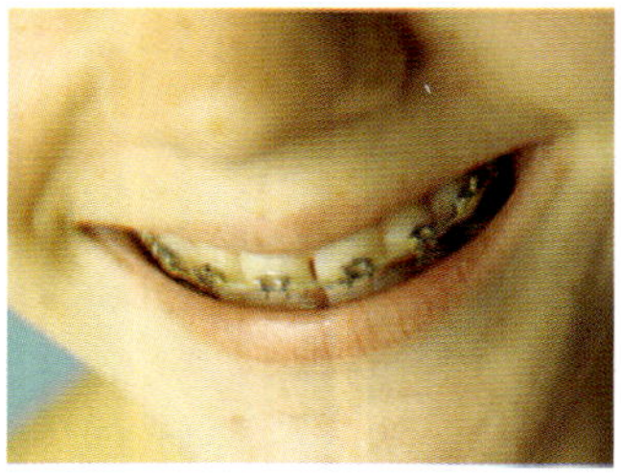

Piezoeléctricos

Su estructura microcristalina les permite transformar la energía mecánica en eléctrica y viceversa. Se emplean en sensores presentes en dispositivos electrónicos, como radares, micrófonos, relojes, etc. El cuarzo y la turmalina serían ejemplos de este tipo de material.

Nanomateriales

Son sistemas con un número muy pequeño de átomos y propiedades muy variadas que permiten diseñar materiales prácticamente a la carta. Se emplean en medicamentos selectivos contra el cáncer, pantallas ultradelgadas o tejidos impermeables.

Laboratorio en el aula. Los detergentes

3. ¿Crees que es correcto asociar los términos blancura y limpieza en el uso de un detergente? Necesitas muestras de distintos detergentes, una lámpara de luz ultravioleta y una cámara para grabar. Coloca las distintas muestras sobre un folio en la mesa y graba su aspecto. ¿Observas diferencias entre ellas? A continuación, enciende la luz ultravioleta y vuelve a grabar. ¿Existen ahora diferencias entre los detergentes?

Responde a las siguientes cuestiones:

a) Los responsables del efecto que observas son abrillantadores ópticos. Busca información contrastada para saber cómo actúan.

b) ¿Podemos relacionar blancura con limpieza?

c) Identifica estas sustancias en otros productos de uso personal.

Los principios de la mecánica cuántica han favorecido el progreso de una de las ramas científicas donde los nuevos materiales se desarrollan a gran velocidad: la **nanotecnología.** Esta disciplina se dedica al estudio y diseño de materiales cuyas dimensiones son del orden de un nanómetro: la millonésima del milímetro, es decir, diez mil veces más pequeños que el grosor de un cabello humano. La base de esta disciplina es la **nanociencia.** Esta ciencia ha sido capaz de comprender que un mismo material tiene distintas propiedades en función del tamaño.

Un ejemplo es el **oro.** Este metal, de color amarillo, puede presentar suspensiones coloidales en agua de color azul o rojo en función de las partículas suspendidas. Si las nanopartículas de oro son de tamaño mediano (90 nm), absorben luz de longitud de onda grande (color rojo) y transmiten el resto (color azul) generando disoluciones azuladas. Si las nanopartículas son mucho más pequeñas, absorben luz de longitud de onda pequeña (color azul) y transmiten el resto (roja): cuanto más pequeña sea la nanopartícula de oro, más rojiza será su disolución.

Esto que se observa en el color es extensible a otras propiedades de los materiales, como la conductividad, la elasticidad, etc.

Esta nueva concepción de la materia ha calado profundamente en todos los ámbitos científicos e industriales:

- En medicina ya se crean materiales capaces de depositar fármacos de forma controlada y selectiva.
- La industria textil ha elaborado materiales con partículas hidrófobas con una gran capacidad para repeler el agua.
- En arquitectura se diseñan vidrios fotocrómicos que cambian de color según la luz incidente y evitan, por ejemplo, la penetración de la radiación ultravioleta e infrarroja.
- En el campo energético se están desarrollando células fotovoltaicas de una eficencia mucho mayor.
- Las nuevas características de nuestros ordenadores están directamente relacionadas con la nanotecnología: mayor capacidad de memoria, mayor velocidad de procesamiento o disminución del tamaño, por ejemplo.

Entre los materiales nuevos más importantes, relacionados también con la nanotecnología, están el **grafeno** y los **nanotubos de carbono.**

Industria química 2.0

¿Existe algún material más resistente que el acero?

bit.ly/UNED_Acero

Sabías que...

La nanotecnología ha hecho posible el cultivo de células madre sobre nanocables de silicio.

Actividades

18. En 2015, el *microlattice* se convirtió en la aleación metálica más ligera del mundo al estar compuesta por un 99 % de aire. ¿De qué metales está constituida? ¿Qué otras características posee?
Una empresa, ajena a la industria química, ha financiado el proyecto, ¿cuál es esta empresa y por qué lo ha financiado?

19. Responde a estas preguntas:

a) ¿Es lo mismo nanotecnología que nanociencia?

b) ¿En qué se parece la fibra de vidrio y el acero? ¿Qué ventaja presenta la primera sobre el segundo?

c) ¿Qué ventajas presenta un superconductor frente a un conductor ordinario como el cobre (Cu)?

20. Un arco de ortodoncia se diseña con la forma deseada para los dientes. Al pasarlo por los *brackets,* debe ser deformado. Con el calor bucal, va recuperando su forma lentamente y arrastra con él al diente. ¿En qué tipo de nuevo material lo englobarías?

21. Se dividirá la clase en grupos y cada uno de ellos se encargará de responder minuciosamente a una de las siguientes cuestiones a partir de información contrastada. Posteriormente, estos grupos de «personas expertas» se desharán para formar nuevos grupos donde esté presente, al menos, una persona experta en cada cuestión:

a) ¿Qué es el coltán? ¿Cuál es su composición química?

b) ¿Cuáles son sus aplicaciones? ¿Qué relación guarda con la siderurgia?

c) ¿Dónde se ubican, fundamentalmente, las minas de coltán? ¿Cuál es su situación geopolítica?

d) ¿Por qué recibe el nombre de «mineral de sangre»?

e) ¿Qué medidas han tomado los Gobiernos de los países más desarrollados o instituciones internacionales como la ONU para resolver el problema humanitario que supone este material?

Cada grupo realizará una infografía sobre el tema que incluya todas las cuestiones analizadas.

1. A partir de 1 L de una disolución de amoniaco del 22 % en masa y densidad 0,92 g · cm^{-3}, ¿qué volumen de amoniaco gaseoso, medido a 27 °C y 720 mm de Hg, se puede obtener?

Estrategia de resolución

1. Empleamos los factores de conversión para determinar los moles de amoniaco que se obtienen:

$$1\ \text{L disolución} \cdot \frac{1\,000\ \text{cm}^3\ \text{disolución}}{1\ \text{L disolución}} \cdot \frac{0{,}92\ \text{g disolución}}{1\ \text{cm}^3\ \text{disolución}} \cdot$$

$$\cdot \frac{22\ \text{g NH}_3}{100\ \text{g disolución}} \cdot \frac{1\ \text{mol NH}_3}{17\ \text{g NH}_3} = 11{,}91\ \text{mol NH}_3$$

2. Pasamos la temperatura y la presión a las unidades correctas:

$$27\ °\text{C} = 300\ \text{K}$$

$$720\ \text{mm de Hg} \cdot \frac{1\ \text{atm}}{760\ \text{mm de Hg}} = 0{,}95\ \text{atm}$$

3. Calculamos el volumen de amoniaco gaseoso sustituyendo los datos en la ecuación de los gases ideales:

$$pV = nRT \quad ; \quad V = \frac{nRT}{p}$$

$$V = 308{,}4\ \text{L de amoniaco}\ (\text{NH}_3)$$

Así, a partir de la disolución de amoniaco, se pueden obtener 308,4 L de amoniaco gaseoso en las condiciones indicadas.

2. Las disoluciones de sosa cáustica (NaOH) se preparan comercialmente mediante la reacción de una disolución de carbonato de sodio, Na_2CO_3, con cal apagada, $Ca(OH)_2$. En el proceso también precipita carbonato de calcio, $CaCO_3$. Calcula la cantidad de Na_2CO_3 necesaria para formar 1 t de NaOH. El rendimiento del proceso es del 80 %.

Estrategia de resolución

Resolución por factores de conversión.

1. Escribimos la ecuación química con la información del enunciado y la ajustamos por tanteo:

$$\text{Na}_2\text{CO}_3\ (\text{ac}) + \text{Ca(OH)}_2\ (\text{ac}) \rightarrow \text{NaOH}\ (\text{ac}) + \text{CaCO}_3\ (\text{s})$$

$$\text{Na}_2\text{CO}_3\ (\text{ac}) + \text{Ca(OH)}_2\ (\text{ac}) \rightarrow 2\ \text{NaOH}\ (\text{ac}) + \text{CaCO}_3\ (\text{s})$$

2. Partimos de la masa en gramos de sosa que queremos obtener. Esa masa se transforma en moles con la masa molar de la sosa (40 g · mol^{-1}). Luego la relacionamos con los moles de carbonato de sodio según la ecuación química (2 moles de NaOH por cada mol de Na_2CO_3). Por último, convertimos los moles a masa con ayuda de la masa molar del Na_2CO_3 (106 g · mol^{-1}):

$$10^6\text{g NaOH} \cdot \frac{1\ \text{mol NaOH}}{40\ \text{g NaOH}} \cdot \frac{1\ \text{mol Na}_2\text{CO}_3}{2\ \text{mol NaOH}} \cdot \frac{106\ \text{g Na}_2\text{CO}_3}{1\ \text{mol Na}_2\text{CO}_3} =$$

$$= 1\,325\,000\ \text{g Na}_2\text{CO}_3 = 1{,}325\ \text{t}_{\text{Reales}}\ \text{Na}_2\text{CO}_3$$

3. Aplicamos el rendimiento. Como la sustancia buscada es un reactivo, su cantidad es mayor que la calculada:

$$1{,}325\ \text{t}_{\text{Reales}}\text{Na}_2\text{CO}_3 \cdot \frac{100\ \text{t}_{\text{Teóricas}}}{80\ \text{t}_{\text{Reales}}} = 1{,}66\ \text{t}_{\text{Teóricas}}\text{Na}_2\text{CO}_3$$

Por tanto, se necesitan 1,66 t de Na_2CO_3 para obtener 1 t de sosa con un rendimiento del 80 %.

3. La obtención industrial del ácido clorhídrico se hace a partir del gas cloro generado en la electrolisis de cloruro de sodio fundido según el proceso:

$$2\ \text{NaCl}\ (\text{l}) \rightarrow 2\ \text{Na}\ (\text{s}) + \text{Cl}_2\ (\text{g})$$

$$\text{Cl}_2\ (\text{g}) + \text{H}_2\ (\text{g}) \rightarrow 2\ \text{HCl}\ (\text{g})$$

Determina la cantidad de ácido clorhídrico que se forma a partir de 150 kg de cloruro de sodio. (Rendimiento: 74 %.)

Estrategia de resolución

Resolución por proporcionalidad.

1. Observamos las ecuaciones químicas para saber si están o no ajustadas. En este caso, lo están.

2. Empezamos con la primera ecuación. A la izquierda, establecemos la relación molar entre NaCl y Cl_2 (2 mol : 1 mol) y las relacionamos con sus masas molares (58,44 g · mol^{-1} y 70,9 g · mol^{-1}). A la derecha, relacionamos la cantidad de cloruro de sodio de partida, expresada en gramos, con la cantidad de cloro buscada:

$$\frac{2 \cdot 58{,}44\ \text{g NaCl}}{70{,}9\ \text{g Cl}_2} = \frac{1{,}5 \cdot 10^5\ \text{g NaCl}}{x\ \text{g Cl}_2}$$

$$x = 90\,990{,}76\ \text{g Cl}_2$$

3. Continuamos con la otra ecuación. A la izquierda establecemos la relación molar entre el Cl_2 y el HCl (1 mol: 2 mol) y la relacionamos con sus masas molares (36,45 g · mol^{-1} y 70,9 g · mol^{-1}). A la derecha relacionamos la cantidad de cloro que hemos obtenido anteriormente con la cantidad de HCl buscada:

$$\frac{2 \cdot 36{,}45\ \text{g HCl}}{70{,}9\ \text{g Cl}_2} = \frac{x\ \text{g HCl}}{90\,990{,}76\ \text{g Cl}_2}$$

$$x = 93\,557{,}5\ \text{g}_{\text{Teóricos}}\ \text{HCl}$$

4. Tenemos en cuenta el rendimiento del proceso (74 %). En este caso, como la sustancia buscada es un producto, su cantidad real será menor que la cantidad teórica obtenida:

$$93\,557{,}5\ \text{g}_{\text{Teóricos}}\ \text{HCl} \cdot \frac{74\ \text{g}_{\text{Reales}}}{100\ \text{g}_{\text{Teóricos}}} =$$

$$= 69\,232{,}5\ \text{g}_{\text{Reales}}\ \text{HCl} = 69{,}2\ \text{kg}_{\text{Reales}}\ \text{HCl}$$

Por tanto, a partir de 150 kg de cloruro de sodio se obtienen 69,2 kg de HCl para un rendimiento del 74 %.

Descubre los fallos de estas actividades.
Consulta las soluciones en:
bit.ly/Encuentra_error_1BAC_U4

A la caza del ERROR

1. En el proceso final de un alto horno, la obtención del hierro se produce según la reacción:

$$FeO\ (s) + CO\ (g) \rightarrow Fe\ (s) + CO_2\ (g)$$

¿Qué volumen de CO es necesario emplear en el alto horno si se desea obtener 0,5 t de hierro? El CO se encontrará a 25 °C y 1 atm. El rendimiento del proceso es del 79 %.

Solución (dos errores)

$$\frac{1\text{ mol CO}}{1\text{ mol Fe}} \cdot \frac{1\text{ mol Fe}}{55{,}85\text{ g Fe}} \cdot 5 \cdot 10^5\text{ g Fe} = 8\,952{,}55\text{ mol CO}$$

$$8\,952{,}55\text{ mol CO} \cdot \frac{79}{100} = 7\,072{,}51\text{ mol CO}$$

$$pV = nRT \quad ; \quad V = \frac{nRT}{p}$$

$$V = \frac{0{,}082 \cdot 7\,072{,}51 \cdot 25}{1} = 14\,498{,}6\text{ L CO}$$

Se necesitan, aproximadamente, 14 500 L de CO para obtener 0,5 t de hierro bajo las condiciones indicadas.

2. En el proceso por contacto para la obtención a escala industrial del ácido sulfúrico, el trióxido de azufre se procesa en el convertidor catalítico según la reacción:

$$2\ SO_2\ (g) + O_2\ (g) \rightarrow 2\ SO_3\ (g)$$

¿Qué masa de oxígeno debemos emplear para obtener 275 kg de trióxido de azufre? El rendimiento es del 84 %.

Solución (dos errores)

$$\frac{1\text{ mol } O_2}{2\text{ mol } SO_3} \quad ; \quad \frac{32\text{ g } O_2}{80\text{ g } SO_3} = \frac{x\text{ g } O_2}{275\,000\text{ g } SO_3}$$

$$x = 110\,000\text{ g } O_2 = 110\text{ kg } O_2$$

$$110\text{ kg } O_2 \cdot \frac{100}{84} = 131\text{ kg } O_2$$

Se necesita una masa de 131 kg de O_2 para obtener los 275 kg de SO_3 en las condiciones indicadas.

3. El amoniaco reacciona con el oxígeno formando ácido nítrico y agua. ¿Qué volumen de una disolución 0,4 M de ácido nítrico se puede obtener a partir de 204 g de amoniaco?

Solución (dos errores)

$$NH_3\ (ac) + O_2\ (g) \rightarrow HNO_3\ (ac) + H_2O\ (l)$$

$$204\text{ g } NH_3 \cdot \frac{1\text{ mol } NH_3}{15\text{ g } NH_3} \cdot \frac{1\text{ mol } HNO_3}{1\text{ mol } NH_3} \cdot \frac{0{,}4\text{ L disolución } HNO_3}{1\text{ mol } HNO_3} =$$

$$= 5{,}44\text{ L de disolución de } HNO_3$$

Por tanto, se formarán, aproximadamente 5,5 L de una disolución 0,4 M de ácido nítrico.

4. Para determinar la pureza de un fertilizante como el sulfato de amonio, se emplea la siguiente reacción:

$$(NH_4)_2SO_4\ (s) + Ca(OH)_2\ (ac) \rightarrow$$
$$\rightarrow 2\ NH_3\ (g) + CaSO_4\ (s) + 2\ H_2O\ (l)$$

Determina la pureza de la muestra si 50 g de fertilizante desprenden 2,5 L de amoniaco a 710 mmHg y 23 °C.

Solución (tres errores)

$$pV = nRT \quad ; \quad n = \frac{RT}{pV}$$

$$n = \frac{0{,}082 \cdot 296}{0{,}93 \cdot 2{,}5} = 10{,}44\text{ mol } NH_3$$

$$\frac{1\text{ mol } (NH_4)_2SO_4}{2\text{ mol } NH_3} = \frac{x\text{ mol } (NH_4)_2SO_4}{10{,}44\text{ mol } NH_3}$$

$$x = 5{,}22\text{ mol } (NH_4)_2\,SO_4$$

$$\frac{1\text{ mol } (NH_4)_2SO_4}{132\text{ g } (NH_4)_2SO_4} = \frac{5{,}22\text{ mol } (NH_4)_2SO_4}{x\text{ g } (NH_4)_2SO_4}$$

$$x = 689{,}04\text{ g } (NH_4)_2\,SO_4$$

$$\text{Riqueza} = \frac{50\text{ g}}{689{,}04\text{ g}} \cdot 100 = 7{,}26\ \%$$

Por tanto, el fertilizante analizado presenta una riqueza en $(NH_4)_2SO_4$ del 7,26 %.

5. Se añaden 0,92 g de sodio sobre bastante agua y se obtiene una disolución de hidróxido de sodio e hidrógeno en estado gaseoso.

a) Escribe y ajusta la ecuación química del proceso.

b) Calcula el volumen de hidrógeno formado medido a 1 atm y 27 °C.

c) ¿Qué cantidad de agua ha reaccionado con el sodio?

Solución (tres errores)

a) $2\ Na\ (s) + 2\ H_2O\ (l) \rightarrow 2\ NaOH\ (ac) + H_2\ (g)$

b) $0{,}92\text{ g Na} \cdot \frac{1\text{ mol Na}}{23\text{ g Na}} \cdot \frac{1\text{ mol } H_2}{1\text{ mol Na}} = 0{,}04\text{ mol de } H_2$

$$pV = nRT \quad ; \quad V = \frac{nRT}{p}$$

$$V = \frac{0{,}04\text{ mol} \cdot 0{,}082\ \frac{\text{atm} \cdot \text{L}}{\text{mol} \cdot \text{K}} \cdot 27\text{ °C}}{1\text{ atm}} = 0{,}089\text{ L de } H_2$$

Se formarán, aproximadamente, 0,09 L de gas hidrógeno en la reacción química descrita.

c) $0{,}92\text{ g Na} \cdot \frac{1\text{ mol Na}}{23\text{ g Na}} \cdot \frac{2\text{ mol } H_2O}{2\text{ mol Na}} \cdot \frac{18\text{ g } H_2O}{1\text{ mol } H_2O} = 0{,}72\text{ g } H_2O$

Problemas propuestos

La industria química

1. Realizad, mediante trabajo cooperativo, un vídeo o una presentación sobre las aplicaciones de una de estas sustancias: amoniaco, ácido sulfúrico, acero y fundiciones. Podéis utilizar la aplicación Genially.

2. ¿Qué relación existe entre la industria química de base y la de transformación? Pon un ejemplo práctico.

3. El ácido clorhídrico (HCl) se puede sintetizar en el laboratorio a partir del cloruro de sodio y del ácido sulfúrico según la reacción:

$$2\ NaCl\ (s) + H_2SO_4\ (ac) \rightarrow 2\ HCl\ (ac) + Na_2SO_4\ (s)$$

Si se hacen reaccionar 150 g de NaCl con 100 g de una disolución de H_2SO_4 al 98 %, calcula:

a) ¿Cuál es el reactivo limitante?

b) ¿Qué cantidad de HCl obtendremos?

S: *a)* Ácido sulfúrico; *b)* $m_{HCl} = 72{,}9$ g

4. En 2012, la mezcla errónea en una industria de grandes cantidades de ácido nítrico y sosa produjo una nube tóxica que obligó a evacuar a más de 2 000 personas. Bajo las condiciones adecuadas de seguridad, la reacción química que se produce es:

$$HNO_3\ (ac) + NaOH\ (ac) \rightarrow NaNO_3\ (g) + H_2O\ (l)$$

Disolvemos una determinada cantidad de NaOH en agua hasta los 250 mL. Tomamos 50 mL de ella y la hacemos reaccionar con 5 g de HNO_3. ¿Qué cantidad de NaOH teníamos inicialmente?

S: $m_{NaOH} = 15{,}87$ g

5. Durante la Primera Guerra Mundial se empleó fosfano como gas venenoso. Su producción se realiza mediante la siguiente reacción:

$$Na_3P\ (s) + 3\ H_2O\ (l) \rightarrow PH_3\ (g) + 3\ NaOH\ (ac)$$

¿Qué cantidad de fosfano puede producirse al disolver 1,5 kg de Na_3P en 2,5 L de agua pura? (Rendimiento: 87 %.)

S: $m_{PH_3} = 443{,}7$ g

6. El hidróxido de sodio es una sustancia clave en la fabricación de explosivos y en la industria petroquímica. Uno de los procesos industriales para su obtención es la electrolisis de una disolución acuosa de cloruro de sodio según la reacción:

$$2\ NaCl\ (ac) + 2\ H_2O\ (l) \rightarrow Cl_2\ (g) + 2\ NaOH\ (ac) + H_2\ (g)$$

¿Qué cantidad de NaOH se producirá a partir de 250 kg de un mineral de halita con el 97 % de riqueza en NaCl? El proceso industrial tiene un rendimiento del 91 %.

S: $m_{NaOH} = 151$ kg

Amoniaco

7. ¿Por qué en el proceso de Haber-Bosch de obtención de amoniaco es necesario establecer un equilibrio entre presión y temperatura? ¿Qué papel juega el catalizador?

8. En una zona agrícola con una fuerte implantación de abonos derivados del amoníaco, se detecta un incremento en el nivel de algas en el lecho del río. ¿Qué medidas deben implementarse para evitar el impacto medioambiental? ¿Cómo se denomina este efecto producido por los abonos nitrogenados sobre el agua?

9. ¿Qué volumen de nitrógeno (N_2) e hidrógeno (H_2) se necesitan para obtener 250 L de amoníaco (NH_3)? Considera que todas las sustancias se encuentran en las mismas condiciones de presión y temperatura. (Rendimiento: 49 %.)

S: $V_{N_2} = 255{,}1$ L; $V_{H_2} = 765{,}3$ L

10. El ácido sulfúrico y el amoniaco son la base para obtener uno de los fertilizantes más importantes y usados del mundo, el sulfato de amonio:

$$2\ NH_3\ (g) + H_2SO_4\ (ac) \rightarrow (NH_4)_2SO_4\ (s)$$

Determina el volumen de NH_3 necesario a 25 °C y 2 atm para obtener 125 kg de $(NH_4)_2SO_4$. (Rendimiento: 79 %.)

S: $V_{NH_3} = 2{,}93 \cdot 10^4$ L

11. El cloruro de amonio se emplea en la industrial textil y se obtiene a partir de amoniaco y de ácido clorhídrico. Si se mezclan 25 mL de amoniaco 1,25 $mol \cdot L^{-1}$ con 15 mL de ácido clorhídrico 1,35 $mol \cdot L^{-1}$ para formar cloruro de amonio:

a) Escribe y ajusta la ecuación química.

b) ¿Cuál es el reactivo limitante de la reacción?

c) ¿Qué cantidad de cloruro de amonio se formará si el proceso tiene un rendimiento del 86 %?

S: *a)* $NH_3\ (ac) + HCl\ (ac) \rightarrow NH_4Cl\ (s)$; *b)* HCl; *c)* 0,93 g

12. El amoniaco se emplea en la síntesis de hidracina (N_2H_4), que se utiliza como combustible en cohetes al liberar gran cantidad de energía en su reacción de combustión:

$$N_2H_4\ (l) + O_2\ (g) \rightarrow N_2\ (g) + 2\ H_2O\ (l)$$

¿Cuántos litros de nitrógeno medidos a 20 °C y 1 000 mmHg se formarán a partir de 20 kg de hidracina?

S: $V_{N_2} = 11\,412$ L

13. Entre los fertilizantes nitrogenados más empleados en el mundo, están:

NH_4NO_3 $(NH_4)_2SO_4$ $(NH_4)_2HPO_4$ $(NH_2)_2CO$

Calcula el porcentaje de nitrógeno que poseen.

S: 35 %; 21,2 %; 21,2 %; 46,7 %

14. Entre los gases más contaminantes que se pueden producir en la industria, están los diferentes óxidos de nitrógeno. Por ello, se han desarrollado métodos para eliminarlos, como es su reacción con el amoníaco:

$$NO\ (g) + NO_2\ (g) + 2\ NH_3\ (g) \rightarrow 2\ N_2\ (g) + 3\ H_2O\ (g)$$

¿Qué volumen de NO y NO_2 a 20 °C y 700 mmHg se pueden eliminar por cada litro de NH_3, medido a 25 °C y 750 mmHg?

S: $V_{NO} = 0{,}53$ L; $V_{NO_2} = 0{,}5$ L

15. Una de las aplicaciones más importantes del amoníaco es la refrigeración. Es el método más económico y de mayor rentabilidad energética que se conoce. Su símbolo como refrigerante es R717.

Determina la cantidad de H_2 y N_2 que se necesitan para obtener 1 000 kg de NH_3. El proceso tiene un rendimiento del 41 %. ¿Qué volumen ocuparán los reactivos si están a 18 °C de temperatura y 150 000 Pa de presión?

S: $V_{N_2} = 1\,156$ m^3; $V_{H_2} = 3\,469$ m^3

Ácido sulfúrico

16. Corrige los errores que encuentres en el siguiente texto:

«En la obtención del H_2SO_4, la producción de SO_2 puede realizarse por tostación de azufre o quemando pirita. La producción final de H_2SO_4 no es directa, sino que se realiza por deshidratación del $H_2S_2O_7$ en el convertidor catalítico.»

17. El sulfato de cinc se emplea como fertilizante y puede obtenerse por reacción del cinc con el ácido sulfúrico:

$$Zn\ (s) + H_2SO_4\ (ac) \rightarrow ZnSO_4\ (ac) + H_2\ (g)$$

Halla el volumen de H_2, a 780 mmHg y 27 °C, formado a partir de 40 L de una disolución de ácido sulfúrico 1,25 mol · L^{-1}. Supón que el rendimiento de la reacción es del 77 %.

S: $V_{H_2} = 922{,}8$ L

18. La reacción entre el ácido sulfúrico y el cobre metálico produce sulfato de cobre(II), dióxido de azufre y agua. Escribe ajustada la ecuación química que describe el proceso y calcula el volumen de una disolución de ácido sulfúrico al 98 % y densidad 1,840 g · cm^{-3} necesario para atacar una muestra de 1 kg de cobre, suponiendo que este es puro.

S: $V_{H_2SO_4} = 1{,}7$ L

Siderurgia y metalurgia

19. Indica en qué etapa del proceso metalúrgico se desarrolla:

a) La obtención de latón (30 % de Zn y 70 % de Cu).

b) La extracción de cobre de la mina Las Cruces en Sevilla.

c) Añadir chatarra en el horno de arco eléctrico.

d) Introducir el arrabio en el convertidor.

e) Triturar la magnetita.

20. A un fabricante de vigas le presentan dos aleaciones de hierro. Una contiene un 0,45 % de carbono y la otra, un 3 %.

a) ¿Cuál de las dos corresponde a un acero? Justifícalo.

b) ¿Cuál debería elegir el fabricante? Justifica tu respuesta.

21. Explica el doble papel que el coque desempeña en el proceso siderúrgico.

22. ¿Por qué la escoria producida en el proceso siderúrgico supone un grave problema medioambiental? ¿Qué soluciones se están planteando para minimizarlo?

23. El acero inoxidable (1,5 % de carbono, 18 % de cromo y un 8 % de níquel) se emplea en utensilios de cocina. Si una cuchara tiene una masa de 43 g, determina la cantidad de los tres elementos presentes en ella.

S: $m_C = 0{,}645$ g; $m_{Cr} = 7{,}74$ g; $m_{Ni} = 3{,}44$ g

24. Partimos de dos posibles minerales de hierro para ser empleados en un proceso siderúrgico. Tenemos 1 000 kg de hematita (81 % de Fe_2O_3) y 1 200 kg de magnetita (71 % de Fe_3O_4). Considerando únicamente estos datos, ¿qué material interesa más para obtener hierro?

S: $m_{magnetita} = 1\,200$ kg

25. En un alto horno, la formación final de hierro se produce entre 800 °C y 1 100 °C según la reacción:

$$FeO\ (s) + CO\ (g) \rightarrow Fe\ (s) + CO_2\ (g)$$

Si partiendo de 650 kg de FeO se han obtenido 475 kg de hierro, determina el rendimiento del proceso.

S: 94 %

Nuevos materiales

26. En 2013, un equipo del afamado Instituto Tecnológico de Massachusetts (MIT) logró el mejor material impermeable del mundo. Para ello, tomó como base la flor de loto y las alas de mariposa, las dos estructuras naturales que mejor repelen el agua. Busca información contrastada sobre las características del nuevo material y enumera algunas de sus posibles aplicaciones.

27. El término «inteligente» no tiene el mismo significado en la vida diaria que en la ciencia de los materiales. ¿Qué características debe cumplir un material inteligente para ser considerado como tal? Nombra algunos materiales inteligentes.

28. Contesta a las siguientes cuestiones sobre nanotecnología:

a) ¿En la construcción del conocimiento, qué se produciría antes la nanociencia o la nanotecnología?

b) ¿Por qué la nanotecnología se está convirtiendo en una fuente casi inagotable de nuevos materiales?

c) ¿En qué idea fundamental se basa su desarrollo actual?

d) ¿Puede tener aplicaciones biomédicas? Indica algunos ejemplos.

Práctica 1. Nitinol: una aleación inteligente

El nitinol es una aleación de níquel y titanio que, al ser deformada, puede recuperar la forma por efecto de la temperatura. Esto se debe a que, en estado sólido, presenta dos fases con sus distintas estructuras: la fase martensita, a baja temperatura, y la fase austenita, a alta temperatura.

En la fase austenita, el material es rígido. Entonces se diseña y fija la forma deseada. Cuando el material se enfría, pasa a la fase martensita, donde es flexible. Para recuperar la forma inicial, basta con calentarlo; así vuelve a la fase austenita por desplazamiento de los planos atómicos y recupera la forma con la que había sido prediseñado. La temperatura de transición de fase es variable en función de las necesidades.

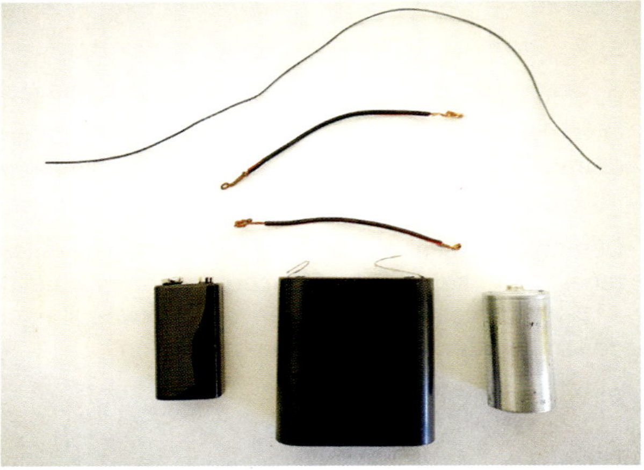

Objetivo

Conocer una aleación inteligente y observar sus características.

Material

- Hilo de nitinol.
- Un recipiente.
- Un termómetro.
- Un sistema calefactor de agua.
- Pilas de 1,5 V; 4,5 V y 9 V.

Procedimiento 1. Temperatura de transición de fase

1. Deformar el hilo de nitinol.
2. Colocar un recipiente con agua a 100 °C e introducir el hilo deformado. ¿Recupera su forma?
3. Esperar a que la temperatura del agua disminuya 5 °C.
4. Repetir el proceso varias veces bajando 5 °C la temperatura del agua cada vez hasta que el hilo no recupere la forma.
5. Repetir el proceso completo un mínimo de tres veces y calcular el valor medio del intermedio de temperatura de transición de fase.

En este vídeo se explica el proceso que se acaba de realizar de forma detallada:

bit.ly/Vídeo_Nitinol

Procedimiento 2. Estudio experimental del efecto Joule

¿Recuerdas qué es el efecto Joule? El nitinol pone de manifiesto este efecto mediante el sencillo montaje que se observa en la imagen.

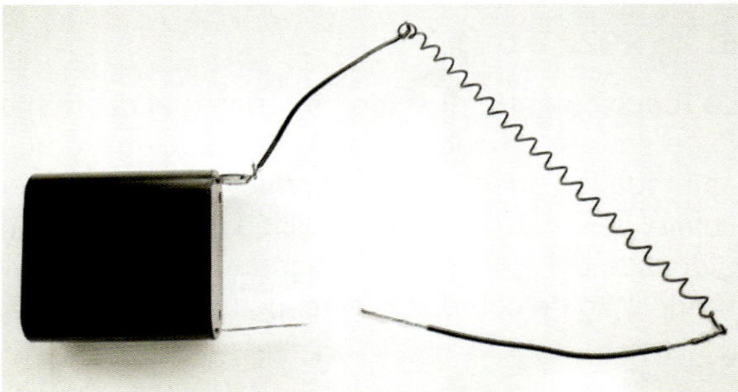

1. Deformar el hilo.
2. Conectarlo a la pila mediante los cables.
3. Cerrar el circuito y medir el tiempo que tarda en recuperar la forma inicial.
4. Repetir el proceso con pilas de diferentes voltajes.

Cuestiones

1. Compara la temperatura de transición de fase obtenida con la de tus compañeros.

2. ¿Qué relación existe entre la diferencia de potencial de la pila y la velocidad de recuperación del nitinol? ¿A qué se debe esta relación?

3. ¿Qué es un *stent*? ¿Cómo funciona?

4. El arco de ortodoncia es de nitinol. ¿Cuál será su temperatura de transición? ¿Qué relación tiene con el *bracket*?

5. Una de las futuras aplicaciones del nitinol podría ser como músculo artificial. El flexinol disminuye su longitud por efecto de la temperatura y es capaz de soportar 3 000 veces su peso. A partir del efecto Joule, ¿cómo crees que funcionaría el músculo artificial?

Hablando de ciencia...

La frase que abría esta unidad decía: «Investigar es ver lo que todo el mundo ha visto y pensar lo que nadie ha pensado». María Vallet Regí encarna como nadie esa idea.

Los materiales mesoporosos tienen su origen en las zeolitas. En sus microporos era posible introducir alcoholes pequeños para producir gasolina, proceso rentabilizado por la industria en la elaboración de gasolina a precio competitivo. En 1990, cuando María Vallet Regí fue nombrada catedrática de la Facultad de Farmacia de la Universidad Complutense, se planteó introducir fármacos en un material mesoporoso: de la gasolina al ser humano. Dirige un equipo multidisciplinar que ha creado materiales inteligentes con biocerámicas, sílice y nanopartículas. Por ejemplo, su trabajo con estas últimas se centra en transportar fármacos o biomoléculas a tejidos enfermos y liberarlos bajo demanda.

María Vallet Regí ha recibido, entre otros, el Premio Rey Jaime I de Investigación Básica (2018). En 2017, fue elegida miembra del American Institute for Medical and Biological Engineering (AIMBE). Para pertenecer a AIMBE es necesario que la persona sea nominada por sus colegas de profesión y que estos representen el 2 % de la comunidad médica y biológica. Solo una excelente carrera permite acceder a esta institución.

- Relaciona la cita de Albert Szent-Györgyi del inicio de la unidad con el trabajo de María Vallet Regí.

Práctica 2. Ácido clorhídrico

Objetivo

Observar algunas propiedades del ácido clorhídrico.

En este vídeo de la Universidad Complutense puedes complementar la experiencia, al mostrar la reacción con otros metales.
bit.ly/UCM_Metales_HCl

Material

- Gradilla, tubos de ensayo, pipeta y mechero.
- Metales: cinc, aluminio y plomo.
- Compuestos: disolución de HCl al 25 %.

Procedimiento

Lee la información del recipiente de HCl, con especial atención a los pictogramas.

- Experiencia 1. Colocar un trozo de cada metal en un tubo de ensayo y añadir 1,5 mL de HCl a cada uno de ellos.
- Experiencia 2. Poner un trocito de Zn en tres tubos de ensayo. No añadir nada en el primero, agregar 1 mL de agua al segundo y 2 mL al tercero. Añadir 1 mL de HCl a los tres tubos.
- Experiencia 3. Poner un trozo de Zn en un tubo de ensayo y añadir 1 mL de HCL. Acercar rápidamente un mechero encendido.

Cuestiones

1. ¿Todos los metales han reaccionado igual frente al ácido clorhídrico? Busca y escribe las ecuaciones químicas de los procesos.

2. Al final de la sesión, vuelve a observar el tubo de ensayo con plomo, ¿se ha producido algún cambio?

3. ¿Qué ocurre con la velocidad de reacción al diluir el ácido clorhídrico? ¿Qué sustancia detectas al acercar el mechero?

Atrévete a mirar

¿He aprendido realmente?

¿Qué nuevas ideas he añadido a lo que conocía sobre el ácido sulfúrico o el amoniaco?

¿Cómo ha cambiado mi visión sobre la relación entre la industria y el medioambiente?

¿Qué perspectiva tengo ahora sobre la importancia del acero en nuestra sociedad?

¿Cómo pueden cambiar mi vida los nuevos materiales que está desarrollando la industria química?

¿Qué conceptos de la unidad me han planteado mayores dudas? ¿Cómo puedo superarlas?

5. Química del carbono

Contenidos

- El átomo de carbono
- Hidrocarburos
- Grupos funcionales y serie homóloga
- Compuestos oxigenados
- Compuestos nitrogenados
- Isomería
- Combustibles fósiles
- Alotropía y nuevos materiales

¿Qué hace tan especial al elemento número 12 de la tabla periódica? La razón es su capacidad para formar más compuestos que los demás. Los átomos de este elemento pueden unirse entre sí mediante enlaces simples, dobles o triples y formar moléculas lineales o cíclicas; además, pueden unirse a otros átomos, por ejemplo, de oxígeno y de nitrógeno, y formar con ellos enlaces sencillos, dobles, triples, estructuras lineales, cíclicas, etc.

Todo se traduce en más y más compuestos. Los componentes principales de los organismos vivos, como ácidos nucleicos, glúcidos, lípidos, proteínas, enzimas u hormonas, pertenecen a la química del carbono. Las hojas de este libro, tu ordenador o la gasolina que usa el coche de tu profesora también son ejemplos de la química del carbono.

El estudio del carbono sigue siendo reconocido con Premios Nobel. En 1996, lo recibía una investigación sobre los fullerenos y, en 2010, otra sobre los nanotubos de carbono. Conocer la química del carbono es comprender procesos industriales, como la fabricación de neumáticos, y biológicos, como la visión. En ambos interviene un doble enlace entre átomos de carbono; en el proceso de fabricación de un neumático, el doble enlace del isopreno, y en la visión, el doble enlace de la rodopsina.

Cuestiones

1. El carbono, como elemento, se presenta bajo múltiples estructuras con propiedades muy diferentes: el diamante es aislante de la electricidad, mientras que el grafeno conduce tan bien la electricidad como un metal y los nanotubos de carbono pueden conducirla o no. ¿Cómo es posible que un elemento presente propiedades opuestas?

«La hipótesis más sólida no aporta nada hasta que sus predicciones se ratifican con la experiencia», Roger Bacon (1214-1294), filósofo y científico inglés.

El reto

Desde la industria farmacéutica a la industria petroquímica, la importancia de los compuestos de carbono es fundamental para el desarrollo de nuestra sociedad. Y es aún más significativo que el carbono sea un elemento básico en los compuestos químicos que forman la materia viva, como lípidos, proteínas...

Experimento: Nuestra fuente de energía

Los hidratos de carbono tienen una doble misión en nuestro organismo: son fuente de energía y cumplen una función estructural. Vamos a descubrir la presencia de los hidratos del carbono en algunos de nuestros alimentos más habituales. Para ello, toma una pequeña cantidad de los siguientes alimentos: patata, arroz, pan, harina y carne.

Primero, prepara el reactivo indicador: en un vaso con 2 cm de agua, añade 15 gotas de tintura de yodo (puedes utilizar el líquido de color pardo que sirve para cubrir las heridas). Ten cuidado de no preparar una disolución muy concentrada, ya que podría ocultar el resultado.

Con cada alimento, procede de igual manera:

- En un plato, echa un poco de agua, pon la muestra de alimento y remueve para empaparla bien.
- Añade un poco de la disolución de tintura de yodo que has preparado.
- Mézclalo todo bien.
- Observa los posibles cambios de coloración.

Cuando termines el experimento, los alimentos no son aptos para el consumo y debes tirarlos a la basura. El líquido puedes arrojarlo por el fregadero con abundante agua.

Responde a las siguientes cuestiones:

- ¿Qué color se observa inicialmente? ¿Y tras añadirle la disolución de tintura de yodo?
- ¿Todos los alimentos muestran cambios en la coloración?
- ¿Se produce el cambio de coloración con la misma intensidad en todos los casos?
- Si la intensidad del color está relacionada directamente con la cantidad de hidratos de carbono presentes, ¿qué alimentos tienen un mayor porcentaje de estas sustancias?

Atrévete a mirar

¿Quiero aprender?

¿Por qué pienso que es tan importante la química del carbono?

¿Qué significa para mí la palabra hidrocarburo?

¿Qué es un polímero? ¿Conozco algún polímero presente en el cuerpo humano?

¿Qué origen tienen los combustibles fósiles?

¿Qué implicaciones medioambientales conozco de sustancias como la gasolina o el gas natural?

¿Conozco la expresión «forma alotrópica»?

¿Podría nombrar alguno de los nuevos materiales que está creando la química del carbono?

1. El átomo de carbono

En 1807, Jöns Jacob Berzelius estableció la diferencia entre las sustancias orgánicas, que son las características de un ser vivo, y las inorgánicas. Según este autor, el paso de orgánico a inorgánico era posible en el laboratorio, pero la vía inversa, la síntesis de compuestos orgánicos, solo podían realizarla los organismos vivos: de ahí el nombre de *orgánicos*. Sin embargo, en 1828, Friedrich Wöhler sintetiza por primera vez un compuesto orgánico, la urea, a partir de un compuesto inorgánico, el cloruro de amonio. Años más tarde, se determina que lo que tienen en común los compuestos orgánicos es la presencia de átomos de carbono en su estructura.

La **química del carbono**, también llamada química orgánica, se encarga del estudio de los compuestos del carbono.

Sabías que...

Bajo el nombre de **química del carbono** se reúnen sustancias tan simples como el metano, empleado como combustible, con otras tan complejas como la neurotoxina batracotoxina, presente en algunas especies de ranas.

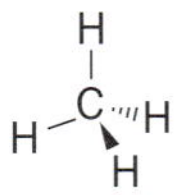

metano

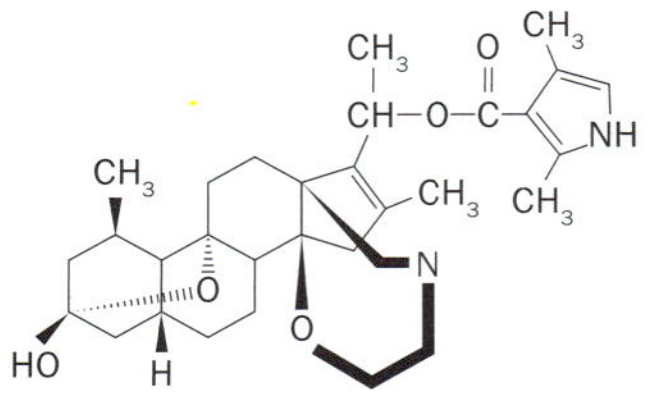

batracotoxina

1.1. Los enlaces en el átomo de carbono

Los compuestos de carbono son los más abundantes de todos los compuestos químicos. ¿De dónde surge esta capacidad combinatoria del átomo de carbono? La respuesta está en su configuración electrónica.

$$[_6C]: 1s^2\ 2s^2\ 2p^2$$

A partir de esta configuración, se debería esperar un átomo de carbono formando dos enlaces covalentes y, sin embargo, experimentalmente el carbono forma cuatro enlaces covalentes. Este hecho experimental solo se puede justificar teóricamente si se considera la **promoción** de un electrón desde el orbital 2s hasta uno de los orbitales 2p. Así se obtienen cuatro electrones desapareados que justifican cuatro enlaces covalentes.

Estado fundamental del átomo de carbono | Estado excitado del átomo de carbono

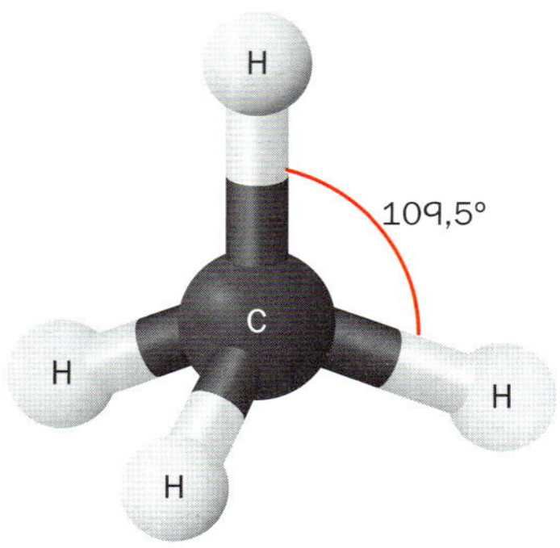

Así pues, en estado excitado, el carbono formaría dos tipos de enlaces, uno con el orbital 2s y otro con los tres orbitales 2p. Sin embargo, experimentalmente no se observan diferencias entre los cuatro enlaces y ello se justifica teóricamente mediante el concepto de **hibridación** que, de una forma sencilla, se describiría como la combinación de los orbitales de partida, 2s y 2p, para dar lugar a nuevos orbitales, todos iguales. Esto es lo que ocurre, por ejemplo, en el metano (CH_4), al formar el átomo de carbono cuatro enlaces iguales con los átomos de hidrógeno mediante cuatro orbitales híbridos.

El pequeño tamaño del átomo de carbono genera cuatro enlaces muy estables.

Formación de cadenas largas, ramificadas o no, entre carbonos. ⟷ **FAVORECE** ⟷ Enlace sencillo o múltiple con otros átomos: H, N, O, P o S

RESULTADO

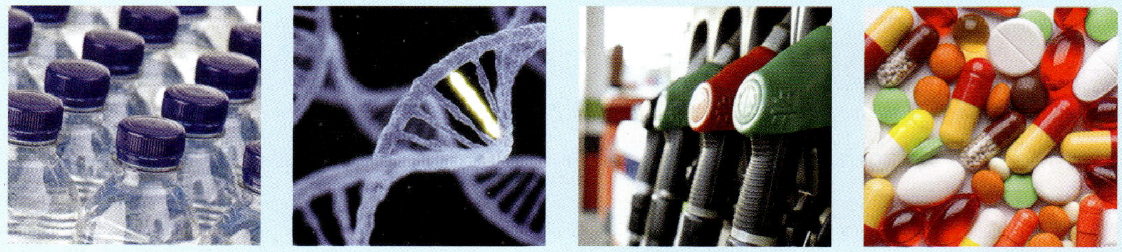

Carbono 2.0

¿Cuál es el fundamento de la datación por carbono-14?

bit.ly/UNED_Carbono_14

1.2. Fórmulas de los compuestos de carbono

La versatilidad del carbono hace que distintos compuestos puedan tener la misma composición. Por ello, para representar estos compuestos se emplean distintos tipos de fórmulas.

Fórmula	Características
Empírica	Es la relación más sencilla entre los números de átomos de cada elemento de la molécula. Inconveniente: la misma fórmula puede aplicarse a varias sustancias. ácido etanoico: CH_2O glucosa: CH_2O
Molecular	Representa el número exacto de átomos de cada elemento de la molécula. Inconveniente: la misma fórmula puede aplicarse a varias sustancias. propanona: C_3H_6O propanal: C_3H_6O
Semidesarrollada	Representa los enlaces entre átomos de carbono. Sencillo (–), doble (=) o triple (≡). Inconveniente: sin información de los enlaces del resto de los átomos. 1-butino: $CH{\equiv}C{-}CH_2{-}CH_3$ but-2-eno: $CH_3{-}CH{=}CH{-}CH_3$
Desarrollada	Representa los tipos de enlaces entre los átomos de la molécula. Inconveniente: la orientación de los átomos en la molécula no es real. ácido etanoico: 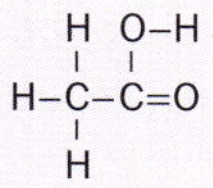 etilamina: 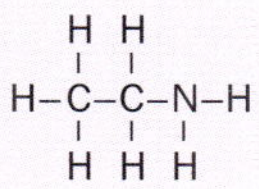
Espacial	Representa la orientación real de los átomos que forman la molécula. • Línea continua: plano de la hoja. • Línea gruesa: sale del plano. • Línea discontinua: entra en la hoja. propano: 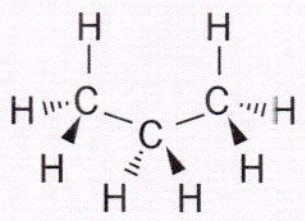

IMPORTANTE

La fórmula molecular es un número entero de veces la fórmula empírica:

F. molecular = α · F. empírica

$\alpha = 1, 2, 3...$

Carbono 2.0

En la siguiente web podrás observar multitud de fórmulas tridimensionales en movimiento de compuestos de carbono.

alteredqualia.com/canvasmol

Actividades resueltas

1. Un compuesto de carbono posee un 54,5 % de carbono, un 36,4 % de oxígeno y un 9,1 % de hidrógeno. Halla su fórmula empírica.

Estrategia de resolución

Recuerda que los porcentajes presentados nos indican que en 100 g de compuesto existen 54,5 g de carbono, 36,4 g de oxígeno y 9,1 g de hidrógeno.

1. Como una fórmula nos da relaciones atómicas o molares ($C_xH_yO_z$), transformamos las masas en números de moles con ayuda de la tabla periódica de elementos.

Cálculo del número de mol:

$$n_C = 54{,}5 \text{ g C} \cdot \frac{1 \text{ mol C}}{12 \text{ g C}} = 4{,}54 \text{ mol C}$$

$$n_O = 36{,}4 \text{ g O} \cdot \frac{1 \text{ mol O}}{16 \text{ g O}} = 2{,}27 \text{ mol O}$$

$$n_H = 9{,}1 \text{ g H} \cdot \frac{1 \text{ mol H}}{1 \text{ g H}} = 9{,}1 \text{ mol H}$$

Proporción más sencilla:

$$\frac{4{,}54}{2{,}27} = 2 \text{ mol C}$$

$$\frac{2{,}27}{2{,}27} = 1 \text{ mol O}$$

$$\frac{9{,}1}{2{,}27} = 4 \text{ mol H}$$

2. Como la relación de átomos/mol en un compuesto siempre es de números enteros sencillos, dividimos TODOS los valores entre el valor más pequeño: 2,27.
Si la proporción más sencilla no es de números enteros, se multiplican los subíndices obtenidos por el número entero que dé como resultado los números enteros más bajos posibles para todos.

Por tanto, el compuesto analizado posee la fórmula molecular C_2H_4O.

2. Hidrocarburos

Los **hidrocarburos** son compuestos formados únicamente por **carbono** e **hidrógeno**.

Un hidrocarburo puede ser **saturado**, cuando sus átomos de carbono solo presentan enlaces sencillos, o **insaturado**, cuando contiene enlaces dobles y triples. También puede ser de **cadena abierta** o **cerrada.** La tetravalencia del carbono facilita estructuras ramificadas.

2.1. Alcanos

Los **alcanos** son hidrocarburos de cadena abierta que contienen únicamente enlaces sencillos (C–C; C–H). Se representan mediante la fórmula general C_nH_{2n+2} (n = 1, 2, 3...).

Estas son sus principales propiedades:

- Estados de agregación: de C_1 a C_4 son gases, de C_5 a C_{16}, líquidos, y los demás, sólidos.
- Son insolubles en agua y solubles en disolventes apolares, como el benceno o el éter.
- Son menos densos que el agua. Por eso los vertidos de petróleo flotan en el mar.
- Poseen escasa reactividad química, es decir, son muy estables.
- A alta temperatura, arden en presencia de oxígeno formando H_2O, CO_2 y liberando energía.

Formas abreviadas

Para hidrocarburos de cadena muy larga, es posible escribir su fórmula de forma abreviada:

tetradecano: $CH_3–(CH_2)_{12}–CH_3$

tetracontano: $CH_3–(CH_2)_{38}–CH_3$

Nomenclatura de los alcanos

Los alcanos pueden ser **lineales** (los átomos de carbono forman una cadena lineal) o **ramificados** (poseen cadenas laterales o **sustituyentes** unidos al alcano lineal).

N.º carbonos	Prefijo
1	met–
2	et–
3	prop–
4	but–
5	pent–
6	hex–
7	hept–
8	oct–
9	non–
10	dec–
11	undec–
12	dodec–
13	tridec–
20	eicos–
30	triacont–
100	hect–

Alcano lineal

Los prefijos de la tabla situada al margen indican el número de átomos de carbono presentes en su estructura, a este prefijo se le añade el sufijo **–ano** para señalar que es un alcano.

metano: CH_4 propano: $CH_3–CH_2–CH_3$ pentano: $CH_3–CH_2–CH_2–CH_2–CH_3$

Alcano ramificado

Si el sustituyente procede de un alcano que pierde un hidrógeno, se nombra cambiando el sufijo –ano por **–ilo,** o **–il** si después va otro nombre: **etano:** $CH_3–CH_3$ ⟶ **etilo:** $CH_3–CH_2–$

Para nombrar un alcano ramificado, se siguen estos pasos:

1. **Elegir la cadena principal**. Es la que tiene un mayor número de átomos de carbono.
2. **Numerar la cadena principal para localizar los sustituyentes**. Hay que empezar a numerar por el extremo que otorgue a los sustituyentes el número menor posible. Estos números se denominan **localizadores.**
3. **Nombrar los sustituyentes en orden alfabético**. Irán precedidos del localizador separado por un guion. El número de carbonos del sustituyente se indica de igual forma que un alcano lineal (met–, et–, prop–, etc.) y se termina con el sufijo –il.
4. Si hay **sustituyentes iguales**, se nombran añadiendo un prefijo numeral que indica el número de sustituyentes iguales (di–, tri–, tetra–, etc.). Los localizadores se escriben tantas veces como sustituyentes iguales haya, separados por comas.
5. **Nombrar la cadena principal** detrás de los sustituyentes sin dejar espacio con el prefijo que indica el número de átomos de carbono y el sufijo –ano.

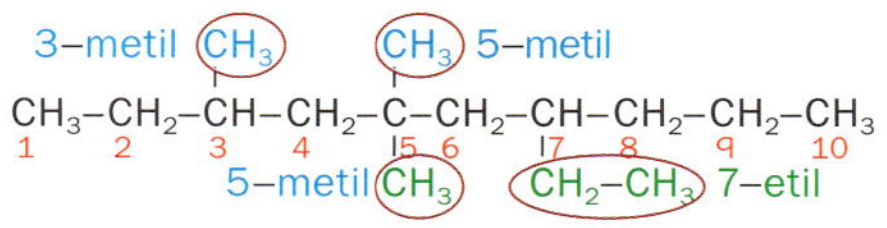

3,5,5–trimetil–7–etildecano

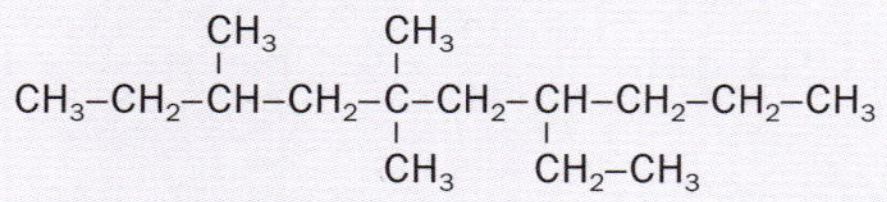

Actividades resueltas

2. Nombra el siguiente alcano ramificado:

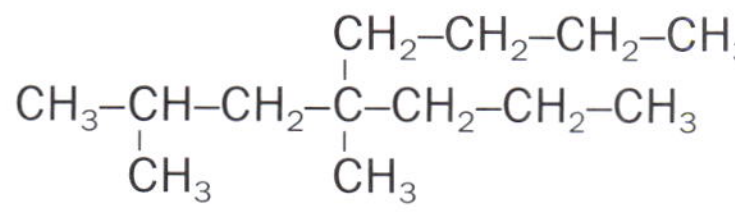

Estrategia de resolución

1. Elegimos la cadena principal:

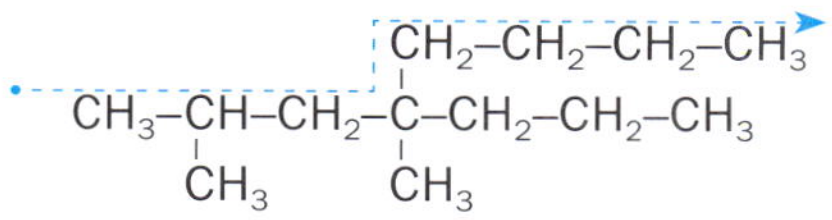

La cadena principal es la cadena que contiene el máximo número de átomos de carbono. No tiene por qué ser recta.

2. Numeramos la cadena principal:

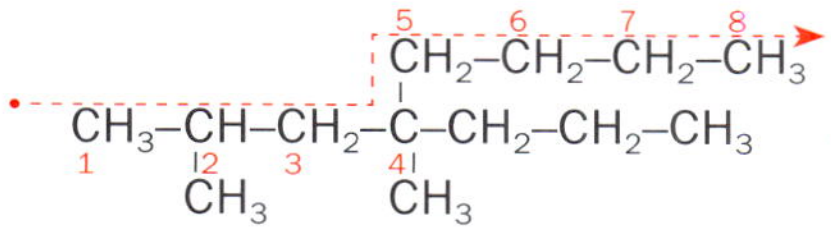

Si se numerara en el sentido inverso, los sustituyentes obtendrían localizadores más altos (5, 5 y 7).

Ocho átomos de carbono → oct–

3. Nombramos y localizamos los sustituyentes:

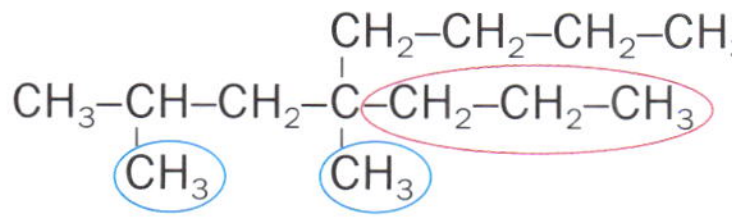

2–metil + 4–metil = 2,4–dimetil

4–propil

4. Nombramos el alcano en el orden establecido: primero, los sustituyentes en orden alfabético y con su localizador. Después, la cadena con el número de átomos de carbono y la terminación **–ano**.

El nombre del alcano es: 2,4–dimetil–4–propiloctano

Actividades

1. Escribe la fórmula de los siguientes alcanos:

a) 2,2–dimetilheptano

b) nonano

c) 2,4–dimetilhexano

d) 3,3–dietilpentano

e) 5–butil–3,7,9–trimetilundecano

f) tridecano

g) 5–etil–2,2,7,7–tetrametilnonano

h) 4–etil–2,2,8–trimetil–6–propildecano

i) 4,6–dietil–2,4–dimetiloctano

j) 2,3,6,7–tetrametil–5–propilnonano

k) 4–etil–2,2,5,8–tetrametil–6–propildecano

l) 2,2,3,4,5,5–hexametilhexano

2. Nombra los siguientes alcanos:

a) 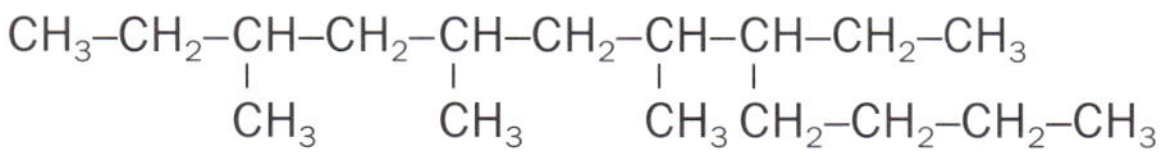

b) 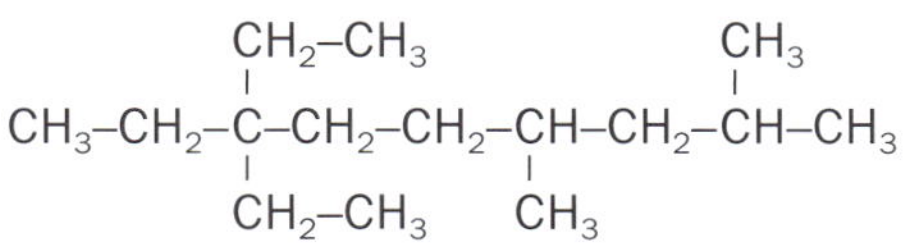

c) 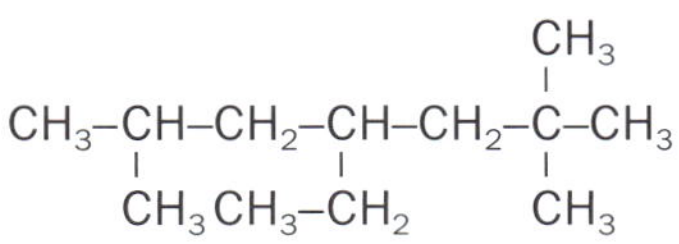

d) 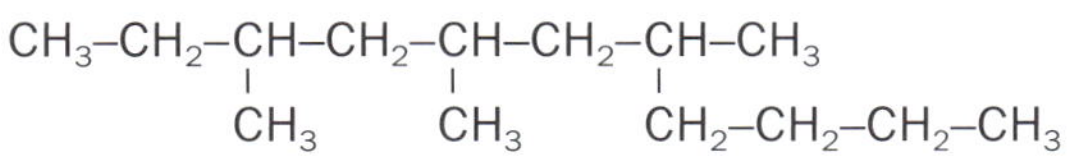

e) $CH_3–CH_2–(CH_2)_{11}–CH_2–CH_3$

f) 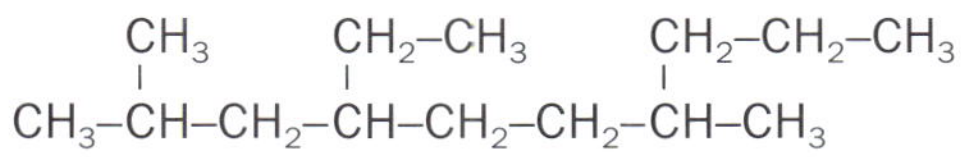

g) 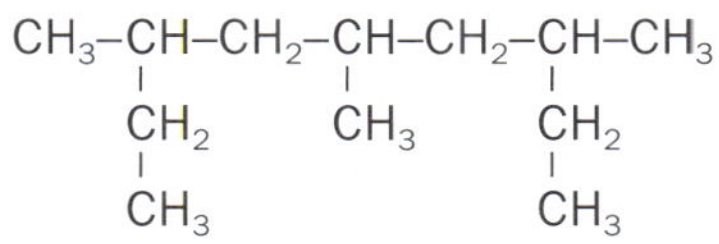

h) 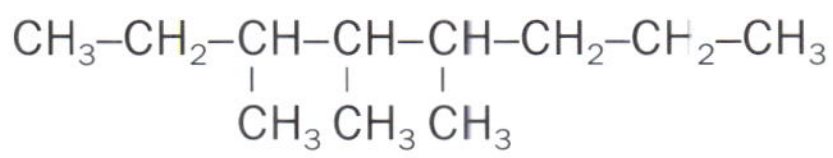

i) 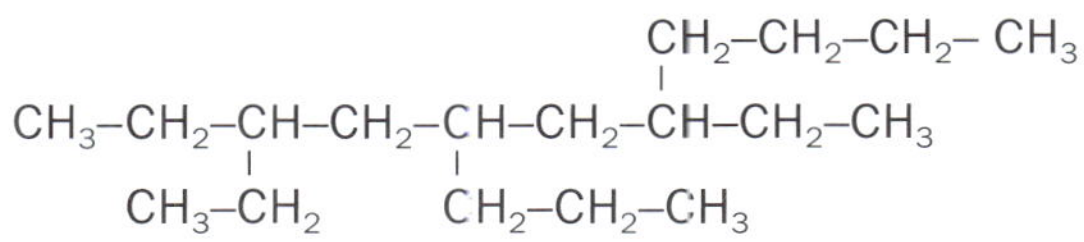

j) $CH_3–CH_2–(CH_2)_{15}–CH_2–CH_3$

Sabías que...

Para lavar en seco, las prendas se sumergen en disolventes distintos del agua. Entre ellos, el denominado percloroetileno (PERC), que se obtiene a partir del eteno, llamado vulgarmente «etileno».

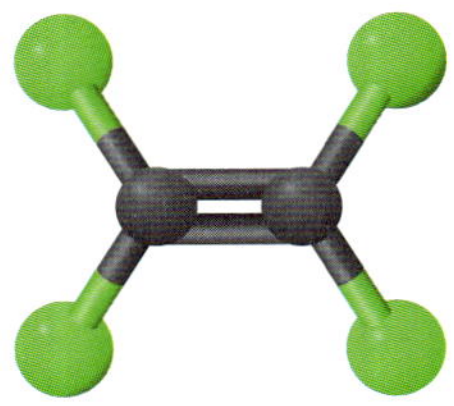

$Cl_2C{=}CCl_2$

2.2. Alquenos

Los **alquenos** son hidrocarburos de cadena abierta que presentan uno o más enlaces dobles entre átomos de carbono (C=C). Si presentan un único enlace doble, su fórmula general será:

$$C_nH_{2n} \text{ con } n = 2, 3, \text{ etc.}$$

Estas son sus principales propiedades:

- Estados de agregación: de C_2 a C_4 son gases, de C_5 a C_{18}, líquidos, y los demás, sólidos.
- Son insolubles en agua y solubles en disolventes apolares como el benceno o el éter.
- Poseen alta reactividad química por la presencia del doble enlace.
- Puntos de fusión y ebullición, algo más altos que los del alcano con el mismo número de carbonos.

Nomenclatura de los alquenos

Al igual que los alcanos, los alquenos pueden ser **lineales** o **ramificados.**

Alqueno lineal

Se nombra empleando los mismos prefijos indicativos del número de átomos de carbono que en los alcanos y se añade el sufijo **–eno,** característico del doble enlace.

El sufijo llevará un localizador, lo más bajo posible, que señala la posición del primer átomo de carbono del doble enlace cuando sea necesario. Este localizador se escribe entre guiones.

Podemos encontrar nomenclatura antigua con el localizador del doble enlace colocado antes del prefijo indicativo del número de carbonos.

eteno: $CH_2{=}CH_2$ propeno: $CH_2{=}CH{-}CH_3$

but–1–eno (1–buteno): $CH_2{=}CH{-}CH_2{-}CH_3$

but–2–eno (2–buteno): $CH_3{-}CH{=}CH{-}CH_3$

Alqueno ramificado

La **cadena principal** debe contener al doble enlace, al que se asigna siempre el localizador más bajo posible.

Los sustituyentes siguen los mismos criterios que en los alcanos.

Primero se nombran los sustituyentes, luego, la cadena principal y, por último, el sufijo **–eno** con su localizador. Aún es posible encontrar nomenclatura antigua, con el localizador escrito antes del prefijo del número de carbonos (en el texto aparece entre paréntesis).

2–metilpent–2–eno (2–metil–2–penteno)

$CH_3{-}C(CH_3){=}CH{-}CH_2{-}CH_3$

5–etil–2–metiloct–3–eno (5–etil–2–metil–3–octeno)

$CH_3{-}CH(CH_3){-}CH{=}CH{-}CH(CH_2{-}CH_2{-}CH_3){-}CH_2{-}CH_3$

Existen varios enlaces dobles

Se usan los prefijos numerales antes del sufijo **–eno** para indicar su número y los localizadores para cada uno. Al prefijo indicador del número de carbonos se le añade el sufijo **–a**.

buta–1,3–dieno (1,3–butadieno)

$CH_2{=}CH{-}CH{=}CH_2$

5–etil–2–metilhepta–1,3–dieno (5–etil–2–metil–1,3–heptadieno)

$CH_3{-}CH_2{-}CH(CH_2{-}CH_3){-}CH{=}CH{-}C(CH_3){=}CH_2$

Actividades

3. Escribe la fórmula de los siguientes alquenos:

a) hexa–1,5–dieno
b) 2–metilbuta–1,3–dieno
c) 2–isopropilhex–1–eno
d) EvAU 4–metilhex–2–eno
e) 2,4–dietilpenta–1,3–dieno
f) octa–1,3,5,7–tetraeno
g) metilpropeno
h) 4–etil–6–metilhept–2–eno
i) 3,3–dietilpenta–1,4–dieno
j) 2,3,4–trimetilpent–2–eno
k) 7–etil–3–metilnon–4–eno
l) 3–metilpenta–1,3–dieno

4. Escribe el nombre de los siguientes alquenos:

a) $CH_3{-}CH{=}CH{-}CH{=}CH{-}CH_3$

b) $CH_3{-}CH_2{-}CH{=}CH{-}CH(CH_3){-}CH_2{-}CH(CH_2{-}CH_2{-}CH_2{-}CH_2{-}CH_3){-}CH{=}CH{-}CH_2{-}CH_3$

c) $CH_3{-}CH(CH_3){-}CH{=}CH{-}CH(CH_3){-}CH_2{-}CH{=}CH_2$

d) $CH_3{-}CH{=}C{=}CH{-}CH_3$

e) $CH_3{-}CH{=}C(CH{=}CH_2){-}CH_2{-}CH_3$

f) $CH_3{-}C(CH_3){=}CH{-}CH(CH_2{-}CH{=}CH{-}CH_3){-}CH_3$

g) $CH_2{=}CH{-}CH_2{-}CH{=}CH{-}CH{=}CH_2$

h) $CH_3{-}C(CH_3){=}CH{-}CH_2{-}C(CH_2{-}CH_2{-}CH_3){=}CH_2$

i) $CH_3{-}CH_2{-}CH_2{-}CH(CH_2{-}CH{=}CH{-}CH_3){-}CH_2{-}CH_3$

2.3. Alquinos

Los **alquinos** son hidrocarburos de cadena abierta que presentan uno o más enlaces triples entre los átomos de carbono ($C\equiv C$). Si posee un único enlace triple, su fórmula general es:

$$C_nH_{2n-2} \text{ con } n = 2, 3, \text{etc.}$$

Estas son sus principales propiedades:

- Estado de agregación: de C_2 a C_4 son gases, de C_5 a C_{14}, líquidos, y los demás, sólidos.
- Son insolubles en agua y solubles en disolventes apolares, como el benceno o el éter.
- Poseen alta reactividad química, mayor que los alquenos, por la presencia del triple enlace.
- Puntos de fusión y ebullición: mayores que los del alcano y el alqueno con los mismos carbonos.

Nomenclatura de los alquinos

Como los alcanos y los alquenos, los alquinos también pueden ser **lineales** y **ramificados.**

Alquino lineal	Alquino ramificado
En su nomenclatura, se siguen las mismas pautas que para los alquenos. El sufijo identificador es **–ino.** etino: $CH\equiv CH$ but–1–ino (1–butino): $CH\equiv C-CH_2-CH_3$ but–2–ino (2–butino): $CH_3-C\equiv C-CH_3$ butadiino: $CH\equiv C-C\equiv CH$ penta–1,4–diino (1,4–pentadiino): $CH\equiv C-CH_2-C\equiv CH$	La **cadena principal** debe ser la de mayor longitud que contenga todos los enlaces triples. 5–metilhex–2–ino (5–metil–2–hexino) CH_3 (sobre el segundo C) $CH_3-CH-CH_2-C\equiv C-CH_3$ 3–propilhepta–1,4–diino (3–propil–1,4–heptadiino) $HC\equiv C-C-C\equiv C-CH-CH_3$ $CH_2-CH_2-CH_3$ (bajo el tercer C)

Existen enlaces dobles y triples

Numeración de la cadena principal. Se empieza a numerar de manera que las insaturaciones (dobles o triples enlaces) ocupen las posiciones más bajas posibles. Si coinciden, se priorizan los dobles enlaces. Si la coincidencia persiste, nos fijaremos en las ramificaciones.

Nombrar el compuesto. Nombrados los sustituyentes, primero se indica el localizador y el sufijo **–en** del doble enlace. Después, el localizador y el sufijo **–ino** del triple enlace. En nomenclatura antigua, se antepone el localizador del doble enlace al prefijo del número de carbonos. En el texto aparece entre paréntesis.

but–1–en–3–ino (1–buten–3–ino): $CH_2=CH-C\equiv CH$

5–metilhepta–1,3–dien–6–ino (5–metil–1,3–heptadien–6–ino): $CH_2=CH-CH=CH-CH-C\equiv CH$
CH_3 (en el C5)

Radicales con nombres comunes aceptados por la IUPAC

CH_3-CH- con CH_3	isopropilo
$CH_3-CH-CH_2-$ con CH_3	isobutilo
$CH_2=CH-$	etenilo (vinilo)
$CH_2=CH-CH_2-$	2–propenilo (alilo)
$CH_3-CH=CH-$	1–propenilo (crotilo)
$CH\equiv C-$	etinilo

Actividades

5. Formula los siguientes alquinos:

a) 3,6–dimetilnona–1,4,7–triino
b) 3,4–dimetilpent–1–ino
c) 6,6–dietilnon–4–ino
d) hexa–1,4–diino
e) 5,6–dimetilhept–3–ino
f) 4–etil–5–metilhex–2–ino
g) EvAU etino
h) 4–etil–4–metilhepta–2,5–diino

6. Nombra los siguientes compuestos:

a) $CH_3-C\equiv C-CH_2-C\equiv C-CH_2-CH_2-C\equiv C-CH_2-C\equiv CH$

b) $CH_3-CH_2-CH_2-C\equiv C-CH_2-CH_2-CH_2-C\equiv CH$

c) $CH\equiv C-CH_2-CH-CH_2-CH_2-CH_3$
$CH_2-C\equiv CH$ (en el C4)

d) CH_3, CH_3, CH_2-CH_3 (sustituyentes)
$CH_2-C\equiv C-CH-CH_2-CH-C\equiv C-CH-CH_3$

e) $CH\equiv C-CH_2-CH_2-CH-CH_2-C\equiv CH$
CH_3

f) $CH_2-C\equiv C-CH-CH_3$
CH_2-CH_3

g) $CH\equiv C-CH-C\equiv CH$
$CH_2-CH_2-CH_2-CH_2-CH_3$

Actividades resueltas

3. Nombra el siguiente hidrocarburo:

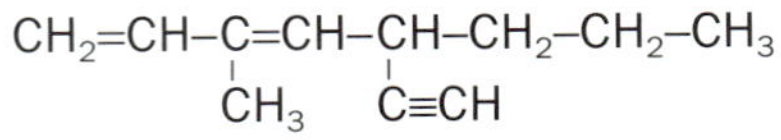

Estrategia de resolución

La cadena principal es la que contiene el mayor número de insaturaciones. No tiene por qué ser la más larga.

1. Elegimos la cadena principal:

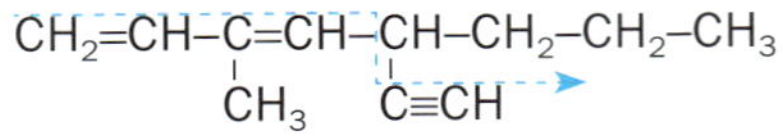

2. Numeramos la cadena principal:

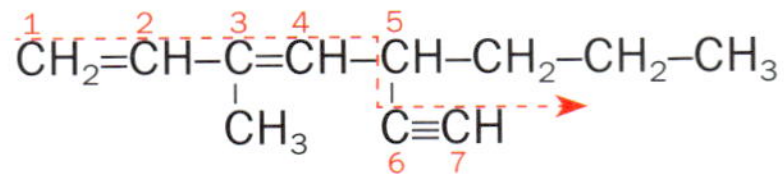

En este caso, el localizador más bajo puede asignarse tanto al doble como al triple enlace, pero la preferencia siempre es para el doble.

7 átomos de carbono: hepta–

Dobles enlaces: 1,3–dien–

Triple enlace: 6–ino

3. Numeramos y nombramos los sustituyentes:

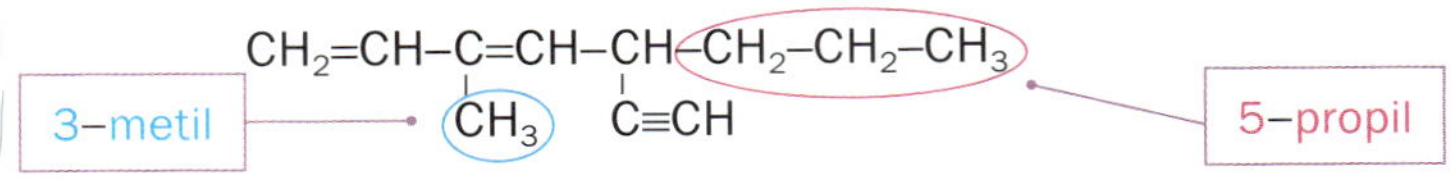

4. Nombramos el compuesto. Primero, los sustituyentes, en orden alfabético con su localizador. Luego, el prefijo del número de carbonos de la cadena principal. Por último, los sufijos del doble enlace, primero, y el del triple enlace, después; cada uno de ellos con su localizador.

Finalmente, el nombre del hidrocarburo es:

3–metil–5–propilhepta–1,3–dien–6–ino (3–metil–5–propil–1,3–heptadien–6–ino)

Actividades

7. En una bombona de 12,5 L de butano, el gas se encuentra a 25 °C y 6,1 atm de presión. Halla la masa de oxígeno necesaria para consumir todo el butano de la bombona.

S: 0,65 kg de O_2

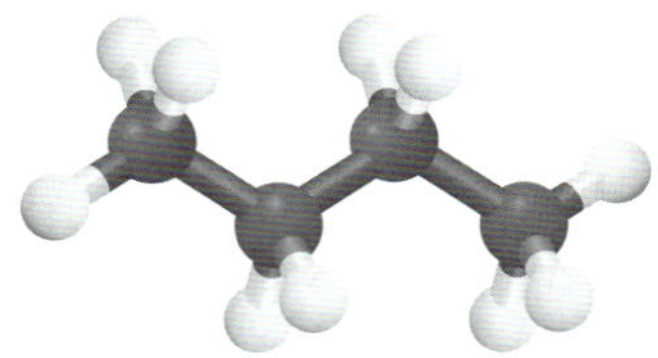

Molécula de butano (CH_3–CH_2–CH_2–CH_3)

8. Una estudiante de química determina la fórmula empírica de un compuesto como CH_2. Su compañero de laboratorio establece que su masa molecular es 56 g · mol^{-1}. ¿Cuál es la fórmula molecular del compuesto investigado? ¿Qué tipo de hidrocarburo es?

S: C_4H_8; alqueno con una insaturación (veremos que también puede ser un cicloalcano).

9. Escribe la fórmula de las siguientes sustancias:

a) 4–etil–2,5,7–trimetil–5–propilnonano
b) 2,6–dimetilocta–2,3,4,5–tetraeno
c) 3,4–dietilhex–2–en–4–ino
d) 5–etil–6–metil–1,5–heptadien–3–ino
e) 5,5–dimetilhexa–1,3–dieno
f) 1–penten–3–ino
g) hept–3–en–1,6–diino
h) 4–etilhexa–1,3–dien–5–ino
i) 5–metilhepta–1,3–dien–6–ino
j) 3–etil–6–metilocta–1,7–dien–4–ino
k) 3,6–dimetildeca–2,6–dien–4,8–diino
l) 3–butilhexa–1,4–dieno
m) 3–etil–6–metilnona–1,4,7–triino
n) 3–propilpent–1–en–4–ino
o) 3,6–dimetil–1–decen–4,7–diino

10. Escribe el nombre de las siguientes sustancias:

a) CH_3–CH=CH–CH_2–CH_2–CH=CH–CH_2–C≡CH

b) 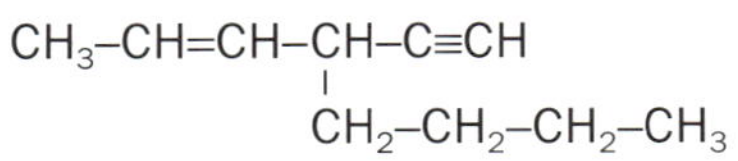

c) 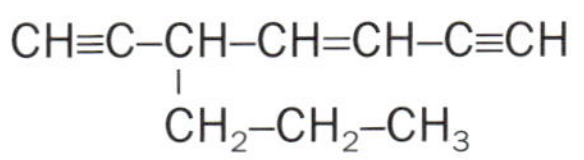

d) 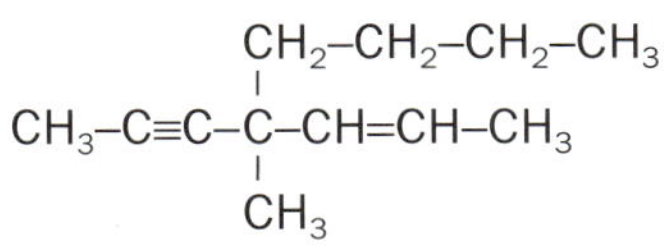

e) 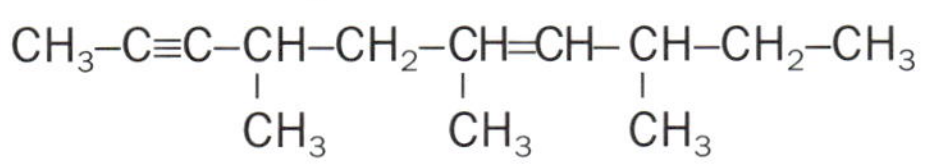

f) 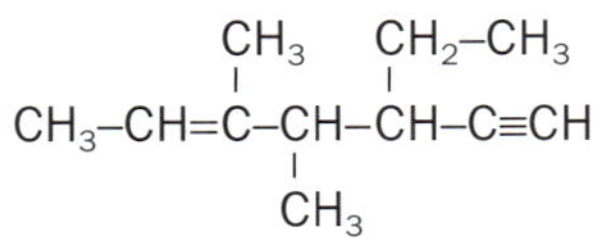

g) 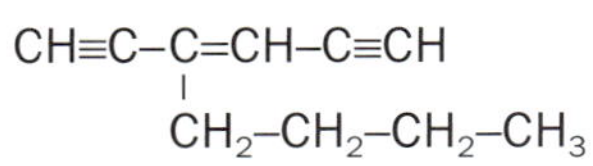

h) CH_2=CH–CH_2–C≡CH

i) 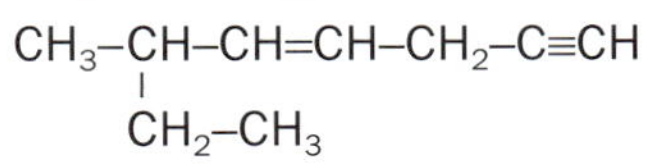

j) 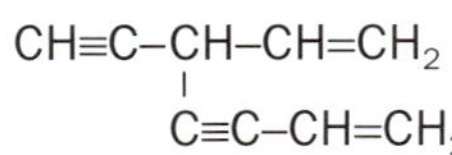

k) 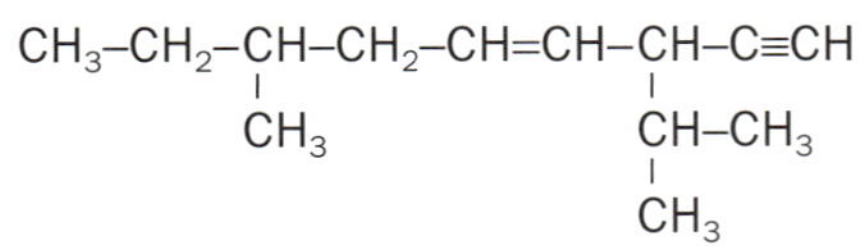

l) CH_2=CH–C≡C–CH=CH_2

m) 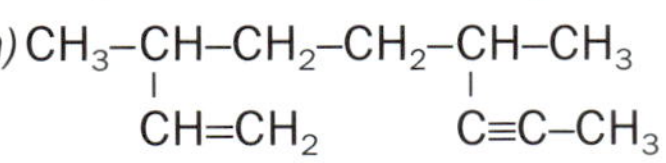

n) 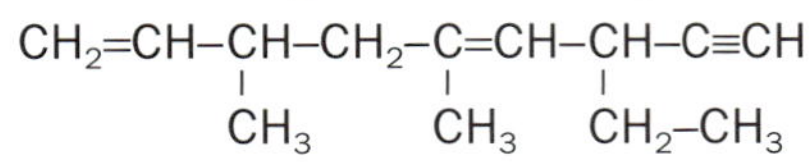

o) 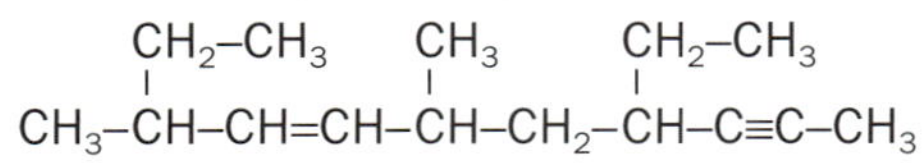

2.4. Hidrocarburos cíclicos

Los **hidrocarburos cíclicos** son hidrocarburos de cadena cerrada, llamada anillo o ciclo, con un número variable de átomos de carbono.

Se clasifican en **cicloalcanos,** si todos los enlaces son sencillos (C–C); **cicloalquenos,** si existe al menos un enlace doble (C=C), y **cicloalquinos,** cuando hay al menos un enlace triple (C≡C). Por simplicidad, se pueden representar con el polígono respectivo.

Presentan propiedades parecidas al hidrocarburo lineal con el mismo número de átomos de carbono.

Nomenclatura de los hidrocarburos cíclicos

Las normas de nomenclatura son las mismas que para los hidrocarburos de cadena abierta. Se emplea el prefijo **ciclo–** para indicar la presencia de la cadena cerrada.

ciclopropano ciclobutano ciclopentano ciclohexano

Un **cicloalcano** con un solo sustituyente no necesita localizador. En el resto de los casos, los localizadores sí son necesarios.

etilciclohexano: 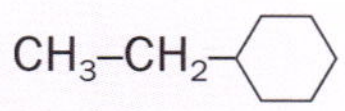

1–etil–3–metilciclopentano: 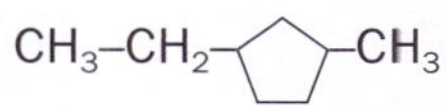

Si en un compuesto la cadena no cíclica es más larga que la cadena cíclica, el ciclo se considera un sustituyente y se nombra con el sufijo **–il.**

3–ciclopropil–6–metilnonano: 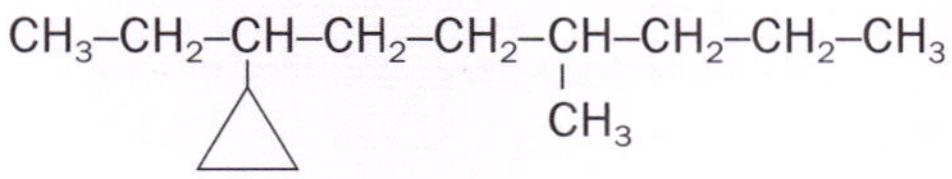

En **cicloalquenos** y **cicloalquinos,** se empieza a numerar por uno de los carbonos de la insaturación y se sigue siempre por el otro átomo de carbono de la insaturación.

ciclobuteno

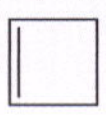

3–metil–6–propilciclohexa–1,4–dieno
(3–metil–6–propil–1,4–ciclohexadieno)

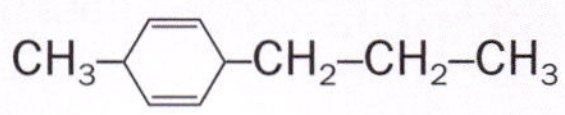

3–metilciclohexino

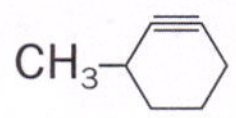

Sabías que...

La testosterona es un hidrocarburo cíclico natural. Como hormona sexual masculina, está relacionada con el crecimiento muscular y óseo. También está presente en el organismo femenino, pero en menor cantidad.

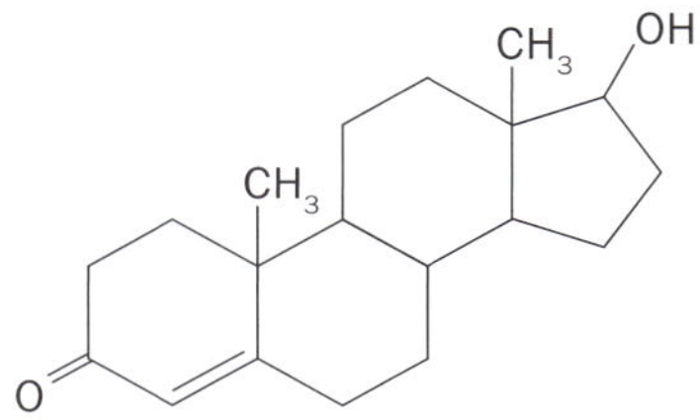

Actividades

11. Escribe la fórmula de los siguientes compuestos cíclicos:

a) 1–etil–3–ciclopropilciclohexano
b) 4–propilciclohexino
c) 1,3–ciclohexadien–5–ino
d) 2,3–dimetilciclohexeno
e) 4–ciclobutilpent–1–ino
f) 1,1,4,4–tetrametilciclohexano
g) 3–butilciclopenteno
h) ciclohexa–1,3–dieno
i) ciclopentileteno
j) 1–etil–3–metilciclopentano
k) 3,3–dimetilciclohexeno
l) etilciclopropano

12. Nombra los siguientes compuestos cíclicos:

a) 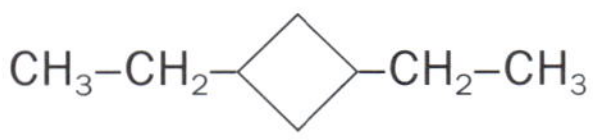

b) 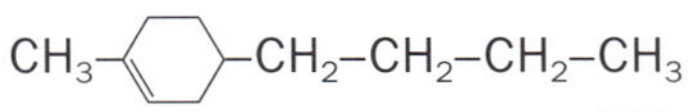

c) 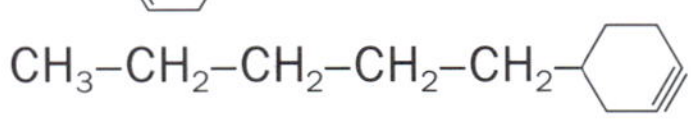

d) 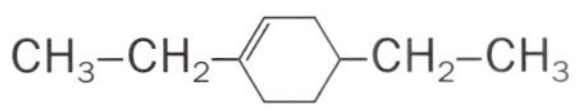

e) 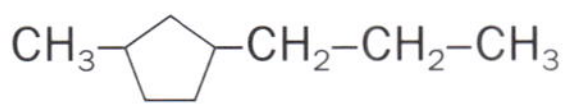

f) 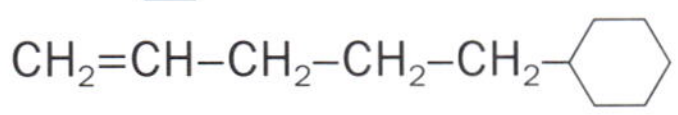

g) 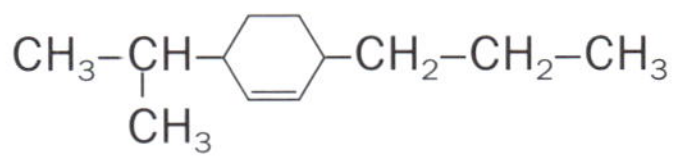

h) 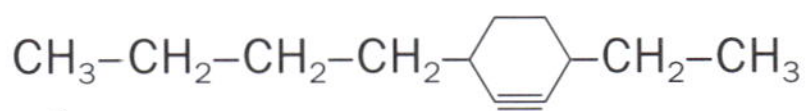

i) 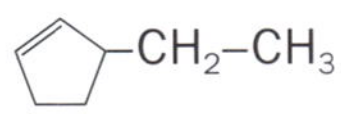

2.5. Hidrocarburos aromáticos

Los **hidrocarburos aromáticos** son compuestos cíclicos insaturados. El más importante es el **benceno (C_6H_6)**, cuya estructura, descubierta por Friedrich Kekulé en 1865, contiene tres enlaces dobles y tres sencillos alternados. Se puede nombrar como ciclohexa–1,3,5–trieno.

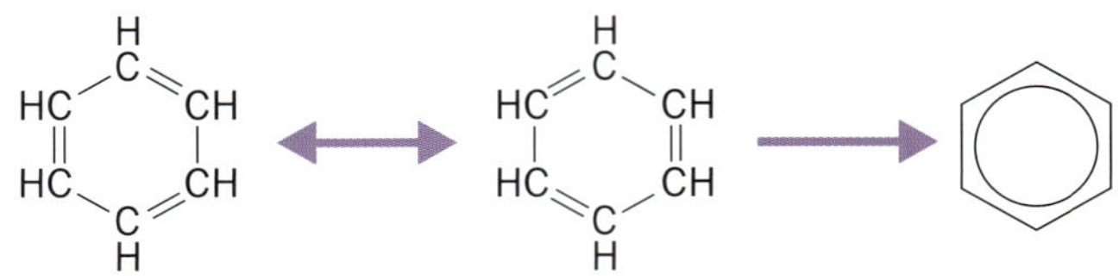

Estas son las principales propiedades de los hidrocarburos aromáticos:

- A temperatura ambiente, pueden ser líquidos o sólidos.
- Son insolubles en agua y solubles en disolventes apolares, como el éter.
- Son muy estables y reaccionan bajo condiciones enérgicas de presión y temperatura y mediante el uso de catalizadores.

Los actuales cambios de protocolos web pueden dificultarte el acceso a alguno de los enlaces.

Para evitarlo, en la siguiente dirección te proporcionamos un nuevo enlace y el planteamiento correspondiente:

bit.ly/Enlace_2_0_1BAC_U5

Nomenclatura de los hidrocarburos aromáticos

Si el benceno tuviera **un solo sustituyente,** primero, se nombra este y, después, se añade el sufijo **–benceno:**

isopropilbenceno

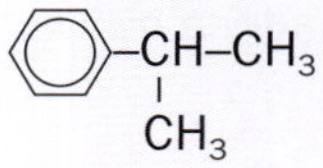

isobutilbenceno

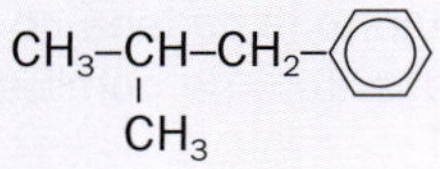

El benceno con **dos sustituyentes** solo tiene tres posibilidades de disposición. Para definir la posición que ocupan, se utilizan los prefijos *orto–*, *meta–* y *para–*, que sustituirían a los números que representan las posiciones 1, 2; 1, 3 y 1, 4, respectivamente. Ten en cuenta que no son cadena, sino localizadores numéricos:

1–etil–2–metilbenceno
orto–etilmetilbenceno
o–etilmetilbenceno

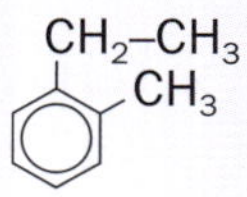

1–etil–3–metilbenceno
meta–etilmetilbenceno
m–etilmetilbenceno

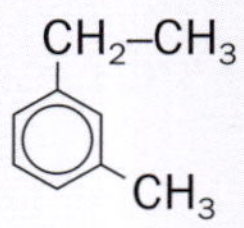

1–etil–4–metilbenceno
para–etilmetilbenceno
p–etilmetilbenceno

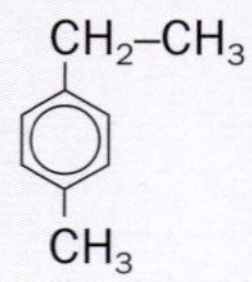

Si el **benceno actúa como sustituyente** ($–C_6H_5$), se emplea el prefijo **fenil–.**

fenilpent–2–eno (fenil–2–penteno)

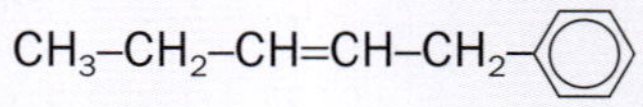

Actividades

13. Escribe la fórmula de los siguientes compuestos químicos:

a) EvAU metilbenceno (tolueno) *b)* *p*–etilpropilbenceno *c)* 1,3–dietil–5–metilbenceno *d)* *o*–isopropiltolueno

14. Nombra los siguientes compuestos químicos:

a) 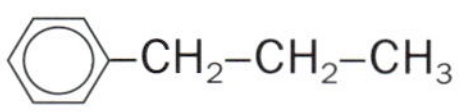

b) 

c) $CH_3–CH=CH–C_6H_5$

d) $C_6H_5–C≡C–C_6H_5$

2.6. Derivados halogenados

Al sustituir uno o más hidrógenos en un hidrocarburo por átomos de halógenos (F, Cl, Br, I), se obtienen los **derivados halogenados de los hidrocarburos**.

Los derivados halogenados tienen un punto de ebullición más alto que los hidrocarburos de igual número de carbonos, y se eleva si aumenta su masa molecular. Son insolubles en agua y solubles en disolventes orgánicos, como el éter o el benceno.

Sus aplicaciones son múltiples: se usan como disolventes, insecticidas, refrigerantes o anestésicos. Algunos compuestos de este grupo, como el freón–11 (CCl_3F) y el freón–12 (CCl_2F_2), están relacionados directamente con la destrucción de la capa de ozono.

Nomenclatura de los derivados halogenados

Las normas de formulación son las mismas que las indicadas para el resto de los hidrocarburos:

- El halógeno se cita con su nombre acompañado del localizador correspondiente. En el caso del flúor, el nombre utilizado cambia a **fluoro.**
- Al numerar la cadena, los dobles y triples enlaces tienen preferencia sobre el halógeno.

1,1–dicloroetano

$CH_3–CHCl_2$

2–bromobutano

$CH_3–CH_2–CHBr–CH_3$

4–bromo–1,1–difluoropent–1–eno (4–bromo–1,1–difluoro–1–penteno):

$F–C=CH–CH_2–CH–CH_3$ (F sobre el C-1, Br sobre el C-4)

Sabías que...

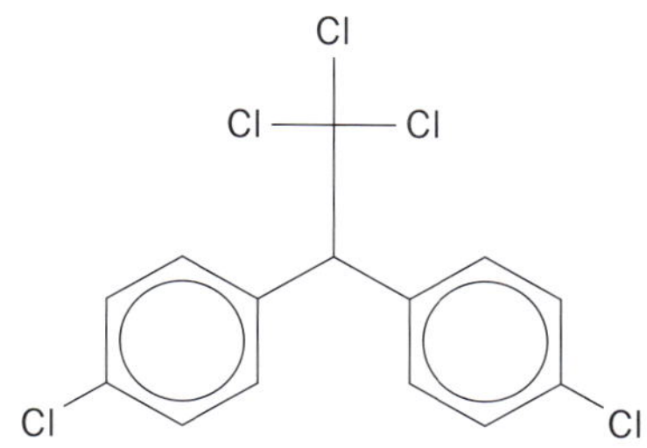

El 1,1,1-tricloro-2,2-bis(4-clorofenil)-etano, más conocido como DDT, se empleó durante años como un potente plaguicida. En la actualidad, su uso está prohibido.

Actividades

15. Paul Hermann Müller ganó el Premio Nobel de Medicina en 1948 por el descubrimiento del DDT, cuyo uso fue prohibido en 1973. ¿Qué papel jugó Rachel Carson en esta prohibición? Busca información contrastada al respecto.

16. Formula los siguientes compuestos:

a) 1,4–diclorociclohexano
b) 4–yodo–3,5–difenilpent–1–ino
c) *o*–dibromobenceno
d) 1–bromo–4–fluorobut–2–eno
e) 1,3,5–trietilbenceno
f) *para*–propiltolueno
g) 1,3,5–tribromobenceno
h) *m*–bromotolueno
i) 1–cloro–3,5–dietilbeceno
j) 3–metil–2–yodobut–1–eno
k) 1,2,3–trifluoropropano
l) 2–metil–5–fluorohept–3–ino
m) 3,3–dicloropropino
n) 2,4–dicloro–3–metilpentano
o) EvAU 3–cloro–2–metilhex–2–eno
p) 1–bromo–3–etil–4–metilciclopentano
q) 2–bromo–4–fenil–2–buteno
r) *m*–butiletilbenceno

17. Escribe el nombre de los siguientes compuestos:

a) $CH_3–CBr_2–CH_2–CH_3$

b) $CH_2=CH–CH_2–CHF–CH_2–C≡CH$

c) 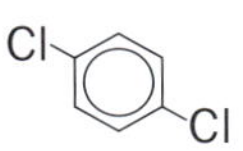

d) 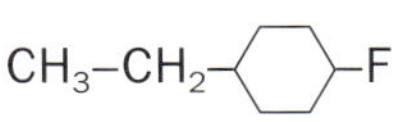

e) $CH_3–CH(CH_3)–CH_2–CH(CH_3)–CH_2–I$

f) $Cl–CH_2–CH_2–CH_2–I$

g) $C_6H_5–Br$

h) 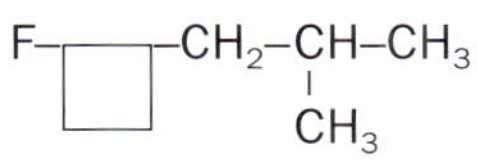

i) 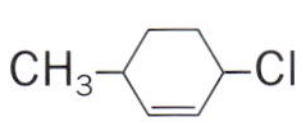

j) $F–CH_2–CH_2–C(CH_2–CH_3)=CH–CH_2–CH_3$

k) $Br–CH_2–CH=CH–CH_2–CH=CH–CH_3$

l) $CH_3–CH=CH–CHBr–CH_2–CHF–C≡C–CH_3$

m) 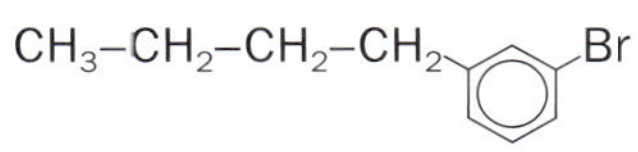

n) 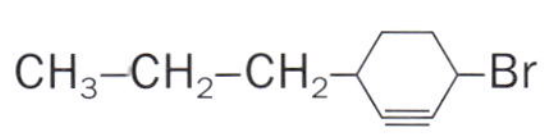

o) $CH_3–CH(Cl)–C≡C–Cl$

3. Grupos funcionales y serie homóloga

Los compuestos de carbono se cuentan por millones y para su estudio se hace necesario emplear una de las características fundamentales de la ciencia: la clasificación. En la clasificación de los compuestos del carbono juegan un papel clave dos conceptos importantes: **grupo funcional** y **serie homóloga.**

Un **grupo funcional** es un átomo o un conjunto de átomos que aportan a una molécula orgánica unas propiedades físicas y químicas determinadas.

Por ejemplo, el conjunto formado por un átomo de nitrógeno y dos de hidrógeno recibe el nombre de **amina** ($-NH_2$) y el conjunto formado por un átomo de oxígeno y uno de hidrógeno adopta el nombre de **alcohol** ($-OH$).

Una **serie homóloga** es un conjunto de compuestos orgánicos que comparten el mismo grupo funcional y se diferencian en el número de átomos de carbono.

Por ejemplo, CH_3-NH_2, $CH_3-CH_2-NH_2$, $CH_3-CH_2-CH_2-NH_2$ y $CH_3-CH_2-CH_2-CH_2-NH_2$ son aminas que forman parte de la misma serie homóloga. Otra serie homóloga se podría formar con los alcoholes CH_3-OH, CH_3-CH_2-OH, $CH_3-CH_2-CH_2-OH$ y $CH_3-CH_2-CH_2-CH_2-OH$.

Entre grupos funcionales, las propiedades físicas y químicas varían. Los compuestos que pertenecen a la misma serie homóloga presentan características físicas distintas, pero propiedades químicas similares, ya que estas dependen del grupo funcional que comparten.

La siguiente tabla recoge los grupos funcionales más característicos de la química del carbono clasificados por orden de preferencia a la hora de ser nombrados, de más importante (ácido carboxílico) a menos (derivados halogenados).

Sustituyentes R y R′

Los sustituyentes hidrocarbonados nombrados como R y R′ pueden hacer referencia a cualquier hidrocarburo ya visto en la unidad o a cualquiera de los hidrocarburos formados con los grupos funcionales que veremos.

Grupo funcional	Fórmula general	Sufijo (grupo principal)	Prefijo (grupo secundario)
Ácido carboxílico	R–C=O | OH	ácido –oico	carboxi–
Éster	R–C=O | O–R′	R–ato de R′–ilo	R′–oxicarbonil
Amida	R–C=O | NH_2	–amida	carbamoil–
Nitrilo	R–C≡N	–nitrilo	ciano–
Aldehído	R–C=O | H	–al	formil–
Cetona	R–C=O | R′	–ona	oxo–
Alcohol	R–OH	–ol	hidroxi–
Amina	$R-NH_2$	–amina	amino–
Éter	R–O–R′	–eter / –oxi–	
Derivado halogenado	R–X X = F, Cl, Br, I	Nombre del halógeno	

IMPORTANTE

Recuerda que los alquenos y alquinos tienen preferencia sobre los derivados halogenados.

4. Compuestos oxigenados

Son compuestos de carbono que presentan oxígeno en su estructura.

4.1. Alcoholes

Los **alcoholes** son compuestos que se forman al sustituir uno o más hidrógenos en un hidrocarburo por grupos hidroxilo **(–OH).**

Estas son sus principales propiedades:

- Estado de agregación: de C_1 a C_3, son líquidos; de C_4 a C_{11}, son aceitosos y los demás son sólidos.
- Elevados puntos de ebullición por los enlaces de hidrógeno que forma el grupo hidroxilo.
- Su solubilidad en el agua disminuye al avanzar en la serie homóloga.

Nomenclatura de los alcoholes

Para nombrar los alcoholes se añade el sufijo **–ol** a la raíz del hidrocarburo del que deriva. El localizador se coloca entre la raíz y el sufijo o al principio de la raíz del hidrocarburo.

Cuando la molécula tiene varios alcoholes, el hidrocarburo conserva su nombre completo.

propan–1–ol (1–propanol)
$CH_3–CH_2–CH_2–OH$

etano–1,2–diol (1,2–etanodiol)
$HO–CH_2–CH_2–OH$

Sabías que...

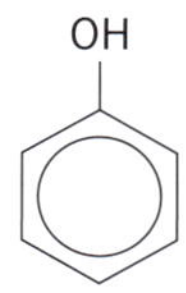

El fenol, también denominado hidroxibenceno, tiene múltiples aplicaciones: agente fungida, bactericida o antiséptico. Participa en múltiples procesos farmacéuticos como la obtención del ácido acetilsalicílico.

4.2. Éteres

Los éteres son compuestos muy inflamables formados por un átomo de oxígeno unido a dos sustituyentes de naturaleza hidrocarbonada (R–O–R′).

Nomenclatura de los éteres

Los éteres pueden nombrarse de dos maneras:

- Nombrando los sustituyentes en orden alfabético con la terminación **–éter.**
- Nombrando el sustituyente más sencillo con el afijo **–oxi–** seguido del sustituyente más complejo como hidrocarburo.

etil metil éter o metoxietano
$CH_3–CH_2–O–CH_3$

Actividades

18. Formula los siguientes compuestos:

a) EvB AU 3–metilbutan–2–ol
b) butan–1,2,3–triol
c) EvB AU etil propil éter
d) 3–metilhepta–2–ol
e) 3–etilpenta–1,5–diol
f) EvB AU butil propil éter
g) 3,4–diexilhexa–1–ol
h) EvB AU hidroxibenceno
i) 4–etilheptan–2–ol

19. Nombra los siguientes compuestos:

a) $CH_3–CHOH–CH_2–CH_2–OH$
b) $CH_3–CH(CH_3)–CH_2–CH(CH_2–CH_3)–CH_2–CH_2–CH(OH)–CH_3$
c) $CH_3–CH_2–CH_2–O–CH_2–CH_2–CH_2–CH_3$
d) $C_6H_5–O–C_6H_5$
e) $C_6H_5–CH_2–CH(OH)–CH_2–CH_2–OH$
f) $HO–CH_2–CH_2–CH_2–CH_2–OH$
g) $CH_3–CH_2–CH(OH)–CH_2–CH_2–OH$
h) $CH_3–CH(CH_3)–O–CH_3$
i) $CH_3–CH(CH_3)–CH_2–O–CH_2–CH_3$
j) $HO–CH_2–CH_2–CHOH–CH_2–CH_2–OH$
k) 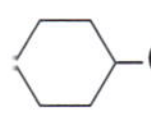 $–O–CH_2–CH_3$
l) $HO–CH_2–CHOH–CHOH–CHOH–CH_2–OH$
m) $C_6H_5–O–CH(CH_3)–CH_3$

4.3. Aldehídos y cetonas

Los **aldehídos** y las **cetonas** son compuestos caracterizados por presentar en su estructura un grupo carbonilo **(>C=O)**. Mientras el **aldehído** se sitúa en el extremo de la cadena **(R–CHO),** la **cetona** se encuentra en el interior **(R–CO–R′).**

Estas son sus principales propiedades:

- Son líquidos a temperatura ambiente, a excepción del metanal (H–CHO), que es gaseoso.
- El punto de ebullición es superior al del hidrocarburo equivalente e inferior al del alcohol.
- Muestran polaridad debido a la presencia del grupo carbonilo.

Cetonas naturales

El gato de algalia segrega una cetona dulce y acre llamada civetona. En la actualidad, la civetona es sintetizada por la industria y se emplea en perfumería como fijador de esencias.

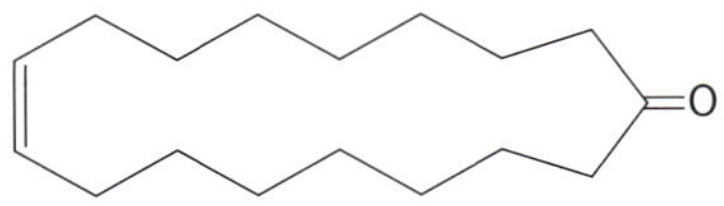

Civetona

Nomenclatura de los aldehídos y de las cetonas

Aldehído	Cetona
Sufijo identificador: **–al.** No necesita localizador cuando se encuentra como función principal en la molécula.	Sufijo identificador: **–ona.** El localizador se coloca según las opciones dadas para los alcoholes.
but-2-enal (2-butenal) $CH_3–CH=CH–CHO$	hexano-2,4-diona (2,4-hexanodiona) $CH_3–CO–CH_2–CO–CH_2–CH_3$

4.4. Ácidos carboxílicos

Los ácidos carboxílicos presentan en su estructura, al menos, un carboxilo **(–COOH)** que resulta de la combinación de un grupo carbonilo y un alcohol en el mismo átomo de carbono.

Estas son sus principales propiedades:

- Son más polares que los alcoholes equivalentes.
- Poseen carácter ácido, aunque menor que los ácidos inorgánicos, lo que facilita una gran reactividad.

Sabías que...

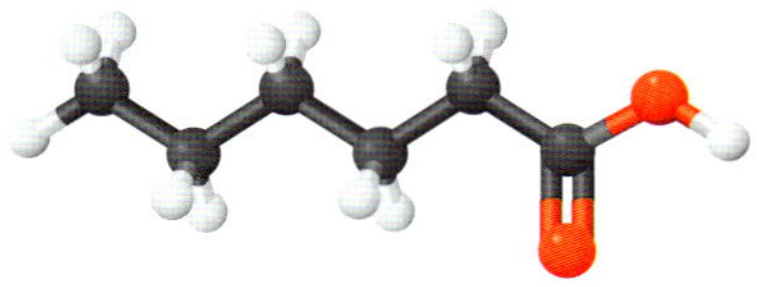

$CH_3–CH_2–CH_2–CH_2–CH_2–COOH$

El nombre oficial recogido por la IUPAC es ácido hexanoico, pero su nombre común es ácido caproico (de *caper,* cabra, en latín), por su característico olor a cabra y a otros animales de granja.

Nomenclatura de los ácidos carboxílicos

Para nombrar los ácidos carboxílicos:

- Se añade al inicio el término **ácido,** y al final, el sufijo **–oico.**
- El grupo carboxilo siempre tiene el localizador 1, por tanto, no es necesario indicarlo.

ácido butanoico

$CH_3–CH_2–CH_2–COOH$

ácido pentanodioico

$HOOC–CH_2–CH_2–CH_2–COOH$

ácido 4-etil-6-metil-2-propilheptanoico

$CH_3–CH(CH_3)–CH_2–CH(CH_2–CH_3)–CH_2–CH(CH_2–CH_2–CH_3)–COOH$

Actividades

20. Formula los siguientes compuestos:

a) ácido 2-metilpropanoico
b) ácido pentanodioico
c) dimetilbutanona
d) 4-etilheptanodial
e) 2-etil-2-metilpentanal
f) 3-metilpentanodiona
g) ácido 3-metilbutanoico
h) propanodial

21. Nombra los siguientes compuestos:

a) $CH_3–CH(CH_3)–CH_2–COOH$
b) $OHC–CH_2–CH_2–CHO$
c) $CH_3–CO–CH_2–CH_2–CH_3$
d) $CH_3–CH_2–CH_2–CHO$
e) $CH_3–CH_2–CH_2–CH_2–COOH$
f) $CH_3–CH(CH_3)–COOH$
g) $CH_3–CO–CH_2–CO–CH_3$
h) $CH_3–CH(CH_2–CH_3)–CO–CH_3$

4.5. Ésteres

Los ésteres son derivados de los ácidos carboxílicos. Se obtienen al sustituir el **grupo hidroxilo (–OH)** por un **sustituyente (–OR′)** de naturaleza hidrocarbonada.

La forma más directa de obtener un éster es a través de la reacción de condensación de un ácido y un alcohol catalizada por un ácido:

$$CH_3–CH_2–COO\boxed{H + HO}–CH_3 \rightleftarrows CH_3–CH_2–COO–CH_3 + H_2O$$

$$\text{Ácido carboxílico} + \text{alcohol} \rightleftarrows \text{Éster} + \text{Agua}$$

Esta reacción, denominada **esterificación de Fischer,** no siempre es posible.

> ***Sabías que...***
>
> Las hembras del elefante asiático y de la polilla liberan la misma feromona para atraer a los machos. Esta sustancia es un éster:
>
> **acetato de (z)–7–dodecenilo**
>
> 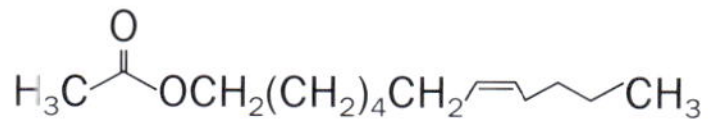

Nomenclatura de los ésteres

La nomenclatura de los ésteres se realiza de la siguiente forma:

- Primero, se nombra como ácido, pero se sustituye el sufijo **–oico** por **–oato;** a continuación, se escribe la preposición **de** y el sustituyente del grupo hidroxilo con el sufijo **–ilo.**
- Si hay sustituyentes en las cadenas, se cuenta a partir de los carbonos indicados en rojo:

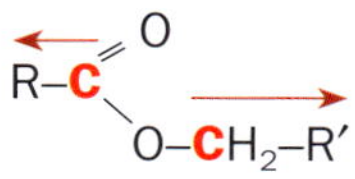

propanoato de metilo: $CH_3–CH_2–COO–CH_3$ butanoato de etilo: $CH_3–CH_2–CH_2–COO–CH_2–CH_3$

Laboratorio en el aula. Detectando lípidos

1. Los lípidos son un amplio conjunto de moléculas (la mayoría, biomoléculas) constituidas por carbono, hidrógeno y oxígeno. Los lípidos cumplen múltiples funciones en el organismo, como la energética, la estructural o la reguladora.

Procedimiento:

1. Toma dos tubos de ensayo. En el primero, pon 2 cm^3 de agua y, en el otro, 2 cm^3 de éter (o de cualquier disolvente orgánico).
2. Añade 1 cm^3 de aceite (un lípido) a cada uno.
3. Agita la mezcla vigorosamente y déjala reposar.

Responde a las siguientes cuestiones:

¿Qué se observa? ¿Qué conclusiones obtienes sobre la solubilidad de los lípidos?

Actividades

22. Nombra todos los compuestos químicos que aparecen en la ecuación del ejemplo de esterificación de Fischer.

23. Escribe la fórmula de los siguientes compuestos:

a) benzoato de propilo
b) 3–metilpentanoato de etenilo
c) butanoato de isopropilo
d) benzoato de metilo
e) 2,2–dimetilpropanoato de metilo
f) 3–metilbutanoato de propilo
g) propanoato de propilo
h) 3–metilbutanoato de isobutilo
i) decanoato de isopropilo

24. Nombra los siguientes compuestos químicos:

a) EvB AU $CH_3–COO–CH_3$
b) $CH_3–CH(CH_3)–CH_2–COO–CH_2–CH_3$
c) $CH_3–CH_2–COO–CH_2–CH_2–CH_3$
d) $CH_3–CH_2–CH_2–COO–$ 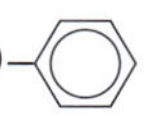
e) 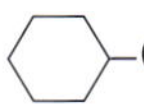 $–COO–CH_2–CH_3$
f) $CH_3–COO–CH_2–CH_2–CH_3$
g) $HCOO–CH_2–CH_3$
h) $CH_3–COO–CH_2–CH_3$
i) $CH_3–COO–CH_2–CH_2–CH_2–CH_3$
j) $CH_3–CH–COO–CH–CH_3$ (con CH_3 sobre cada CH)
k) $CH_3–CH–CH_2–CH–COO–CH_2–CH_3$ (con CH_3 sobre cada CH)

5. Compuestos nitrogenados

Son compuestos formados siempre por carbono, hidrógeno, nitrógeno y, a veces, por oxígeno.

5.1. Aminas

Aminas a partir del amoniaco

Amoniaco

H–N–H
 |
 H

Amina primaria

$H–N–R_1$
 |
 H

Amina secundaria

$R_2–N–R_1$
 |
 H

Amina terciaria

$R_2–N–R_1$
 |
 R_3

Las **aminas** derivan del amoniaco (NH_3) al sustituir uno, dos o tres de sus hidrógenos.

Propiedades generales de las aminas:

- Las aminas de menor masa molecular son solubles en agua por la polaridad del enlace N–H.
- Poseen un carácter básico mayor que el amoniaco y reaccionan fácilmente con ácidos.

Nomenclatura de las aminas

Amina primaria		Amina secundaria y terciaria	
Se reemplaza la terminación **–o** del hidrocarburo por **–amina.**		La raíz será el sustituyente más complejo, que terminará en **–amina**. Los demás llevarán la terminación **–il** e irán precedidos por la letra **N.**	
metanamina $CH_3–NH_2$	etanamina $CH_3–CH_2–NH_2$	N–metiletanamina $CH_3–NH–CH_2–CH_3$	N,N–dimetilbutanamina $(CH_3)_2N–CH_2–CH_2–CH_2–CH_3$
Se pueden nombrar todos los radicales como sustituyentes seguidos del sufijo **–amina.**			
metilamina: $CH_3–NH_2$	etilmetilamina: $CH_3–CH_2–NH–CH_3$	etildimetilamina: $(CH_3)_2–N–CH_2–CH_3$	

5.2. Amidas

Las **amidas** se forman a partir de la sustitución del grupo hidroxilo (–OH) de un ácido carboxílico por un grupo amina primaria, secundaria o terciaria. Su grupo funcional característico será **$–CO–NH_2$,** para la amida primaria; **–CO–NHR,** para la amida secundaria, y **–CO–NRR′,** para la amida terciaria.

La estructura tridimensional de una amida es muy similar a la de un ácido carboxílico:

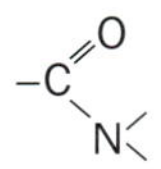

Propiedades generales de las amidas:

- Son sólidas, a excepción de la más sencilla, la metanamida, que es líquida.
- Son sustancias muy estables que necesitan condiciones enérgicas para reaccionar.

Nomenclatura de las amidas

Amida primaria	Amidas secundarias y terciarias	
Se nombran como el hidrocarburo de igual número de carbonos y terminan en **–amida.**	El sustituyente que reemplaza a un hidrógeno del grupo $–NH_2$ de la amida está precedido por la letra **N–.**	
metanamida $H–CO–NH_2$	N–etiletanamida $CH_3–CO–NH–CH_2–CH_3$	N,N–dietiletanamida $CH_3–CO–N–(CH_2–CH_3)_2$

Laboratorio en el aula. Rompiendo proteínas

2. Vamos a detectar el enlace peptídico (–CO–NH–) de las proteínas. Vas a preparar tres disoluciones:

- Disolución A: 50 % de agua y 50 % de clara de huevo (posee la proteína albúmina).
- Disolución B: 20 cm^3 de hidróxido de sodio al 20 %.
- Disolución C: 10 cm^3 de sulfato de cobre(II) al 10 %.

Mezcla 3 cm^3 de la disolución A, 2 cm^3 de la B y 5 gotas de la C. ¿Qué colores había al principio? ¿Cuál aparece al final?

La caseína es la proteína presente en la leche. Repite el proceso descrito para una muestra de leche.

Actividades resueltas

4. Nombra el siguiente compuesto de carbono: $NH_2{-}CH_2{-}\underset{\displaystyle CH_3}{\underset{|}{CH}}{-}COOH$

Estrategia de resolución

1. Identificamos los grupos funcionales presentes en el compuesto:

   NH_2–: amina   –COOH: ácido carboxílico

2. Establecemos el orden de importancia y, a partir de él, determinamos el grupo principal, con su sufijo identificador, y el grupo secundario, con su prefijo indicador.

   Grupo principal: –COOH   Sufijo indicador: Ácido –oico

   Grupo secundario: $-NH_2$ Prefijo indicador: amino–

3. Numeramos la cadena principal, asignando al grupo principal (–COOH) el localizador más bajo posible.

$$NH_2{-}\overset{3}{C}H_2{-}\underset{\displaystyle CH_3}{\underset{|}{\overset{2}{C}H}}{-}\overset{1}{C}OOH$$

4. Nombrar el compuesto. Primero nombramos todos los sustituyentes con su localizador y en orden alfabético. Luego añadimos el prefijo que identifica la longitud de la cadena (3 átomos de carbono = propan–). Por último, añadimos el grupo principal con su sufijo identificador y el localizador (si es necesario).

   ácido 3–amino–2–metilpropanoico $NH_2{-}CH_2{-}\underset{\displaystyle CH_3}{\underset{|}{CH}}{-}COOH$

> **Carbono 2.0**
>
> Repasa toda la formulación de química orgánica que has aprendido:
>
> **bit.ly/Alonso_N_orgánica_ejer**

Actividades

25. Nombra los siguientes compuestos:

a) 5–metilhexan–2,4–diamina

b) N–metilbutanamida

c) 2–amino–3–etilhexanal

d) ácido 2–carbamoilpropanoico

e) hex–3–enamida

f) N,N–dimetilpropanamina

g) but–3–enamida

h) trietilamina

i) 2,3–dimetilpentanamina

j) N–etilbutanamina

k) 2–metilbutanamida

l) 3–hidroxipropanamida

m) N,N–dipropilpentanamida

n) ácido 5–amino–3–oxohexanoico

26. Escribe el nombre de los siguientes compuestos:

a) $H_2N{-}CH_2{-}CH_2{-}CH_2{-}NH_2$

b) $HO{-}CH_2{-}CH_2{-}CO{-}NH{-}CH_3$

c) $Cl{-}CH_2{-}CH_2{-}CO{-}CH_2{-}CH_2{-}CH_3$

d) $HO{-}CH_2{-}COO{-}CH_2{-}CH_2{-}CH_3$

e) $CH_3{-}\overset{\displaystyle CH_2{-}CH_3}{\overset{|}{CH}}{-}CH_2{-}\underset{\displaystyle Br}{\underset{|}{CH}}{-}CO{-}NH_2$

f) $CH_3{-}CH_2{-}CH_2{-}\underset{\displaystyle CH_3}{\underset{|}{N}}{-}CH_2{-}CH_3$

g) $HO{-}CH_2{-}CH_2{-}COOH$

h) $CH_3{-}\underset{\displaystyle CH_3}{\underset{|}{CH}}{-}NH_2$

i) EvAU $CH_3{-}NH{-}CH_2{-}CH_3$

j) $CH_3{-}\underset{\displaystyle CH_2{-}CH_2{-}CH_3}{\underset{|}{N}}{-}CH_2{-}CH_3$

k) $CH_3{-}\underset{\displaystyle Br}{\underset{|}{CH}}{-}CH_2{-}\underset{\displaystyle Cl}{\underset{|}{CH}}{-}CH_2{-}NH$

l) $CH_3{-}CO{-}NH{-}CH_2{-}CH_2{-}CH_2{-}CH_3$

27. En un incendio se liberan multitud de gases perjudiciales para el ser humano, entre los más importantes, CO y CO_2. Sin embargo, también se producen otras sustancias, como HCl, HF, HCN y óxidos de nitrógeno. ¿Qué compuestos de carbono pueden producir estas últimas sustancias durante un incendio? ¿Y las primeras?

6. Isomería

¿Qué compuestos químicos responden a la fórmula molecular C_3H_8O?

1–propanol:	2–propanol:	metoxietano:
$CH_3-CH_2-CH_2-OH$	$CH_3-CH(OH)-CH_3$	$CH_3-O-CH_2-CH_3$

La **isomería** es la propiedad de ciertos compuestos, llamados **isómeros**, que, con igual fórmula molecular, presentan distinta disposición espacial o diferentes grupos funcionales.

La isomería se clasifica en dos grandes grupos: **isomería estructural** y **estereoisomería.**

6.1. Isomería estructural

Los compuestos del ejemplo anterior son isómeros estructurales.

La isomería estructural hace referencia a la **distinta distribución de los átomos y de los enlaces** dentro de los compuestos de carbono con la misma fórmula molecular.

Se clasifica en **isomería de cadena**, **de posición** y **de función**.

Isomería de cadena	
Los isómeros se diferencian por las distintas posiciones de los átomos en la cadena.	
pentano (C_5H_{12}): $CH_3-CH_2-CH_2-CH_2-CH_3$	hexano (C_6H_{14}): $CH_3-CH_2-CH_2-CH_2-CH_2-CH_3$
metilbutano (C_5H_{12}): $CH_3-\underset{\substack{\vert\\ CH_3}}{CH}-CH_2-CH_3$	3–metilpentano (C_6H_{14}): $CH_3-CH_2-\underset{\substack{\vert\\ CH_3}}{CH}-CH_2-CH_3$

Isomería de posición	
Los isómeros se diferencian por las distintas posiciones del grupo funcional.	
butan–1–ol ($C_4H_{10}O$): $CH_3-CH_2-CH_2-CH_2-OH$	pentan–2–ona ($C_5H_{10}O$): $CH_3-CO-CH_2-CH_2-CH_3$
butan–2–ol ($C_4H_{10}O$): $CH_3-CH_2-\underset{\substack{\vert\\ OH}}{CH}-CH_3$	pentan–3–ona ($C_5H_{10}O$): $CH_3-CH_2-CO-CH_2-CH_3$

Isomería de función	
Los isómeros se diferencian por presentar grupos funcionales distintos.	
propanal (C_3H_6O): CH_3-CH_2-CHO	etanol (C_2H_6O): CH_3-CH_2-OH
propanona (C_3H_6O): $CH_3-CO-CH_3$	dimetiléter (C_2H_6O): CH_3-O-CH_3

Sabías que...

El butanoato de metilo y el acetato de propilo son responsables del sabor y la fragancia de las manzanas y de las peras, respectivamente. Ambos compuestos son isómeros estructurales.

$CH_3-CH_2-CH_2-COO-CH_3$

Butanoato de metilo

$CH_3-COO-CH_2-CH_2-CH_3$

Acetato de propilo

Actividades

28. Formad grupos de tres o cuatro personas. El primer grupo en responder a cada apartado obtendrá 5 puntos. El resto recibirá 4, 3, 2 o 1 punto en función del orden de entrega de la respuesta. Se espera a que respondan todos los grupos antes de continuar con el siguiente apartado.

a) Escribid y nombrad todos los isómeros de cadena de los compuestos: C_4H_{10} y C_5H_{12}.

b) Escribid y nombrad todos los isómeros de posición de los compuestos: C_4H_8 y C_5H_{10}.

c) Escribid y nombrad todos los isómeros de función de los compuestos: C_2H_6O y $C_2H_4O_2$.

29. ¿La reactividad química de dos isómeros de posición es igual o diferente? ¿Y de dos isómeros de función? Justifica tu respuesta.

6.2. Estereoisomería

La talidomida fue un fármaco comercializado en Europa entre 1957 y 1963. Se recetaba a las embarazadas durante los primeros meses de gestación para calmar las náuseas y los vómitos. Sin embargo, este fármaco afectó gravemente al desarrollo de los fetos y terminó prohibiéndose. ¿La razón? En el organismo, se transformaba en otro compuesto de igual fórmula molecular, pero de diferente orientación espacial en algunos de sus átomos.

> La **estereoisomería** es una propiedad de los compuestos que presentan la misma fórmula molecular y estructura, pero una distinta disposición espacial de sus átomos.

La estereoisomería se clasifica en dos grupos: **isomería geométrica** e **isomería óptica.**

Isomería geométrica

El doble enlace, al contrario que el enlace sencillo, no permite la libre rotación de los átomos alrededor de un eje, por lo que los otros átomos ocupan posiciones fijas respecto a este doble enlace. En función de si los grupos voluminosos se sitúan en el mismo lado respecto del doble enlace o en lados opuestos, los isómeros se denominan **cis–** o **trans–**. Un isómero cis– suele tener menor densidad por su disposición espacial.

1,2–dicloroeteno: Cl–CH=CH–Cl

Isómero cis–
Grupos voluminosos en el mismo lado.

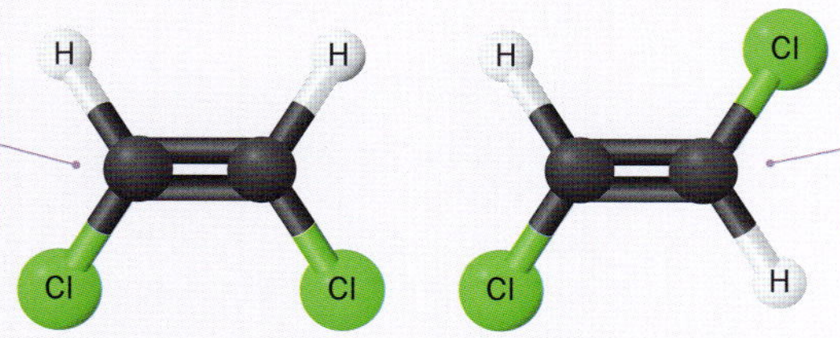

cis–1,2–dicloroeteno   *trans*–1,2–dicloroeteno

Isómero trans–
Grupos voluminosos en lados opuestos.

Isomería óptica

Se produce si un átomo de carbono, llamado asimétrico o quiral, posee cuatro sustituyentes diferentes. Los isómeros, llamados **enantiómeros**, son imágenes especulares no superponibles con propiedades físicas y químicas muy parecidas. Se diferencian por no desviar del mismo modo la luz polarizada o por no tener la misma reactividad en procesos enzimáticos.

ácido 2–hidroxipropanoico (ácido láctico): CH_3–CHOH–COOH

Isómero dextrógiro (D)
Desvía el plano de polarización a la derecha.

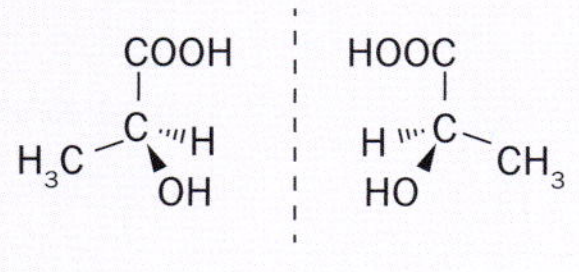

Isómero levógiro (L)
Desvía el plano de polarización a la izquierda.

Actividades

30. ¿Presenta isomería geométrica el but–2–eno? En caso afirmativo, escribe sus isómeros.

31. ¿Presenta isomería óptica el 2–clorobutano? En caso afirmativo, anota sus isómeros.

32. ¿Qué tipo de isomería presenta el 2–cloropent–2–eno? Justifica la respuesta y nombra sus isómeros.

33. ¿Presenta isomería geométrica el eten–1,2–diol? En caso afirmativo, escribe los isómeros.

Sabías que...

Los efectos de la talidomida no solo podían ser transmitidos por la madre. Si el padre consumía el fármaco, podía trasmitir dichos efectos a través de su esperma en el momento de la fecundación.

En los Estados Unidos, este fármaco no tuvo consecuencias trágicas como en Europa, ya que no se permitió su autorización mientras no superara las pruebas de teratogenia (efectos sobre el feto).

En la actualidad, cualquier fármaco con isómeros entre sus componentes debe someterse a un estudio de sus posibles efectos con el fin de comprobar que estos isómeros no pueden transformarse en el organismo.

La **luz polarizada** es aquella que vibra en un solo plano, a diferencia de la luz normal, que vibra en todas las direcciones perpendiculares a su dirección de propagación.

Sabías que...

Los isómeros ópticos no son superponibles, como ocurre con nuestras manos.

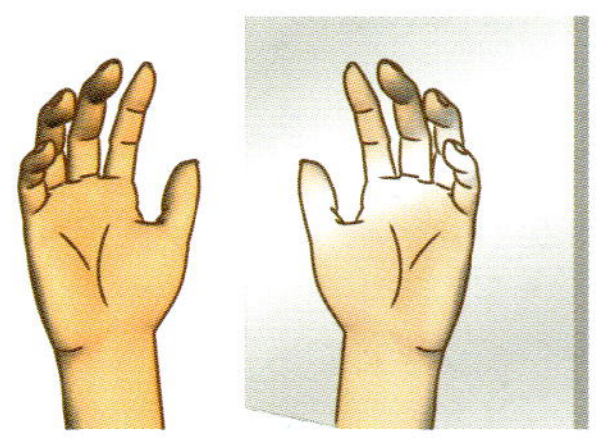

7. Combustibles fósiles

Los combustibles fósiles son el carbón, el gas natural y el petróleo. Conocidos y empleados desde la Antigüedad, hoy son la fuente de energía más importante. Su formación es el resultado de millones de años de elevadas temperaturas y presiones sobre los restos orgánicos descompuestos por bacterias anaerobias.

Cuando se encuentra un yacimiento y se extrae el petróleo, se obtiene lo que se denomina **petróleo crudo** o, simplemente, **crudo.** Es un líquido oscuro y muy viscoso, menos denso que el agua y con una composición compleja de hidrocarburos alifáticos y aromáticos junto con otros compuestos de carbono que contienen oxígeno, nitrógeno y azufre.

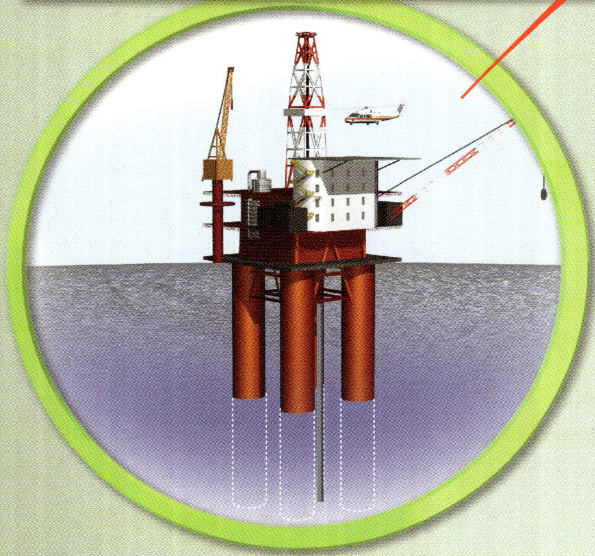

El uso directo del petróleo crudo tiene muy pocas aplicaciones. Por ello, se transporta hasta una **refinería** donde se somete a diversos procesos hasta ser transformado en un producto de máxima utilidad.

7.1. El petróleo

Ya sea como combustible o como materia prima para otras industrias, como la textil o los plásticos, resulta imposible separar el desarrollo de la sociedad del consumo de petróleo.

Actividades

34. ¿Cuál es el fundamento físico del funcionamiento de la torre de fraccionamiento?

35. ¿Qué fracción necesitará un mayor aporte energético para obtenerla, el diésel o la gasolina? Justifica tu respuesta.

36. ¿Por qué se debe realizar el craqueo del petróleo?

37. En el craqueo térmico del tetradecano se produce heptano y hept–2–eno. Responde a las siguientes cuestiones:

a) Escribe la fórmula de todos los compuestos.

b) Escribe el nombre y la fórmula de un isómero de posición del hept–2–eno.

c) Escribe el nombre y la fórmula de un isómero geométrico del hept–2–eno.

d) ¿Puede tener alguno de los compuestos involucrados en el craqueo un isómero óptico? Justifica tu respuesta.

e) Si en lugar de heptano, con craqueo catalítico, se produce el 3–metilhexano, ¿existiría un isómero óptico? Justifica tu respuesta.

38. ¿Cuál es la finalidad del refino?

39. ¿Por qué los buques petroleros deben ser embarcaciones de doble casco? Busca información contrastada al respecto.

Carbono 2.0

En esta página web podrás observar algunos de los trabajos que involucra la extracción del petróleo.

bit.ly/YPF_extracción

La refinería es la industria donde el crudo, a través de una serie de procesos y tratamientos, se transforma en diferentes productos útiles para la sociedad. Así, en las refinerías se obtienen desde gases ligeros hasta densos asfaltos.

Fracción del petróleo	Aplicaciones
Gases licuados	Combustible, fabricación gasolina
Éter del petróleo	Disolventes, lavado en seco
Gasolina	Carburante motores de explosión
Queroseno	Carburante aviación, calefacción
Gasóleo	Carburante vehículos, calefacción
Lubricantes y parafinas	Lubricación, velas, pomadas
Fueloil	Calefacción, carburante barcos
Alquitrán y asfalto	Betún, carreteras, tejados

Torre de fraccionamiento

La destilación fraccionada es un procedimiento físico que separa los grupos de hidrocarburos con distinto punto de ebullición. Las fracciones con un punto de ebullición más alto salen por la zona más baja de la torre.

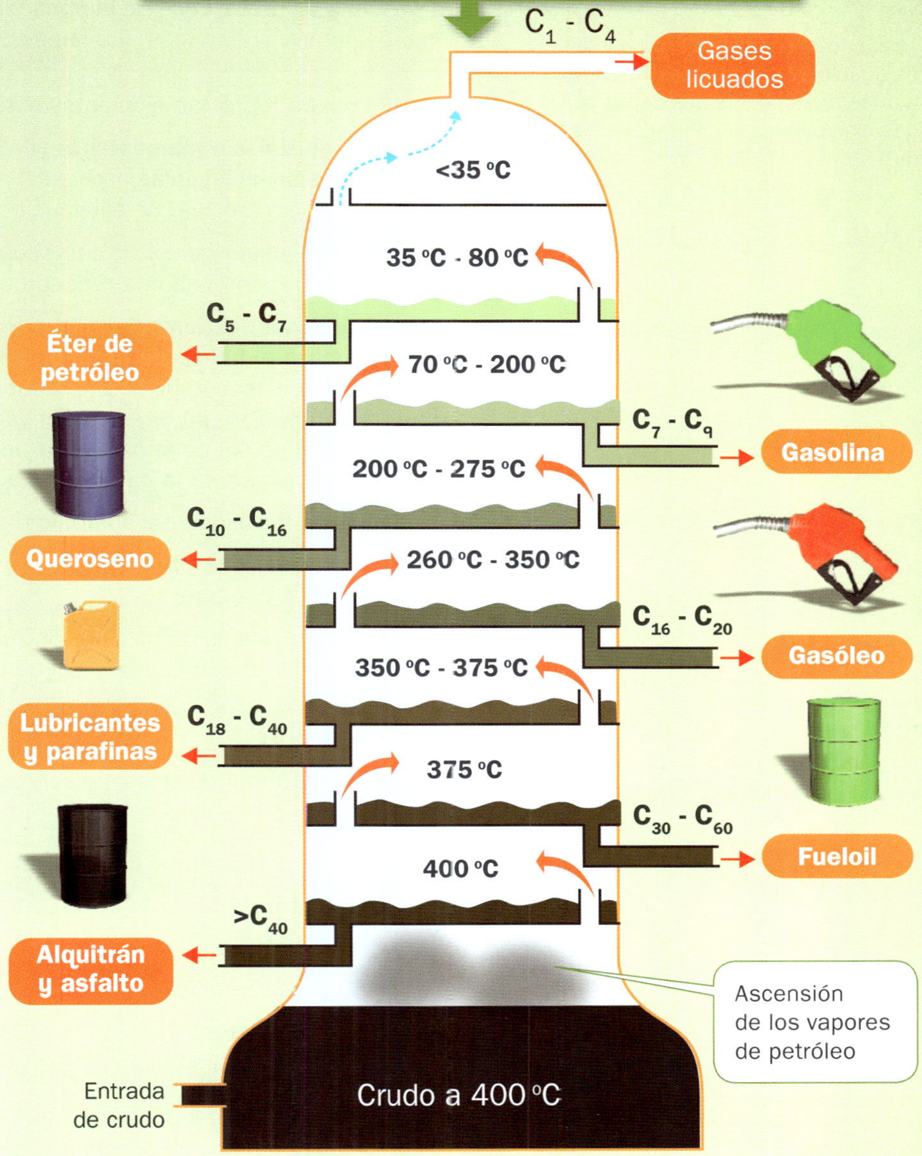

El centro neurálgico de la refinería es la **torre de fraccionamiento** donde se lleva a cabo la **destilación fraccionada**. El crudo entra a 400 °C y, al hervir, el vapor de petróleo asciende, y las distintas fracciones se separan por enfriamiento y condensación.

Los hidrocarburos más ligeros, como el butano o la gasolina, tienen una fuerte demanda que la oferta no puede cubrir. Esta diferencia se resuelve obteniendo los productos más solicitados a partir de hidrocarburos más complejos en un proceso denominado ***cracking* del petróleo** o **craqueo del petróleo.**

Antes de sacar los productos al mercado, en la refinería se realiza el **refino**, que consiste en una serie de tratamientos específicos para transformar las diferentes fracciones en productos válidos para su comercialización y consumo. Este proceso incluye desde la eliminación del azufre y sus derivados, que son corrosivos y malolientes, hasta el empleo de aditivos para mejorar la calidad del producto.

Craqueo catalítico

Los hidrocarburos de cadena larga se rompen por la acción de catalizadores específicos de cada fracción deseada.

Catalizadores: óxidos de cromo y trifluoruro de boro o de aluminio.

Craqueo térmico

Los hidrocarburos de cadena larga se rompen por efecto del calor. La temperatura y la duración del tratamiento determinan la fracción obtenida.

A. La gasolina

En una sociedad que centra su desarrollo básicamente en los combustibles fósiles, el petróleo presenta un papel destacado. Y, aunque la mayoría de los productos y subproductos derivados del petróleo son muy importantes, la gasolina tiene un valor fundamental.

La **gasolina** es una mezcla de hidrocarburos volátiles formados por alcanos, cicloalcanos e hidrocarburos aromáticos que pueden estar o no ramificados.

La gasolina debe reunir las siguientes características para ser empleada como combustible:

- **Ausencia de tioles o mercaptanos (R–SH).** Producen mal olor y, por su carácter ácido, generan corrosión en distintas partes del motor. Su combustión libera óxidos de azufre responsables de la lluvia ácida. Se eliminan con lavado de NaOH en torres o a contracorriente.
- **Ausencia de alquenos.** Estos compuestos se polimerizan y forman productos gomosos e insolubles que terminan obstruyendo el motor. Se eliminan añadiendo ácido sulfúrico.
- **Detonaciones a destiempo.** Limitan el rendimiento del motor. Para medir esta característica, se utiliza el **índice de octano,** que es el porcentaje presente en la gasolina de dos compuestos: el isooctano (2,2,4–trimetilpentano), que, como presenta una gran resistencia a la detonación, se le asigna el valor 100; y el heptano, al que se asigna el valor 0. Una gasolina de 98 octanos tendrá un 98 % de isooctano y un 2 % de heptano. Cuantos más octanos presente la gasolina, mayor será su calidad.

  Para mejorar la calidad del combustible, se recomienda:

  – Evitar detonaciones añadiendo antidetonantes, como el tetrametilplomo (actualmente prohibido) o el etanol.

  – Aumentar el índice de octano añadiendo hidrocarburos con cadenas ramificadas, como el 2,2,3,3–tetrametilbutano o el metiltercbutiléter.

Carbono 2.0

¿Cuándo se construyó el primer motor de gasolina? Las respuestas a esta y a otras preguntas relacionadas con la gasolina puedes encontrarlas en esta dirección:

bit.ly/CLICKMICA_gasolina

Actividades

40. Escribe las fórmulas de los siguientes compuestos relacionados con la gasolina:

a) heptano

b) 2,2,4–trimetilpentano (isooctano)

c) ácido sulfúrico

d) tetrametilplomo

e) 2,2,3,3–tetrametilbutano

f) metiltercbutiléter

g) sosa cáustica (hidróxido de sodio)

41. Supongamos una gasolina constituida exclusivamente por isooctano. Escribe la ecuación de combustión que describe el proceso y ajústala. ¿Y si estuviera compuesta exclusivamente por heptano?

42. ¿Son isómeros el heptano y el isooctano? Justifica razonadamente tu respuesta.

43. ¿Qué significa que una gasolina tiene 95 octanos? ¿Qué gasolina es mejor, la de 98 o la de 95 octanos? Justifica razonadamente tu respuesta.

44. Desde el año 2000, en España está prohibido el uso del plomo como antidetonante. Busca información contrastada y responde a las siguientes cuestiones:

a) ¿Qué efectos produce en el medioambiente?

b) ¿Tiene algún efecto sobre el ser humano?

c) ¿Qué ventajas tienen los nuevos antidetonantes?

45. La gasolina obtenida directamente por la destilación fraccionada no es suficiente para cubrir la alta demanda de este combustible. ¿Cómo responde la industria a la diferencia entre oferta y demanda? ¿Qué fracciones del petróleo sirven como base en el proceso?

Sabías que...

El gasohol, una mezcla del 10 % de volumen de etanol y el 90 % de gasolina, se emplea para aumentar el índice de octano y como agente oxigenante. Tiene el inconveniente de aumentar la volatilidad de la gasolina incrementando la tendencia a la evaporación y, como consecuencia, la liberación a la atmósfera de hidrocarburos.

B. El gasóleo

Entre 1893 y 1897, el ingeniero **Rudolf Christian Karl Diesel** desarrolla el primer motor que funciona con aceite de palma. Posteriormente, se emplearía un derivado del petróleo por ser más barato. Un nuevo motor y un nuevo combustible habían nacido.

Bajo el nombre de **gasóleo, gasoil** o **diésel** se reúne una mezcla de hidrocarburos saturados, en su mayor parte, y aromáticos, en menor proporción. Más denso que la gasolina, se obtiene en una fracción del petróleo que destila a mayor temperatura.

De manera homóloga al índice de octano para la gasolina, el **número de cetano** indica la calidad de un gasóleo para realizar una adecuada combustión en un motor. En este caso, los parámetros de medida son:

- **Número de cetano 100:** periodo de ignición corto. Se asigna al hexadecano. Es lo ideal en un gasóleo.
- **Número de cetano 0:** periodo de ignición largo. Se asigna al alfa–metilnaftaleno. Es la situación que hay que evitar en un gasóleo.

Un número de cetano alto se traducirá en un diésel de mayor calidad, lo que conllevará mejor combustión, menor ruido del motor y aceleración más amortiguada.

En las últimas décadas, con el fin de disminuir el uso de los combustibles fósiles y potenciar las energías renovables, se han recuperado las ideas de Rudolf Diesel sobre la búsqueda de combustibles procedentes de vegetales o de grasas animales. En esta línea de trabajo, se enmarca el denominado **biodiésel.** En general, este biodiésel se mezcla con diésel de refinería y recibe el nombre de B10, B20, B30, etc., donde el número hace referencia al porcentaje de combustible vegetal presente en el biodiésel.

Hexadecano

$CH_3–CH_2–(CH_2)_{12}–CH_2–CH_3$

Alfa-metilnaftaleno (α-metilnaftaleno)

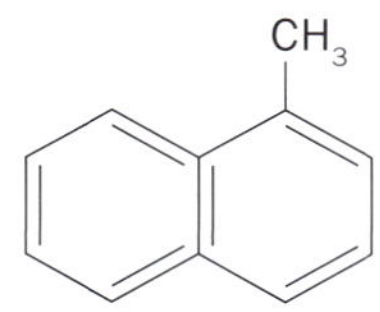

C. Comparación entre el gasóleo y la gasolina

En general, los medios de transporte más habituales suelen utilizar como combustible la gasolina o el gasóleo. Pero ¿qué ventajas o inconvenientes presenta el uso de uno u otro combustible?

- **Rendimiento energético:** el rendimiento obtenido por el motor diésel (supera el 30 %) es mayor que el de gasolina (por encima del 20 %). Hay que tener en cuenta que gran parte de la energía producida en el motor se disipa en forma de calor.
- **Energía de obtención:** en la refinería, la fracción de diésel requiere invertir menos energía en los procesos de refinado, y, por tanto, su producción resulta más económica.
- **Contaminación:** el motor diésel genera menos dióxido de carbono que el de gasolina, sin embargo, aumenta la contaminación por partículas en suspensión y óxidos de nitrógeno. Por tanto, se considera que el motor diésel es más contaminante que el de gasolina.

Carbono 2.0

Puedes fabricar biodiésel a partir de la información de esta página web:

bit.ly/PARQUECIENCIAS_diésel

Actividades

46. Escribe y formula dos isómeros de cadena para el hexadecano. ¿Puede presentar isómeros de función? Justifica tu respuesta.

47. ¿Qué significa que un gasóleo tiene un número de cetano de 53? ¿Sería mejor emplear otro con un número de cetano de 49?

48. A partir del diagrama de la torre de fraccionamiento del epígrafe 7.1, ¿qué fracción del petróleo, gasóleo o gasolina requiere más energía en la torre de fraccionamiento?

49. ¿Qué volumen de oxígeno, medido a 25 °C y 1 atm, se necesita para la combustión de 1 g de un gasóleo de fórmula $C_{16}H_{34}$?

S: $V = 2,7$ L de O_2

D. Plásticos. Materiales derivados del petróleo

El petróleo ha sido una fuente inagotable de compuestos químicos para el ser humano y, en la actualidad, sus opciones de uso no se agotan. Entre estos nuevos materiales, destacan los plásticos. El término **plástico** engloba a un gran número de sustancias que poseen la cualidad de poder adoptar prácticamente cualquier forma. En general, un plástico se forma a partir de la unión covalente de un conjunto de átomos, denominado **monómero,** que, repetido en el espacio, forma una macromolécula llamada **polímero.**

Esquema del proceso de polimerización por adición

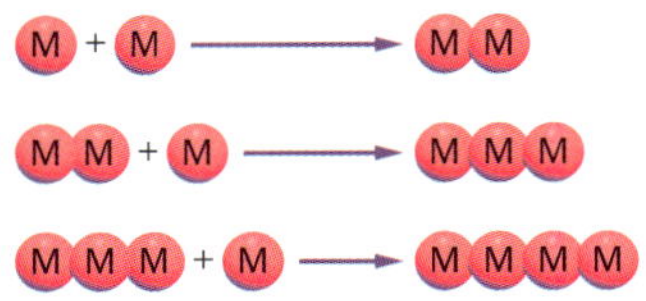

Esquema del proceso de polimerización por condensación

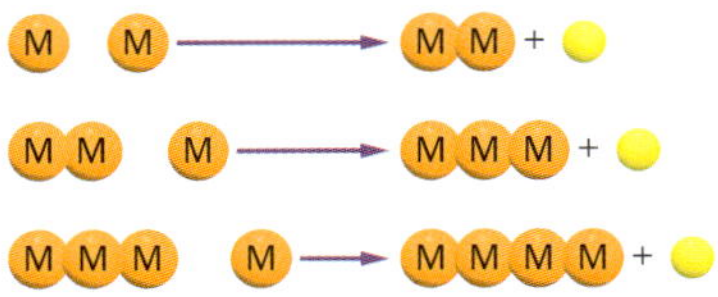

Para unir los monómeros, se emplean dos métodos:

- **Adición**: este método emplea como base monómeros que tienen dobles enlaces en su estructura. Por ejemplo, el polietileno se obtiene a partir del eteno (o etileno):

$$n\mathrm{CH_2{=}CH_2} \rightarrow -(\mathrm{CH_2{-}CH_2})_n- \text{ con } n = \text{número de unidades de monómeros}$$

- **Condensación**: este método parte de moléculas con dos grupos funcionales distintos (A y B) y consiste en unir el grupo A de una molécula con el B de otra, y así sucesivamente. Durante el proceso, se suele producir la liberación de pequeñas moléculas, como el agua. Por ejemplo, el nailon 66 se obtiene del ácido hexanodioico y 1,6–hexadiamina:

$$\mathrm{HOOC{-}(CH_2)_4{-}COOH + H_2N{-}(CH_2)_6{-}NH_2 \rightarrow HOOC{-}(CH_2)_4{-}CO{-}HN{-}(CH_2)_6{-}NH_2 + H_2O}$$

La amplitud del término «plástico» dificulta su clasificación. Según su comportamiento frente a la temperatura, pueden dividirse en dos grandes grupos: termoplásticos y termoestables.

Termoplástico	Termoestable
Son materiales maleables bajo la acción del calor.  Están constituidos por cadenas de polímeros independientes unidas por fuerzas intermoleculares que se rompen por la acción del calor, lo que permite el desplazamiento de los polímeros. El material se vuelve fluido y moldeable, lo que permite nuevas deformaciones. **Polietileno:** juguetes, tapones, etc. **Policloruro de vinilo**: carpintería, aislantes. **Metacrilato:** ventanas, parabrisas. **Teflón:** recubrimiento de objetos de cocina.	Solo pueden ser modelados una vez, adoptan una forma definitiva que no se puede modificar por efecto de la temperatura. 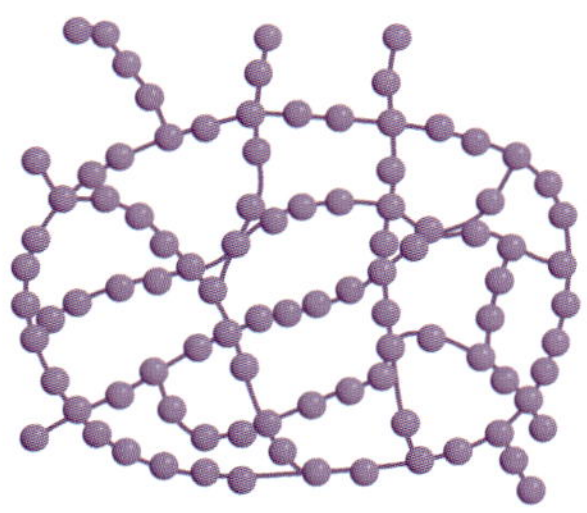 Son cadenas de polímeros entrelazadas por fuertes puntos de unión. **Polifenoles**: aislantes eléctricos y térmicos. **Poliaminas**: espumas aislantes del sonido. **Resina de poliéster**: cascos de barcos, piscinas.

Actividades

50. En la impresión 3D se emplean plásticos como el PLA, ABS, PETG y TPE. En grupo, abordad una investigación sobre uno de estos plásticos y responded a estas cuestiones:

a) ¿Son termoplásticos o termoestables?

b) Identificad el mayor número posible de grupos funcionales presentes en el material.

c) ¿Cuál es la temperatura de trabajo del filamento en la impresora?

d) ¿Qué temperatura debe tener la cama sobre la que se imprime para evitar deficiencias?

e) Ventajas e inconvenientes del material.

Al finalizar la investigación, romped los grupos de trabajo y formad grupos nuevos con representantes de cada uno de los materiales propuestos.

Elaborad un cartel informativo sobre los materiales de impresión 3D.

7.2. El gas natural

El consumo de este combustible fósil ha ido aumentando a lo largo de los últimos años a causa de su alto rendimiento energético y su menor impacto medioambiental.

El **gas natural** es una mezcla de hidrocarburos gaseosos, siendo el metano (CH_4) su componente principal con un porcentaje mayor del 90 % de su composición.

El gas natural puede encontrarse ligado a yacimientos de petróleo **—gas natural asociado—,** o extraerse de yacimientos independientes **—gas natural no asociado—.** En cualquier caso, al igual que el petróleo, el gas natural no puede ser empleado directamente según se extrae del yacimiento, sino que es necesario eliminar o reducir hasta una proporción adecuada as sustancias que lo acompañan:

- **Agua.** Tanto líquida como en forma de vapor. La eliminación del agua líquida es senci la. Para el vapor, se emplean desecantes, como el glicol.
- **Hidrocarburos ligeros.** Contiene etano, propano y butano. Todos se reciclan para su envasado y uso posterior.
- **CO_2 / SO_2.** Pueden porvocar corrosión en los gaseoductos, disminuir el poder calorífico del gas o liberar sustancias tóxicas en su combustión. Para eliminarlos, existen diferentes procesos; por ejemplo, el tratamiento con aminas.
- **N_2.** Resta poder calorífico al combustible y produce en su combustión óxidos de nitrógeno contaminantes. Existen varios métodos para eliminarlo, como la destilación criogénica.
- **Mercurio (Hg).** Se elimina por su toxicidad y carácter corrosivo para las conducciones. Se elimina con carbón activo o con un tamiz molecular.

Cuando el gas ya cumple con las condiciones óptimas para su comercialización, debe transportarse mediante **gaseoductos** o **barcos**. Para poder ser transportado en barco, el gas se licúa y, cuando llega a su destino, debe someterse a un proceso de restitución en una planta regasificadora para su posterior distribución.

Su impacto medioambiental es menor que el de otros combustibles fósiles al producir menos cantidad de CO_2 en el proceso de combustión para obtener energía:

$$\text{Combustión gas natural: } \mathbf{CH_4\,(g)} + 2\,O_2\,(g) \rightarrow \mathbf{CO_2\,(g)} + 2\,H_2O\,(g)$$

$$\text{Combustión butano: } \mathbf{2\,C_4H_{10}\,(g)} + 13\,O_2\,(g) \rightarrow \mathbf{8\,CO_2\,(g)} + 10\,H_2O\,(g)$$

Este menor impacto medioambiental junto con su mayor poder energético y el perfeccionamiento de la red de distribución han extendido y potenciado su uso. Entre sus aplicaciones, destacan:

- **Industria:** cocción de cerámica, fundición de metales.
- **Generación de electricidad:** centrales térmicas de ciclo combinado.
- **Transporte público y privado:** autobús, taxi.
- **Uso doméstico:** cocina, agua caliente, calefacción.
- **Materia prima:** obtención de metanol, plásticos, fertilizantes.

Actividades

51. Una bombona de gas natural contiene un 93 % de metano, un 5 % de etano y el resto son impurezas. Determina el volumen de CO_2, medido a 25 °C y 1 atm, que se produce cuando se quema 1 g de gas natural de la botella. Supón que el rendimiento del proceso es del 100 %.

S: $V = 1{,}5$ L de CO_2

Metanero o gasero

Buque dedicado al transporte de gas natural licuado desde los países productores (plantas de licuefacción) hasta los países consumidores (plantas de regasificación).

Su nombre internacional es LNG *(Liquified Natural Gas).*

Carbono 2.0

El siguiente vídeo explica el funcionamiento de una central térmica de ciclo combinado:

bit.ly/ENDESA_ciclo_combinado

7.3. Impacto medioambiental

El desarrollo industrial, tecnológico y socioeconómico propiciado por el uso de los combustibles fósiles ha ocasionado, sin embargo, un impacto negativo en el medioambiente y, por tanto, en las personas. La contaminación es un problema compartido que debe ser abordado con la adopción de medidas de carácter global. Por ejemplo, la mayor parte de la lluvia ácida que daña los bosques de Noruega tiene su origen en los óxidos de azufre y nitrógeno producidos en el sur de Europa.

Liberación CO_2

Se produce en la combustión de una fuente de energía fósil. Provoca un aumento del efecto invernadero, responsable directo del calentamiento global:

Combustible fósil + $O_2 \rightarrow CO_2 + H_2O$ + energía

Se emiten casi 40 000 millones de toneladas de CO_2 al año.

Ocupación de grandes extensiones de territorio

La grandes explotaciones petrolíferas o del carbón provocan la degradación paisajística y potencian, además, el riesgo de contaminación a gran escala.

Vertidos de crudo o gases licuados

Producidos accidentalmente por plataformas o barcos, provocan la destrucción de flora y fauna terrestre y marina por mareas negras o contaminación del suelo.

Liberación de SO_2, NO y NO_2

Resultado de la combustión de los combustibles fósiles, provoca:

Lluvia ácida **Esmog fotoquímico**

Disolución en H_2O

SO_2 - - - - - - → H_2SO_3

↓ Reacción O_2 aire

Oxidación por O_2 disuelto en vapor de agua ↓

SO_3 - - - - - - → H_2SO_4

Disolución en H_2O

Niebla oscura que se forma en entornos urbanos cuando hay masas de aire estancadas. Se debe a la acción de la luz sobre los óxidos de nitrógeno de los tubos de escape, lo que produce ozono (O_3), contaminante de la troposfera.

Soluciones	
Minimizar el consumo de combustible a través de la eficiencia energética y la reducción de la disipación de energía mediante el empleo de nuevos materiales aislantes y potenciando el uso de los motores eléctricos o híbridos.	Potenciar la **investigación** y el **desarrollo** de dispositivos basados en energías más limpias, como la **solar** o la **eólica,** para minimizar el uso de los combustibles fósiles tanto en la industria como en los hogares.
Emplear **combustibles sin azufre** para evitar la formación de sus óxidos en la atmósfera.	Emplear **convertidores catalíticos** para evitar la emisión de óxidos de nitrógeno transformándolos en N_2.
Aumentar el uso de **combustibles alternativos,** como el biodiésel o el bioetanol, menos contaminantes.	Transportes más seguros, como los **buques de doble casco,** que reduzcan el riesgo de contaminación accidental.

Actividades

52. ¿Por qué el ozono cuando se encuentra en la troposfera es contaminante y, sin embargo, en la estratosfera resulta un compuesto indispensable para la vida? Realiza una búsqueda de información contrastada en fuentes suficientemente fiables.

53. En grupos, con el contenido de la tabla del epígrafe 7.3, donde se exponen algunas soluciones para minimizar el impacto medioambiental de los combustibles fósiles, elaborad una infografía con imágenes de todas estas soluciones. A partir de fuentes contrastadas de información, aportad alguna solución más.

8. Alotropía y nuevos materiales

El carbono se presenta bajo múltiples formas: diamante, grafito, grafeno, fullerenos o nanotubos de carbono. Todos tienen carbonos, pero presentan propiedades muy diferentes.

La **alotropía** es la propiedad de algunos elementos químicos que presentan estructuras distintas en el mismo estado de agregación, con propiedades físicas y químicas diferentes. Cada una de esas estructuras recibe el nombre de **forma alotrópica** o **alótropo.**

Forma alotrópica	Propiedades	Aplicaciones	Estructura
Diamante	• Un átomo se une a otros cuatro formando una estructura tetraédrica. • No es conductor de la electricidad. Todos sus electrones de valencia forman enlaces. • Tradicionalmente, es considerado el material más duro, por la fortaleza de sus enlaces.	Joyería, pulir cristal y piedras preciosas, herramientas de corte.	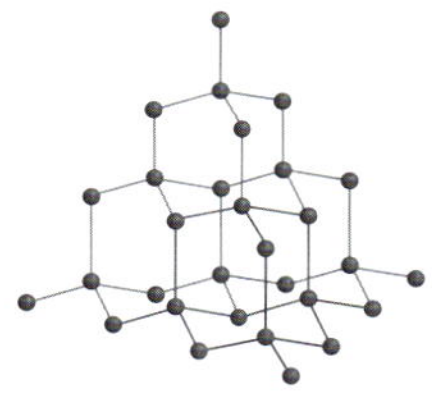
Grafito	• Un átomo se une a otros tres en una estructura plana bidimensional. El cuarto enlace es un débil enlace intermolecular con otro átomo de otra capa. • Conductor en la dirección paralela a las capas. • Material blando. Sus capas se separan fácilmente.	Minas de lapicero, electrodos, lubricante sólido, moderador en el reactor nuclear.	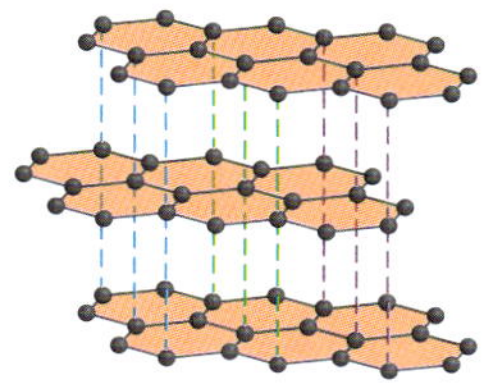
Grafeno	• Capa bidimensional de grosor monoatómico. • Cada átomo se une a otros tres formando anillos hexagonales. El cuarto es un débil enlace intermolecular deslocalizado. • Conductividad similar a un metal, pero mucho más ligero y flexible. • Material más duro que el diamante.	Material del futuro: Electrónica (pantallas ligeras y flexibles), blindaje (por su dureza, ligereza y maleabilidad), prótesis médicas.	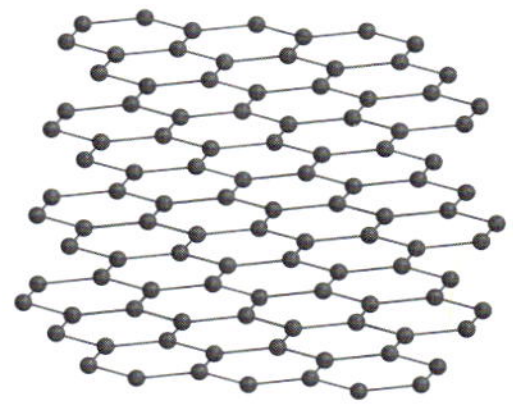
Fullereno	• Monocapa bidimensional de grafito que se cierra sobre sí misma como una esfera. • Cada átomo se une a otros tres. El cuarto enlace queda deslocalizado en la estructura. • Gran resistencia a la presión. • El primer fullereno detectado fue un C_{60}.	Material del futuro: Antiviral (se incorpora a los virus y los desactiva), posibilidad de transportar fármacos en su interior, catalizador.	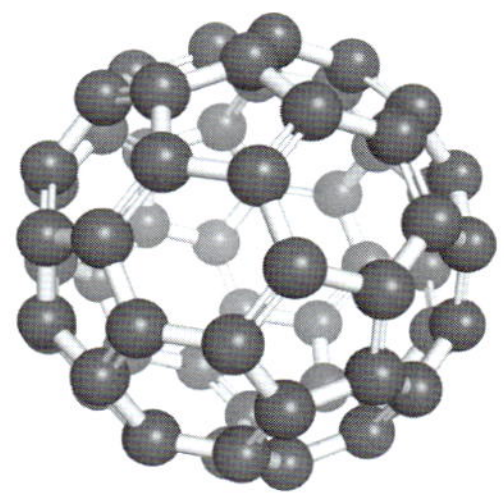
Nanotubo de carbono	• Monocapa bidimensional de grafito que se cierra en forma de tubo. Puede estar abierto o cerrado y estar constituido por uno o varios tubos. Su diámetro puede ser de varios nanómetros y su longitud hasta de varios miles de nanómetros. • Su conductividad depende del cierre del tubo, por lo que pueden ser desde aislantes a superconductores.	Material del futuro: Dispositivos electrónicos, refuerzo estructural (resiste mejor la tracción que el acero), biomedicina.	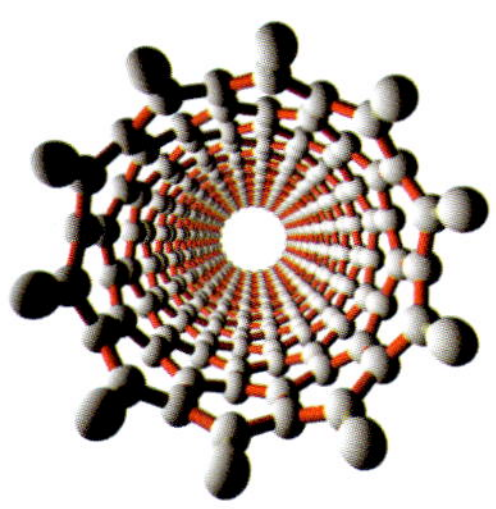

Actividades

54. Establece las semejanzas y diferencias entre el grafeno, el fullereno y el nanotubo de carbono.

1. En el laboratorio se quema un hidrocarburo líquido de masa molecular 70 g · mol^{-1} y se obtiene 2,37 g de CO_2 y 0,97 g de H_2O.

a) Determina su fórmula molecular.

b) ¿Qué isómeros de cadena abierta son compatibles con esa fórmula?

Estrategia de resolución

a) Formula molecular buscada:

$$C_xH_y$$

Calculamos el número de mol correspondiente de C y H a partir de cada masa obtenida en la combustión:

$$n_C = 2{,}37 \text{ g } CO_2 \cdot \frac{1 \text{ mol } CO_2}{44 \text{ g } CO_2} \cdot \frac{1 \text{ mol C}}{1 \text{ mol } CO_2} = 0{,}054 \text{ mol C}$$

$$n_H = 0{,}97 \text{ g } H_2O \cdot \frac{1 \text{ mol } H_2O}{18 \text{ g } H_2O} \cdot \frac{2 \text{ mol H}}{1 \text{ mol } H_2O} = 0{,}108 \text{ mol H}$$

Calculamos la relación más sencilla entre moles, dividiendo entre el coeficiente más bajo (0,054 mol):

$$\text{Para el C: } \frac{0{,}054}{0{,}054} = 1 \qquad \text{Para el H: } \frac{0{,}108}{0{,}054} = 2$$

De esta manera obtenemos la fórmula empírica del hidrocarburo: CH_2.

Como la fórmula molecular es un número entero α veces la fórmula empírica, hallamos la primera dividiendo la masa molecular entre la masa de la fórmula empírica:

$$\alpha \cdot M_m \text{ (empírica)} = M_m \text{ (real)} \quad ; \quad \alpha \cdot 14 = 70 \quad ; \quad \alpha = 5$$

Por lo tanto, la fórmula molecular será:

$$(CH_2)_5 = C_5H_{10}$$

b) La fórmula molecular del hidrocarburo coincide con la fórmula general de los alquenos con un doble enlace (C_nH_{2n}). Por lo tanto, todos los isómeros deberán presentar un doble enlace en su estructura:

pent–1–eno: $CH_2{=}CH{-}CH_2{-}CH_2{-}CH_3$

pent–2–eno: $CH_3{-}CH{=}CH{-}CH_2{-}CH_3$

2–metilbut–1–eno: $CH_2{=}C(CH_3){-}CH_2{-}CH_3$

3–metilbut–1–eno: $CH_2{=}CH{-}CH(CH_3){-}CH_3$

2–metilbut–2–eno: $CH_3{-}C(CH_3){=}CH{-}CH_3$

2. Nombra el siguiente compuesto de carbono:

$$CH_3{-}CH_2{-}\underset{\displaystyle CH_3}{\underset{|}{C}}{=}CH{-}COOH$$

Estrategia de resolución

El compuesto tiene dos grupos funcionales: un doble enlace y un grupo carboxílico.

- Comenzamos a numerar la cadena principal por el ácido, que es el grupo más importante (posición 1), y, luego, el doble enlace (posición 2).
- La cadena principal posee cinco átomos de carbono; por tanto, su coeficiente identificador será pent–.
- En la posición 3, tenemos un sustituyente con un átomo de carbono (met–).

Identificados todos los elementos del compuesto, nombramos según el orden establecido:

«ácido» radical con localizador +

+ n.º de átomos de la cadena principal +

+ sufijo de doble enlace con localizador +

+ sufijo del ácido: –oico

El compuesto es el ácido 3–metilpent–2–enoico.

3. Escribe la fórmula del benzoato de metilo.

Estrategia de resolución

Benzoato de metilo

1. Nos indica que el grupo funcional principal es un éster: R–COO–R′

2. Al ir detrás de la preposición *de*, es el grupo R′ del éster. El prefijo met– hace referencia a un átomo de carbono: **$-CH_3$**

3. Al ir delante del sufijo –oato, es el grupo R del éster. El prefijo benz– hace referencia al benceno monosustituido: **$-C_6H_5$**

Por tanto, el compuesto es: $C_6H_5{-}COO{-}CH_3$

También se puede formular:

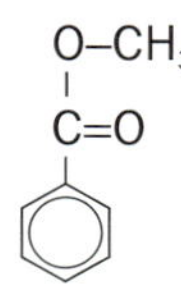

Descubre los fallos de estas actividades.
Consulta las soluciones en:
bit.ly/Encuentra_error_1BAC_U5

A la caza del ERROR

1. Una mezcla de 50 cm^3 de etano y propano necesita 235 cm^3 de oxígeno para que la combustión sea completa. ¿Cuál es la composición de dicha mezcla?

Solución (tres errores)

etano: C_2H_6

Reacción ajustada de combustión:

$$C_2H_6\,(g) + O_2\,(g) \rightarrow CO_2\,(g) + H_2O\,(g)$$

propano: C_4H_{10}

Reacción ajustada de combustión:

$$C_4H_{10}\,(g) + \frac{13}{2}\,O_2\,(g) \rightarrow 4\,CO_2\,(g) + 5\,H_2O\,(g)$$

Si x es el volumen en cm^3 de etano e y el volumen en cm^3 de propano, el volumen de la mezcla será: $x + y = 50$.

Por cada volumen de etano, se necesitan 3,5 volúmenes de oxígeno y, por cada volumen de propano, se necesitan 5 de oxígeno. Por lo tanto: $3{,}5x + 5y = 235$.

De esta forma, tenemos un sistema de dos ecuaciones que podemos resolver:

$$\left.\begin{array}{r} x + y = 50 \\ 3{,}5x + 5y = 235 \end{array}\right\} \quad ; \quad \left.\begin{array}{r} x = 10 \\ y = 40 \end{array}\right\}$$

Por tanto, la mezcla está formada por 10 mL de etano y 40 mL de propano.

2. Nombra los siguientes compuestos:

a) $C_6H_5–CH_2–CH–COOH$ (con NH_2 en el CH)

b) $CH_2=CH–CH_2–C≡CH$

c) $HO–CH_2–CH_2–CO–NH_2$

d) $CH_3–CO–CH_2–CHO$

e) $CH_3–C(CH_3)_2–CH_2–CH_2–CH_2–CH(CH_2–CH_2–CH_3)–CH_2–CH_3$

Solución (un error en cada apartado)

a) ácido 2–amino–1–fenilpropan–3–oico

b) pent–1–in–4–eno

c) 1–hidroxipropamida

d) 3–formilpropan–2–ona

e) 2,2–dimetil–6–propiloctano

3. Escribe la fórmula de los siguientes compuestos:

a) propanoato de etilo

b) 3–metilbut–1–ino

c) etilmetanamina

d) 4–hidroxibutanal

e) dipropil éter

Solución (un error en cada apartado)

a) $CH_3–COO–CH_2–CH_2–CH_3$

b) $CH_3–CH(CH_3)–CH=CH_2$

c) $CH_3–NH–CH_2–CH_3$

d) $HO–CH_2–CH_2–CH_2–CH_2–OH$

e) $CH_3–CH_2–O–CH_2–CH_3$

4. Corrige los siete errores que hay en el texto.

La abundancia de compuestos de carbono se explica a través de su configuración electrónica. Esta le permite formar cuatro enlaces covalentes diferentes: tres enlaces p y un enlace s.

Entre los múltiples compuestos de carbono, destacan los hidrocarburos, formados por los alcanos ($C_{2n}H_{2n+2}$), los alquenos ($C_{2n}H_{2n}$) y los alquinos ($C_{2n}H_{2n-2}$), tanto lineales como cíclicos. Estos derivados del petróleo se obtienen en la torre de fraccionamiento de la refinería a través de un complejo proceso químico.

Otros de los compuestos más importantes del carbono son los plásticos, tanto naturales como sintéticos.

En general, atendiendo a su comportamiento frente a la deformación, los plásticos se pueden clasificar en dos grandes grupos: termoplásticos y termoestables.

Los termoplásticos pueden ser moldeados sucesivas veces por acción del calor; entre ellos, podemos destacar la baquelita.

Por su parte, los termoestables no tienen esta capacidad de volver a ser moldeados; entre ellos, podemos destacar el teflón, presente en los utensilios de cocina.

Las últimas formas alotrópicas del carbono se han mostrado como una pieza clave en el desarrollo de nuevos materiales en un futuro cercano.

Problemas propuestos

Nomenclatura de los compuestos de carbono

1. Escribe la fórmula de los siguientes compuestos de carbono:

a) EvAU pentanoato de propilo

b) 2–etilbutano–1,4–diol

c) 2,3–dimetilpenta–1,4–dieno

d) 3–etil–6–hidroxi–5–metilheptanal

e) 3–cloropropanamida

f) 2–formilbutanamida

g) 4–yodobut–1–ino

h) 10–etil–2,5,8–trimetiltridecano

i) ácido 4–cloro–3–hidroxi–3–metilbutanoico

j) EvAU etoxibenceno

k) hept–1–en–3–ona

l) tributilamina

m) 1–etil–2,3,4–trimetilbenceno

n) 1–hidroxibutanodiona

o) 2,5,8,11–tetracloro–10–etil–4–metil–7–propilpentadecano

p) ácido 4–hidroxi–4–metil–2–oxopentanoico

q) EvAU p–clorobenzoato de metilo

r) 3–cloro–4–metilpent–1–ino

s) hex–4–in–2–eno

t) 4–fenilpenta–2–ol

u) 5–bromopent–3–enamida

v) EvAU 3,5–dimetil–4–enal

w) 3–etilpent–3–eno

x) 3–metilpentan–2,4–diamina

y) EvAU pent–2–en–1,5–diol

z) *para*–diaminobenceno

2. Escribe el nombre de los siguientes compuestos de carbono:

a) $Cl-CH_2-CH_2-CH_2-COO-CH_2-CH_2-Cl$

b) $Br-CH_2-CH-CH-C\equiv CH$
$\qquad\qquad CH_3 \; CH_2-CH_3$

c) $CH_3-CH_2-CH_2-O-CH_2-CH_2-CH_2-CH_3$

d) $HO-CH_2-CH_2-CO-CH_2-OH$

e) $CH_2{=}CH-CH_2-CH_2-OH$

f) $CH_3-CH{=}CH-CH_2-CH{=}CH-CH_2-F$

g) $Br-CH_2-CH_2-NH-CH_2-CH_2-CH_3$

h) $F-CH_2-CH-CH_2-CH_2-CH-CH_2-CH_2-CH_2-CH_3$
$\qquad CH_3 \qquad\qquad CH_2-CH_2-CH_3$

i) $H_2N-CH_2-CH-CHO$
$\qquad\qquad CH_3$

j) $H_2N-CO-CH_2-CO-NH_2$

k) $CH_3-CH{=}CH-CH_2-CH_2-OH$

l) 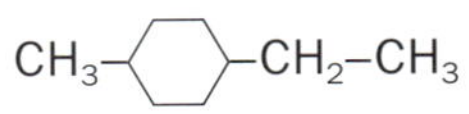

m) $CH_3-CH_2-CH{=}CH-CH_2-CH-CH{=}CH-CH_2-CH_3$
$\qquad\qquad\qquad CH_2-CH_2-CH_2-CH_3$

n) $I-CH-CH_2-CH-CH_2-CH_2-COOH$
$\quad CH_3 \qquad OH$

o) EvAU $CH_3-CH_2-CHOH-CH_2-CH_2-CH_3$

p) $Cl-CH_2-CH_2-CH-CH_2-CH-CH_2-CH-CH_2-CH_2-CH_2-CH_3$
$\qquad\qquad Br \qquad I \qquad F$

q) $H_2N-CH_2-COO-CH_2-CH_3$

r) $Cl-CH_2-CH_2-CH_2-CH_2-O-CH_3$

s) $CH_3-N-CH_2-CH_2-CH_2-CH_3$
$\qquad CH_2-CH_3$

t) $Br-CH_2-CH_2-C\equiv C-CH-CH_3$
$\qquad\qquad\qquad CH_2-CH_2-CH_2-CH_3$

u) $HO-CH_2-CH_2-CH-CH_2-CHO$
$\qquad\qquad\qquad Cl$

v) $HO-CH_2-C{=}CH_2-CH-CH_2-CH_2-OH$
$\qquad\qquad CH_3 \quad CH_2-CH_3$

w) $CH_3-CH{=}CH-CH_2-CO-CH-CH_3$
$\qquad\qquad\qquad\qquad CH_3$

x) $CH_3-CO-CH-CH_2-CO-CH_2-COOH$
$\qquad\qquad CH_3$

y) $HOOC-CH-CH_2-COOH$
$\qquad\quad CH_2-CH_3$

z) EvAU $CH_3-NH-CH_2-CH_3$

aa) 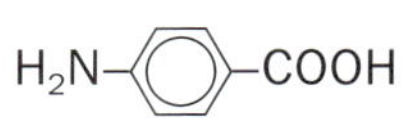

Isomería

3. Nombra los siguientes compuestos e indica qué tipo de isomería presentan:

a) $CH_3–CH_2–O–CH_2–CH_3$

$CH_3–CH_2–CH_2–O–CH_3$

b) $CH_3–CH_2–CH_2–CH_3$

$CH_3–CH(CH_3)–CH_3$

4. Formula los siguientes pares de compuestos e indica qué tipo de isomería existe entre ellos:

a) but–2–eno y metilpropeno

b) butan–1–ol y butan–2–ol

5. Responde razonadamente a las siguientes cuestiones:

a) ¿Cuándo dos compuestos son isómeros estructurales?

b) Pon un ejemplo para cada uno de los tipos de isomería estructural y nombra los compuestos elegidos.

6. Para el 2–clorobutano, representa sus isómeros ópticos e indica el carbono quiral.

7. Escribe la fórmula de los siguientes compuestos e indica que tipo de isomería presentan:

a) butanal y butanona

b) propan–1–ol y propan–2–ol

8. Escribe la fórmula de los siguientes compuestos e indica cuáles presentan isomería geométrica. Representa también los isómeros *cis–trans*:

a) but–2–eno

b) 1–cloroprop–1–eno

c) 1,1–dicloroeteno

d) hept–3–eno

9. Escribe la fórmula de los siguientes compuestos e indica si presentan isomería óptica. Representa los isómeros ópticos.

a) 2–bromobutano

b) 2,2–dicloropropano

c) propan–3–ol

d) ácido 2–etilpropanoico

10. Escribe:

a) Un isómero de cadena del butano.

b) Un isómero de función del metoxietano (etilmetiléter).

c) Un isómero de posición de la hexa–2–ona.

d) Los isómeros geométricos del but–2–eno.

11. Dados los siguientes compuestos:

$CH_3CHClCH_2OH$ $ClCH_2CH_2CH_2OH$ $ClCH_2CH_2COCH_3$

a) Justifica qué compuesto puede presentar isomería óptica.

b) Indica qué compuestos son isómeros de posición.

c) Indica el compuesto que es isómero de función del $ClCH_2CH_2CH_2CHO$.

Problemas globales

12. Una estudiante de química determina la masa molecular de un compuesto orgánico como 60 g · mol^{-1}. Luego, realiza la combustión de 0,4356 g de compuesto y mide 0,958 g de dióxido de carbono y 0,5218 g de agua. Determina:

a) La masa de carbono e hidrógeno en el compuesto.

b) La masa de oxígeno en el compuesto.

c) La fórmula molecular del compuesto.

d) Las fórmulas de los posibles isómeros.

S: *a)* 0,2613 g C; 0,0579 g H; *b)* 0,1164 g O; *c)* C_3H_8O

13. El grisú es un gas peligroso que puede provocar explosiones en las minas de carbón al entrar en contacto con una fuente de calor. Su composición, como en el gas natural, es principalmente metano. Si el calor de combustión del metano es de 82 kJ · mol^{-1}, determina:

a) La ecuación ajustada de la combustión del metano.

b) La energía liberada por la combustión de 1 t de metano.

S: *b)* 5,125 GJ

14. La leucina es un aminoácido que utilizan las células para sintetizar proteínas. Se llama ácido 2–amino–4–metilpentanoico según las normas IUPAC.

a) Escribe su fórmula desarrollada.

b) Si reacciona con el metanol, escribe la reacción resultante y el nombre de todas las sustancias implicadas.

c) ¿Existe algún átomo de carbono que sea quiral? Representa los dos isómeros ópticos.

15. Un alcohol monoclorado está formado por un 38,1 % de C, un 7,4 % de H y un 37,6 % de Cl. Si el resto corresponde a oxígeno, responde a las siguientes cuestiones:

a) ¿Cuál es su fórmula molecular si coincide con la empírica?

b) Escribe y nombra los posibles compuestos que le corresponden si se sabe que existe un átomo de carbono quiral.

S: C_3H_7OCl

16. Un recipiente hermético contiene eteno o propeno. Si 36 cm^3 del alqueno consumen 162 cm^3 de oxígeno, ¿de qué alqueno se trata?

S: $CH_3–CH=CH_2$

17. Una sustancia orgánica contiene carbono, hidrógeno y oxígeno. A 250 °C y 750 mmHg, 1,65 g del compuesto ocupan en estado vapor 629 mL. Su análisis elemental indicó que la proporción de cada elemento era 63,1 % de C, 28,2 % de O y 8,7 % de H. Determina su fórmula molecular.

S: $C_6H_{10}O_2$

Práctica 1. Un espejo de plata

El grupo carbonilo (C=O) es característico de aldehídos (R–CHO) y de cetonas (R–CO–R'). Para poder diferenciarlos, se usa el reactivo de Tollens ($[Ag(NH_3)_2]OH$). Este reactivo se empleaba, por ejemplo, para el diagnóstico de la diabetes: la orina no debe presentar glucosa, pero la de un enfermo de diabetes sí tiene, así que se añadía este reactivo a las pruebas de orina y se observaba el resultado.

Objetivo

Identificar la presencia de aldehídos y diferenciarlos de las cetonas.

Material

- Erlenmeyer (muy limpio), pipeta, vidrio de reloj, balanza, espátula, vasos de precipitado y probeta.
- Reactivos: nitrato de plata ($AgNO_3$), hidróxido de potasio (KOH), amoniaco (NH_3), glucosa ($C_6H_{12}O_6$) y acetona (C_3H_6O).

Procedimiento

El proceso químico que vamos a estudiar se desarrolla en dos etapas:

- **Formación del reactivo de Tollens**. Una disolución acuosa de nitrato de plata se mezcla con una de amoniaco hasta la completa disolución de la primera. Las reacciones químicas simplificadas del proceso son:

  $$2\ AgNO_3 + 4\ NH_4OH + H_2O \rightarrow [AgOH \rightarrow Ag_2O] \rightarrow$$
  $$\rightarrow 2\ [Ag(NH_3)_2]^+ + 2\ OH^- \text{ (ac)}$$

  El AgOH es un sólido gelatinoso blanco y se descompone rápidamente en Ag_2O, que se disuelve en el exceso de amoniaco.

- **Reducción de la glucosa**. El reactivo de Tollens oxida la glucosa y aparece un precipitado de plata metálica:

  $$C_5H_{11}O_5\text{–}CHO + 2\ [Ag(NH_3)_2]^+ + 2\ OH^- \rightarrow$$
  $$\rightarrow C_5H_{11}O_5\text{–}COO^{-}\,{}^{+}NH_4 + 2\ Ag + H_2O + 3\ NH_3$$

NOTA DE SEGURIDAD: el reactivo de Tollens se debe preparar en el momento y no conservarse durante más de tres horas. Se pueden formar cristales de Ag_3N y Ag_2NH, que son inestables. Al terminar, las disoluciones de plata se lavan con abundante agua.

Desarrollo experimental

1. Preparar disoluciones comunes a todos los grupos:

   $AgNO_3$ 0,1 M, 120 mL   KOH 0,8 M, 60 mL

   $C_6H_{12}O_6$ 0,25 M, 20 mL
2. En un erlenmeyer pequeño, añadir 20 cm^3 de la disolución acuosa de nitrato de plata.
3. Con una pipeta, agregar amoniaco hasta la completa disolución del precipitado original. Se necesitará aproximadamente 1 mL.
4. Incorporar en el erlenmeyer 10 cm^3 de la disolución de KOH. Agitar con cuidado.
5. Añadir 1,6 cm^3 de la disolución de glucosa.
6. Mover vigorosamente y sin parar el erlenmeyer en círculos sin derramar el contenido.
7. Repetir el proceso, pero sustituyendo la disolución de glucosa por propanona (acetona comercial).

Cuestiones

1. ¿Qué cambios de coloración se observan mientras se agita el erlenmeyer?

2. ¿Qué resultado se obtiene con la propanona?

3. ¿Qué rendimiento ha tenido el proceso de obtención de plata metálica?

4. Investiga si este proceso sería rentable económicamente para obtener plata a su precio de venta actual.

Con ayuda del profesorado, infórmate del precio de los reactivos que se han empleado en el desarrollo de la práctica

Hablando de ciencia...

Las nuevas formas alotrópicas del carbono son una revolución que, en parte, debemos agradecer a **Mildred Dresselhaus** (1930–2017). Fue considerada la **reina del carbono** al concebir la idea de plegar una sola capa de átomos de carbono sobre sí misma y generar un nanotubo. Su trabajo sirvió de base a dos descubrimientos de Nobel: en 1996, los fullerenos, y en 2010, los nanotubos.

En 1985, fue la primera mujer en obtener una cátedra en el MIT gracias a sus éxitos en física de la materia condensada. También fue la primera mujer en recibir la Medalla de Honor del Institute of Electrical and Electronics Engineers, en 2015, y la primera persona en ganar el Premio Kavli individualmente, en 2012. Con este premio, recibió un millón de dólares que depositó en un fondo (el Mildred Dresselhaus Fund) destinado a ayudar a las mujeres más jóvenes en su carrera en el MIT.

Mientras trabajaba en el MIT, consiguió implantar un sistema de admisión igualitario, al observar que se seguían criterios de admisión distintos para hombres y mujeres. En 1971, organizó el primer Women's Forum para analizar el papel de la mujer en ciencia.

- Mildred Dresselhaus quería ser maestra. Sin embargo, se cruzó en su vida académica una investigadora que le hizo cambiar de idea. ¿Quién fue?

Práctica 2. Plástico polifórmico, un ejemplo de termoplástico

Un termoplástico es un polímero sólido que, por acción del calor, pasa a ser un fluido de viscosidad variable. Al calentar el termoplástico, sus fuerzas intermoleculares no poseen la suficiente energía para retener a las macromoléculas en sus posiciones y el compuesto empieza a fluir. Al enfriarlo, las fuerzas intermoleculares retienen a las macromoléculas en las nuevas posiciones y el termoplástico se vuelve rígido. Un ejemplo de estas sustancias son las férulas dentales.

Objetivo

Observar la capacidad de un termoplástico para ser moldeado sucesivamente.

Materiales

- Termómetro, recipiente, varilla de vidrio.
- Compuestos: esferas de plástico polifórmico y agua.

Procedimiento

1. Hervir agua y añadir 100 mL aproximadamente en un recipiente.
2. Medir la temperatura y, cuando alcance los 70 °C–80 °C, echar las esferas de plástico.
3. Cuando las esferas se vuelven translúcidas están listas, debido a que las fuerzas intermoleculares no pueden retener a las macromoléculas en sus posiciones fijas.
4. Extraer las esferas con ayuda de una varilla (se adhieren entre sí con facilidad).
5. Moldear cuidadosamente con las manos. Al principio pueden estar calientes.
6. En unos minutos el material pierde transparencia y es más difícil de moldear. Entonces, hay que introducirlo en agua caliente para poder seguir trabajando con él.

Cuestiones

¿Qué indica, a nivel microscópico, la pérdida de transparencia del material? ¿Por qué se recupera la transparencia al calentarlo?

Atrévete a mirar

¿He aprendido realmente?

¿Qué nuevos conceptos he añadido a lo que conocía sobre la química del carbono?

¿Cómo ha cambiado mi percepción del mundo del petróleo con sus aplicaciones y su relación con el medioambiente?

¿Cómo planteo la resolución de cálculos estequiométricos relacionados con los derivados del petróleo?

¿Qué dificultades he encontrado en la formulación de compuestos de carbono? ¿Cómo las he resuelto?

¿Comprendo la importancia del concepto de isomería a mi vida diaria?

¿Cómo ha cambiado mi visión de la tecnología con las formas alotrópicas del carbono?

Proyecto 1: Otra forma de hacer química

El papel de la química ha sido determinante para el desarrollo tecnológico de nuestra sociedad. Medicamentos, materiales de construcción, combustibles, materiales textiles... estos ejemplos son una pequeña muestra de la importancia de esta ciencia.

Sin embargo, la relación entre la química y la sociedad no ha dejado de ser controvertida en múltiples ocasiones, sobre todo, a causa de las negativas consecuencias de la actividad química sobre el medioambiente.

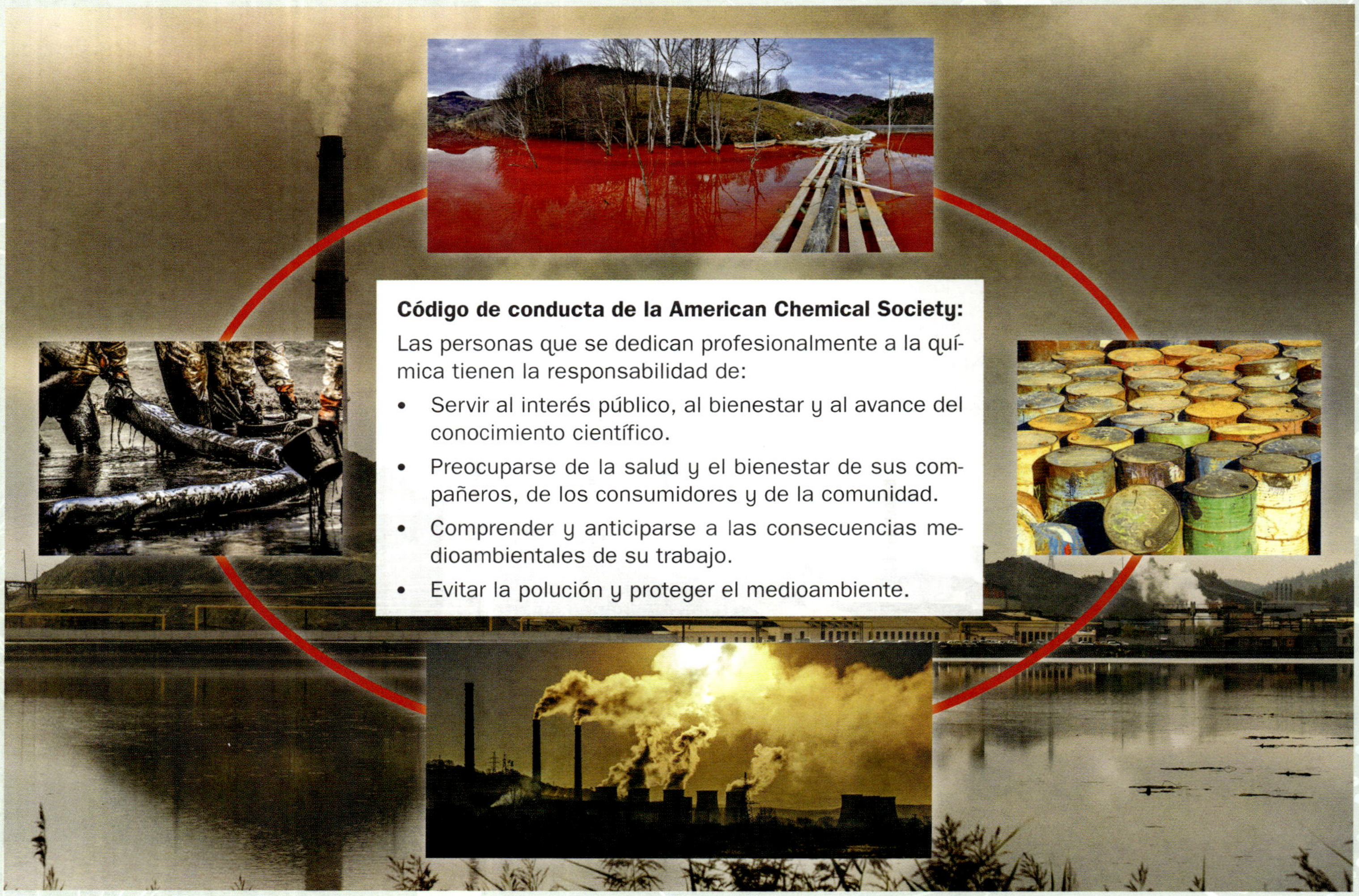

Código de conducta de la American Chemical Society:

Las personas que se dedican profesionalmente a la química tienen la responsabilidad de:

- Servir al interés público, al bienestar y al avance del conocimiento científico.
- Preocuparse de la salud y el bienestar de sus compañeros, de los consumidores y de la comunidad.
- Comprender y anticiparse a las consecuencias medioambientales de su trabajo.
- Evitar la polución y proteger el medioambiente.

El siguiente proyecto consiste en llevar a cabo una investigación sobre el impacto medioambiental de la actividad química. Los objetivos serían delimitar la responsabilidad de la industria química, en general, y de las personas que se dedican a esta actividad, en particular, y proporcionar posibles soluciones a corto, medio y largo plazo.

El estudio debe realizarse en grupos cooperativos. El resultado de la investigación puede mostrarse en forma de exposición oral, a través de un video documental o por medio de un dosier divulgativo impreso. En primer lugar, se procederá a resolver una serie de cuestiones previas que facilitan centrar la investigación posterior.

Cuestiones de presentación

Con independencia del modo en que se desarrolle el proyecto, las dos primeras cuestiones se resolverán en una mesa redonda.

1. ¿Piensas que el trabajo de la industria química es una actividad responsable con el medioambiente?
2. ¿Crees que el desarrollo de nuevos medicamentos o de materiales, por poner un ejemplo, gracias a esta industria compensa el impacto medioambiental?
3. Busca información contrastada sobre un accidente medioambiental reciente provocado por la industria química.
4. Como estudiante de ciencias, ¿crees que tienes un comportamiento responsable en el trabajo de laboratorio? Por ejemplo, en el uso de las cantidades justas de reactivos, en el tratamiento de los residuos producidos o de los productos obtenidos, etc.

La preocupación por hacer compatible el desarrollo de la química industrial con la sostenibilidad y la protección del medioambiente propició que determinadas personas dedicadas a esta ciencia y a esta industria se replantearan su actividad. Se asumió que esta tarea correspondía a todas las ramas de la química: la industria, la investigación y la docencia. La intención era ir más allá del tratamiento correcto de los residuos y apostar por diseñar procesos químicos que evitaran o eliminaran la formación de desechos contaminantes y, además, ahorraran tiempo y recursos. Esta nueva forma de entender la química y su relación con el entorno recibió el nombre de **química verde.**

La química verde está logrando grandes avances. En el 2018, el Premio Nobel de Química recaía sobre un trabajo de investigación en química verde desarrollado por la norteamericana **Frances H. Arnold** junto con George Smith y Gregory Winter en el Instituto de Tecnología de California. Desde 1993, Frances H. Arnold investiga sobre el uso de enzimas como base para fabricar sustancias farmacéuticas y producir biocombustibles renovables. El empleo de estas enzimas permite el desarrollo de procesos químicos mucho más respetuosos con el medioambiente al trabajar en una doble dirección: minimizar los residuos y optimizar el gasto de energía, dos de los pilares de la química verde.

Cuestiones de conocimiento

Para responder a estas cuestiones, el grupo debe elaborar una infografía en la que, con ayuda de pictogramas, se represente la idea de la química verde.

5. ¿Cómo definirías, empleando tus propias palabras, la química verde?

6. ¿Cuáles son los 12 principios en los que se basa esta forma de pensar el trabajo químico? Explícalos brevemente.

Cuestión de aplicación

7. El ácido clorhídrico se obtiene a escala industrial mediante tres métodos:

- Método del horno de Mannheim:

$$2\ NaCl\ (s) + H_2SO_4\ (ac) \rightarrow 2\ HCl\ (ac) + Na_2SO_4\ (ac)$$

- Método de cloración de compuestos orgánicos:

$$C_6H_6\ (l) + Cl_2\ (g) \rightarrow C_6H_5\text{–}Cl\ (l) + HCl\ (g)$$

- Síntesis directa:

$$H_2\ (g) + Cl_2\ (g) \rightarrow 2\ HCl\ (g)$$

A partir del concepto de economía atómica, ordena los métodos de más a menos favorables para la química verde.

S: Síntesis directa, método Mannheim, método cloración.

Cuestión de investigación

8. Elige uno de los temas propuestos y realiza un trabajo de investigación sobre él a partir de fuentes de información contrastadas.

a) Síntesis de ibuprofeno por un método verde.

b) Empresas multinacionales que emplean la química verde.

c) ITQ-43. Catalizadores más sostenibles.

☐ Bibliografía básica de consulta

bit.ly/ScienceSchool_QV
bit.ly/Istas_QV
bit.ly/ElMundo_QV
bit.ly/UNED_QV
bit.ly/Redalyc_QV
bit.ly/Daphnia_QV

«A través del desarrollo y la aplicación de la química analítica verde, realmente creo que podemos mejorar nuestro mundo.»

Elena Ibáñez Ezequiel (España, 1965). Química y profesora en el Instituto de Investigación de Ciencias de la Alimentación. En el 2016 fue elegida una de las personas más influyentes del mundo en química analítica por la revista *The Analytical Scientist*.

6. Cinemática básica

Contenidos

- El movimiento y el sistema de referencia
- Elementos del movimiento
- La velocidad
- La aceleración
- Representaciones gráficas

El día 14 de octubre de 2012, Felix Baumgartner despegó desde Roswell (Nuevo México) para ascender hasta los 39 068 m. Desde esa altitud efectuó una caída libre en la que se convirtió en el primer ser humano en romper la barrera del sonido sin ningún tipo de apoyo mecánico.

Los cálculos concluyeron que el paracaidista austriaco rompió la barrera del sonido durante los primeros 40 s de caída, al llegar a unos 1 343 $km \cdot h^{-1}$. Pero las mediciones realizadas indicaron que, realmente, no sobrepasó los 1 173 $km \cdot h^{-1}$ durante los 3 min y 48 s de caída.

En ocasiones cuando leemos un titular o una noticia sobre un nuevo récord, pensamos que es algo sencillo de conseguir. Pero lo cierto es que Baumgartner comenzó a preparar el salto ¡casi tres años antes!

- Intentó su objetivo probando con cotas más accesibles a sabiendas de que tenía una importante experiencia profesional en saltos de riesgo; si buscas en Internet, verás la cantidad de objetivos menos importantes que había alcanzado hasta entonces.
- Se rodeó del mejor equipo posible con el que trabajar todos y cada uno de los aspectos necesarios. Un equipo que pusiera en común las mejores cualidades de cada uno en todo momento.
- Fue paciente y no se precipitó, retrasó su intento hasta en dos ocasiones para garantizar el éxito. El intento debía tener todas las garantías posibles, nada podía quedar al azar. Además, debido a la peligrosidad del salto, tenía un plan B: en caso de desmayo se activaría un paracaídas automático que garantizaría que podría volver a intentarlo.

Cuestiones

1. ¿Qué tipo de movimiento realizó durante su caída? ¿Podrías estimar la aceleración que experimentó durante los primeros momentos?
2. ¿Por qué su velocidad no aumenta sin cesar? ¿Por qué la velocidad máxima se alcanza a los 40 s de caída? ¿Cuánto tardó en llegar al suelo?
3. ¿Qué dificultades crees que consideraron como difícilmente salvables?
4. ¿Cuáles fueron, a tu juicio, los problemas que el equipo tuvo que superar? ¿Y la persona de Baumgartner?

«Puedo calcular el movimiento de los cuerpos celestes, pero no la locura de la gente», Isaac Newton.

El reto

En las últimas décadas, el desplazamiento de personas y mercancías ha evolucionado sustancialmente. Antes, las velocidades a las que nos desplazábamos por carretera, ferrocarril o avión eran considerablemente menores. El desplazamiento y la velocidad son dos de las magnitudes que se estudian en cinemática.

Vamos a analizar la relación que existe entre la masa de un cuerpo y el tiempo de caída.

Experimento: Las dependencias en la caída de los cuerpos

Estudiaremos las magnitudes que pueden proporcionar una valiosa información: la masa del objeto, la altura de caída y el tiempo transcurrido hasta tocar el suelo. Tened en cuenta que debéis realizar el estudio en un lugar en el que la influencia del viento no sea notable.

Para realizar el experimento, necesitaréis los siguientes objetos:

- Una pluma o una hoja seca de un árbol.
- Una pelota de tenis.
- Un objeto dotado de poca masa en comparación con su tamaño; por ejemplo, un recipiente de plástico sin tapa.
- Un objeto con mayor masa que el anterior en comparación con su tamaño; por ejemplo, un plomo o una piedra muy densa.
- Un recipiente esférico en el que poder introducir los objetos anteriores; por ejemplo, el que contiene el regalo que dispensan algunas máquinas al introducir una moneda.

Desde una altitud de unos tres metros, por ejemplo, una primera planta de un edificio, vais a dejar caer cada uno de los objetos por separado en tres ocasiones. Grabad cada uno de los ensayos que realicéis para poder determinar con exactitud el instante de impacto con el suelo.

Tomad como valor real el resultado de la media de los tres tiempos para cada objeto. Introducid posteriormente los objetos en el recipiente esférico hueco y repetid las medidas.

Cuidaos de que los objetos no se rompan durante los ensayos, pues eso daría al traste con vuestro estudio. Podéis protegerlos situando algo blando debajo del lugar de impacto con el suelo.

Tras la fase de toma de datos, habéis de analizarlos. Para ello, comprobad la influencia de la masa de los objetos realizando una gráfica masa–tiempo. Situad un punto para cada resultado empleando diferente color para los ensayos con el recipiente esférico.

Tras todos los ensayos realizados, caeréis en la cuenta de que existe un valor mínimo en el tiempo de caída en ensayos que se repite. ¿Sois capaces de aportar conclusiones?

Tomad nota de las variables masa, altura y tiempo de caída.

Si grabáis con una cámara capaz de realizar grabaciones con elevado número de fps *(slow motion)* podréis ser más exactos en vuestras medidas.

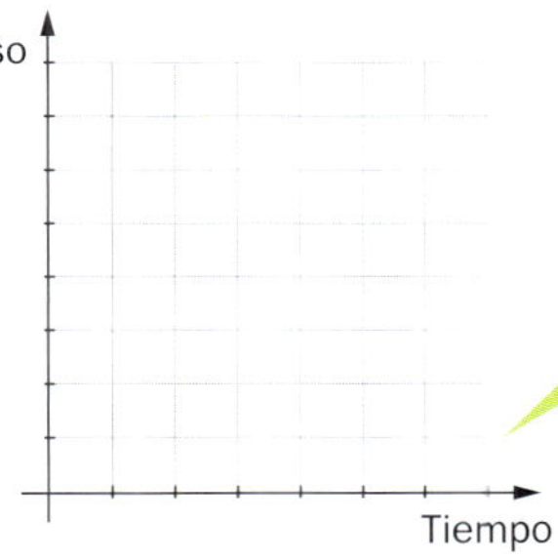

A la hora de tratar los datos, es muy importante ser metódico. Numerad cada uno de los objetos y situad al lado de cada punto el número del objeto correspondiente. Emplead diferentes colores para los datos de los ensayos en los que se ha empleado el recipiente esférico.

Atrévete a mirar

¿Quiero aprender?

¿Qué conozco sobre las variables del movimiento?

¿Recuerdo y domino el uso de los vectores?

¿Qué conozco sobre los sistemas de referencia? ¿Cómo pueden ser estos sistemas de referencia y por qué razón son necesarios?

¿Cómo defino velocidad y aceleración? ¿Puedo predecir la velocidad y la aceleración de un cuerpo conociendo su vector de posición?

Si la rapidez de un móvil es siempre la misma, ¿soy capaz de predecir si su movimiento puede ser acelerado o no? ¿Tengo seguridad en mi respuesta?

1. El movimiento y el sistema de referencia

¿Alguna vez has visto la secuencia de la caída de una persona desde una aeronave? Seguramente habrás percibido que, mientras trascurre la secuencia, en algunos momentos parece que quien se ha lanzado se encuentra suspendido en el aire. La cámara se mueve a la misma velocidad que quien se ha lanzado y eso hace que no se perciba movimiento en él.

Se define **movimiento** como la variación de posición de un cuerpo respecto a un punto que se toma como referencia.

¿Cómo detectar el cambio? Dos pasajeros que se mueven en el interior de un avión en vuelo y sin ventanillas difícilmente intuirán la alta velocidad a la que se desplazan si no consiguen ver el exterior. Solamente es posible observar un cambio en la posición si disponemos de un **sistema de referencia**, algo que proporcione información acerca del cambio en la posición.

Cinemática 2.0

En este enlace dispones de imágenes de la hazaña de Felix Baumgartner:

bit.ly/FBaum

Un **sistema de referencia (SR)** es un conjunto formado por un punto (O), denominado origen de coordenadas, y unos ejes, que definen unas direcciones principales en el espacio, los cuales permiten describir la posición de un objeto mediante las coordenadas que le corresponden en dicho SR.

Existen diferentes tipos de sistemas de referencia. El número de ejes necesarios para definir un movimiento se denomina **dimensiones del movimiento** y dependerá de las características del propio movimiento. Usualmente se identifica con la letra D (1D, 2D, 3D).

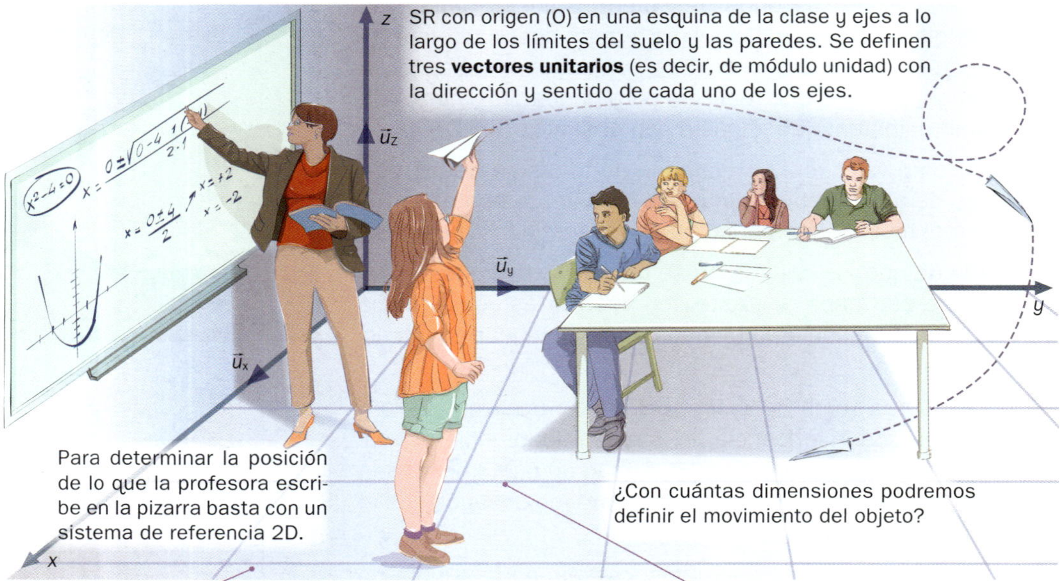

Un SR permite identificar **puntos** a través de sus **coordenadas:**

$$A(4,2) \rightarrow \begin{cases} \text{Coordenada } x = 4 \\ \text{Coordenada } y = 2 \end{cases}$$

Un SR permite identificar **vectores** a través de sus **componentes** utilizando **los vectores unitarios:**

$$\vec{v} = 4\,\vec{u}_x + 2\,\vec{u}_y$$

Sabías que...

Existe una notación alternativa para los vectores unitarios que en ocasiones aparece en libros de Física:

$$\vec{i} = \vec{u}_x \quad \vec{j} = \vec{u}_y \quad \vec{k} = \vec{u}_z$$

Así, un mismo vector se puede expresar de dos formas:

$$\vec{v} = 4\,\vec{u}_x + 2\,\vec{u}_y$$

O bien

$$\vec{v} = 4\,\vec{i} + 2\,\vec{j}$$

El inconveniente de esta nomenclatura es la posibilidad de confusión con la intensidad eléctrica en corriente continua ***(i)*** y el número imaginario (***i*** o ***j***, según el campo de la física).

El sistema de referencia más sencillo para movimientos en dos dimensiones es el formado por dos ejes de coordenadas perpendiculares (ortogonales) llamados ejes cartesianos. Para que puedan aportar la mayor cantidad de información posible, debes tener en cuenta que:

El SR debe estar en reposo o en movimiento no acelerado independiente del movimiento que estudiar. A estos SR se los denomina **sistemas de referencia inerciales**.

Cualquier SR que se desplaza a velocidad constante frente a otro inercial también es inercial.

Aquí se muestran dos sistemas de referencia 2D: uno de ellos emplea coordenadas cartesianas y el otro, coordenadas polares. Ambos emplean unidades del sistema internacional. El segundo es el indicado para movimientos circulares.

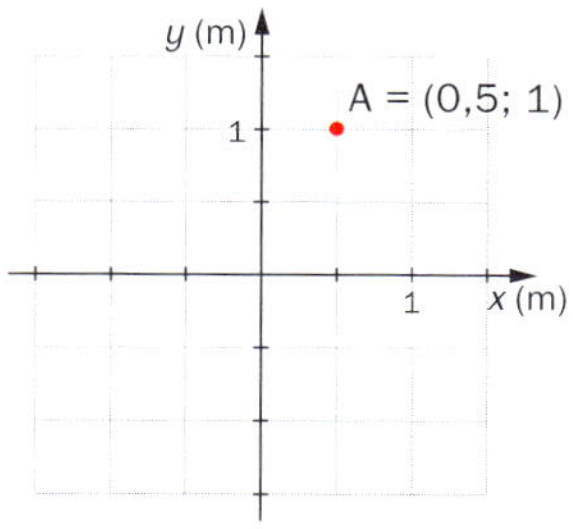

Sistema de referencia cartesiano

(Coordenada *X*, coordenada *Y*)
(metros, metros)

Cambio de coordenadas cartesianas a coordenadas polares:

$$r = \sqrt{x^2 + y^2} \qquad \alpha = \text{arctg}\left(\frac{y}{x}\right)$$

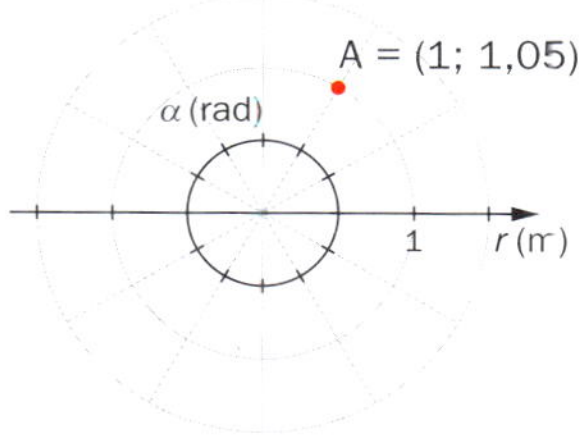

Sistema de referencia polar

(Distancia al origen, dirección)
(metros, radianes)

Cambio de coordenadas polares a coordenadas cartesianas:

$$x = r \cdot \cos\alpha \qquad y = r \cdot \text{sen}\,\alpha$$

Laboratorio en el aula. Cambio en el sistema de referencia

1. Situaos por parejas en el aula, tomad una hoja de papel y construid un sistema de referencia con dos ejes cartesianos empleando como unidad el centímetro. Tomad tres unidades positivas y otras tres unidades negativas como valor máximo y mínimo en cada eje. Situad en él dos objetos que ocupen cada uno de ellos 1 cm^2.

Vais a jugar a hundir la flota con otra pareja del aula. La dificultad radicará en que tenéis que expresar vuestros disparos con coordenadas polares. A la hora de determinar si el disparo impacta o no, tendréis que hacer ambas parejas la conversión a coordenadas cartesianas para asegurar que el tiro es certero. Ganará el juego la pareja que primero hunda los dos barcos de la pareja contrincante.

Experimenta. Usando una hoja de cálculo

1. Las hojas de cálculo permiten, entre otras muchas cosas, realizar cálculos sencillos de manera repetitiva. Vamos a emplear una hoja de cálculo para convertir coordenadas cartesianas en polares y viceversa.

Iniciamos el programa y escribimos en las celdas A1 y B1 letras X e Y para indicar que, justo debajo (en A2 y B2), introduciremos coordenadas cartesianas.

En las celdas D1 y E1 situaremos las letras R y A.

En D2 y E2 escribiremos una programación para obtener las coordenadas polares que corresponden a las cartesianas de A2 y B2:

- En D2 introduciremos la fórmula correspondiente al cálculo de la hipotenusa del triángulo rectángulo donde A2 y B2 son los catetos; no te olvides de escribir el signo =.

D	E
R	A
=(A2^2+B2^2)^0,5	

- En la celda E2 escribiremos la fórmula correspondiente al arcotangente del ángulo formado por la coordenada Y y X.

D	E
R	A
	=ATAN(B2/A2)

Con estas dos fórmulas, al introducir en A2 y en B2 las coordenadas cartesianas X e Y obtendremos automáticamente las coordenadas polares (distancia y ángulo en radianes).

	A	B	C	D	E
1	X	Y		R	A
2	4	3		5	0,64350111

Intenta ahora desarrollar el proceso opuesto: construye una hoja de cálculo que permita convertir coordenadas polares en cartesianas.

2. Elementos del movimiento

Hemos visto que el SR se introduce para determinar cuándo aparece el movimiento, pero ¿cómo podemos describirlo? Para ello, la cinemática dispone de una serie de magnitudes: el vector de posición, el desplazamiento y la trayectoria.

2.1. El vector de posición

En primer lugar, hay que localizar el móvil en todo instante:

El **vector de posición,** $\vec{r}$, de un objeto en movimiento es un vector que une el origen de coordenadas del sistema de referencia con ese objeto. Tendrá, por tanto, **punto de aplicación** (origen de coordenadas), **dirección** (indicada por las coordenadas del vector), **sentido** (saliente desde el origen de coordenadas) y **módulo** (su longitud).

Si el objeto está en movimiento, el vector de posición será función del tiempo.

Los actuales cambios de protocolos web pueden dificultarte el acceso a alguno de los enlaces.

Para evitarlo, en la siguiente dirección te proporcionamos un nuevo enlace y el planteamiento correspondiente:

bit.ly/Enlace_2_0_1BAC_U6

2.2. Desplazamiento y distancia entre posiciones

Una vez analizado cómo se mueve, hay que determinar cuánto se ha movido:

El **desplazamiento,** $\Delta\vec{r}$, es el vector que determina el movimiento efectivo entre dos instantes cualesquiera y se define como la diferencia entre los vectores de posición de dichos instantes. El módulo del desplazamiento establece la **distancia entre posiciones.**

$$\Delta\vec{r}_{t_0\to t_1} = \vec{r}(t_1) - \vec{r}(t_0)$$

2.3. Trayectoria

Tras localizar y determinar cómo y cuánto se ha movido, falta obtener por dónde lo ha hecho:

Se denomina **trayectoria** al lugar geométrico del conjunto de las posiciones sucesivas que ocupa un cuerpo en su movimiento.

El **vector de posición** de Felix en su caída, es:

$$\vec{r}(t) = (3+t)\,\vec{u}_x + (130 - 5t^2)\,\vec{u}_y\ (\text{m})$$

Para conocer la **posición** en cada instante, basta con sustituir el tiempo por su valor:

- Posición inicial:

$$\vec{r}(t = 0\ \text{s}) = (3+0)\,\vec{u}_x + (130 - 5\cdot 0^2)\,\vec{u}_y\ (\text{m})$$

$$\vec{r}(0) = 3\,\vec{u}_x + 130\,\vec{u}_y\ (\text{m})$$

- Posición a los 4 s:

$$\vec{r}(t = 4\ \text{s}) = (3+4)\,\vec{u}_x + (130 - 5\cdot 4^2)\,\vec{u}_y\ (\text{m})$$

$$\vec{r}(4) = 7\,\vec{u}_x + 50\,\vec{u}_y\ (\text{m})$$

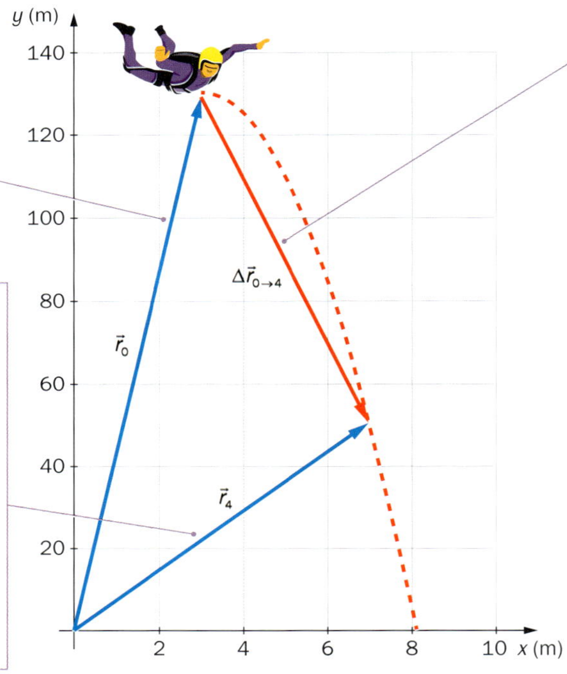

El **desplazamiento** entre 0 y 4 s:

$$\Delta\vec{r}_{0\to 4} = \vec{r}(4) - \vec{r}(0)$$

$$\Delta\vec{r}_{0\to 4} = (7\,\vec{u}_x + 50\,\vec{u}_y) - (3\,\vec{u}_x + 130\,\vec{u}_y)$$

$$\Delta\vec{r}_{0\to 4} = 4\,\vec{u}_x - 80\,\vec{u}_y\ (\text{m})$$

Y la **distancia** que separa ambas posiciones (que no coincide con la recorrida):

$$|\Delta\vec{r}_{0\to 4}| = \sqrt{4^2 + (-80)^2} = 80{,}1\ \text{m}$$

Para la **trayectoria,** se identifican las componentes x e y de la posición y se despeja t:

$$\vec{r}(t) = \underbrace{(3+t)}_{x}\,\vec{u}_x + \underbrace{(130 - 5t^2)}_{y}\,\vec{u}_y$$

$$\left.\begin{aligned} x &= 3 + t \\ y &= 130 - 5t^2 \end{aligned}\right\} \quad ; \quad \left.\begin{aligned} t &= x - 3 \\ t &= \sqrt{\frac{130 - y}{5}} \end{aligned}\right\}$$

$$x - 3 = \sqrt{\frac{130 - y}{5}} \quad ; \quad \underbrace{y = 130 - 5(x-3)^2}_{\text{Es una parábola}}$$

Actividades resueltas

1. El vector de posición de un móvil viene dado por la expresión:

$$\vec{r}(t) = 2t\,\vec{u}_x + (t^2 - 2t)\,\vec{u}_y \text{ (m)}$$

a) ¿Dónde se encuentra al comenzar el movimiento? ¿Y al cabo de 3 s?

b) ¿Cuál ha sido el desplazamiento en ese tiempo?

c) ¿Cuál es la distancia entre la posición inicial y final?

d) Determina la expresión de la trayectoria.

Estrategia de resolución

a) El movimiento comienza en el instante $t = 0$ s. Para conocer la posición en ese instante, basta con sustituir t por 0 s. De la misma manera para el instante $t = 3$ s:

$$\vec{r}(t = 0 \text{ s}) = 2 \cdot 0\,\vec{u}_x + (0^2 - 2 \cdot 0)\,\vec{u}_y = 0\,\vec{u}_x + 0\,\vec{u}_y \text{ (m)}$$

$$\vec{r}(t = 3 \text{ s}) = 2 \cdot 3\,\vec{u}_x + (3^2 - 2 \cdot 3)\,\vec{u}_y = 6\,\vec{u}_x + 3\,\vec{u}_y \text{ (m)}$$

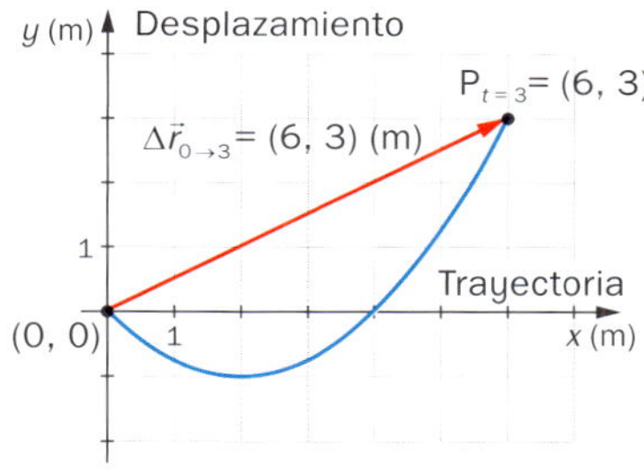

b) Para calcular el desplazamiento en ese tiempo, es necesario calcular el vector desplazamiento, que es la resta de los dos vectores de posición:

$$\Delta\vec{r}_{0\to 3} = \vec{r}(3) - \vec{r}(0) = (6\,\vec{u}_x + 3\,\vec{u}_y) - (0\,\vec{u}_x + 0\,\vec{u}_y) = 6\,\vec{u}_x + 3\,\vec{u}_y \text{ (m)}$$

c) La distancia entre las dos posiciones es el módulo del vector desplazamiento:

$$|\Delta\vec{r}_{0\to 3}| = \sqrt{6^2 + 3^2} = 6{,}71 \text{ m}$$

d) La expresión de la trayectoria se determina eliminando el tiempo, t:

$$\left.\begin{array}{l} x = 2t \\ y = t^2 - 2t \end{array}\right\} \quad ; \quad t = \frac{x}{2} \quad ; \quad y = \left(\frac{x}{2}\right)^2 - x$$

Actividades

1. Un móvil se mueve según el vector de posición siguiente:

$$\vec{r}(t) = 2t\,\vec{u}_x + (3 - t)\,\vec{u}_y \text{ (m)}$$

a) Determina la posición inicial y después de que hayan transcurrido 5 s.

b) Halla el desplazamiento y la distancia entre las dos posiciones del apartado anterior.

c) Calcula la expresión de la trayectoria.

S: *a)* $\vec{r}(0) = 3\,\vec{u}_y$ (m); $\vec{r}(5) = 10\,\vec{u}_x - 2\,\vec{u}_y$ (m)

b) $\Delta\vec{r}_{0\to 5} = 10\,\vec{u}_x - 5\,\vec{u}_y$ (m); $|\Delta\vec{r}_{0\to 5}| = \sqrt{125}$ m

c) $y = 3 - 0{,}5x$

2. En el movimiento de un objeto, su vector de posición es:

$$\vec{r}(t) = t^2\,\vec{u}_x + \frac{1}{2}t\,\vec{u}_y \text{ (m)}$$

a) Calcula la posición inicial y y la que ocupará cuando hayan transcurrido 2 s.

b) Determina la expresión de la trayectoria que recorre el móvil.

S: *a)* $\vec{r}(0) = 0\,\vec{u}_x - 0\,\vec{u}_y$ (m); $\vec{r}(2) = 4\,\vec{u}_x + 1\,\vec{u}_y$ (m)

b) $y = \frac{1}{2}\sqrt{x}$

3. Indica si son verdaderas o falsas las afirmaciones que aparecen a continuación:

a) A partir de la expresión de la trayectoria, podemos determinar qué posición ocupa el móvil en cada instante.

b) El vector de posición indica dónde se encuentra el origen de coordenadas.

c) La distancia recorrida y el desplazamiento realizado son conceptos diferentes.

d) El desplazamiento realizado se mide sobre la trayectoria descrita.

e) Para estudiar la caída de un paracaidista, se ha situado el sistema de referencia en el avión que lo transportaba cuando este se mueve con velocidad constante. Este sistema de referencia es inercial.

S: *a)* F; *b)* F; *c)* V; *d)* F; *e)* V

4. En un aeropuerto, un avión se desplaza en línea recta por una de las pistas antes de remontar el vuelo. Considerando como origen del SR a la torre de control, ¿cuál de los siguientes vectores es paralelo a la trayectoria?

a) El vector de posición en la posición inicial.

b) El vector desplazamiento.

c) El vector de posición en el instante anterior a despegar.

Actividades resueltas

Usando GeoGebra

2. El vector de posición de un móvil viene dado por la expresión:

$$\vec{r}(t) = (4t-1)\,\vec{u}_x + \left(2t^2 - 2t + 1\right)\vec{u}_y \text{ (m)}$$

a) ¿Dónde se encuentra al comenzar el movimiento? ¿Y al cabo de 2 s?

b) ¿Cuál ha sido el desplazamiento en ese tiempo?

c) ¿Cuál es la distancia entre la posición inicial y final?

d) Determina la expresión de la trayectoria.

Estrategia de resolución

Vamos a resolver esta actividad utilizando la aplicación GeoGebra.

a) Para representar el vector de posición, seguimos estos pasos:

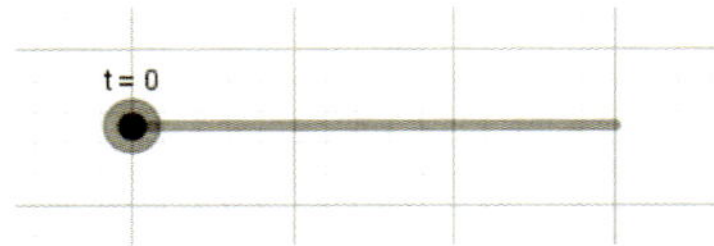

1. Hacemos clic en el icono  para crear un deslizador, que nombraremos con la letra *t* y definiremos en el intervalo entre 0 y 2 s.

2. A continuación, definimos el vector de posición introduciendo en el campo de entrada la expresión:

P = (4t–1 , 2t^2–2t+1)

Observaremos que GeoGebra detecta automáticamente nuestro deseo de escribir potencias cuando usamos los símbolos ^ o **.

3. Si hacemos clic derecho sobre el punto P, podremos acceder a las opciones de configuración de ese punto. Es posible mostrar las coordenadas seleccionando *Nombre y Valor*. Otra de las opciones interesantes es *Mostrar el rastro*. Activando esta casilla podremos mantener en pantalla aquellas posiciones que ha venido ocupando el punto P a medida que actuábamos sobre el deslizador. Esta opción nos proporciona una idea acerca de la trayectoria que ha seguido el punto y, de la misma manera, de la velocidad en su desplazamiento: puntos más separados dan idea de distancias más largas en el mismo espacio de tiempo.

4. Desplazando el deslizador hasta la posición *t* = 0 s, obtenemos que el móvil se encuentra en (–1, 1) (m), y situando el deslizador en *t* = 2 s, obtenemos que las coordenadas son (7, 5) (m).

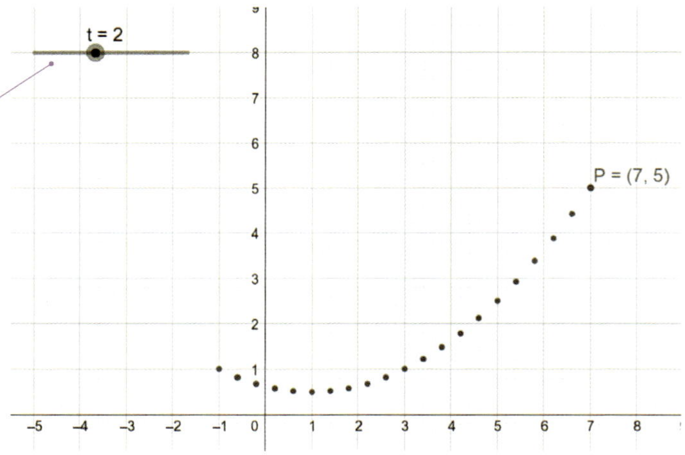

Pinchando y desplazando el deslizador, el punto P se desplaza dejando entrever una trayectoria parabólica.

Haciendo clic derecho sobre el deslizador, se puede acceder a su *Configuración* para modificarla y definir el intervalo de tiempo distinto para el estudio o los incrementos para llegar de un extremo al otro del intervalo.

(Continúa)

Física 2.0

GeoGebra es un software gratuito que permite realizar multitud de operaciones y construcciones geométricas y científicas, disponible para multitud de sistemas operativos. Además, es posible trabajar *on-line* con él.

Se puede descargar desde el siguiente enlace:

www.geogebra.org

Hay publicadas varias versiones que, para nuestro nivel, realizan las mismas acciones, aunque pueden diferenciarse en el diseño de pantalla.

Sabías que...

El símbolo ^ se emplea para designar la operación potencia en los programas de cálculo.

En GeoGebra también es posible introducir el exponente a partir de las funciones matemáticas que se encuentran en la pestaña de números *123*:

Actividades resueltas *(Continuación)*

b) Para calcular el desplazamiento, basta con realizar la resta de las coordenadas obtenidas en el apartado anterior. Siempre se resta a la posición final la posición inicial.

Si deseamos que sea *GeoGebra* quien lo calcule, será necesario definir dos vectores:

> **! Importante**
>
> GeoGebra emplea letras minúsculas para designar vectores y mayúsculas para designar puntos.

1. El primero de ellos lo definiremos como:

r = (−1 , 1)

2. Para el segundo vector deseamos emplear las coordenadas del punto P, que es quien varía su posición al actuar sobre el deslizador t. Para ello, GeoGebra dispone de dos funciones: mediante la expresión *x*(*P*) se obtiene la coordenada X del punto P y, de manera análoga, con *y*(*P*) se obtiene la coordenada Y:

s = (x(P) , y(P))

Con esa expresión GeoGebra convierte cada coordenada del punto P en componente del vector s. Se puede obtener el mismo resultado escribiendo:

s = P

Una vez definidos los dos vectores, podemos comprobar que el vector s varía sus componentes al desplazar el deslizador *t*.

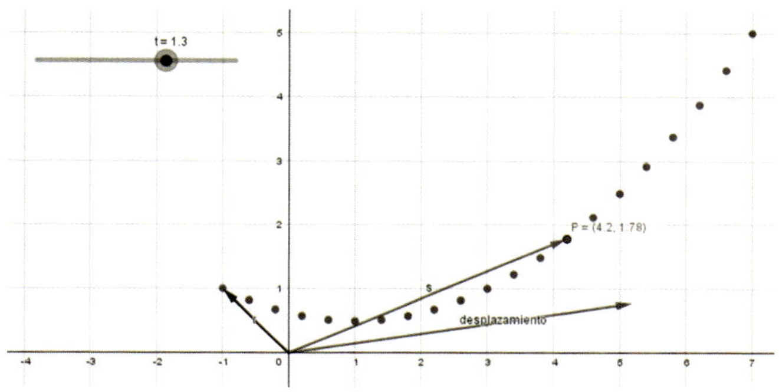

3. Definimos ahora el vector desplazamiento. GeoGebra define los vectores con minúscula y los puntos, con mayúscula. Por este motivo la entrada para obtener el vector desplazamiento será:

desplazamiento = s−r

Automáticamente se mostrará en pantalla el valor del vector desplazamiento.

Podemos comprobar que, al desplazar el deslizador, GeoGebra devuelve el desplazamiento en todo momento.

c) La distancia entre las dos posiciones es el módulo del vector desplazamiento. Para realizar ese cálculo, GeoGebra dispone de un comando específico denominado *longitud*. Escribiendo en la barra de entrada la expresión:

longitud (desplazamiento)

el programa devuelve el valor del módulo del vector desplazamiento:

d) Como en el caso anterior, GeoGebra dispone de un comando específico para representar la curva trayectoria dado el vector de posición. Es el comando *Curva* seguido de las componentes X e Y del vector de posición, la variable *t* y el intervalo que se desea estudiar. Escribiendo, entonces, en la barra de entrada la expresión:

curva (4t–1 , 2t^2–2t+1 , t , 0 , 2)

Se mostrará en pantalla la trayectoria del móvil.

Puedes mejorar la apariencia de tu *applet* añadiendo títulos o rótulos en los que muestres información que consideres importante. También es posible cambiar el color de alguna de las entidades para destacarla sobre el resto.

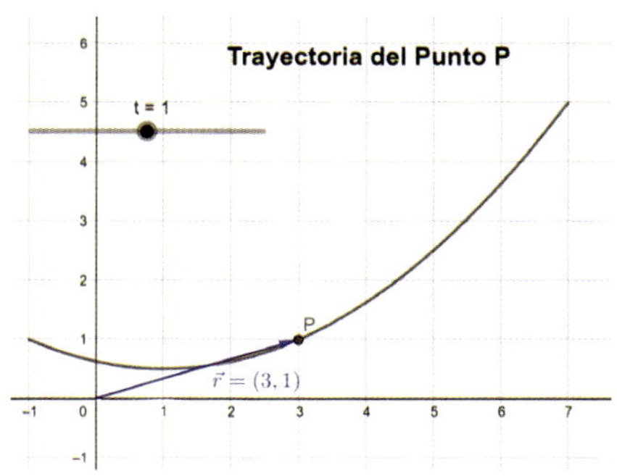

3. La velocidad

¿Alguna vez te has planteado a qué velocidad nos desplazamos por el mero hecho de estar subidos sobre el planeta Tierra? Debido a la rotación terrestre, recorremos una circunferencia de radio 6 370 km en 24 h. Si añadimos el movimiento de traslación, comprobaríamos que nos movemos a una velocidad de vértigo. Y, sin embargo, no somos conscientes de ello.

La **velocidad,** $\vec{v}$, es una magnitud física que define el cambio de posición que se produce en la unidad de tiempo y determina el ritmo al que varía la posición de un objeto en su desplazamiento. Su unidad en el SI es $m \cdot s^{-1}$.

Has de diferenciar los conceptos de velocidad y de rapidez o celeridad. La velocidad es un vector y, como tal, tiene un punto de aplicación (el móvil), una dirección, un sentido y un módulo. Por el contrario, la rapidez o celeridad es solo el valor de su módulo.

La **rapidez** o **celeridad** es el módulo del vector velocidad.

Para el estudio de la velocidad, será preciso aplicar los conocimientos que has adquirido acerca del vector de posición. Existen diferentes conceptos relacionados con la velocidad que es preciso dominar.

Sabías que...

La rapidez en la caída de Felix Baumgartner no fue constante ni tampoco aumentó continuamente con el tiempo. Alcanzó un valor máximo debido al rozamiento con el aire. Posteriormente, y a medida que descendía, ese valor disminuyó sensiblemente.

Análisis dimensional

A través de un análisis dimensional podemos determinar las dimensiones y unidades de la velocidad:

$$[\vec{v}] = \frac{[\Delta \vec{r}]}{[t]} = \frac{L}{T} = L \cdot T^{-1}$$

Por lo que resulta:

$$[\vec{v}] = m \cdot s^{-1}$$

3.1. Velocidad y celeridad media

El vector **velocidad media,** $\vec{v}_m$, proporciona información acerca del desplazamiento realizado en un intervalo de tiempo finito.

Para su cálculo, se emplean los vectores de posición de los dos instantes que se consideran: el inicial, t_0, y el final, t_1. La velocidad media es la diferencia de ambos vectores de posición:

$$\vec{v}_m = \frac{\Delta \vec{r}}{\Delta t} = \frac{\vec{r}(t_1) - \vec{r}(t_0)}{t_1 - t_0}$$

La **celeridad** o **rapidez media,** v_m, es el módulo del vector velocidad media con la que se mueve un objeto. Recuerda que la rapidez expresa el valor del módulo de la velocidad, pero no informa de su dirección ni de su sentido.

El inconveniente de la velocidad media es que no permite determinar variaciones intermedias entre el instante inicial, t_0, y el final, t_1. Por ejemplo, si un autobús tarda 2 h en llegar a su destino, a 100 km de distancia, es sencillo determinar que su rapidez o celeridad media ha sido de 50 $km \cdot h^{-1}$. Pero este valor no tiene en cuenta lo que ha sucedido en ese intervalo de tiempo. Para solucionarlo, se define la velocidad instantánea.

3.2. Velocidad y celeridad instantánea

La **velocidad instantánea,** $\vec{v}$, proporciona información de la velocidad en un instante determinado. Se calcula hallando el límite de la velocidad media cuando el intervalo de tiempo tiende a cero:

$$\vec{v} = \lim_{\Delta t \to 0} \frac{\Delta \vec{r}}{\Delta t} = \lim_{t_1 \to t_0} \frac{\vec{r}(t_1) - \vec{r}(t_0)}{t_1 - t_0} \qquad \text{Lo que se expresa como: } \vec{v} = \frac{d\vec{r}(t)}{dt}$$

En matemáticas, esta expresión se llama derivada. Así, podemos decir que la velocidad instantánea es la derivada del vector de posición del móvil con respecto al tiempo.

La derivada es una operación matemática que mide la variación de una variable o de una magnitud respecto a otra cuya variación es casi nula. En este caso, se estudia lo que ha variado el vector de posición en un intervalo de tiempo infinitamente pequeño.

Se denomina **celeridad** o **rapidez instantánea,** v, al módulo de la velocidad en un instante determinado.

! Importante

En matemáticas, realizarás derivadas con respecto a la incógnita x y emplearás otra nomenclatura diferente:

$$f'(x) \text{ o } D[f(x)]$$

A. Las derivadas en física

En física interesa conocer la variación del desplazamiento con el tiempo, por lo que las derivadas que realizaremos serán respecto a esta magnitud.

Las derivadas son un amplio campo de estudio dentro de las matemáticas, pero, para lo relativo a este curso, simplemente hemos de tener en cuenta las siguientes reglas:

- La derivada de cualquier constante es siempre cero:

$$\frac{d}{dt}(k) = 0 \qquad \frac{d}{dt}(132) = 0$$

- Para calcular la derivada de una potencia de t, el exponente pasa a multiplicar a la variable y se reduce en una unidad:

$$\frac{d}{dt}\left(t^n\right) = n \cdot t^{n-1}$$

$$r_1(t) = 3t^2\ (\text{m}) \quad ; \quad v_1(t) = \frac{d}{dt}\vec{r}_1(t) = 3 \cdot \left(2t^{2-1}\right) = 6t\ \left(\text{m} \cdot \text{s}^{-1}\right)$$

$$r_2(t) = \frac{5}{t}\ (\text{m}) \quad ; \quad v_2(t) = \frac{d}{dt}\vec{r}_2(t) = \left(5 \cdot (-1) \cdot t^{-1-1}\right) = \frac{-5}{t^2}\ \left(\text{m} \cdot \text{s}^{-1}\right)$$

- La derivada de una suma es la suma de las derivadas:

$$\frac{d}{dt}\left(\vec{r}(t) \pm \vec{s}(t)\right) = \frac{d}{dt}\left(\vec{r}(t)\right) \pm \frac{d}{dt}\left(\vec{s}(t)\right)$$

$$\vec{r}(t) = (2t+1)\,\vec{u}_x + t^2\,\vec{u}_y \quad ; \quad \vec{v}(t) = \frac{d}{dt}\vec{r}(t) = \frac{d}{dt}(2t+1)\,\vec{u}_x + \frac{d}{dt}\left(t^2\right)\vec{u}_y\ \left(\text{m} \cdot \text{s}^{-1}\right)$$

$$\vec{v}(t) = \left(2 \cdot t^{1-1} + 0\right)\vec{u}_x + 2 \cdot t^{2-1}\,\vec{u}_y = 2\,\vec{u}_x + 2t\,\vec{u}_y\ \left(\text{m} \cdot \text{s}^{-1}\right)$$

Sabías que...

Cuando trabajamos en una única dimensión (X o Y) no es necesario explicitar el vector director $\left(\vec{u}_x \text{ o } \vec{u}_y\right)$.

Al ser una suma, la derivada de cada componente se calcula por separado.

Actividades resueltas

3. El vector de posición de un móvil viene dado por $\vec{r}(t) = t^2\,\vec{u}_x + \frac{t}{2}\,\vec{u}_y$ (m). Determina:

a) La velocidad instantánea y la rapidez en cada instante.

b) La velocidad y rapidez media entre los instantes 2 y 5 s.

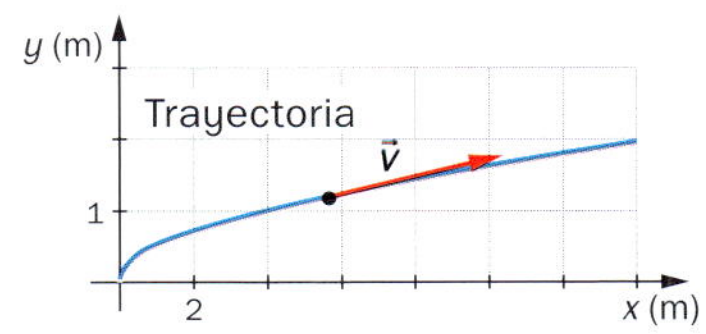

Estrategia de resolución

a) Para determinar la velocidad instantánea, calculamos la derivada del vector de posición:

$$\vec{v}(t) = \frac{d}{dt}\vec{r}(t) = \begin{cases} \dfrac{d}{dt}\vec{r}_x(t) = \left(2t^{2-1}\right)\vec{u}_x \\ \dfrac{d}{dt}\vec{r}_y(t) = \dfrac{1}{2}t^{1-1}\,\vec{u}_y \end{cases} \quad ; \quad \vec{v}(t) = 2t\,\vec{u}_x + \frac{1}{2}\,\vec{u}_y\ \left(\text{m} \cdot \text{s}^{-1}\right)$$

La rapidez instantánea es el módulo de la velocidad instantánea:

$$v(t) = \left|\vec{v}(t)\right| = \sqrt{(2t)^2 + \left(\frac{1}{2}\right)^2} = \sqrt{4t^2 + \frac{1}{4}}\ \text{m} \cdot \text{s}^{-1}$$

b) Calculamos previamente la posición en los instantes $t = 2$ s y $t = 5$ s:

$$\vec{v}_m = \frac{\vec{r}(5) - \vec{r}(2)}{5-2} \quad ; \quad \begin{cases} \vec{r}(2) = 2^2\,\vec{u}_x + \dfrac{2}{2}\,\vec{u}_y = 4\,\vec{u}_x + \vec{u}_y\ (\text{m}) \\ \vec{r}(5) = 5^2\,\vec{u}_x + \dfrac{5}{2}\,\vec{u}_y = 25\,\vec{u}_x + \dfrac{5}{2}\,\vec{u}_y\ (\text{m}) \end{cases}$$

$$\vec{v}_m = \frac{\vec{r}(5) - \vec{r}(2)}{5-2} = \frac{\left(25\,\vec{u}_x + \frac{5}{2}\,\vec{u}_y\right) - \left(4\,\vec{u}_x + \vec{u}_y\right)}{5-2} = 7\,\vec{u}_x + \frac{1}{2}\,\vec{u}_y\ \left(\text{m} \cdot \text{s}^{-1}\right)$$

Se sustituyen los vectores de posición.

$$v_m = \left|\vec{v}_m\right| = \sqrt{7^2 + \left(\frac{1}{2}\right)^2} = 7{,}02\ \text{m} \cdot \text{s}^{-1}$$

La rapidez media es el módulo del vector velocidad media.

Actividades resueltas

Usando GeoGebra

4. El vector de posición de un móvil viene dado por:

$$\vec{r}(t) = (3 + t)\,\vec{u}_x + \left(130 - 5t^2\right)\vec{u}_y \text{ (m)}$$

a) Representa la trayectoria del móvil en la pantalla.

b) Muestra el vector de posición en cada instante.

c) Muestra el vector velocidad en cada instante.

Estrategia de resolución

Vamos a resolver esta actividad utilizando la aplicación GeoGebra.

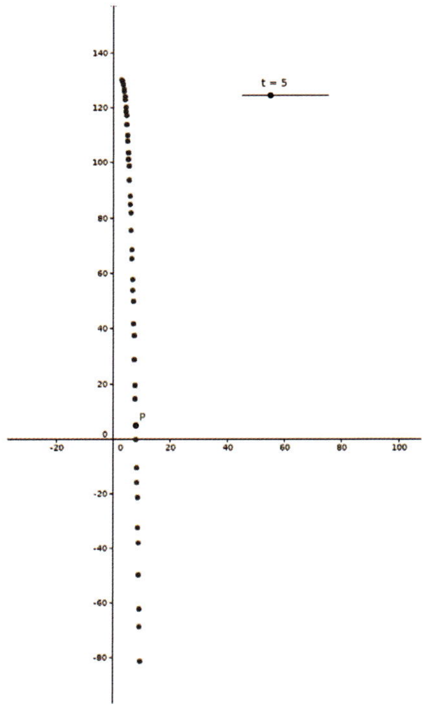

a) Para representar la trayectoria del móvil con GeoGebra, seguimos estos pasos:

1. Creamos un deslizador que llamaremos *t*, que definimos en el intervalo 0 y 15 s. A la hora de crear un deslizador, podemos comprobar las opciones disponibles: es posible definir el incremento entre valores e, incluso, definir una animación para que se produzcan incrementos automáticos.

   Una vez aparece en pantalla el deslizador, definimos el punto P, que será el extremo del vector de posición. Introducimos lo siguiente en la barra de fórmulas, cuidando que la P vaya en mayúscula:

   P=(3+t,130–5t^2)

2. Empleando la rueda del ratón, ampliamos la escala para hacer más visible el punto en la pantalla.

3. Haciendo clic derecho en el punto *P* que se encuentra en la vista, seleccionamos *Mostrar rastro*. De esta manera, al mover el deslizador observaremos en pantalla que aparecen las posiciones que va ocupando P en su desplazamiento.

b) Para definir el vector de posición es suficiente con escribir cualquiera de los comandos siguientes, cuidando de que *r* se escriba en minúsculas:

r=(3+t,130–5t^2)   r=P

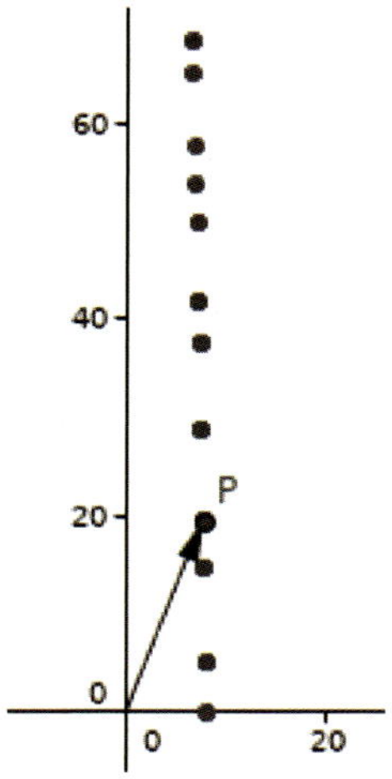

Si deseamos mostrar en pantalla los distintos vectores de posición, basta con activar su rastro accediendo a las propiedades del vector haciendo clic derecho en la vista algebraica. Si quieres mostrar las coordenadas del vector o del punto, modifica el cuadro de entrada donde se indica *Muestra rótulo* para que aparezcan.

Recuerda que es necesario haber definido con anterioridad el deslizador (en el caso de que no lo hayas hecho previamente).

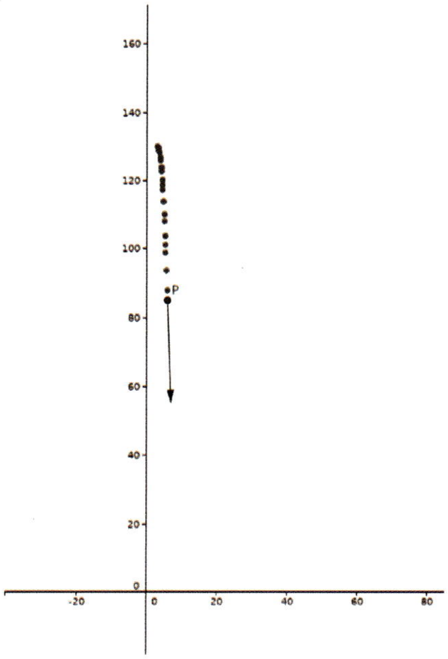

c) GeoGebra es capaz de realizar derivadas de funciones. Pero es más eficaz, para casos sencillos, introducir el valor con el teclado y situarlo en pantalla. Para ello, escribimos en la barra de fórmulas:

v=(1,–10*t)

Aparecerá en la vista algebraica el vector *v*. Haciendo clic derecho para acceder a las propiedades del objeto y seleccionando la pestaña *Posición,* es posible seleccionar que el *Punto origen* de *v* sea *P*. De esta manera, el vector velocidad aparecerá situado en el punto *P* y, al desplazar el deslizador *t,* comprobaremos que se muestra en pantalla el vector velocidad en cada instante.

Actividades

5. Un controlador aéreo recibe información del radar en un aeropuerto. El ordenador con el que trabaja indica que el vector de posición de una aeronave que se mantiene a la misma altitud es $\vec{r}(t) = (150t + 5) \cdot \vec{u}_x + (1 - 150t) \cdot \vec{u}_y$ (m).

a) Halla su trayectoria y la velocidad dentro de 3 min.

b) Calcula la velocidad y celeridad medias con las que ha recorrido la distancia desde $t = 0$ s hasta los tres minutos del apartado anterior.

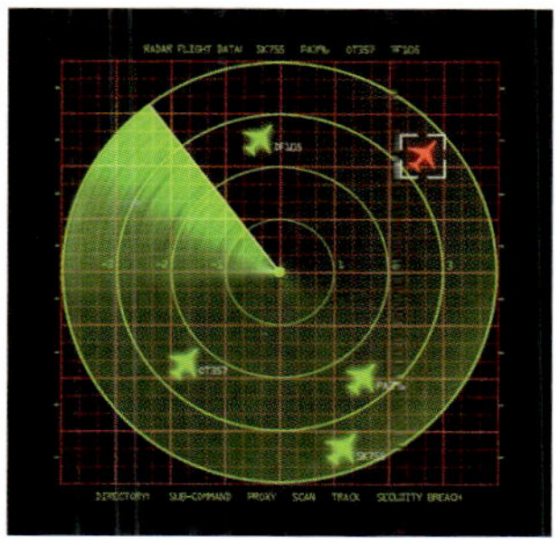

S: *a)* $y = 6 - x$; $\vec{v}_m = 150\,\vec{u}_x - 150\,\vec{u}_y\ (\text{m} \cdot \text{s}^{-1})$

b) $\vec{v}_m = 150\,\vec{u}_x - 150\,\vec{u}_y\ (\text{m} \cdot \text{s}^{-1})$; $v = 212{,}13\ \text{m} \cdot \text{s}^{-1}$

6. En algunos viñedos se dispone de molinos para evitar las heladas primaverales en los meses de marzo y abril. Estos molinos mueven las partículas de aire que se encuentran en el viñedo e impiden que el frío se acumule en determinadas zonas. En un viñedo, un molino se encuentra situado en (0, 0). Al arrancar, confiere a las partículas de aire que pasan por sus aspas un movimiento que viene dado por $\vec{r}(t) = t^3\,\vec{u}_x + t\,u_y$ (m). Determina la velocidad media y la rapidez que adquieren las partículas en 6 segundos.

S: $\vec{v}_m = 36\,\vec{u}_x + \vec{u}_y\ (\text{m} \cdot \text{s}^{-1})$; $v = 108\ \text{m} \cdot \text{s}^{-1}$

7. En un puerto marítimo se espera la llegada de un buque. El radar de la torre de control de tráfico indica que la posición del navío viene dada por el vector de posición $\vec{r}(t) = (34t^2 - 84t + 50)\,\vec{u}_x + (25 - 34t)\,\vec{u}_y$ (m). Dispones, a continuación, de un pequeño plano que muestra las coordenadas de la zona de atraque. Calcula su trayectoria y determina si el capitán podrá dirigirse a la zona de atraque sin problemas manteniendo ese rumbo. Nota: tiempo en minutos.

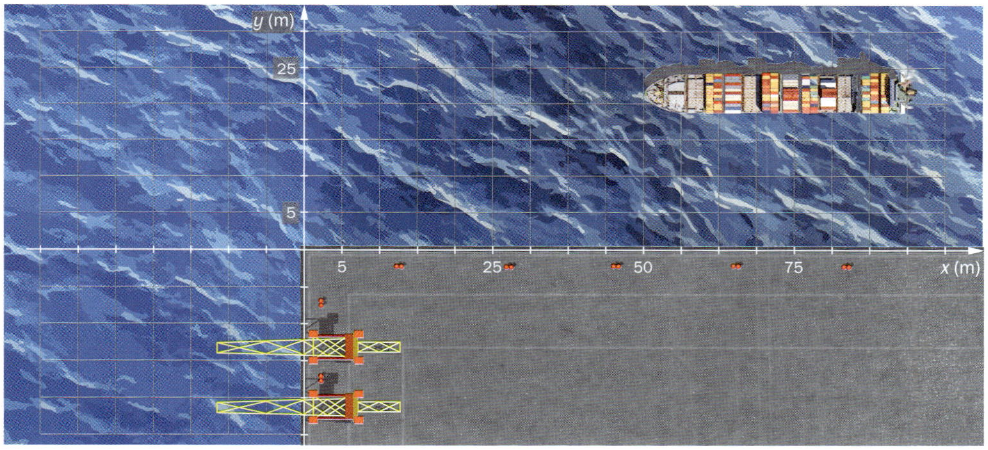

S: $y^2 - 34x + 34y + 225 = 0$; No logrará su objetivo, impactará contra el muelle.

8. En una terminal de control de autobuses urbanos se monitoriza cada uno de los vehículos para determinar los tiempos de llegada a las paradas. Uno de los autobuses se mueve con un vector de posición $\vec{r}(t) = (5\sqrt{t} + 3)\,\vec{u}_x + (\sqrt{t} - 1)\,\vec{u}_y$ (m). La próxima parada se encuentra en P(53, 9). Determina el tiempo que tardará en llegar.

S: $t = 100$ s

9. Cada persona divide un folio en octavillas y escribe su nombre en la esquina superior derecha de cada una de ellas poniéndolas en parejas. En una de las octavillas escribe un vector de posición cualquiera en función del tiempo y, en su pareja, escribe el vector velocidad correspondiente. Repite la misma operación con el resto de las octavillas. A continuación, se forman dúos con toda la clase, que mezclan sus tarjetas. A cada dúo se le asignan las octavillas de otro. Han de emparejarlas juntando el vector de posición con su vector velocidad correspondiente. Se repite este último paso en varias ocasiones. Al final hay que entregar las octavillas incorrectas al docente para que se las dé a quien las escribió para que corrija sus errores.

> **! Importante**
>
> Un vehículo posee aceleración si su velocidad es cambiante. Y la velocidad puede cambiar en módulo (rapidez), dirección o sentido.
>
> Por tanto, un cuerpo que se mueva con rapidez constante por una curva, posee una aceleración:
>
> 

> ***Análisis dimensional***
>
> A través de un análisis dimensional, podemos determinar las dimensiones y unidades de la aceleración:
>
> $$[\vec{a}] = \frac{[\Delta \vec{v}]}{[t]} = \frac{\mathrm{L \cdot T^{-1}}}{\mathrm{T}} = \mathrm{L \cdot T^{-2}}$$
>
> Por lo que resulta:
>
> $$[\vec{a}] = \mathrm{m \cdot s^{-2}}$$

4. La aceleración

La aceleración es la magnitud física que informa acerca de si la velocidad está cambiando: si la velocidad varía, la aceleración es diferente de cero.

> La **aceleración,** $\vec{a}$, es una magnitud física que define el cambio de velocidad que se produce en la unidad de tiempo y determina el ritmo al que varía la velocidad de un objeto en su desplazamiento. Su unidad en el SI es $\mathrm{m \cdot s^{-2}}$.

Como la velocidad es un vector, puede haber cambios en el módulo (rapidez), en la dirección o en el sentido. Por lo tanto, en el movimiento de un vehículo que gira existirá aceleración.

La aceleración es también un vector.

4.1. Aceleración media

Como en el caso de la velocidad, el vector **aceleración media** proporciona información acerca de la variación de la velocidad en un intervalo de tiempo finito. Para su cálculo, se emplean los vectores velocidad de los dos instantes que se consideran: el inicial, t_0, y el final, t_1:

$$\vec{a}_m = \frac{\Delta \vec{v}}{\Delta t} = \frac{\vec{v}(t_1) - \vec{v}(t_0)}{t_1 - t_0}$$

4.2. Aceleración instantánea

La **aceleración instantánea** proporciona información del valor de la aceleración en un instante en concreto. Se calcula hallando el límite de la aceleración media cuando el intervalo de tiempo tiende a cero:

$$\vec{a} = \lim_{\Delta t \to 0} \frac{\Delta \vec{v}}{\Delta t} = \lim_{t_1 \to t_0} \frac{\vec{v}(t_1) - \vec{v}(t_0)}{t_1 - t_0}$$

Lo que se expresa como: $\vec{a} = \frac{d\vec{v}(t)}{dt}$

Así, podemos decir que la aceleración instantánea es la derivada del vector velocidad del móvil con respecto al tiempo.

Actividades resueltas

5. Un barco de carga se desplaza durante unos instantes por el mar con una velocidad $\vec{v}(t) = 3\,\vec{u}_x + (t+1)\,\vec{u}_y \ (\mathrm{m \cdot s^{-1}})$. Determina:

a) La aceleración media entre los instantes $t = 0$ s y $t = 3$ s.

b) La aceleración instantánea cuando $t = 2$ s.

Estrategia de resolución

a) Para calcular la media, necesitamos determinar la velocidad en los dos instantes:

> 1. La expresión de la aceleración media informa de que es necesario calcular la velocidad en ambos instantes.

$$\vec{a}_m = \frac{\vec{v}(t_1) - \vec{v}(t_0)}{t_1 - t_0} \qquad \begin{cases} \vec{v}(t_0) = 3\,\vec{u}_x + 1\,\vec{u}_y \ (\mathrm{m \cdot s^{-1}}) \\ \vec{v}(t_1) = 3\,\vec{u}_x + 4\,\vec{u}_y \ (\mathrm{m \cdot s^{-1}}) \end{cases}$$

> 2. Calculamos la velocidad en los dos instantes sustituyendo t por 0 y 3 s.

$$\vec{a}_m = \frac{(3\,\vec{u}_x + 4\,\vec{u}_y) - (3\,\vec{u}_x + 1\,\vec{u}_y)}{3 - 0} = \vec{u}_y \ (\mathrm{m \cdot s^{-2}})$$

> 3. Realizamos los cálculos vectoriales necesarios con los resultados anteriores.

b) La aceleración instantánea es la derivada del vector velocidad instantánea:

$$\vec{a}(t) = \frac{d\vec{v}(t)}{dt} = \frac{d}{dt}\left(3\,\vec{u}_x + (t+1)\,\vec{u}_y\right) = \frac{d}{dt}(3\,\vec{u}_x) + \frac{d}{dt}\left((t+1)\,\vec{u}_y\right) = 0 + 1\,\vec{u}_y = \vec{u}_y \ \mathrm{m \cdot s^{-2}}$$

En consecuencia: $\vec{a}(2) = \vec{u}_y \ \mathrm{m \cdot s^{-2}}$

> Recuerda: la derivada de una constante es cero.

Actividades resueltas

6. Una partícula realiza un movimiento rectilíneo cuya posición viene dada por la ecuación $\vec{r}(t) = 5t^4\,\vec{u}_x\,(\text{m})$. Determina:

a) Su trayectoria.

b) Su velocidad instantánea.

c) El módulo del vector aceleración instantánea.

d) El módulo de la aceleración media en los 15 primeros segundos del movimiento.

> Es muy importante extraer todas las ideas que nos proporciona el enunciado de un problema.

Estrategia de resolución

a) Al ser un movimiento rectilíneo, su trayectoria será una línea recta $(y = 0)$.

b) La velocidad instantánea viene dada por la derivada del vector de posición:

$$\vec{v}(t) = \frac{d\vec{r}(t)}{dt} \quad ; \quad \vec{v}(t) = \frac{d}{dt}\left(5t^4\,\vec{u}_x\right) = 20t^3\,\vec{u}_x\,\left(\text{m}\cdot\text{s}^{-1}\right)$$

> Como el movimiento es rectilíneo, no es necesario expresar el vector de dirección. Si quisiéramos prescindir de la notación vectorial lo expresaríamos:
>
> $$v(t) = 20t^3\,\left(\text{m}\cdot\text{s}^{-1}\right)$$

c) La aceleración instantánea es la derivada de la velocidad instantánea. Como el movimiento es rectilíneo:

$$\vec{a}(t) = \frac{d\vec{v}(t)}{dt} \quad ; \quad \vec{a}(t) = \frac{d}{dt}\left(20t^3\,\vec{u}_x\right) = 60t^2\,\vec{u}_x\,\left(\text{m}\cdot\text{s}^{-2}\right)$$

> En este caso, la aceleración del objeto móvil depende del tiempo.

d) Para poder determinar la aceleración media, necesitamos calcular el valor de la velocidad instantánea en los instantes inicial, $t = 0$ s, y final, $t = 15$ s. Atendiendo a la expresión de la velocidad instantánea y prescindiendo de la notación vectorial:

$$\vec{a}_m = \frac{\vec{v}(15) - \vec{v}(0)}{15 - 0} \quad ; \quad \begin{cases} \vec{v}(0) = 20\cdot 0^3\,\vec{u}_x = 0\,\vec{u}_x\ \text{m}\cdot\text{s}^{-1} \\ \vec{v}(15) = 20\cdot 15^3\,\vec{u}_x = 67\,500\,\vec{u}_x\ \text{m}\cdot\text{s}^{-1} \end{cases}$$

$$\vec{a}_m = \frac{67\,500\,\vec{u}_x\ \text{m}\cdot\text{s}^{-1} - 0\,\vec{u}_x}{15\ \text{s} - 0} = 4\,500\,\vec{u}_x\ \text{m}\cdot\text{s}^{-2}$$

> Fíjate en que el valor obtenido no se corresponde con la media de los valores de la aceleración inicial y final en el intervalo entre 0 y 15 s. Para la aceleración media, se emplean los valores de la velocidad en los instantes inicial y final.

Actividades

10. Si $\vec{r}(t) = 6t\,\vec{u}_x + \left(-4t^2 + 1\,000\right)\vec{u}_y\,(\text{m})$ es el vector de posición de un paracaidista en su caída, determina:

a) La trayectoria con la que desciende y la altura desde la que se ha lanzado el paracaidista.

b) El vector velocidad.

c) La aceleración en la caída.

S: *a)* $y = \dfrac{-x^2}{9} + 1\,000$; $h = 1\,000$ m

b) $\vec{v}(t) = 6\,\vec{u}_x - 8t\,\vec{u}_y\,\left(\text{m}\cdot\text{s}^{-1}\right)$

c) $\vec{a}(t) = -8\,\vec{u}_y\,\left(\text{m}\cdot\text{s}^{-2}\right)$

11. Un paquete lanzado desde un avión tiene el siguiente vector de posición:

$$\vec{r}(t) = 140t\,\vec{u}_x + \left(3\,500 - 4{,}905\cdot t^2\right)\vec{u}_y\,(\text{m})$$

a) Determina la trayectoria con la que desciende y la altura desde la que se ha lanzado.

b) Calcula los vectores velocidad y aceleración en la caída.

S: *a)* $y = 3\,500 - 2{,}5\cdot 10^{-4}x^2$; $h = 3\,500$ m

b) $\vec{v}(t) = 140\,\vec{u}_x - 9{,}81t\,\vec{u}_y\,\left(\text{m}\cdot\text{s}^{-1}\right)$

$\vec{a}(t) = -9{,}81\,\vec{u}_y\,\left(\text{m}\cdot\text{s}^{-2}\right)$

12. La variación del vector de posición de un objeto que realiza un desplazamiento rectilíneo viene dada por la expresión $2t^2\,\vec{u}_x$. Calcula:

a) La expresión de su velocidad y aceleración.

b) El valor de la aceleración en el instante $t = 4$ s.

S: *a)* $\vec{v}(t) = 2t^2\,\vec{u}_x\,\left(\text{m}\cdot\text{s}^{-1}\right)$; $\vec{a}(t) = 4t\,\vec{u}_x\,\left(\text{m}\cdot\text{s}^{-2}\right)$

b) $\vec{a}(4) = 16\,\vec{u}_x\,\left(\text{m}\cdot\text{s}^{-2}\right)$

13. Trabajamos en grupos de 3 o 4 personas en silencio. Siguiendo el movimiento de las agujas del reloj, cada integrante escribe un vector de posición en una hoja. En esta misma hoja, se calcula la expresión del vector velocidad a partir del vector de posición recibido y se escribe debajo de este vector. Al terminar, se vuelve a pasar la hoja a la persona de la derecha para que compruebe si lo considera correcto o no; en caso afirmativo, se escribe una «V»; en caso contrario, se escribe una «X» y la expresión correcta. A continuación, se calcula el vector aceleración y se pasa de nuevo la hoja al integrante de la derecha para que haga la misma comprobación: si es correcta cada una de las expresiones, escribe una «V» y, si no, una «X» y la expresión que considera correcta. Al finalizar, el último en participar comparte con el grupo el resultado.

5. Componentes intrínsecas de la aceleración

La aceleración da una idea del cambio que se está produciendo en la velocidad. Para poder determinar si este cambio tiene lugar en su módulo (rapidez) o en su dirección y sentido, es posible descomponer el vector aceleración en la suma de dos vectores que expresen de manera independiente esta información. A estas dos componentes se las conoce como **componentes intrínsecas de la aceleración.**

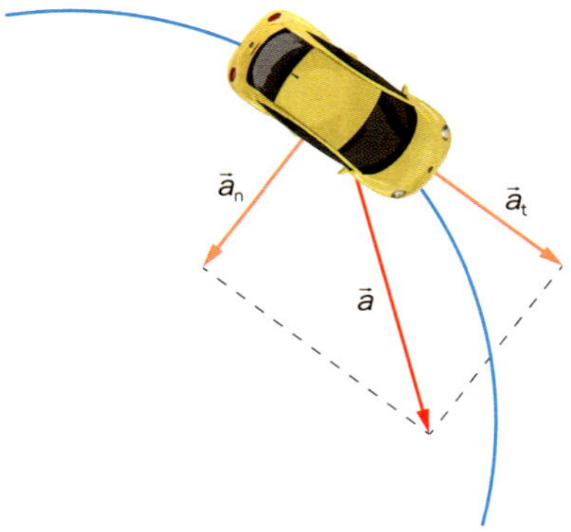

Las **componentes intrínsecas de la aceleración** expresan de manera independiente la variación de la rapidez **(aceleración tangencial)** y de la dirección de la velocidad en cada instante **(aceleración normal).**

Las dos componentes son perpendiculares entre sí y, por tanto, es posible aplicar el teorema de Pitágoras con sus módulos para determinar el valor de la aceleración de un móvil en un determinado instante:

$$\vec{a} = \vec{a}_n + \vec{a}_t \xrightarrow{a_n \text{ y } a_t \text{ perpendiculares}} |\vec{a}|^2 = |\vec{a}_n|^2 + |\vec{a}_t|^2$$

En un coche que recorre una curva, el acelerador sería el responsable de la aceleración tangencial y el volante, de la aceleración normal.

5.1. Aceleración tangencial

Esta componente analiza cómo varía la velocidad en módulo de la aceleración, sin atender a la dirección. Por este motivo, tiene la misma dirección que la velocidad.

! Importante

Cualquier movimiento no rectilíneo se puede considerar como un movimiento circular cuyo radio es o no variable.

La **aceleración tangencial** determina la variación de la celeridad o módulo de la velocidad. Es un vector de dirección tangente a la trayectoria cuyo su sentido depende de si la celeridad aumenta o disminuye y cuyo módulo es la derivada del módulo del vector velocidad:

$$|\vec{a}_t| = \frac{d|\vec{v}(t)|}{dt}$$

5.2. Aceleración normal

Si la aceleración tangencial analiza la variación del módulo de la velocidad, la aceleración normal analiza la trayectoria del cuerpo; esto es, si se desplaza en línea recta o trazando curvas.

La **aceleración normal** o **centrípeta** aporta información acerca de la variación en la dirección y el sentido de la velocidad. Es un vector perpendicular a la trayectoria y su módulo es el cociente entre el cuadrado de la rapidez y el radio del arco de la circunferencia que describe en ese instante.

$$|\vec{a}_n| = \frac{v^2}{r}$$

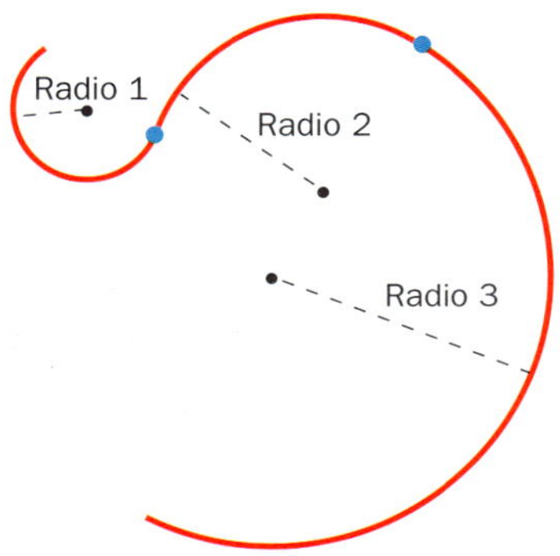

Si el cuerpo se desplaza en línea recta, el radio de curvatura es infinito y la aceleración normal es nula. En consecuencia, la velocidad no varía en dirección, por lo que esta concuerda con el movimiento rectilíneo. En este caso, aceleración instantánea y tangencial coinciden.

En un movimiento circular, el radio, r, es siempre es constante. En cualquier otro tipo de movimiento no rectilíneo, el valor del radio se considera variable y dependiente del tiempo.

En la figura del margen se muestra el caso de una trayectoria en la que el radio varía en un momento dado. Se considera, entonces, que el radio hasta un determinado instante tiene un valor y, una vez el móvil atraviesa el punto de enlace entre arcos, el valor del radio cambia. Por lo tanto, se podría decir que el valor del radio en ese movimiento circular también depende del tiempo.

Actividades resueltas

7. Un vehículo que mantiene una velocidad constante de 25 m · s^{-1} comienza a describir un arco de circunferencia de radio 40 m. Determina si posee aceleración y cuál es su valor.

Estrategia de resolución

El vehículo cambia la dirección de su velocidad en un momento dado. Por lo tanto, al no ser constante el vector velocidad, sí que existirá aceleración. Sin embargo, como el módulo de la velocidad no sufre variación, la aceleración que tiene el vehículo será únicamente normal, cuyo valor viene dado por la expresión:

$$|\vec{a}_n| = \frac{v^2}{r} = \frac{\left(25\ \text{m}\cdot\text{s}^{-1}\right)^2}{40\ \text{m}} = 15{,}63\ \text{m}\cdot\text{s}^{-2}$$

8. Un móvil se mueve con velocidad $\vec{v}(t) = 4t^2\,\vec{u}_x + t^2\,\vec{u}_y\ (\text{m}\cdot\text{s}^{-1})$. Determina las componentes intrínsecas de su aceleración en el instante $t = 2$ s.

Estrategia de resolución

Para poder determinar sus componentes intrínsecas, necesitamos hallar las expresiones de la aceleración instantánea y del módulo de la velocidad:

$$\vec{a} = \frac{d}{dt}\vec{v}(t) = \frac{d}{dt}\left(4t^2\,\vec{u}_x + t^2\,u_y\right) = 8t\,\vec{u}_x + 2t\,\vec{u}_y\ \left(\text{m}\cdot\text{s}^{-2}\right)$$

$$v = |\vec{v}| = \sqrt{\left(4t^2\right)^2 + \left(t^2\right)^2} = \sqrt{17t^4} = t^2\sqrt{17}\ \text{m}\cdot\text{s}^{-1}$$

A partir de estas expresiones, determinamos las de la aceleración tangencial en $t = 2$ s:

$$|\vec{a}_t| = \frac{d}{dt}|v(t)| = \frac{d}{dt}\left(t^2\sqrt{17}\right) = 2t\sqrt{17}\ \left(\text{m}\cdot\text{s}^{-2}\right) \quad ; \quad |\vec{a}_t|_{t=2\ \text{s}} = 16{,}49\ \text{m}\cdot\text{s}^{-2}$$

Y, con ella, la aceleración normal a partir de la relación con la aceleración instantánea:

$$|\vec{a}_n| = \sqrt{|\vec{a}|^2 - |\vec{a}_t|^2} = \sqrt{\left(\sqrt{(8t)^2 + (2t)^2}\right)^2 - \left(2t\sqrt{17}\right)^2} = \sqrt{64t^2 + 4t^2 - 68t^2} = 0t\ \text{m}\cdot\text{s}^{-2}$$

Al ser nula la aceleración normal para cualquier valor de t, es un movimiento rectilíneo.

Actividades

14. Dado el vector de posición:

$$\vec{r}(t) = t^3\,\vec{u}_x + 2(t-1)\,\vec{u}_y\ (\text{m})$$

Determina:

a) El vector aceleración instantánea.

b) La aceleración media del móvil entre los instantes $t = 0$ s y $t = 2$ s.

c) La aceleración normal en el instante $t = 0$ s.

S: *a)* $\vec{a}(t) = 6t\,\vec{u}_x\ \left(\text{m}\cdot\text{s}^{-2}\right)$; *b)* $\vec{a}_m = 6\,\vec{u}_x\ \left(\text{m}\cdot\text{s}^{-2}\right)$

c) $|\vec{a}_n|_{t=0\ \text{s}} = 0\ \text{m}\cdot\text{s}^{-2}$

15. Calcula la aceleración normal de un móvil que recorre una curva cuyo radio son 13 m si su velocidad instantánea es $\vec{v}(t) = 3{,}75\,\vec{u}_x + \vec{u}_y\ \left(\text{m}\cdot\text{s}^{-1}\right)$.

S: 1,16 m · s^{-2}

16. ¿Cuál será el valor de las componentes intrínsecas de la aceleración en el caso de un movimiento unidimensional? ¿Existirá aceleración normal?

S: No.

17. Si un móvil se mueve con una velocidad, calcula:

$$\vec{v}(t) = 2(t-1)\,\vec{u}_y\ \left(\text{m}\cdot\text{s}^{-1}\right)$$

a) Su vector de aceleración instantánea.

b) La aceleración media del móvil entre los instantes $t = 0$ s y $t = 2$ s.

c) La aceleración normal en el instante $t = 3$ s.

d) Las componentes intrínsecas de la aceleración.

S: *a)* $\vec{a}(t) = 2\,\vec{u}_y\ \left(\text{m}\cdot\text{s}^{-2}\right)$; *b)* $\vec{a}_m = 2\,\vec{u}_y\ \left(\text{m}\cdot\text{s}^{-2}\right)$

c) $|\vec{a}_n|_{t=3\ \text{s}} = 0\ \text{m}\cdot\text{s}^{-2}$

d) $\vec{a}_t(t) = 2\,\vec{u}_y\ \left(\text{m}\cdot\text{s}^{-2}\right)$; $\vec{a}_n(t) = 0\ \left(\text{m}\cdot\text{s}^{-2}\right)$

18. La aceleración normal de un móvil al tomar una curva a 72 km · h^{-1} es de 10 m · s^{-2}. Halla el radio de la curva que recorre. Si el móvil comienza a acelerar con una aceleración tangencial de 5 m · s^{-2}, ¿cuál será su aceleración instantánea a partir de ese momento?

S: $r = 40$ m; $a = 11{,}18$ m · s^{-2}

Actividades resueltas

Usando GeoGebra

9. Determina el valor de las componentes intrínsecas de la aceleración de un objeto si su vector de posición es $\vec{r}(t) = t^3\,\vec{u}_x + 2(t-1)\,\vec{u}_y$.

Estrategia de resolución

Vamos a resolver esta actividad utilizando la aplicación GeoGebra.

1. En primer lugar, mostraremos en pantalla la trayectoria del objeto. Para ello, definimos la trayectoria como una curva con el fin de realizar derivadas posteriormente, escribiendo la siguiente expresión en la barra de fórmulas:

   r(t) = curva (t^3 , 2(t–1) , t , 0 , 15)

   > Pedimos al programa que realice una curva, dadas las expresiones de las coordenadas *X* e *Y* de la trayectoria, tomando como variable el valor de *t* entre los instantes 0 y 15 s.

   Y veremos en pantalla la representación de la trayectoria del móvil:

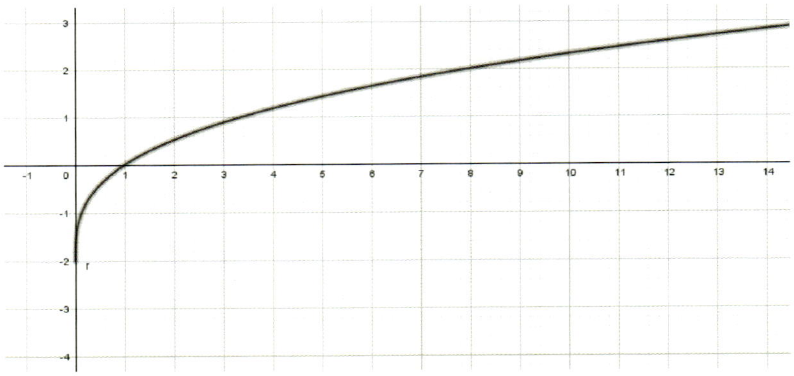

2. Para calcular la expresión del vector velocidad, GeoGebra puede realizar derivadas, así que introducimos en la barra de fórmulas las siguientes expresiones:

   v(t) = derivada(r)   a(t) = derivada(v)

   > GeoGebra realiza derivadas de una manera muy sencilla. Sin embargo, el comando *Derivada* no puede emplearse directamente sobre un polinomio.

   De esta manera, GeoGebra calcula el valor de las expresiones de la velocidad y la aceleración instantáneas y las muestra en pantalla. Es preciso ocultar las funciones de la velocidad y de la aceleración modificando las propiedades de ambas.

3. Definimos un deslizador para el valor del instante que queremos estudiar (tiempo), definido entre los instantes 0 y 15 s, que llamaremos *t*.

4. Introducimos la siguiente expresión en la barra de fórmulas para obtener la posición del móvil en el instante que muestre el deslizador. Así situaremos sobre la trayectoria la posición en el instante *t:*

   P = r(t)

   Al desplazar el deslizador, el punto se desplazará por la trayectoria:

> Con el deslizador, podremos seleccionar cada instante para obtener los valores de posición, velocidad y aceleración instantáneas.

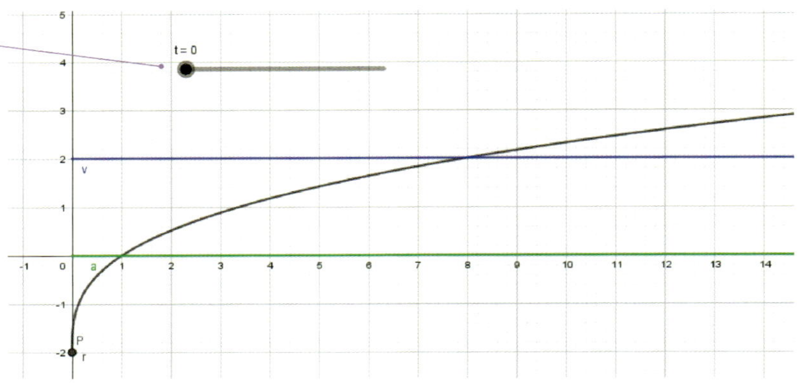

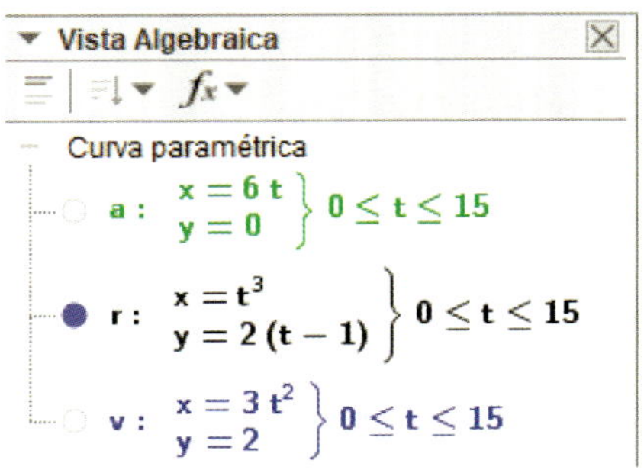

(Continúa)

Actividades resueltas *(Continuación)*

5. Hemos obtenido los valores del vector velocidad y aceleración instantánea con los siguientes comandos:

v_t = v(t)   a_t = a(t)

Con estos comandos estamos creando unos nuevos vectores que devuelven los valores de la velocidad y de la aceleración instantánea en el instante que marque el deslizador *t*.

Modificando las propiedades de los dos valores y posicionando su origen en el punto *P*, aparecerán en pantalla como vectores:

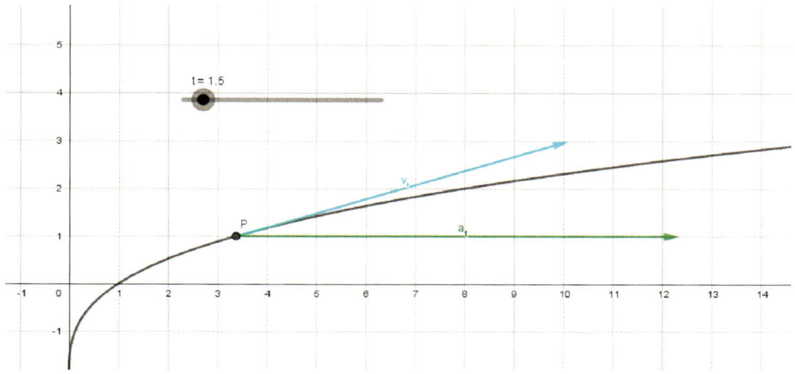

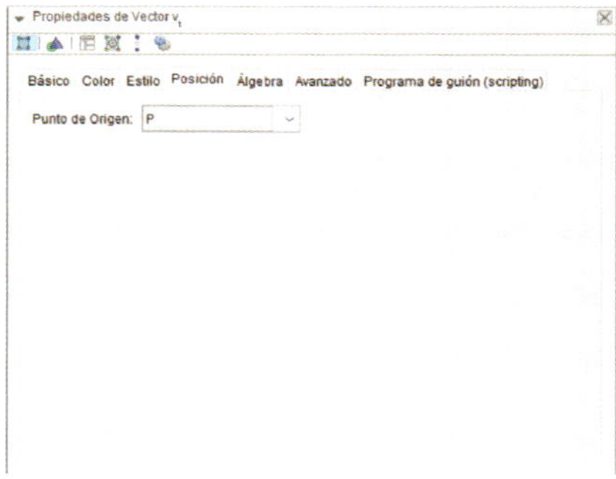

6. Necesitamos conocer el valor del ángulo que forman los vectores aceleración y velocidad instantánea para poder descomponer la aceleración en las componentes tangencial y normal. Hacemos clic en el icono y seleccionamos los vectores citados y así obtenemos en pantalla el valor del ángulo.

7. Basta ahora con definir las componentes tangencial y normal de la aceleración empleando el seno y el coseno de este ángulo:

a_{tangencial} = longitud(a_t) * cos(α)   a_{normal} = longitud(a_t) * sin(α)

Para obtener el módulo de un vector, se emplea el comando *Longitud*. Así, *Longitud(a_t)* hace referencia al módulo del vector *a_t*.

Con la barra inferior (_) definimos los subíndices en GeoGebra.

8. Finalmente, en la vista algebraica aparecerán los valores de las componentes intrínsecas, lo que permite trabajar con estos.

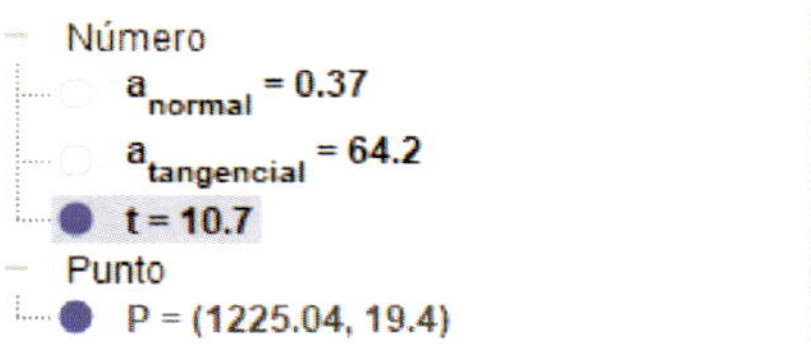

Una de las principales ventajas de trabajar con GeoGebra es que, una vez realizada una actividad como esta, simplemente cambiando la expresión del vector de posición obtendremos, automáticamente, todos los parámetros del movimiento.

Así, podremos plantear vectores de posición de mayor complejidad en los que aparezcan operaciones matemáticas que supongan un arduo trabajo. Por ejemplo, no se han utilizado raíces (recuerda que una raíz es una potencia de exponente fraccionario) o fracciones trigonométricas para no complicar el cálculo de derivadas. GeoGebra nos permite superar este tipo de dificultades al ser el propio programa quien realiza todo el cálculo matemático, siempre y cuando hayamos introducido las órdenes de manera correcta.

Un ejemplo: al modificar el valor del vector de posición con la expresión

r(t) = curva[sin(t) , 2(t–1) , t , 0 , 15]

GeoGebra nos proporcionaría el valor del radio en cada instante.

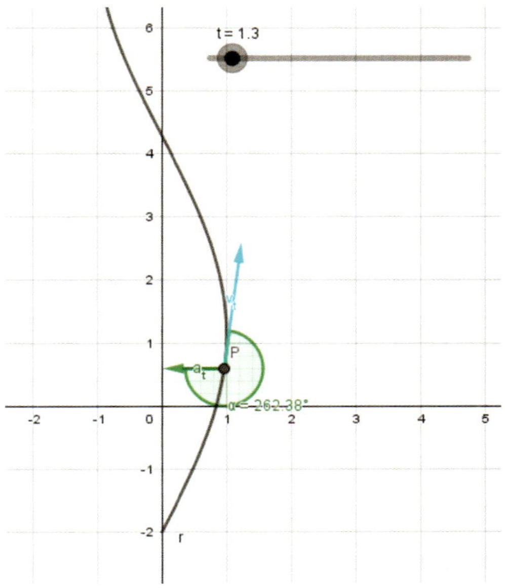

6. Representaciones gráficas

Las representaciones gráficas proporcionan información de manera visual acerca de las condiciones del movimiento.

6.1. Trayectoria

Podemos entender la trayectoria como la representación gráfica del camino descrito por el móvil.

> ***Sabías que...***
>
> Cuando analizamos nuestros desplazamientos por carretera con la ayuda de planos o aplicaciones de cartografía, las distancias que se indican no coinciden con las reales: no se tienen en cuenta ascensos y descensos.

La **trayectoria** es el lugar geométrico del conjunto de puntos del espacio por los que pasa el móvil en su movimiento.

La trayectoria solo coincide con el desplazamiento entre dos instantes en el caso de movimiento rectilíneo. En cualquier otro caso, la distancia que recorra el móvil será mayor que el desplazamiento realizado.

La representación de la trayectoria posibilita conocer los puntos por los que pasa el móvil en su movimiento. La dificultad de este tipo de representación radica en la cantidad de dimensiones necesaria para proporcionar una información de calidad. En el caso de la imagen, al existir dos dimensiones en el movimiento, sería necesaria una tercera dimensión para poder explicitar el valor del tiempo. También sería posible ir indicando los instantes a los que corresponden los puntos intermedios sobre la misma gráfica.

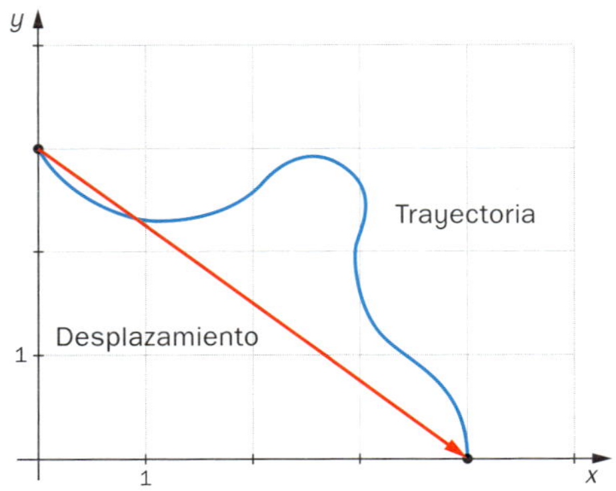

6.2. Posición y tiempo

La representación de la posición con respecto al tiempo proporciona una información más relevante acerca del movimiento: la posición que ocupa el móvil en cada instante.

Para realizar estas representaciones, vamos a trabajar con movimientos en una única dimensión (rectilíneos). En el eje de ordenadas se indica la posición que ocupa el objeto y en el eje de abscisas se sitúa el tiempo.

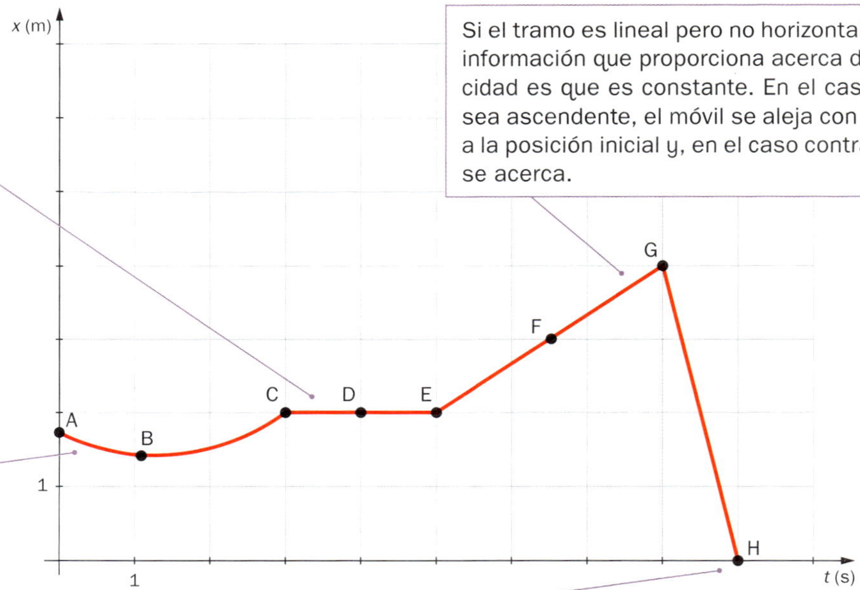

Los tramos de representación que correspondan a líneas horizontales (CDE) son instantes en los que no ha tenido lugar movimiento, el móvil ha estado parado.

Si el tramo corresponde a una parábola (ABC), entonces la velocidad varía y la aceleración no.

Si el tramo es lineal pero no horizontal (EFG), la información que proporciona acerca de la velocidad es que es constante. En el caso de que sea ascendente, el móvil se aleja con respecto a la posición inicial y, en el caso contrario (GH), se acerca.

Cuando la gráfica atraviesa el eje de abscisas, el móvil se encuentra en el origen del SR.

6.3. Celeridad y tiempo

La representación del módulo de la velocidad con respecto al tiempo también proporciona una valiosa información acerca de las condiciones del movimiento. A partir de ella, es posible determinar el tipo de movimiento, el tiempo que transcurre y las distancias que se recorren. Sin embargo, no es posible conocer nada acerca de las condiciones iniciales: ¿estaba el cuerpo en movimiento antes del instante $t = 0$ s? ¿Cuál es su posición inicial?

Recuerda

El orden y la operación matemática para convertir magnitudes es:

Desplazamiento

↓ Derivada

Velocidad

↓ Derivada

Aceleración

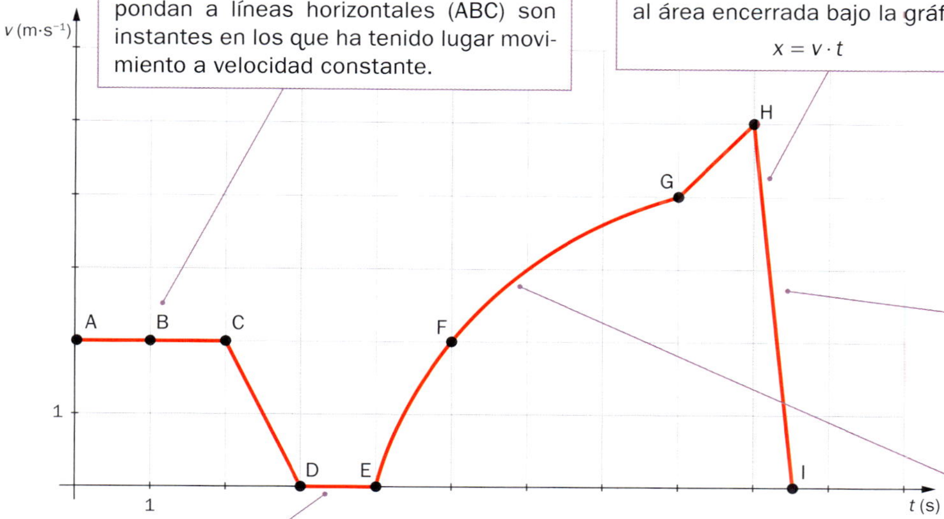

Los tramos de representación que correspondan a líneas horizontales (ABC) son instantes en los que ha tenido lugar movimiento a velocidad constante.

El espacio recorrido corresponde al área encerrada bajo la gráfica: $x = v \cdot t$

Si el tramo horizontal es coincidente con el eje de abscisas (DE), el móvil no se mueve, su velocidad es nula.

En los tramos rectilíneos ascendentes (GH) o descendentes (HI), la aceleración **es constante** (positiva o de frenado).

En los tramos parabólicos (EFG), la aceleración **no es constante** y varía en cada instante la misma cantidad.

6.4. Aceleración y tiempo

La representación de la aceleración con el tiempo tiene mucha importancia desde el punto de vista de la dinámica (las fuerzas). Con esta representación, obtenemos conclusiones acerca de la variación de la velocidad del móvil, pero no es posible conocer datos acerca de la posición ni de la velocidad iniciales. Esto hace que los datos que se pueden obtener acerca del desplazamiento sean relativos: es necesaria más información para poder determinar la posición y la velocidad.

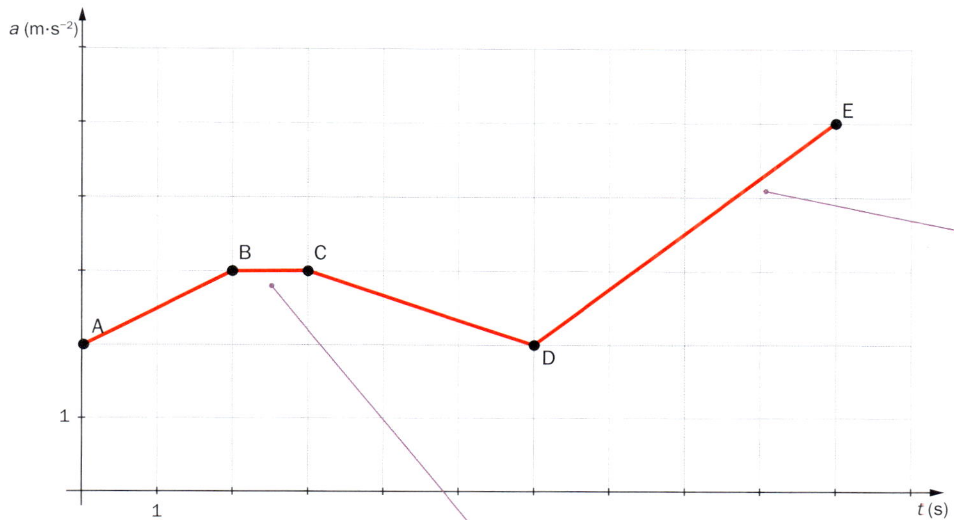

La aceleración o desaceleración depende de la relación entre el signo de la velocidad y el signo de la aceleración.

Cuando la velocidad es positiva:

- Si la aceleración es positiva ($a > 0$) el móvil acelera cada vez más o menos rápido en función de la inclinación del tramo, ascendente o descendente.
- Si la aceleración es negativa ($a < 0$) la velocidad disminuye y, por tanto, el cuerpo desacelera.

Cuando la velocidad es negativa, la argumentación es al revés.

En los tramos horizontales (BC), el móvil se desplaza con aceleración constante: la velocidad aumenta en cada instante una misma cantidad. Salvo en el caso de que la aceleración sea cero, entonces la velocidad del móvil permanece constante.

Actividades resueltas

10. Contesta a las siguientes cuestiones atendiendo a esta gráfica del desplazamiento:

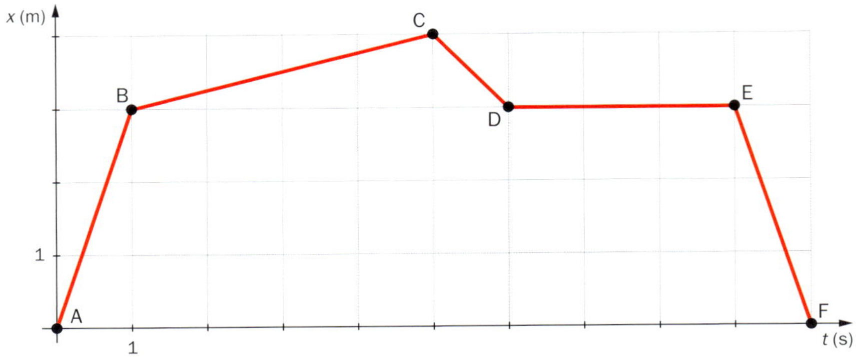

a) ¿Qué puedes decir acerca de las condiciones iniciales del movimiento? ¿Existe velocidad? ¿Y aceleración?

b) ¿En qué tramos el móvil se encuentra acelerando?

c) ¿Se detiene el móvil en algún instante?

d) ¿Pasa en algún instante por la posición inicial?

Estrategia de resolución

a) Inicialmente, la velocidad es distinta de cero y constante. El tramo AB de la gráfica es una recta no horizontal, por lo que existe proporcionalidad directa entre desplazamiento y tiempo ($x = 3t$): su velocidad media es 3 $m \cdot s^{-1}$. Como la velocidad es constante, podemos concluir que no existe aceleración.

b) En ninguno: la gráfica no muestra ningún tramo en el que la representación no sea una línea recta.

c) La velocidad es nula en el tramo DE. Entre esos instantes, desde $t = 6$ s hasta $t = 9$ s, no se produce desplazamiento.

d) El punto F es punto de corte con el eje de abscisas. Por lo tanto, en ese instante, $t = 10$ s, pasa por la posición inicial.

Cinemática 2.0

En el siguiente enlace podrás aprender más acerca del desplazamiento de los cuerpos:

bit.ly/1BAC6-Cuantos

Actividades

19. Dada esta gráfica de la velocidad, contesta a las siguientes cuestiones:

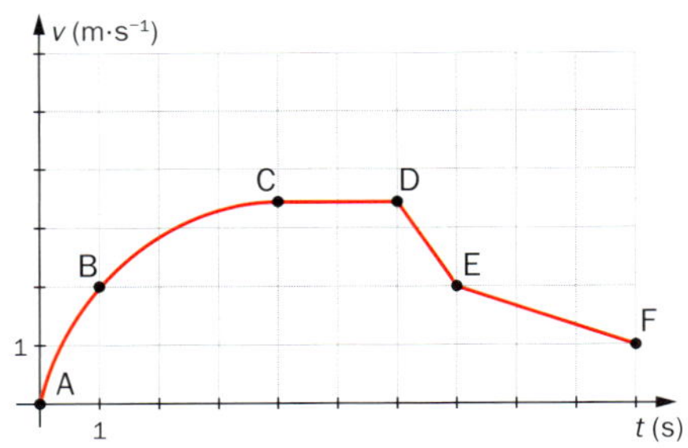

a) ¿Se encuentra detenido el móvil en algún instante?

b) ¿En qué tramos el móvil se encuentra disminuyendo su velocidad (frenando)?

c) ¿Es su aceleración constante en el tramo parabólico BC?

d) ¿Se detiene al final del movimiento?

S: *a)* Sí, al inicio; *b)* En los tramos DE y EF; *c)* No; *d)* No

20. Un cuerpo que parte del reposo desde un punto a 15 m del origen posee la siguiente gráfica aceleración-tiempo:

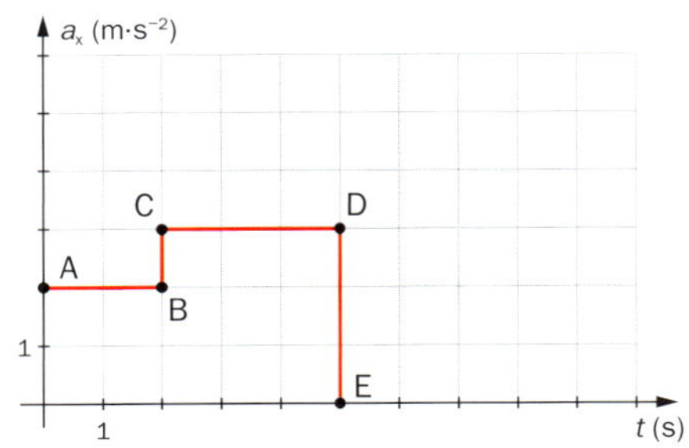

a) Halla la velocidad y la posición al final del cada tramo.

b) ¿Cuál es el espacio total recorrido?

c) Indica la velocidad media del movimiento.

S: *a)* $\begin{cases} x_B = 19 \text{ m} \\ v_B = 4 \text{ m} \cdot \text{s}^{-1} \end{cases}$; $\begin{cases} x_D = 44{,}5 \text{ m} \\ v_D = 13 \text{ m} \cdot \text{s}^{-1} \end{cases}$; $v_E = 13 \text{ m} \cdot \text{s}^{-1}$

b) d = 29,5 m; *c)* $v_m = 5{,}9 \text{ m} \cdot \text{s}^{-1}$

Actividades

21. Dada la siguiente gráfica aceleración-tiempo de un móvil con movimiento rectilíneo, contesta a las preguntas que se formulan:

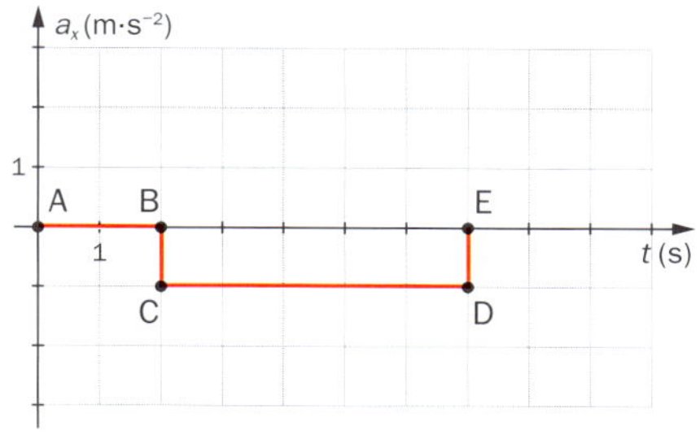

a) ¿Podemos afirmar que el vehículo se encuentra detenido inicialmente?

b) ¿Cuál es la velocidad inicial del móvil?

c) Suponiendo que el móvil se encuentra inicialmente en reposo en la posición $x = 3$ m, determina la posición que ocupará al cabo de 2 s.

d) ¿Es posible afirmar en cualquier caso que el móvil retrocederá a partir del instante $t = 2$ s sea cual sea la velocidad inicial?

e) Si la velocidad que tiene el móvil inicialmente es de 10 $m \cdot s^{-1}$ y se encuentra en el origen de coordenadas, determina la posición y la velocidad que ocupará cuando llegue al instante correspondiente a C. ¿Con qué velocidad llegará al punto D?

f) ¿Durante cuántos segundos debería mantener la aceleración negativa que expresa la gráfica para que el móvil se detenga?

S: *a)* No; *b)* Es desconocida; *c)* $x = 3$ m; *d)* No; *e)* $x = 20$ m; $v_C = 10\ m \cdot s^{-1}$; $v_D = 5\ m \cdot s^{-1}$; *f)* $t = 10$ s

22. Dos hermanos regresan a casa desde su centro de estudios. Como el autobús tarda, la mayor decide, a la 13:00, ir andando a 3 $m \cdot s^{-1}$, hasta que, a los 10 min, para a descansar en una fuente durante 5 min y continúa después hasta su casa a 2 $m \cdot s^{-1}$. El hermano menor coge el autobús diez minutos después de irse su hermana y llega a casa en quince minutos. Sabiendo que el autobús circula a 4 $m \cdot s^{-1}$.

a) Realiza una gráfica de la posición con respecto al tiempo de cada uno de los casos expuestos.

b) Determina cuál de los dos hermanos llegó primero a casa y a qué hora.

S: *a)* **bit.ly/1BAC_U6_hermanos**; *b)* El del autobús.

23. Dos vehículos parten desde una misma posición empleando velocidades de acuerdo con la gráfica. Indica qué le sucede a cada uno de ellos y especifica quién recorre más distancia.

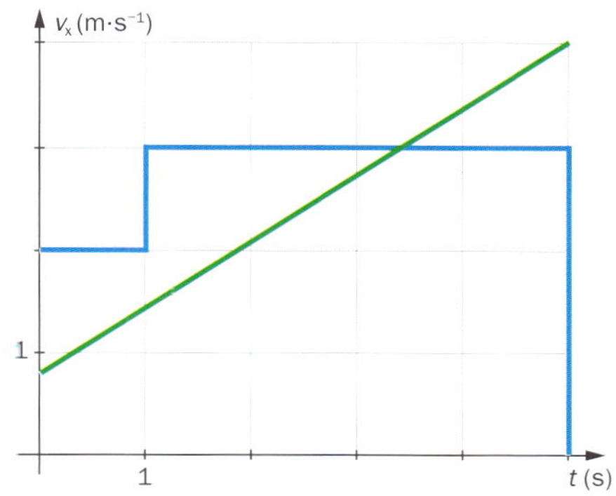

S: El azul. Date cuenta de que el espacio recorrido corresponde al área bajo cada representación *v-t*.

24. Trabajamos en grupos de 3 o 4 personas. Cada grupo realiza una gráfica posición-tiempo del movimiento de un móvil en la que puedan distinguirse cuatro tramos en los que cambien las condiciones del movimiento. Es importante que las gráficas tengan el mayor número de particularidades posible (corte con el eje de abscisas, tramos rectos ascendentes o descendentes, tramo parabólico...). Una vez realizada la gráfica, se numeran cada uno de los tramos y se escribe en la parte de atrás del ejercicio las particularidades del movimiento en cada uno de los tramos junto con el nombre de los integrantes del grupo. Es necesario dejar espacio para que el resto de los grupos pueda realizar aportaciones para cada tramo.

Al terminar, cada equipo cambia de mesa para trabajar con la gráfica de otro grupo, así todos los equipos añadirán particularidades a cada uno de los tramos de las gráficas de sus compañeros y, al abandonar esa mesa, firmarán el ejercicio por detrás. Se repite la dinámica hasta que todos los grupos pasan por todas las gráficas y aportan a cada una lo que consideren.

Al final, cada grupo hace un comentario sobre las anotaciones de su gráfica.

25. En equipos de 3 o 4 personas y con la ayuda de un dispositivo electrónico.

a) Se proyecta en la pantalla del aula el contenido de **bit.ly/Kahoot_Cin_quest** haciendo clic en *Play*.

b) Cada equipo concursa con su dispositivo. Para ello, entra en **bit.ly/kahoot-Cin,** donde ingresa el pin del juego que se muestra en pantalla. Posteriormente, proporciona un nombre al equipo para poder entrar en el juego.

Cuando se hayan inscrito todos los equipos, el docente comienza el juego haciendo clic en *Start*.

1. Determina, a partir de esta trayectoria:

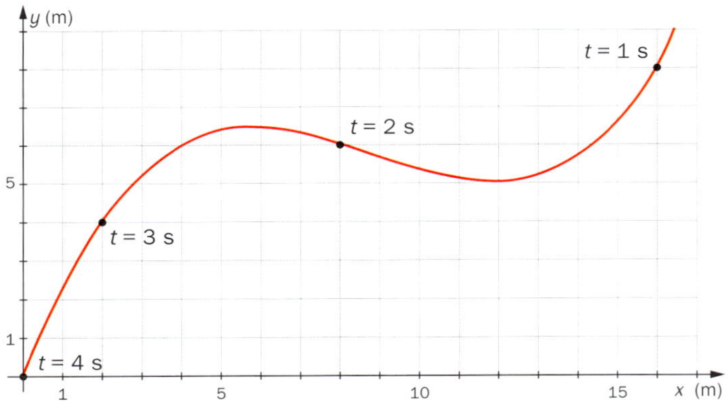

a) El desplazamiento entre los instantes $t = 1$ y $t = 3$ s.

b) El vector velocidad media entre los instantes $t = 1$ s y $t = 3$ s.

c) Analiza la variación de la velocidad media entre los tramos que van desde $t = 1$ s hasta $t = 2$ s y desde $t = 2$ s hasta $t = 3$ s.

Estrategia de resolución

a) Atendiendo a la expresión de la variación de la cantidad de posición, calculamos el desplazamiento obtenido:

$$\Delta\vec{r}_{1\to3} = \vec{r}(3) - \vec{r}(1) = (2\,\vec{u}_x + 4\,\vec{u}_y) - (16\,\vec{u}_x + 8\,\vec{u}_y)$$

$$\Delta\vec{r}_{1\to3} = -14\,\vec{u}_x - 4\,\vec{u}_y\ (\text{m})$$

b) Una vez conocido el desplazamiento del móvil entre los instantes del apartado anterior, obtenemos la velocidad media dividiendo entre el tiempo transcurrido:

$$\vec{v}_{m(1\to3)} = \frac{\vec{r}(3) - \vec{r}(1)}{3\ \text{s} - 1\ \text{s}}$$

$$\vec{v}_{m(1\to3)} = \frac{-14\,\vec{u}_x - 4\,\vec{u}_y\ (\text{m})}{2\ \text{s}} = -7\,\vec{u}_x - 2\,\vec{u}_y\ (\text{m}\cdot\text{s}^{-1})$$

c) Para determinar estas velocidades, necesitamos conocer los vectores de posición en los instantes $t = 1$, 2 y 3 s:

$$\vec{r}(3) = 2\,\vec{u}_x + 4\,\vec{u}_y\ (\text{m})$$

$$\vec{r}(2) = 8\,\vec{u}_x + 6\,\vec{u}_y\ (\text{m})$$

$$\vec{r}(1) = 16\,\vec{u}_x + 8\,\vec{u}_y\ (\text{m})$$

Con estos vectores de posición podemos determinar la velocidad media de cada tramo:

$$\vec{v}_{m(1\to2)} = \frac{\vec{r}(2) - \vec{r}(1)}{2\ \text{s} - 1\ \text{s}} = -8\,\vec{u}_x - 2\,\vec{u}_y\ (\text{m}\cdot\text{s}^{-1})$$

$$\vec{v}_{m(2\to3)} = \frac{\vec{r}(3) - \vec{r}(2)}{3\ \text{s} - 2\ \text{s}} = -6\,\vec{u}_x - 2\,\vec{u}_y\ (\text{m}\cdot\text{s}^{-1})$$

Y, a partir de ellas, la variación de velocidad media:

$$\vec{v}_m = \vec{v}_{m(2\to3)} - \vec{v}_{m(1\to2)} = 2\,\vec{u}_x\ (\text{m}\cdot\text{s}^{-1})$$

2. El vector de posición de un móvil viene dado por:

$$\vec{r}(t) = (8t^3 + 1)\,\vec{u}_x + (5t^2 + 3t)\,\vec{u}_y\ (\text{m})$$

a) Calcula el valor de la velocidad y de la aceleración en el instante $t = 2$ s.

b) Si el valor de la aceleración tangencial en ese instante es de 95,7 $\text{m}\cdot\text{s}^{-2}$, halla el valor del radio de curvatura.

Estrategia de resolución

a) Para determinar la aceleración en ese instante es preciso obtener la derivada de la expresión de la velocidad instantánea. Y para obtenerla, necesitamos realizar la derivada del vector de posición:

$$\vec{v}(t) = \frac{d}{dt}\vec{r}(t) = \frac{d}{dt}\left[(8t^3 + 1)\,\vec{u}_x + (5t^2 + 3t)\,\vec{u}_y\right]$$

$$\vec{v}(t) = 24t^2\,\vec{u}_x + (10t + 3)\,\vec{u}_y\ \ (\text{m}\cdot\text{s}^{-1})$$

En la expresión de la velocidad, sustituimos t por el valor 2 s para determinar la velocidad en ese instante:

$$\vec{v}(t = 2\ \text{s}) = 24\cdot 2^2\,\vec{u}_x + (10\cdot 2 + 3)\,\vec{u}_y$$

$$\vec{v}(t = 2\ \text{s}) = 96\,\vec{u}_x + 23\,\vec{u}_y\ (\text{m}\cdot\text{s}^{-1})$$

A partir de la expresión del vector velocidad, obtenemos el vector aceleración:

$$\vec{a}(t) = \frac{d}{dt}\vec{v}(t) = \frac{d}{dt}\left[24t^2\,\vec{u}_x + (10t + 3)\,\vec{u}_y\right]$$

$$\vec{a}(t) = 48t\,\vec{u}_x + 10\,\vec{u}_y\ (\text{m}\cdot\text{s}^{-2})$$

Y para determinar la aceleración en el instante $t = 2$ s basta con sustituir en la expresión:

$$\vec{a}(t = 2\ \text{s}) = 48\cdot 2\,\vec{u}_x + 10\,\vec{u}_y$$

$$\vec{a}(t = 2\ \text{s}) = 96\,\vec{u}_x + 10\,\vec{u}_y\ (\text{m}\cdot\text{s}^{-2})$$

b) Las aceleraciones normal y tangencial son perpendiculares entre sí. Partiendo del resultado anterior, la aceleración instantánea es:

$$|\vec{a}(t)| = \sqrt{96^2 + 10^2} = 96{,}52\ \text{m}\cdot\text{s}^{-2}$$

La aceleración normal se determina considerando la perpendicularidad entre las componentes intrínsecas y aplicando el teorema de Pitágoras:

$$a_n = \sqrt{|\vec{a}(t)|^2 - a_t^2}$$

$$a_n = \sqrt{(96{,}52\ \text{m}\cdot\text{s}^{-2})^2 - (95{,}7\ \text{m}\cdot\text{s}^{-2})^2} = 12{,}55\ \text{m}\cdot\text{s}^{-2}$$

Y el valor del radio de curvatura en ese instante:

$$R = \frac{v^2}{|\vec{a}_n|} = \frac{\left(\sqrt{96^2 + 23^2}\ \text{m}\cdot\text{s}^{-1}\right)^2}{12{,}55\ \text{m}} = 776{,}49\ \text{m}$$

Descubre los fallos de estas actividades.
Consulta las soluciones en:
bit.ly/Encuentra_error_1BAC_U6

A la caza del ERROR

1. Determinar la trayectoria de un navío que se dirige hacia puerto si el vector de posición del barco se corresponde con la expresión $\vec{r}(t) = (8t^3 + 1)\,\vec{u}_x + (5t^2 + 3t)\,\vec{u}_y$ (m).

Solución (un error)

A partir de la expresión del vector de posición, es posible obtener la expresión que relaciona x e y.

De las expresiones paramétricas, despejamos el valor del tiempo en la primera y se sustituye en la segunda:

$$\begin{cases} x = 8t^3 + 1 \\ y = 5t^2 + 3t \end{cases} \rightarrow t = \sqrt[3]{\frac{x}{8} - 1}$$

Sustituimos el valor de t en la ecuación de y:

$$y = 5\left(\sqrt[3]{\frac{x}{8} - 1}\right)^2 + 3\left(\sqrt[3]{\frac{x}{8} - 1}\right)$$

La representación de esta función es:

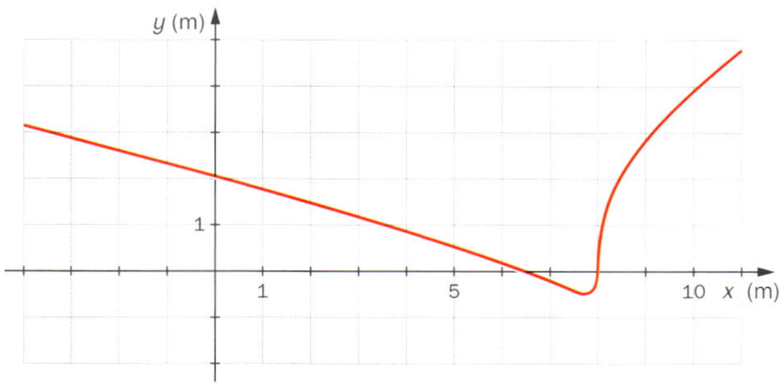

2. Un automóvil se encuentra dando una curva cuyo radio son 25 m. El conductor decide pisar el acelerador para pasar en cinco segundos de 25 a 30 $m \cdot s^{-1}$. Determina el valor de la aceleración que experimenta el automóvil.

Solución (dos errores)

El valor de la aceleración será la suma de las aceleraciones tangencial y normal. Es preciso, entonces, determinar ambos valores para poder obtener la expresión de la aceleración instantánea del vehículo.

La aceleración tangencial la obtenemos a partir del valor de la variación de la celeridad:

$$|\vec{a}_t| = \frac{|\vec{v}_2| - |\vec{v}_1|}{5\ s} = \frac{(30\ m \cdot s^{-1} - 25\ m \cdot s^{-1})}{5\ s} = 1\ m \cdot s^{-2}$$

La aceleración normal la obtenemos a partir de su expresión:

$$|\vec{a}_n| = \frac{v^2}{R} = \frac{(25\ m \cdot s^{-1})^2}{25\ m} = 25\ m \cdot s^{-2}$$

La aceleración es la suma vectorial de las dos aceleraciones anteriores:

$$|\vec{a}| = |\vec{a}_n| + |\vec{a}_t| = 25\ m \cdot s^{-2} + 1\ m \cdot s^{-2} = 26\ m \cdot s^{-2}$$

3. Determina el valor de la velocidad instantánea en los instantes $t = 2$ s y $t = 4$ s de un móvil que se mueve según un vector de posición dado por la expresión:

$$\vec{r}(t) = \left(\frac{6}{t} + 1\right)\vec{u}_x + (3t^2)\,\vec{u}_y\ (m)$$

Solución (dos errores)

Para determinar el valor de la aceleración instantánea, es preciso determinar inicialmente la velocidad instantánea.

Para ello, calculamos la velocidad entre los dos instantes:

$$\vec{v}(t) = \frac{\vec{r}(4) - \vec{r}(2)}{4\ s - 2\ s}$$

Hallamos los vectores de posición en los instantes 2 y 4 s:

$$\vec{r}(4) = \left(\frac{6}{4} + 1\right)\vec{u}_x + 3 \cdot 4^2\,\vec{u}_y = \frac{5}{2}\,\vec{u}_x + 48\,\vec{u}_y\ (m)$$

$$\vec{r}(2) = \left(\frac{6}{2} + 1\right)\vec{u}_x + 3 \cdot 2^2\,\vec{u}_y = 4\,\vec{u}_x + 12\,\vec{u}_y\ (m)$$

Sustituyendo en la expresión de la velocidad:

$$\vec{v}(t) = \frac{2{,}5\,\vec{u}_x + 48\,\vec{u}_y - (4\,\vec{u}_x + 12\,\vec{u}_y)}{4\ s - 2\ s}$$

$$\vec{v}(t) = -0{,}75\,\vec{u}_x + 36\,\vec{u}_y\ (m \cdot s^{-1})$$

4. Un objeto se mueve con una velocidad que viene dada por la expresión $\vec{v}(t) = 2t\,\vec{u}_x + (4t - 2)\,\vec{u}_y$. Determina el valor de la aceleración tangencial y el radio de curvatura cuando $t = 2$ s.

Solución (cuatro errores)

Para determinar la expresión de la aceleración tangencial, es preciso realizar la derivada del vector velocidad:

$$\vec{a}_t(t) = \frac{d}{dt}\left(2t\,\vec{u}_x + (4t - 2)\,\vec{u}_y\right)$$

$$\vec{a}_t(t) = 2\,\vec{u}_x + (4 - 2)\,\vec{u}_y\ (m \cdot s^{-2})$$

Por lo tanto, la expresión de la aceleración tangencial es:

$$\vec{a}_t(t) = 2\,\vec{u}_x + 2\,\vec{u}_y\ (m \cdot s^{-2})$$

Para determinar el radio de curvatura, basta con sustituir el módulo de la aceleración en la expresión:

$$|\vec{a}_t(t)| = \frac{v(2)^2}{R}$$

$$R = \frac{v(2)^2}{|\vec{a}_t(t)|} = \frac{\left(\sqrt{(2 \cdot 2)^2 + (4 \cdot 2 - 2)^2}\right)^2}{\sqrt{2^2 + 2^2}} = 18{,}38\ m$$

Posición, velocidad y aceleración

1. Una sonda atmosférica es atada a un globo de helio para calcular las condiciones de temperatura y humedad a una hora determinada.

a) Expresa el vector posición como una función de *t*, sabiendo que se desplaza horizontalmente con velocidad constante y que asciende con aceleración también constante si las lecturas de su sensor GPS son:

Punto	A (0, 0)	B (1, 1)	C (2, 4)	D (3, 9)	E (4, 16)
***t* (s)**	0	1	2	3	4

b) Determina cuál es su velocidad en cada instante.

c) ¿Con qué aceleración asciende?

S: $\vec{r}(t) = t\,\vec{u}_x + t^2\,\vec{u}_y$ (m); $\vec{v}(t) = \vec{u}_x + 2t\,\vec{u}_y \left(\text{m}\cdot\text{s}^{-1}\right)$

$\vec{a}(t) = 2\,\vec{u}_y \left(\text{m}\cdot\text{s}^{-2}\right)$

2. El radar de un aeropuerto indica que un globo aerostático se mueve por el efecto de las corrientes de aire según el siguiente vector de posición:

$$\vec{r}(t) = t\,\vec{u}_x + 5t\,\vec{u}_y + 2t^2\,\vec{u}_z \text{ (m)}$$

a) ¿Asciende o desciende? ¿Con qué aceleración?

b) ¿Es su trayectoria rectilínea?

S: *a)* Ascenso a $4\ \text{m}\cdot\text{s}^{-2}$; *b)* No

3. Se avecina una tormenta. El vector de posición del centro de esta (el lugar de más intensidad) con el tiempo en minutos es:

$$\vec{r}(t) = 3\left(t^2+2\right)\vec{u}_x + 4\left(t-7\right)\vec{u}_y \text{ (km)}$$

Si estamos en $(10, 2)$ (km):

a) ¿Pasara por encima de nuestras cabezas?

b) ¿Con qué velocidad media se mueve entre los instantes $t = 1$ s y $t = 2$ s? Calcula su aceleración.

S: *a)* No;

b) $\vec{v}_m = 9\,\vec{u}_x + 4\,\vec{u}_y \left(\text{km}\cdot\text{min}^{-1}\right)$; $\vec{a}(t) = 6\,\vec{u}_x \left(\text{km}\cdot\text{min}^{-2}\right)$

4. El vector de posición de la trayectoria del Sol en un día de invierno en un punto de la tierra viene dado por la expresión:

$$\vec{r}(t) = t\,\vec{u}_x + \left(1\,400t - 0{,}05t^2\right)\vec{u}_y \text{ (m)}$$

Donde *t* representa el tiempo desde que sale el Sol. Halla el tiempo que tardará en ponerse el Sol en el horizonte.

S: $t = 28\,000$ s

5. Determina la altura y la velocidad a la que una pelota impacta en la pared de un frontón, situada a 6 m de distancia del lanzador, si su vector de posición viene dado por la expresión:

$$\vec{r}(t) = 8{,}5t\,\vec{u}_x + \left(1{,}5 + 5t - 5t^2\right)\vec{u}_y \text{ (m)}$$

S: $h = 2{,}54$ m; $\vec{v}_{x=6\text{ m}} = 8{,}5\,\vec{u}_x - 2{,}06\,\vec{u}_y \left(\text{m}\cdot\text{s}^{-1}\right)$

6. Una abeja quiere salir de un panal y evitar encontrarse con una avispa asiática. Si esto sucediera, sería su final. Ha decidido salir desde $(0, 0)$ con una velocidad de:

$$\vec{v}(t) = t^2\,\vec{u}_x + 2t\,\vec{u}_y \left(\text{m}\cdot\text{s}^{-1}\right)$$

Una avispa asiática que se encuentra en ese momento en $(6, 10)$ se da cuenta de las intenciones de la abeja, así que pone todas sus neuronas a trabajar. Toma la decisión de interceptarla con un movimiento cuyo vector de posición es:

$$\vec{r}(t) = -3(t-2)\,\vec{u}_x + (10-t)\,\vec{u}_y \text{ (m)}$$

¿Logrará su objetivo? Si es así, ¿en qué instante?

S: No lo logrará.

7. En el aeropuerto de Santander se cruzan los barcos que se dirigen hacia El Astillero con las aeronaves que aterrizan. Por este motivo, la normativa impide que se crucen en la misma vertical una aeronave con un navío.

Si los vectores de posición del avión y del barco vienen dados por estas expresiones:

$$\vec{r}_{\text{Avión}}(t) = (0{,}5 - 15t)\,\vec{u}_x + (-1 + 5{,}5t)\,\vec{u}_y \text{ (m)}$$

$$\vec{r}_{\text{Barco}}(t) = (3 + t)\,\vec{u}_x + (-1 + 2t)\,\vec{u}_y \text{ (m)}$$

a) Determina si se cumplirá la normativa.

b) ¿Cuáles son las velocidades instantáneas del barco y del avión?

S: *a)* Sí; *b)* $\vec{v}_{\text{Barco}}(t) = \vec{u}_x + 2\,\vec{u}_y \left(\text{m}\cdot\text{s}^{-1}\right)$;

$\vec{v}_{\text{Avión}}(t) = -15\,\vec{u}_x + 5{,}5\,\vec{u}_y \left(\text{m}\cdot\text{s}^{-1}\right)$

8. El vector de posición de un objeto viene dado por:

$$\vec{r}(t) = t^4\,\vec{u}_x + 3t\,\vec{u}_y \text{ (m)}$$

a) Determina la velocidad y aceleración media entre los instantes 0 y 2 s.

b) Calcula el valor de la componente normal de la aceleración en el instante $t = 2$ s si el radio de curvatura en ese momento tiene un valor de 230,56 m.

S: *a)* $\vec{v}_m = 8\,\vec{u}_x + 3\,\vec{u}_y \left(\text{m}\cdot\text{s}^{-1}\right)$; $\vec{a}_m = 16\,\vec{u}_x \left(\text{m}\cdot\text{s}^{-2}\right)$

b) $\left|\vec{a}_n\right| = 4{,}48\ \text{m}\cdot\text{s}^{-2}$

9. Determina, dado este vector de posición de un objeto:

$$\vec{r}(t) = t^6\,\vec{u}_x + 2t^4\,\vec{u}_y\ (\text{m})$$

a) La velocidad media entre los instantes 0 y 1 s.

b) La aceleración media entre los mismos instantes.

c) El valor de la componente normal de la aceleración en el instante $t = 1$ s si el radio de curvatura en ese momento tiene un valor de 10,42 m.

S: *a)* $\vec{v}_m = \vec{u}_x + 2\,\vec{u}_y\ (\text{m}\cdot\text{s}^{-1})$

b) $\vec{a}_m = 6\,\vec{u}_x + 8\,\vec{u}_y\ (\text{m}\cdot\text{s}^{-2})$; *c)* $\left|\vec{a}_{n(t=1\,\text{s})}\right| = 9{,}6\ \text{m}\cdot\text{s}^{-2}$

10. Si el semieje Y positivo es el norte y el semieje X positivo es el este, halla la dirección del viento que atraviesa un sembrado sabiendo que el medidor indica que las partículas se mueven con $\vec{r}(t) = t\,\vec{u}_x + t\,\vec{u}_y\ (\text{m})$.

S: Viento SO.

11. En una balsa, un difusor de aire produce un chorro de partículas desde el fondo que las hace moverse con un vector de posición $\vec{r}(t) = \left(-t^2 + 15\right)\vec{u}_x + 5t^3\,\vec{u}_y\ (\text{cm})$, t en segundos.

a) Determina la velocidad y aceleración medias de una burbuja de aire entre los instantes $t = 0$ s y $t = 1$ s.

b) ¿Cuánto tiempo tardará la partícula en llegar a la superficie si la balsa tiene 20 cm de profundidad (eje Y)?

c) Calcula el valor del radio de curvatura de la trayectoria de una partícula si la aceleración normal en el instante $t = 1$ s es de $1{,}98\ \text{cm}\cdot\text{s}^{-2}$.

d) ¿Con qué velocidad instantánea llegará a la superficie?

e) ¿Cuál será la velocidad media de la partícula desde que sale del difusor hasta que llega a la superficie?

S: *a)* $\vec{v}_m = -1\,\vec{u}_x + 5\,\vec{u}_y\ (\text{cm}\cdot\text{s}^{-1})$; $\vec{a}_m = -2\,\vec{u}_x + 15\,\vec{u}_y\ (\text{cm}\cdot\text{s}^{-2})$;

b) $t = 1{,}59$ s; *c)* $R = 115{,}66$ cm;

d) $\vec{v} = -3{,}17\,\vec{u}_x + 37{,}8\,\vec{u}_y\ (\text{cm}\cdot\text{s}^{-1})$;

e) $\vec{v}_m = -1{,}59\,\vec{u}_x + 18{,}9\,\vec{u}_y\ (\text{cm}\cdot\text{s}^{-1})$

12. La aceleración de un móvil en un instante viene dada por la expresión $\vec{a}(t) = 2\,\vec{u}_y\ (\text{m}\cdot\text{s}^{-2})$, la velocidad es $(3, 0)\ (\text{m}\cdot\text{s}^{-1})$ y el radio de curvatura mide 4,5 m. Halla el valor de:

a) La rapidez con la que se mueve.

b) La aceleración normal.

c) La aceleración tangencial en ese instante.

d) ¿De qué tipo de movimiento se trata?

S: *a)* $3\ \text{m}\cdot\text{s}^{-1}$; *b)* $\vec{a}_n = 2\,\vec{u}_y\ (\text{m}\cdot\text{s}^{-2})$; *c)* $\vec{a}_t = 0\ (\text{m}\cdot\text{s}^{-2})$

d) Circular uniforme.

13. En un determinado instante, la aceleración de un vehículo es de $5\ \text{m}\cdot\text{s}^{-2}$. Mediante el acelerómetro del móvil logramos determinar que la aceleración normal en ese mismo instante es de $3\ \text{m}\cdot\text{s}^{-2}$. Determina el valor de la aceleración tangencial en ese momento.

S: $a_t = 4\ \text{m}\cdot\text{s}^{-2}$

Representaciones gráficas

14. En una estación del tren de alta velocidad, un viajero sitúa su maleta sobre la cinta transportadora en el control de equipajes. Si la cinta se mueve a una velocidad constante de $30\ \text{cm}\cdot\text{s}^{-1}$:

a) Determina cuál será el vector de posición si consideramos que el origen de coordenadas es el punto en el que ha depositado su maleta.

b) ¿Cuál será la velocidad instantánea?

c) Representa las gráficas posición-tiempo y velocidad-tiempo en el intervalo 0 s - 20 s.

S: *a)* $\vec{r}(t) = 30t\,\vec{u}_x\ (\text{cm})$; *b)* $\vec{v}(t) = 30\,\vec{u}_x\ (\text{cm}\cdot\text{s}^{-1})$;

c) **bit.ly/1BAC_U6_maleta**

15. A partir de la gráfica, contesta a las preguntas:

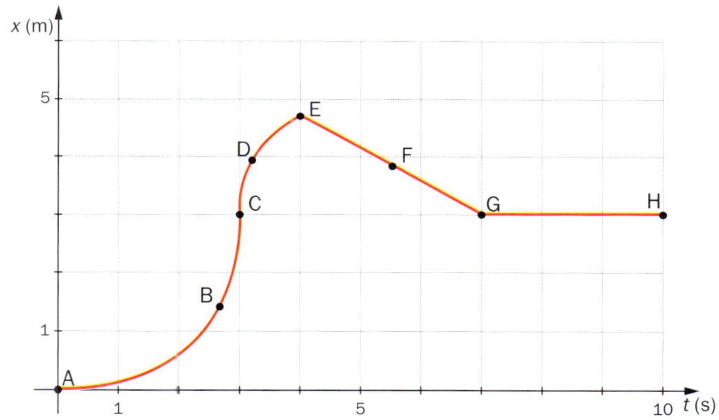

a) ¿El movimiento empieza y finaliza en la misma posición?

b) En el tramo ABC, ¿la velocidad es constante? ¿Y en EFG?

c) ¿Hay algún instante donde el móvil esté detenido?

d) ¿Cómo es el movimiento en ABC? ¿Y en CDE?

e) ¿En qué tramo la aceleración es mayor, en ABC o en CDE?

f) ¿Qué desplazamiento se ha producido entre los instantes 0 s y 10 s?

S: *a)* No; *b)* No; Sí; *c)* De $t = 7$ s a 10 s; *d)* Con aceleración constante en ambos casos (con signos diferentes) *e)* ABC; *f)* $\Delta x = 3$ m

16. Representa la gráfica aceleración-tiempo de un móvil que se desplaza según un vector de posición:

$$\vec{r}(t) = t^2\,\vec{u}_x + (3t - 1)\,\vec{u}_y\ (\text{m})$$

S: bit.ly/1BAC_U6_a-t_1

17. Contesta a las preguntas a partir de la gráfica:

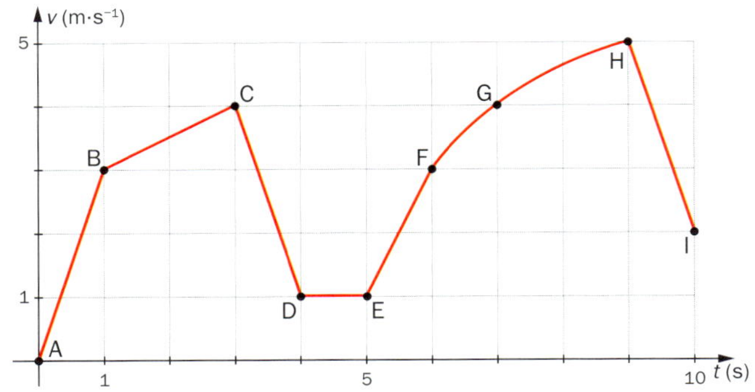

a) Indica los tramos en los que el móvil mantiene una velocidad constante.

b) ¿Existe algún tramo en el que el movimiento tenga aceleración constante?

c) ¿En qué tramo la aceleración es mayor?

d) ¿En qué tramos el móvil decelera?

e) ¿El móvil parte del reposo?

S: *a)* DE; *b)* AB, BC, CD, EF, HI; *c)* AB; *d)* CD y HI; *e)* Sí

Vectores de posición

18. El vector de posición de un móvil tiene la expresión:

$$\vec{r}(t) = \frac{1}{t}\,\vec{u}_x + (4t-3)\,\vec{u}_y\ (\text{m})$$

Determina la expresión de los vectores velocidad y aceleración instantáneas. Para el instante $t = 1$ s:

a) ¿Cuál es el valor de la celeridad y cuál el de la velocidad?

b) Halla el módulo de la aceleración normal si el valor del radio de curvatura, en ese instante, es 8,76 m.

c) Determina el valor de la aceleración tangencial

S: $\vec{v}(t) = -\frac{1}{t^2}\,\vec{u}_x + 4\,\vec{u}_y\ (\text{m}\cdot\text{s}^{-1})$; $\vec{a}(t) = \frac{2}{t^3}\,\vec{u}_x\ (\text{m}\cdot\text{s}^{-2})$

a) $|\vec{v}| = 4{,}12\ \text{m}\cdot\text{s}^{-1}$; $\vec{v} = -1\,\vec{u}_x + 4\,\vec{u}_y\ (\text{m}\cdot\text{s}^{-1})$

b) $|\vec{a}_n| = 1{,}94\ \text{m}\cdot\text{s}^{-2}$; *c)* $|\vec{a}_t| = 0{,}49\ \text{m}\cdot\text{s}^{-2}$

19. Una embarcación efectúa un giro en una zona deportiva. Su vector de posición entre los instantes $t = 1$ h y $t = 4$ h es obtenido por el ordenador que procesa la señal de radar y se corresponde con la expresión:

$$\vec{r}(t) = \frac{1}{t^3}\,\vec{u}_x + \left(\frac{1}{t}+1\right)\vec{u}_y\ (\text{millas})$$

a) Determina la celeridad media de la embarcación entre esos instantes.

b) ¿Podemos concluir si se está aumentando su velocidad?

S: *a)* $|\vec{v}_m| = 0{,}41\ \text{millas}\cdot\text{h}^{-1}$; *b)* A partir del vector aceleración, concluimos que se encuentra frenando.

20. El 14 de abril de 1912, el transatlántico británico Titanic se encuentra realizando un trayecto entre Southampton y Nueva York. A las 23:40 h, colisiona con un iceberg y tarda menos de tres horas en hundirse. Se estima que, a las 0:00 h, es avisado el buque RMS Carpathia para que vaya en su ayuda. Este cambia su rumbo y se dirige con velocidad $\vec{v}(t) = \frac{1}{t}\,\vec{u}_x + (4t-3)\,\vec{u}_y\ (\text{m})$ al rescate. La ruta está llena de icebergs; a partir del vector velocidad, determina si la trayectoria seguida ha sido rectilínea o curvilínea.

S: No será rectilínea.

Problemas globales

21. Empleando una hoja de cálculo, determina las posiciones que ocupa un móvil cuyo vector de posición viene determinado por $\vec{r}(t) = (t^2+1)\,\vec{u}_x + 2\,\vec{u}_y\ (\text{m})$ entre los instantes $t = 0$ s y $t = 10$ s, tomando intervalos de 0,01 s.

a) Realiza una gráfica en la que muestres la trayectoria. Para ello, emplea puntos tomando como eje de categorías las componentes X.

b) Determina la velocidad que tiene en cada instante atendiendo a la expresión de la velocidad instantánea (variación de la posición entre tiempo transcurrido).

c) Calcula la aceleración en cada instante empleando el mismo método que en el apartado anterior.

S: S: bit.ly/1BAC_U6_Vector_posición_1

22. Usando una hoja de cálculo, encuentra las posiciones que ocupa un móvil cuyo vector de posición viene determinado por $\vec{r}(t) = \sqrt{t}\,\vec{u}_x + 4t\,\vec{u}_y\ (\text{m})$ entre los instantes $t = 0$ s y $t = 100$ s tomando intervalos de 0,05 s.

a) Realiza una gráfica en la que muestres su trayectoria. Recuerda que has de tomar como eje de categorías las componentes X.

b) Determina la velocidad que tiene en cada instante atendiendo a la expresión de la velocidad instantánea (variación de la posición entre tiempo transcurrido).

c) Calcula la aceleración en cada instante empleando el mismo método que en el apartado anterior.

S: S: bit.ly/1BAC_U6_Vector_posición_2

23. En la actividad 22 has hallado la posición, la velocidad y la aceleración instantáneas de un móvil a partir del vector de posición empleando una hoja de cálculo.

a) Usando ahora GeoGebra, calcula esas mismas magnitudes a partir del mismo vector de posición y compara los resultados obtenidos. Saca conclusiones.

b) Realiza ahora el mismo ejercicio considerando intervalos de 0,001 s en la hoja de cálculo. Emplea para ello muchos más puntos. Compara tus resultados con los obtenidos con GeoGebra y extrae conclusiones.

24. Emplea GeoGebra para analizar el movimiento de un móvil cuyo vector de posición viene dado por:

$$\vec{r}(t) = \left(-3t^3 + 2t^2 + 1\right)\vec{u}_x + \left(100\,\text{sen}\,t + 100\cos t\right)\vec{u}_y \text{ (m)}$$

a) Representa en pantalla la trayectoria entre los instantes $t = 0$ s y $t = 5$ s.

b) Determina cuál será la posición de un móvil que recorre esa trayectoria en cada instante y el valor de los vectores velocidad y aceleración instantáneas.

c) ¿Dónde se encontrará cuando $t = 0$ s?

d) Calcula el valor de la velocidad cuando $t = 0$ s y cuando $t = 4$ s.

e) ¿Cuál será el valor de la aceleración cuando $t = 0{,}8$ s?

f) Halla la velocidad y la aceleración medias entre los instantes 0 s y 1 s.

S: *c)* $\vec{r}(0) = 1\,\vec{u}_x + 100\,\vec{u}_y$ (m);

d) $\vec{v}(0) = 0\,\vec{u}_x + 100\,\vec{u}_y\ (\text{m}\cdot\text{s}^{-1})$;

$\vec{v}(4) = -128\,\vec{u}_x - 10{,}32\,\vec{u}_y\ (\text{m}\cdot\text{s}^{-1})$

e) $\vec{a}(0{,}8) = -10{,}4\,\vec{u}_x - 141{,}41\,\vec{u}_y\ (\text{m}\cdot\text{s}^{-2})$;

f) $\vec{v}_{m0\to1} = -1\,\vec{u}_x + 38{,}18\,\vec{u}_y\ (\text{m}\cdot\text{s}^{-1})$;

$\vec{a}_{m(0\to1)} = -18\,\vec{u}_x - 38{,}18\,\vec{u}_y\ (\text{m}\cdot\text{s}^{-2})$

25. Usa GeoGebra para analizar el movimiento de un móvil cuyo vector de posición viene dado por:

$$\vec{r}(t) = \cos(3t)\,\vec{u}_x + \text{sen}(3t)\,\vec{u}_y \text{ (m)}$$

a) Representa en pantalla la trayectoria entre los instantes $t = 0$ s y $t = 5$ s.

b) Halla cuál será la posición, la velocidad y la aceleración de un móvil que recorre esa trayectoria en cada instante.

c) ¿Dónde se encontrará cuando $t = 0$ s?

d) Calcula el valor de la velocidad cuando $t = 0$ s y cuando $t = 0{,}4$ s.

e) ¿Cuál será el valor de la aceleración cuando $t = 0{,}8$ s?

f) ¿Se trata de un movimiento con celeridad constante?

g) Halla el valor de la aceleración tangencial y normal en cada instante.

S: *c)* $\vec{r}(0) = 1\,\vec{u}_x$ (m)

d) $\vec{v}(0) = 3\,\vec{u}_y\ (\text{m}\cdot\text{s}^{-1})$; $\vec{v}(0{,}4) = -2{,}8\,\vec{u}_x + 1{,}09\,\vec{u}_y\ (\text{m}\cdot\text{s}^{-1})$

e) $\vec{a}(0{,}8) = 6{,}64\,\vec{u}_x - 6{,}08\,\vec{u}_y\ (\text{m}\cdot\text{s}^{-2})$; *f)* Sí;

g) $|\vec{a}_t| = 0$; $|\vec{a}_n| = 12{,}17\ \text{m}\cdot\text{s}^{-1}$

26. Emplea GeoGebra para analizar el movimiento de un móvil cuyo vector de posición viene dado por:

$$\vec{r}(t) = \cos(4t)\,\vec{u}_x + \text{sen}(3t)\,\vec{u}_y \text{ (m)}$$

a) Determina cuál será la posición, la velocidad y la aceleración de un móvil que recorre esa trayectoria entre los instantes $t = 0$ s y $t = 5$ s.

b) ¿Se trata de un movimiento con velocidad constante?

c) ¿Existirá aceleración tangencial en algunos instantes del movimiento? ¿Y aceleración normal?

S: *b)* No; *c)* Sí

27. Con una hoja de cálculo analiza la evolución temporal de la celeridad de un móvil cuyo vector de posición viene dado por:

$$\vec{r}(t) = \left(-3t^3 + 2t^2 + 1\right)\vec{u}_x + \left(100\,\text{sen}\,t + 100\cos t\right)\vec{u}_y \text{ (m)}$$

Realiza dicho análisis obteniendo la velocidad a partir de la expresión de la velocidad instantánea (variación de la posición entre tiempo transcurrido). Considera intervalos de tiempo de 0,01 s desde $t = 0$ s hasta $t = 20$ s.

S: S: bit.ly/1BAC_U6_Vector_posición_3

28. Trabajamos en equipos de tres o cuatro personas con dispositivos electrónicos en el aula. Para cada uno de los tres apartados de la actividad, el equipo ganador será el que encuentre antes una respuesta correcta, y obtendrá 5 puntos, el segundo, 4, el tercero, 3, el cuarto, 2 y el quinto, 1. El equipo campeón será el que más puntuación conjunta haya obtenido.

¡Capitán! ¡Icebergs a proa! Empleando GeoGebra encuentra un vector de posición que garantice un rumbo sin colisión con icebergs. Habéis de mostrar en pantalla los vectores velocidad y aceleración instantáneas:

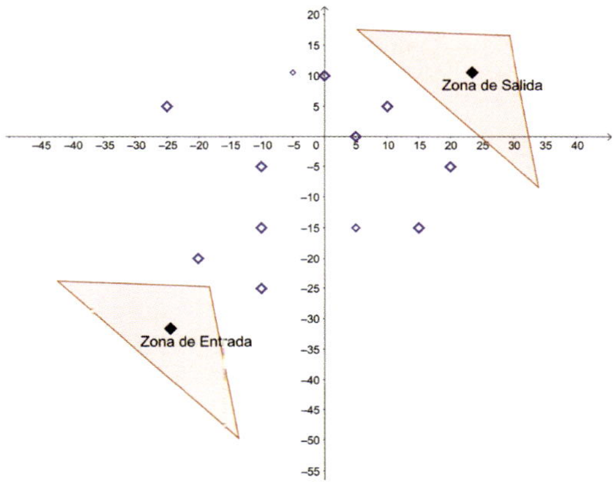

a) Construid el plano empleando GeoGebra.

b) Considerando que el vector de posición viene dado por $\vec{r}(t) = \left(at^3 + b\right)\vec{u}_x + \left(ct^2 \cdot \text{sen}\,t\right)\vec{u}_y$ (millas), encontrad valores para *a*, *b* y *c* (*t* en segundos) que logren realizar el trayecto sin impactar con los icebergs. Acotad los valores entre (−50, 50).

c) Realizad la actividad empleando un nuevo vector de posición que garantice que la trayectoria es rectilínea.

29. Trabajamos en equipos de tres o cuatro personas con dispositivos electrónicos en el aula. El equipo ganador será el que encuentre antes una respuesta correcta al problema y muestre en pantalla el resultado.

La torre de control del aeropuerto nos informa de nuestra posición: nos encontramos en un punto cuyas coordenadas son (7 000, 3 000). Determinad un vector de posición que cumpla con los siguientes criterios:

a) Hemos de tomar tierra en (0, 0).

b) La pista de aterrizaje tiene orientación norte-sur, por tanto, el vector velocidad ha de tener componente *x* nula cuando la posición sea (0, 0).

Práctica 1. Estudio del movimiento en el patio

El patinaje sobre hielo es un deporte que desata la curiosidad de cualquier físico porque es posible observar con nitidez la trayectoria de cada uno de los patines sobre la pista. Vais a estudiar el movimiento que realiza un móvil a partir de la huella que deja al describir su trayectoria.

Objetivo

Realizar el estudio del movimiento de un móvil.

Material

- Un patín o una bicicleta.
- Una cámara de vídeo.
- Tizas.
- Cinta de carrocero.
- Un flexómetro.

Procedimiento

Trabajad en grupos asignando uno de estos roles a cada uno de sus miembros:

- **Piloto:** se sube al patín y marca con la tiza la trayectoria que se describe.
- **Cámara:** realiza la grabación y garantiza que es posible identificar cada uno de los puntos por los que pasa en cada instante.
- **Propulsor:** proporciona un impulso al piloto para que describa el movimiento. También se encarga de garantizar la seguridad del piloto.
- **Anotador:** se encarga de poner por escrito los datos que se van tomando en el estudio.

Recordad que el éxito del trabajo grupal depende del buen hacer de cada integrante del equipo.

Desarrollo

1. Empleando la cinta de carrocero y ayudándoos del flexómetro, construid unos ejes de coordenadas en el patio.
   - Tomad 10 cm de separación entre unidades de los ejes.
   - Considerad la parte positiva y la parte negativa de los ejes de coordenadas.
2. El piloto se sube al patín y se sitúa fuera del área determinada por los ejes de coordenadas. El resto de los integrantes preparan la cámara y el cuaderno de notas.
3. ¡Comienza la grabación!
   - La persona propulsora empuja a quien está subido en el patín, que irá marcando la trayectoria recorrida.
   - El cámara graba el desplazamiento.
4. Extracción de los datos del movimiento.
   - Diseñad una tabla donde anotaréis las coordenadas de diez puntos por donde ha pasado el patín y el tiempo correspondiente; ayudaos de la grabación.
   - Determinad las distancias entre cada uno de los diez puntos estudiados.
   - Realizad un estudio de la celeridad instantánea a partir de las distancias recorridas y los tiempos transcurridos.
   - Determinad el módulo de las aceleraciones instantáneas considerando las velocidades instantáneas y los tiempos transcurridos. En este apartado, como en el anterior, os podéis ayudar de las hojas de cálculo.
5. Análisis de los datos obtenidos. Construid tres gráficas con los datos del movimiento.
   - En la primera, mostrad la evolución del desplazamiento con respecto al tiempo.
   - En la segunda, representad la evolución del módulo de la velocidad instantánea con el tiempo.
   - En la tercera, realizad la gráfica de la aceleración instantánea a partir de los datos de la velocidad instantánea.

Cuestiones

1. ¿La trayectoria seguida es rectilínea?

2. Indicad la velocidad y la aceleración media del movimiento. ¿Se acelera, frena o mantiene una celeridad constante?

3. ¿Seríais capaces de encontrar un vector de posición que se ajuste a las características del movimiento que habéis descrito durante la práctica?

Hablando de ciencia...

La palabra «púlsar» es un acrónimo del término inglés *pulsating star:* es una estrella que emite radiación muy intensa a intervalos cortos y regulares.

En los años sesenta, Jocelyn Bell Burnell (Irlanda del Norte, 1943) estudiaba su doctorado en la universidad trabajando con un radiotelescopio construido a base de un montón de postes de madera que sujetaban 190 km de cable sobre un terreno de unos 18 000 m^2, que tardaron dos años en construir.

Jocelyn era la responsable de que el artefacto funcionara a la perfección proporcionando unos 30 m de papel continuo cada día con líneas trazadas por las plumas registradoras de la radiación. En su análisis de los datos, descubrió una señal que se repetía de una manera muy regular.

Jocelyn Bell decidió informar a su jefe, Antony Hewish, quien no quiso tomarla en serio asegurando que era una interferencia extraterrestre. Inicialmente denominaron a esa señal LGM-1 (Little Green Men 1). Siete años después, Antony Hewish recibió él solo el premio Nobel por el descubrimiento de esas señales que se desplazaban hasta nuestro planeta de aquel primer púlsar que fue bautizado posteriormente como PSR B1919+21.

Aunque no recibió el premio Nobel, Jocelyn Bell Burnell ha sido distinguida con numerosos honores y, actualmente, además de ser la presidenta de la Royal Society de Edimburgo, es una de las figuras más reputadas de la astrofísica mundial.

El púlsar PSR B1919+21 continúa emitiendo pulsos de 0,04 segundos cada 1,3373 segundos, que se desplazan hasta nuestro planeta por el espacio y no se le conocen otros planes que continuar haciendo lo mismo durante los próximos millones de años.

Práctica 2. El movimiento de un proyectil

En **bit.ly/Phet_proyectil** encontrarás un simulador en el que aparece un cañón lanzando bolas que ascienden hasta una altura máxima para, posteriormente, lograr un alcance determinado.

En esa misma simulación dispones de la posibilidad de representar otras magnitudes del movimiento, incluyendo el carácter vectorial, como la posición, la velocidad y la aceleración.

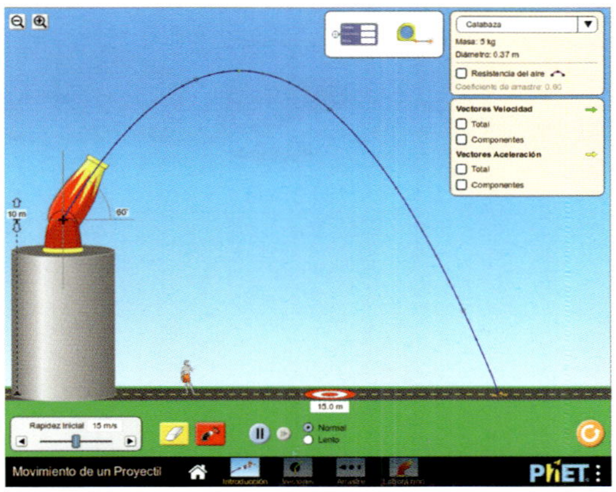

Realiza un estudio del ángulo de lanzamiento y determina en qué condiciones se logra el alcance máximo. Para ello, realiza una gráfica en la que sitúes en el eje de abscisas el valor del ángulo y en el eje de ordenadas el alcance obtenido. Emplea diferentes colores a medida que varíes el valor de la masa.

Cuestiones

¿Cómo influye el valor de la masa en el alcance máximo? ¿Serías capaz de predecir el alcance conociendo el ángulo y la masa?

Atrévete a mirar

¿He aprendido realmente?

¿Qué he aprendido realmente de cinemática en este tema?

¿He comprendido la diferencia entre distancia recorrida y desplazamiento realizado?

¿Soy capaz de relacionar entre sí desplazamiento, velocidad y aceleración de un móvil?

¿He descubierto la importancia de los vectores para el estudio del movimiento?

¿He comprobado que la dirección del vector velocidad es siempre tangente a la trayectoria en cada punto?

¿He sido capaz de crear un *applet* en GeoGebra donde, a partir de un vector de posición cualquiera, pueda obtener los vectores velocidad y aceleración en todos y cada uno de los puntos de la trayectoria?

7. Cinemática aplicada

Contenidos

- El movimiento
- Movimiento rectilíneo y uniforme (MRU)
- Movimiento rectilíneo y uniformemente acelerado (MRUA)
- Composición de movimientos
- Movimiento circular

El 30 de julio de 2016, Luke Aikins saltó sin paracaídas desde un avión que sobrevolaba California a 7 620 metros (25 000 pies) de altitud.

Luke se lanzó acompañado por tres paracaidistas, estuvo cayendo durante unos dos minutos y aterrizó sobre una malla de seguridad cuadrada de 30 metros de lado. Esta red estaba tejida con un polietileno de alta densidad denominado Spectra y permanecía amarrada a cuatro compresores de aire que minimizaron el impacto de Aikins al tomar tierra.

Durante la caída, Luke alcanzó la velocidad de 193 $km \cdot h^{-1}$, lejos de los 1 173 $km \cdot h^{-1}$ de Felix Baumgartner en su salto estratosférico. La novedad de su osadía radica en que saltó desde un avión desprovisto de cualquier medida de seguridad y tomó tierra de la misma manera. Aikins no podía permitirse ningún error en la preparación del salto ni en el cálculo del aterrizaje (**bit.ly/LAikins**).

Cuestiones

1. ¿En qué se parecen los saltos de Luke Aikins y de Felix Baumgartner? ¿Te has detenido a pensar en las condiciones iniciales del salto?

«Sostengo que hay que luchar hasta el límite por aquello que uno se ha propuesto en la vida», Robert Browning, poeta y dramaturgo.

El reto

Por desgracia, los campamentos de refugiados son un tema de actualidad. Los distintos conflictos bélicos, las guerras, el cambio climático, las epidemias y el hambre fuerzan la migración obligada de millones de personas en el mundo. En muchas ocasiones, la ayuda humanitaria se lanza desde aeronaves en palés provistos de paracaídas. Este sistema garantiza que la carga de alimentos, medicinas, etc., llegue en perfectas condiciones al lugar donde se encuentran las personas que precisan de esta ayuda. Para calcular la localización exacta desde un avión en movimiento, es necesario tener en cuenta, en el momento de dejar caer la carga, la altura desde la que se lanza y la velocidad a la que se desplaza.

Experimento: Aterrizaje perfecto

En grupo, vais a llevar a cabo un estudio sobre la altura a la que debemos dejar caer una canica por una rampa para que impacte exactamente sobre una chincheta colocada en el suelo. La rampa se situará sobre una mesa del aula.

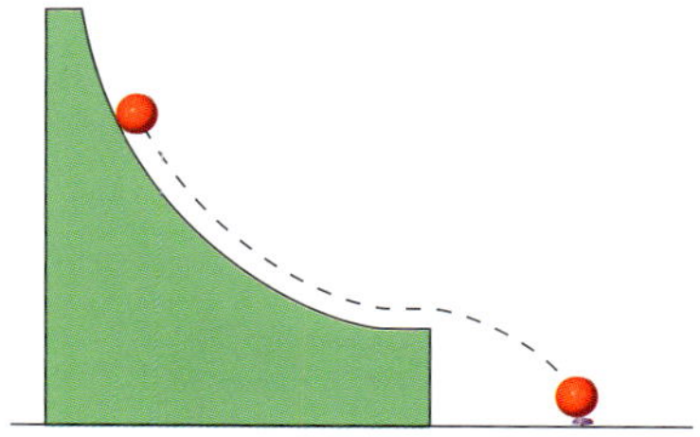

Para realizar el experimento, necesitáis varios cartones para confeccionar la rampa, una canica, una plomada para definir el origen de las distancias con respecto al límite de la rampa y un flexómetro para medir las distancias.

Con los cartones construimos cinco piezas como esta, dos de ellas con un radio 5 mm menor para formar un carril.

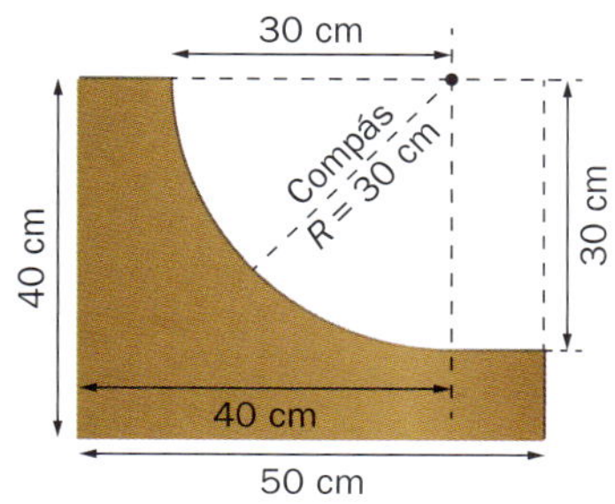

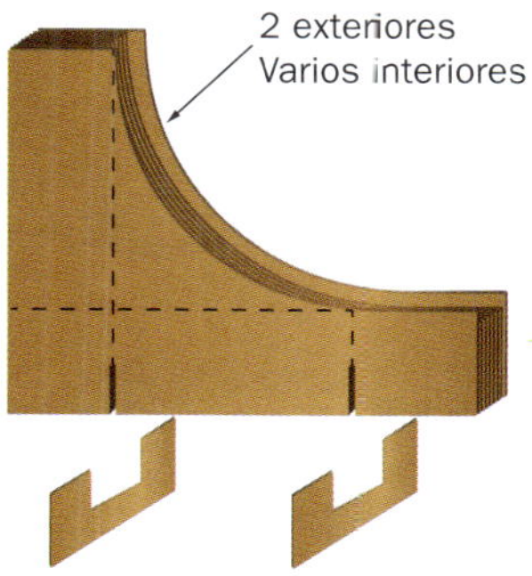

Unimos las piezas entre sí, las dos de radio menor serán las exteriores.

Añadimos un par de piezas como soporte.

Dejaremos caer cada canica cinco veces desde cada marca y obtendremos un valor del alcance para cada ensayo. El valor exacto del alcance desde cada altura de lanzamiento será la media de las mediciones.

Realizamos marcas en la rampa cada 3 cm medidos en vertical desde su base.

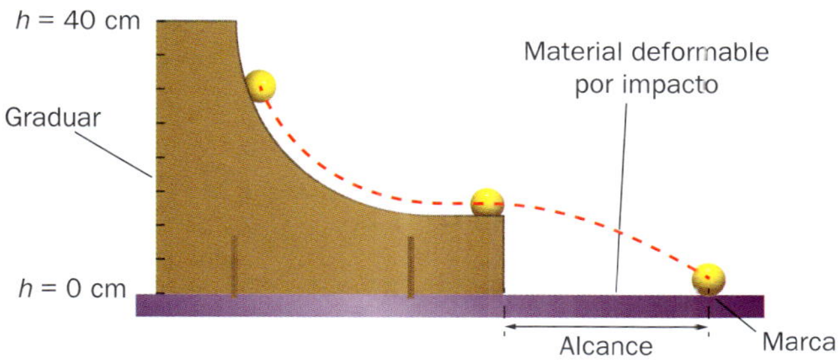

Tened en cuenta que, cuanto más rugosa sea la rampa de lanzamiento, más posibilidad de dispersión tendrán los resultados por intento.

Finalmente confeccionaremos una tabla o una gráfica para determinar con exactitud el punto de impacto de la canica en el suelo en función de la altura desde la que se deja caer por la rampa. Estudiaremos, además, la influencia de la masa de la canica para que los resultados sean más ajustados.

¿Es nuestro estudio fiable? El docente situará una chincheta en el suelo a un alcance cualquiera. Debéis impactar con la canica justo en la cabeza de la chincheta.

Atrévete a mirar

¿Quiero aprender?

¿Qué contenidos recuerdo del curso anterior sobre el movimiento de los cuerpos? ¿Recuerdo alguna experiencia práctica concreta sobre el movimiento de los cuerpos?

En el curso anterior estudié el movimiento rectilíneo y el circular, ¿reconozco algún tipo de movimiento diferente a estos?

¿Qué tipo de trayectoria describe un balón cuando es impulsado en el campo de fútbol?

¿Cómo podría predecir la velocidad de lanzamiento de un balón de baloncesto para conseguir encestar? ¿Y la de un balón de fútbol para sortear la barrera y marcar gol?

1. El movimiento

En la imagen podrás identificar multitud de movimientos. A partir del mapa conceptual del epígrafe 1.2 podrás determinar las diferencias entre los diferentes tipos de movimiento.

1.1. El sistema de referencia

Observa la ilustración anterior, sitúate en el origen de coordenadas y centra la atención en el avión que sobrevuela la escena. ¿Consideras que su movimiento posee una velocidad constante en módulo y dirección como el movimiento de la persona que corre detrás de su perro? Si te situaras en la Luna, ¿podrías decir lo mismo o en este caso consideras que el avión se desplaza siguiendo un movimiento circular?

Escoger un origen de coordenadas u otro puede complicar innecesariamente los cálculos. Por ejemplo, situar el sistema de referencia para un barco que navega por el océano en el fondo del mar y a varios kilómetros de profundidad incrementa los valores complicando los cálculos.

El sistema de referencia permitirá expresar con exactitud la posición, la velocidad y la aceleración de un móvil.

La elección de un sistema de referencia (SR) determinado, en el que se asignan direcciones positivas de acuerdo con nuestro movimiento, permite definir claramente el convenio (criterio) de signos que se utilizará.

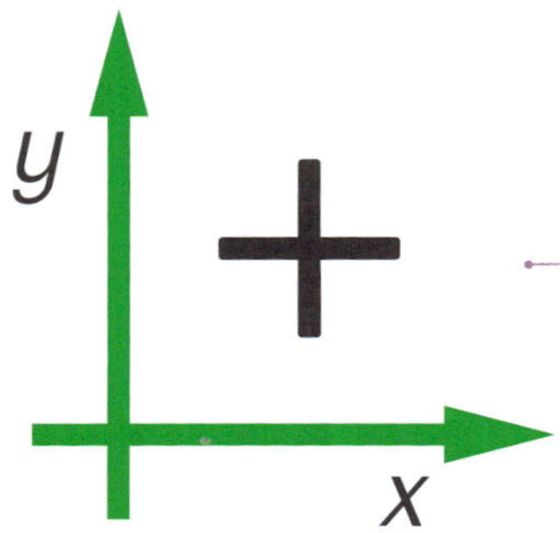

- Posiciones positivas: a la derecha y arriba del origen.
- Desplazamientos positivos: a la derecha y hacia arriba.
- Velocidades positivas: a la derecha y hacia arriba.
- Aceleraciones positivas: cuando se incremente la velocidad.

! Importante

El origen de las coordenadas debe situarse en un lugar en el que no se encuentre sometido a aceleración alguna y que además permita emplear medidas adecuadas al objeto de estudio.

1.2. Tipos de movimiento

Para facilitar el estudio de los tipos de movimiento, podemos servirnos de una clasificación que diferencie entre los casos en los que la dirección y el módulo de la velocidad son constantes o variables.

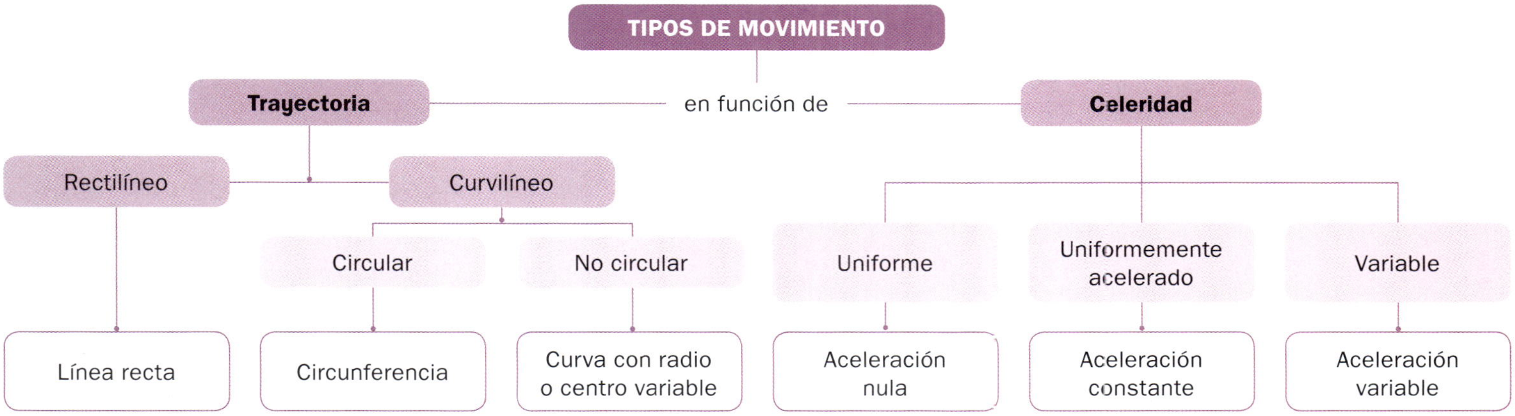

Un móvil puede combinar varios tipos de movimiento al mismo tiempo. Así, por ejemplo, las partículas de polvo impulsadas por un ventilador poseen inicialmente un movimiento helicoidal, que es la combinación de un movimiento rectilíneo con otro circular. O, cuando un avión con movimiento rectilíneo y uniforme deja caer el cargamento, este posee ese movimiento (rectilíneo y uniforme) junto con el uniformemente acelerado por la acción de la gravedad terrestre.

Actividades resueltas

1. En un único movimiento, un móvil pasa por las posiciones de la imagen en los instantes 1, 2 y 3 s. Determina el tipo de movimiento que realiza.

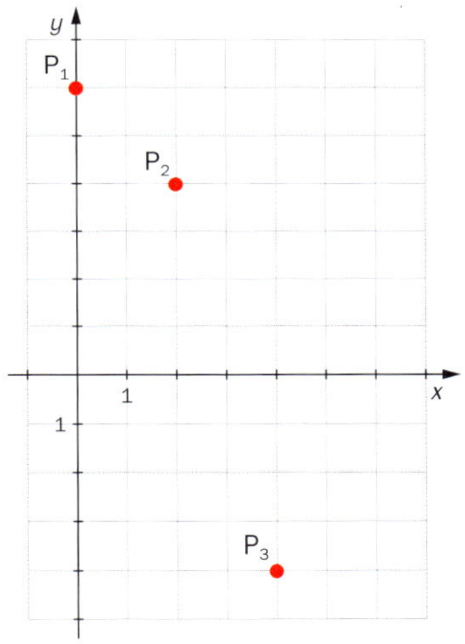

Estrategia de resolución

Al no disponer de la expresión del vector de posición, únicamente podemos determinar las velocidades medias y, a partir de ellas, tratar de razonar el tipo de movimiento.

$$\begin{cases} \vec{r}_1 = 0\,\vec{u}_x + 6\,\vec{u}_y\ (\text{m}) \\ \vec{r}_2 = 2\,\vec{u}_x + 4\,\vec{u}_y\ (\text{m}) \\ \vec{r}_3 = 4\,\vec{u}_x - 4\,\vec{u}_y\ (\text{m}) \end{cases} \qquad \begin{cases} \vec{v}_{1\to2} = \dfrac{\vec{r}_2 - \vec{r}_1}{t_2 - t_1} = 2\,\vec{u}_x - 2\,\vec{u}_y\ \left(\text{m}\cdot\text{s}^{-1}\right) \to \left|\vec{v}_{1\to2}\right| = 2{,}83\ \text{m}\cdot\text{s}^{-1} \\ \vec{v}_{2\to3} = \dfrac{\vec{r}_3 - \vec{r}_2}{t_3 - t_2} = 2\,\vec{u}_x - 8\,\vec{u}_y\ \left(\text{m}\cdot\text{s}^{-1}\right) \to \left|\vec{v}_{2\to3}\right| = 8{,}25\ \text{m}\cdot\text{s}^{-1} \end{cases}$$

Al calcular la velocidad media no consideramos lo que el móvil pueda realizar en todos y cada uno de los instantes, pero nos sirve para analizar una determinada tendencia. Observando la variación de la velocidad media:

$$\Delta\vec{v}_m = \vec{v}_{2\to3} - \vec{v}_{1\to2} = \left(2\,\vec{u}_x - 8\,\vec{u}_y\right) - \left(2\,\vec{u}_x - 2\,\vec{u}_y\right) = -6\,\vec{u}_y\ \left(\text{m}\cdot\text{s}^{-1}\right)$$

vemos que existe variación en su componente vertical pero no en la horizontal. Se puede deducir, pues, que el sistema posee cierta aceleración que no afecta a los dos ejes por igual, lo que hace pensar que es un movimiento curvilíneo con celeridad variable.

Actividades

1. De acuerdo con la trayectoria y la celeridad, determina el tipo de movimiento:

a) Un objeto que cae desde un globo aerostático.

b) Un avión rodando por la pista de aterrizaje una vez ha tocado tierra.

c) El satélite Meteosat en su órbita alrededor de la Tierra.

S: *a)* Rect. y unif. acelerado; *b)* Rect. y unif. acelerado; *c)* Circular y uniforme.

2. En primer lugar, de manera individual, posteriormente, por parejas, y, finalmente, en grupos de cuatro estudiantes, elaborad una lista de móviles y ordenad los movimientos que describen según la clasificación vista en el esquema.

Los actuales cambios de protocolos web pueden dificultarte el acceso a alguno de los enlaces.

Para evitarlo, en la siguiente dirección te proporcionamos un nuevo enlace y el planteamiento correspondiente:

bit.ly/Enlace_2_0_1BAC_U7

2. Movimiento rectilíneo y uniforme (MRU)

Un tren en una estación recta puede avanzar o retroceder, desplazarse hacia delante o hacia atrás: no tiene capacidad para salirse de la vía, por lo que solo puede moverse en una única dirección. De la misma manera, un vehículo que se desplaza por una autovía recta se está desplazando hacia delante en una sola dirección (siempre que no cambie de carril).

En la vida cotidiana, aunque en escasas situaciones, podemos observar el tipo de movimiento más sencillo y más fácil de estudiar: el movimiento rectilíneo uniforme.

El **movimiento rectilíneo uniforme** (MRU) es el movimiento en una única dirección y a velocidad constante.

Cinemática 2.0

En el siguiente enlace dispones de un *applet* que te ayudará a comprender mejor los conceptos relacionados con el MRU a través de diversas simulaciones:

bit.ly/Vascak_movimiento

2.1. Sistema de referencia en un MRU

En el estudio de un MRU se hace coincidir uno de los ejes del sistema de referencia (X o Y) con la dirección del movimiento.

Mediante estos ejes de coordenadas se indica dónde está situado el origen de coordenadas y cuál es el sentido positivo en cada uno de estos ejes.

Recuerda

Cuando trabajamos en una única dimensión (movimiento rectilíneo), no es necesario explicitar los vectores de dirección $\vec{u}_x$. Es posible, entonces, sustituir los vectores de posición directamente por la posición.

2.2. Ecuación de movimiento de un MRU

Para el estudio de este tipo de movimiento, partimos de que la velocidad, v, será constante. Si consideramos los desplazamientos en la dirección X, entonces la velocidad será:

$$v = \frac{\Delta x}{\Delta t} = \frac{x_{\text{Final}} - x_{\text{Inicial}}}{\Delta t} \quad ; \quad x_{\text{Final}} = x_{\text{Inicial}} + v \cdot \Delta t$$

Si denominamos posición x_0 a la posición inicial, entonces cualquier posición vendrá dada por:

$$x_{\text{Final}} = x_{\text{Inicial}} + v \cdot (t_{\text{Final}} - t_{\text{Inicial}}) \xrightarrow[x_{\text{Inicial}} = x_0]{t_{\text{Inicial}} = 0\ \text{s}} \boxed{x = x_0 + v \cdot t}$$

Fíjate en que, utilizando esta expresión, es posible obtener el valor de la velocidad a partir de la derivada de la posición:

$$v = \frac{dx}{dt} = \frac{d}{dt}(x_0 + v \cdot t) = \cancel{\frac{d}{dt} x_0} + \frac{d}{dt}(v \cdot t) = v$$

Análisis dimensional

A través de un análisis dimensional, podemos determinar la homogeneidad de la expresión obtenida:

$$[x] = [x_0] + [v] \cdot [t]$$

$$L = L + \underbrace{L \cdot T^{-1} \cdot T}_{L}$$

$$L = L + L$$

2.3. Gráficas de un MRU

Las gráficas de la posición y de la velocidad con respecto al tiempo de un MRU son del tipo:

La posición inicial del móvil determina el punto de corte con el eje de ordenadas.

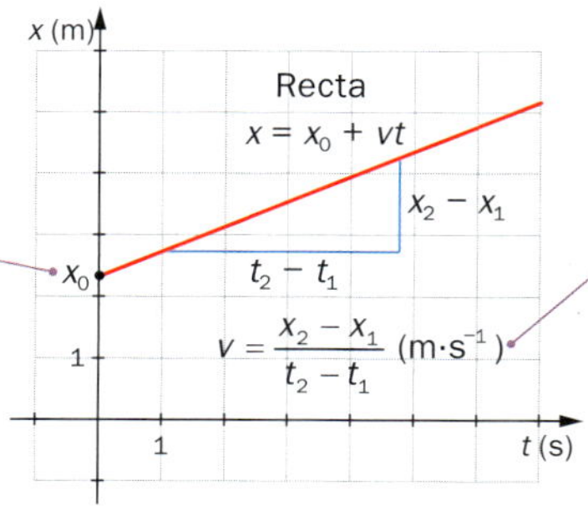

La velocidad en un MRU se corresponde con la pendiente de la recta de la gráfica posición-tiempo.

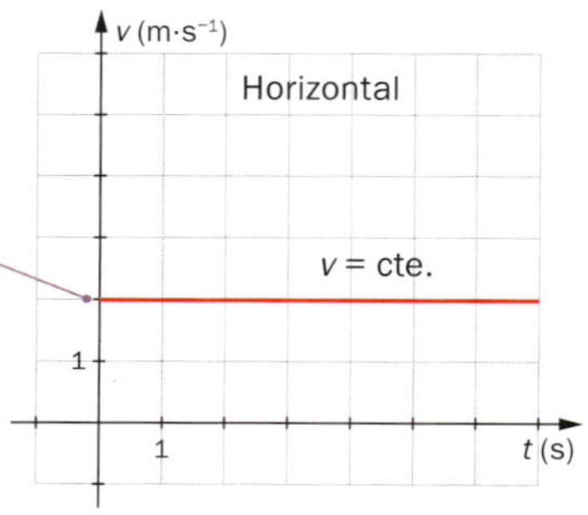

Actividades resueltas

2. El diseño del paracaídas permite descender con una velocidad constante. Una paracaidista se lanza al vacío desde un globo a 4 000 m de altura. A 3 000 m de altitud abre el paracaídas y tarda 12 min y 30 s en tocar suelo. ¿Cuál es la velocidad de descenso?

Estrategia de resolución

La paracaidista desciende en caída libre hasta que abre el paracaídas y continúa cayendo a velocidad constante.

1. Dibujamos el SR, con el origen en el suelo, y el eje Y, positivo hacia arriba.
2. Planteamos la ecuación de movimiento teniendo en cuenta que este se produce sobre el eje Y, y que $y_0 = 3\,000$ m:

$$y = y_0 + vt \quad ; \quad y = 3\,000 + vt$$

3. Imponemos la condición final de suelo $(y_0 = 0 \text{ m})$ a los 12 min y 30 s, y pasamos este tiempo a segundos:

$$t = 12 \text{ min} + 30 \text{ s} = 12 \cdot 60 \text{ s} + 30 \text{ s} = 750 \text{ s}$$

$$0 \text{ m} = 3\,000 \text{ m} + v \cdot (750 \text{ s}) \quad ; \quad v = \frac{-3\,000 \text{ m}}{750 \text{ s}} = -4 \text{ m} \cdot \text{s}^{-1}$$

La velocidad de descenso con el paracaídas es de $4 \text{ m} \cdot \text{s}^{-1}$.

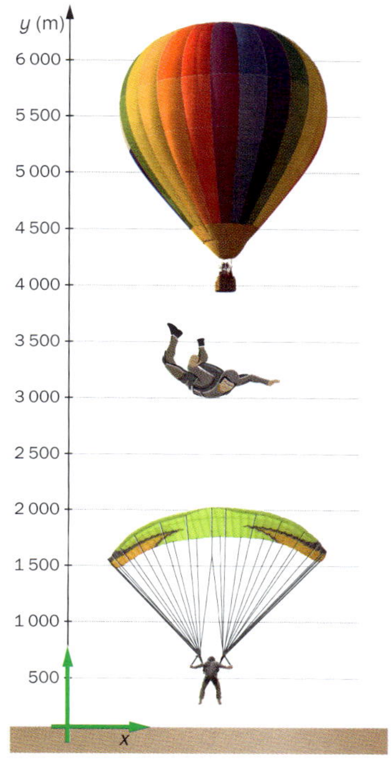

3. Una bicicleta circula por la calle a $4 \text{ m} \cdot \text{s}^{-1}$. En esta misma calle, a 75 m de distancia de la bici, un coche se desplaza a $14 \text{ m} \cdot \text{s}^{-1}$. Calcula el tiempo que tardará el coche en alcanzar la bicicleta.

Estrategia de resolución

Los dos móviles se mueven con MRU. Interpretamos la situación y el SR mediante un esquema, donde x representa el punto de encuentro de ambos vehículos. Serán necesarias dos expresiones del MRU:

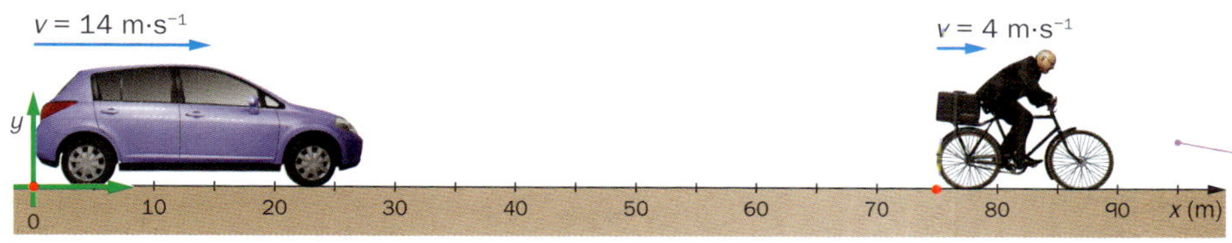

Desconocemos cuál será el punto de encuentro.

Para el coche: $x = x_{0\,\text{Coche}} + v_{\text{Coche}} \cdot t$ Para la bici: $x = x_{0\,\text{Bici}} + v_{\text{Bici}} \cdot t$

Como ambos vehículos se encontrarán en el mismo lugar, x, y tardarán el mismo tiempo, t, en encontrarse, x y t tendrán el mismo valor en las dos expresiones. Por tanto, las ecuaciones conforman un sistema cuya solución es:

$$\left.\begin{array}{l} x = 0 \text{ m} + \left(14 \text{ m} \cdot \text{s}^{-1}\right) \cdot t \\ x = 75 \text{ m} + \left(4 \text{ m} \cdot \text{s}^{-1}\right) \cdot t \end{array}\right\} \quad ; \quad t = 7{,}5 \text{ s}$$

El coche tardará 7,5 s en alcanzar la bicicleta.

Actividades

3. Una sonda asciende desde los 2 500 m hasta los 5 000 m a una velocidad constante de $15 \text{ m} \cdot \text{s}^{-1}$. ¿Cuánto tiempo tardará en recorrer esa distancia?

S: $t = 166{,}67$ s

4. Mischo Erban ha pasado a la historia como el patinador más veloz de la historia al alcanzar los $130 \text{ km} \cdot \text{h}^{-1}$. Por su parte, Jean-Yves Blondeau logró alcanzar los $126 \text{ km} \cdot \text{h}^{-1}$. Si los dos patinadores circularan a su máxima velocidad y se dirigieran uno al encuentro del otro, ¿cuánto tiempo tardarán en encontrarse y a qué distancia del punto de salida de Mischo si al principio su separación es de 10 km?

S: $t = 140{,}63$ s; $x = 5\,078$ m

3. Movimiento rectilíneo y uniformemente acelerado (MRUA)

Cinemática 2.0

En este enlace dispones de un *applet* con el que puedes entender mejor cómo son los desplazamientos en los MRUA:

bit.ly/Fendt_MRUA

Cuando un avión recibe la autorización desde la torre de control para realizar la maniobra de despegue, emplea toda la potencia de los motores para llevar a cabo la operación. Entonces, la aeronave pasa del reposo a adquirir la velocidad necesaria para levantar el vuelo. La velocidad aumenta constantemente con el tiempo a medida que el avión se desplaza por la pista.

Se denomina **movimiento uniformemente acelerado (MRUA)** a aquel en el que la velocidad varía proporcionalmente con el tiempo, es decir, la aceleración toma un valor constante.

3.1. Ecuaciones del movimiento de un MRUA

A partir de la definición de la aceleración, obtenemos:

$$a = \frac{\Delta v}{\Delta t} = \frac{v_{Final} - v_{Inicial}}{t_{Final} - t_{Inicial}} \xrightarrow[v_{Inicial} = v_0]{t_{Inicial} = 0\ s} \boxed{v = v_0 + a \cdot t}$$

Análisis dimensional

A través de un análisis dimensional podemos determinar la homogeneidad de la expresión obtenida:

$$[\vec{v}] = [\vec{v}_0] + [\vec{a}] \cdot [t]$$

$$L \cdot T^{-1} = L \cdot T^{-1} + \underbrace{L \cdot T^{-2} \cdot T}_{L \cdot T^{-1}}$$

$$L \cdot T^{-1} = L \cdot T^{-1} + L \cdot T^{-1}$$

Como ya sabes, la velocidad es la derivada de la posición, así que podemos realizar la operación inversa a la derivada para obtener el desplazamiento. Simplemente hay que identificar de qué expresión procede cada uno de los términos de la fórmula de la velocidad. Como la derivada de las constantes es cero, es necesario considerar su existencia.

Identificamos cada término de la expresión procedente de realizar la inversa de la derivada:

$$\boxed{x = x_0 + v_0 \cdot t + \frac{1}{2} \cdot a \cdot t^2}$$

x_0 representa la posición del móvil en el instante inicial.

$v_0 \cdot t$ indica el espacio que hubiera recorrido el móvil por el hecho de estar moviéndose inicialmente con velocidad.

$\frac{1}{2} \cdot a \cdot t^2$ es el término que proporciona el desplazamiento del móvil por estar sometido a aceleración, lo que provoca que la velocidad aumente o disminuya en cada instante.

A partir de las dos expresiones anteriores, es posible obtener una tercera que facilita los cálculos al prescindir del valor del tiempo:

$$\begin{cases} v = v_0 + a \cdot t \\ x = x_0 + v_0 \cdot t + \frac{1}{2} \cdot a \cdot t^2 \end{cases} ; \quad \begin{cases} t = \frac{v - v_0}{a} \\ x - x_0 = v_0 \cdot t + \frac{1}{2} \cdot a \cdot t^2 \end{cases}$$

$$x - x_0 = v_0 \cdot \left(\frac{v - v_0}{a}\right) + \frac{1}{2} \cdot a \cdot \left(\frac{v - v_0}{a}\right)^2$$

Finalmente, la nueva expresión buscada sería:

$$\boxed{v^2 - v_0^2 = 2 \cdot a \cdot (x - x_0)}$$

! Importante

En el movimiento rectilíneo no existe aceleración normal. La aceleración a la que hacen referencia las expresiones del MRUA para un movimiento rectilíneo sería la aceleración tangencial.

3.2. Gráficas del MRUA

Las gráficas de posición, velocidad y aceleración con respecto al tiempo de un MRUA son del tipo:

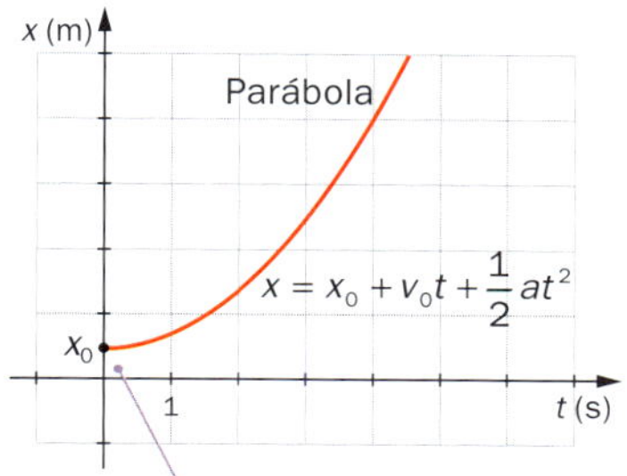

La posición inicial del móvil determina el punto de corte con el eje de ordenadas.

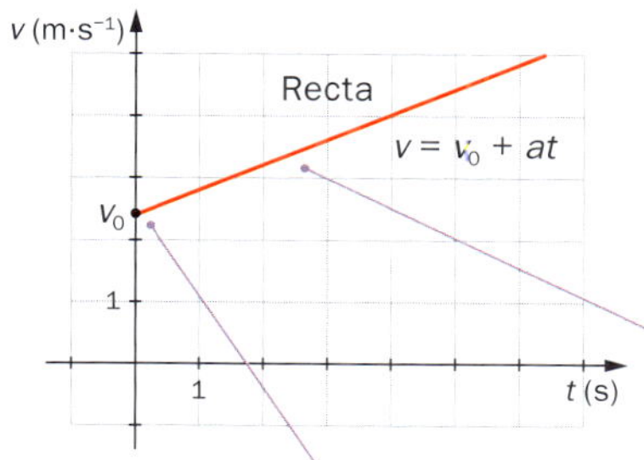

La velocidad inicial determinará el punto de corte con el eje de ordenadas.

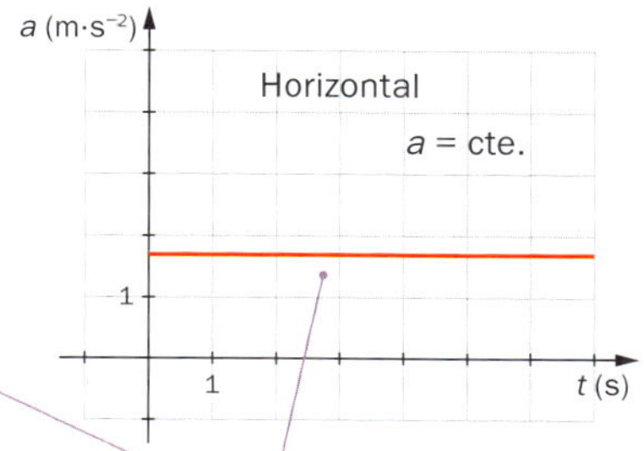

La aceleración será el valor de la pendiente de la recta, que en el MRUA es constante.

Actividades resueltas

4. Un vehículo parte del reposo y comienza a acelerar con una aceleración constante de 4 m · s⁻². Calcula su posición y su velocidad al cabo de 5 s.

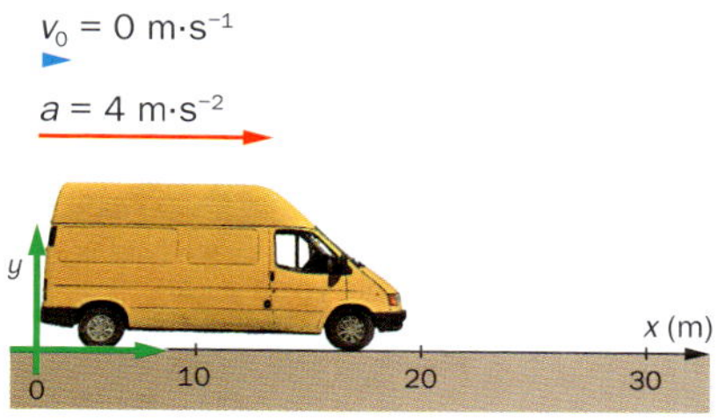

Estrategia de resolución

Representamos la situación, indicando claramente el SR.

Para el cálculo de la posición y del tiempo en un MRUA se emplean las expresiones:

$$x = x_0 + v_0 t + \frac{1}{2}at^2 \qquad v = v_0 + at$$

Sustituyendo los valores del enunciado:

$$x = 0\ \text{m} + \left(0\ \text{m}\cdot\text{s}^{-1}\right)\cdot 5\ \text{s} + \frac{1}{2}\cdot\left(4\ \text{m}\cdot\text{s}^{-2}\right)\cdot(5\ \text{s})^2 \quad ; \quad x = 50\ \text{m}$$

$$v = \left(0\ \text{m}\cdot\text{s}^{-1}\right) + \left(4\ \text{m}\cdot\text{s}^{-2}\right)\cdot(5\ \text{s}) \quad ; \quad v = 20\ \text{m}\cdot\text{s}^{-1}$$

Al cabo de 5 s, el vehículo ha avanzado 50 m y lleva una velocidad de 20 m · s⁻¹.

5. Una bicicleta se encuentra parada en un cruce y, cuando el semáforo se pone en verde, inicia la marcha con una aceleración de 1 m · s⁻². En ese mismo instante, una persona pasa corriendo por la acera a una velocidad constante de 4 m · s⁻¹. Calcula el tiempo que tardará la bicicleta en alcanzar a esa persona y la distancia recorrida por ambas.

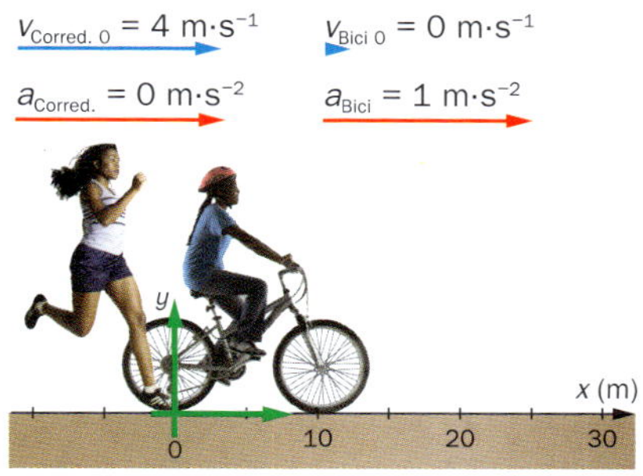

Estrategia de resolución

Dibujamos un gráfico que muestre claramente las posiciones y el SR.

Tenemos dos móviles y, por tanto, un sistema de ecuaciones donde x y t son las incógnitas. Para resolver el sistema, sustituimos valores. Descartamos una de las soluciones, ya que representará la posición inicial:

$$\left.\begin{array}{l}\text{Bici (MRUA)} \rightarrow x = 0\ \text{m} + \left(0\ \text{m}\cdot\text{s}^{-1}\right)\cdot t + \frac{1}{2}\cdot\left(1\ \text{m}\cdot\text{s}^{-2}\right)\cdot t^2 \\ \text{Persona (MRU)} \rightarrow x = 0\ \text{m} + \left(4\ \text{m}\cdot\text{s}^{-1}\right)\cdot t\end{array}\right\} \; ; \; \underbrace{\begin{array}{l} x = 0\ \text{m} \\ t = 0\ \text{s}\end{array}}_{\text{Posición inicial (descartada)}} \; ; \; \begin{array}{l} x = 32\ \text{m} \\ t = 8\ \text{s}\end{array}$$

La bicicleta alcanzará a la persona en 8 s tras recorrer 32 m.

Actividades

5. Una atleta desciende por una rampa a una velocidad de 3 m · s⁻¹. Al pasar al lado de una pelota, esta recibe un pequeño impuso y comienza a descender con una aceleración de 0,5 m · s⁻². ¿Cuánto tiempo tardará la pelota en alcanzar a la atleta?

S: $t = 12$ s

3.3. Caída libre

La caída libre es un caso particular de MRUA. En la caída libre, el valor de la aceleración es el que comunica la atracción del planeta a los cuerpos sometidos a su interacción, la gravedad. La atracción gravitatoria depende de la altura a la que nos encontremos, pero para alturas pequeñas comparadas con el radio de la Tierra (6 370 km) se considera como valor aceptado el de $g = 9{,}81\ \text{m}\cdot\text{s}^{-2}$.

Si adaptamos las ecuaciones del MRUA al caso particular de caída libre, con la consideración del SR escogido donde el eje Y es positivo en dirección vertical ascendente, obtenemos:

MRUA

$$x = x_0 + v_0 \cdot t + \frac{1}{2} \cdot a \cdot t^2$$
$$v = v_0 + a \cdot t$$
$$v - v_0 = 2 \cdot a \cdot (x - x_0)$$

$$a = g = 9{,}81\ \text{m}\cdot\text{s}^{-2}$$

Caída libre

$$y = y_0 + v_0 \cdot t - \frac{1}{2} \cdot g \cdot t^2$$
$$v = v_0 - g \cdot t$$
$$v^2 - v_0^2 = 2 \cdot g \cdot (y - y_0)$$

La **caída libre** en la superficie terrestre es un MRUA en el que la aceleración de dicho movimiento toma el valor de $\vec{g} = -9{,}81\ \vec{u}_y\ (\text{m}\cdot\text{s}^{-2})$. El signo depende del SR escogido.

Sabías que...

Isaac Newton investigó la aceleración con la que caen los cuerpos en la superficie terrestre y descubrió que dependía de la masa del planeta Tierra y de la distancia a su centro.

Concluyó que:

$$g = G \cdot \frac{M}{r^2}$$

Donde *M* es la masa del planeta, *r*, la distancia a su centro y *G*, la constante de gravitación universal:

$$G = 6{,}67 \cdot 10^{-11}\ \frac{\text{N}\cdot\text{m}^2}{\text{kg}^2}$$

Laboratorio en el aula. Comprobando la relación entre gravedad y masa

1. Coge una hoja de papel y una goma de borrar y déjalos caer. Graba la caída con un teléfono móvil y observa el vídeo a cámara lenta para comprobar qué objeto toca el suelo primero en estos tres casos:

a) Si tiras ambos objetos desde la misma altura.

b) Si formas una bola con el papel y los vuelves a tirar desde la misma altura.

c) Comprueba los resultados si sustituyes uno de los objetos por un estuche.

Actividades resueltas

6. Un jugador de voleibol lanza una pelota en vertical hacia arriba desde una altura de 2 m. Calcula la velocidad a la que fue lanzada la pelota y la altura que alcanza si tarda en tocar el suelo 3 s.

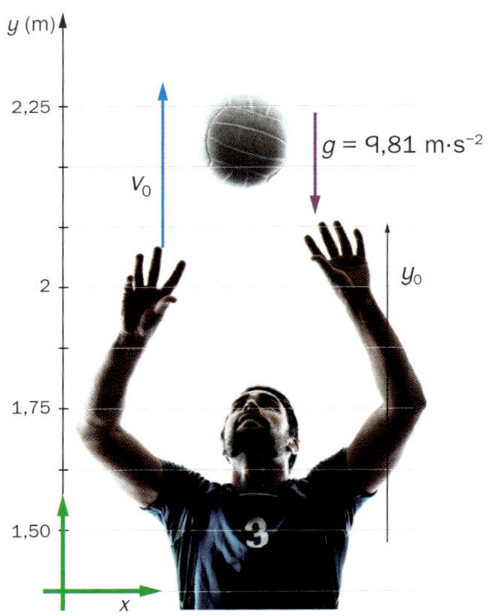

Estrategia de resolución

1. Dibujamos el gráfico y situamos el origen del sistema de coordenadas en el suelo. Consideramos las expresiones de la caída libre:

$$y = y_0 + v_0 t - \frac{1}{2} g t^2 \quad ; \quad v = v_0 - gt$$

2. Para obtener la velocidad a la que fue lanzada la pelota, empleamos la primera de las expresiones considerando que en el instante en el que toca el suelo es la posición $y = 0$ m:

$$0\ \text{m} = (2\ \text{m}) + v_0 \cdot (3\ \text{s}) - \frac{1}{2} \cdot (9{,}81\ \text{m}\cdot\text{s}^{-2}) \cdot (3\ \text{s})^2 \quad ; \quad v_0 = 14{,}05\ \text{m}\cdot\text{s}^{-1}$$

3. Para determinar el instante más alto $(v = 0\ \text{m}\cdot\text{s}^{-1})$ empleamos la segunda expresión:

$$0\ \text{m}\cdot\text{s}^{-1} = 14{,}05\ \text{m}\cdot\text{s}^{-1} - (9{,}81\ \text{m}\cdot\text{s}^{-2}) \cdot t \quad ; \quad t = 1{,}43\ \text{s}$$

4. Y, a partir del valor del instante, determinamos la altura con la primera expresión:

$$y_{Máx} = (2\ \text{m}) + (14{,}05\ \text{m}\cdot\text{s}^{-1}) \cdot (1{,}43\ \text{s}) - \frac{1}{2} \cdot (9{,}81\ \text{m}\cdot\text{s}^{-2}) \cdot (1{,}43\ \text{s})^2 \quad ; \quad y_{Máx} = 12{,}06\ \text{m}$$

Por tanto, la pelota se lanzó a $14{,}05\ \text{m}\cdot\text{s}^{-1}$ y llegó a alcanzar los 12,06 m de altura.

Actividades resueltas

7. Un malabarista lanza bolas hacia arriba con una velocidad de 5 m · s^{-1}. En un momento dado lanza una bola al aire y, medio segundo después, lanza otra bola. Determina la altura a la que se cruzarán las dos bolas y el tiempo que tardarán en hacerlo.

Estrategia de resolución

Consideramos un SR cuyo origen de coordenadas se encuentra en el punto de lanzamiento. Tenemos dos objetos en el aire cuyo movimiento necesitamos determinar a través de las ecuaciones de caída libre. Así:

Pelota	Posición inicial	Velocidad de lanzamiento	Tiempo	Posición	Velocidad
Bola 1	$y_{0\,B1} = 0$ m	$v_{0\,B1} = 5$ m · s^{-1}	$t_1 = t$	$y_{B1} = y_{0\,B1} + v_{0\,B1}t_1 - \frac{1}{2}gt_1^2$	$v_1 = v_{0\,B1} - gt_1$
Bola 2	$y_{0\,B2} = 0$ m	$v_{0\,B2} = 5$ m · s^{-1}	$t_2 = t - 0{,}5$ s	$y_{B2} = y_{0\,B2} + v_{0\,B2}t_2 - \frac{1}{2}gt_2^2$	$v_2 = v_{0\,32} - gt_2$

Cuando la bola 1 lleve medio segundo en el aire, la bola 2 será impulsada por el malabarista, así que la bola 2 estará en el aire medio segundo menos que la bola 1; de ahí la expresión de los tiempos para ambas.

Se cruzarán cuando las alturas sean las mismas $(y_{B1} = y_{B2})$. Será necesario, entonces, resolver la siguiente ecuación:

$$\underbrace{(5\ \text{m}\cdot\text{s}^{-1})\cdot t - \frac{1}{2}\cdot(9{,}81\ \text{m}\cdot\text{s}^{-2})\cdot t^2}_{y_{B1}} = \underbrace{(5\ \text{m}\cdot\text{s}^{-1})\cdot(t-0{,}5\ \text{s}) - \frac{1}{2}\cdot(9{,}81\ \text{m}\cdot\text{s}^{-2})\cdot(t-0{,}5\ \text{s})^2}_{y_{B2}}$$

$$0 = -5\cdot 0{,}5 - \frac{1}{2}\cdot 9{,}81\cdot(-t+0{,}5^2) \quad ; \quad t = 0{,}76\ \text{s}$$

Por tanto, las bolas se cruzarán a los 0,76 s de ser lanzada la primera.

Para determinar la altura a la que se cruzan, basta con sustituir el valor de t en cualquiera de las expresiones de la posición:

$$y_{B1} = (5\ \text{m}\cdot\text{s}^{-1})\cdot 0{,}76\ \text{s} - \frac{1}{2}\cdot(9{,}81\ \text{m}\cdot\text{s}^{-2})\cdot(0{,}76\ \text{s})^2 = 0{,}97\ \text{m}$$

Cinemática 2.0

Puedes comprobar la solución al ejercicio programando un *applet* de GeoGebra en el que las variables sean las de la tabla adjunta.

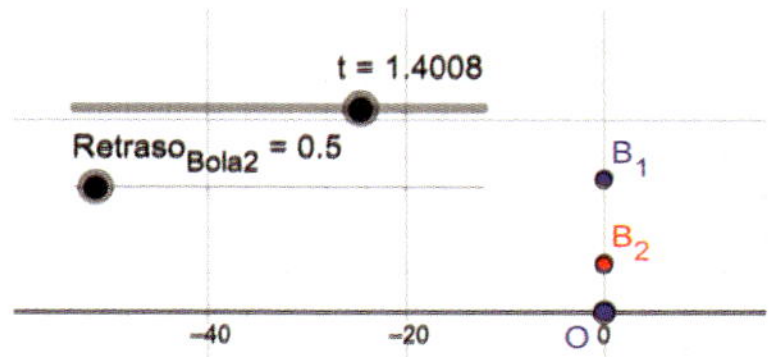

Actividades

6. Desde una ventana situada a diez metros de altura se deja caer un objeto:

a) Determina el tiempo que tardará en tocar el suelo.

b) Calcula el tiempo que tardaría en tocar el suelo si fuera lanzado hacia abajo con una velocidad de 1 m · s^{-1}.

S: *a)* $t = 1{,}43$ s; *b)* $t = 1{,}33$ s

7. Un globo aerostático situado a 100 m de altitud asciende a una velocidad de 2 m · s^{-1}. En ese momento, a uno de los pasajeros se le cae el móvil al intentar hacer una foto.

a) Calcula la velocidad con la que impactará contra el suelo.

b) ¿Cuánto tiempo durará la caída?

S: *a)* $v = -44{,}3$ m · s^{-1}; *b)* $t = 4{,}72$ s

8. En grupos de 4 o 5 estudiantes, donde cada uno debe escoger un valor diferente para v (16 m · s^{-1}, 18 m · s^{-1}, 20 m · s^{-1}, etc.) en la resolución del siguiente problema: una niña juega con un balón de baloncesto de 24 cm de diámetro y con una pelota de tenis. Coloca la pelota sobre el balón de baloncesto y deja caer ambos objetos. Debido a la elasticidad de los dos cuerpos, la pelota de tenis ascenderá considerablemente tras botar. Cada estudiante debe determinar la altitud que alcanzará la bola de tenis según la velocidad v que haya escogido. Una vez realizada la actividad, todas las personas de la clase que comparten el mismo valor de v compararán sus resoluciones.

4. Composición de movimientos

Luke Aikins y Felix Baumgartner en sus saltos respectivos desarrollaron, inicialmente, trayectorias diferentes. Baumgartner se lanzó al vacío desde una cápsula espacial que se encontraba todavía ascendiendo mientras que Aikins saltó desde una avioneta en pleno vuelo con un movimiento rectilíneo y uniforme.

Luke Aikins

Felix Baumgartner

4.1. Principio de superposición

En su salto, Luke Aikins se desplaza según una trayectoria que es consecuencia de dos movimientos: el horizontal (MRU) y el vertical (caída libre). Ambos movimientos son independientes. Esto mismo sucede cuando una pelota se desliza sobre una mesa y la abandona al alcanzar el borde, o cuando el agua sale por el caño horizontal de una fuente.

Existen muchos ejemplos de composición de movimientos. En todos los casos se aplica el denominado **principio de superposición.**

Si una partícula se encuentra sometida a varios movimientos independendientes entre sí, el movimiento resultante se obtiene sumando **vectorialmente** los movimientos parciales.

Sabías que...

Galileo, en 1633, fue el primero en plantear la composición de movimientos cuando estudiaba la caída de un objeto que abandona un plano horizontal.

4.2. Composición de movimientos MRU

Imagina una nadadora en un río. Si nada a favor de la corriente, la velocidad que es capaz de alcanzar se suma a la de la corriente del agua, por lo que nadará más rápido, por ejemplo, que en un lago. Sin embargo, si nadara a contracorriente, sucedería justo lo contrario.

De esta manera, si deseara cruzar de una orilla a otra del río y no tuviera en cuenta la corriente, no llegaría al punto de destino esperado. Necesita, por tanto, orientar su rumbo para vencer el efecto de la velocidad del agua, que la arrastra río abajo. Y así:

$$\vec{v}_{\text{Resultante}} = \vec{v}_{\text{Agua}} + \vec{v}_{\text{Nadadora}}$$

Actividades resueltas

8. Determina la velocidad con la que un remero se desplaza en su barca si es capaz de imprimir una velocidad a la barca de $\vec{v}_{\text{Remero}} = 3\,\vec{u}_x + 2\,\vec{u}_y\ (\text{m}\cdot\text{s}^{-1})$ y esta se mueve en el seno de la corriente de un río cuya velocidad es $\vec{v}_{\text{Corriente}} = -4\,\vec{u}_y\ (\text{m}\cdot\text{s}^{-1})$.

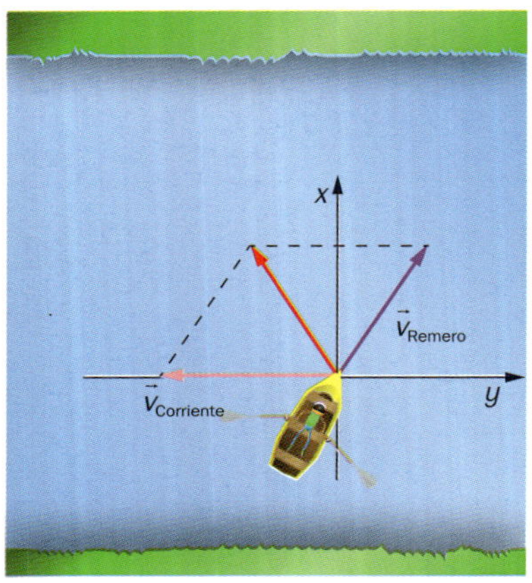

Estrategia de resolución

En la imagen se muestra el SR considerado. Aplicando el principio de superposición, obtenemos la velocidad de la barca:

$$\vec{v}_{\text{Barca}} = \vec{v}_{\text{Remero}} + \vec{v}_{\text{Corriente}} = 3\,\vec{u}_x + 2\,\vec{u}_y + (-4\,\vec{u}_y) \quad ; \quad \vec{v}_{\text{Barca}} = 3\,\vec{u}_x - 2\,\vec{u}_y\ (\text{m}\cdot\text{s}^{-1})$$

Actividades resueltas

9. Una abeja realiza un esfuerzo enorme por llevar hasta el panal el néctar recolectado lo antes posible y consigue volar a una velocidad de $4\ m \cdot s^{-1}$. A 50 m de distancia, un viento de $2\ m \cdot s^{-1}$ incide perpendicularmente sobre ella y la desvía de su objetivo. Calcula:

a) La nueva dirección del vuelo de la abeja para que llegue al panal en línea recta.

b) El tiempo que tardará en alcanzar el panal.

Estrategia de resolución

Dibujamos la situación: la abeja se mueve sobre el eje Y, y el viento actúa sobre el eje X.

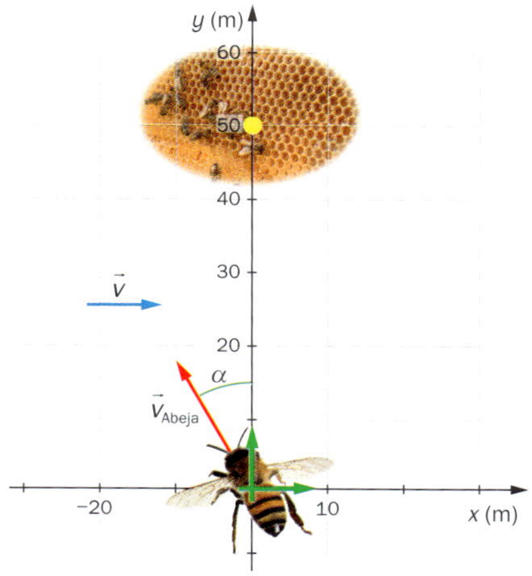

a) La abeja tiene que contrarrestar el efecto del viento. Para conseguirlo, su velocidad de vuelo debe tener una componente horizontal igual en módulo, pero opuesta en sentido a la velocidad del viento. De esta manera logrará realizar una trayectoria en línea recta hasta el panal. Las componentes de la velocidad de la abeja serán:

$$\vec{v}_{Abeja} = \begin{cases} v_{x\ Abeja} = -v_{Viento} \\ v_{y\ Abeja} = \sqrt{\left|\vec{v}_{Abeja}\right|^2 - v^2_{x\ Abeja}} \end{cases} \quad ; \quad \begin{cases} v_{y\ Abeja} = -2\ m \cdot s^{-1} \\ v_{y\ Abeja} = \sqrt{\left(4\ m \cdot s^{-1}\right)^2 - \left(2\ m \cdot s^{-1}\right)^2} = 3{,}46\ m \cdot s^{-1} \end{cases}$$

Para determinar la dirección del vuelo de la abeja conforme al dibujo, basta con encontrar el valor del ángulo α:

$$\alpha = \arctan\left(\frac{v_{x\ Abeja}}{v_{y\ Abeja}}\right) \quad ; \quad \alpha = \arctan\left(\frac{2\ m \cdot s^{-1}}{3{,}46\ m \cdot s^{-1}}\right) = 30°$$

b) El tiempo en alcanzar el panal únicamente dependerá de la componente vertical de la velocidad de la abeja. Como se trata de un MRU, sustituyendo valores:

$$y = y_0 + v_y t \quad ; \quad t = \frac{y - y_0}{v_y} \quad ; \quad t = \frac{50\ m - 0}{3{,}46\ m \cdot s^{-1}} = 14{,}45\ s$$

4.3. Tiro horizontal

El tiro horizontal consiste en lanzar un objeto horizontalmente desde una cierta altura. En este tipo de tiros se produce la composición de dos movimientos: el primero de ellos es horizontal y se trata de un MRU, mientras que el segundo es una caída libre.

Las ecuaciones de este movimiento son:

Eje X (MRU): $x = x_0 + v_0 \cdot t$

Eje Y (MRUA): $y = y_0 - \frac{1}{2} \cdot g \cdot t^2$

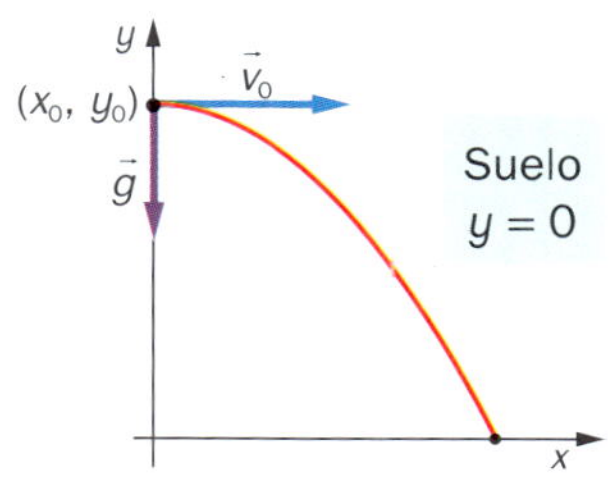

Las dos ecuaciones conforman un sistema en el que los valores x e y corresponden, en cada instante t, a las coordenadas del punto en el que el objeto se encuentra.

! Importante

Si dejáramos caer dos bolas desde una misma altura, una de ellas libremente y la otra con velocidad inicial horizontal, comprobaríamos que la fuerza gravitatoria produce la misma aceleración vertical en ambas.

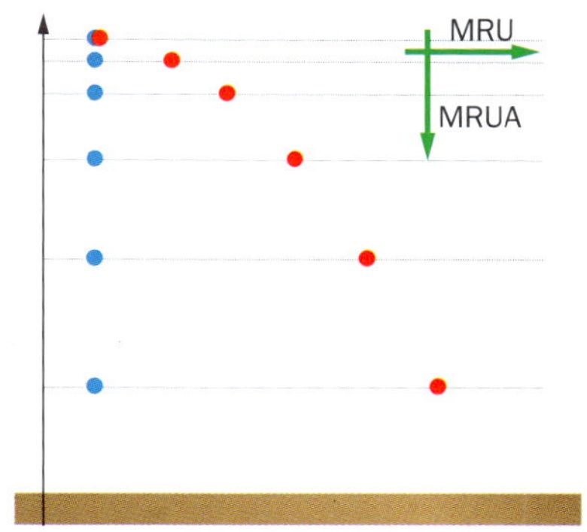

Actividades resueltas

10. Una bola se desliza por la superficie de una mesa y alcanza el borde de la misma con una velocidad de $0{,}5\ m \cdot s^{-1}$. Si el tablero de la mesa está situado a 1 m de altura, calcula la distancia horizontal con respecto al borde a la que impactará con el suelo.

Estrategia de resolución

Considerando la imagen del Epígrafe 4.3, la posición inicial desde la que cae la bola es (0, 1), y la posición de impacto con el suelo, $(x_{Máx}, 0)$, las ecuaciones del movimiento son:

Eje X (MRU) $\rightarrow$ $x = x_0 + v_0 t$; $x_{Máx} = 0\ m + 0{,}5\ m \cdot s^{-1} \cdot t$

Eje Y (MRUA) $\rightarrow$ $y = y_0 - \frac{1}{2} g t^2$; $0 = 1\ m - \frac{1}{2} \cdot 9{,}81\ m \cdot s^{-2} \cdot t^2$

Ambas ecuaciones forman un sistema cuya solución indica que la distancia horizontal a la que impacta la bola con el suelo es $x_{Máx} = 0{,}23$ m.

4.4. Tiro parabólico

El movimiento parabólico se caracteriza, al igual que en el caso del tiro horizontal, por ser la composición de un movimiento rectilíneo horizontal y uniforme con otro vertical uniformemente acelerado. El movimiento resultante describe una parábola.

! Importante

En el tiro parabólico es necesario descomponer la velocidad en sus componentes. Esto se hará empleando la trigonometría y atendiendo a las fórmulas de seno y coseno como sigue:

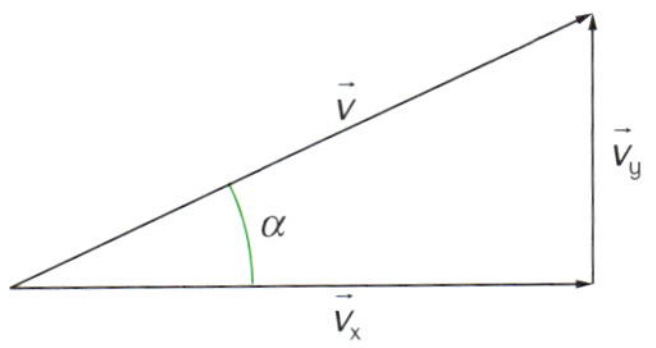

$$\cos\alpha = \frac{v_x}{v} \quad ; \quad v_x = v \cdot \cos\alpha$$

$$\operatorname{sen}\alpha = \frac{v_y}{v} \quad ; \quad v_y = v \cdot \operatorname{sen}\alpha$$

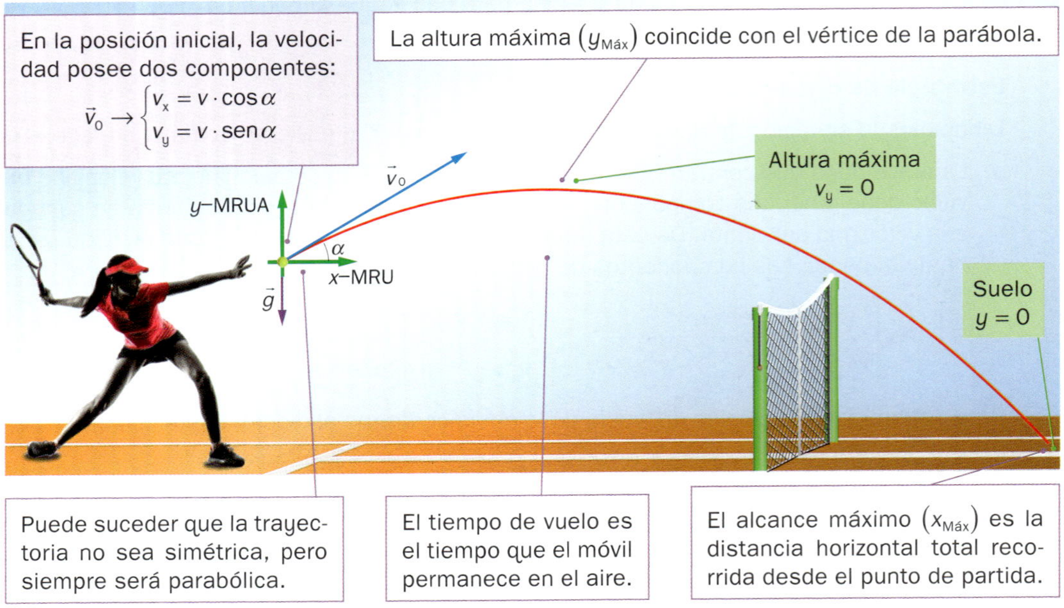

Ejemplos de este tipo de movimiento son el lanzamiento de proyectiles o la caída de objetos dotados de velocidad inicial no nula en los eje vertical y horizontal.

Actividades resueltas

11. Un jugador de golf lanza una bola situada en el suelo a una velocidad de 20 m · s^{-1} con una inclinación de 45° con la horizontal. Calcula la altura y el alcance máximos de la pelota hasta que realiza el primer bote.

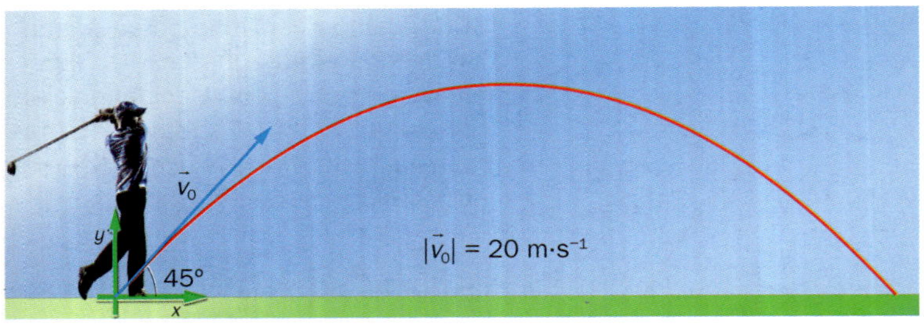

Estrategia de resolución

La pelota de golf es impulsada inicialmente desde el suelo a una velocidad determinada con una trayectoria ascendente. Se trata, por tanto, de un tiro parabólico en el que la velocidad horizontal permanece constante en todo el movimiento y la vertical irá variando por efecto de la gravedad.

Para calcular el alcance máximo, planteamos un sistema de ecuaciones imponiendo la condición de llegada al suelo ($y = 0$):

$$\begin{cases} x = x_0 + v_{0x}t \\ y = y_0 + v_{0y}t + \dfrac{1}{2}gt^2 \end{cases} ; \begin{cases} x_{Máx} = 0 + (20\ \text{m} \cdot \text{s}^{-1}) \cdot \cos(45°) \cdot t_{Vuelo} \\ 0\ \text{m} = 0\ \text{m} + (20\ \text{m} \cdot \text{s}^{-1}) \cdot \operatorname{sen}(45°) \cdot t_{Vuelo} - \dfrac{1}{2} \cdot (9{,}81\ \text{m} \cdot \text{s}^{-2}) \cdot t_{Vuelo}^2 \end{cases}$$

Cuya solución es: $x_{Máx} = 40{,}77$ m; $t_{Vuelo} = 2{,}88$ s.

Para determinar la altura máxima planteamos las ecuaciones en el punto de altura máxima, en el que se cumple que $v_y = 0$ m · s^{-1}:

En la mayoría de los casos será necesario resolver un sistema de ecuaciones para dar con la solución.

$$\begin{cases} v_y = v_{y0} + gt \\ y = y_0 + v_{y0}t + \dfrac{1}{2}gt^2 \end{cases} ; \begin{cases} 0\ \text{m} \cdot \text{s}^{-1} = (20\ \text{m} \cdot \text{s}^{-1}) \cdot \operatorname{sen}(45°) - (9{,}81\ \text{m} \cdot \text{s}^{-2}) \cdot t_{y\,Máx} \\ y_{Máx} = 0\ \text{m} + (20\ \text{m} \cdot \text{s}^{-1}) \cdot \operatorname{sen}(45°) \cdot t_{y\,Máx} - \dfrac{1}{2} \cdot (9{,}81\ \text{m} \cdot \text{s}^{-2}) \cdot t_{y\,Máx}^2 \end{cases}$$

Cuya solución es: $y_{Máx} = 10{,}19$ m; $t_{y\,Máx} = 1{,}44$ s.

Por tanto, la distancia horizontal recorrida por la pelota cuando llega al suelo es de 40,77 m, y la altura máxima que alcanza es de 10,19 m.

Actividades resueltas

12. Margarita Ramos es la exatleta especializada en lanzamiento de peso que acumula más campeonatos de España en una sola prueba, con un total de 23. Su mejor marca (alcance) está en 17,93 m. Suponiendo que su lanzamiento récord fue realizado con un ángulo de 45° desde 1,6 m de altura, determina la velocidad a la que impulsó la bola.

Estrategia de resolución

Considerando que se trata de un tiro parabólico y conocidas las coordenadas del punto de impacto, $P(17{,}93;\ 0)$ m, las ecuaciones de posición de ese punto son:

$$\begin{cases} x = x_0 + v_{x0}t \\ y = y_0 + v_{y0}t + \frac{1}{2}gt^2 \end{cases} \quad ; \quad \begin{cases} 17{,}93\ \text{m} = 0 + v_0 \cos(45°) \cdot t_{\text{Vuelo}} \\ 0\ \text{m} = 1{,}6\ \text{m} + v_0\ \text{sen}(45°) \cdot t_{\text{Vuelo}} - \frac{1}{2} \cdot (9{,}81\ \text{m} \cdot \text{s}^{-2}) \cdot t^2_{\text{Vuelo}} \end{cases}$$

Para resolver este sistema aislamos el valor de: $v_0 t_{\text{vuelo}} = \dfrac{17{,}93\ \text{m}}{\cos(45°)}$

Y sustituimos en la segunda ecuación:

$$0\ \text{m} = 1{,}6\ \text{m} + \frac{17{,}93\ \text{m}}{\cos(45°)} \cdot \text{sen}(45°) - \frac{1}{2} \cdot (9{,}81\ \text{m} \cdot \text{s}^{-2}) \cdot t^2_{\text{Vuelo}}$$

Donde obtenemos el valor del tiempo de vuelo: $t_{\text{Vuelo}} = 2$ s.

Para obtener el valor de la velocidad inicial, sustituimos el tiempo de vuelo en:

$$v_0 \cdot t_{\text{Vuelo}} = \frac{17{,}93\ \text{m}}{\cos(45°)} \quad ; \quad v_0 \cdot (2\ \text{s}) = \frac{17{,}93\ \text{m}}{\cos(45°)}$$

Así, la velocidad del lanzamiento es $v_0 = 12{,}68\ \text{m} \cdot \text{s}^{-1}$.

Cinemática 2.0

Dispones de multitud de *applets* sobre el tiro parabólico en Internet. Aquí tienes tres enlaces a tres páginas diferentes con los que puedes realizar simulaciones de tiro parabólico:

bit.ly/Phet_proyectil

bit.ly/Movimiento_parabólico

Física 2.0

Para poder comprobar tus soluciones o afrontar ecuaciones que te resulten complicadas, dispones de esta web:

www.wolframalpha.com

Simplemente basta con introducir la ecuación prestando atención a los paréntesis para obtener la solución.

Actividades

9. Chen Chao-Tsung, atleta procedente de la República de China, consiguió lanzar su jabalina a 91,36 m de distancia en las Universiadas de Taipéi de agosto de 2017. Suponiendo un ángulo y una altura de lanzamiento de 53° y 1,6 m, respectivamente, determina la velocidad con la que Chao-Tsung lanzó la jabalina.

S: $v = 30{,}36\ \text{m} \cdot \text{s}^{-1}$

10. Una fuente tiene el caño a una altura de 70 cm. Determina cuál será el alcance del chorro de agua si sale del grifo paralela al suelo con una velocidad de $2\ \text{m} \cdot \text{s}^{-1}$.

S: $x = 0{,}76$ m

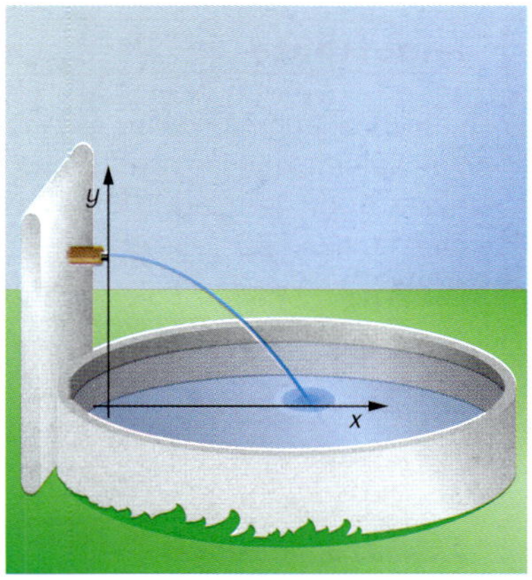

11. Un avión vuela horizontalmente a $v = 600\ \text{km} \cdot \text{h}^{-1}$ y con una altitud de 1 km sobre el suelo. De repente, se desprende uno de los remaches del fuselaje. ¿A qué distancia del punto en el que se desprendió sobre el plano del suelo deberán buscar los técnicos para encontrarlo?

S: $x = 2\ 379{,}6$ m

12. Desde la cima de un acantilado se lanza horizontalmente un proyectil y se observa que tarda 4 s en tocar el agua en un punto que dista 50 m de la base del acantilado.

a) Calcula la altura que tiene el acantilado.

b) ¿Con qué velocidad fue lanzado el proyectil?

c) ¿A qué velocidad llega el proyectil al agua?

S: *a)* $y = 78{,}48$ m; *b)* $v = 12{,}5\ \text{m} \cdot \text{s}^{-1}$; c) $|\vec{v}| = 41{,}2\ \text{m} \cdot \text{s}^{-1}$

13. Trabajamos en parejas para resolver el siguiente problema: una bola que rueda sobre una mesa horizontal de 90 cm de altura cae al suelo en un punto situado a una distancia horizontal de *x* metros con respecto al borde de la mesa. ¿Qué velocidad tenía en el momento de abandonarla? Cada pareja debe considerar un valor distinto de *x* (1,2 m; 1,3 m; 1,4 m; 1,5 m; etc.). Construid entre toda la clase una gráfica en la que se represente la velocidad y el alcance. ¿Cómo es la función que se obtiene? ¿Es posible determinar si alguna de las parejas ha errado en sus cálculos basándose en esta gráfica?

5. Movimiento circular

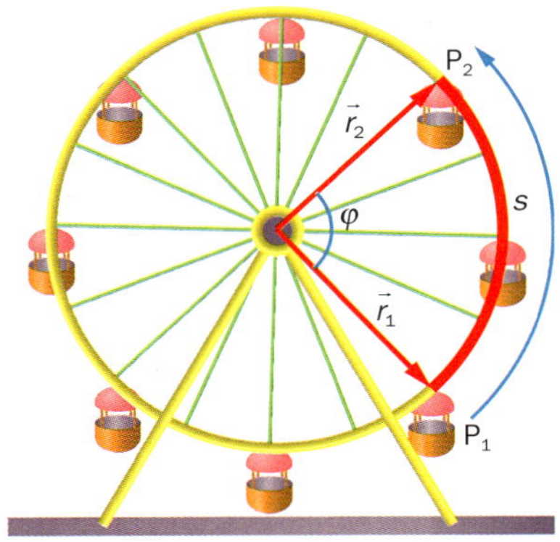

La trayectoria de este tipo de movimiento es una circunferencia. En el caso de la figura, tomando el centro de la circunferencia como punto de referencia, el vector de posición del objeto gira cambiando en cada instante de dirección. Si inicialmente se encuentra en una posición P_1 y después de un tiempo t está en una posición P_2, el vector de posición ha descrito un ángulo φ, comprendido entre los vectores $\vec{r}_1$ y $\vec{r}_2$.

La unidad del Sistema Internacional de medida de ángulos es el radián. Un radián es el ángulo que tiene como arco el valor del radio. De acuerdo con esto, el valor del ángulo en radianes se obtiene dividiendo el arco entre la medida del radio correspondiente. Recuerda que en una circunferencia hay 2π radianes.

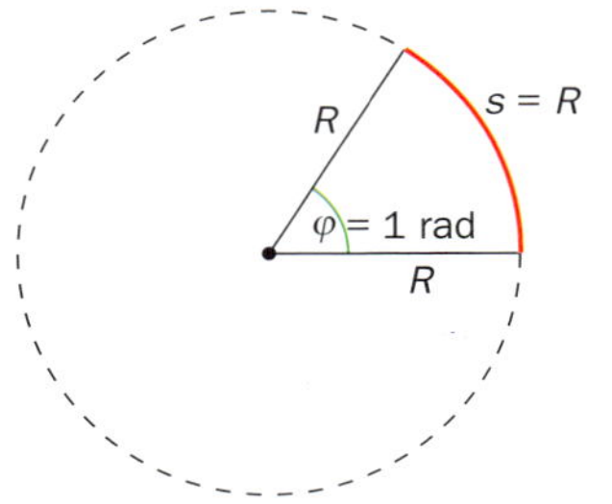

$$\varphi(\text{rad}) = \frac{s}{R} \quad ; \quad s = \varphi \cdot R$$

Como el radián tiene como longitud de arco el valor del radio, el producto del ángulo, expresado en radianes, por el radio proporciona como resultado el arco descrito. De esta manera, y de forma análoga a como se hizo en el caso del movimiento rectilíneo al emplear derivadas, definimos las variables angulares del movimiento circular:

$$s = \varphi \cdot R \quad ; \quad v = \frac{ds}{dt} = \frac{d(\varphi \cdot R)}{dt} = R \cdot \frac{d\varphi}{dt} = R \cdot \omega \quad \text{donde } \omega \text{ es la velocidad angular.}$$

$$v = \omega \cdot R \quad ; \quad a_t = \frac{dv}{dt} = \frac{d(\omega \cdot R)}{dt} = R \cdot \frac{d\omega}{dt} = R \cdot \alpha \quad \text{donde } \alpha \text{ es la aceleración angular.}$$

Conclusión:

Magnitud lineal	Transformación	Magnitud angular
$s \rightarrow$ distancia recorrida	$s = \varphi \cdot R$	$\varphi \rightarrow$ ángulo descrito
$v \rightarrow$ velocidad lineal	$v = \omega \cdot R$	$\omega \rightarrow$ velocidad angular
$a_t \rightarrow$ aceleración tangencial	$a_t = \alpha \cdot R$	$\alpha \rightarrow$ aceleración angular
$a_n \rightarrow$ aceleración normal o centrípeta	$a_n = \frac{v^2}{R} = \frac{(\omega \cdot R)^2}{R} = \omega^2 \cdot R$	

Importante

En la práctica, además de los $\text{rad} \cdot s^{-1}$ también se emplean las revoluciones por minuto (rpm). La relación entre ambas magnitudes es:

$$1 \text{ rpm} = \frac{1 \text{ rev}}{1 \text{ min}} \cdot \frac{1 \text{ min}}{60 \text{ s}} \cdot \frac{2\pi \text{ rad}}{1 \text{ rev}} = \frac{\pi \text{ rad}}{30 \text{ s}}$$

5.1. Movimiento circular uniforme (MCU)

Este movimiento se caracteriza por trazar una circunferencia siempre con la misma rapidez. La velocidad lineal, pues, permanece constante y siempre es tangente a la circunferencia en el punto en el que se encuentre el móvil.

La **velocidad angular,** ω, es el ángulo que ha girado el vector de posición en la unidad de tiempo. En el SI su unidad es el radian por segundo $(\text{rad} \cdot s^{-1})$.

A partir de la definición obtenemos la primera expresión cinemática de este movimiento:

$$\omega = \frac{\varphi - \varphi_0}{t} \quad ; \quad \boxed{\varphi = \varphi_0 + \omega \cdot t}$$

Al ser un movimiento circular y ser constante la velocidad del móvil, pasará por las mismas posiciones a **intervalos de tiempo regulares**. Será, por tanto, un **movimiento periódico.**

Periodo (T)	Frecuencia (ν)
Es el tiempo que tarda el móvil en dar una vuelta completa. Si una vuelta son 2π radianes: $\omega = \frac{2\pi}{T}$; $T = \frac{2\pi}{\omega}$ (s)	Corresponde a las vueltas que realiza un móvil en un segundo. Por tanto, el valor se puede calcular como la inversa del periodo: $\nu = \frac{1}{T}$ (s^{-1} o Hz)

Análisis dimensional

φ se considera una magnitud auxiliar y sin dimensiones (el radián no tiene sentido físico). Por este motivo, las dimensiones de ω son las mismas que las de la frecuencia (T^{-1}).

Atendiendo a estas observaciones, es posible comprobar la homogeneidad de la expresión:

$$[\varphi] = [\varphi_0] + [\omega] \cdot [t]$$

$$1 = 1 + T^{-1} \cdot T$$

Laboratorio en el aula. Estudiando un MCU

2. En **bit.ly/1BAC7-Reloj** encontrarás un reloj de agujas capaz de marcar las horas, los minutos y los segundos. Determina:

a) El periodo, T, la frecuencia, ν, y la velocidad angular, ω, del segundero y las vueltas que habrá dado durante una clase de Física completa.

b) En grupos de 3-4 personas, preparad el enunciado de un problema que tenga que ver con un reloj de agujas para que sea resuelto por cada uno de los grupos restantes. Todos los grupos entregarán al docente el enunciado de su problema junto con su solución. A continuación, cada grupo dispondrá de cinco minutos para resolver cada uno de los enunciados presentes en el aula. El docente gestionará el tiempo y numerará los ejercicios disponibles para identificar claramente cada uno de ellos. Cuando se agote el tiempo, el docente dará las soluciones y proclamará ganador a un equipo. Los grupos que se equivocaron al resolver su propio problema perderán una posición.

Recuerda

Es necesario decidir un nuevo convenio de signos. En este caso, llevarán el signo positivo los giros de sentido contrario al de las agujas de un reloj:

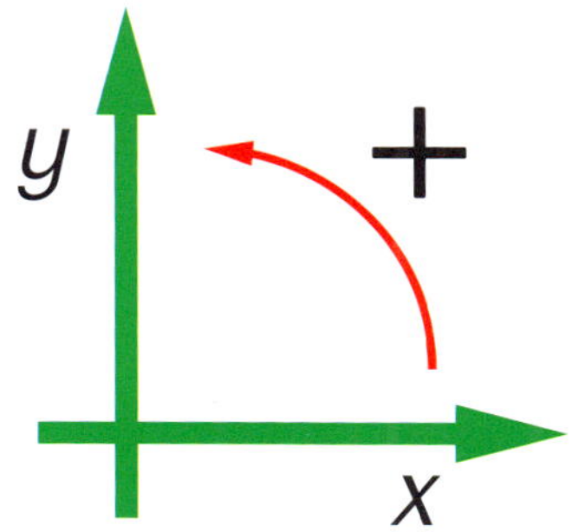

Actividades resueltas

13. El torno de un alfarero da 45 vueltas por minuto en sentido antihorario. Calcula:

a) La frecuencia de giro, el periodo y la velocidad angular.

b) La velocidad tangencial y la aceleración centrípeta en un punto a 25 cm del centro.

c) Calcula el ángulo recorrido al cabo de 15 s.

Estrategia de resolución

a) La frecuencia de giro son las vueltas que da el torno en un segundo. Y el periodo es el inverso de la frecuencia. Entonces:

$$\nu = 45\ \text{rpm} \cdot \frac{1\ \text{min}}{60\ \text{s}} = 0{,}75\ \text{s}^{-1} \quad ; \quad T = \frac{1}{\nu} = \frac{1}{0{,}75} = 1{,}33\ \text{s}$$

Para hallar la velocidad angular, simplemente realizamos la conversión a $\text{rad} \cdot \text{s}^{-1}$:

$$\omega = 45\ \frac{\text{rev}}{\text{min}} \cdot \frac{1\ \text{min}}{60\ \text{s}} \cdot \frac{2\pi\ \text{rad}}{1\ \text{rev}} = \frac{3\pi}{2}\ \text{rad} \cdot \text{s}^{-1}$$

b) Para determinar la velocidad tangencial, multiplicamos por el valor del radio. A partir de este valor podemos determinar la aceleración centrípeta:

$$v = \omega \cdot R = \left(\frac{3\pi}{2}\ \text{rad} \cdot \text{s}^{-1}\right) \cdot 0{,}25\ \text{m} = 1{,}18\ \text{m} \cdot \text{s}^{-1} \ ; \ a_n = \frac{v^2}{R} = \frac{\left(1{,}18\ \text{m} \cdot \text{s}^{-1}\right)^2}{0{,}25\ \text{m}} = 5{,}57\ \text{m} \cdot \text{s}^{-2}$$

c) El ángulo recorrido considerando un movimiento contrario a las agujas del reloj $(\omega > 0)$ es:

$$\varphi = \varphi_0 + \omega \cdot t \quad ; \quad \varphi - \varphi_0 = \left(\frac{3\pi}{2}\ \text{rad} \cdot \text{s}^{-1}\right) \cdot 15\ \text{s} = \frac{45\pi}{2}\ \text{rad} \equiv 11{,}25\ \text{vueltas}$$

Actividades

14. El ventilador de un ordenador tiene un diámetro de 6 cm y gira a 200 rpm. Determina la aceleración normal en el punto situado en el extremo de un aspa.

S: $a_n = 13{,}16\ \text{m} \cdot \text{s}^{-2}$

15. Las ruedas de un vehículo tienen un diámetro de 60 cm. Determina las vueltas que realiza al circular durante cinco minutos a 50 $\text{km} \cdot \text{h}^{-1}$.

S: $n = 2\,210{,}5$ vueltas

16. En una central hidroeléctrica el agua pasa por las turbinas haciéndolas girar para producir electricidad. Con una hoja de cálculo, realiza una gráfica que represente la aceleración normal del extremo de un álabe de la turbina (1 m de radio) en función de su velocidad de giro si esta varía desde 0 hasta 200 rpm en intervalos de 10 rpm.

S: bit.ly/1BAC_U7_turbina_eléctrica

Recuerda

En un movimiento circular, tras haber dado una vuelta completa, se han recorrido 2π radianes.

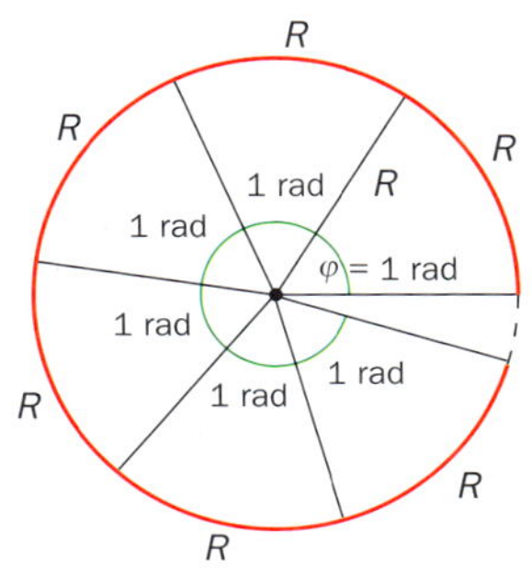

$$\text{N.º de radianes} = \frac{2\pi R}{R} = 2\pi$$

5.2. Movimiento circular uniformemente acelerado (MCUA)

Cuando un móvil recorre una trayectoria circular con **aceleración tangencial constante,** su movimiento se define como circular uniformemente acelerado (MCUA). En este caso la velocidad angular (ω) no es constante y, por tanto, tampoco lo son la velocidad lineal o la aceleración normal.

> La **aceleración angular** es la variación de la velocidad angular en la unidad de tiempo. Su unidad en el SI es el radian por segundo al cuadrado ($rad \cdot s^{-2}$).

A partir de esta expresión obtenemos la relación entre la velocidad angular y el tiempo:

$$\alpha = \frac{\omega - \omega_0}{t} \quad ; \quad \boxed{\omega = \omega_0 + \alpha \cdot t}$$

De la misma manera es posible definir la aceleración tangencial en función de la velocidad. Lo que se acelera el móvil en su trayectoria depende del ritmo de cambio de la velocidad angular:

$$\boxed{a_t = \alpha \cdot R \ \left(m \cdot s^{-2}\right)}$$

Al igual que en esta última expresión, hemos visto con anterioridad que, mediante el radio, se pueden relacionar las magnitudes lineales con las circulares. De la misma forma se pueden relacionar las ecuaciones del MRUA y del MCU sin más que multiplicar o dividir entre el radio R (R^2 en el último caso):

MRUA	MCUA
$v = v_0 + a_t \cdot t$	$\omega = \omega_0 + \alpha \cdot t$
$x = x_0 + v_0 \cdot t + \frac{1}{2} a_t \cdot t^2$	$\varphi = \varphi_0 + \omega_0 \cdot t + \frac{1}{2} \cdot \alpha \cdot t^2$
$v^2 - v_0^2 = 2 \cdot a_t \cdot (x - x_0)$	$\omega^2 - \omega_0^2 = 2 \cdot \alpha \cdot (\varphi - \varphi_0)$

Actividades resueltas

14. En el parque de atracciones hay un tiovivo de 3 m de radio. Desde que se pone en marcha tarda cinco segundos en alcanzar una velocidad de giro de 1 $rad \cdot s^{-1}$. Determina:

a) La aceleración angular con la que alcanza esa velocidad máxima.

b) El número de vueltas que da hasta que alcanza dicha velocidad.

c) La aceleración angular de frenado si este se consigue en seis segundos.

Estrategia de resolución

a) Atendiendo a la expresión de la aceleración angular y a los valores de velocidad angular inicial ($\omega_0 = 0 \ rad \cdot s^{-1}$) y final ($\omega_f = 1 \ rad \cdot s^{-1}$), y considerando que el sentido de giro corresponde a velocidad angular positiva, la aceleración angular es:

$$\omega = \omega_0 + \alpha t \quad ; \quad \alpha = \frac{1 \ rad \cdot s^{-1} - 0 \ rad \cdot s^{-1}}{5 \ s} = 0{,}2 \ rad \cdot s^{-2}$$

b) Para calcular el número de vueltas, es necesario calcular el ángulo recorrido:

$$\varphi = \varphi_0 + \omega_0 t + \frac{1}{2}\alpha t^2 \quad ; \quad \varphi = 0 + 0 \cdot (5 \ s) + \frac{1}{2} \cdot \frac{1}{5}\left(rad \cdot s^{-2}\right) \cdot (5 \ s)^2 = 2{,}5 \ rad$$

Y realizamos la conversión a vueltas:

$$2{,}5 \ rad \cdot \frac{1 \ vuelta}{2\pi \ rad} = 0{,}4 \ vueltas$$

c) Como la velocidad angular final es cero, la aceleración angular de frenado es:

$$\omega = \omega_0 + \alpha t \quad ; \quad \alpha = \frac{0 \ rad \cdot s^{-1} - 1 \ rad \cdot s^{-1}}{6 \ s} = -0{,}17 \ rad \cdot s^{-2}$$

Análisis dimensional

A través de un análisis dimensional podemos determinar la homogeneidad de la expresión obtenida:

$$[\omega^2] - [\omega_0^2] = [2] \cdot [\alpha] \cdot ([\varphi] - [\varphi_0])$$

$$(T^{-1})^2 - (T^{-1})^2 = 1 \cdot T^{-2} \cdot (1)$$

$$T^{-2} = T^{-2}$$

Cinemática 2.0

Con estos *applets* podrás profundizar en el estudio de los movimientos circulares:

- En este enlace comprenderás mejor el concepto de radián:
  bit.ly/1BAC7-Radian
- Este *applet* te servirá para mejorar la comprensión de todos los conceptos relacionados con el MCUA:
  bit.ly/1BAC7-MCUA

Actividades resueltas

15. Cuando realiza la lectura de datos, un lector de CD gira a 8 750 vueltas por minuto. Los discos ópticos, cuyo radio es de 6 cm, adquieren la velocidad nominal de giro en 3 s; en cambio realizan la parada en 1 s. Determina:

a) La velocidad de un punto de la periferia del disco tras el tiempo de arranque.

b) Las vueltas que da el disco para reproducir una canción de 3 min.

c) Calcula la aceleración total en el instante en el que comienza la frenada.

Estrategia de resolución

a) La velocidad lineal de uno de los puntos tras los tres segundos del arranque será el producto del radio por la velocidad angular en ese instante. Para realizar el cálculo es necesario convertir previamente las 8 750 rpm a unidades del SI ($\text{rad}\cdot\text{s}^{-1}$):

$$\omega = 8\,750\ \frac{\text{vueltas}}{\text{min}}\cdot\frac{1\ \text{min}}{60\ \text{s}}\cdot\frac{2\pi\ \text{rad}}{1\ \text{vuelta}} = 916{,}3\ \text{rad}\cdot\text{s}^{-1}$$

Calculamos, a partir de este valor, la velocidad en ese instante:

$$v = \omega R \quad ; \quad v_{t=3\,\text{s}} = \left(916{,}3\ \text{rad}\cdot\text{s}^{-1}\right)\cdot\left(0{,}06\ \text{m}\right) = 54{,}98\ \text{m}\cdot\text{s}^{-1}$$

b) Para el cálculo de las vueltas que da el disco, es necesario determinar el número de vueltas durante el tiempo de arranque, las vueltas durante la canción y las vueltas durante la frenada:

$$\varphi_{\text{Total}} = \varphi_{\text{Arranque}} + \varphi_{\text{Canción}} + \varphi_{\text{Frenada}}$$

- El valor de la aceleración angular durante el tiempo de arranque y de frenada:

$$\alpha = \frac{\omega - \omega_0}{t} \quad ; \quad \begin{cases} \alpha_{\text{Arranque}} = \dfrac{916{,}3\ \text{rad}\cdot\text{s}^{-1} - 0\ \text{rad}\cdot\text{s}^{-1}}{3\ \text{s}} = 305{,}43\ \text{rad}\cdot\text{s}^{-2} \\[2ex] \alpha_{\text{Frenada}} = \dfrac{0\ \text{rad}\cdot\text{s}^{-1} - 916{,}3\ \text{rad}\cdot\text{s}^{-1}}{1\ \text{s}} = -916{,}3\ \text{rad}\cdot\text{s}^{-2} \end{cases}$$

- El ángulo recorrido hasta el comienzo de la canción (MCUA):

$$\varphi = \varphi_0 + \omega_0 t + \frac{1}{2}\alpha t^2 \quad ; \quad \varphi_{\text{Arranque}} = 0\ \text{rad} + 0\ \text{rad}\cdot\text{s}^{-1}\cdot(3\ \text{s}) + \frac{1}{2}\cdot\left(305{,}43\cdot\text{s}^{-2}\right)\cdot(3\ \text{s})^2$$

$$\varphi_{\text{Arranque}} = 1\,374{,}44\ \text{rad}$$

- El ángulo recorrido durante los 3 minutos de la canción (MCU):

$$\varphi_{\text{Canción}} = \frac{8\,750\ \text{vueltas}}{1\ \text{min}}\cdot 3\ \text{min}\cdot\frac{2\pi\ \text{rad}}{1\ \text{vuelta}} = 1{,}65\cdot 10^5\ \text{rad}$$

- Ángulo recorrido durante la frenada (MCUA):

$$\varphi_{\text{Frenada}} = 916{,}3\ \text{rad}\cdot\text{s}^{-1}\cdot(1\ \text{s}) + \frac{1}{2}\cdot\left(-916{,}3\ \text{rad}\cdot\text{s}^{-2}\right)\cdot(1\ \text{s})^2 = 458{,}15\ \text{rad}$$

Con lo que el ángulo total descrito será:

$$\varphi_{\text{Total}} = \underbrace{1\,374{,}44\ \text{rad}}_{\text{Arranque}} + \underbrace{1{,}65\cdot 10^4\ \text{rad}}_{\text{Canción}} + \underbrace{458{,}15\ \text{rad}}_{\text{Frenada}} = 1{,}67\cdot 10^5\ \text{rad}$$

que corresponden a: $1{,}67\cdot 10^5\ \text{rad}\cdot\dfrac{1\ \text{vuelta}}{2\pi\ \text{rad}} = 2{,}65\cdot 10^4$ vueltas.

c) La aceleración total es la suma de las aceleraciones tangencial y normal. En el instante en el que comienza la frenada, estas aceleraciones son:

$$a_t = \alpha R \quad ; \quad a_t = \left(-916{,}3\ \text{rad}\cdot\text{s}^{-2}\right)\cdot\left(0{,}06\ \text{m}\right) = -54{,}98\ \text{m}\cdot\text{s}^{-2}$$

$$a_n = \omega^2 R \quad ; \quad a_n = \left(916{,}3\ \text{rad}\cdot\text{s}^{-1}\right)^2\cdot\left(0{,}06\ \text{m}\right) = 5{,}04\cdot 10^4\ \text{m}\cdot\text{s}^{-2}$$

Por tanto, la aceleración total será:

$$\vec{a} = \vec{a}_t + \vec{a}_n \quad ; \quad |\vec{a}| = \sqrt{\left(-54{,}98\ \text{m}\cdot\text{s}^{-2}\right)^2 + \left(5{,}04\cdot 10^4\ \text{m}\cdot\text{s}^{-2}\right)^2} = 5{,}04\cdot 10^4\ \text{m}\cdot\text{s}^{-2}$$

Sabías que...

Los lectores de discos ópticos hacen girar los discos a velocidades vertiginosas. Estas velocidades dependen del tipo de tecnología:

- DVD-ROM, entre 1 000 y 4 650 rpm.
- CD-ROM, entre 2 150 y 8 750 rpm.

Recuerda que, en todo movimiento circular, existe aceleración normal. En este caso es variable con el tiempo.

Actividades

17. ¿Con qué aceleración normal o centrípeta se mueve un objeto a una velocidad de 90 km · h^1 sobre una circunferencia de 10 m de radio?

S: a = 62,5 m · s^{-2}

18. Determina las vueltas por segundo que da la rueda de una bicicleta de radio 26" cuando la bicicleta se desplaza a 40 km · h^{-1}. Dato: 1" = 2,54 cm.

S: ω = 2,7 rps

19. Margot Moles fue una deportista española que ostentó el récord femenino de lanzamiento de martillo durante más de 40 años. Determina, suponiendo una bola metálica sostenida por un cable de acero de 1 m de longitud:

a) La velocidad angular a la que tiene que girar si se desea que la bola salga despedida con una velocidad de 102 km · h^{-1}.

b) La frecuencia y el periodo de giro que corresponden a esa velocidad.

c) La aceleración centrípeta de la bola justo en el instante anterior a salir despedida.

S: *a)* ω = 28,3 rad · s^{-1}; *b)* v = 4,51 Hz; T = 0,22 s; *c)* a = 800,9 m · s^{-2}

20. El biciclo es uno de los precursores de la bicicleta moderna. Fue muy popular en la década de 1870. Constaba de una rueda de gran diámetro que era motriz y directriz simultáneamente. Poseía transmisión directa: los pedales estaban fijos a la rueda y, con ello, se conseguían altas velocidades. Dato: 1" = 2,54 cm.

a) Calcula la velocidad que alcanza un biciclo cuya rueda motriz tiene un diámetro de 60" cuando gira dando una vuelta por segundo.

b) Calcula las vueltas por segundo que da la rueda pequeña del biciclo a esa velocidad si su diámetro es de 10".

c) ¿Cuál es la velocidad lineal de uno de los puntos de la cubierta de la rueda pequeña?

S: *a)* v = 4,8 m · s^{-1}; *b)* ω = 6,02 rps; *c)* v = 4,8 m · s^{-1}

Actividades resueltas

Recuerda

En la web **www.pixabay.com** dispones de multitud de imágenes gratuitas y libres de derechos para utilizar con tus *applets*.

Usando GeoGebra

16. El semáforo pasa a color verde. Una bicicleta se encontraba parada y comienza la marcha con una aceleración de 1 m · s^{-1}. Al tiempo pasa un corredor por la acera a una velocidad constante de 5 m · s^1. Calcula el tiempo que tardará en alcanzar la bicicleta al corredor y la distancia que habrán recorrido ambos.

Estrategia de resolución

Utilizando GeoGebra, realizaremos un *applet* al que añadiremos imágenes para conseguir un resultado más atractivo. Para introducir cualquier imagen en GeoGebra, basta con arrastrar aquella que deseemos utilizar desde el administrador de archivos.

GeoGebra maneja imágenes a partir de las coordenadas de dos puntos. Ambos se corresponden con las esquinas inferiores de la imagen. El segmento entre ambos puntos va a definir el tamaño de la imagen y su orientación.

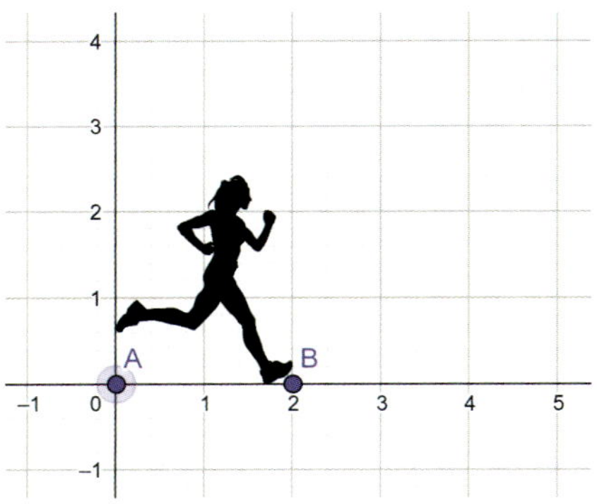

Cuando creamos *applets* con cierta dificultad conviene ser muy organizado a la hora de nombrar cada una de las entidades (puntos, líneas, funciones, etc.). Haciendo clic derecho sobre los puntos A y B de la imagen podremos renombrarlos como R_1 y R_2: la R hace referencia a la palabra *runner* y los subíndices se definen con las expresiones «R_1» o «R_2».

De la misma manera introducimos una bicicleta en el *applet* cuyos puntos definimos como B_1 y B_2. Para ajustar los parámetros de las imágenes, se redefine:

$R_2 = (x(R_1) + 2, 0)$

$B_2 = (x(B_1) + 2, 0)$

(Continúa.)

Actividades resueltas *(Continuación.)*

Aunque el corredor realiza un MRU, definimos las variables V_{Bici}, V_{Runner}, a_{Bici}, a_{Runner} como valores nulos para poder vincularlas a una casilla de entrada, lo que permite modificar fácilmente su valor:

Al introducir un valor de aceleración para los dos móviles, podrás emplear el *applet* para alcances entre MRUA.

$V_{Bici} = 0$

$V_{Runner} = 0$

$a_{Bici} = 0$

$a_{Runner} = 0$

Acostúmbrate a definir variables en lugar de introducir valores en las fórmulas. Con variables puedes volver a emplear posteriormente tu *applet*.

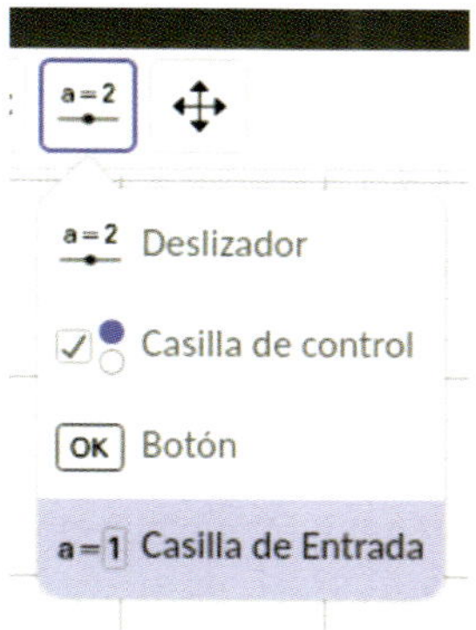

Para definir estas casillas de entrada, basta con buscar en el menú superior la opción *Casilla de entrada* y vincular cada casilla de entrada a cada una de las variables antes definidas como nulas:

Definimos de la misma manera dos variables que indiquen la posición inicial de la bicicleta y del corredor.

$X_{0\text{-}Bici} = 0$

$X_{0\text{-}Runner} = 0$

v_{Bici} 0 a_{Bici} 1

v_{Runner} 5 a_{Runner} 0

Una vez en pantalla, es posible modificar los valores de la velocidad y de la aceleración.

Posteriormente, definimos el deslizador *t*, que servirá para determinar la posición en cada instante de tiempo.

Redefinimos ahora los valores de los puntos R_1 y B_1 para que sean variables dependientes del tiempo y cumplan con la ecuación del movimiento correspondiente (recuerda que en ambos casos hemos planteado un MRUA con el fin de que el *applet* sea más versátil):

Nombre:
R_{1}
Definición:
(X_{0-Runner} + V_{Runner}*t+0.5*a_{Runner}*t^2, 0)

Nombre:
B_{1}
Definición:
(X_{0-Bici} + V_{Bici} t + 0.5a_{Bici}*t^2, 0)

De esta manera ya es posible mover las dos imágenes desplazando el deslizador *t*.

Para calcular el punto exacto de encuentro, es necesario emplear dos funciones. Ambas definen un sistema de dos ecuaciones cuya intersección aporta el punto de encuentro y el instante en el que tiene lugar.

Para definir las funciones, emplearemos como variable independiente el espacio, *x*, y como variable dependiente, el tiempo, *t*. De esta manera, las funciones serán:

$$c : y = X_{0-Runner} + V_{Runner} \cdot x + 0.5 a_{Runner} \cdot x^2$$

$$f : y = X_{0-Bici} + V_{Bici}\, x + 0.5\, a_{Bici}\, x^2$$

Interseca (c, f)
→ $P_1 = (10, 50)$
→ $P_2 = (0, 0)$

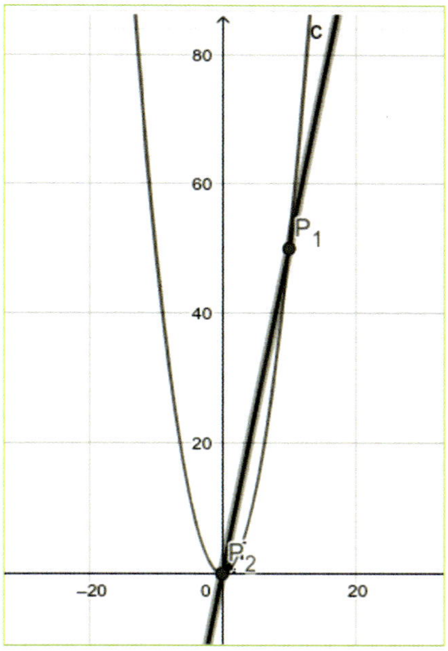

GeoGebra las definirá con dos letras, en este caso, c y f. La intersección de ambas dará como resultado el tiempo que tardan en encontrarse y la distancia que recorren.

El punto P_2 representa el momento inicial en el que ambos móviles se cruzan en el semáforo y se corresponde con un tiempo y una posición cero. El punto P_1 es el punto en el que se produce el alcance. Por lo tanto, la distancia recorrida y el tiempo que transcurre hasta que tiene lugar el encuentro vienen dados por las coordenadas de P_1: la distancia es 50 m y el tiempo transcurrido, 10 s.

Distancia = y (P_1)
→ 50
Tiempo = x (P_1)
→ 10

Con la expresión «x(Punto)» e «y(Punto)» obtenemos las coordenadas *x* e *y* de un punto. De manera análoga se podrían obtener las componentes de un vector cualquiera.

Al final comprobamos que hemos logrado realizar el ejercicio de una manera muy visual gracias a GeoGebra.

Hacemos clic derecho en el deslizador del tiempo y activamos la opción *Animación*. Esto hace que los objetos adquieran movimiento automático.

1. Una barquera quiere cruzar un río de 200 m de anchura y, para ello, va a remar perpendicularmente a la corriente. Si el agua del río desciende a $0{,}5\ \text{m}\cdot\text{s}^{-1}$ y la barquera rema imprimiendo una velocidad a la barca de $1{,}5\ \text{m}\cdot\text{s}^{-1}$, determina:

a) La velocidad con la que se mueve la barca con respecto a la orilla del río.

b) El tiempo que tardará en cruzar el río.

c) El punto de la orilla opuesta en el que desembarcará.

Estrategia de resolución

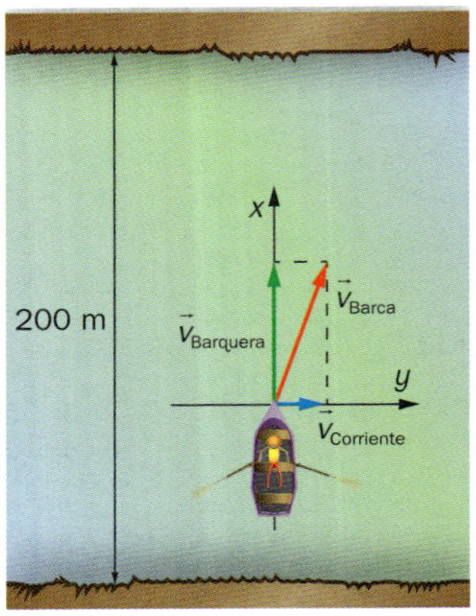

a) En la barca se están superponiendo dos movimientos rectilíneos y uniformes. Por un lado, el que comunica la barquera con su esfuerzo y, por otro, el que le comunica la corriente del río. Al ser ambos movimientos perpendiculares entre sí, la composición de ambos tiene como ecuación de la velocidad:

$$\vec{v}_{\text{Barca}} = \vec{v}_{\text{Barquera}} + \vec{v}_{\text{Corriente}}$$

$$\vec{v}_{\text{Barca}} = 0{,}5\ \vec{u}_x + 1{,}5\ \vec{u}_y\ \left(\text{m}\cdot\text{s}^{-1}\right)$$

$$\left|\vec{v}_{\text{Barca}}\right| = \sqrt{0{,}5^2 + 1{,}5^2} = 1{,}58\ \text{m}\cdot\text{s}^{-1}$$

b) Los esfuerzos de la barquera van encaminados a que la trayectoria sea perpendicular a la corriente, pero no sucede así. La trayectoria es rectilínea, ya que los dos movimientos son MRU y la dirección de la velocidad de la barca ha sido calculada anteriormente.

Para determinar el tiempo podríamos emplear el MRU de la barca o el de la barquera. Escogemos este último, que es el que determina el tiempo para cruzar el río:

$$y = y_0 + v_{\text{Barquera}}\cdot t$$

$$200\ \text{m} = 0 + \left(1{,}5\ \text{m}\cdot\text{s}^{-1}\right)\cdot t$$

$$t = 133{,}33\ \text{s}$$

c) Considerando que la barca parte del punto $(0, 0)$, el punto de llegada tendrá como coordenada x:

$$x = x_0 + v_{\text{Corriente}}\cdot t$$

$$x = 0 + \left(0{,}5\ \text{m}\cdot\text{s}^{-1}\right)\cdot(133{,}33\ \text{s})$$

$$x = 66{,}67\ \text{m}$$

Así que el punto de llegada será $(66{,}67;\ 200)$ m, ya que la coordenada y es la anchura del río.

2. Desde el brocal de un pozo se deja caer una piedra. Al cabo de 4 s se oye el característico ruido del impacto con el agua. Considerando que la velocidad del sonido es de $340\ \text{m}\cdot\text{s}^{-1}$, calcula la profundidad del pozo.

Estrategia de resolución

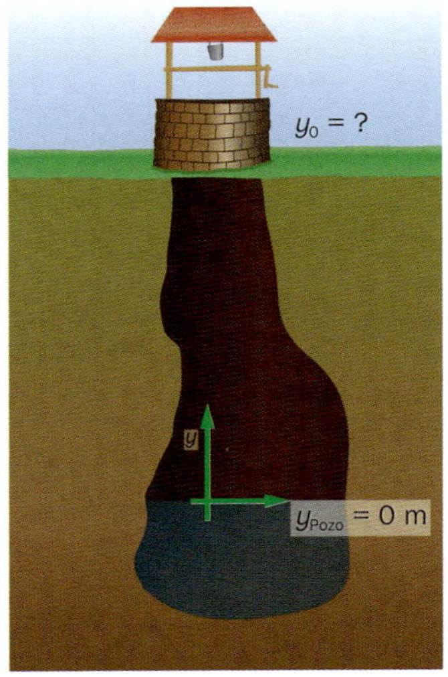

En este caso hay dos movimientos: la caída libre de la piedra y el movimiento rectilíneo y uniforme de la onda sonora en su ascenso por el brocal del pozo. El sonido se oirá tras el tiempo de caída de la piedra más el tiempo de ascenso del sonido. Es necesario, pues, calcular ambos tiempos por separado para, posteriormente, sumarlos.

En el caso de la caída libre, consideramos el tiempo de caída, t_{CL}. Así:

$$y_{\text{Pozo}} = y_0 + v_0 t - \frac{1}{2} g t^2$$

$$0\ \text{m} = y_0 + 0 - \frac{1}{2}\cdot\left(9{,}81\ \text{m}\cdot\text{s}^{-2}\right)\cdot t_{\text{CL}}^2$$

En el caso del movimiento de la onda sonora:

$$y_0 = y_{\text{Pozo}} + v_{\text{Sonido}} t \quad ; \quad y_0 = 0\ \text{m} + \left(340\ \text{m}\cdot\text{s}^{-1}\right)\cdot t_{\text{Sonido}}$$

Podemos sustituir el tiempo que tarda el sonido por la resta del tiempo trascurrido (dato) y el tiempo que tarda en caer:

$$t_{\text{Total}} = t_{\text{CL}} + t_{\text{Sonido}} = 4\ \text{s} \quad ; \quad t_{\text{Sonido}} = 4\ \text{s} - t_{\text{CL}}$$

Con lo que se forma un sistema de dos ecuaciones con dos incógnitas, cuya solución incluye la respuesta:

$$\begin{cases} 0\ \text{m} = y_0 + 0 - \dfrac{1}{2}\cdot\left(9{,}81\ \text{m}\cdot\text{s}^{-2}\right)\cdot t_{\text{CL}}^2 \\ y_0 = 0\ \text{m} + \left(340\ \text{m}\cdot\text{s}^{-1}\right)\cdot\left(4\ \text{s} - t_{\text{CL}}\right) \end{cases}$$

$$\begin{cases} y_0 = 19{,}34\ \text{m} \\ t_{\text{CL}} = 3{,}94\ \text{s} \end{cases}$$

Por tanto, la altura desde la que se tira la piedra es de 19,34 m.

Descubre los fallos de estas actividades.
Consulta las soluciones en:
bit.ly/Encuentra_error_1BAC_U7

A la caza del ERROR

1. Los satélites meteorológicos orbitan en torno a la Tierra manteniendo su posición siempre sobre la misma vertical terrestre. Determina la velocidad angular de giro y la velocidad lineal de uno de ellos, que se encuentra a 35 900 km sobre la superficie.

Dato: $R_{Terrestre} = 6{,}37 \cdot 10^6$ m.

Solución (un error)

La velocidad angular de giro se calcula a partir del tiempo que tarda en dar una vuelta completa (1 día). Así:

$$\omega = \frac{2\pi \text{ rad}}{1 \text{ día} \cdot \frac{24 \text{ h}}{\text{día}} \cdot \frac{60 \text{ min}}{1 \text{ h}} \cdot \frac{60 \text{ s}}{1 \text{ min}}}$$

$$\omega = 7{,}73 \cdot 10^{-5} \text{ rad} \cdot \text{s}^{-1}$$

Y, con la velocidad angular, podemos calcular la velocidad lineal del satélite:

$$v = \omega r = \left(7{,}73 \cdot 10^{-5} \text{ rad} \cdot \text{s}^{-1}\right) \cdot \left(35\,900 \cdot 10^3 \text{ m}\right)$$

$$v = 2{,}75 \cdot 10^3 \text{ m} \cdot \text{s}^{-1}$$

2. Un jugador de fútbol impulsa el balón con una velocidad de 72 $\text{km} \cdot \text{h}^{-1}$. Calcula el alcance que logrará la pelota antes de caer al suelo si el ángulo de elevación es de 30°.

Solución (un error)

Se trata de un tiro parabólico en el que es necesario convertir el valor de la velocidad en unidades del SI:

$$v = 72 \frac{\text{km}}{\text{h}} \cdot \frac{1\,000 \text{ m}}{1 \text{ km}} \cdot \frac{1 \text{ h}}{3\,600 \text{ s}} = 20 \text{ m} \cdot \text{s}^{-1}$$

Para determinar el alcance, tenemos en cuenta que se trata de una composición de movimientos: MRU en sentido horizontal y MRUA (caída libre) en vertical. Formamos el sistema de ecuaciones:

$$\left.\begin{array}{lll} \text{MRU} & \rightarrow & x = x_0 + v_x t \\ \text{Caída libre} & \rightarrow & y = y_0 + v_y t - \frac{1}{2} g t^2 \end{array}\right\}$$

Sustituyendo los valores:

$$x_{Alcance} = 0 + \left(20 \text{ m} \cdot \text{s}^{-1}\right) \cdot \text{sen}(30°) \cdot t$$

$$0 = 0 + \left(20 \text{ m} \cdot \text{s}^{-1}\right) \cdot \cos(30°) \cdot t - \frac{1}{2} \cdot \left(9{,}81 \text{ m} \cdot \text{s}^{-2}\right) \cdot t^2$$

De la segunda ecuación se obtiene que:

$$0 = 17{,}32t - 4{,}905t^2$$

Que es una ecuación de segundo grado que proporciona dos soluciones:

$$t_1 = 0 \text{ s} \quad ; \quad t_2 = 3{,}53 \text{ s}$$

Y, sustituyendo en la primera ecuación:

$$x_{Alcance} = 0 + \left(20 \text{ m} \cdot \text{s}^{-1}\right) \cdot \text{sen}(30°) \cdot t$$

Obtenemos dos soluciones, que son:

$$\left\{\begin{array}{l} x_{Alcance-1} = 0 \text{ m} \\ t_1 = 0 \text{ s} \end{array}\right. \quad ; \quad \left\{\begin{array}{l} x_{Alcance-2} = 35{,}31 \text{ m} \\ t_2 = 3{,}53 \text{ s} \end{array}\right.$$

Despreciamos la primera de las soluciones por tratarse de la posición inicial, instante en el que también está en el suelo.

Por tanto, la pelota vuela a 35,31 m.

3. Un autobús acaba de arrancar imprimiendo una aceleración de 0,25 $\text{m} \cdot \text{s}^{-2}$. Treinta metros más atrás, una persona desea alcanzarlo y corre a 4 $\text{m} \cdot \text{s}^{-1}$. ¿Lo conseguirá?

Solución (un error)

Se trata de movimientos de dos móviles diferentes. El primero de ellos, el autobús, es un MRUA. El segundo es un MRU.

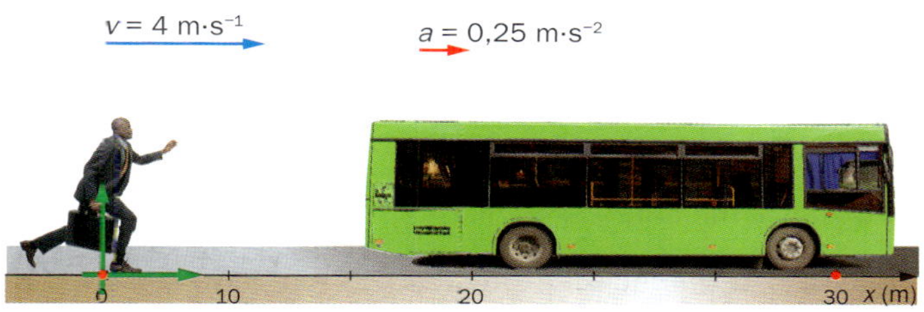

Planteamos las ecuaciones correspondientes:

$$\text{MRUA} \quad \rightarrow \quad x = x_{Bus\,0} + v_{Bus} \cdot t + \frac{1}{2} a t^2$$

$$\text{MRU} \quad \rightarrow \quad x = x_{Persona\,0} + v_{Persona} \cdot t$$

En el instante en el que la persona alcanza el autobús, $t_{Alcance}$, los dos se encontrarán en el mismo punto, así que, para hallarlo, resolvemos el sistema formado por las dos ecuaciones anteriores:

$$x_{Alcance} = 0 + 0 \cdot t_{Alcance} - \frac{1}{2} \cdot \left(0{,}25 \text{ m} \cdot \text{s}^{-2}\right) \cdot t^2_{Alcance}$$

$$x_{Alcance} = 30 + \left(4 \text{ m} \cdot \text{s}^{-1}\right) \cdot t_{Alcance}$$

$$\left\{\begin{array}{l} x_{Alcance-1} = -6{,}27 \text{ m} \\ t_{Alcance-1} = 4{,}92 \text{ s} \end{array}\right. \quad ; \quad \left\{\begin{array}{l} x_{Alcance-2} = 38{,}27 \text{ m} \\ t_{Alcance-2} = 183{,}08 \text{ s} \end{array}\right.$$

Despreciamos la primera de las soluciones por tratarse de una situación imposible.

Por tanto, la persona alcanzará al autobús al cabo de 183,08 s tras recorrer 38,27 m.

Movimiento rectilíneo y uniforme (MRU)

1. Hay tormenta; se oyen truenos. Entre el relámpago y el estruendo trascurren cuatro segundos. La velocidad del sonido en el aire puede estimarse en 340 $m \cdot s^{-1}$. ¿A qué distancia se encuentra la tormenta?

S: $d = 1360$ m

2. Se han estropeado los semáforos en un cruce de calles. Dos vehículos se dirigen por calles distintas con peligro de colisionar entre sí. Uno de ellos es un coche que circula a 50 $km \cdot h^{-1}$ y se encuentra a 250 m de distancia del cruce. El otro es una bicicleta cuya celeridad es de 7 $m \cdot s^{-1}$ y está a 110 m de la intersección. ¿Se producirá el desastre?

S: No.

3. En la sabana africana, un guepardo intenta atrapar a una gacela. Es cuestión de tiempo. En un instante dado se encuentran a 60 m de distancia. El guepardo se desplaza a 110 $km \cdot h^{-1}$, mientras que la gacela lo hace a 80 $km \cdot h^{-1}$. ¿Cuánto tiempo tardará en alcanzarla?

S: $t = 7{,}2$ s

4. En determinadas calles de algunas ciudades, el límite de velocidad se ha establecido en 30 en lugar de 50 $km \cdot h^{-1}$. ¿Cuánto tiempo más tardará una persona en dirigirse a su trabajo si antes empleaba 40 minutos?

S: $t = 26{,}7$ minutos

5. Valladolid y Palencia se encuentran situadas a 47 km de distancia. ¿Cuánto tiempo ahorra un conductor al circular a 120 $km \cdot h^{-1}$ en lugar de a 100 $km \cdot h^{-1}$?

S: $t = 4$ minutos y 42 segundos

6. Dos peregrinos se encuentran realizando el Camino de Santiago entre Arzúa y Pedrouzo (19,1 km). Ambos han partido a las 6 de la mañana. El primero de ellos se dirige a Santiago a 6 $km \cdot h^{-1}$, mientras que el segundo va de vuelta a casa a 5 $km \cdot h^{-1}$. ¿A qué hora se encontrarán? ¿A qué distancia de Pedrouzo?

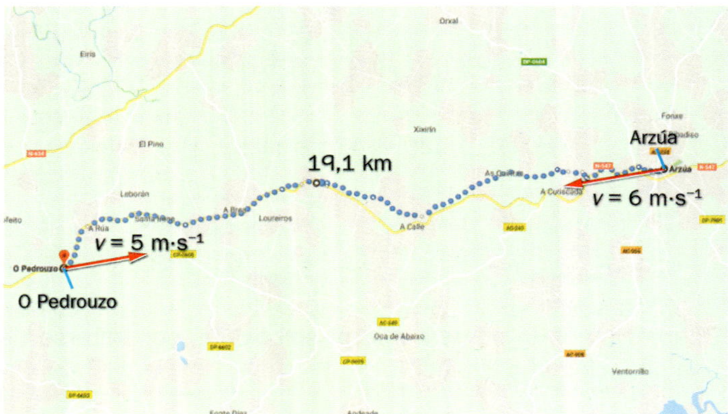

S: Se encuentran a las 07:44 h y a 8,7 km de Pedrouzo.

Movimiento rectilíneo y uniformemente acelerado (MRUA)

7. En la ciudad rusa de Smolensk, en el año 2013, se produjo una avería en el circuito de calefacción que provocó un géiser que alcanzó los 8 m de altura.

a) ¿A qué velocidad emergía el agua?

b) ¿Cuánto tiempo tardaba el agua en alcanzar esa altura? ¿Y en tocar el suelo?

S: *a)* $v = 12{,}53$ $m \cdot s^{-1}$; *b)* $t = 1{,}28$ s; $t = 2{,}56$ s

8. ¿Con qué velocidad debe impulsarse una saltadora de altura para conseguir rebasar la marca de 2 m si el ángulo con el que se eleva es de 80° con respecto a la horizontal y comienza a elevarse a medio metro del listón?

S: $v = 7{,}02$ $m \cdot s^{-1}$

9. En los puertos marítimos se da la bienvenida a los navíos con chorros de agua impulsados por remolcadores. Determina a la altura a la que impacta el chorro de agua en el casco de un navío que es impulsado con una inclinación de 75° y desde 5 m de altura si alcanza una altitud máxima de 25 m. El navío se encuentra separado a 10 m de distancia con respecto al remolcador.

S: A 24,9 m.

10. Un malabarista lanza objetos al aire a una velocidad de 5 $m \cdot s^{-1}$. Determina el tiempo que debe esperar para lanzar un segundo objeto que se cruce con el primero a una altura de 1 m del punto de lanzamiento.

S: $t = 0{,}47$ s

11. Representa las gráficas de la posición, la velocidad y la aceleración de un vehículo que, partiendo del reposo, acelera a 3 $m \cdot s^{-2}$ durante el intervalo de 0 a 10 s.

S: bit.ly/1BAC-07-11

12. Dibuja las gráficas de la posición, la velocidad y la aceleración de un móvil que se mueve a 25 $m \cdot s^{-1}$ y frena con una aceleración de –2 $m \cdot s^{-2}$ en el intervalo de 0 a 10 s.

S: bit.ly/1BAC-07-12

13. Un cuerpo es lanzado verticalmente hacia arriba con una velocidad inicial de 30 $m \cdot s^{-1}$. Representa las gráficas de posición, velocidad y aceleración durante los 6 primeros segundos del movimiento.

S: bit.ly/1BAC-07-13

Composición de movimientos

14. Desde un globo aerostático suspendido en el aire a 500 m de altitud que se mueve por el efecto del viento, cae accidentalmente un objeto. En ese momento el viento horizontal es de 20 km · h^{-1}. Determina:

a) El tiempo que tarda en caer el objeto.

b) La distancia a la que cae el objeto con respecto a la vertical del suelo donde fue lanzado.

S: *a)* $t = 10{,}1$ s; *b)* Cae a 56,1 m de donde fue lanzado.

15. Un hidroavión contraincendios transporta a 400 km · h^{-1} y 200 m de altitud una carga de agua para apagar un foco. Calcula a qué distancia sobre la vertical debe soltar su cargamento para que caiga en el punto deseado.

S: A 709,5 m de distancia.

16. Una bombera trabaja en la extinción de un incendio en una casa. Para ello, debe introducir agua por una ventana situada a 10 m de altura. Si sujeta la manguera a 1 m del suelo apuntando con un ángulo de 60° hacia la fachada, que dista 15 m, calcula:

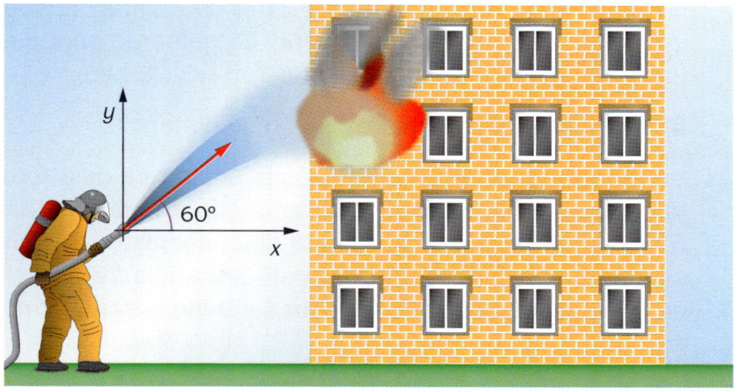

a) ¿Con qué velocidad debe salir el agua?

b) ¿Cuánto tiempo tarda el agua en llegar a la ventana?

S: *a)* $v = 16$ m · s^{-1}; *b)* $t = 1{,}9$ s

Movimiento circular (MCU y MCUA)

17. En un velódromo circular de 60 m de radio, dos ciclistas dan vueltas yendo uno al alcance del otro. Ambos se mueven a velocidades constantes de 65 y 70 km · h^{-1}, respectivamente. En un momento determinado se encuentran a una distancia de 30 m. Calcula:

a) El tiempo que necesitará el segundo ciclista para alcanzar al primero y la distancia que recorrerán hasta que se produzca el alcance.

b) La aceleración normal de cada ciclista.

S: *a)* $t = 21{,}6$ s; 420 m; *b)* $a_{1n} = 5{,}43$ m · s^{-2}; $a_{2n} = 6{,}3$ m · s^{-2}

18. ¿Cuántas vueltas tiene que dar una rueda de un coche de 32 cm de radio para que la velocidad del vehículo alcance los 50 km · h^{-1} si la aceleración angular que se produce en ella es de 1 rad · s^{-2}?

S: 149,91 vueltas

19. Las agujas de un reloj coinciden a las 0:00 h. ¿A qué hora volverán a coincidir?

S: Coinciden 3 927,27 s después, a las 1:05:27,27 h.

20. Una bicicleta de montaña es empleada para realizar acrobacias en el aire. En un determinado instante, una de sus ruedas, cuyo diámetro es de 26", gira a tres vueltas por segundo. Si 1" = 25,4 mm, determina:

a) La frecuencia de giro de la rueda, su periodo y su velocidad angular.

b) El tiempo que tardará en pararse si se le comunica una aceleración de frenado de 15 rad · s^{-2}.

S: *a)* $\nu = 3$ Hz; $t = 0{,}33$ s; $\omega = 6\pi$ rad · s^{-1}; *b)* $t = 1{,}26$ s

21. Una ciclista conduce una bicicleta a 8 m · s^{-1}. Sus ruedas tienen un diámetro de 29". Teniendo en cuenta que 1" = 25,4 mm, determina:

a) La velocidad angular de las ruedas.

b) La aceleración normal en un punto de la periferia de la rueda.

En un determinado momento, la ciclista actúa sobre los frenos parando la bicicleta en 6 s. Determina ahora:

c) La aceleración angular de las ruedas.

d) La aceleración tangencial en un punto de la periferia.

e) El número de vueltas que da cada rueda hasta el momento de la detención.

S: *a)* $\omega = 21{,}72$ rad · s^{-1}; *b)* $a_n = 173{,}77$ m · s^{-2};
c) $\alpha = -3{,}62$ rad · s^{-2}; *d)* $a_t = -1{,}33$ m · s^{-2} ; *e)* 10,4

22. En una versión simplificada de átomo de hidrógeno, un electrón cuya masa es $9{,}1 \cdot 10^{-31}$ kg orbita en torno al núcleo con un radio de 10^{-10} m y a una velocidad de $2{,}2 \cdot 10^{6}$ m · s^{-1}. Suponiendo que la órbita del electrón es circular, calcula:

a) Su velocidad angular.

b) Su periodo y frecuencia de giro.

c) Su aceleración normal.

S: *a)* $\omega = 2{,}2 \cdot 10^{16}$ rad · s^{-1}; *b)* $T = 2{,}86 \cdot 10^{-16}$ s;
$\nu = 3{,}5 \cdot 10^{15}$ s^{-1}; *c)* $a_n = 4{,}84 \cdot 10^{22}$ m · s^{-2}

23. La Tierra orbita en torno al Sol a una velocidad que no es constante, sino que aumenta conforme se acerca al punto más cercano (perihelio) hasta los 30,75 km · s^{-1} y disminuye según se aleja hacia el punto más lejano (afelio) hasta los 28,76 km · s^{-1}. Sabiendo que el radio medio de la órbita es de $1{,}5 \cdot 10^{8}$ km, calcula:

a) Las velocidades angulares en el afelio y en el perihelio.

b) La aceleración angular media y la aceleración tangencial entre el perihelio y el afelio.

S: *a)* $\omega_{Afelio} = 2{,}05 \cdot 10^{-7}$ rad · s^{-1};
$\omega_{Perihelio} = 1{,}92 \cdot 10^{-7}$ rad · s^{-1};
b) $\alpha = 8 \cdot 10^{-16}$ rad · s^{-2}; $a_t = 1{,}2 \cdot 10^{-4}$ m · s^{-2}

Problemas globales

24. Un jarrón de porcelana oriental está situado en la terraza de un piso a 16 m de altura. Su dueño contempla aterrado cómo una ráfaga de viento tira el jarrón. Si él se encuentra a 14 m del posible punto de impacto y es capaz de correr a una velocidad de 8 $m \cdot s^{-1}$:

a) ¿Cuánto tiempo tardará en impactar el jarrón con el suelo en el caso de que no logre atraparlo? ¿A qué velocidad lo haría?

b) ¿Logrará el dueño salvar el jarrón? ¿De cuánto tiempo dispondrá para conseguir atraparlo?

S: *a)* $t = 1,81$ s; $v = -17,72\ m \cdot s^{-1}$; *b)* Sí; $t = 0,06$ s

25. Un avión se dirige a una velocidad de 150 millas $\cdot\ h^{-1}$ hacia la pista de aterrizaje, que se encuentra a 3 km de distancia. Una vez haya tocado tierra, se estima que la aceleración de frenada será de 5 $m \cdot s^{-2}$. ¿Cuánto tiempo le queda al avión para detenerse? Dato: 1 milla = 1,61 km.

S: $t = 58,14$ s

26. En un parque infantil, un bebé se mueve a una velocidad de 0,5 $m \cdot s^{-1}$, alejándose de sus padres, que lo vigilan a 5 m de distancia. En un momento determinado, uno de los padres observa una situación de peligro y decide comenzar a correr a por su hijo con una aceleración de 2 $m \cdot s^{-2}$. Calcula:

a) El tiempo que tarda en llegar hasta su hijo.

b) La distancia que el niño recorre hasta que el padre logra ponerlo a salvo.

S: *a)* $t = 2,5$ s; *b)* $d = 1,25$ m

27. Dos niños juegan con dos globos de agua. Uno de ellos está en lo alto de un saliente y sujeta un globo con sus manos a 3 m del suelo. La otra se sitúa en el suelo y sostiene otro globo a un metro de altura. En un momento dado, la niña que está en el suelo lanza su globo verticalmente hacia arriba. Tiene calculado que alcanzará la altura de 12 m. Pero un segundo después, su amigo lanza el suyo también hacia arriba a lo largo de la misma vertical a 10 $m \cdot s^{-1}$ con intención de que se choquen los dos globos. Calcula la altura a la que sucede el impacto.

S: A 6,86 m del suelo.

28. ¿Son verdaderas estas afirmaciones? Justifícalo.

a) En cualquier MCU existe aceleración.

b) Es posible la composición de los movimientos circular y rectilíneo a la vez.

c) El valor de la gravedad terrestre es el mismo en cualquier lugar del planeta.

d) Al lanzar verticalmente hacia arriba un objeto a doble velocidad, alcanzará doble altura.

S: *a)* Sí; *b)* Sí; *c)* No; *d)* No

29. Entre dos paradas de metro hay 1 500 m. Para el transporte de pasajeros, circula entre ambas estaciones a una velocidad de 60 $km \cdot h^{-1}$, velocidad que tarda 10 s en alcanzar. De la misma manera, al llegar a la segunda estación tarda 10 s en detenerse. Si el diámetro de la rueda de uno de los vagones es de 50 cm, determina:

a) Las vueltas que dará dicha rueda.

b) La aceleración angular.

c) La aceleración normal cuando el tren circula a velocidad constante.

S: *a)* $\varphi = 954,93$ vueltas; *b)* $\alpha = 6,67\ rad \cdot s^{-2}$; *c)* $a_n = 1\,111,11\ m \cdot s^{-2}$

30. La misión de un paracaídas es garantizar que la caída de aquello que soporta se realice a una velocidad reducida y constante. Un determinado paracaídas garantiza un máximo de velocidad vertical de caída de 5 $m \cdot s^{-1}$, y se va a emplear para dejar caer un cargamento de ayuda humanitaria sobre un campamento. La carga se lanzará desde un avión que se desplazará, en el momento del lanzamiento, a 200 $km \cdot h^{-1}$, con una altitud de 500 pies. Determina la distancia sobre la vertical a la que debe dejar caer el cargamento para que impacte en el punto deseado. Dato: 1 m = 3,28 pies.

S: Habrá que lanzarlo a 1 693,8 m de distancia.

31. Una jugadora de baloncesto, desde una altura de 1,8 m con un ángulo de 45°, tira a canasta desde un punto situado a 5,5 m de la vertical del aro, que se encuentra a 3,05 m del suelo. Una jugadora contraria está situada a 2,0 m delante de la canasta y pretende taponar saltando hasta 2,3 m. ¿Logrará impedir la canasta?

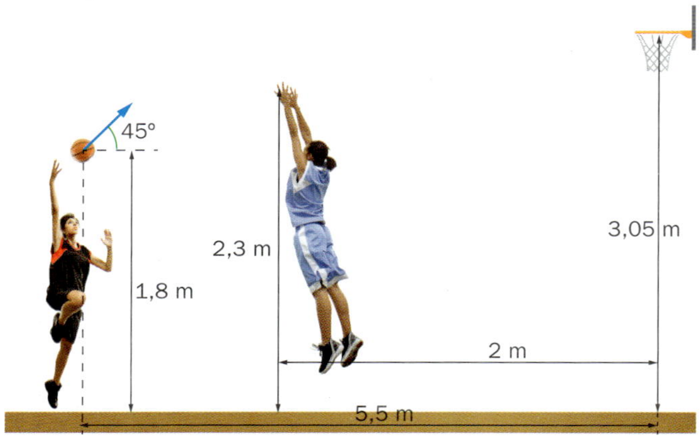

S: $v_0 = 8,36\ m \cdot s^{-1}$; No lo logra.

32. Un jugador de tenis ha golpeado la pelota desde el fondo de la pista, a 12 m de la red. El golpe tuvo lugar a 20 cm del suelo y las cámaras indican que comunicó a la pelota una velocidad inicial de 30 $m \cdot s^{-1}$. Determina cuál fue el mínimo ángulo de tiro con el que la bola salió proyectada sabiendo que impactó en la cinta blanca de la red, que se encuentra a 0,914 m del suelo. Resuelve la ecuación con **GeoGebra.**

S: 7,2°

33. A partir de la siguiente gráfica, determina:

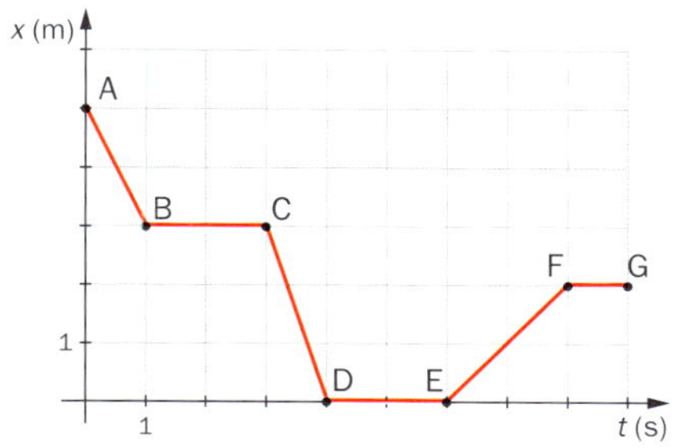

a) Los tipos de movimiento en cada uno de los tramos.

b) La posición inicial.

c) La velocidad media en el tramo $\overline{AB}$.

d) La velocidad instantánea en el instante $t = 3,5$ s.

e) La velocidad media en el tramo $\overline{EF}$.

S: *a)* $\overline{AB}$ y $\overline{CD}$: MRU ($v < 0$); $\overline{BC}$, $\overline{DE}$ y $\overline{FG}$: reposo; $\overline{EF}$: MRU ($v > 0$); b) $x_0 = 5$ m; *c)* $v = -2\ \text{m} \cdot \text{s}^{-1}$; *d)* $v = -3\ \text{m} \cdot \text{s}^{-1}$; d) $v = 1\ \text{m} \cdot \text{s}^{-1}$

34. Vais a jugar a una adaptación del juego Batalla naval. Se forman equipos en el aula constituidos por parejas. Cada pareja se enfrentará a otra, y dispone de tres piezas de 1 cm, 2 cm y 3 cm; nueve piezas en total. Dos parejas se sitúan alrededor de una mesa en la que se ha situado un papel de 40 cm de largo dividido en casillas de 1 cm. Cada equipo sitúa sus piezas sobre el papel marcado a modo de barcos. En esta adaptación del juego, se empleará únicamente una dimensión: la longitudinal. El objetivo es realizar disparos (tiros parabólicos) desde la posición 0 para impactar sobre las piezas del equipo contrario. Para realizar un tiro, es necesario indicar la velocidad de disparo y el ángulo de inclinación. Si el alcance de ese tiro coincide con la posición de una de las piezas del equipo rival, entonces este pierde su pieza. Gana el equipo que logre destruir todas las piezas del equipo contrario.

35. En grupos de 3-4 personas, con un flexómetro y un móvil, realizad una gráfica que relacione la velocidad con la que circula una canica sobre un pupitre y el alcance de la misma al tocar suelo. Realizad un informe científico en el que expreséis vuestros resultados y extraigáis conclusiones. Determinad para ello diversas funciones en el grupo. Recuerda que ser responsable de una función no te exime de responsabilidad en el resto de las tareas:

- Responsable de medir el alcance determinando con exactitud el punto de impacto de la canica con el suelo.
- Responsable de determinar la velocidad a partir de las imágenes obtenidas con el teléfono móvil.
- Responsable de realizar la gráfica.
- Responsable de coordinar el informe científico.

36. Una jugadora de fútbol se dispone a lanzar una falta y quiere meter gol por la escuadra de la portería. Suponiendo que atinará a la perfección con la dirección del disparo, calcula el ángulo con el que debe impulsar el balón y la velocidad que debe comunicarle si la portería se encuentra a 20 m de distancia y la barrera que forma el equipo contrario tiene una altura de 1,8 m y se sitúa a 9,15 m del balón. La portería tiene una altura de 2,44 m. Resuélvelo para todos los valores posibles utilizando **GeoGebra** y acota posibles valores. Hazlo luego para el caso en que la velocidad sea de $17\ \text{m} \cdot \text{s}^{-1}$ y el menor ángulo posible.

S: bit.ly/GG_Lanzamiento_portería; Phi = 29,8°

37. Un jugador de golf desea introducir la bola en el hoyo de un solo golpe. Empleando **GeoGebra,** determina cuáles han de ser la velocidad y el ángulo de salida, comprendido entre 30° y 50°, para conseguirlo, si el hoyo se encuentra a 150 m de distancia. Representa con claridad la trayectoria que sigue la pelota.

38. En un concurso de tiro al plato, los platos son lanzados a $60\ \text{km} \cdot \text{h}^{-1}$ con una elevación de 30° respecto a la vertical. A una distancia de 100 m se sitúan los tiradores. Determina en qué condiciones acertará una tiradora, suponiendo un retraso de 1 s desde que el plato es impulsado hasta que la tiradora pulsa el gatillo, considerando que la velocidad de las balas es de $1\ \text{km} \cdot \text{s}^{-1}$. Representa con claridad la trayectoria del proyectil usando **GeoGebra.**

39. En Seúl, la capital de Corea del Sur, se encuentra el puente Banpo, que está diseñado para lanzar unas 190 t de agua por minuto mediante unos chorros situados a 20 m de altura, que logran un alcance de 43 m. Construye un *applet* de **GeoGebra** en el que aparezca uno de los chorros del puente y sea posible variar la inclinación del mismo y la velocidad de lanzamiento.

a) Determina con tu *applet* en qué condiciones se da el alcance máximo.

b) Indica claramente la inclinación y la velocidad con la que son lanzados los chorros de agua.

40. Con la ayuda de una **hoja de cálculo,** determina las posiciones que va alcanzando un fragmento de una granada que ha explotado, saliendo despedido a una velocidad de $300\ \text{m} \cdot \text{s}^{-1}$ con una inclinación de 60° hasta que toca suelo. Considera intervalos de 0,25 s.

S: bit.ly/Parabólico_variación_temporal

Práctica 1. La catapulta más eficiente

Una catapulta es una máquina capaz de almacenar energía y liberarla rápidamente para disparar un proyectil. Por grupos, se construirán catapultas capaces de lanzar proyectiles (canicas). El grupo ganador será aquel que logre lanzar un proyectil con precisión y mayor velocidad de lanzamiento.

Para el trabajo en equipo se otorgarán los roles de lanzador, determinador del alcance, cámara y anotador.

Objetivo

Determinar la velocidad de salida de un proyectil que es impulsado por una catapulta.

Material

- Para construir la catapulta necesitaréis palos de manualidades, gomas elásticas, un pequeño tapón de plástico, una canica y adhesivo para unir el tapón a los palos.
- Para determinar la velocidad de salida del proyectil: un trozo de papel y un transportador de ángulos.
- Para comprobar el resultado: flexómetro y cámara de vídeo (teléfono móvil).

Procedimiento

Construcción de la catapulta

Realizad una catapulta como la de la imagen superior.

Determinación del alcance de la catapulta

Realizad diez lanzamientos y determinad los alcances correspondientes empleando el flexómetro. El valor del alcance de la catapulta que consideraremos para el estudio es la media de los diez. No se admiten lanzamientos con error relativo en el alcance superior al 10 % del valor medio.

Determinación de la velocidad de salida del proyectil

Para determinar el valor del ángulo de la velocidad de salida, se emplea el transportador. Considerad α como el ángulo que forma el brazo principal con la horizontal cuando este está en reposo. El valor del ángulo de la velocidad de salida es su complementario.

MRU

$$x = x_0 + v\cos(90^\circ - \alpha)t$$

MRUA

$$y = y_0 + v\,\text{sen}(90^\circ - \alpha)t - \frac{1}{2}gt^2$$

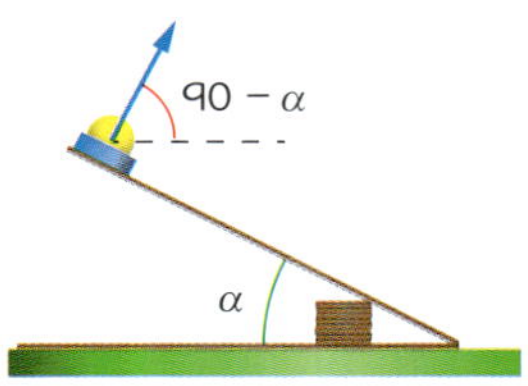

Situad el SR en el suelo, justo bajo el eje de giro de la catapulta. Los valores de la posición inicial (x_0, y_0) son las coordenadas del punto en el que la canica deja de entrar en contacto con la catapulta (la posición de la cuchara con la catapulta en reposo).

Comprobación del resultado obtenido

Realizad las grabaciones del instante de lanzamiento para así estimar, posteriormente, la velocidad de salida. Las grabaciones han de poder determinar una pequeña distancia recorrida por la canica y un tiempo transcurrido. Realizando el cociente se obtiene la velocidad de salida.

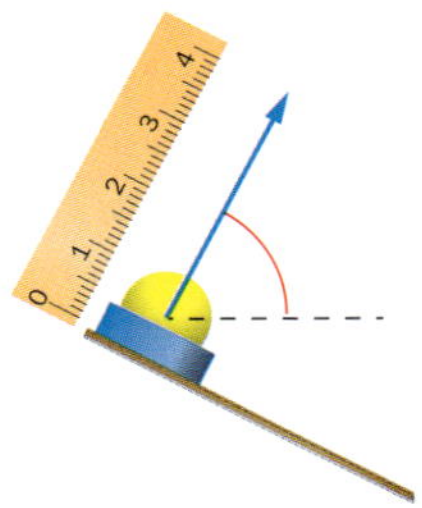

Para estimar la distancia, ayudaos de un papel situado en la parte posterior y marcad en él los resultados. El valor cero ha de coincidir con el punto de lanzamiento (donde deja de entrar en contacto la canica con la catapulta). De esta manera, al realizar la grabación, será sencillo obtener, con un admisible error, la distancia recorrida. El tiempo puede obtenerse a partir de los fotogramas de la grabación.

Una vez comprobado este valor, podréis optar a ganar el concurso de «La catapulta más eficiente».

Cuestiones

1. A partir del valor del alcance y de las ecuaciones de tiro parabólico, es posible determinar el valor de la velocidad de salida desde la catapulta. ¿Coincide con la estimada a partir del vídeo?

2. A partir de las grabaciones, es posible determinar el tiempo real de vuelo. ¿Coincide este con el tiempo que se obtiene a partir de las ecuaciones del movimiento? ¿Y la altura máxima alcanzada?

Hablando de ciencia...

Margaret Hamilton puso al ser humano en la Luna. Desarrolló, junto a su equipo, el *software* presente en la nave Apolo 11 que alunizó el 20 de julio de 1969.

El *software* que desarrollaron ella y su equipo era capaz de abandonar procesos poco prioritarios de manera autónoma para dedicar toda la capacidad de procesamiento a determinadas funciones. Minutos antes de que el módulo lunar alunizara, hubo un fallo que provocó que todos los responsables de la misión dudaran de la posibilidad de éxito. Se evitó una sobrecarga en el sistema gracias a que el *software* estaba diseñado para priorizar funciones imprescindibles y descartar las que no lo eran mediante la detección precoz de errores. Eliminaba tareas de prioridad baja y era capaz de restaurar aquellas que pudieran ser necesarias. Esta funcionalidad proporcionaba una fiabilidad nunca vista hasta entonces.

Ha pasado a la historia como la primera ingeniera de *software*. Fue pionera en una época en la que la programación no era considerada ni siquiera ciencia. Aprendió de forma autodidacta diversos lenguajes informáticos y ayudó a crear las bases de la programación.

Práctica 2. Tiro parabólico

En **bit.ly/Vascak_Parabólico** dispones de un simulador de lanzamiento de plátanos. Puedes variar los parámetros del lanzamiento de los plátanos para determinar en qué condiciones se logra que lleguen al gorila, o se consiga el alcance o altitud máximas. Para ello realiza una gráfica en la que sitúes el valor de la velocidad en el eje de abscisas y el alcance obtenido en el eje de ordenadas.

Cuestiones

1. ¿Cómo influye el valor de la velocidad inicial en el alcance máximo?
2. ¿Serías capaz de predecir el alcance conociendo el ángulo y la velocidad?

Práctica 3. Juego de cálculo de frecuencias

En el aula, situaos por parejas y emplead dispositivos digitales provistos de Squeak **(www.squeakland.org/download)** para crear un pequeño coche dotado de avance y giro que sea capaz de desarrollar un movimiento circular uniforme.

En la imagen se muestran unos valores cualesquiera. Escoged cada pareja los vuestros y determinad el valor del periodo del movimiento del cochecito. El método más indicado para determinar este valor es dejar que el coche recorra más de una vuelta completa y dividir el tiempo empleado entre el número de vueltas contabilizadas. Cuantas más vueltas da, menos posibilidad de error.

Una vez hayáis calculado el periodo, determinad la frecuencia y la velocidad angular, y anotadlas en un papel, que dejaréis boca abajo en vuestro puesto. Dejad el cochecito realizando el MCU.

Cuestiones

1. Determinad (según las mismas parejas) el mayor número de frecuencias, velocidades y velocidades angulares en 8 minutos.
2. Recuento final: el equipo ganador será aquel que haya conseguido acertar en más ocasiones.

Atrévete a mirar

¿He aprendido realmente?

¿Encuentro los vínculos entre los contenidos de la cinemática básica y la cinemática aplicada?

¿En qué parte de la cinemática he profundizado en contenidos con respecto al curso anterior?

¿He descubierto la importancia de establecer en cada caso el sistema de referencia adecuado?

¿Comprendo la relación entre un tiro parabólico y un tiro horizontal?

¿Cuántas aceleraciones conozco una vez finalizado el estudio de cinemática?

¿Es el valor de la gravedad terrestre constante en todo el planeta?

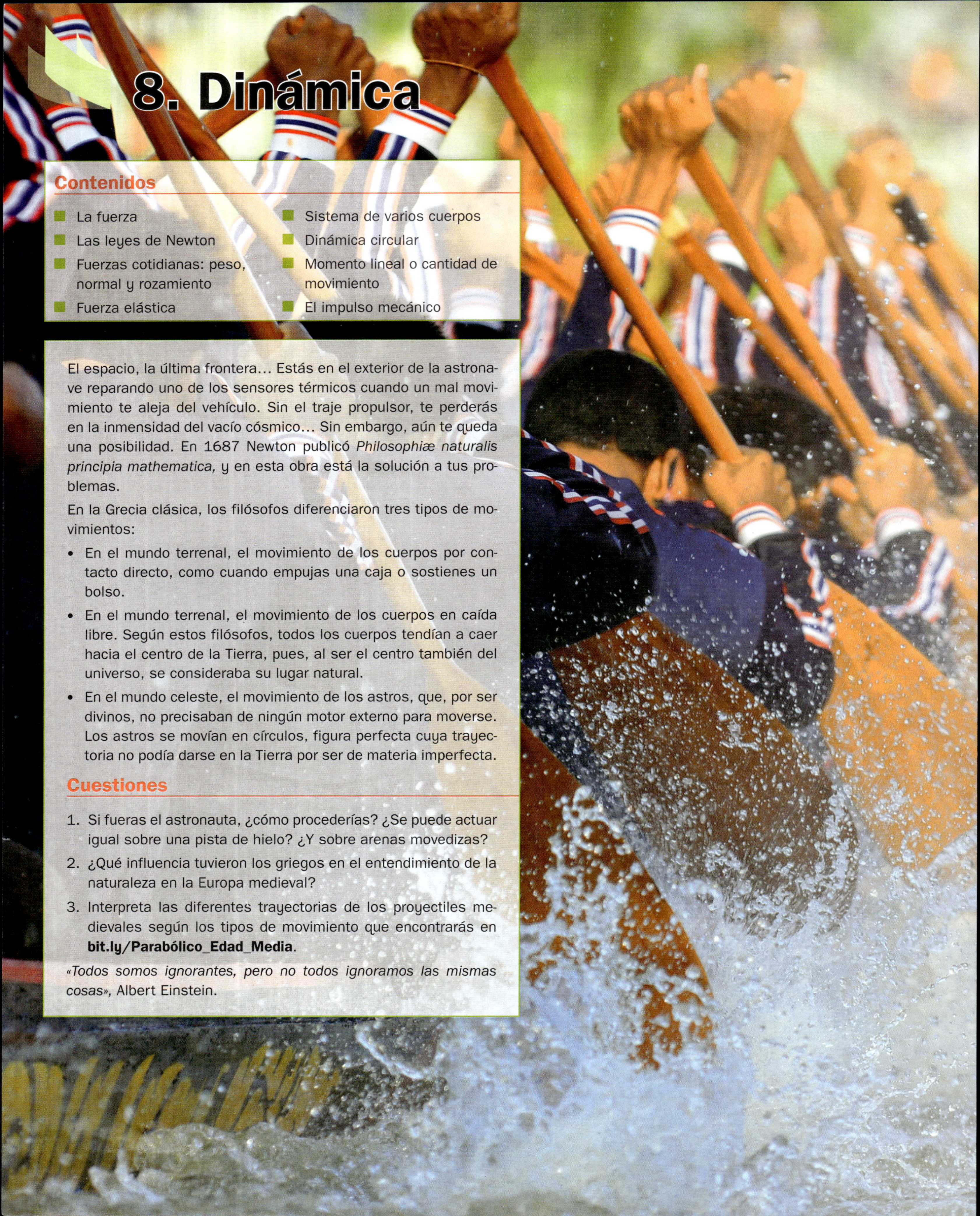

8. Dinámica

Contenidos

- La fuerza
- Las leyes de Newton
- Fuerzas cotidianas: peso, normal y rozamiento
- Fuerza elástica
- Sistema de varios cuerpos
- Dinámica circular
- Momento lineal o cantidad de movimiento
- El impulso mecánico

El espacio, la última frontera... Estás en el exterior de la astronave reparando uno de los sensores térmicos cuando un mal movimiento te aleja del vehículo. Sin el traje propulsor, te perderás en la inmensidad del vacío cósmico... Sin embargo, aún te queda una posibilidad. En 1687 Newton publicó *Philosophiæ naturalis principia mathematica,* y en esta obra está la solución a tus problemas.

En la Grecia clásica, los filósofos diferenciaron tres tipos de movimientos:

- En el mundo terrenal, el movimiento de los cuerpos por contacto directo, como cuando empujas una caja o sostienes un bolso.
- En el mundo terrenal, el movimiento de los cuerpos en caída libre. Según estos filósofos, todos los cuerpos tendían a caer hacia el centro de la Tierra, pues, al ser el centro también del universo, se consideraba su lugar natural.
- En el mundo celeste, el movimiento de los astros, que, por ser divinos, no precisaban de ningún motor externo para moverse. Los astros se movían en círculos, figura perfecta cuya trayectoria no podía darse en la Tierra por ser de materia imperfecta.

Cuestiones

1. Si fueras el astronauta, ¿cómo procederías? ¿Se puede actuar igual sobre una pista de hielo? ¿Y sobre arenas movedizas?
2. ¿Qué influencia tuvieron los griegos en el entendimiento de la naturaleza en la Europa medieval?
3. Interpreta las diferentes trayectorias de los proyectiles medievales según los tipos de movimiento que encontrarás en **bit.ly/Parabólico_Edad_Media**.

«Todos somos ignorantes, pero no todos ignoramos las mismas cosas», Albert Einstein.

El reto

Vivimos en un mundo dominado por la dinámica donde todas las acciones entre cuerpos suceden a causa de ella, y vuestra tarea es demostrar este hecho. Para ello, vais a realizar dos experimentos que grabaréis en vídeo observando lo que sucede en el proceso.

Al finalizar la unidad explicaréis lo sucedido de acuerdo con los conocimientos adquiridos.

Experimento 1: Movimiento en horizontal

Este experimento se debe realizar en un vehículo cerrado, para que el viento no afecte al resultado. Podéis pedir permiso para hacerlo en un autobús o en un coche amplio.

Necesitaréis un globo de helio al que ataréis una cinta; una botella o recipiente cerrado lleno de agua hasta la mitad, donde introduciréis una pieza de poliestireno (corcho blanco), y un muelle o cinta elástica del que colgaréis algo suficientemente pesado como para que se estire lo suficiente para poder oscilar con holgura.

Atad el globo, pero de manera que pueda flotar libre y sin obstáculos, depositad el recipiente con agua en el suelo y colgad la cinta con el peso de forma que no choque y se mueva libremente.

La fase experimental consiste en observar el comportamiento de los tres sistemas en las siguientes circunstancias (el vehículo debe circular siempre por una superficie horizontal).

- El vehículo arranca y acelera.
- El vehículo permanece a velocidad constante.
- El vehículo acelera desde una velocidad inicial no nula.
- El vehículo frena hasta detenerse.

La fase experimental se realizará tres veces y, si fuera necesario, se incrementará este número para disponer de suficientes tomas y escoger la mejor.

! Importante

La ciencia actual siempre trabaja en equipo, por lo que el reto debe realizarse a partir de un grupo de trabajo con coordinador, secretario, logística y mediador.

El secretario creará una carpeta compartida en algún servidor gratuito para que todos los miembros puedan depositar y acceder a los vídeos y documentos de los compañeros.

Experimento 2: Movimiento en vertical

Repetid la misma estructura del experimento anterior, pero en un movimiento en vertical, como es el interior de un ascensor. Escoged uno cuya arrancada y frenada no sea demasiado suave, pero que tampoco sea violenta, de lo contrario, no se apreciará el fenómeno.

La fase experimental consistirá en estudiar los sistemas en estas circunstancias:

- Estando detenido, el ascensor comienza a subir (máximo dos segundos).
- Subiendo, el ascensor se eleva varios pisos (sin contar la arrancada).
- Subiendo, el ascensor se detiene al llegar a su destino (grabar cinco segundos).
- Estando detenido, el ascensor comienza a bajar (máximo dos segundos).
- Bajando, el ascensor se detiene al llegar a su destino (grabar cinco segundos).

Se puede atar el globo a una piedra y depositarlo en el suelo, junto al recipiente con agua. Colgar la cinta elástica puede ser difícil, por lo que alguien del equipo puede sostenerla, pero evitando mover el brazo.

Atrévete a mirar

¿Quiero aprender?

¿Qué conocimientos tengo sobre las fuerzas?

¿Qué quiero aprender?

¿Qué importancia tiene para mí conocer las fuerzas?

¿Qué sé sobre las leyes de Newton?

¿Puedo reconocer las leyes del Newton en el mundo cotidiano?

¿Qué fuerzas puedo identificar en una curva?

¿Qué conozco sobre la razón de choques y explosiones?

1. La fuerza

Andar, sostener un libro, levantar una mochila, estirar una goma, saltar en una cama elástica, golpear una pelota, quedarse quieto o empujarse en el agua son acciones que poseen un denominador común: en todas ellas se produce un cambio de estado de movimiento o una deformación. Y la causa de esta modificación es el tema de esta unidad: la fuerza.

La **fuerza** es la magnitud vectorial que mide el grado de interacción entre cuerpos.

Los actuales cambios de protocolos web pueden dificultarte el acceso a alguno de los enlaces.

Para evitarlo, en la siguiente dirección te proporcionamos un nuevo enlace y el planteamiento correspondiente:

bit.ly/Enlace_2_0_1BAC_U8

Esta interacción puede darse de dos formas: por contacto, como al sostener un cuerpo, o a distancia, como la gravedad de un planeta o la atracción o repulsión de un imán.

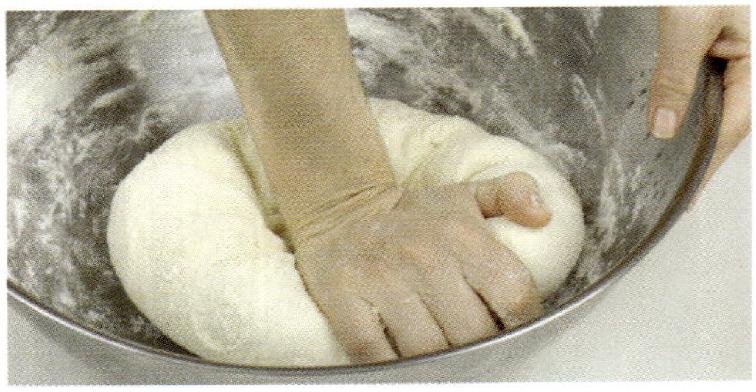

Así mismo, la interacción produce dos efectos que pueden suceder simultáneamente: cambios del estado cinético, como acelerar o detenerse, y deformaciones, como estiramientos o contracciones.

A lo largo de esta unidad conocerás diferentes tipos de fuerzas, como el peso o la fuerza elástica. Sin embargo, no son más que manifestaciones de una de las **cuatro fuerzas fundamentales:**

Gravitatoria: es una fuerza siempre de atracción, y es consecuencia de la masa.

Electromagnética, atractiva o repulsiva: es consecuencia de las cargas eléctricas.

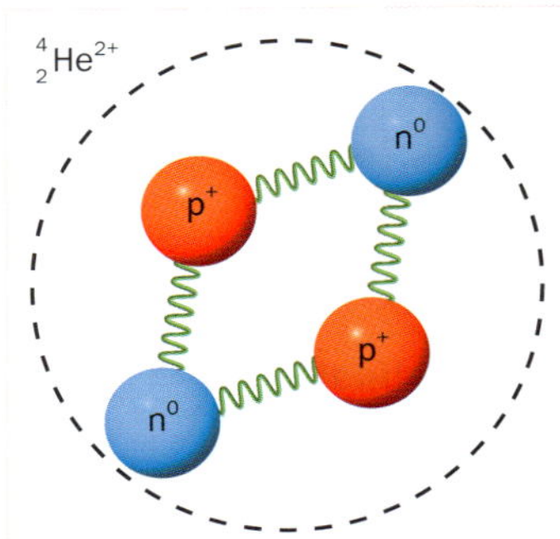

Nuclear fuerte: explica la existencia del núcleo atómico, está vinculada a los hadrones.

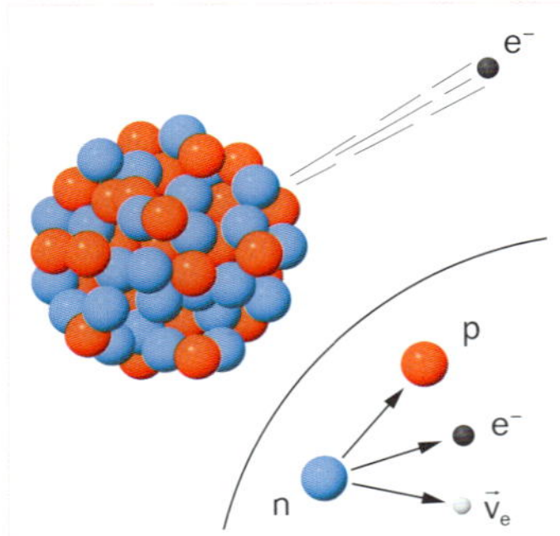

Nuclear débil: permite explicar la descomposición del neutrón en un protón.

Sabías que...

Según el modelo estándar, en el universo hay dos tipos de partículas:

- Fermiones: constituyen la materia. Están divididos en dos categorías:
  - Leptones: existen de forma aislada, como los electrones y neutrinos.
  - Cuarks: agrupados en parejas, formando mesones, o en tríos, formando bariones, como el protón y el neutrón.
- Gluones: partículas transmisoras de cada una de las cuatro fuerzas.

bit.ly/El_Modelo_Estandar

1.1. Leyes de Newton

Philosopiæ naturalis principia mathematica, publicada por Isaac Newton en 1687, es, quizá junto con *El origen de las especies,* publicada por Darwin en 1859, la obra más importante de la historia de la ciencia. Basada en los trabajos previos de Galileo y Descartes, proporciona todo el marco necesario para fundamentar la dinámica, enuncia las tres leyes de Newton y la expresión de la fuerza de la gravedad, que permitió unificar la dinámica terrestre y celeste.

Hubo que esperar hasta la publicación por parte de Albert Einstein, primero, de la *teoría especial de la relatividad* en 1905, y, después, de la *teoría general de la relatividad* en 1915 para conseguir superar las aportaciones de la mecánica newtoniana.

Es cierto que hoy en día se utilizan sus ecuaciones para explicar los detalles más mínimos del movimiento de los astros, pero para enviar una nave a la Luna, construir un puente, hacer volar un avión o lanzar una pelota continúan aplicándose las ecuaciones de Newton. Como dijo Tom Hanks en la película *Apolo 13* tras apagar los motores de la astronave: «ahora, pilota Newton».

2. Primera ley de Newton: principio de inercia

Aunque tiene el nombre de «primera ley de Newton», su auténtico descubridor fue Galileo al estudiar la caída de cuerpos por planos inclinados. Sin embargo, fue el físico inglés quien desarrolló la ley en un contexto más amplio y la dotó de expresión matemática.

Experimenta. Jugando con hielo

1. Necesitarás varios cubitos de hielo y una superficie horizontal lisa. Construye una pequeña rampa «ayudándote» con algún libro y deja caer el hielo por la superficie. Observa el comportamiento del hielo ¿es movimiento rectilíneo uniforme (MRU) o uniformemente acelerado (MRUA)? ¿En qué afecta la pendiente de la rampa? ¿Qué pasa si cambias el hielo por otro cuerpo, por ejemplo, una madera o una goma?

La primera ley de Newton se puede enunciar así:

> Si sobre un cuerpo no actúa ninguna fuerza o la resultante de las fuerzas que actúan sobre él es nula, permanecerá en su estado de reposo o de movimiento rectilíneo uniforme.

Este principio introduce la idea de inercia como la resistencia que ofrece un cuerpo a modificar su estado de movimiento si no se actúa sobre él desde fuera. No otorga ningún valor a esta magnitud, tan solo indica que los cuerpos tienden a mantener su estado.

2.1. Sistemas de referencia inerciales y no inerciales

Podría parecer que el principio de inercia es algo obvio, pero el siguiente experimento mental te va a demostrar que no siempre es así. Imagina una nave sin ventanas y dos observadores, uno en el exterior de la nave y otro en el interior. ¿Qué observaría cada uno de ellos?

El observador exterior percibe cómo los motores de avance aplican una fuerza sobre el pasajero y este aumenta su velocidad. La **inercia** es la responsable del movimiento hacia atrás del pasajero.

El observador no percibe ninguna fuerza actuando sobre el pasajero; de acuerdo con el principio de **inercia**, el movimiento es rectilíneo y uniforme.

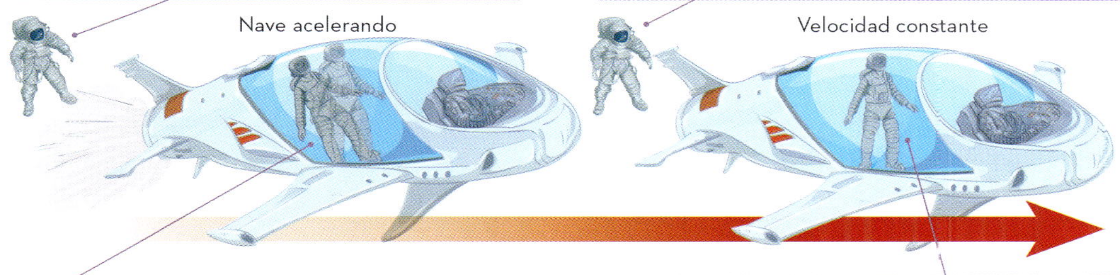

El pasajero siente que se mueve hacia atrás sin observar ninguna fuerza real. Ha de idear una fuerza ficticia, denominada **inercial,** para explicar su movimiento.

El pasajero no siente ninguna fuerza y es incapaz de discernir si la nave está en reposo o en movimiento.

Actividades

1. ¿Un edificio construido se puede considerar un ejemplo de la primera ley de Newton?
2. Es fácil encontrar muchos ejemplos del principio de inercia; ¿sabrías reconocerlos?
3. Al dejar una pelota sobre una superficie horizontal, esta permanece en reposo. ¿Cómo es posible si existe la fuerza «peso»?
4. Tras golpear levemente la pelota, esta comienza a desplazarse sin que actúe ninguna fuerza. ¿Se cumple el principio de inercia si la pelota acaba por detenerse?

Dinámica 2.0

Hipatia de Alejandría ya experimentó con la inercia el principio de relatividad de Galileo. Puedes verlo en el siguiente vídeo:

bit.ly/Vídeo_Hipatia

Puedes observar la inercia cuando un autobús acelera, frena o toma una curva: siente cómo tu cuerpo tiende a continuar en el movimiento anterior al cambio.

Sistema de referencia inercial (SRI) es aquel en el que se cumple el principio de inercia.

Sistema de referencia no inercial (SRNI) es aquel donde no se cumple el principio de inercia y es necesario introducir fuerzas de inercia.

Sucede cuando el SR está experimentando aceleración.

Dinámica 2.0

Manejar la inercia no es fácil en el espacio. En la siguiente simulación debes aterrizar una nave teniendo en cuenta su inercia.

bit.ly/Phet_aterrizaje

3. Segunda ley de Newton: principio fundamental de la dinámica

Si la primera ley describe el comportamiento de los cuerpos en ausencia de fuerza, el principio fundamental de la dinámica lo explica cuando la resultante no es nula. Se puede enunciar así:

> La **aceleración** que adquiere un cuerpo es proporcional a la **fuerza total** que se le aplica. La constante de proporcionalidad se denomina **masa.**
>
> $$\sum \vec{F} = m \cdot \vec{a}$$

Se puede observar:

Todas las fuerzas se consideran aplicadas en el **centro de masas:** lugar geométrico donde podríamos sustituir el objeto por un punto con toda la masa. Sobre este punto las fuerzas solo producen traslación, nunca rotación.

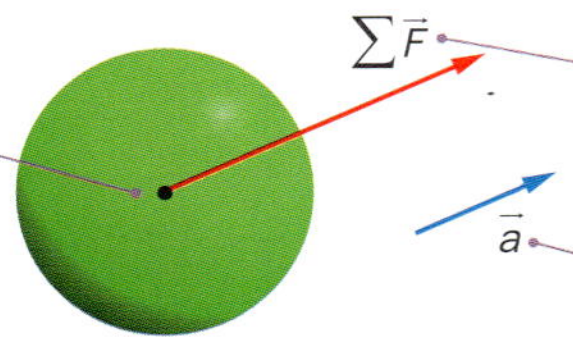

La expresión se aplica sobre la **resultante** de todas las fuerzas que intervienen.

La **aceleración** y la **resultante** poseen la misma dirección y sentido.

$$1\,\text{N} = 1\,\text{kg} \cdot 1\,\text{m} \cdot \text{s}^{-2}$$

Permite definir la unidad de fuerza, denominada **newton (N),** como aquella fuerza que, aplicada a una masa de 1 kg, produce una aceleración de 1 m · s^{-2}.

Análisis dimensional

Realiza un análisis dimensional del principio fundamental para determinar las dimensiones de la fuerza:

$$[F] = [m \cdot a] = [m] \cdot [a]$$

Por lo que resulta:

$$[F] = \text{M} \cdot \text{L} \cdot \text{T}^{-2}$$

Así pues, la primera ley introduce el concepto de inercia, y esta segunda ley otorga un valor a esta inercia, denominado masa inercial o, simplemente, masa. Cuanto mayor sea la masa de un cuerpo, mayor será su inercia y más fuerza habrá que realizar para conseguir un cambio en su estado de movimiento.

Laboratorio en el aula. Newton en el laboratorio

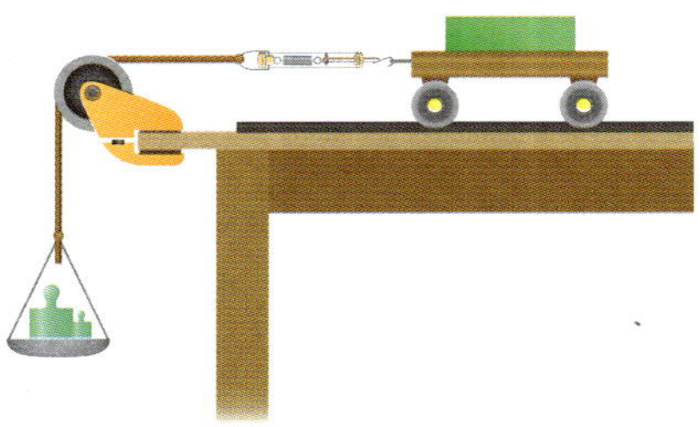

1. Coloca un carrito con ruedas, de masa conocida, en un extremo de un carril de dos metros de largo. Engancha un dinamómetro al carrito y únelo con un hilo a unas pesas:

   Deja libre el sistema y determina el tiempo que tarda el carro en recorrer la longitud del carril para obtener la aceleración (el movimiento es un MRUA). Repite el experimento tres veces para obtener el tiempo medio y su error. De esta manera obtendrás una pareja *F–a* con un error asociado a cada uno de los experimentos.

   a) Modifica la fuerza aplicada colocando un número diferente de pesas y repite nuevamente el proceso para obtener otra pareja *F–a*.

   b) Repite el proceso hasta disponer de cinco parejas *F–a*. Tabula y representa los valores en un gráfico *F* vs. *a,* con la aceleración en el eje horizontal ¿Qué función has obtenido? Determina la constante asociada a la función. ¿Qué significa esta constante?

Actividades resueltas

1. ¿Qué aceleración experimenta un cuerpo de 3 kg al aplicarle las siguientes fuerzas? Realiza la actividad con GeoGebra.

$$\vec{F}_1 = 3\vec{u}_x \text{ N} \qquad \vec{F}_2 = -4\vec{u}_y \text{ N} \qquad \vec{F}_3 = 2\vec{u}_x + 5\vec{u}_y \text{ (N)}$$

Estrategia de resolución

- Cálculo de la resultante:

$$\sum \vec{F} = (3\vec{u}_x) + (-4\vec{u}_y) + (2\vec{u}_x + 5\vec{u}_y) = 5\vec{u}_x + 1\vec{u}_y \text{ (N)}$$

- Aplicación del principio fundamental de la dinámica:

$$\sum \vec{F} = m \cdot \vec{a} \qquad \vec{a} = \frac{\sum \vec{F}}{m} = 1{,}67\vec{u}_x + 0{,}33\vec{u}_y \left(\text{m} \cdot \text{s}^{-2}\right)$$

GeoGebra: **Vector(punto)** define el vector posición del punto.

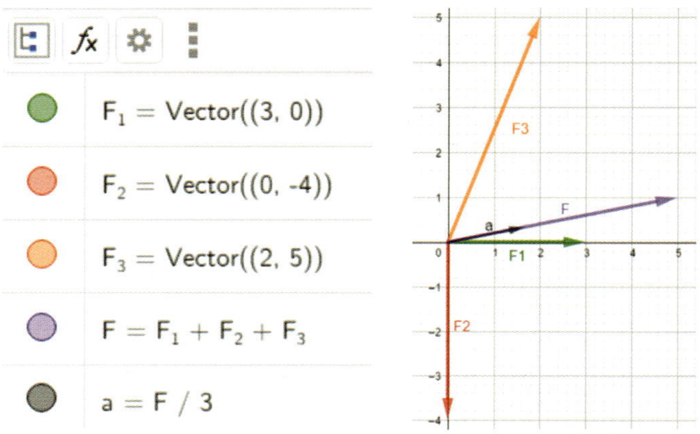

Actividades resueltas

2. Determina qué le sucede a la aceleración cuando un cuerpo duplica su masa y se mantiene la fuerza que actúa sobre él. ¿Y si se duplicase la fuerza y se mantuviese la masa?

Estrategia de resolución

Los problemas físicos o químicos que implican la *comparación de estados* son habituales en ciencia y, aunque hay diversas formas de resolver este problema, vamos a emplear una simple y elegante.

1. Planteamos los estados. | 2. Aplicamos 2.ª ley de Newton. | 3. Dividimos ecuaciones. | 4. Simplificamos y resolvemos.

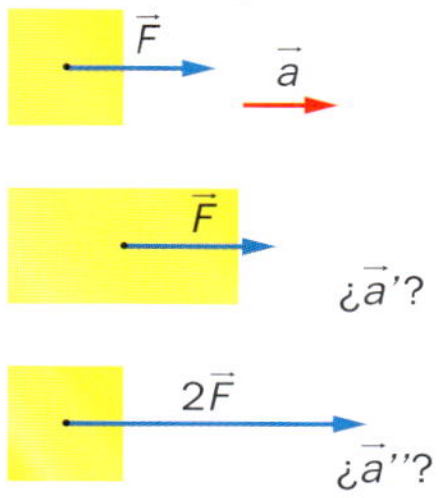

$$\left.\begin{matrix} F = ma \\ F' = m'a' \end{matrix}\right\} \quad \left.\begin{matrix} F = ma \\ F = 2ma' \end{matrix}\right\} \qquad \frac{F}{F} = \frac{2ma'}{ma} \qquad \frac{\not F}{\not F} = \frac{2\not m a'}{\not m a} \; ; \; 1 = \frac{2a'}{a} \; ; \quad \boxed{a' = \frac{a}{2}}$$

Resultado: al duplicar la masa y mantener la fuerza, la aceleración se reduce a la mitad.

$$\left.\begin{matrix} F = ma \\ F'' = ma'' \end{matrix}\right\} \quad \left.\begin{matrix} F = ma \\ 2F = ma'' \end{matrix}\right\} \qquad \frac{2F}{F} = \frac{ma''}{ma} \qquad \frac{2\not F}{\not F} = \frac{\not m a''}{\not m a} \; ; \; 2 = \frac{a''}{a} \; ; \quad \boxed{a'' = 2a}$$

Resultado: al duplicar la fuerza y mantener la masa, la aceleración se duplica.

3. Una furgoneta de 3,5 t circula a 120 km · h⁻¹ cuando, a 200 m, observa un obstáculo. Si los frenos de cada rueda desarrollan una fuerza de 2 500 N, ¿colisionará con el obstáculo? (Considera que el vehículo posee cuatro ruedas.)

Estrategia de resolución

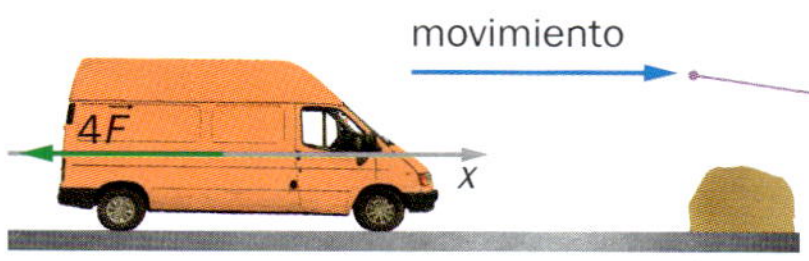

Fuerzas 1D: utilizar escalares con signo.

1. En dinámica, escoger el SR en el centro de masas del cuerpo y que uno de los ejes coincida con la dirección del movimiento.

2. **Atención** con la resultante.

- Determinamos la aceleración de frenado:

$$\sum F = ma \quad ; \quad 4 \cdot F = m \cdot a \quad ; \quad a = \frac{4 \cdot F}{m} = \frac{4 \cdot (-2\,500\ \text{N})}{3{,}5 \cdot 10^3\ \text{kg}} = -2{,}86\ \text{m} \cdot \text{s}^{-2}$$

- Obtenemos el espacio recorrido hasta que se detiene, teniendo en cuenta que es MRUA:

$$v^2 = v_0^2 + 2a\Delta x \quad ; \quad \Delta x = \frac{v^2 - v_0^2}{2a} = \frac{0 - (33{,}33\ \text{m} \cdot \text{s}^{-1})^2}{2 \cdot (-2{,}86\ \text{m} \cdot \text{s}^{-2})} = 194{,}21\ \text{m}$$

- Analizamos el resultado: se observa que el vehículo queda a poco más de cinco metros del obstáculo, es decir, una mínima duda en el momento de frenar y colisionaría.

3. **Recuerda** convertir las unidades.

4. En cinemática, el SR se localiza sobre el suelo, tomando el origen en un punto fijo como el lugar desde donde divisa el obstáculo.

Actividades

5. ¿Es posible que la aceleración tenga diferente dirección o sentido que la resultante?

6. Calcula analíticamente y mediante GeoGebra la resultante de las siguientes fuerzas:

$$\vec{F}_A = 2\vec{u}_x - 3\vec{u}_y\ (\text{N});\ \vec{F}_B = 3\vec{u}_x - 3\vec{u}_y\ (\text{N});\ \vec{F}_C = -8\vec{u}_x + 4\vec{u}_y\ (\text{N})$$

¿Cuál es la masa de un cuerpo al que, al aplicarle dichas fuerzas, adquiere una aceleración de 0,24 m · s⁻¹?

S: $\vec{F}_B = -3\vec{u}_x - 2\vec{u}_y$ (N); $m = 15$ kg

7. Obtén razonadamente la primera ley de Newton a partir de la segunda.

8. Se ha relacionado el principio fundamental de la dinámica con el movimiento. Este principio también explica la ausencia de movimiento; es el campo de la dinámica conocido como estática. Determina cuánto ha de valer F_4 para que el sistema de la figura continúe en reposo. Resuélvelo analíticamente y mediante GeoGebra.

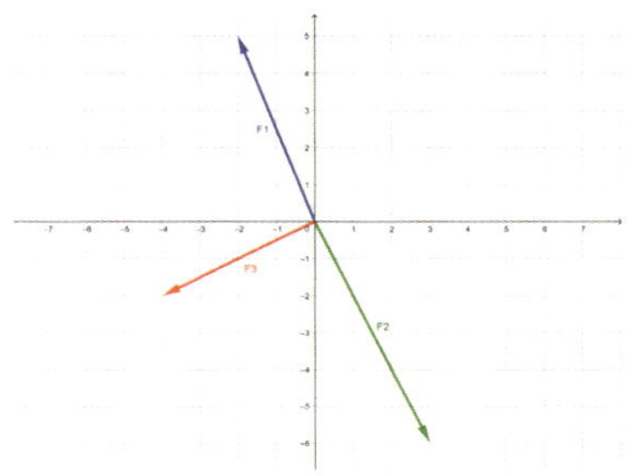

S: $\vec{F}_4 = 3\vec{u}_x + 3\vec{u}_y$ (N)

4. Tercera ley de Newton: principio de acción-reacción

Dinámica 2.0

Gravity, película de 2013 ganadora de siete Óscar y un Globo de Oro, es quizás uno de los mejores y más recientes ejemplos de la física newtoniana en el cine.

Analízala y extrae al menos cinco fragmentos donde se observen las leyes de Newton.

La segunda ley afirma que un cuerpo cambia de estado o se deforma por acción de una fuerza provocada por la interacción de un segundo cuerpo, pero ¿qué siente este segundo cuerpo?

Experimenta. ¿Quién es quién?

2. Coge dos imanes potentes y deposítalos sobre una mesa con los polos iguales enfrentados (observarás que es así porque tienden a alejarse). Aguanta uno de ellos con una mano mientras acercas el otro con la otra mano. ¿Qué sientes en la mano que acerca el imán? Acércalos ahora simultáneamente. ¿En qué mano sientes la acción y en cuál la reacción?

La mujer ejerce una fuerza hacia atrás: «empuja» el suelo. El suelo le devuelve la fuerza «empujándola» hacia delante.

El peso de la persona presiona la báscula hacia abajo y esta devuelve la fuerza elástica para soportarlo.

La fuerza de los gases expulsados es la acción, mientras que la reacción impulsa la nave hacia delante.

Los patinadores se empujan mutuamente y se desplazan; por el contrario, el hombre no puede desplazar el coche.

A toda fuerza de **acción** del cuerpo A sobre el cuerpo B le corresponde una fuerza de **reacción** del cuerpo B sobre el cuerpo A. Estas fuerzas son de igual módulo y dirección, pero de sentido opuesto.

Podría parecer que las fuerzas de acción y reacción siempre se anulan, pues son de sentido opuesto y tienen el mismo valor. ¿Por qué no es así? La respuesta es simple, porque **las fuerzas actúan sobre cuerpos distintos.** En la atracción entre la Tierra y tú hay dos fuerzas, pero verás en la imagen que no actúan sobre el mismo cuerpo, una actúa sobre ti y la otra, sobre la Tierra, por lo que su efecto es diferente. Sin embargo, el conjunto Tierra-persona no se desplaza porque, respecto a él, las fuerzas se anulan.

La $\vec{F}_{T-P}$ es la acción de la Tierra sobre la persona y se aplica sobre esta última.

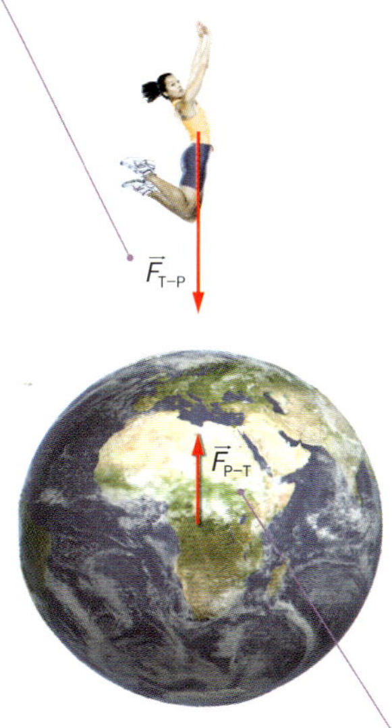

La $\vec{F}_{P-T}$ es la acción de la persona sobre la Tierra y se aplica sobre esta última.

Actividades resueltas

4. Has estudiado que la fuerza con la que la Tierra te atrae produce sobre ti una aceleración cuyo valor es la gravedad. Determina la fuerza con la que la Tierra te atrae y con la que tú atraes a la Tierra. La aceleración con la que la Tierra «cae» hacia ti y cuánto os desplazaréis cada uno en 10 segundos ($m_{Tierra} = 5{,}98 \cdot 10^{24}$ kg; $m_{Tuya} = 70$ kg).

Estrategia de resolución

- La fuerza con la que la Tierra te atrae es igual a la fuerza con la que tú la atraes:

$$F_{T-P} = m_P a = m_P g = 70\ \text{kg} \cdot 9{,}81\ \text{m} \cdot \text{s}^{-2} = 686{,}7\ \text{N} \qquad \text{Por tanto: } F_{Persona} = 686{,}7\ \text{N}$$

- La aceleración con la que la tierra «cae» hacia ti depende de su gran masa:

$$F_{T-P} = m_T a_T \quad ; \quad a_T = \frac{F_{T-P}}{m_T} = \frac{686{,}7\ \text{N}}{5{,}98 \cdot 10^{24}\ \text{kg}} = 1{,}15 \cdot 10^{-22}\ \text{m} \cdot \text{s}^{-2}$$

- Aplicando cinemática, determinamos el desplazamiento:

$$\text{Tú: } x_P = \frac{1}{2} \cdot g t^2 = 490{,}5\ \text{m} \qquad \text{Tierra: } x_T = \frac{1}{2} \cdot a_T t^2 = 5{,}74 \cdot 10^{-21}\ \text{m}$$

Actividades resueltas

5. Sobre dos electroimanes juntos en reposo se manda un pulso de corriente y salen despedidos en sentidos opuestos, recorriendo, en 0,2 s, 24 y 10 cm, respectivamente. Sabiendo que la masa del primer electroimán es de 250 g, ¿cuál es la masa del segundo imán? Si la fuerza magnética es constante, ¿cuánto vale durante el movimiento?

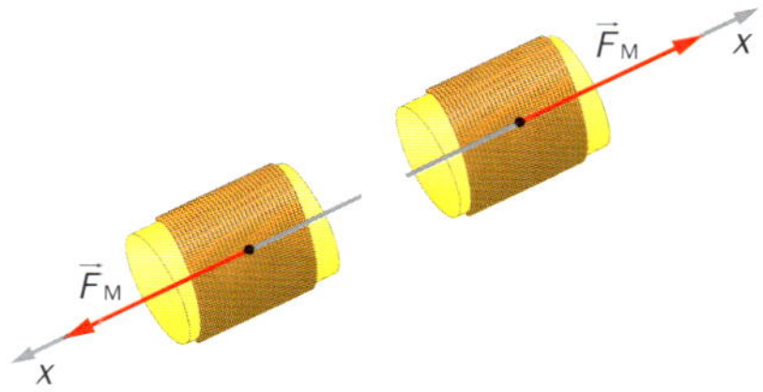

Estrategia de resolución

1. Los datos iniciales son de cinemática, y con ellos determinamos la aceleración:

$$x = \frac{1}{2} \cdot at^2 \qquad \text{Cuerpo 1: } a_1 = \frac{2x_1}{t^2} = \frac{2 \cdot 0{,}24 \text{ m}}{(0{,}2 \text{ s})^2} = 12 \text{ m} \cdot \text{s}^{-2} \qquad \text{Cuerpo 2: } a_2 = 5 \text{ m} \cdot \text{s}^{-2}$$

2. Aplicando la segunda ley de Newton al primer cuerpo, obtenemos la fuerza, que será la misma que en el segundo cuerpo:

$$F_1 = m_1 a_1 = 0{,}25 \text{ kg} \cdot 12 \text{ m} \cdot \text{s}^{-2} = 3 \text{ N}$$

3. Si aplicamos la segunda ley de Newton al segundo cuerpo, obtenemos la masa:

$$F_2 = m_2 a_2 \quad ; \quad m_2 = \frac{F_2}{a_2} = \frac{3 \text{ N}}{5 \text{ m} \cdot \text{s}^{-2}} = 0{,}6 \text{ kg} = 600 \text{ g}$$

IMPORTANTE
La misma fuerza produce diferentes efectos a consecuencia de la diferente masa.

Laboratorio en el aula. Dinámica en la red

2. Vas a visualizar el principio de inercia y la ley fundamental de la dinámica. Accede a **bit.ly/Phet_F_mov** y selecciona:

- Fuerza neta: coloca diversos maniquíes y pulsa inicio. Identifica movimiento MRU y MRUA. Trata de conseguir el primer principio añadiendo o eliminando personajes.
- Movimiento: experimenta cómo una misma fuerza produce diferente efecto según la masa del cuerpo colocada. Coloca la nevera, el cubo y la caja y, a partir de su masa, estima cuánto tiempo tardaría en llegar a la velocidad máxima del maniquí y compruébalo con el simulador (puedes pulsar «Detener» para preparar la fuerza).

Actividades

9. En el texto del inicio de la unidad reparabas tu nave espacial con la caja de herramientas y sin traje propulsor, cuando un mal movimiento te aleja del vehículo. ¿Serías ahora capaz de salvar la vida? ¿Qué principio te aleja y en qué principio te basas para salvarte?

10. Puede que hayas oído que, si todos los habitantes de un gran país saltan al unísono, la Tierra saldría despedida de su trayectoria. ¿Es esto posible?

11. Una lámpara de peso P cuelga en reposo entre dos postes, tal y como muestra el esquema de la imagen. Determina la expresión de la fuerza que realizan los tensores. Nota: se denomina tensor a cada uno de los anclajes que poseen los postes.

S: $T = \frac{\sqrt{2}}{2} P$

12. Un vehículo de 1,2 T es capaz de pasar de 0 a 90 km · h^{-1} en 5 s cuando está vacío, pero precisa 6,67 s cuando lleva pasajeros de 80 kg. ¿Qué fuerza realiza y cuántos pasajeros lleva?

S: $F = 6\,000$ N; 5 personas.

13. Determina la fuerza que ha actuado en cada tramo sobre un cuerpo de 25 kg, conocida su gráfica $v - t$.

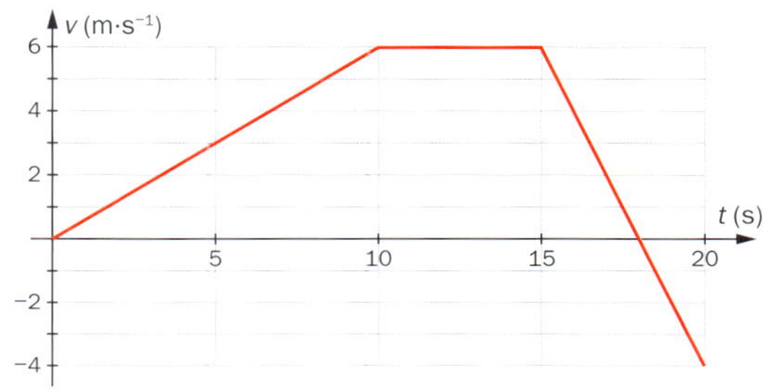

S: Tramo I: $F = 15$ N; tramo II: $F = 0$ N; tramo III: $F = -50$ N

14. El motor de propulsión iónica o las velas solares son dos tipos de propulsores que nos pueden llevar a otras estrellas. Investiga su fundamento físico. ¿Por qué no se utilizan estos propulsores para viajar a la Luna o a Marte y sí a otras estrellas?

5. Fuerzas cotidianas: peso, normal y rozamiento

Ya conoces que tan solo existen cuatro fuerzas fundamentales, pero, desde el punto de vista macroscópico, se manifiestan de múltiples formas, muchas de las cuales reciben nombre propio. Veamos las más habituales mientras actúan sobre un cuerpo en movimiento:

Todo planeta ejerce una fuerza de atracción gravitatoria cuyo valor depende de la distancia al centro del planeta. Para variaciones de altura pequeñas, su valor es aproximadamente constante; esta magnitud se conoce con el nombre de **peso** y puede expresarse como el producto de la masa de un cuerpo por el valor de la aceleración de la gravedad en el punto donde se encuentra el cuerpo.

$$\vec{P} = m \cdot \vec{g}$$

Su dirección siempre es radial, su sentido, hacia el centro del planeta, al igual que la gravedad, y coincide con una de las cuatro fuerzas fundamentales.

Todo cuerpo apoyado sobre una superficie produce una acción. Si la superficie es impenetrable, responderá con una reacción, denominada **normal,** que impide que el cuerpo penetre en ella.

Su dirección es perpendicular a la superficie, su sentido, hacia el exterior, y su valor será igual a la suma de las fuerzas de acción.

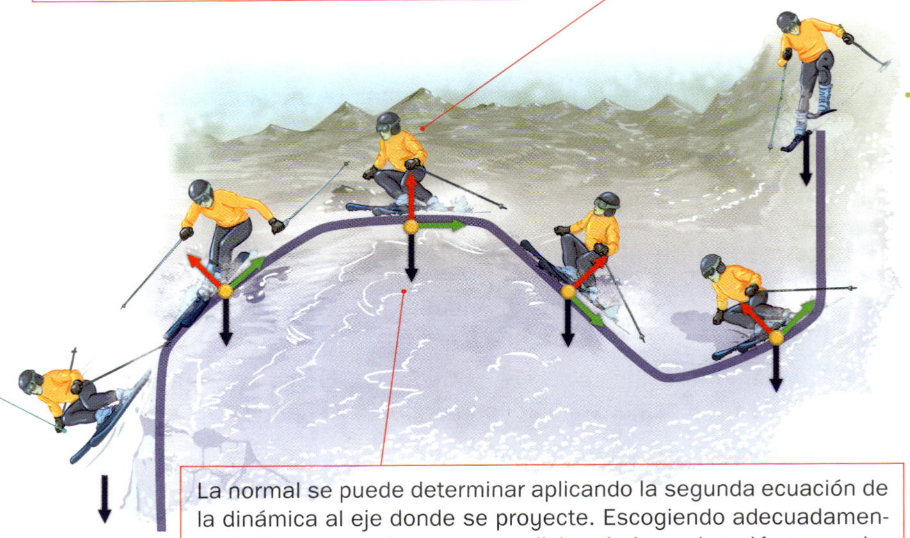

La normal se puede determinar aplicando la segunda ecuación de la dinámica al eje donde se proyecte. Escogiendo adecuadamente el SR, conseguimos que en dicho eje la aceleración sea nula. Por ejemplo, para un plano horizontal en el eje perpendicular:

$$\sum \vec{F} = m\vec{a} \qquad \vec{N} - \vec{P} = 0 \qquad \text{En este caso: } \vec{N} = \vec{P}$$

Laboratorio en el aula. Diferenciando masa y peso

3. En parejas, tomad varios cuerpos y determinad su masa y su peso. Elaborad una gradilla donde apuntéis el nombre del objeto y cada una de las magnitudes determinadas. Exponed los cuerpos y decid en voz alta su masa o su peso sin unidades. Los demás grupos deben identificar a qué cuerpo corresponde y qué magnitud habéis nombrado.

IMPORTANTE

Es habitual confundir las magnitudes masa y peso. Mientras que la masa es un escalar y se determina con la balanza, el peso es una fuerza y se mide con el dinamómetro.

Habitualmente, el SR más sencillo es aquel en el que los ejes coinciden con el movimiento y, si es posible, con las fuerzas.

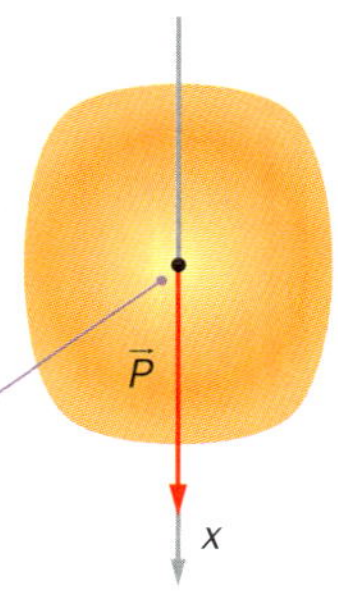

Actividades resueltas

6. Demuestra que el movimiento de caída libre no depende de la masa del cuerpo.

Estrategia de resolución

1. Dibujamos el sistema y el SR más adecuado.
2. Representamos las fuerzas que existen e indicamos el sentido del movimiento.
3. Aplicamos la ley fundamental de la dinámica a cada uno de los ejes donde existan fuerzas:

$$\sum F = ma \qquad P = ma$$

4. Conociendo la expresión del peso, obtenemos:

$$mg = ma$$

Así, en el caso de caída libre, obtenemos que $a = g$, por lo que todos los cuerpos descienden con la misma aceleración: la de la gravedad.

1 La fricción o rozamiento es la resistencia que ofrece un sistema a que un cuerpo se desplace o bien en su seno, o bien por su superficie.

La primera es compleja y suele depender de la velocidad, como puedes observar cuando, por mucho tiempo que se aplique fuerza a un cuerpo, su velocidad tiene un límite. La segunda es más sencilla, pues su valor no depende de la velocidad de desplazamiento sobre la superficie con rozamiento. Esta es la que estudiaremos esta unidad.

2 En esta unidad denominamos **fricción** o **rozamiento** a la resistencia que ofrece una superficie a que un cuerpo se deslice sobre ella. Es una fuerza paralela a dicha superficie y su sentido es tal que siempre se opone al movimiento.

Esta fuerza es una reacción a la fuerza que realiza el cuerpo para moverse, por lo que su valor es variable, existiendo un valor máximo que no puede superar.

Este valor es proporcional a la acción del cuerpo sobre la superficie, lo que hemos denominado **normal:**

$$F_r = \mu \cdot N$$

3 La constante de proporcionalidad μ se conoce con el nombre de coeficiente de rozamiento, y presenta dos modalidades:

- **Coeficiente estático μ_e:** cuando el cuerpo está en reposo.
- **Coeficiente dinámico μ_d:** cuando el cuerpo está en movimiento.

4 El origen de esta fuerza está en las irregularidades de las superficies en contacto, lo que provoca que el movimiento no sea suave. En el siguiente enlace puedes observar cómo actúa: **bit.ly/Phet_Fricción**

Actividades resueltas

7. Se aplica una fuerza horizontal creciente desde 0 hasta 20 N sobre un cuerpo de 3 kg apoyado sobre una superficie horizontal, tal que el coeficiente de rozamiento estático es 0,17, y el dinámico, 0,1. Determina para cada fuerza aplicada el valor de la fuerza de rozamiento y la aceleración con la que se movería.

Estrategia de resolución

1. Escogemos el SR de manera que un eje coincida con el movimiento y el otro no se desplace.
2. Observamos que no se desplaza en el eje y, $a_y = 0$.
3. Determinamos la **fuerza máxima de rozamiento** con el coeficiente estático.

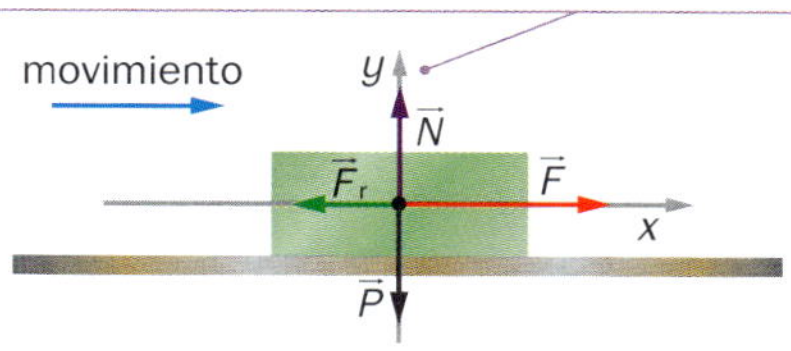

Ecuaciones dinámicas

$$\left.\begin{array}{l}\sum F_x = m \cdot a_x \\ \sum F_y = m \cdot a_y\end{array}\right\} \; ; \; \left.\begin{array}{l} F - F_r = m \cdot a_x \\ N - P = m \cdot \cancel{a_y}\end{array}\right\} \; ; \; N = P$$

$$F_r = \mu \cdot N \xrightarrow{N=P} F_r = \mu_e \cdot P = \mu_e mg$$

$$F_r = 0{,}17 \cdot 3\ \text{kg} \cdot 9{,}8\ \text{m} \cdot \text{s}^{-2} = 5\ \text{N}$$

- Análisis de la fuerza aplicada: para cualquier fuerza aplicada menor de 5 N, el cuerpo no se desplaza $(F = F_r)$. Para fuerzas mayores, hay que determinar la nueva fuerza de rozamiento y la expresión de la aceleración en función de la fuerza aplicada:

$$F_r = \mu_d P = \mu_d mg = 0{,}1 \cdot 3\ \text{kg} \cdot 9{,}8\ \text{m} \cdot \text{s}^{-2} = 2{,}94\ \text{N}$$

$$a = \frac{F - F_r}{m}$$

- Tabulamos las aceleraciones para algunas fuerzas aplicadas. Observa cómo la fuerza de rozamiento iguala a la fuerza aplicada para valores menores de 5 N:

F (N)	0	2	5	6	10
F_r (N)	0	2	5	2,94	2,94
a ($\text{m} \cdot \text{s}^{-2}$)	0	0	0	1,02	2,35

Actividades

15. Cuando un paracaidista se lanza desde un avión, su velocidad de caída tiene un límite. Razona cómo es esto posible si la gravedad actúa en todo instante. ¿Qué sucede cuando abre el paracaídas?

16. ¿Cuáles son las unidades del coeficiente de rozamiento? ¿Puede ser mayor que la unidad?

17. Determina los coeficientes de rozamiento estático y dinámico entre un cuerpo de 2 kg y el suelo si hace falta una fuerza de 6 N para empezar a desplazarlo y después lo hace con una aceleración de 2 $\text{m} \cdot \text{s}^{-2}$.

S: $\mu_e = 0{,}31$; $\mu_d = 0{,}10$

5.1. Descomposición de fuerzas

> **Recuerda**
>
> Razones trigonométricas fundamentales de un ángulo.
>
> 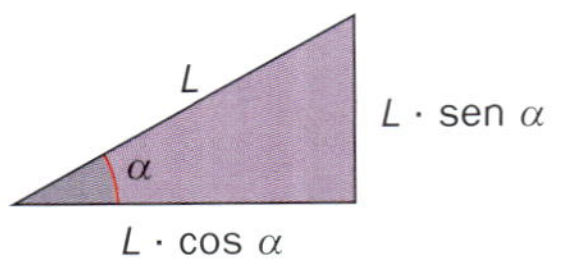
>

La elección del SR es crucial a la hora de resolver un problema y es recomendable que coincida con la dirección del movimiento. Esto conlleva que, en ocasiones, algunas fuerzas no coincidan con los ejes. Para tratar este hecho, se hace uso del concepto de vector y de sus componentes, que son la proyección de él sobre los ejes.

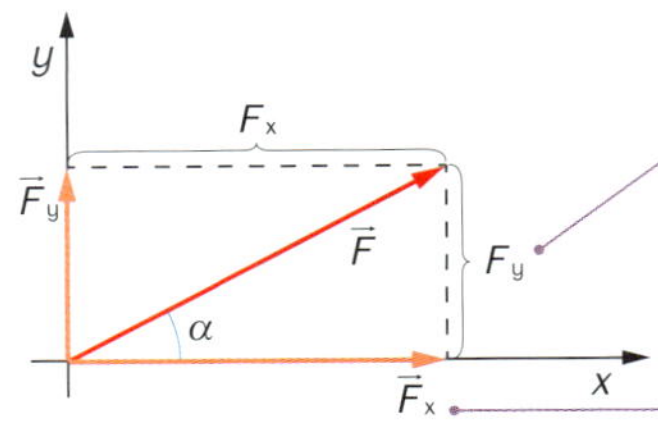

$\text{sen}\,\alpha = \frac{F_y}{F}$ $\quad F_y = F \cdot \text{sen}\,\alpha$

$\cos\alpha = \frac{F_x}{F}$ $\quad F_x = F \cdot \cos\alpha$

Actividades resueltas

8. Un operario desea mover una caja de 80 kg con una cuerda que forma un ángulo de elevación respecto a la horizontal. Nota: los dos coeficientes de rozamiento son iguales.

a) Determina la expresión que relaciona la aceleración con el ángulo de elevación de la fuerza.

b) Si se mueve, ¿con qué aceleración lo hará si la fuerza aplicada es de 250 N, el ángulo, de 30°, y el coeficiente de rozamiento, de 0,2?

c) ¿Cuál es la fuerza mínima para que comience a desplazarse?

Estrategia de resolución

a)

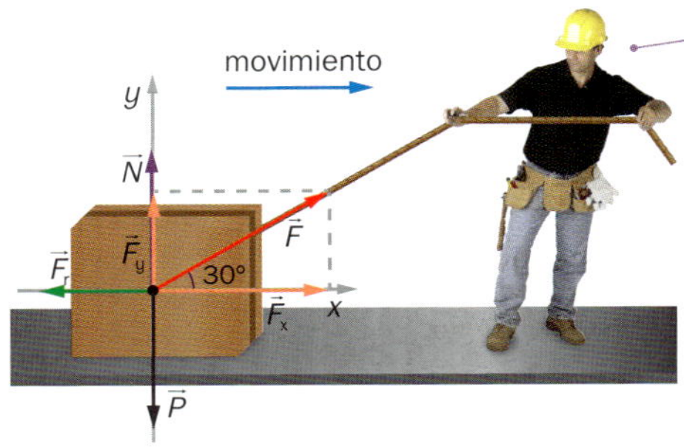

1. Realizamos un dibujo y escogemos el SR de manera que al menos un eje coincida con la dirección de movimiento.

2. Representamos las fuerzas. En el caso de que alguna no coincida con los ejes, se descompone en sus proyecciones sobre los ejes, denominadas componentes.

$$F_x = F \cdot \cos\alpha \qquad F_y = F \cdot \text{sen}\,\alpha$$

3. Planteamos la ley fundamental de la dinámica a todos los ejes donde existan fuerzas.

$$\left.\begin{array}{l}\sum F_x = m \cdot a_x \\ \sum F_y = m \cdot a_y\end{array}\right\} \qquad \left.\begin{array}{l}F_x - F_r = m \cdot a_x \\ N + F_y - P = m \cdot a_y\end{array}\right\}$$

4. Si existe rozamiento, lo determinamos a partir del eje perpendicular al movimiento.

Como el cuerpo no se mueve en vertical $a_y = 0$:

$$N + F_y - P = 0 \quad ; \quad N = P - F_y$$

$$F_r = \mu \cdot N = \mu \cdot (P - F_y) = \mu \cdot (mg - F \cdot \text{sen}\,\alpha)$$

5. Determinamos la expresión de la aceleración en función de las fuerzas a partir del eje horizontal.

$$a = \frac{F_x - F_r}{m} = \frac{F \cdot \cos\alpha - \mu \cdot (mg - F \cdot \text{sen}\,\alpha)}{m}$$

$$a = \frac{F}{m}(\cos\alpha + \mu \cdot \text{sen}\,\alpha) - \mu g$$

b) Basta con sustituir los datos para obtener una aceleración positiva de 1,05 m · s^{-2}. En consecuencia, sí que se desplaza.

c) La fuerza mínima se consigue cuando la componente horizontal de la fuerza aplicada iguala a la fuerza de rozamiento máxima. Como en este caso los dos rozamientos son iguales, obtenemos:

$$F_x = F_r \quad ; \quad F = \frac{\mu \cdot m \cdot g}{\cos\alpha + \mu \cdot \text{sen}\,\alpha} = 162{,}48\ \text{N}$$

Por lo que, para fuerzas menores a 162,48 N, el cuerpo no se desplaza. Si la fuerza aplicada fuera mayor, se movería con aceleración.

> **IMPORTANTE**
> Recuerda poner la calculadora en grados para realizar las operaciones con ángulos.

Laboratorio en el aula. Crea tu ejercicio

4. En Phet encontraréis simulaciones donde se incluye el rozamiento tanto en superficie horizontal (**bit.ly/Phet_F_mov_clásico**) como en el plano inclinado (**bit.ly/Phet_Rampa**); en caso de tener problemas, utilizar el simulador **bit.ly/Phet_F_mov**. El objetivo es diseñar y calcular en equipo problemas sencillos de fuerzas, masas y aceleraciones con los cuerpos del simulador y verificar el resultado mediante la aplicación. Tenéis que diseñar tres problemas para una superficie horizontal y tres para el plano inclinado.

Después de verificar estos problemas, construiréis unas fichas con el enunciado para intercambiarlas con los otros grupos.

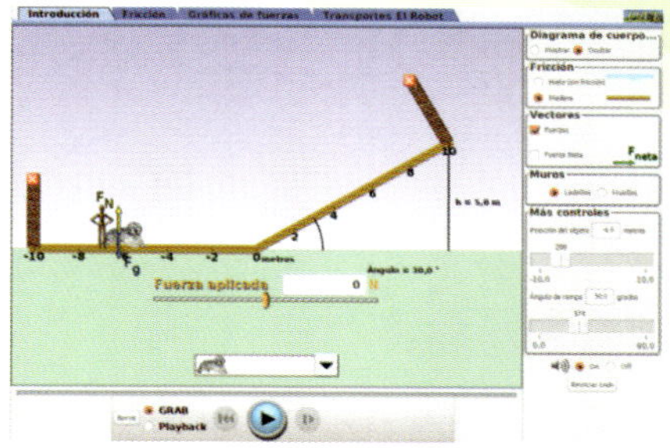

Actividades resueltas

9. Demuestra que la aceleración de un cuerpo que desciende por un plano inclinado de rozamiento μ no depende de su masa. Extiende el análisis a una pendiente de 90°.

Estrategia de resolución

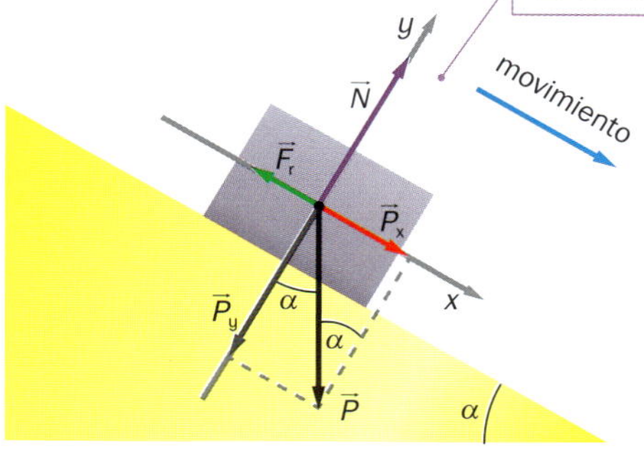

1. Realizamos un dibujo. Elegir un SR donde al menos un eje coincida con la dirección de movimiento.

2. Descomponemos fuerzas que no coincidan con ejes.

$$P_x = P \cdot \text{sen}\,\alpha \qquad P_y = P \cdot \cos\alpha$$

3. 2.ª ley de Newton.

$$\left.\begin{array}{l}\sum F_x = m \cdot a_x \\ \sum F_y = m \cdot a_y\end{array}\right\} \; ; \; \left.\begin{array}{l}P_x - F_r = m \cdot a_x \\ N - P_y = m \cdot \not{a_y}\end{array}\right\}$$

4. Calculamos fuerza, rozamiento y aceleración.

$$F_r = \mu \cdot N = \mu \cdot P_y = \mu \cdot m \cdot g \cdot \cos\alpha$$

$$a = \frac{P_x - F_r}{m} \; ; \; a = g \cdot (\text{sen}\,\alpha - \mu\cos\alpha)$$

Para extender el análisis, basta con tomar $\alpha = 90°$ y obtener $a = g$.

Actividades

18. Deseas subir un cajón de masa m por una rampa de elevación α aplicando una fuerza paralela a la superficie, de valor F. Obtén la expresión de la aceleración si el coeficiente de rozamiento es μ. Calcula la aceleración si m = 80 kg, α = 10°, F = 400 N y μ = 0,15.

S: $a = \frac{F}{m} - g(\text{sen}\,\alpha + \mu\cos\alpha)$; $a = 1{,}84\ \text{m} \cdot \text{s}^{-2}$

19. Determina las fuerzas que realizan las cuerdas para sostener una chaqueta de 2 kg colocada como se muestra en la figura.

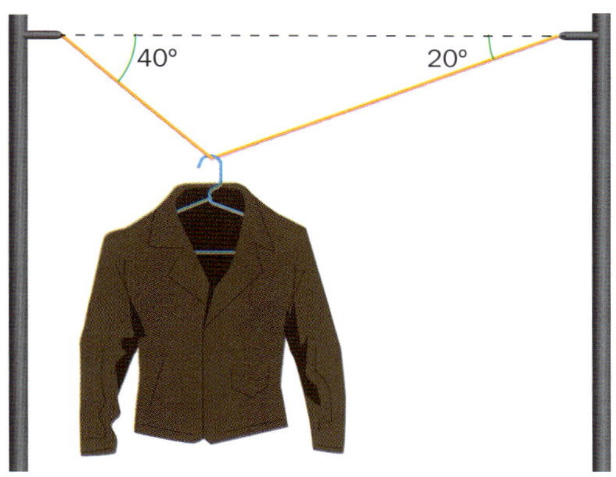

S: $F_{40°} = 21{,}29$ N; $F_{20°} = 17{,}35$ N

20. Un coche de 1,5 T desciende por una pendiente de 25° con un coeficiente de rozamiento de 0,3.

a) ¿Qué fuerza deben ejercer los frenos para que la velocidad se mantenga constante?

b) ¿Qué fuerza debería realizar el motor para que el coche subiese a velocidad constante?

S: *a)* $F_{Freno} = 2\,217{,}93$ N; *b)* $F_{Motor} = 10\,219{,}72$ N

21. Un esquiador llega a una rampa del 15 % a 54 km · h^{-1} ($\mu_{Esquí\text{-}hielo} = 0{,}05$). Nota: una elevación del 15 % indica que asciende 15 m por cada 100 m en horizontal.

a) ¿Cuál es la aceleración con la que sube, qué espacio recorre y qué altura alcanza?

b) Si desciende a continuación, ¿con qué aceleración lo hace y qué velocidad alcanza al final?

S: *a)* $a = -1{,}94\ \text{m} \cdot \text{s}^{-2}$; $x = 57{,}99$ m; $h = 8{,}60$ m
b) $a = 0{,}97\ \text{m} \cdot \text{s}^{-2}$; $v = 10{,}61\ \text{m} \cdot \text{s}^{-1}$

22. Quieres bajar un piano de 350 kg de un camión a 80 cm sobre el suelo utilizando una rampa de 15° y aplicando una fuerza horizontal de 800 N y sentido contrario al movimiento. Determina la aceleración con la que desciende y la velocidad con la que llega al suelo si no hay rozamiento.

S: $a = 0{,}33\ \text{m} \cdot \text{s}^{-2}$; $v = 1{,}43\ \text{m} \cdot \text{s}^{-1}$

6. Fuerza elástica

Cuando una fuerza actúa sobre un cuerpo, puede provocar su **deformación.** El comportamiento de un cuerpo al ser sometido a una fuerza nos permite clasificarlo de la siguiente forma:

Rígido: el cuerpo se fractura bajo la acción de la fuerza.

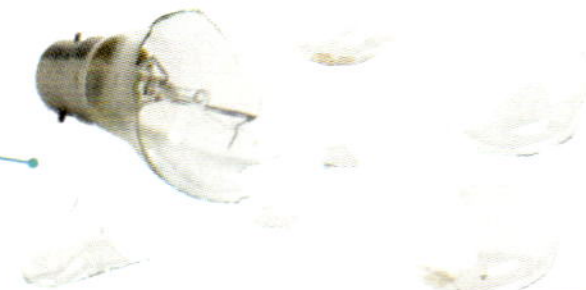

Plástico: el cuerpo se deforma por la acción de una fuerza y no recupera su forma cuando esta cesa.

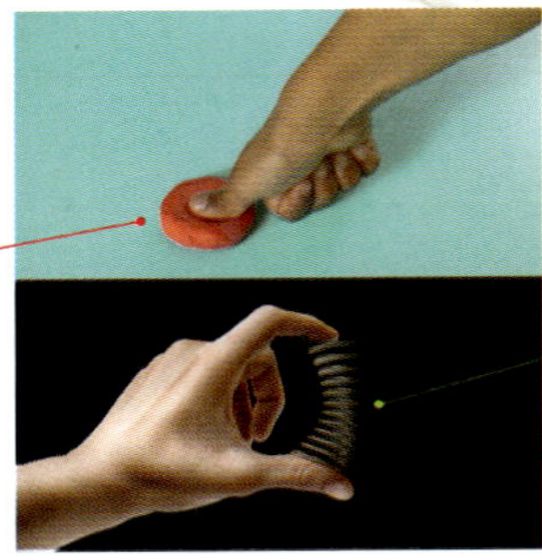

Elástico: el cuerpo, tras deformarse por la acción de una fuerza, recupera su forma original cuando cesa esta fuerza.

Esto sucede siempre que la elongación no supere lo que se conoce como **límite de elasticidad.**

Recuerda

Como puedes observar en la unidad de química industrial, existe un nuevo tipo de material, denominado termoplástico, capaz de recuperar la forma si se le aplica calor. Estrictamente, no puede ser considerado un material elástico, puesto que no existe una fuerza recuperadora, sino una transición de fase entre dos formas alotrópicas.

Robert Hooke determinó en 1660 que en los cuerpos elásticos existe una relación entre la fuerza aplicada y la variación de longitud que experimentan, magnitud que se denomina **elongación (Δx),** y que se concreta en la **ley de Hooke:**

La elongación que experimenta un cuerpo elástico es directamente proporcional a la fuerza deformadora:

$$\vec{F} = k \cdot \Delta\vec{x}$$

Al aplicar una fuerza deformadora a un muelle, este responde con una **fuerza elástica** en la misma dirección, pero en sentido opuesto.

$\vec{F} = -k \cdot \Delta\vec{x}$

Esta fuerza está producida por las interacciones electromagnéticas entre los átomos o moléculas que forman el muelle, que tienden a mantener la distancia.

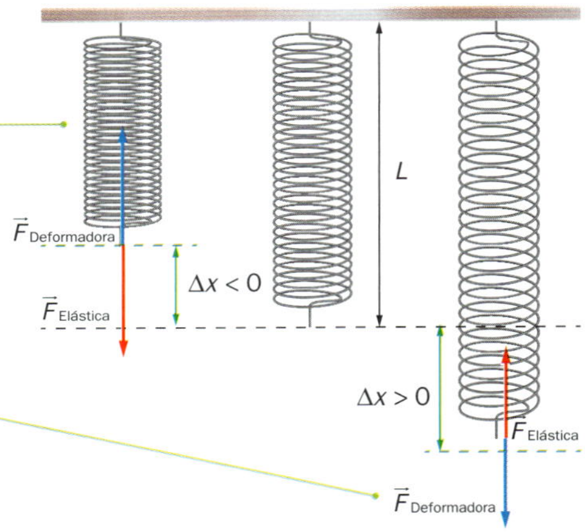

k se conoce con el nombre de **constante elástica** del sistema o rigidez del muelle.

Cuanto mayor es su valor, mayor es la fuerza que se debe aplicar para deformar el cuerpo.

Si la elongación supera un valor conocido como **límite de elasticidad** del muelle, este se deforma y no recupera la longitud inicial. Como consecuencia, la ley de Hooke deja de ser válida.

El **dinamómetro,** instrumento utilizado para medir fuerzas, basa su funcionamiento en la ley de Hooke.

Laboratorio en el aula. Muelles virtuales

5. El objetivo de esta práctica es utilizar la ley de Hooke para definir la gravedad de un planeta desconocido. Accede a **bit.ly/Phet-Muelle-E-MAS** y, conservando los valores por defecto del sistema, determina las constantes elásticas de cada uno de los muelles a partir de los cálculos realizados en la Tierra.

Repite ahora el experimento en diferentes planetas y especifica la gravedad en cada uno de ellos a partir de las diferentes elongaciones calculadas.

Una simulación alternativa que permite analizar el efecto de la fuerza elástica en sistemas de varios muelles la puedes encontrar en **bit.ly/Phet-Hook.** Accede a «Introducción» y verifica que se cumplen las previsiones de la ley de Hooke.

Plantea sobre papel la solución de un sistema formado por dos muelles de diferente constante colocados en paralelo y en serie. Verifica tus cálculos con el simulador.

Análisis dimensional

Vamos a utilizar el análisis dimensional para determinar las dimensiones de k:

$$[k] = \frac{[F]}{[\Delta x]} = \frac{MLT^{-2}}{L} = MT^{-2}$$

Y sus unidades:

$$[k] = \frac{[F]}{[\Delta x]} = N \cdot m^{-1}$$

Actividades resueltas

10. Cuando se cuelga una masa de 30 kg de una cuerda de *puenting,* esta se estira 8 m:

a) ¿Cuánto se estirará si se cuelga una masa de 45 kg?

b) ¿Qué masa se ha de colgar para que la cuerda se alargue 15 m?

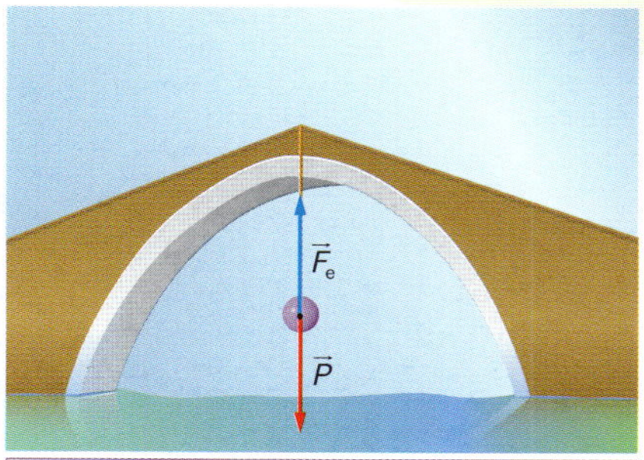

Te proponemos que compruebes la homogeneidad de la ecuación obtenida.

Estrategia de resolución

Existen dos formas de resolver el problema. En la primera se define la constante elástica y se utiliza para los diferentes casos. La segunda es más interesante porque evita hallar la constante y se obtiene el resultado a partir de la comparación de diferentes estados. Este procedimiento es habitual en ciencia, por lo que es conveniente practicarlo.

En los dos casos comenzamos estableciendo la relación entre la fuerza aplicada y la fuerza elástica:

$$\left.\begin{array}{l} F = k \cdot \Delta x \\ F = P = m \cdot g \end{array}\right\} \quad ; \quad \boxed{m \cdot g = k \cdot \Delta x}$$

Utilizando la constante. Determinamos el valor de la constante elástica:

$$k = \frac{m \cdot g}{\Delta x} = \frac{30 \cdot 9{,}8}{8} = 36{,}75\ \text{N} \cdot \text{m}^{-1}$$

a) Calculamos el estiramiento:

$$\Delta x = \frac{m \cdot g}{k} = \frac{45 \cdot 9{,}8}{36{,}75} = 12\ \text{m}$$

b) Hallamos la masa:

$$m = \frac{k \cdot \Delta x}{g} = \frac{36{,}75 \cdot 15}{9{,}8} = 56{,}25\ \text{kg}$$

Sin utilizar la constante. Planteamos las ecuaciones dinámicas para los estados A y B y definimos la relación entre las magnitudes dividiendo ambas ecuaciones:

$$\left.\begin{array}{l} m_A \cdot g = k \cdot \Delta x_A \\ m_B \cdot g = k \cdot \Delta x_B \end{array}\right\} \quad ; \quad \frac{m_A \cdot \not{g}}{m_B \cdot \not{g}} = \frac{\not{k} \cdot \Delta x_A}{\not{k} \cdot \Delta x_B} \quad ; \quad \frac{m_A}{m_B} = \frac{\Delta x_A}{\Delta x_B}$$

a) Asumiendo el estado inicial $m_B = 30$ kg, $x_B = 8$ m y el final $m_A = 45$ kg:

$$\frac{m_A}{m_B} = \frac{\Delta x_A}{\Delta x_B} \quad ; \quad \frac{45\ \text{kg}}{30\ \text{kg}} = \frac{\Delta x_B}{8\ \text{m}} \quad ; \quad \Delta x_B = 12\ \text{m}$$

b) Asumiendo el estado inicial $m_B = 30$ kg, $x_B = 8$ m y el final $x_A = 15$ m:

$$\frac{m_A}{m_B} = \frac{\Delta x_A}{\Delta x_B} \quad \frac{m_B}{30\ \text{kg}} = \frac{15\ \text{m}}{8\ \text{m}} \quad ; \quad m_B = 56{,}25\ \text{kg}$$

11. Un cuerpo de 50 kg descansa sobre un plano inclinado 40° y pende de un muelle de constante elástica 250 N · m⁻¹. Determina la elongación del muelle si no hay rozamiento.

Estrategia de resolución

1. Dibujamos, escogemos el SR, determinamos el sentido del movimiento y descomponemos las fuerzas.
2. Planteamos las ecuaciones de Newton y la condición de aceleración nula:

$$\sum F_x = m \cdot \not{a_x} \quad ; \quad P_x - F_e = 0$$

3. Establecer el valor de la elongación a partir del eje x.

$$F_e = P_x \quad ; \quad k \cdot \Delta x = mg \cdot \text{sen}\,\alpha \quad ; \quad \Delta x = 1{,}26\ \text{N} \cdot \text{m}^{-1}$$

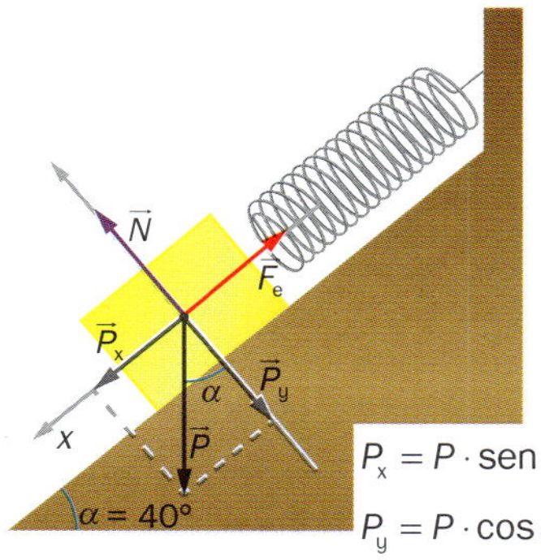

$P_x = P \cdot \text{sen}\,\alpha$

$P_y = P \cdot \cos\alpha$

Actividades

23. Un grupo de trabajo ha definido las siguientes parejas de valores fuerza aplicada-elongación obtenida. Analiza los valores proporcionados mediante una gráfica $F - \Delta x$. Determina el límite de elasticidad y obtén un valor de la constante elástica.

F (N)	5	20	25	35	40	55	60	65	70
Δx (cm)	3	12	15	21	24	33	36	65	90

S: El límite de elasticidad es 36 cm según los datos de la gráfica. A partir de los valores restantes, se obtiene:

$$k = 166{,}67\ \text{N} \cdot \text{m}^{-1}$$

24. Un muelle de 10 cm adquiere una longitud de 14 cm cuando se le aplica una fuerza de 5 N. Determina, en grupo, de forma cooperativa y sin calcular el valor de la constante elástica, las siguientes situaciones:

a) La longitud total del muelle cuando se aplican las siguientes fuerzas: se comprime con 8 N; se estira con 8 N, 12 N, 15 N y 18 N.

b) ¿Qué fuerzas se han aplicado si las longitudes del muelle han sido 4 cm, 21 cm, 28 cm y 32 cm?

S: *a)* 3,6 cm; 16,4 cm; 19,6 cm; 22 cm; 24,4 cm sobra;

b) 7,5 N (compresión); 7,5 N (tracción); 13,75 N; 22,3 N; 27,5 N

7. Sistema de varios cuerpos

Hasta el momento has trabajado con una única partícula, pero en la naturaleza es habitual encontrar cuerpos que actúan de manera conjunta. La estrategia para resolver este tipo de sistemas consiste en dividir el problema en casos simples: para cada cuerpo, se escoge el SR, se dibujan las fuerzas, descomponiéndolas si es necesario, y se plantean las ecuaciones de Newton para cada eje. Para finalizar, se resuelve el sistema de ecuaciones formado por todos los cuerpos.

Estudiemos dos de los casos más habituales: por contacto y mediante uniones.

7.1. Actuación por contacto

Sucede cuando un cuerpo ejerce una determinada acción sobre otro, de manera que surgen un par de fuerzas acción-reacción que obedecen a la tercera ley de Newton. Recuerda que estas fuerzas no se anulan, ya que actúan sobre cuerpos distintos.

Actividades resueltas

12. En un sistema de dos cajas de 50 y 70 kg en contacto, se realiza una fuerza de empuje de 300 N sobre la caja de mayor masa. Si el coeficiente de rozamiento dinámico es de 0,2, halla la aceleración de desplazamiento del sistema y la fuerza que experimenta la superficie de contacto entre ellas.

Estrategia de resolución

1. Asumimos un sentido de avance del movimiento.
2. Etiquetamos y dibujamos el SR de cada cuerpo sobre el centro de masas (CM). Tomamos el sentido de movimiento con semieje *x* positivo:

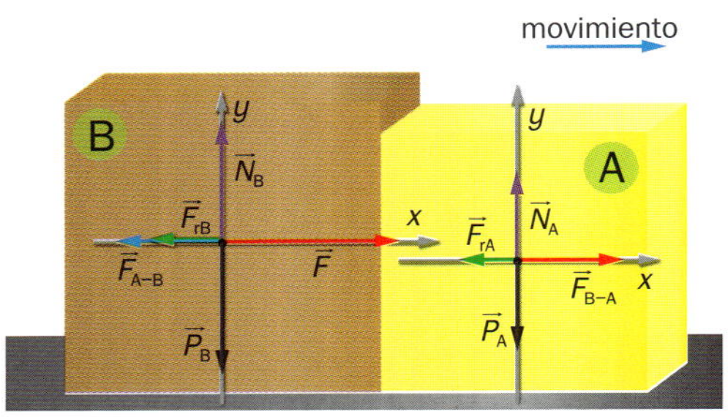

Recuerda que las fuerzas acción-reacción no se anulan porque actúan sobre cuerpos diferentes.

3. Localizamos todas las fuerzas que actúan sobre cada cuerpo en el CM.
4. En el caso de cuerpos en contacto, tenemos un par de fuerzas acción-reacción que son de igual valor y de sentido contrario:

$$\vec{F}_{BA} = -\vec{F}_{AB}$$

5. Descomponemos las fuerzas sobre los ejes en caso necesario.
6. Aplicamos la ley fundamental de la dinámica sobre cada cuerpo y cada eje. Recuerda:
   - En el eje *y* no hay desplazamiento, por lo que su aceleración es nula.
   - En el eje *x*, los dos cuerpos se desplazan con la misma aceleración: ($a_x = a$).

$$\text{Cuerpo A:} \left.\begin{array}{l} \sum F_x^A = m_A \cdot a_x \\ \sum F_y^A = m_A \cdot \cancel{a_y} \end{array}\right\} \; ; \; \left.\begin{array}{l} F_{BA} - F_{r_A} = m_A \cdot a \\ N_A - P_A = 0 \end{array}\right\}$$

$$\text{Cuerpo B:} \left.\begin{array}{l} \sum F_x^B = m_B \cdot a_x \\ \sum F_y^B = m_B \cdot \cancel{a_y} \end{array}\right\} \; ; \; \left.\begin{array}{l} F - F_{AB} - F_{r_B} = m_B \cdot a \\ N_B - P_B = 0 \end{array}\right\}$$

7. A partir del eje *y*, determinamos las fuerzas de rozamiento para cada cuerpo:

Cuerpo A: $N_A - P_A = 0 \quad ; \quad N_A = P_A$

De donde obtenemos: $F_{rA} = \mu N_A = \mu P_A = \mu m_A g = 98\ \text{N}$

Cuerpo B: $N_B - P_B = 0 \quad ; \quad N_B = P_B$

De donde obtenemos: $F_{rB} = \mu N_B = \mu P_B = \mu m_B g = 137{,}2\ \text{N}$

8. Resolvemos el sistema de ecuaciones por el método de reducción y hallamos la aceleración

$$\left.\begin{array}{l} \cancel{F_{BA}} - F_{rA} = m_A \cdot a \\ F - \cancel{F_{AB}} - F_{rB} = m_B \cdot a \end{array}\right\} \; ; \; F - F_{rA} - F_{rB} = (m_A + m_B) \cdot a$$

$$a = \frac{F - F_{rA} - F_{rB}}{m_A + m_B} = 0{,}54\ \text{m} \cdot \text{s}^{-2}$$

IMPORTANTE
El par de fuerzas acción-reacción NUNCA aparece al final.

9. Al sustituir en la ecuación de cualquier cuerpo, obtenemos las fuerzas sobre las manos:

$$F_{BA} = m_A \cdot a + F_{rA} = 125\ \text{N}$$

O bien: $F_{AB} = F - F_{rB} - m_B \cdot a = 125\ \text{N}$

Análisis: observa que, de los 300 N de fuerza, 98 N + 137,2 N = 235,2 N se utilizan para superar el rozamiento y el resto se emplea en acelerar el sistema.

300 N		
98 N	137,2 N	*a*

7.2. Actuación mediante uniones inextensibles

En ocasiones, los cuerpos que interactúan se encuentran unidos por cuerdas que consideraremos inextensibles. De esta manera:

- Estas uniones se convierten en meros transmisores de la interacción a través de un par de fuerzas acción-reacción, denominado **tensión.**
- Si aparece alguna polea, esta únicamente cambia la dirección de la tensión.

Laboratorio en el aula. Observando la tensión

6. Vas a comprobar cómo se comportan las interacciones a través de una cuerda en el movimiento de un sistema de dos cuerpos. Monta el sistema de la figura y déjalo libre mientras grabas los valores de los dinamómetros durante la caída. ¿Cuánto marcan los dinamómetros? ¿Serías capaz de determinar si su valor afecta a la aceleración?

Escoge las masas para que el movimiento sea acelerado pero permita la observación.

Actividades resueltas

13. Se unen con una cuerda dos cuerpos A y B según la figura. Determina la aceleración del sistema y la tensión de la cuerda si se deja en libertad desde el reposo.

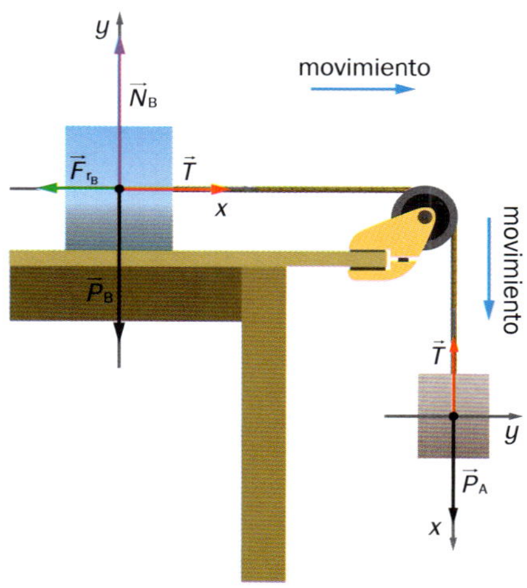

Estrategia de resolución

1. Identificamos los cuerpos, la dirección de movimiento y el SR. Es evidente que, desde el reposo, el cuerpo A solo puede bajar.
2. Localizamos las fuerzas y planteamos las ecuaciones recordando que la tensión es la misma por toda la cuerda.

$$\text{Cuerpo A: } \sum F_x^A = m_A \cdot a_x \quad ; \quad P_A - T = m_A \cdot a$$

$$\text{Cuerpo B: } \left.\begin{array}{l} \sum F_x^B = m_B \cdot a_x \\ \sum F_y^B = m_B \cdot \cancel{a_y} \end{array}\right\} \quad ; \quad \left.\begin{array}{l} T - F_{rB} = m_B \cdot a \\ N_B - P_B = 0 \end{array}\right\}$$

3. Obtenemos la fuerza de rozamiento sobre el cuerpo B:

$$N_B - P_B = 0 \quad ; \quad N_B = P_B \qquad \text{De donde: } F_{rB} = \mu N_B = \mu P_B = \mu m_B g$$

4. A partir de la combinación lineal de la segunda ley de Newton para ambos cuerpos, calculamos la aceleración del sistema para cada cuerpo en el eje de movimiento:

$$P_A - \cancel{T} + \cancel{T} - F_{rB} = (m_A + m_B) \cdot a \quad ; \quad \boxed{a = \frac{P_A - F_{r_B}}{m_A + m_B}}$$

5. La expresión final queda más uniforme sustituyendo por sus valores:

$$a = \frac{m_A \cdot g - \mu \cdot m_B \cdot g}{m_A + m_B} \quad ; \quad \boxed{a = \frac{m_A - \mu \cdot m_B}{m_A + m_B} \cdot g}$$

6. La tensión se puede determinar a partir de la ecuación de cualquier cuerpo:

$$T = P_A - m_A \cdot a = m_A (g - a)$$

Análisis dimensional

Vamos a realizar un análisis dimensional de las ecuaciones obtenidas para verificar su homogeneidad:

$$[P_A] = [F_{r_B}] = M \cdot L \cdot T^{-2}$$

$$[m_A] = [m_B] = M$$

Por lo que resulta:

$$[a] = \frac{M \cdot L \cdot T^{-2}}{M} = L \cdot T^{-2}$$

En ocasiones, el sentido del movimiento no se puede deducir fácilmente de los valores. En estas situaciones se supone un sentido y se establece la aceleración:

- Si esta es positiva, el sentido es correcto.
- Si es negativa, se invierte el sentido y el de las fuerzas de rozamiento y se recalcula la aceleración. Si es positiva, este es el sentido correcto.
- Si vuelve a salir negativa, el sistema no se desplaza, sino que permanece en reposo.

Actividades resueltas

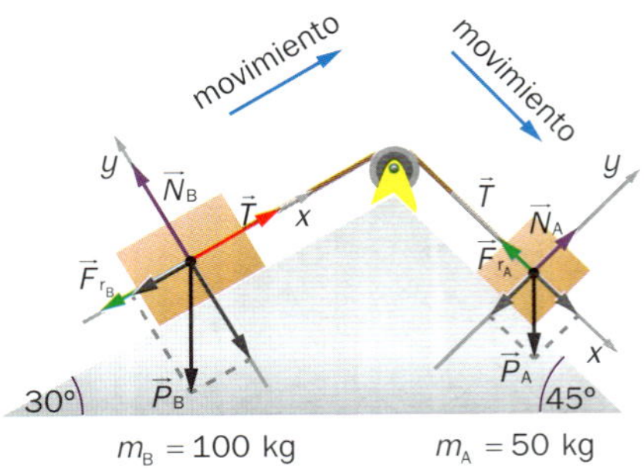

14. Sean dos cuerpos como los de la figura. Sabiendo que los dos coeficientes de rozamiento son 0,3, determina el sentido del movimiento.

Estrategia de resolución

Identificamos los cuerpos y asumimos un sentido del movimiento: supondremos que desciende por el plano de 45°. Dibujamos las fuerzas, descomponemos los pesos y obtenemos las ecuaciones dinámicas. Después sumamos las expresiones para conseguir la ecuación global:

$$\left.\begin{array}{l} P_{xA} - T - F_{rA} = m_A a \\ T - P_{xB} - F_{rB} = m_B a \end{array}\right\} \quad ; \quad P_{xA} - P_{xB} - F_{rA} - F_{rB} = (m_A + m_B) \cdot a$$

Puedes resolver el sistema utilizando valores, pero es conveniente que adquieras destreza en la operatividad. Obtenemos la expresión matemática de la aceleración:

$$a = g \cdot \frac{m_A \cdot \text{sen}(45) - m_B \cdot \text{sen}(30) - \mu(m_A \cdot \cos(45) + m_B \cdot \cos(30))}{m_A + m_B} = -3{,}35 \text{ m} \cdot \text{s}^{-2}$$

Como el valor es negativo, habrá que invertir el sentido del movimiento para obtener una aceleración negativa de $-1{,}44$ m · s^{-2}, por lo que el sistema no se desplaza.

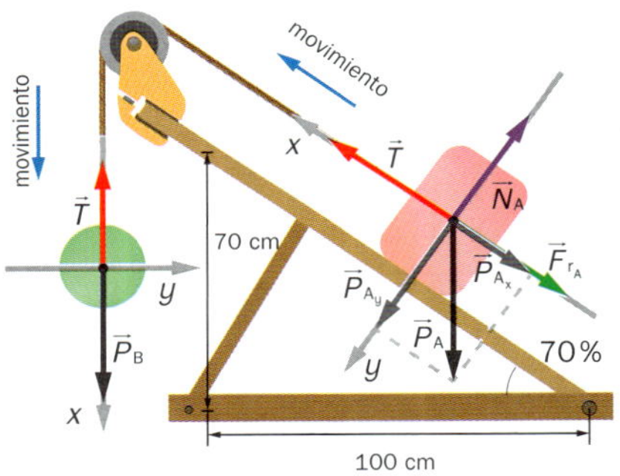

15. Para el sistema sin rozamiento de la figura determina:

- La expresión de la aceleración en función de las masas de los cuerpos.
- La expresión de la masa B en función de la aceleración

Tabula mediante una hoja de cálculo la masa B necesaria y la tensión obtenida para conseguir aceleraciones entre 0 y 2 m · s^{-2} con intervalos de 0,2 m · s^{-2}. (Masa A = 30 kg.)

Estrategia de resolución

1. Adecuamos las unidades al SI y se determina el ángulo del plano inclinado:

   En una pendiente del 70 % se ascienden 70 cm por cada 100 cm de avance horizontal:

$$\text{tg}\,\alpha = \frac{70}{100} \quad ; \quad \alpha = 35°$$

2. Descomponemos el peso y se aplica la ley fundamental de la dinámica:

$$\left.\begin{array}{l} T - P_{xA} = m_A \cdot a \\ P_B - T = m_B \cdot a \end{array}\right\} \quad ; \quad P_B - P_{xA} = (m_B + m_A) \cdot a$$

3. Determinamos la aceleración y, a partir de ella, la masa colgante:

$$\boxed{a = \frac{m_B - m_A \cdot \text{sen}\,\alpha}{m_B + m_A} \cdot g} \qquad \boxed{m_B = m_A \cdot \frac{a + g \cdot \text{sen}\,\alpha}{g - a}}$$

4. Para conocer la tensión de la cuerda, determinamos la tensión:

$$T = m_A \cdot a + P_{xA} \quad ; \quad \boxed{T = m_A \cdot (a + g \cdot \text{sen}\,\alpha)}$$

Las expresiones anteriores permiten responder el último apartado; además, es posible utilizarlas en la hoja de cálculo:

a (m · s^{-2})	0	0,2	0,4	0,6	0,8	1	1,2	1,4	1,6	1,8	2
m_B (kg)	17,21	18,19	19,22	20,29	21,40	22,57	23,79	25,08	26,42	27,83	29,31
T (N)	168,63	174,63	180,63	186,63	192,63	198,63	204,63	210,63	216,63	222,63	228,63

IMPORTANTE

Es recomendable utilizar aquella ecuación que emplea datos iniciales.

7.3. Máquina de Atwood: la polea

Desde la Antigüedad, se ha utilizado una máquina capaz de redirigir el sentido de la fuerza para hacerla más cómoda: la polea, también conocida como máquina de Atwood. En ella lo único que se produce es un cambio en el sentido y, en ocasiones, en la dirección de la fuerza.

Actividades resueltas

16. Dos cuerpos de 3 y 5 kg cuelgan en reposo de los dos extremos de una polea. ¿Cuánto tiempo tarda en ascender 3 m el cuerpo de menos masa si se deja libre el sistema?

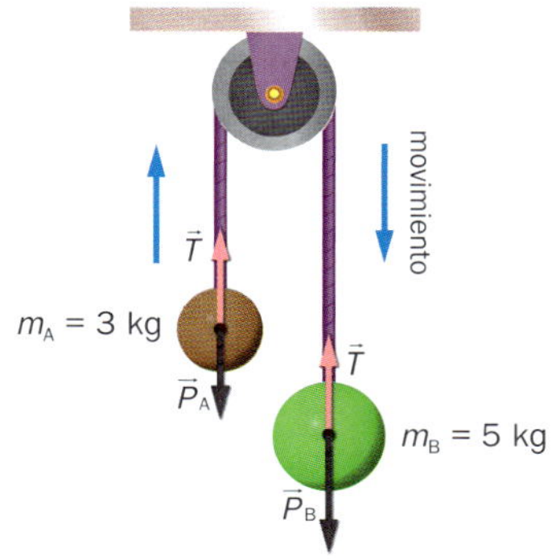

Estrategia de resolución

El sentido del movimiento es tal que el cuerpo de mayor masa desciende.

1. Dibujamos el SR, se plantean las fuerzas y escribimos las ecuaciones de Newton.

$$\sum F_A = m_A a \quad ; \quad P_A - T = m_A a \qquad \sum F_B = m_B a \quad ; \quad T - P_B = m_B a$$

2. Resolvemos el sistema y se obtiene la aceleración.

$$P_A - T + T - P_B = (m_A + m_B) \cdot a \quad ; \quad a = \frac{P_A - P_B}{m_A + m_B} = \frac{m_A - m_B}{m_A + m_B} \cdot g = 2{,}45 \text{ m} \cdot \text{s}^{-2}$$

El cuerpo de menor masa ascenderá con un MRUA, por lo que tardará en recorrer 3 m desde el reposo:

$$h = \cancel{h_0} + \cancel{v_0} t + \frac{1}{2} a t^2 \quad ; \quad t = \sqrt{\frac{2h}{a}} = 1{,}56 \text{ s}$$

! Importante

Se dibuja el semieje X positivo a favor del sentido del movimiento.

Actividades

25. Se empuja con una fuerza de 108 N un cuerpo de 12 kg que, a su vez, empuja a otro de 15 kg. Calcula la aceleración que adquieren, así como la fuerza de contacto en estos casos:

a) Superficie horizontal sin rozamiento.

b) Superficie horizontal con rozamiento de 0,1.

c) Plano inclinado 15° sin rozamiento y fuerza ascendente paralela al plano.

d) Plano inclinado 15° con rozamiento de 0,1 y fuerza ascendente paralela al plano.

S: *a)* $a = 4{,}00$ m · s^{-2}; $F_{AB} = 60$ N

b) $a = 3{,}02$ m · s^{-2}; $F_{AB} = 60$ N

c) $a = 1{,}46$ m · s^{-2}; $F_{AB} = 60$ N

d) $a = 0{,}51$ m · s^{-2}; $F_{AB} = 60$ N

26. Se cuelgan de una polea dos cuerpos de 650 g y 1,3 kg. ¿Cuál es la aceleración que adquiere el sistema y qué tensión soporta la cuerda?

S: $a = 3{,}27$ m · s^{-2}; $T = 8{,}50$ N

27. Dos cuerpos de 20 y 35 kg están unidos por una cuerda sobre una superficie horizontal con 0,2 de coeficiente de rozamiento. ¿Cuál es la mayor fuerza que puede actuar sobre el cuerpo de más masa si la cuerda es capaz de soportar una fuerza máxima de 200 N?

S: $F = 550$ N

28. Dos cuerpos de 40 y 20 kg reposan en un doble plano inclinado de 30° y 60°, respectivamente, con un coeficiente de rozamiento de 0,4. Halla el sentido del movimiento, así como la aceleración alcanzada, si se deja el sistema en libertad.

S: No se mueve en ningún sentido.

29. ¿Es posible subir por una rampa del 30 % dos cuerpos de 30 y 45 kg que estén en contacto directo si se realiza una fuerza de 75 N paralela a la superficie sobre el cuerpo de menor masa?

S: No, el sistema descenderá con una $a = 1{,}82$ m · s^{-2}.

30. Un tractor de 3 t quiere subir un remolque de 1,5 T por una rampa del 20 %. ¿Qué fuerza mínima debe desarrollar para conseguirlo? ¿Qué fuerza ha de soportar el anclaje que une ambos cuerpos? Al llevar ruedas, para hacer los cálculos, supón que no existe rozamiento.

S: $F_{Tractor} = 8\,657{,}60$ N; $F_{Anclaje} = 5\,771{,}73$ N

31. De una máquina de Atwood se cuelgan dos cuerpos, uno de masa desconocida (m_A) y otro de 15 kg (m_B). Determina la expresión que permite obtener m_A en función de m_B y de la aceleración de movimiento, y calcula al valor de m_A si:

a) El cuerpo A desciende a 2 m · s^{-2}.

b) El cuerpo A asciende a 2 m · s^{-2}.

S: *a)* $m_A = m_B \cdot \frac{g+a}{g-a}$; $m_A = 22{,}68$ kg

b) $m_A = m_B \cdot \frac{g-a}{g+a}$; $m_A = 9{,}92$ kg

8. Dinámica circular

Observa las siguientes situaciones. ¿Qué fuerza hace que el sistema gire en círculo?

En el MCU, aunque el módulo de la velocidad se mantiene constante, se produce una variación en la dirección de la velocidad, por lo que existe una aceleración responsable de dicho cambio: la **aceleración normal** (a_n) o **centrípeta** (a_{cp}).

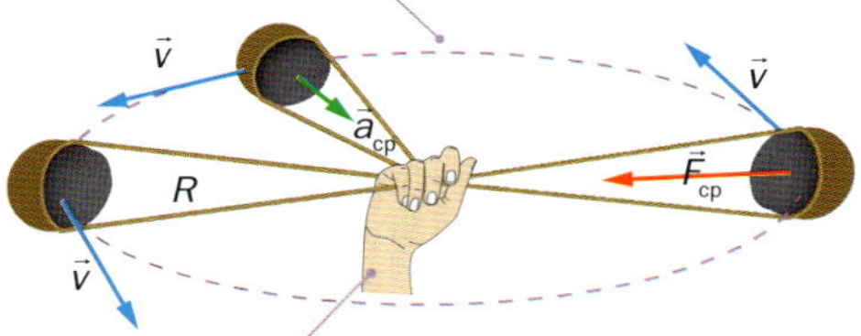

$$a_{cp} = \frac{v^2}{R} = \omega^2 \cdot R$$

De acuerdo con la segunda ley de Newton, debe existir una fuerza responsable de esta aceleración: la **fuerza normal** (F_n) o **centrípeta** (F_{cp}).

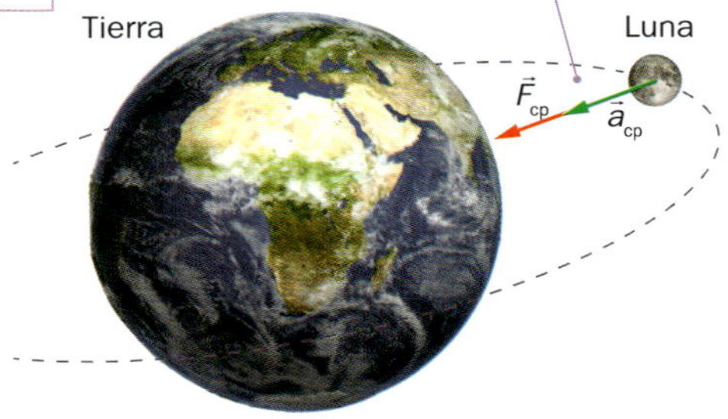

La **fuerza normal** o **centrípeta** es la resultante de un conjunto de fuerzas, por lo que no tiene por qué corresponder a una fuerza en concreto.

Se denomina **fuerza normal** o **centrípeta** a la resultante de todas las fuerzas de un sistema que provocan que este realice un movimiento circular uniforme. Es un vector de dirección radial con sentido hacia el centro y cuyo valor es:

$$F_{cp} = m \cdot a_{cp} \quad ; \quad F_{cp} = m \cdot \frac{v^2}{R} = m \cdot \omega^2 \cdot R,$$ donde m es la masa del cuerpo que gira.

8.1. Sistemas inerciales y no inerciales

Quizás hayas oído que en una curva es la fuerza centrífuga la que te empuja hacia el exterior, pero ¿existe esa fuerza?, ¿qué interacción la provoca?

Este razonamiento está motivado por una mala interpretación. Cuando un observador siente que lo «empujan» hacia el exterior de la curva, en realidad está sometido a aceleración centrípeta o normal, y dicha fuerza aparente es el resultado de un sistema de referencia no inercial (SRNI). En consecuencia, para explicar esa sensación, se introduce una fuerza ficticia: la fuerza centrífuga, que **carece de existencia real.**

Un observador exterior explicaría esta tendencia por el principio de inercia, que tiende a mantener el estado cinético del sistema mientras gira a consecuencia de la fuerza centrípeta.

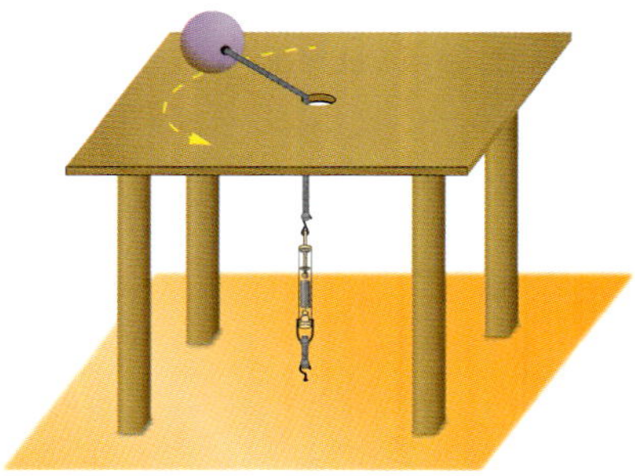

Actividades

32. ¿Qué tipo de movimiento describe la piedra cuando se suelta la onda, es decir, cuando cesa de actuar la fuerza centrípeta? ¿Qué pasaría si desapareciera el Sol?

33. Colocamos una piedra de 200 g en una onda de 50 cm de radio y la hacemos girar a 20 vueltas por minuto. ¿A qué tensión está sometida la cuerda de la onda?

S: $T = 0{,}44$ N

34. Cuando se hace girar un cuerpo en el sistema de la figura a 15 rpm, el dinamómetro marca 2,5 N. ¿Cuál es la masa del cuerpo si no hay rozamiento? ($R = 30$ cm)

S: $m = 3{,}38$ kg

Actividades resueltas

17. Un coche de masa m describe una curva de radio R sobre una superficie horizontal con un coeficiente de rozamiento μ. ¿Cuál es la máxima velocidad a la que puede circular sin salirse de la carretera si la curva no está peraltada o si su peralte posee un ángulo α? ¿Y el caso de que no hubiese rozamiento?

Estrategia de resolución

Curva sin peralte

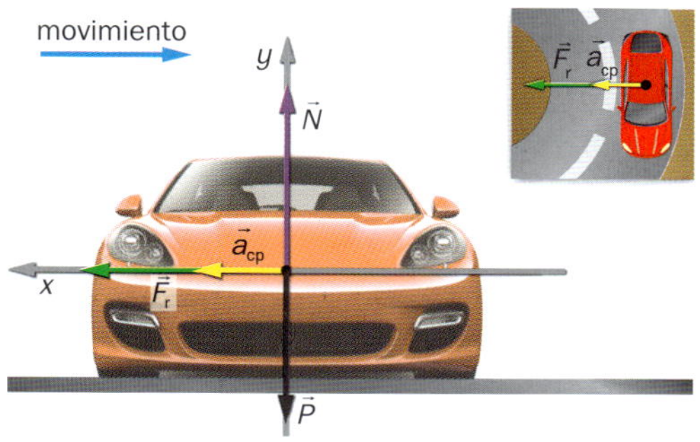

Aplicando el principio fundamental de la dinámica:

$$\left.\begin{array}{l} F_r = ma_{cp} \\ N - P = m \cdot \cancel{a_y} \end{array}\right\} \quad ; \quad F_r = \mu N = \mu \cdot P = \mu mg$$

El rozamiento es la única fuerza centrípeta:

$$\mu \cancel{m} g = \cancel{m} \cdot \frac{v^2}{R} \quad ; \quad \boxed{v = \sqrt{\mu \cdot g \cdot R}}$$

En el caso de que no exista rozamiento ($\mu = 0$), se obtiene que la velocidad es nula, es decir, que, a cualquier velocidad, el vehículo saldrá despedido.

Observa que la velocidad máxima con la que se puede tomar una curva no depende de la masa, sino del radio y del coeficiente de rozamiento entre los neumáticos y la superficie.

Por esta razón se construyen carreteras con asfaltos que maximizan el rozamiento. El otro factor que se debe tener en cuenta es el estado del neumático: si su presión no es la correcta, el rozamiento disminuye y se incrementa el riesgo de salir despedido en una curva.

Curva con peralte

La superficie está inclinada respecto a la horizontal.

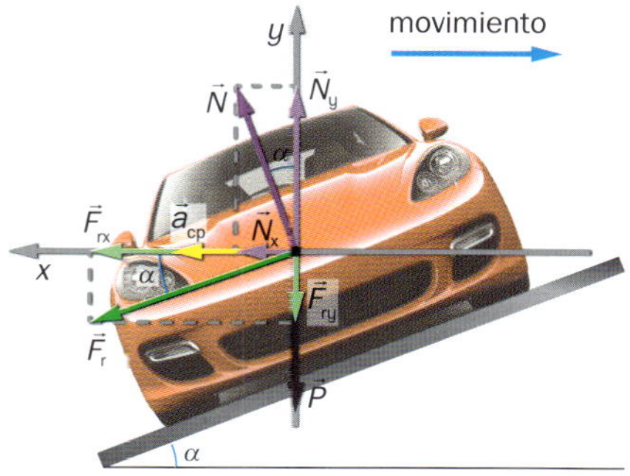

$$N_x = N \cdot \operatorname{sen}\alpha$$
$$N_y = N \cdot \cos\alpha$$
$$F_{rx} = F_r \cdot \cos\alpha$$
$$F_{ry} = F_r \cdot \operatorname{sen}\alpha$$

Aplicando el principio fundamental de la dinámica:

$$\left.\begin{array}{l} N_x + F_{rx} = ma_{cp} \\ N_y - F_{ry} - P = m\cancel{a_y} \end{array}\right\} \quad ; \quad \left.\begin{array}{l} N \operatorname{sen}\alpha + \mu \cdot N \cos\alpha = m \cdot a_{cp} \\ N \cos\alpha - \mu \cdot N \operatorname{sen}\alpha - mg = 0 \end{array}\right\}$$

De la segunda ecuación:

$$N = \frac{mg}{\cos\alpha - \mu \cdot \operatorname{sen}\alpha}$$

Sustituyendo en la primera ecuación:

$$\frac{\cancel{m}g}{\cos\alpha - \mu \cdot \operatorname{sen}\alpha}(\operatorname{sen}\alpha + \mu\cos\alpha) = \cancel{m}\frac{v^2}{R}$$

Obtenemos:

$$\boxed{v = \sqrt{g \cdot R \cdot \frac{\operatorname{sen}\alpha + \mu \cdot \cos\alpha}{\cos\alpha - \mu \cdot \operatorname{sen}\alpha}}}$$

En el caso de que no exista rozamiento ($\mu = 0$), obtenemos:

$$\boxed{v = \sqrt{g \cdot R \cdot \operatorname{tg}\alpha}}$$

Actividades

35. Una moto toma una curva sin peralte de 90 m de radio a 120 km $\cdot$ h^{-1}. ¿Derrapará si el coeficiente de rozamiento es 1,5? ¿Y si llueve y el coeficiente disminuye hasta 1?

S: No, en el primer caso, y sí, en el segundo caso.

36. ¿Cuál es la masa máxima que debe poseer un vehículo para no derrapar en una curva de 45 m de radio con 5° de peralte si el coeficiente de rozamiento es 0,2? ¿Cómo afecta la masa a la fuerza de rozamiento?

37. ¿Cuál es la fuerza centrípeta, de rozamiento y el coeficiente de rozamiento mínimo que tiene que poseer un coche de 1 200 kg si toma una curva horizontal de 60 m de radio a 90 km $\cdot$ h^{-1}? ¿Y si posee un peralte de 4°?

S: $F_{cp} = F_r = 12\,500$ N; $\mu = 1{,}06$; $F_{cp}^{4°} = 12\,500$ N; $F_r^{4°} = 11\,603{,}15$ N; $\mu^{4°} = 0{,}92$

Dinámica 2.0

Un tiovivo es un ejemplo de sistema que realiza un movimiento circular, dónde se puede observar que la fuerza normal o centrípeta es la resultante de otras.

En el siguiente simulador puedes ver este hecho y visualizar los efectos:

bit.ly/Fendt_Carrusel

Hasta el momento has podido observar a la fuerza centrípeta actuando en horizontal, pero ¿qué pasa si el movimiento sucede en vertical?

Actividades resueltas

18. Se desea girar un cubo de 500 g con 5 L de agua unido a una cuerda de 60 cm en un plano vertical. Determina:

a) ¿Cuál ha de ser la velocidad mínima para que gire? ¿Qué tensión posee la cuerda en ese instante?

b) ¿Cuál puede ser su velocidad máxima de giro sabiendo que la tensión máxima soportada por la cuerda es de 150 N?

c) Determina la expresión de la tensión máxima y mínima en función de la velocidad lineal de giro.

Estrategia de resolución

Estamos ante un giro en vertical donde parte de la fuerza centrípeta se debe a la tensión: ¿será constante durante el movimiento?

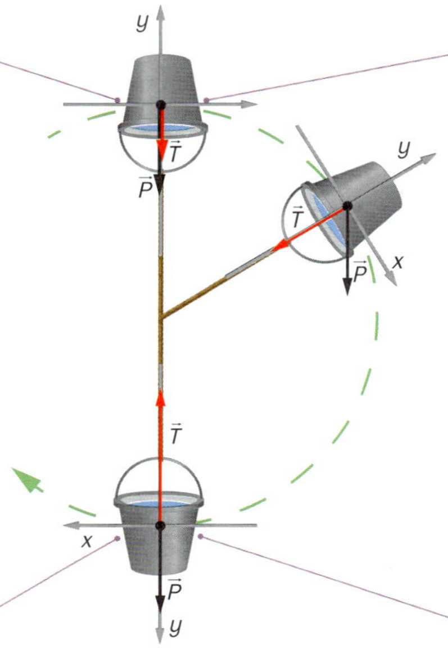

a) Es necesario que el cuerpo supere el punto más alto sin tensión (que sea nula). En este instante:

$$\not{T} + P = ma_{cp} \quad ; \quad \not{m}g = \not{m}\frac{v^2}{R} \quad ; \quad v = \sqrt{gR}$$

En consecuencia:

$$v = \sqrt{9{,}81\ \text{m}\cdot\text{s}^{-2}\cdot 0{,}6\ \text{m}} = 2{,}43\ \text{m}\cdot\text{s}^{-1}$$

b) Determinamos la velocidad máxima a partir de la tensión máxima, que se alcanza en el punto más bajo:

$$T - P = ma_{cp} \quad ; \quad T - mg = m\cdot\frac{v^2}{R} \quad ; \quad v = \sqrt{R\left(\frac{T}{m} - g\right)}$$

La masa total del cubo, considerando que la densidad del agua es de 1 kg · L^{-1}, sería de 5,5 kg. Sustituyendo los valores, obtenemos $v = 3{,}24\ \text{m}\cdot\text{s}^{-1}$.

c) La tensión mínima sucederá en el punto más alto:

$$T + P = ma_{cp}$$

$$\boxed{T = m\left(\frac{v^2}{R} - g\right)}$$

d) La tensión máxima sucederá en el punto más bajo:

$$T - P = ma_{cp}$$

$$\boxed{T = m\left(\frac{v^2}{R} + g\right)}$$

Como se puede observar, la tensión de la cuerda no permanece constante a lo largo del giro, pero sí lo hace la fuerza centrípeta.

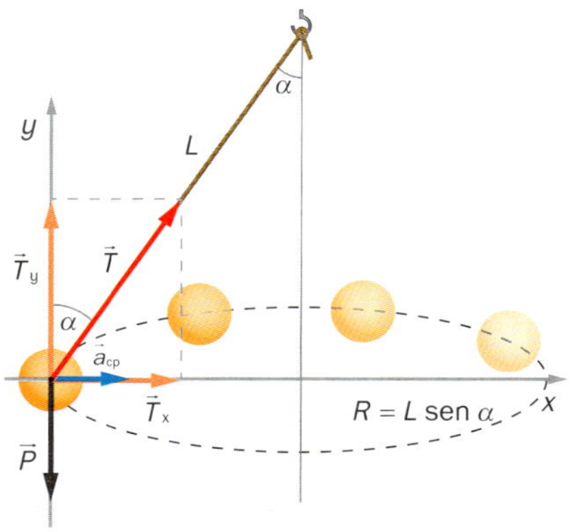

El péndulo cónico es un cuerpo de masa m que gira en círculos horizontales y cuelga de un punto fijo y formando un ángulo 2α.

19. Sea el péndulo cónico de apertura 2α. Determina la expresión de la tensión de la cuerda y de la velocidad de giro en función de los parámetros del sistema.

Estrategia de resolución

1. Dibujamos el SR sobre el cuerpo, descomponemos las fuerzas sobre los ejes y obtenemos la expresión del radio de giro en función de los datos.
2. Planteamos el principio fundamental de la dinámica para ambos ejes:

$$\left.\begin{array}{l} T_x = ma_{cp} \\ T_y - P = m\not{a_y} \end{array}\right\} \quad ; \quad \left.\begin{array}{l} T\,\text{sen}\,\alpha = m\cdot\dfrac{v^2}{R} \\ T\cos\alpha - mg = 0 \end{array}\right\}$$

3. Obtenemos la expresión de la tensión a partir del eje *y*: $T = \dfrac{mg}{\cos\alpha}$
4. Sustituimos la expresión en el eje *y* y determinamos la velocidad que se pide:

$$\left(\frac{\not{m}g}{\cos\alpha}\right)\cdot\text{sen}\,\alpha = \not{m}\cdot\frac{v^2}{R} \quad ; \quad v = \sqrt{gR\,\text{tg}\,\alpha}$$

Laboratorio en el aula. El coche giratorio

7. Necesitaréis un coche pequeño autopropulsado (debéis conocer su masa), un hilo fino capaz de soportar bastante fuerza y un portapesas. La experiencia consiste en determinar la velocidad del vehículo a través de dos experiencias.

Unid el coche con el hilo y pasad este por un orificio realizado en una superficie horizontal. En el otro extremo del hilo se engancha el portapesas.

Poned en marcha el vehículo y calibrad la cantidad de pesas necesarias para que el vehículo gire en círculos de radio constante.

- Las magnitudes medidas son la masa del portapesas y el radio de la trayectoria.
- La magnitud que se debe calcular es la velocidad lineal.

Para comparar el resultado, se calcula el tiempo que tarda en ejecutar diez vueltas y, junto con el radio, se determina la velocidad lineal. Realizad el experimento tres veces y obtened la media. Analizad los resultados con su error.

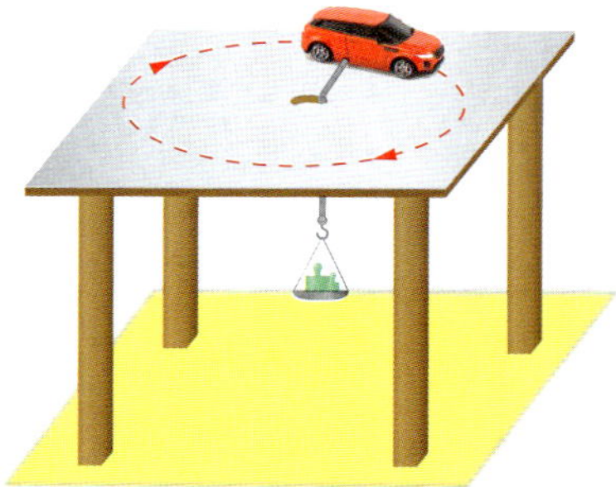

Actividades

38. Una ingeniera debe diseñar una curva horizontal para diferentes carreteras a partir de las velocidades máximas de circulación incrementadas con un margen de seguridad del 40 %. ¿Cuál será la hoja de cálculo que proporcione el radio mínimo de las curvas que construya para coeficientes de rozamiento entre 0 y 4 en intervalos de 1? Velocidades máximas:

Autopista	Autonómica	Comarcal
120 km · h^{-1}	100 km · h^{-1}	80 km · h^{-1}

S: La tabla, incluyendo las referencias absolutas, es:

***R* (m)**		***μ***				
v (m · s^{-1})	**v + margen**	**0**	**1**	**2**	**3**	**4**
120	168	∞	222,00	111,00	74,00	55,50
100	140	∞	154,16	77,08	51,39	38,54
80	112	∞	98,66	49,33	32,89	24,67

39. En algunas ferias existe una atracción formada por un disco de 10 m de diámetro que da vueltas. Determina el coeficiente de rozamiento que ha de poseer entre su superficie y las suelas de los zapatos para que el participante gire dando 12 vueltas/min.

S: $\mu = 1{,}61$

40. Justifica por qué en un tiovivo todos los participantes giran describiendo un mismo ángulo con la vertical si cada uno posee diferente masa.

41. Analiza, para un péndulo cónico, la variación de la tensión y de la velocidad de giro en función del ángulo de apertura del cono, en especial, en los casos 0° y 90°.

42. En un tiovivo o carrusel está sentada una persona de 70 kg. Cuando el carrusel gira a 4 vueltas por minuto, la persona se desplaza a 6 m del eje de giro. Determina la fuerza centrípeta que posee, el ángulo que forma el cable con la vertical y la tensión del mismo.

S: $F_{cp} = 73{,}69$ N; $\alpha = 6{,}13°$; $T = 690{,}65$ N

43. Obtén la expresión matemática que proporciona la tensión de una cuerda en función del ángulo de giro para un cuerpo de masa *m* que gira en vertical a una velocidad *v*.

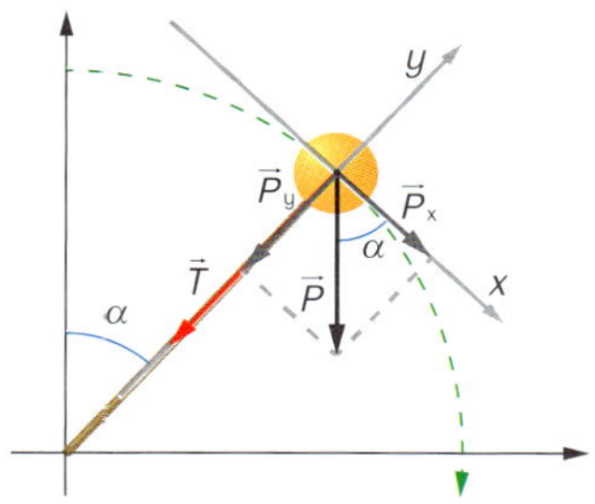

S: $T = m\left(\dfrac{v^2}{R} - g\,\text{sen}\,\alpha\right)$

44. La «Bola de la Muerte» es una atracción donde un motorista gira en su interior sin caerse. Para una bola de 8 m de diámetro y una masa motorista + moto de 180 kg, calcula:

a) La velocidad mínima que ha de tener para que ejecute una vuelta vertical.

b) La fuerza máxima que ha de soportar la pista sin romperse si se circula con esa velocidad.

c) La expresión de la velocidad mínima para que gire en horizontal si el rozamiento es μ. (Ayuda: observa la dirección de la fuerza de rozamiento y de la normal.)

S: *a)* $v_{Mín} = 6{,}26$ m · s^{-1}; *b)* $F_{Máx} = 3\,529{,}24$ N; *c)* $v = \sqrt{\dfrac{g \cdot R}{\mu}}$

9. Momento lineal o cantidad de movimiento

Seguro que al chocar accidentalmente con otra persona habrás observado que no es lo mismo que vaya andando que corriendo, que sea grande o pequeña. El resultado de una interacción debe depender de otros factores, y la siguiente experiencia te ayudará a determinarlos.

Experimenta. Bolas que caen

3. Necesitas dos bolas iguales, otra de masa muy diferente y una caja con arena. Analiza qué factor varía en cada caso y si su influencia es directa o inversamente proporcional.

a) Deja caer dos bolas de diferente masa desde una altura de dos metros.

b) Deja caer dos bolas iguales, una, desde medio metro, y la otra, desde dos metros.

c) ¿Qué sucedería si se combinasen ambos efectos? ¿Eres capaz de deducir la expresión que permite analizar la influencia de los factores estudiados en el efecto producido?

Para estudiar los efectos de una interacción, utilizamos una nueva magnitud:

La **cantidad de movimiento** o **momento lineal** $(\vec{p})$ de un cuerpo es igual al producto de su masa (m) por la velocidad $(\vec{v})$ que posee.

$$\vec{p} = m \cdot \vec{v}$$

Al ser el producto de un escalar por un vector, el momento lineal es una magnitud vectorial con la misma dirección y sentido que la velocidad cuya unidad de medida en el Sistema Internacional es el $kg \cdot m \cdot s^{-1}$.

IMPORTANTE
Convierte siempre las unidades al SI.

Actividades resueltas

20. Calcula, en el SI, la cantidad de movimiento que posee un camión de 7,5 t que circula a 100 $km \cdot h^{-1}$. ¿A qué velocidad debería circular un coche de 1,2 t para tener el mismo momento lineal?

Estrategia de resolución

Al no indicar dirección, trabajaremos sin el carácter vectorial:

$$p = mv = 7{,}5 \cdot 10^3\ kg \cdot 27{,}78\ m \cdot s^{-1} = 208\,350\ kg \cdot m \cdot s^{-1}$$

Conocida la cantidad de movimiento, tan solo hay que despejar:

$$v = \frac{p}{m} = \frac{208\,350\ \cancel{kg} \cdot m \cdot s^{-1}}{1{,}2 \cdot 10^3\ \cancel{kg}} = 173{,}625\ m \cdot s^{-1} = 625{,}05\ km \cdot h^{-1}$$

Como observarás, el efecto del camión difícilmente se puede igualar con un coche.

Actividades

45. Un determinado acelerador de partículas es capaz de conferir la misma cantidad de movimiento a todas ellas. Calcula, utilizando la técnica de la *Actividad resuelta 10* y sin determinar explícitamente su momento lineal, la velocidad que alcanzan los protones, los positrones y las partículas alfa, sabiendo que los electrones circulan a 0,3c (no considerar relatividad).

Datos: $m(e^-) = m(e^+) = 9{,}1 \cdot 10^{-31}$ kg; $m(p^+) = 1{,}673 \cdot 10^{-27}$ kg; $m(\alpha^{2+}) = 6{,}64 \cdot 10^{-27}$ kg

S: protones: 0,000163c; positrones: 0,3c; partículas alfa: 0,00004111c

46. El módulo del momento lineal de un cuerpo de 500 g es de 6,5 $kg \cdot m \cdot s^{-1}$. ¿Cuál es la velocidad y la componente *y* de esta si la componente *x* es de 5 $m \cdot s^{-1}$?

S: $|\vec{v}| = 13\ m \cdot s^{-1}$; $v_y = 12\ m \cdot s^{-1}$

10. Segunda ley de Newton y el impulso mecánico

Cuando Newton publicó en 1687 sus *Principia mathematica,* no mencionaba la aceleración ni aparecía la expresión que has visto para la segunda ley de la dinámica. El genio se refería al momento lineal y lo relacionaba con la fuerza de la siguiente forma:

> El ritmo al que varía el **momento lineal** es una medida de la **fuerza** que actúa sobre él.
>
> $$\vec{F} = \frac{d\vec{p}}{dt}$$

En el caso de que el tiempo de actuación no sea muy pequeño, bastará con asemejar la derivada a un incremento. Esta expresión es más genérica que la empleada hasta el momento, que es un caso particular para la situación en que la masa sea constante.

$$\vec{F} = \frac{d\vec{p}}{dt} = \frac{d(m \cdot \vec{p})}{dt} = \cancel{\frac{dm}{dt}} \cdot \vec{p} + m \cdot \frac{d\vec{v}}{dt} = m \cdot \frac{d\vec{v}}{dt} = m \cdot \vec{a}$$

Como ves, cuanto más tiempo se aplica una fuerza, mayor es el efecto que produce. Para medir esta propiedad se utiliza una nueva magnitud, que podemos deducir de la anterior definición. Considerando el caso en que el tiempo de actuación sea lo suficientemente pequeño para considerar la fuerza constante, es posible asemejar la derivada a un incremento:

$$\vec{F} = \frac{d\vec{p}}{dt} \approx \frac{\Delta\vec{p}}{\Delta t} \qquad \text{Y operando se llega a: } \vec{F} \cdot \Delta t = \Delta\vec{p}$$

> El producto de la fuerza por el tiempo que actúa se denomina **impulso mecánico,** y es igual a la variación del momento lineal.
>
> $$\vec{I} = \vec{F} \cdot \Delta t = \Delta\vec{p}$$

El impulso mecánico es un vector en la misma dirección y sentido que la fuerza aplicada.

Recuerda

La derivada de un producto se calcula:

$$\frac{d(a \cdot b)}{dt} = \frac{da}{dt} \cdot b + a \cdot \frac{db}{dt}$$

La derivada de una constante, k, es nula:

$$\frac{d(k)}{dx} = 0$$

Análisis dimensional

Vamos a realizar un análisis dimensional de la ecuación del impulso mecánico para verificar su homogeneidad con respecto al momento lineal:

$$[F][\Delta t] = [\Delta p]$$

Por lo que resulta:

$$M \cdot L \cdot T^{-\cancel{2}} \cdot \cancel{T} = M \cdot L \cdot T^{-1}$$
$$M \cdot L \cdot T^{-1} = M \cdot L \cdot T^{-1}$$

Experimenta. Un líquido no newtoniano

4. Al saltar a una piscina, el impulso mecánico que llevas actúa separando las moléculas de agua y permitiendo que te zambullas. Pero ¿qué pasaría si no fuera así?

Necesitarás maicena, agua y un recipiente ancho y hondo. Coloca una buena cantidad de maicena y añade pequeñas cantidades de agua, removiendo la mezcla constantemente hasta conseguir una textura tal que, al golpear la superficie de la masa, esta se mantenga sólida. Después cógela entre los dedos, moldea una bola y déjala reposar.

Analiza en un vídeo editado por ti el comportamiento de este fluido respecto al impulso mecánico que se le aplica.

Actividades resueltas

21. Una ciclista que, junto con su bicicleta, posee una masa de 85 kg circula a 40 km · h^{-1} cuando golpea bruscamente contra un vehículo que se encuentra detenido. Si el tiempo de interacción es de 0,6 s, determina la fuerza que experimenta.

Estrategia de resolución

Relacionando entre el impulso mecánico y el momento lineal, podemos aislar la fuerza. Recuerda utilizar las unidades en el SI.

$$\vec{I} = \vec{F}\Delta t = \Delta\vec{p} \quad ; \quad F\Delta t = mv_{\text{Final}} - mv_{\text{Inicial}}$$

$$F = \frac{mv_{\text{Final}} - mv_{\text{Inicial}}}{\Delta t} = \frac{0 - 85\ \text{kg} \cdot 11{,}11\ \text{m} \cdot \text{s}^{-1}}{0{,}6\ \text{s}} = -1573{,}92\ \text{N}$$

11. Principio de conservación de la cantidad de movimiento (PCCM)

Consideremos el principio de inercia desde esta nueva interpretación de la segunda ley de Newton, donde se relaciona la fuerza con la cantidad de movimiento.

Sobre un sistema pueden actuar dos tipos de fuerzas: internas, entre las partes del sistema, y externas.

$$\sum_{\text{Total}} \vec{F} = \sum_{\text{Externas}} \vec{F} + \sum_{\text{Internas}} \vec{F} \qquad \sum_{\text{Internas}} \vec{F} = \vec{F}_{AB} + \vec{F}_{BA} = 0$$

Únicamente las fuerzas externas afectan al movimiento del sistema

$$\sum_{\text{Total}} \vec{F} = \frac{d\vec{p}}{dt} \qquad \sum_{\text{Externas}} \vec{F} = \frac{d\vec{p}}{dt}$$

En el caso de que las fuerzas externas sean nulas:

$$\sum_{\text{Externas}} \vec{F} = 0 \quad ; \quad \frac{d\vec{p}_{\text{Total}}}{dx} = 0 \quad ; \quad \vec{p}_{\text{Total}} = \text{cte, es decir, } \vec{p}_{\text{Total inicial}} = \vec{p}_{\text{Total final}}$$

Siempre que alguna cantidad se conserva, se puede enunciar un principio:

El **principio de conservación de la cantidad de movimiento** afirma que, si sobre un sistema la resultante de las fuerzas externas a él es nula, su momento lineal se conserva.

Son numerosas las situaciones en las que se cumplen estas condiciones, como, por ejemplo, los choques o colisiones y las explosiones que son las más habituales.

Actividades resueltas

22. Un proyectil de 5 g impacta a 300 m · s^{-1} contra un bloque de madera de 250 g que se encuentra en reposo. Si, tras la colisión, el proyectil queda incrustado en el bloque, ¿en qué dirección y a qué velocidad se moverá el conjunto?

Estado inicial

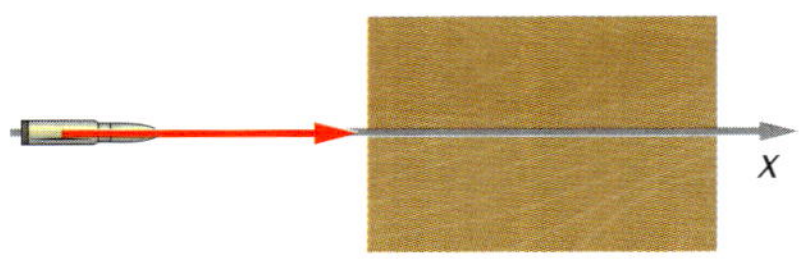

Proyectil: $m_{\text{Proyectil}} = 5$ g; $v_{\text{Proyectil}} = +300$ m · s^{-1}

Bloque: $m_{\text{Bloque}} = 250$ g; $v_{\text{Bloque}} = 0$ m · s^{-1}

Estado final

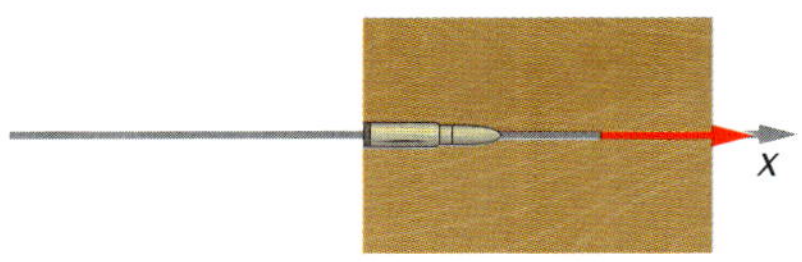

Proyectil + bloque

$m_{\text{Proyectil+Bloque}} = 255$ g

$v_{\text{Proyectil+Bloque}} = ?$

IMPORTANTE
El valor de la velocidad final no puede superar la velocidad del proyectil que impacta.

Estrategia de resolución

1. Ilustramos los estados inicial y final del proceso, y escogemos un único SR para todo el problema. Es conveniente que coincida con alguna de las velocidades de movimiento conocidas, pues este SR permitirá dar el signo a las velocidades.

2. Puesto que la colisión sucede porque se intersecan las trayectorias y no porque exista ninguna fuerza externa que la provoque, se cumple el PCCM.

$$\vec{F}_{\text{Externa}} = 0 \quad ; \quad \vec{p}_{\text{Total}} = \text{cte} \quad ; \quad \vec{p}_{\text{Total inicial}} = \vec{p}_{\text{Total final}}$$

Al suceder el movimiento en una dirección, se trabaja en escalares con signo para la velocidad.

$$p_{\text{Proyectil}} + p_{\text{Bloque}} = p_{\text{Proyectil+Bloque}} \qquad m_{\text{Proyectil}} \cdot v_{\text{Proyectil}} + m_{\text{Bloque}} \cdot v_{\text{Bloque}} = m_{\text{Proyectil+Bloque}} \cdot v_{\text{Proyectil+Bloque}}$$

$$v_{\text{Proyectil+Bloque}} = \frac{m_{\text{Proyectil}} \cdot v_{\text{Proyectil}} + m_{\text{Bloque}} \cdot \cancel{v_{\text{Bloque}}}}{m_{\text{Proyectil+Bloque}}} = \frac{m_{\text{Proyectil}}}{m_{\text{Proyectil+Bloque}}} \cdot v_{\text{Proyectil}} = 5{,}88 \text{ m} \cdot \text{s}^{-1}$$

Al ser positiva la velocidad del conjunto, este se mueve en el mismo sentido que el proyectil antes del impacto.

Actividades resueltas

23. En el juego del paintball, una pistola de pintura de 1 100 g es capaz de disparar una bala de 20 g a una velocidad de 1,2 mach. (Nota: 1 mach = 343,2 m · s^{-1}.) ¿Cuál ha sido su retroceso?

Estamos ante una explosión que puede verse como el caso opuesto a una colisión con los cuerpos unidos al final.

Estrategia de resolución

1. Ilustramos los estados inicial y final y escogemos el SR a favor del sentido de movimiento de la bala. Asignamos signos a los datos del enunciado.
2. La resultante de la fuerza externa es nula, pues la detonación solo produce fuerzas internas, y el peso del conjunto se contrarresta con la fuerza de sostén de la mano. En consecuencia, aplicamos el PCCM:

$$\vec{p}_{\text{Total inicial}} = \vec{p}_{\text{Total final}} \qquad \text{En este caso: } \vec{p}_{\text{Conjunto}} = \vec{p}_{\text{Pistola}} + \vec{p}_{\text{Bala}}$$

3. Obtenemos la expresión general en función de las magnitudes implicadas. Al suceder el movimiento en una dimensión, podemos trabajar con escalares:

$$(m_P + m_B) \cdot \cancel{v_{\text{conjunto}}} = m_P v_P + m_B v_B \quad ; \quad \boxed{v_P = -\frac{m_B}{m_P} \cdot v_B}$$

4. Al particularizar para este caso obtenemos una velocidad de –7,49 m · s^{-1}, donde el signo negativo indica que la pistola retrocede.

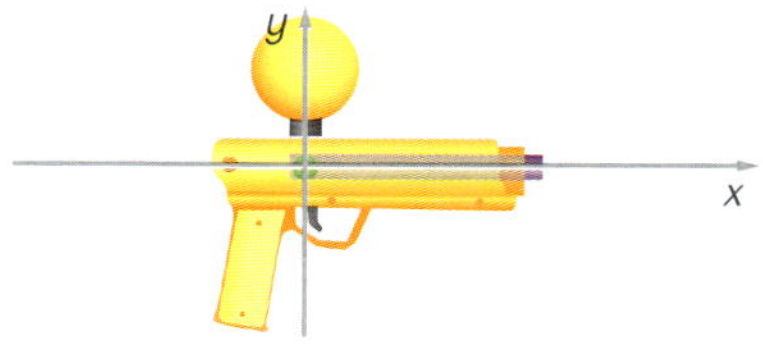

m_{PB} = 1 120 g $\quad v_{PB}$ = 0 m·s^{-1}

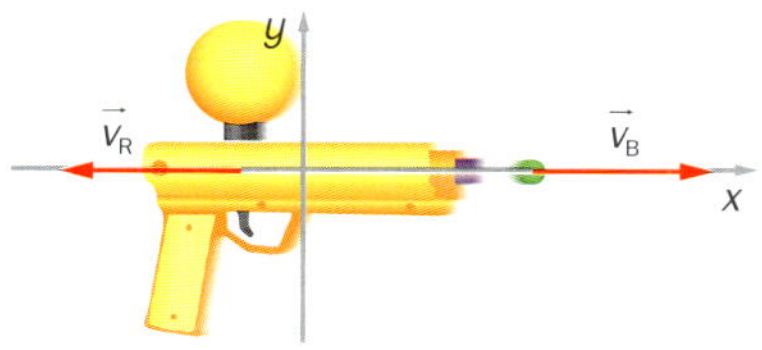

m_P = 1 100 g $\quad m_B$ = 20 g

v_P = ¿? m·s^{-1} $\quad v_B$ = +1,2 match

24. Dos patinadoras, una de doble masa que la otra, se encuentran en perpendicular a 6 m · s^{-1} continuando después unidas. Determina la celeridad, la dirección y el sentido del movimiento después de encontrarse.

Estrategia de resolución

1. Representamos las situaciones inicial y final y un único SR que coincida con las velocidades iniciales.
2. Determinamos los datos trabajando con vectores. Observa que las masas se pueden expresar en función de m.
3. Al interactuar sin fuerzas externas, aplicamos el PCCM:

$$\vec{p}_A + \vec{p}_B = \vec{p}_{AB} \qquad \text{En este caso: } m_A\vec{v}_A + m_B\vec{v}_B = m_A\vec{v}_{AB}$$

4. Determinamos la velocidad vectorial final del conjunto:

$$\vec{v}_{AB} = \frac{\cancel{m}6\vec{u}_x + 2\cancel{m}6\vec{u}_y}{3\cancel{m}} = 2\vec{u}_x + 4\vec{u}_y \ (\text{m} \cdot \text{s}^{-1})$$

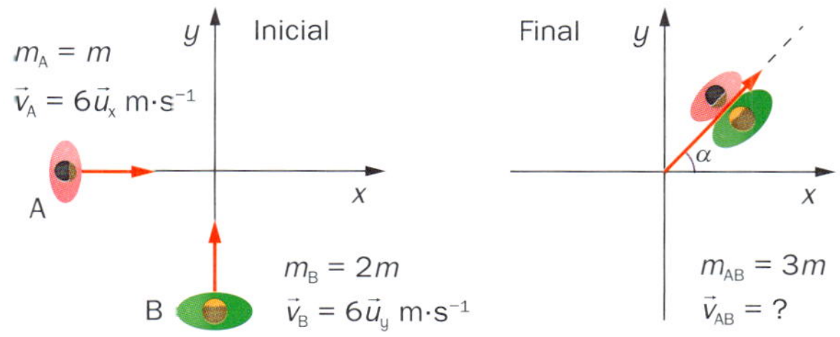

La celeridad es: $v = \sqrt{2^2 + 4^2} = 4{,}47$ m · s^{-1} ; el ángulo α es: $\text{tg}\,\alpha = \dfrac{4}{2}$; $\alpha = 63{,}4°$

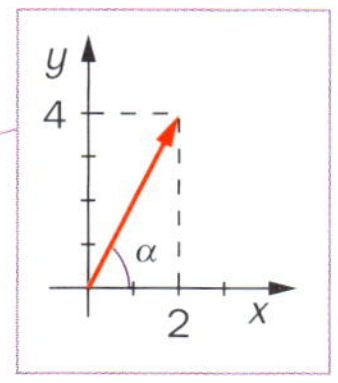

Las patinadoras salen formando un ángulo de 90 + α = 153,4° con la dirección de la de mayor masa y de 180 – α = 116,57° con la de menor masa.

Actividades

47. Sobre el tapete de una mesa de billar, una bola blanca que se mueve a una velocidad de 5 m · s^{-1} golpea una bola negra de la misma masa que se encuentra en reposo.

a) Determina la velocidad de salida de la bola negra suponiendo que la blanca retrocede a 1 m · s^{-1}. ¿Y si la blanca queda parada?

b) Repite los cálculos si la masa de la negra es el triple que la de la blanca.

S: *a)* v = 6 m · s^{-1} en la misma dirección que la blanca antes de la colisión; v = 5 m · s^{-1}
b) v = 2 m · s^{-1}; v = 1,67 m · s^{-1}

48. Un objeto pirotécnico se lanza en vertical a 100 m · s^{-1}, y estalla a los 4 s en dos partes en proporción 1:2 de masa. Si la pequeña sale en dirección vertical descendente a 100 m · s^{-1}, determina la velocidad de la grande y el tiempo que tardarán ambas en llegar al suelo.

S: v = 141,14 m · s^{-1} en dirección vertical ascendente; la pequeña tarda 2,82 s en llegar al suelo y la grande, 30,90 s.

49. Dos cuerpos, A y B, colisionan de frente con velocidades $\vec{v}_A$ y $\vec{v}_B$. Tras el impacto, salen despedidos fuera de la línea de encuentro con velocidades $\vec{v}\,'_A$ y $\vec{v}\,'_B$. Determina la velocidad de $\vec{v}\,'_B$ en función del resto de las magnitudes.

S: $\vec{v}_B = \vec{v}\,'_B + \dfrac{m_A}{m_B}(\vec{v}_A - \vec{v}\,'_A)$

1. De un muelle de constante elástica k, pendiente del techo de un ascensor, cuelga una masa m; al tiempo que en el suelo se coloca una masa igual sobre una báscula. Determina la elongación del muelle y la medida de la báscula en los siguientes casos:

Nada colgado	Ascensor parado	Ascensor sube con a	Ascensor sube con v = cte.	Ascensor baja con a	Se rompe el cable
$F_e = 0$ $k\Delta x = 0$ $\boxed{\Delta x = 0}$	$F_e - P = m\cancel{a}$ $F_e = P$ $k\Delta x = mg$ $\boxed{\Delta x = \frac{m}{k} \cdot g}$	$F_e - P = ma$ $F_e = P + ma$ $k\Delta x = mg + ma$ $\boxed{\Delta x = \frac{m}{k} \cdot (g + a)}$	$F_e - P = m\cancel{a}$ $F_e = P$ $k\Delta x = mg$ $\boxed{\Delta x = \frac{m}{k} \cdot g}$	$P - F_e = ma$ $P - ma = F_e$ $k\Delta x = mg - ma$ $\boxed{\Delta x = \frac{m}{k} \cdot (g - a)}$	$P - F_e = mg$ $P - mg = F_e$ $k\Delta x = 0$ $\boxed{\Delta x = 0}$
$\boxed{N = 0}$ No marca nada	$N - P = m\cancel{a}$ $\boxed{N = P}$ Marca el peso	$N - P = ma$ $\boxed{N = P + ma}$ Marca más que el peso	$N - P = m\cancel{a}$ $\boxed{N = P}$ Marca el peso	$P - N = ma$ $\boxed{N = P - ma}$ Marca menos que el peso	$P - N = mg$ $\boxed{N = 0}$ No marca nada

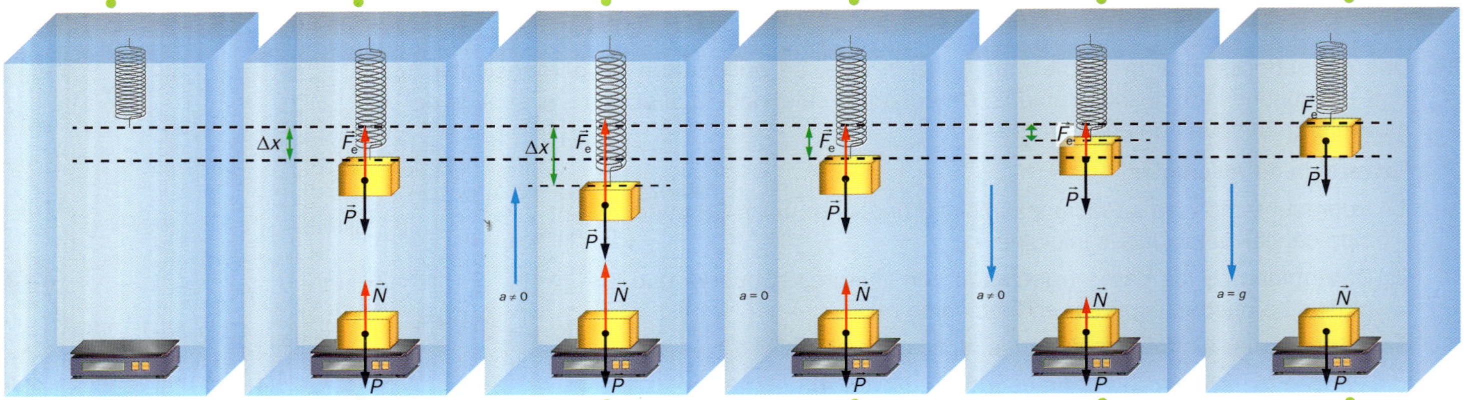

2. De un muelle de constante elástica k_B pende una masa m_B de la que, a su vez, cuelga otro muelle de constante k_A con otra masa m_A. Determina la elongación de cada muelle.

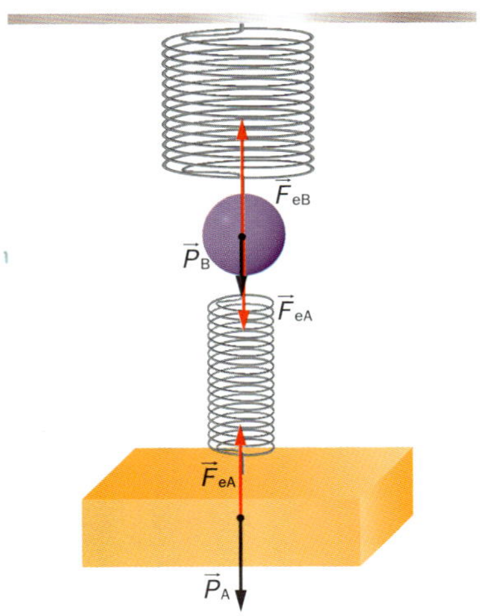

Estrategia de resolución

$$\left.\begin{array}{l} P_B + F_{eA} - F_{eB} = m_B\cancel{a} \\ P_A - F_{eA} = m_A\cancel{a} \end{array}\right\}$$

Para el cuerpo A:

$P_A - F_{eA} = 0$; $F_{eA} = P_A$; $k_A \Delta x_A = m_A g$

$$\boxed{\Delta x_A = \frac{m_A}{k_A} \cdot g}$$

Para todo el conjunto, sumando ecuaciones:

$P_A + P_B - F_{eB} = 0$; $F_{eB} = P_A + P_B$; $k_B \Delta x_B = (m_A + m_B) g$

$$\boxed{\Delta x_B = \frac{m_A + m_B}{k_B} \cdot g}$$

Descubre los fallos de estas actividades.
Consulta las soluciones en:
bit.ly/Encuentra_error_1BAC_U8

A la caza del ERROR

1. Un operario pretende subir una caja de masa m_A con una polea ejerciendo una fuerza F. ¿Qué aceleración consigue?

Como está cansado y ha estudiado física, decide ahorrarse la faena y colocar una masa m_B cuyo peso sea igual que la fuerza realizada. ¿Consigue su objetivo?

Solución (dos errores)

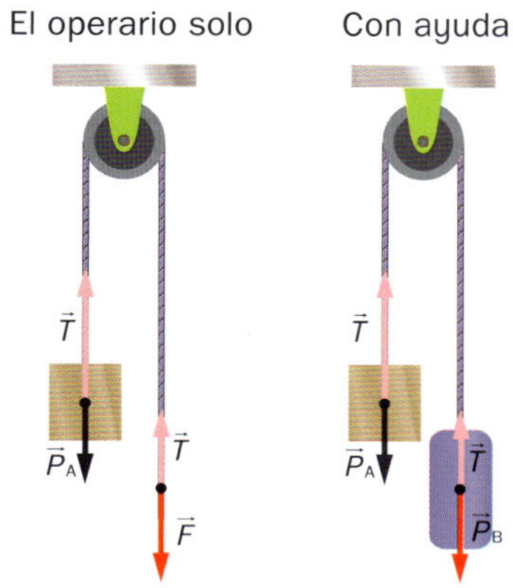

Para determinar la aceleración que consigue el operario, aplicamos la segunda ley de Newton y se calcula:

$$\left.\begin{matrix} F = T \\ P_A - T = ma \end{matrix}\right\} \quad ; \quad a = \frac{\cancel{m_A} g - F}{\cancel{m_A}} \quad ; \quad \boxed{a = g - f}$$

Al colocar una masa que ejerza la misma fuerza:

$$F = P_B \quad ; \quad \boxed{a = g - f} \quad \rightarrow \quad \text{El resultado es el mismo.}$$

2. Se tira de un carrito de 900 g con una fuerza ascendente de 200 N paralela a la superficie en un plano inclinado 30°. Determina la aceración y el sentido del movimiento si el coeficiente de rozamiento es de 0,4.

Solución (cinco errores)

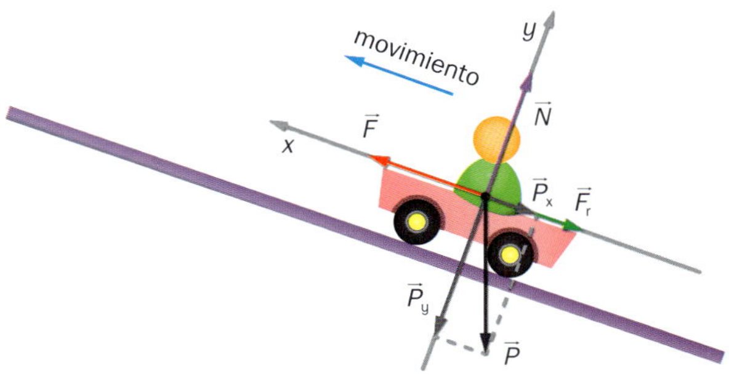

Aplicamos el principio de inercia en los dos ejes:

$$\left.\begin{matrix} F - F_r = ma_x \\ N - P = m\cancel{a_y} \end{matrix}\right\}$$

Calculamos la fuerza de rozamiento:

$$F_r = \mu N = \mu mg = 0{,}4 \cdot 900 \text{ g} \cdot 9{,}81 \text{ m} \cdot \text{s}^{-1} = 3\,531{,}6 \text{ N}$$

Determinamos la aceleración con la primera ecuación:

$$a = \frac{F - F_r}{m} = \frac{200 \text{ N} - 3\,531{,}6 \text{ N}}{900 \text{ kg}} = -3{,}70 \text{ m} \cdot \text{s}^{-1}$$

Como la aceleración es negativa, el cuerpo baja.

3. Un camión de 3,5 T debe estacionarse en un plano inclinado del 20 %. ¿Cuál debe ser el coeficiente de rozamiento para que lo haga con seguridad?

Solución (tres errores)

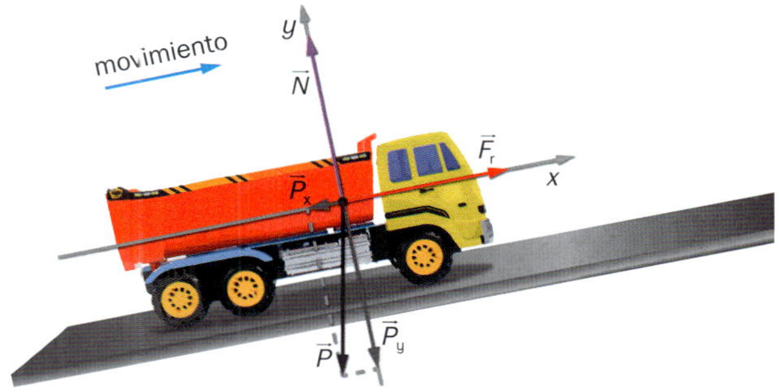

Descomponemos el peso y recordamos que 20 % = 20°:

$$P_x = P\cos\alpha \qquad P_y = P\,\text{sen}\,\alpha$$

Aplicamos la segunda ley de Newton y se considera que no se mueve:

$$\left.\begin{matrix} P_x - F_r = m\cancel{a_x} \\ N - P_y = m\cancel{a_y} \end{matrix}\right\}$$

Calculamos la fuerza de rozamiento y el coeficiente de rozamiento:

$$F_r = P_x \quad ; \quad \mu N = P_x \quad ;$$

$$\mu \cancel{mg} = \cancel{mg}\cos\alpha \xrightarrow{\text{Sustituyendo}} \mu = \cos\alpha = \cos(20°) = 0{,}41 \text{ N}$$

4. Una bicicleta realiza un *looping* de 10 m de diámetro. ¿Conseguirá superarlo si circula a 54 km/h?

Solución (cuatro errores)

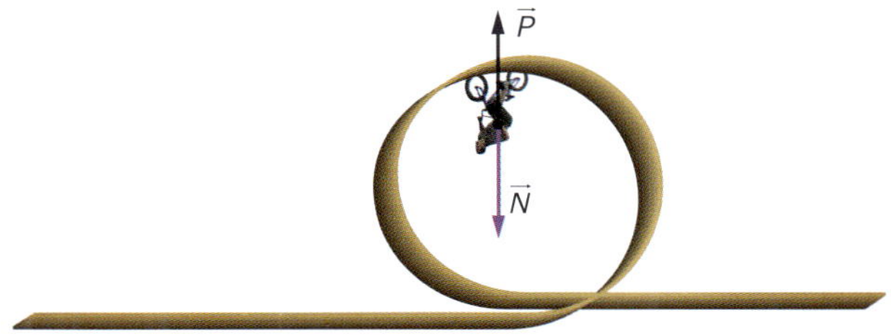

Planteamos la aceleración centrípeta al punto más alto:

$$P - N = ma_{cp} \qquad N = P - ma_{cp}$$

Sustituimos los valores:

$$N = m\left(g - \frac{v^2}{R}\right) = 30 \text{ kg} \cdot 9{,}81 \text{ m} \cdot \text{s}^2 - \frac{54^2}{10} = 2{,}7 \text{ N}$$

Como la normal sale positiva, el vector apunta hacia arriba y el cuerpo se sostiene. En consecuencia, sí que puede dar la vuelta.

Problemas propuestos

El concepto de fuerza

1. En las aventuras espaciales suelen aparecer naves moviéndose por el espacio con los motores encendidos. Sin embargo, las naves Apolo llegaron a la Luna casi sin combustible. Explica esta incongruencia.

2. En una de tus aventuras acabas sobre la superficie de un lago helado. Es casi primavera y el lago se está deshelando, por lo que la superficie resbala. ¿Cómo procedes para salir? ¿En qué leyes te basarías?

3. Es probable que hayas visto alguna imagen de un objeto levitando sobre un imán. Está claro que la acción es la fuerza del imán sobre dicho objeto, pero ¿dónde está la reacción?

Dinámica un cuerpo sobre superficie horizontal

4. Un cuerpo de 2 kg permanece en reposo en el punto de coordenadas (2, 3):

a) Determina dónde se encuentra, qué espacio ha recorrido y cuál es su velocidad si se aplica durante 10 s una fuerza de $\vec{F}_1 = 2\vec{u}_x - 5\vec{u}_y$ (N).

b) Luego se añade otra fuerza de $\vec{F}_2 = -4\vec{u}_x + 10\vec{u}_y$ (N) durante 5 s. Halla la velocidad final y dónde se encuentra.

S: *a)* $\vec{r} = 52\vec{u}_x - 122\vec{u}_y$ (m); espacio = 134,63 m;

$\vec{v} = 10\vec{u}_x - 25\vec{u}_y \left(\text{m} \cdot \text{s}^{-1}\right)$;

b) $\vec{v} = 0\vec{u}_x - 0\vec{u}_y \left(\text{m} \cdot \text{s}^{-1}\right)$; $\vec{r} = 27\vec{u}_x - 59{,}5\vec{u}_y$ (m)

5. Un automóvil deportivo de 1 200 kg es capaz de acelerar de 50 a 100 km · h^{-1} en 3 s.

a) Determina la fuerza media que realiza el motor.

b) Si colocamos ese motor en un utilitario de 700 kg, ¿cuánto tardaría en realizar la misma aceleración?

S: *a)* $F = 5\,556$ N; *b)* $t = 1{,}75$ s

6. Cuando una locomotora de masa M con un vagón de masa m enciende el motor adquiere una aceleración a_1, y cuando lo hace sin el vagón la aceleración es a_2. ¿Cuál de las aceleraciones es mayor?

Se le pide a un grupo de estudiantes que proporcione la expresión que relaciona la masa del vagón con el resto de los parámetros y presentan las siguientes:

a) $m = M\left(1 - \dfrac{a_2}{a_1}\right)$

b) $m = \dfrac{a_2}{a_1}$

c) $m = \dfrac{Ma_2 - a_1}{M}$

d) $m = \dfrac{Ma_2 - M}{a_1}$

e) $m = M\left(\dfrac{a_2}{a_1} - 1\right)$

f) $m = Ma_2 - a_1 - M$

g) $m = M\left(\dfrac{a_1}{a_2} - 1\right)$

h) $m = \dfrac{a_2}{a_1} \cdot M$

i) Ninguna.

- Identifica qué expresiones no son válidas al no ser homogéneas.
- ¿Cuál de las expresiones restantes es la correcta?

7. Un Airbus 340 es un avión de pasajeros que necesita, al menos, 2,5 km para poder despegar. Sabiendo que precisa alcanzar los 270 km · h^{-1} para hacerlo y que su masa es de 130 t, ¿qué aceleración ha de poseer para la maniobra y qué fuerza debe desarrollar cada uno de sus cuatro motores?

S: $a = 1{,}125$ m · s^{-1}; $F = 36\,562{,}5$ N cada motor.

8. Para facilitar el movimiento de un cuerpo de 15 kg sobre una superficie con un coeficiente de rozamiento de 0,1, se ejerce una fuerza del 20 N formando un ángulo ascendente de 30° con la horizontal, como muestra la imagen.

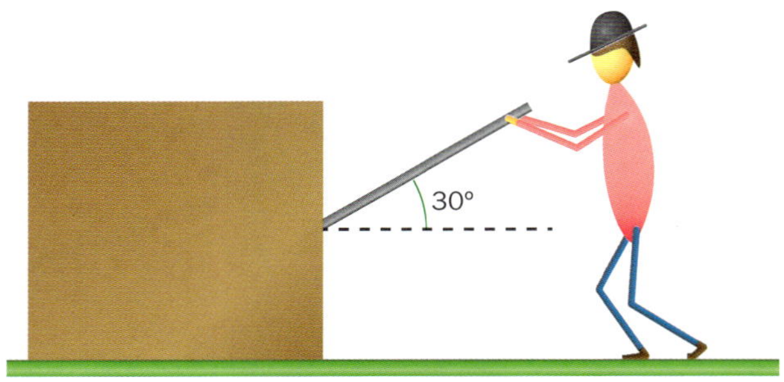

Analiza:

a) ¿Cuál es el valor de la fuerza efectiva que contribuye al movimiento?

b) ¿En qué se emplea el resto de la fuerza no aplicada?

c) ¿Cuál es la aceleración que adquiere el cuerpo?

S: *a)* $F_x = 17{,}32$ N; *b)* En disminuir la normal;
c) $a = 0{,}241$ m · s^{-2}

9. Se desea desplazar un armario de 125 kg sobre una superficie horizontal. Sabiendo que el coeficiente estático de rozamiento es 0,4 y el dinámico es 0,2. Determina:

a) ¿Cuál es la fuerza mínima que se debe realizar para que se desplace?

b) Manteniendo esa fuerza, ¿qué aceleración se adquiere?

S: $F = 490{,}5$ N; $a = 1{,}962$ m · s^{-2}

10. Se desea colgar una lámpara de araña de 20 kg del techo y existen dos opciones. Analiza cada una de ellas:

a) ¿Se caería la lámpara si se cuelga de un cáncamo que soporta una fuerza de 240 N mediante un cable de acero que tolera hasta 180 N?

b) Si se utiliza el mismo cáncamo y un muelle con constante elástica de 130 N · cm^{-1}, ¿cuánto se estira el muelle?

S: *a)* Sí, el cable no lo soporta; *b)* $\Delta x = 1{,}51$ cm

11. Eres miembro del personal científico de la tripulación de una nave espacial que acaba de posarse sobre un planeta desconocido y se te ha pedido que determines la gravedad del planeta. Por desgracia, la báscula se ha estropeado y solo dispones de un muelle de 10 cm que indica 3,4 N · m^{-1}, del que cuelgas una masa de 250 g y observas que el muelle mide 40 cm.

a) ¿Cuál es la gravedad del planeta?

b) Ahora tomas una roca de este planeta y la cuelgas del muelle, que alcanza una longitud de 25 cm. ¿Cuál es la masa de la roca?

c) Si colgaras un cuerpo de 450 g ¿superaría el límite de elasticidad del muelle si este fuese de 50 cm?

S: a) $g_{Planeta} = 4{,}08$ m · s^{-2}; *b)* $m = 125$ g; *c)* Sí.

12. Un vehículo cargado con 250 kg se encuentra a 25 cm de altura respecto al suelo. Al cargarlo hasta los 750 kg, su altura desciende hasta los 20 cm. ¿Cuál es la constante elástica de los amortiguadores? ¿Cuál será la altura del coche cuando no está cargado?

S: $k = 98\,100$ N · m; altura = 27,5 cm

13. Se cuelga un caldero de 3 kg y 50 cm de diámetro sobre una hoguera con un alambre de 1 m de longitud, como muestra la imagen. Determina la expresión de la tensión que soporta dicho alambre en función de la masa total del caldero. ¿Cuánto vale esta tensión si se vierten en su interior 5 kg de agua?

S: $T = \dfrac{m \cdot g}{2 \cdot \cos\alpha}$; $T = 45{,}31$ N

Dinámica de un cuerpo en plano inclinado

14. Se aplica una fuerza de 150 N sobre un cuerpo de 15 kg que descansa en un plano inclinado de dos formas diferentes, como se muestra la figura:

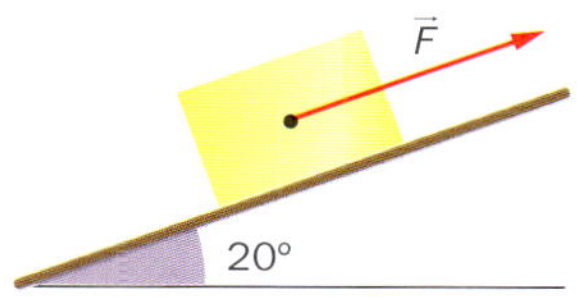

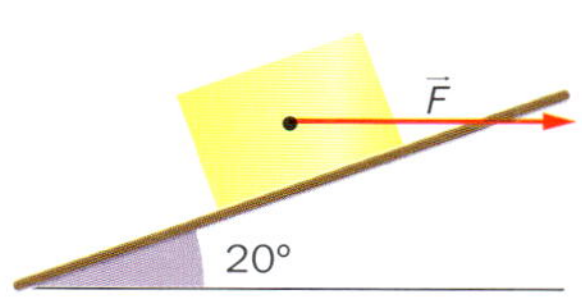

Calcula la aceleración con la que asciende en cada situación en las siguientes circunstancias:

a) No hay rozamiento.

b) El coeficiente de rozamiento es de 0,3.

c) El coeficiente de rozamiento es de 0,6.

S: *a)* $a_{I} = 6{,}65$ m · s^{-2}; $a_{II} = 6{,}04$ m · s^{-2}

b) $a_{I} = 3{,}88$ m · s^{-2}; $a_{II} = 2{,}25$ m · s^{-2}

c) $a_{I} = 1{,}11$ m · s^{-2}; No se mueve.

15. Un cuerpo de masa *m* desciende con rozamiento μ_1 desde una altura *h* por un plano inclinado de ángulo α, para continuar por una superficie horizontal con un coeficiente de rozamiento μ_2. Obtén la expresión que determina el espacio recorrido por el cuerpo desde la base del plano en función de los parámetros indicados. ¿Qué sucede para $\mu_1 = 0$?

Crea una hoja de cálculo donde tabules esta distancia para valores de $0 < \mu < 1$ en intervalos de 0,1; y $0° < \alpha < 90°$ en intervalos de 10°.

S: $\Delta x = \dfrac{h}{\mu_2}\left(1 - \dfrac{\mu_1}{\text{tg}\,\alpha}\right)$; $\Delta x = \dfrac{h}{\mu_2}$;

bit.ly/Plano_Inclinado_general

16. Un cuerpo llega a 10 m · s^{-1} a la base un plano inclinado 35°. Si posee un coeficiente de rozamiento de 0,4, halla:

a) La máxima altura alcanzada.

b) El tiempo total en volver a la base del plano.

S: *a)* altura = 3,24 m; *b)* $t_{Total} = 3{,}30$ s

17. Se pretende elevar a 3 m de altura un cuerpo de 45 kg utilizando una rampa de 25° en 5 s. Indica qué fuerza paralela a la superficie hay que realizar en estos casos:

a) No existe rozamiento.

b) El rozamiento es de 0,2.

c) Repite los anteriores apartados si la fuerza aplicada fuera horizontal.

S: *a)* $F = 212{,}16$ N; *b)* $F = 292{,}18$ N;
c) $F = 234{,}05$ N; $F = 355{,}50$ N

18. Cuando en una vía rápida existe una bajada prolongada, se disponen las denominadas zonas de frenada de emergencia en varios tramos. Si un camión de 15 t que circula a 100 km · h^{-1} tuviera que llegar a una de estas zonas, calcula cuánto debe valer el rozamiento para que consiga detenerse dentro de esta área, que tiene una longitud de 150 m.

S: $\mu = 0{,}26$

19. Un coche de 1,5 t que circula a 54 km/h inicia el descenso de una pendiente del 9 %. Calcula:

a) Qué velocidad alcanza en 10 s si no frena ni acelera.

b) Qué fuerza deberían ejercer los frenos para detener el vehículo a 50 m del inicio del descenso.

S: *a)* $v = 85{,}68$ km · h^{-1}; *b)* $F = 4\,693{,}31$ N

20. Obtén la expresión que permite calcular la aceleración que adquiere un cuerpo de masa m cuando desciende por una pendiente de ángulo α con un coeficiente de rozamiento μ.

a) Utilizando una hoja de cálculo, para una masa de 30 kg, calcula los diferentes valores posibles de la aceleración cuando el coeficiente de rozamiento varía entre 0 y 1 en intervalos de 0,1 con un ángulo de 30°. Realiza una gráfica e interpreta el resultado.

b) Obtén nuevamente la tabla y la gráfica cuando la masa varía entre 20 y 30 kg en intervalos de 1 kg manteniendo el ángulo.

c) Obtén nuevamente la tabla y la gráfica para los ángulos entre 0° y 90° en intervalos de 10°, para una masa 30 kg, e interpreta el resultado.

S: bit.ly/Plano_Inclinado_aceleración

Dinámica de dos cuerpos

21. Dos cuerpos, de 750 g y 1,25 kg, están unidos mediante un muelle de constante 100 N · m^{-1} a una máquina de Atwood, inicialmente al mismo nivel. ¿Cuánto tiempo ha de pasar para que estén separados por 10 m y cuánto se estira cada muelle?

S: $t = 2{,}02$ s; $\Delta x = 9{,}2$ cm

22. Se sitúan dos cuerpos de 30 y 40 kg como indica la figura.

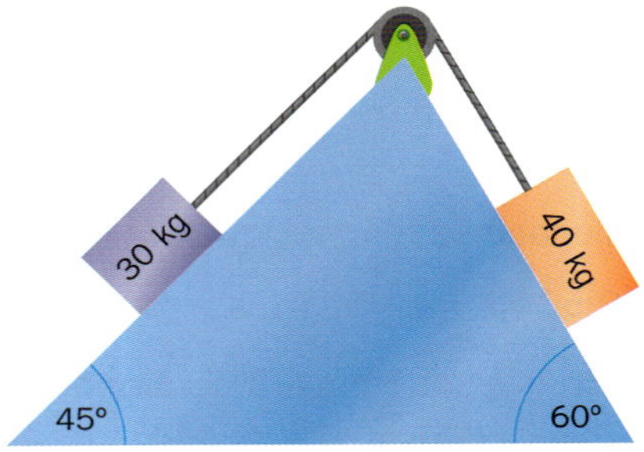

Determina la aceleración en los casos:

a) Sin rozamiento.

b) Con un coeficiente de rozamiento de 0,15.

c) Con un coeficiente de rozamiento de 0,5.

S: *a)* $a = 1{,}88$ m · s^{-2}; *b)* $a = 1{,}01$ m · s^{-2}; *c)* No se mueve.

23. ¿Qué fuerza paralela a la superficie se debe realizar sobre dos cuerpos de 6 y 8 kg unidos que descansan en un plano inclinado 15°, sin rozamiento, para que desciendan sin aceleración? ¿Y si el coeficiente de rozamiento es de 0,1?

S: $F = 35{,}55$ N; $F = 22{,}28$ N

24. Dos imanes de idéntica masa penden, con los polos iguales enfrentados, de dos cables unidos al techo y formando un ángulo de 2α. Determina la expresión que permite calcular la fuerza magnética a esa distancia.

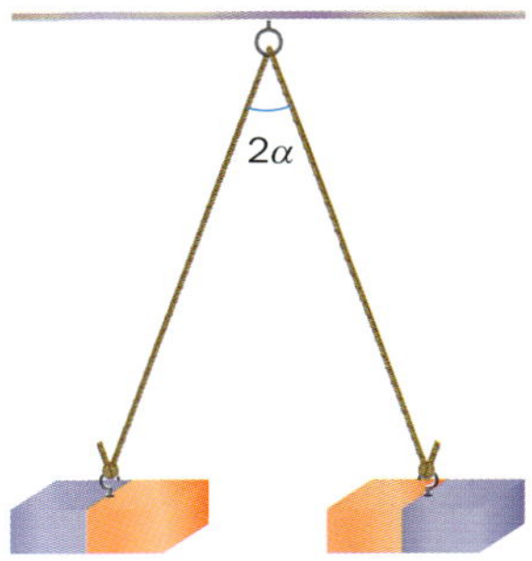

S: $F_{Mag} = mg\,\mathrm{tg}\,\alpha$

25. ¿Es posible subir dos cuerpos de 30 y 45 kg, unidos con un muelle de constante 1 000 N · m^{-1}, por una rampa del 30 % tirando del cuerpo más pequeño con una fuerza paralela a la superficie de 750 N? ¿Cuánto se alargaría el muelle?

S: Sí, con $a = 7{,}18$ m · s^{-2}; $\Delta x = 0{,}45$ m

26. Halla la expresión de la aceleración que adquiere el sistema de dos cuerpos A y B que forman la máquina de Atwood, en función de sus masas. ¿Qué relación (cociente) han de cumplir las masas para que la aceleración sea la mitad que la gravedad?

S: $a = \dfrac{m_A - m_B}{m_A + m_B} \cdot g$; $\dfrac{m_A}{m_B} = 3$

Dinámica circular

27. Sabemos que la Tierra orbita alrededor del Sol a una distancia media de 150 Mkm. Sabiendo que su periodo de traslación es 365,25 días y que su masa es $5{,}97 \cdot 10^{24}$ kg, estima la fuerza con la que el Sol atrae a la Tierra.

S: $F = 3{,}55 \cdot 10^{22}$ N

28. Un camión de 4 t se salió de la carretera a 80 $\text{km} \cdot \text{h}^{-1}$ al tomar una curva de 80 m de radio con un peralte de 7° y un coeficiente de rozamiento de 0,35. Justifica el accidente comparando la fuerza centrípeta del camión con la que puede soportar la curva en condiciones de seguridad.

S: $F_{\text{cp\_camión}} = 24\,686{,}42$ N; $F_{\text{cp\_curva}} = 19\,385{,}13$ N

Momento lineal. Concepto y conservación

29. Un tenista puede golpear a la pelota en el primer saque a 228 $\text{km} \cdot \text{h}^{-1}$. La masa de la pelota es 57 g y el golpe dura 5 ms (fuente: **bit.ly/Deforma_pelota_tenis**). Calcula:

a) El impulso comunicado a la pelota.

b) La fuerza media comunicada a la pelota.

S: $I = 3{,}61 \text{ kg} \cdot \text{m} \cdot \text{s}^{-1}$; $F = 722$ N

30. Un avión a reacción funciona expulsando gases por la tobera trasera.

a) ¿En qué principio se basa?

b) ¿A qué velocidad han de salir expulsados los primeros 300 kg de gases para que el avión de 2,5 T alcance los 200 $\text{km} \cdot \text{h}^{-1}$?

c) Halla la cantidad de movimiento inicial y final del avión.

d) ¿Cuál es el impulso mecánico obtenido? ¿Qué fuerza media ha recibido el avión si despega en 1,2 s?

S: *b)* $v_{\text{Gas}} = 463 \text{ m} \cdot \text{s}^{-1}$;

c) $p_{\text{Inicial}} = 0 \text{ kg} \cdot \text{m} \cdot \text{s}^{-1}$; $p_{\text{Final}} = 138\,900 \text{ kg} \cdot \text{m} \cdot \text{s}^{-1}$ sobran;

d) $I = 138\,900 \text{ kg} \cdot \text{m} \cdot \text{s}^{-1}$; $F = 115\,750$ N

31. ¿Qué impulso mecánico comunica al suelo una pelota de masa *m* que llega y rebota a velocidad *v*?

S: $\vec{I} = 2m\vec{v}$

Problemas globales

32. Una ingeniera decide colgar una lámpara de 6 kg del techo de un ascensor mediante un hilo de nailon. ¿Se rompería este cable si el ascensor alcanza la velocidad de 10 $\text{km} \cdot \text{h}^{-1}$ en 0,8 s y el hilo soporta hasta 200 N? ¿Cuál es la aceleración máxima con la que puede arrancar?

S: No, la tensión es de 79,62 N; $a = 23{,}53 \text{ m} \cdot \text{s}^{-2}$

33. Se lanza un proyectil a 200 $\text{m} \cdot \text{s}^{-1}$ desde lo alto de una colina de 20 m con un ángulo de elevación de 40°. A los 3 s explota en dos fragmentos con una relación en masa 1:3. El grande sale en horizontal en el sentido de avance a 360 $\text{km} \cdot \text{h}^{-1}$.

a) Indica la velocidad y los ángulos importantes del pequeño fragmento.

b) Determina el tiempo que tardará en caer cada fragmento así como su alcance.

S: *a)* $\vec{v} = 312{,}84\vec{u}_x + 396{,}51\vec{u}_y \text{ m} \cdot \text{s}^{-1}$;
51,7° elevación respecto a avance

b) $t_{\text{Grande}} = 8{,}58$ s; $\Delta x = 1\,774{,}06$ m;
$t_{\text{Pequeño}} = 81{,}84$ s; $\Delta x = 12\,997{,}5$ m

34. Un cuerpo de 15 kg desciende desde una altura de 10 m por un plano inclinado 30° sin rozamiento para colisionar en horizontal con un cuerpo en reposo de 25 kg. Los cuerpos continúan unidos y ascienden por un plano inclinado de 40° sin rozamiento. Calcula la altura máxima alcanzada.

S: $h = 1\ 41$ m

35. El despegue de una nave espacial se realiza en varias etapas, la primera de las cuales es la que implica mayor aceleración. En ella se ha de alcanzar una velocidad de 5 000 $\text{km} \cdot \text{h}^{-1}$ cuando llegue a una altura de 45 km. Determina la aceleración que experimenta la nave y la fuerza que ha de soportar el asiento de un astronauta cuya masa, con el traje incluido, es de 120 kg.

S: $a_{\text{Nave}} = 21{,}43 \text{ m} \cdot \text{s}^{-2}$; $F = 3\,748{,}8$ N

36. Concurso dinámico. Formad grupos de trabajo y que cada uno escoja dos de las siguientes temáticas:

a) Dinámica de un cuerpo con vectores.

b) Dinámica de un cuerpo en 1D con velocidad y espacio.

c) Un cuerpo sobre un plano inclinado.

d) Dos cuerpos sobre un plano inclinado.

e) Conservación del momento lineal.

f) Determinación del impulso mecánico.

Elaborad y resolved dos actividades por cada temática escogida construyendo una ficha para cada enunciado.

Se barajan los enunciados y se toman tres de ellos.
El primer grupo que los resuelva gana el concurso.

Práctica 1. Determinación experimental del coeficiente de rozamiento estático

Objetivo

Determinar experimentalmente el coeficiente de rozamiento estático entre dos superficies utilizando dos procedimientos diferentes y analizar la influencia de la masa del cuerpo y de la superficie de rozamiento.

Materiales

- Superficie plana con capacidad de inclinarse a voluntad.
- Soporte con nuez y pinza.
- Taco de madera con caras de diferente área.
- Portapesas y pesas de diferentes valores.
- Polea con vástago e hilo de nailon.
- Regla, flexómetro o similar.

Influencia de la masa

- Variar la masa del taco de madera añadiéndole pesas en la parte superior hasta conseguir cinco valores.
- Para cada una de las masas, se determinará el valor del coeficiente de rozamiento por alguno de los procedimientos siguientes.

Influencia de la superficie

- Variar la superficie de contacto cambiando la cara sobre la que se apoya el cuerpo. Determinar su área (A).
- Para cada una de las superficies, se determinará el valor del coeficiente de rozamiento por alguno de los procedimientos siguientes.

Procedimiento 1. Plano inclinado

1. Disponer el carril o superficie plana formando un plano inclinado con la ayuda del soporte.
2. Incrementar el ángulo de la rampa lentamente hasta que el cuerpo comience a deslizarse.
3. En ese instante, la fuerza de rozamiento se compensa con la componente tangencial del peso y se cumple:

$$P_x = F_r \quad ; \quad \cancel{m}\,\cancel{g}\,\text{sen}\,\alpha = \mu\,\cancel{m}\,\cancel{g}\cos\alpha \quad ; \quad \mu = \frac{\text{sen}\,\alpha}{\cos\alpha} = \text{tg}\,\alpha = \frac{a}{b}$$

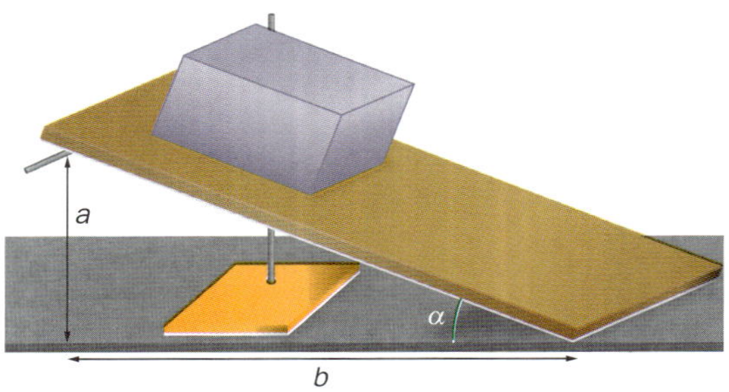

Repetir cada experimento un total de tres veces y determinar el valor del coeficiente de rozamiento como la media de las medidas, así como el error correspondiente.

Procedimiento 2. Plano horizontal

1. Determinar la masa M del taco de madera y disponerlo según la imagen.
2. Añadir pesas lentamente hasta que el sistema comience a deslizarse. En ese instante, la masa añadida será m y se cumple:

$$P = F_r \quad ; \quad m\cancel{g} = \mu M \cancel{g} \quad ; \quad \mu = \frac{m}{M}$$

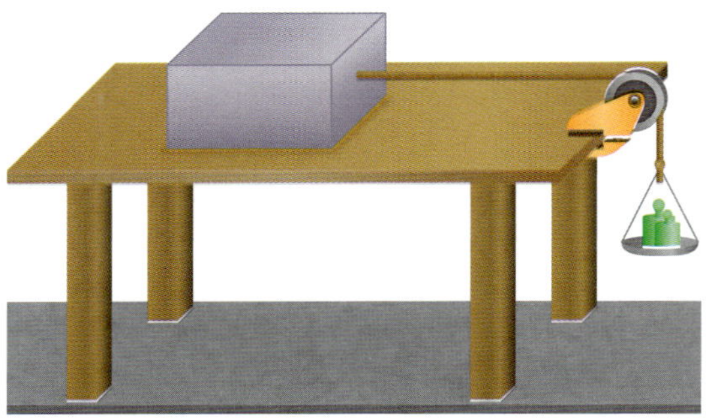

Cuestiones

1. Para cada experimento, construye la siguiente tabla:

m	A	μ_1	μ_2	μ_3	μ_m	$E_a(\mu)$

2. ¿El rozamiento depende de la masa del cuerpo apoyado?

3. ¿El rozamiento depende del área que tenga la superficie en contacto?

4. ¿Afecta el procedimiento al cálculo del rozamiento?

5. Elabora una memoria de la práctica.

Hablando de ciencia...

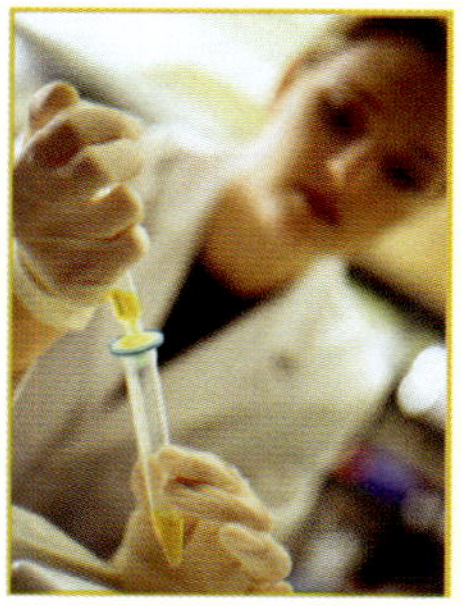

En todas las épocas es difícil encontrar referencias a mujeres en relación con trabajos científicos, pero el periodo en el que se desarrolla la dinámica, desde Galileo (1564-1642) hasta Newton (1642-1727), es especialmente oscuro. Habiendo abandonado hace muchos siglos el mundo clásico, el despertar de la «filosofía natural», la futura física, parece vetado de manera especial a las investigadoras, que sí consiguen aparecer en otros campos, como, por ejemplo, la medicina, la farmacia y la botánica.

No obstante, algunos nombres se perfilan en la frontera de esta rama del saber, generalmente vinculados a la parte experimental. Ejemplos relevantes son Sophia Brahe, Maria Cunitz, Jeanne Dumée, Émilie du Châtelet, Maria Gaetana Agnesi, Laura Marina Caterina Bassi y Emmy Noether.

Se propone realizar una investigación para recopilar información, analizarla y desarrollar una posición razonada ante este «hueco» femenino en ciencia. El informe final debe responder al menos a los siguientes puntos:

- Busca información sobre la aportación de la mujer en el ámbito de la física en el periodo que comprende los siglos XVI-XVII-XVIII. ¿La falta de información indica que no había mujeres en este ámbito?
- ¿Qué dificultades experimentaban las mujeres para acceder a la educación universitaria?
- ¿Qué problemas afectaban a las mujeres a la hora de dar a conocer su trabajo científico?
- Analiza la información encontrada sobre las investigadoras mencionadas en el texto y sobre otras que hayas podido localizar. ¿Esta información es de carácter científico o bibliográfico? Compara el tipo de información ofrecida con la encontrada al buscar referencias sobre científicos varones. ¿Son del mismo tipo? ¿Esta diferencia implica un sesgo actual sobre el papel que cada uno de ellos representó?
- ¿Has sido capaz de localizar algún documento de carácter científico publicado por alguna de ellas (sobre todo en los siglos XVI y XVII)? Realiza ahora esta búsqueda sobre sus colegas masculinos. ¿Qué opinión te merece este punto?

Práctica 2. Laboratorio de colisiones

Objetivo

Verificar la aplicación del principio de conservación de la cantidad de movimiento (PCCM).

Procedimiento

Utilizando en primer lugar el simulador **bit.ly/Vascak_choque_inelástico,** escoge dos monedas cualesquiera y anota sus masas. Elige, a su vez, un par de velocidades y calcula la velocidad a la que saldría el conjunto cuando ambas monedas queden unidas, y verifica que se cumple el principio de conservación de la cantidad de movimiento.

Repite el experimento con tres pares de velocidades por cada par de monedas hasta un total de cuatro pares de monedas. En total deberás disponer de 12 combinaciones diferentes. ¿Observas alguna relación entre aquellas que comparten las masas? ¿Y entre las que tienen las mismas velocidades?

Ahora repite todo el experimento con el simulador de colisión elástica: **bit.ly/Vascak_choque_elástico**. En esta ocasión los cuerpos no salen unidos, luego deberás esperar al que programa realice el choque y anotar las velocidades de salida para comprobar el cumplimiento del principio de conservación de la cantidad de movimiento.

Cuestiones

Realiza un informe que muestre lo experimentado mediante capturas de pantalla.

Atrévete a mirar

¿He aprendido realmente?

¿Comprendo y soy capaz de aplicar las diferentes leyes de Newton?

¿Soy capaz de reconocer situaciones reales que se expliquen a partir a las leyes de Newton?

¿Comprendo las fuerzas más importantes que aparecen en nuestro entorno?

¿Soy capaz de explicar la diferencia entre los sistemas de referencia inerciales y no inerciales?

¿Comprendo la conservación de la cantidad de movimiento y soy capaz de aplicarlo a diferentes situaciones?

¿Entiendo la estrategia que he seguido para aprender conceptos y ejercicios de dinámica? ¿Me ha ayudado realizar las actividades antes de entrar al aula?

¿Puedo aplicar lo aprendido a mi vida cotidiana?

9. Fuerzas centrales: de Newton a Coulomb

Contenidos

- Leyes de Kepler
- Interacción gravitatoria
- Justificación de las leyes de Kepler
- Movimiento orbital
- Interacción electrostática
- Comparación entre interacción gravitatoria y electrostática

En el universo existen cuatro interacciones fundamentales:

- Gravitatoria: afecta a las partículas con masa.
- Electromagnética: afecta a las partículas con carga.
- Nuclear fuerte: afecta a la estabilidad del núcleo.
- Nuclear débil: afecta a la desintegración radiactiva.

La interacción gravitatoria es despreciable desde el punto de vista atómico y para objetos de tamaño ordinario, como un coche. Sin embargo, desde el punto de vista astronómico es determinante. La interacción gravitatoria define el comportamiento y la evolución de los planetas y de las galaxias, es decir, controla la evolución del universo.

En la actualidad se considera que la gravedad es una perturbación del espacio, pero se desconoce con seguridad cómo se produce. La explicación de la gravedad podría estar en la hipotética partícula gravitón, todavía por descubrir, aunque, en septiembre de 2015, se estrechó su búsqueda cuando el observatorio LIGO (Laser Interferometer Gravitational-Wave Observatory) anunció la detección de ondas gravitacionales.

A principios del siglo XX, Louis de Broglie llegó a la conclusión de que toda partícula tiene asociada una onda. Siguiendo este razonamiento, la aparición de ondas gravitacionales implicaría, por tanto, la existencia de la partícula gravitón.

Cuestiones

1. La gravedad siempre actúa. Por ejemplo, si una maceta cae desde una terraza, la gravedad es la responsable del incremento de la velocidad en la caída. Si la altura aumenta, la velocidad final de la maceta también lo hará. Con una altura adecuada, ¿la maceta puede alcanzar cualquier velocidad al llegar al suelo?

«Conocemos las preguntas y, probablemente ni siquiera las conocemos todas. Las respuestas, por ahora, solo las conoce la naturaleza», Fabiola Gianotti, directora del CERN.

El reto

¿Podemos crear situaciones que contrarresten la acción de la gravedad sobre los cuerpos? Para contestar a la pregunta vamos a realizar dos experimentos.

Experimento: Microgravedad casera

Con el fin de observar mejor sus efectos, es interesante contar con una grabación: pide a alguien que te ayude a grabar con el móvil.

Primer experimento. Necesitas un vaso de plástico, un punzón, una regla y agua.

Haz un pequeño orificio de 2 mm de grosor a 2 cm de la base del vaso de plástico. Llénalo de agua y observa cómo esta cae por el agujero.

Ahora, levanta el vaso y déjalo caer al suelo mientras grabas la caída con el móvil. Observa después el vídeo a cámara lenta.

- ¿Qué ocurre con el chorro de agua durante la caída?
- ¿Por qué piensas que ocurre esto?

Segundo experimento. Necesitas un tubo de cartón, un sacapuntas, unas tijeras, dos gomas elásticas y cinta adhesiva.

Realiza el montaje que se observa en las siguientes imágenes.

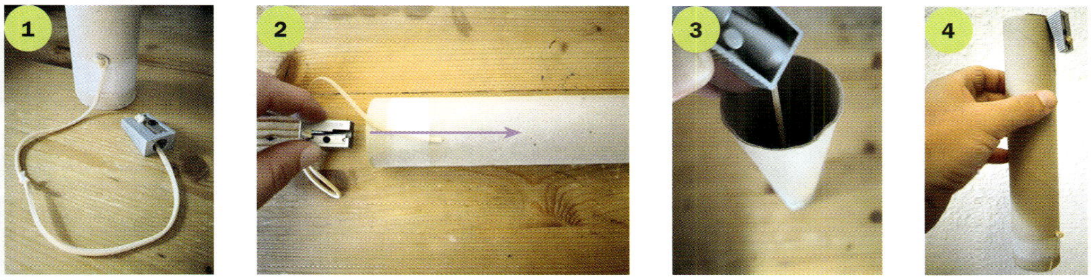

Ajusta la longitud de la goma elástica para que quede ligeramente tensa, pero sin llegar a arrastrar al sacapuntas, como se observa en la última imagen.

Deja caer el dispositivo desde unos dos metros de altura. Pide ayuda para grabar la caída con el móvil.

- ¿Qué ocurre con el sacapuntas cuando lo dejas caer?
- ¿Por qué tiene lugar el fenómeno observado? Para poder responder a estas preguntas, necesitas resolver antes una serie de cuestiones:
  - Antes de dejarlo caer, ¿está el sacapuntas en equilibrio?
  - ¿Qué fuerzas están compensadas en este equilibrio?
  - Durante la caída, ¿están las fuerzas compensadas? ¿Qué ha cambiado?

Atrévete a mirar

¿Quiero aprender?

¿Puedo aplicar la ley de la gravitación universal a cualquier cuerpo o solo a grandes cuerpos, como los planetas?

¿Qué magnitudes están presentes en la ley de la gravitación universal? ¿Cuáles son sus unidades en el SI?

¿Por qué no es correcto que diga «Peso 77 kilos» desde el punto de vista físico?

¿Qué ejemplos conozco cuyo movimiento esté controlado por la ley de la gravitación universal?

¿Cómo se manifiesta la fuerza electrostática entre cargas de igual signo? ¿Y entre cargas de distinto signo?

¿Qué hechos de mi vida diaria están relacionados con la interacción electrostática?

1. Las leyes de Kepler

En 1543, la visión geocéntrica del universo se pone en entredicho con la publicación de la obra *De revolutionibus orbium coelestium (Sobre las revoluciones de las esferas celestes)* de **Nicolás Copérnico** (1473-1543). A partir del modelo copernicano, **Johannes Kepler** (1571-1630) intenta ajustar la órbita de Marte al esquema circular, pero su trayectoria se desviaba ocho minutos de arco. Esos ocho minutos de arco conforman el punto de partida de las tres leyes de Kepler sobre el movimiento planetario. Estas tres leyes describen el movimiento planetario, pero no definen su causa. Los datos que permitieron a Kepler desarrollar sus tres leyes fueron recopilados por los hermanos **Tycho** y **Sofía Brahe** en su observatorio de Uraniborg (Dinamarca).

Órbitas elípticas

La **excentricidad, *e*,** es el grado de desviación de una sección cónica, como la elipse, respecto de la circunferencia. Se expresa como la relación entre la distancia entre los focos y el centro de la elipse, *a*, y el semieje mayor, *b*.

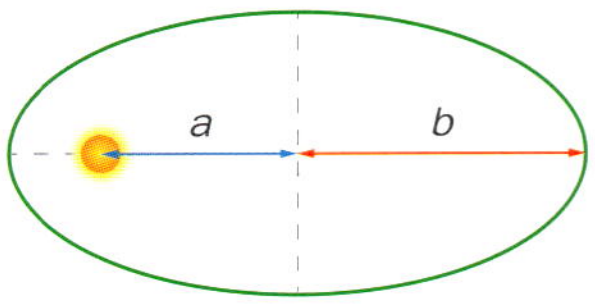

$$e = \frac{a}{b}$$

Para la elipse, la excentricidad varía entre 0, que sería la de una circunferencia, y 1.

Planeta	e
Mercurio	0,2056
Venus	0,0068
Tierra	0,0167
Marte	0,0943
Júpiter	0,0484
Saturno	0,0541
Urano	0,0460
Neptuno	0,0082

Salvo para Mercurio, las excentricidades de las órbitas planetarias son bajas, y por ello es coherente aproximarlas a órbitas circulares.

1.1. Primera ley de Kepler

Conocida también como **ley de las órbitas elípticas**, aparece publicada en 1609 en su libro *Astronomia nova (Nueva astronomía).*

Todos los planetas se mueven en órbitas elípticas, con el Sol en uno de sus focos.

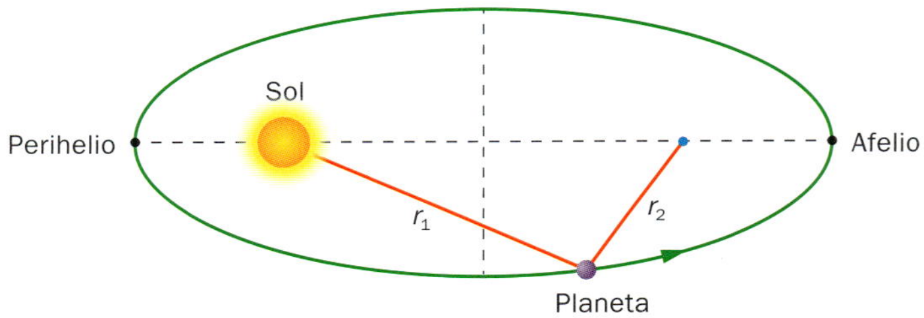

Los elementos más destacados de estas órbitas elípticas son:

- Perihelio: punto de la órbita más cercano al Sol.
- Afelio: punto de la órbita más alejado del Sol.
- $r_1 + r_2 =$ constante (propiedad característica de la elipse).

Esta primera ley corrige la teoría heliocéntrica de Copérnico, basada en circunferencias, mediante una representación simple del sistema solar a través de elipses.

1.2. Segunda ley de Kepler

Kepler buscaba una relación matemática simple entre la velocidad y la posición de los planetas para definir con exactitud el movimiento seguido por ellos. De esta búsqueda nace la conocida como **ley de las áreas iguales,** publicada también en *Astronomia nova*.

El radio vector con origen en el Sol y que llega hasta un determinado planeta barre áreas iguales en intervalos de tiempo iguales.

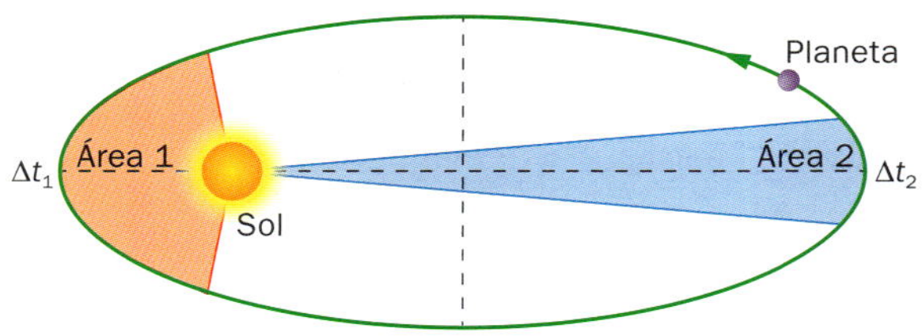

Área 1 = Área 2

$\Delta t_1 = \Delta t_2$

Esta ley tiene una importante consecuencia: los planetas no pueden moverse con velocidad constante a lo largo de su órbita, sino que esta cambia para ajustarse al dato empírico de la igualdad de áreas generada en tiempos iguales.

1.3. Tercera ley de Kepler

Tras la publicación de las dos primeras leyes, Kepler se propuso examinar la relación entre los movimientos de los distintos planetas según uno de los principios fundamentales de la ciencia: la búsqueda de la simplicidad y la uniformidad en la naturaleza.

Gracias a este esfuerzo, logró determinar la tercera de sus leyes, que también recibe el nombre de **ley de los periodos** o **ley armónica,** publicada en 1619 en su libro *Harmonices Mundi (La armonía de los mundos)*.

Los actuales cambios de protocolos web pueden dificultarte el acceso a alguno de los enlaces.

Para evitarlo, en la siguiente dirección te proporcionamos un nuevo enlace y el planteamiento correspondiente:

bit.ly/Enlace_2_0_1BAC_U9

El cuadrado del periodo de cualquier planeta es proporcional al cubo del semieje mayor de su órbita.

$$T^2 = k \cdot r^3$$

k = constante igual para todos los planetas que giran alrededor de la misma estrella.

r = semieje mayor de la elipse (coincide con la distancia media entre el planeta y el Sol).

T = periodo de revolución del planeta.

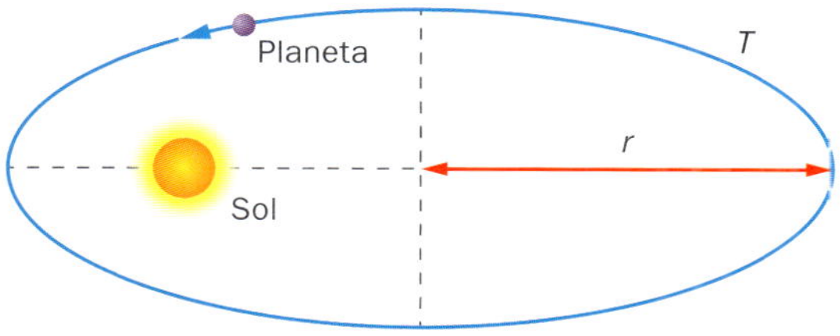

Las tablas elaboradas por Kepler serían revisadas sucesivamente. Entre estas revisiones, destacan las realizadas por las astrónomas **Maria Cunitz** y **Elisabeth Korpman,** que elaboró el último y mayor catálogo de estrellas sin utilizar telescopio, formado por una recopilación de más de 1 888 estrellas.

Fuerzas centrales 2.0

Las leyes de Kepler no son las únicas leyes cinemáticas del movimiento planetario. ¿Qué dice la ley de Titius-Bode?

bit.ly/UNED_Titius_Bode

Actividades

1. La siguiente tabla muestra los valores que Kepler empleó para enunciar su tercera ley. Calcula el valor de K y demuestra esta ley.

Planeta	Mercurio	Venus	Tierra	Marte	Júpiter	Saturno
Radio (UA)	0,389	0,724	1	1,524	5,200	9,510
Periodo (días terrestres)	87,77	224,70	365,25	686,98	4 332,62	10 759,20

2. Un planeta A tiene un periodo de 2 años terrestres exactos y un radio orbital medio de $1 \cdot 10^{11}$ m. Un planeta B tiene un periodo de 3,31 años terrestres y un radio orbital medio de $1,4 \cdot 10^{11}$ m. ¿Están orbitando alrededor de la misma estrella?

3. En diciembre la Tierra se encuentra en el perihelio de su órbita, y en junio, en su afelio. ¿En cuál de los dos meses viaja más rápido? Justifica tu respuesta.

4. ¿Incluirías las tres leyes de Kepler dentro de la cinemática o de la dinámica? Justifica tu respuesta.

5. En grupos, a partir de información debidamente contrastada, realizad una línea temporal con los astrónomos Claudio Ptolomeo, Nicolás Copérnico, Tycho Brahe, Galileo Galilei y Johannes Kepler. Indicad brevemente cuáles fueron las aportaciones que realizó cada uno al estudio del sistema solar.

Sabías que...

El semieje mayor de la órbita terrestre define la **unidad astronómica** (UA):

$$1 \text{ UA} = 1,50 \cdot 10^{11} \text{ m}$$

2. La interacción gravitatoria

Robert Hooke o **Edmund Halley** ya plantearon que la fuerza responsable del movimiento planetario tenía que ser atractiva y variar con el cuadrado de la distancia. Pero fue **Isaac Newton** quien describa esa idea por medio de una expresión matemática.

2.1. Ley de la gravitación universal

La gran osadía y genialidad de Isaac Newton está en hacer esta doble consideración:

- La fuerza que hace orbitar a la Luna alrededor de la Tierra y la fuerza que hace caer una piedra al suelo son exactamente la misma.
- Esta fuerza está dirigida siempre hacia el cuerpo y es de naturaleza central.

Una **fuerza central** es aquella que siempre está dirigida radialmente hacia un punto denominado centro. El vector posición del objeto sometido a una fuerza central es siempre paralelo a dicha fuerza.

Estas ideas son el núcleo de la ley que relaciona la interacción entre los cuerpos:

La **ley de la gravitación universal** de Newton establece que dos cuerpos cualesquiera del universo, m_1 y m_2, situados a una cierta distancia, r, se atraen mutuamente con una fuerza cuyo módulo es directamente proporcional al producto de sus masas e inversamente proporcional al cuadrado de la distancia que existe entre sus centros.

$$F_G = G \cdot \frac{m_1 \cdot m_2}{r^2} \qquad G = 6{,}67 \cdot 10^{-11}\ \mathrm{N \cdot m^2 \cdot kg^{-2}}$$

La expresión vectorial de la ley de gravitación universal viene dada por la ecuación:

$$\vec{F}_G = -G \cdot \frac{m_1 \cdot m_2}{r^2}\, \vec{u}_r$$

El signo negativo pone de manifiesto el carácter atractivo de la fuerza gravitatoria.

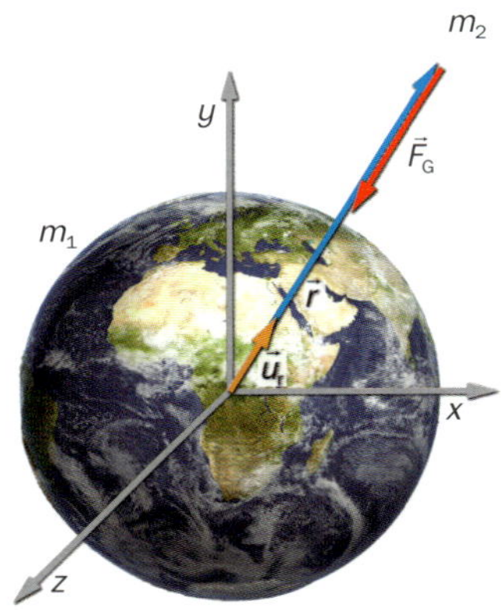

Si tenemos varios cuerpos, la fuerza gravitatoria total que todos ellos ejercen en un determinado punto del espacio vendrá dada por la suma de la fuerza gravitatoria ejercida por cada uno de los cuerpos en dicho punto. Este es el llamado **principio de superposición:**

$$\vec{F}_{G\,total} = \sum_i \vec{F}_{G_i}$$

Por la ley de acción-reacción, la fuerza gravitatoria de la Luna sobre la Tierra tendrá igual módulo y dirección que la fuerza gravitatoria de la Tierra sobre la Luna, pero de sentido contrario. Esta idea es extensible a cualquier situación en la que aparezca la interacción gravitatoria.

Actividades

6. Calcula la fuerza gravitatoria entre dos elefantes de 6 t cada uno si están separados por una distancia de 1 m.

S: $F_G = 2{,}4 \cdot 10^{-3}$ N

7. ¿A qué distancia se encuentran dos ballenas azules, de 140 t cada una, si su fuerza gravitatoria es de 0,32 N?

S: $r = 2$ m

Fuerzas centrales 2.0

La ley de la gravitación universal está irremediablemente unida a la famosa manzana que Newton vio caer.

bit.ly/UNED_manzana

Análisis dimensional

Con el análisis dimensional, vamos a determinar las dimensiones de la constante de gravitación universal:

$$G = \frac{F_G \cdot r^2}{m_1 \cdot m_2}$$

$$[G] = \frac{[F_G]\cdot[r^2]}{[m_1]\cdot[m_2]}$$

Donde:

$$[F_G] = \mathrm{M \cdot L \cdot T^{-2}}$$

$$[r] = \mathrm{L}$$

$$[m] = \mathrm{M}$$

Por lo que resulta:

$$[G] = \frac{\mathrm{M \cdot L \cdot T^{-2} \cdot L^2}}{\mathrm{M \cdot M}} = \frac{\mathrm{L^3 \cdot M \cdot T^{-2}}}{\mathrm{M^2}}$$

$$[G] = \mathrm{L^3 \cdot M^{-1} \cdot T^{-2}}$$

Actividades resueltas

1. La distancia entre dos alumnas de 62 y 64 kg sentadas en sus pupitres es de 30 cm.

a) Calcula la fuerza gravitatoria que experimenta cada una de ellas debida a la atracción de su compañera.

b) ¿Por qué esta fuerza no produce ningún efecto sobre las alumnas?

Estrategia de resolución

a) Partimos de la ecuación de la gravitación universal expresada como módulo:

$$F_G = G \cdot \frac{m_1 m_2}{r^2}$$

Expresamos cada magnitud en sus unidades correctas:

$G = 6{,}67 \cdot 10^{-11}\ \text{N} \cdot \text{m}^2 \cdot \text{kg}^{-2}$; $m_1 = 62$ kg ; $m_2 = 64$ kg ; $r = 30$ cm $= 0{,}3$ m

Sustituimos los datos en la ecuación y calculamos el valor de la fuerza gravitatoria:

$$F_G = 2{,}94 \cdot 10^{-6}\ \text{N}$$

Según la tercera ley de la dinámica de Newton, la fuerza gravitatoria que ejerce la primera alumna sobre la segunda es idéntica en módulo y dirección a la fuerza que ejerce la segunda sobre la primera, pero de sentido contrario.

b) La fuerza atractiva tiene un valor tan pequeño (equivalente al peso de un objeto de unos 0,3 mg) que queda contrarrestada con la fuerza de rozamiento que se opone a ella. El valor tan pequeño de *G* hace que la fuerza gravitatoria solo se ponga de manifiesto bajo la acción de cuerpos de elevada masa (masivos), como los planetas.

Fuerzas centrales 2.0

Observa la fuerza de gravedad que dos cuerpos ejercen entre sí. Cambia las condiciones y cambiarán las fuerzas.

bit.ly/Phet-gravedad

Experimenta. ¿Cambia la acción de la gravedad?

1. Es imposible escapar a la acción de la fuerza gravitatoria. Sin embargo, ¿podemos minimizar sus efectos?

Toma un folio y un libro. Coloca el folio encima del libro y déjalos caer. ¿Qué ocurre? Ahora coge con una mano el folio y, con la otra, el libro. Sujétalos a la misma altura y déjalos caer. ¿Qué ocurre ahora? ¿Consideras que la fuerza gravitatoria sobre el folio es distinta en cada uno de los experimentos?

Actividades

8. ¿Qué significado tiene el signo negativo en la ecuación vectorial de la fuerza gravitatoria?

9. Las masas de la Tierra y de la Luna son, respectivamente, $5{,}98 \cdot 10^{24}$ kg y $7{,}35 \cdot 10^{22}$ kg. Si el diámetro medio de la órbita de la Luna alrededor de la Tierra es de $7{,}68 \cdot 10^5$ km, calcula la fuerza gravitatoria entre la Tierra y la Luna.

S: $F_G = 1{,}99 \cdot 10^{20}$ N

10. ¿Qué ocurre con la fuerza gravitatoria entre dos cuerpos si...

a) ... la masa de uno de los cuerpos aumenta el doble?

b) ... aumenta cinco veces la distancia que separa a los cuerpos?

S: *a)* $F_G' = 2 \cdot F_G$; *b)* $F_G' = 1/25 \cdot F_G$

11. En un átomo de hidrógeno, halla la fuerza gravitatoria entre un protón $(1{,}67 \cdot 10^{-27}$ kg$)$ y un electrón $(9{,}1 \cdot 10^{-31}$ kg$)$ que describe una órbita con un radio de Bohr de $5{,}29 \cdot 10^{-11}$ m.

S: $F_G = 3{,}62 \cdot 10^{-47}$ N

12. La fuerza gravitatoria entre dos camiones de 20 y 15 t es de $3{,}2 \cdot 10^{-3}$ N: ¿a qué distancia se encuentran aparcados el uno del otro?

S: $r = 2{,}5$ m

13. Se forman varios grupos en clase. Todos los estudiantes de cada grupo deben responder a la pregunta «¿En qué lugar del espacio la fuerza gravitatoria de un cuerpo con masa se hace nula?». Posteriormente, se abre un debate para que cada grupo determine de entre todas las respuestas cuál es la que presentará como equipo al resto de la clase.

Fuerzas centrales 2.0

Todos conocemos la relación entre la Luna y las pleamares, pero, si solo tenemos una luna, ¿qué produce dos pleamares?

bit.ly/UNED_pleamares

2.2. Campo gravitatorio

La gravedad permite deducir las apariciones del cometa Halley o predice la existencia y descubre planetas como Neptuno. Sin embargo, presenta una gran dificultad: es una interacción a distancia. Esta dificultad se resolvió a través del concepto de campo gravitatorio.

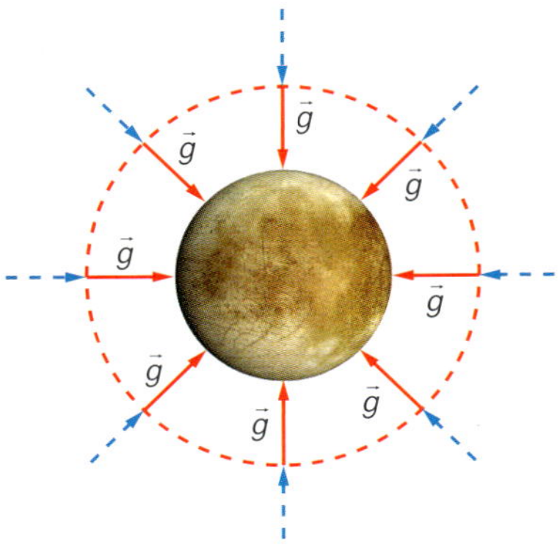

Campo gravitatorio de la luna Europa del planeta Júpiter, representado por la intensidad de campo gravitatorio (en rojo) y las líneas de campo gravitatorio (en azul).

El **campo gravitatorio** es la perturbación que todo cuerpo provoca en el espacio que lo rodea por el hecho de tener masa.

El campo se representa con un vector llamado intensidad de campo gravitatorio.

La **intensidad de campo gravitatorio,** $\vec{g}$, creada por una masa m en un punto del espacio a una distancia r de dicha masa es la fuerza gravitatoria que actúa sobre la unidad de masa m' en dicho punto. Su unidad en el Sistema Internacional es $N \cdot kg^{-1}$ o $m \cdot s^{-2}$.

$$\vec{g} = \frac{\vec{F}}{m'} = \frac{-G \cdot \frac{m \cdot m'}{r^2}\, \vec{u}_r}{m'} = -G \cdot \frac{m}{r^2}\, \vec{u}_r$$

El vector intensidad de campo gravitatorio tiene dirección radial, su sentido es hacia la masa que crea el campo y su módulo está determinado por la ecuación:

$$g = G \cdot \frac{m}{r^2}$$

La intensidad de campo gravitatorio, $\vec{g}$, también se denomina **aceleración de la gravedad.**

El campo gravitatorio se representa mediante líneas imaginarias, llamadas **líneas de campo gravitatorio,** que muestran el movimiento de una masa en dicho campo. Estas líneas son radiales, nacen en el infinito y terminan en la masa que crea el campo.

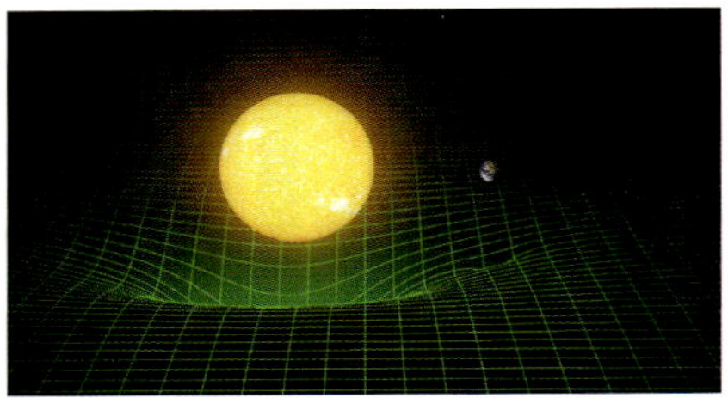

La representación del tejido espacio-tiempo de Einstein ayuda a visualizar la acción del campo gravitatorio.

Actividades resueltas

2. Los satélites del sistema de localización GPS orbitan a 20 180 km de la superficie terrestre. Calcula la intensidad del campo gravitatorio terrestre en la posición de estos satélites.

Datos: $G = 6{,}67 \cdot 10^{-11}\ N \cdot m^2 \cdot kg^{-2}$; $R_T = 6\,370$ km; $M_T = 5{,}98 \cdot 10^{24}$ kg.

Estrategia de resolución

1. Partimos de la ecuación, en módulo, de la intensidad de campo gravitatorio.

$$g = G \cdot \frac{m}{r^2}$$

Recuerda que al escribir el módulo ya no se pone el signo negativo.

2. Expresamos el valor de cada magnitud en el Sistema Internacional de Unidades.

$$G = 6{,}67 \cdot 10^{-11}\ N \cdot m^2 \cdot kg^{-2} \quad ; \quad m = 5{,}98 \cdot 10^{24}\ kg$$

$$r = 6\,370\ km + 20\,180\ km = 26\,550\ km = 2{,}655 \cdot 10^7\ m$$

No olvides que r es la distancia total, es decir, el radio de la Tierra más la altura del satélite.

3. Sustituimos los datos en la ecuación:

$$g = 6{,}67 \cdot 10^{-11}\ N \cdot m^2 \cdot kg^{-2} \cdot \frac{5{,}98 \cdot 10^{24}\ kg}{(2{,}655 \cdot 10^7\ m)^2} = 0{,}57\ m \cdot s^{-2}$$

Los resultados deben llevar la unidad correspondiente.

Sabías que...

El sistema de posicionamiento GPS *(Global Positioning System)* está formado por 24 satélites moviéndose de forma coordinada en 6 órbitas.

Actividades

14. EvB AU Determina a qué altura sobre la superficie de la Tierra la aceleración gravitatoria se reduce a la mitad. Datos: radio de la Tierra $(R_T) = 6\,400$ km.

S: $h = 2\,651$ km

Actividades resueltas

3. En televisión se ve cómo los astronautas flotan dentro de la Estación Espacial Internacional (EEI), que orbita a una altura media de 404 km.

a) Calcula la intensidad del campo gravitatorio dentro de la EEI.

b) Compara este valor con el de la superficie terrestre: ¿por qué parecen flotar ingrávidas las personas que están en la EEI?

Estrategia de resolución

Aplicamos la ecuación general de la intensidad de campo gravitatorio a las situaciones descritas.

a) 1. Expresamos el valor de cada magnitud en el Sistema Internacional:

$$G = 6{,}67 \cdot 10^{-11}\ \mathrm{N \cdot m^2 \cdot kg^{-2}} \quad ; \quad M_T = 5{,}98 \cdot 10^{24}\ \mathrm{kg}$$

$$R = R_T + h = 6\,774\ \mathrm{km} = 6{,}774 \cdot 10^6\ \mathrm{m}$$

2. Sustituimos los valores en la ecuación de la intensidad de campo gravitatorio:

$$g = G \cdot \frac{M_T}{R^2} \quad ; \quad g = 8{,}7\ \mathrm{m \cdot s^{-2}}$$

b) Del resultado obtenido se deduce que la ingravidez en la EEI no está relacionada con la ausencia de gravedad. Esta situación se debe a que la nave y todo lo que contiene se encuentran en una continua caída libre combinada con un movimiento tangencial y uniforme debido a la rotación alrededor de la Tierra.

Análisis dimensional

Vamos a utilizar el análisis dimensional para determinar las dimensiones de la intensidad de campo gravitatorio:

$$|\vec{g}| = G \cdot \frac{m}{r^2}$$

$$[g] = [G] \cdot \frac{[m]}{[r^2]}$$

Donde:

$$[G] = L^3 \cdot M^{-1} \cdot T^{-2}$$

$$[m] = M$$

$$[r] = L$$

Por lo que resulta:

$$[g] = L^3 \cdot M^{-1} \cdot T^{-2} \cdot \frac{M}{L^2}$$

$$[g] = L \cdot T^{-2}$$

Comprueba cómo este análisis dimensional coincide con el de la aceleración.

Actividades

15. EvAU La masa de la Luna es 0,012 veces la masa de la Tierra; su radio es 0,27 veces el de la Tierra y la distancia media entre sus centros es 60,3 radios terrestres. El radio de la Tierra mide $R_T = 6\,370$ km y $g_o = 9{,}8\ \mathrm{N \cdot kg^{-1}}$.

a) Calcula la gravedad en la superficie de la Luna.

b) ¿En qué posición entre la Tierra y la Luna se equilibran las fuerzas gravitatorias que ambos astros ejercen sobre un cuerpo de masa *m*?

S: *a)* $g = 1{,}6\ \mathrm{m \cdot s^{-2}}$; *b)* La distancia del cuerpo al centro de la Tierra es $3{,}46 \cdot 10^8$ m.

16. ¿Cuál será el radio del planeta enano Ceres si posee una masa de $9 \cdot 10^{20}$ kg y una gravedad en su superficie de $0{,}27\ \mathrm{N \cdot kg^{-1}}$?

S: $R = 471{,}5$ km

17. Determina la masa del planeta enano Plutón si su gravedad en la superficie es de $0{,}6\ \mathrm{m \cdot s^{-2}}$ y el planeta tiene un radio de 1 180 km.

S: $M = 1{,}25 \cdot 10^{22}$ kg

18. ¿Qué ocurrirá con el campo gravitatorio creado por un planeta si su masa y su radio se reducen a un quinto de su valor?

S: $g' = 5 \cdot g$

19. Una estudiante de Física determina que el valor de la gravedad en Marte, el planeta rojo, es de $3{,}71\ \mathrm{m \cdot s^{-2}}$. Si la masa y el radio del planeta son $6{,}4 \cdot 10^{23}$ kg y 3 390 km, respectivamente, calcula el valor de la constante de gravitación universal.

S: $6{,}66 \cdot 10^{-11}\ \mathrm{N \cdot m^2 \cdot kg^{-2}}$

20. Trabajamos en grupos de cuatro personas. En primer lugar, el problema debe resolverse de manera individual, después, por parejas y por último, consensuar una solución compartida por todo el equipo.

Dos cuerpos m_1 y m_2 de $3 \cdot 10^{10}$ kg y $5 \cdot 10^{12}$ kg se encuentran separados 0,250 km.

a) Representa gráficamente el punto donde el campo gravitatorio total sea nulo.

b) ¿A qué distancia de las dos masas se encontrará dicho punto?

S: *b)* A 17,97 m de m_1 y a 232,03 m de m_2.

2.3. El peso

Esta magnitud es una consecuencia directa de la ley de gravitación universal y afecta a todos los cuerpos que se encuentran dentro de un determinado campo gravitatorio producido por objetos de gran masa, como planetas o estrellas, que reciben el nombre de cuerpos masivos.

Sabías que...

El valor de la constante de gravitación universal (G) fue calculado por Henry Cavendish (1731-1810) unos cien años después de la publicación de los *Principia* de Newton.

A partir de la definición de su valor fue posible calcular la masa de la Tierra y del resto de cuerpos celestes.

El **peso** de un cuerpo situado sobre la superficie terrestre o sobre cualquier otro objeto masivo es la fuerza con que dicho cuerpo es atraído por la Tierra o por el objeto masivo considerado.

El peso, al ser una fuerza, tiene por unidad el **newton (N).** La expresión que define el peso del cuerpo viene determinada por la ecuación de la ley de la gravitación universal:

$$\vec{P} = -G \cdot \frac{M_T \cdot m}{R_T^2} \vec{u}_r$$

Piensa y razona

1. Según la ley de la gravitación universal, la fuerza que ejerce la Tierra sobre un cuerpo es proporcional a la masa de este. Entonces, ¿por qué no caen más deprisa los cuerpos que poseen mayor peso si la fuerza es mayor?

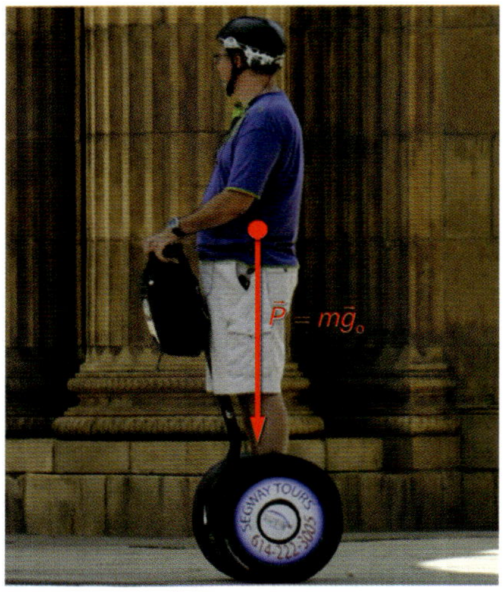

Representación de la dirección y sentido del peso de un cuerpo situado en la superficie terrestre.

La **intensidad del campo gravitatorio** en la superficie de la Tierra vendrá dada por la siguiente expresión:

$$\vec{g}_0 = -G \cdot \frac{M_T}{R_T^2} \vec{u}_r \qquad \text{Cuyo módulo será: } g_0 = G \cdot \frac{M_T}{R_T^2}$$

Si sustituimos este valor de la intensidad de campo gravitatorio en la ecuación inicial que hemos dado para el peso, obtenemos la ecuación más conocida para esta magnitud:

$$\vec{P} = m \cdot \vec{g}_0$$

De esta forma, a partir de los datos de la Tierra ($R_T = 6\,371$ km y $M_T = 5{,}972 \cdot 10^{24}$ kg), el valor de la intensidad del campo gravitatorio en la superficie terrestre será:

$$g_0 = 9{,}81 \text{ N} \cdot \text{kg}^{-1} = 9{,}81 \text{ m} \cdot \text{s}^{-2}$$

El peso es una fuerza central cuya dirección es radial, su sentido es hacia el centro de la Tierra (o cuerpo masivo que lo produce) y su aplicación es siempre en el centro de gravedad del cuerpo sometido a dicha fuerza.

Actividades

21. ¿Qué diferencias existen entre la masa y el peso de un cuerpo?

22. ¿Qué magnitudes pueden hacer que el peso de un cuerpo se modifique?

23. Si la aceleración de la gravedad en la Luna es de 1,62 m · s^{-2}, determina el peso de una persona en la Luna si su peso en la Tierra es de 970 N ($g_T = 9{,}81$ m · s^{-2}).

S: $P_{\text{Luna}} = 160{,}2$ N

24. ¿Cómo se modifica el peso del telescopio Hubble respecto del suelo cuando se encuentra orbitando a 600 km sobre la superficie terrestre? Dato: $R_T = 6\,370$ km.

S: $P_{\text{Órbita}} = 0{,}84 \cdot P_{\text{Suelo}}$

25. La masa de Marte es aproximadamente la décima parte que la de la Tierra y su radio es la mitad. Calcula cuáles serían la masa y el peso en la superficie de Marte de una persona que en la superficie terrestre tiene un peso de 700 N con $g = 9{,}8$ m · s^{-2}.

S: $m = 71{,}4$ kg; $P = 280$ N

Actividades resueltas

4. Si el radio de la Tierra es de 6 370 km, ¿a qué altura debe estar un satélite de comunicaciones para que su peso se reduzca a una tercera parte de su valor sobre la superficie terrestre?

Estrategia de resolución

Como la masa del satélite no se modifica, su peso dependerá exclusivamente de la intensidad del campo gravitatorio en el punto considerado. Comparando ambos valores (en la superficie terrestre y a la altura pedida), se deduce la altura a la que este debe encontrarse.

1. Partiendo de la ecuación que define el peso, comparamos las intensidades del campo gravitatorio en la altura h y en la superficie terrestre:

$$P = mg \quad ; \quad g_h = \frac{1}{3} \cdot g_o$$

2. Sustituimos en cada caso el valor de la intensidad del campo gravitatorio y simplificamos las ecuaciones:

$$\frac{GM_T}{R_h^2} = \frac{1}{3} \cdot \frac{GM_T}{R_T^2} \quad ; \quad \frac{\cancel{G}\cancel{M_T}}{R_h^2} = \frac{1}{3} \cdot \frac{\cancel{G}\cancel{M_T}}{R_T^2} \quad ; \quad \frac{1}{R_h^2} = \frac{1}{3} \cdot \frac{1}{R_T^2} \quad ; \quad R_h^2 = 3R_T^2 \quad ; \quad R_h = \sqrt{3} \cdot R_T$$

3. R_h es la distancia desde el satélite al centro de la Tierra y, por tanto, será la suma del radio de la Tierra (R_T) y la altura sobre la superficie (h). Sustituyendo esto en la ecuación anterior:

$$R_h = \sqrt{3} \cdot R_T \ ; \ R_h = R_T + h \ ; \ R_T + h = \sqrt{3} \cdot R_T \ ; \ h = \sqrt{3} \cdot R_T - R_T \ ; \ h = \left(\sqrt{3} - 1\right) R_T$$

4. Sustituyendo el valor del radio de la Tierra, obtenemos la altura sobre la superficie a la que se reduce un tercio el peso del satélite:

$$h = \left(\sqrt{3} - 1\right) R_T \quad ; \quad R_T = 6\,370 \text{ km} \quad ; \quad h = 4\,663 \text{ km sobre la superficie terrestre}$$

Sabías que...

La era espacial se inició en 1957 con el lanzamiento del satélite soviético *Sputnik 1*.

Actividades

26. Si la masa de la Tierra es 81,3 veces superior a la de la Luna y el radio de la Luna es 0,27 veces el radio de la Tierra, determina la reducción de peso que sufrió el astronauta Buzz Aldrin en la superficie de la Luna.

S: $P_{Luna} = 0{,}169 \cdot P_{Tierra}$

27. Las siguientes preguntas deben ser respondidas por todos los estudiantes de cada equipo. Una vez recogidas todas las respuestas, el equipo debe consensuar cuál de entre ellas es la solución correcta a cada pregunta. En las cuestiones numéricas no se puede usar calculadora.

a) ¿En qué mes la Tierra recorre mayor distancia alrededor del Sol, en enero o en julio? Nota: los dos meses tienen el mismo número de días.

b) El docente pregunta: «¿Qué pesa más, un kilo de paja o un kilo de acero?». Y una alumna responde: «Depende». ¿Tiene razón la alumna? En caso afirmativo, ¿de qué depende?

c) De forma aproximada podemos considerar la aceleración de la gravedad en la Tierra como 10 m · s^{-2} y la de la Luna como un quinto de este valor. Si una caja tiene un peso en la Tierra de 120 N, ¿cuál es su masa en la Luna?

d) Si la masa de la Tierra se reduce a un cuarto y su radio se reduce a la mitad, ¿cómo se verá afectado el valor de la intensidad del campo gravitatorio terrestre?

e) ¿Pueden coincidir numéricamente masa y peso? ¿En qué condiciones?

28. Un estudiante de Física de 74 kg de masa se sube a una torre de caída libre de un parque de atracciones. Si el estudiante cae con una aceleración de 0,85 · g, calcula el peso aparente del estudiante durante la caída y compáralo con su peso real.

S: $P_{Aparente} = 108{,}9$ N; $P_{Aparente} = 0{,}15 \cdot P_{Real}$

El astronauta Buzz Aldrin en la superficie lunar durante la misión Apolo 11.

3. Justificación de las leyes de Kepler

Para justificar las leyes Kepler sobre el movimiento planetario alrededor del Sol, Newton dio un paso muy importante al emplear el concepto de fuerza central. Comprender el momento angular y su conservación constituye un paso necesario en la correcta asimilación de las leyes de Kepler.

3.1. Momento de una fuerza y momento angular

Si se aplica una fuerza sobre un cuerpo que tiene la posibilidad de girar alrededor de un eje, este tiende a realizar dicha rotación. Es decir, si empujas con un dedo (fuerza aplicada) una puerta (cuerpo que puede girar sobre un eje: las bisagras), la puerta girará. La magnitud que representa este efecto se denomina momento de la fuerza.

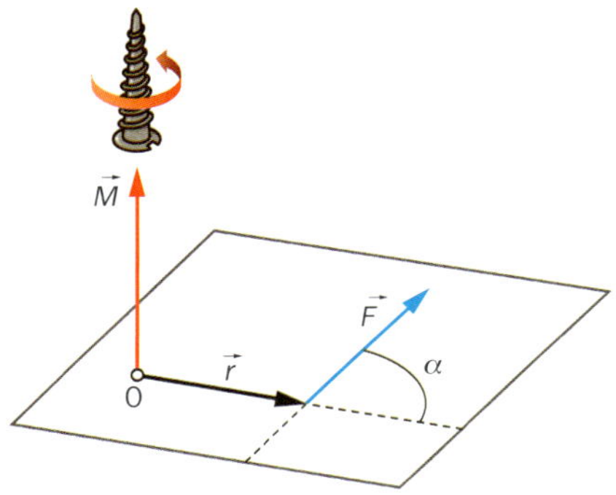

El **momento de una fuerza,** $\vec{M}$, es el producto vectorial del vector posición del cuerpo, $\vec{r}$, por el vector de la fuerza aplicada, $\vec{F}$. Su unidad en el Sistema Internacional es N · m.

$$\vec{M} = \vec{r} \wedge \vec{F}$$

Las características del vector momento de una fuerza son las derivadas del significado matemático del producto vectorial:

- Módulo: $M = F \cdot r \cdot \text{sen}\,\alpha$; $\alpha =$ ángulo formado por $\vec{F}$ y $\vec{r}$.
- Dirección: perpendicular al plano formado por $\vec{F}$ y $\vec{r}$.
- Sentido: es el del avance de un tornillo que gira de $\vec{r}$ a $\vec{F}$ por el camino más corto.

Si sustituimos el vector fuerza, $\vec{F}$, por el vector cantidad de movimiento $(\vec{p} = m\vec{v})$, obtenemos el momento angular.

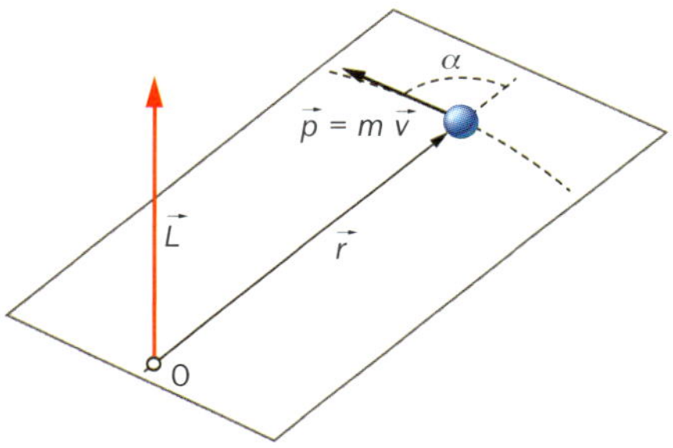

El **momento angular,** $\vec{L}$, es el producto vectorial del vector posición, $\vec{r}$, por el vector de la cantidad de movimiento, $\vec{p}$. Su unidad en el Sistema Internacional es $kg \cdot m^2 \cdot s^{-1}$.

$$\vec{L} = \vec{r} \wedge \vec{p} = \vec{r} \wedge m \cdot \vec{v}$$

Las características del momento angular son:

- Módulo: $L = m \cdot v \cdot r \cdot \text{sen}\,\alpha$; α = ángulo formado por $\vec{r}$ y $\vec{p}$.
- Dirección: perpendicular al plano formado por $\vec{r}$ y $\vec{p}$.
- Sentido: el del avance de un tornillo que gira de $\vec{r}$ a $\vec{p}$ por el camino más corto.

Laboratorio en el aula. Rotar da estabilidad

1. El momento angular es la base del funcionamiento del giroscopio, un objeto que gira sobre sí mismo con múltiples aplicaciones. Coge un giroscopio y, con ayuda de una cuerda, ponlo en funcionamiento. Utilízalo para realizar las siguientes operaciones y responder a estas preguntas:

- Dale pequeños golpes al giroscopio. Se desplaza, pero ¿cambia la dirección de su eje de giro?
- Pon el giroscopio en marcha y tómalo con la mano por su eje solidario fijo con cuidado de no pararlo. Haz pequeños movimientos con la mano para cambiar la dirección del eje de giro del giroscopio. ¿Qué hace el giroscopio? ¿Por qué actúa de esa manera?
- ¿Qué conclusión obtienes de estas dos primeras experiencias?
- Pon el giroscopio en marcha y, con la ayuda de una pequeña cuerda, colócalo como se observa en la imagen. ¿Qué fuerza es la responsable del momento que actúa sobre el giroscopio? ¿Cuál es la dirección de ese momento?

3.2. Conservación del momento angular

Entre el momento de una fuerza y el momento angular existe una relación que justifica las leyes de Kepler. Esta relación es la ecuación fundamental de la dinámica de rotación:

$$\vec{M} = \frac{\Delta\vec{L}}{\Delta t}$$

Para las fuerzas centrales, como la gravitatoria, se cumple que $\vec{M}$ es nulo. La razón es que $\vec{F}$ y $\vec{r}$ son paralelos y, por tanto, el ángulo que forman es 0° y, por lo tanto, el seno del ángulo, también.

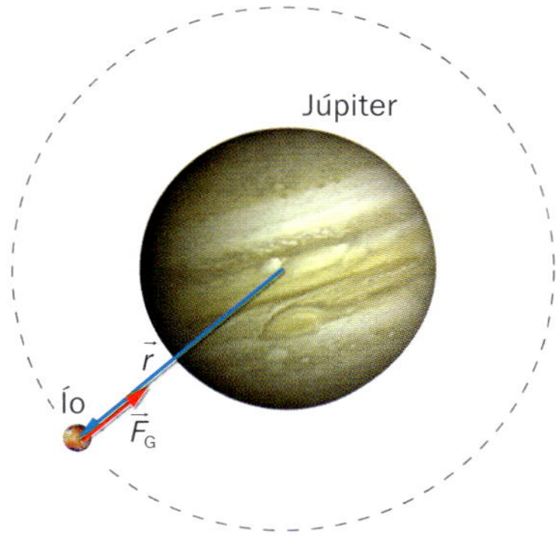

La **ley de la conservación del momento angular** está definida por la siguiente expresión:

$$\vec{M} = \frac{\Delta\vec{L}}{\Delta t} = 0 \quad ; \quad \vec{L} = \text{constante}$$

Esta expresión solo es válida si el momento de la fuerza y el momento angular tienen el mismo origen.

Actividades resueltas

5. La Luna tarda 27,3 días en completar una órbita alrededor de la Tierra. Si la masa de la Luna es de $7{,}35 \cdot 10^{19}$ t y la distancia entre los centros de estos dos astros es de $3{,}84 \cdot 10^{5}$ km, calcula el momento angular de la Luna respecto de la Tierra. Desprecia la rotación de la Luna sobre su propio eje y considera que la órbita es circular.

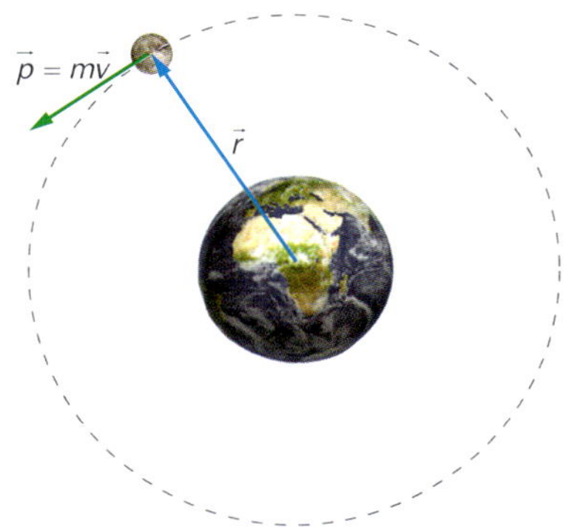

Estrategia de resolución

1. Planteamos la ecuación del momento angular:

$$L = mvr \cdot \operatorname{sen}\alpha = mvr$$

Como la órbita es circular, los vectores posición y velocidad son perpendiculares, por lo que el seno del ángulo vale 1.

2. Sustituimos la velocidad por su expresión en función del radio de la órbita (r) y el período (T):

$$L = mr \cdot \left(\frac{2\pi r}{T}\right) = \frac{2\pi m r^2}{T}$$

3. Sustituimos cada magnitud por su valor:

$$L = \frac{2\pi \cdot 7{,}35 \cdot 10^{22}\ \text{kg} \cdot \left(3{,}843 \cdot 10^{8}\ \text{m}\right)^2}{2\,358\,720\ \text{s}} = 2{,}89 \cdot 10^{34}\ \text{kg} \cdot \text{m}^2 \cdot \text{s}^{-1}$$

Todas las magnitudes deben expresarse en unidades del Sistema Internacional:
Masa (m): kg   Radio (r): m   Periodo (T): s

Actividades

29. La masa de Júpiter es 315 veces la de la Tierra y el radio de su órbita es 5,2 veces mayor que el terrestre. Si su periodo orbital es de 4 328,7 días, calcula el momento angular del planeta. Datos: la Tierra tiene una masa de $5{,}97 \cdot 10^{24}$ kg y un radio para su órbita alrededor del Sol de $149{,}6 \cdot 10^{6}$ km.

S: $L = 1{,}91 \cdot 10^{43}\ \text{kg} \cdot \text{m}^2 \cdot \text{s}^{-1}$

30. A partir de las magnitudes que definen el momento de una fuerza, explica bajo qué condiciones este momento puede ser nulo.

31. La Estación Espacial Internacional, de 420 t de masa, gira alrededor de la Tierra con una velocidad de $7{,}7\ \text{km} \cdot \text{s}^{-1}$. Si posee un momento angular de $2{,}19 \cdot 10^{16}\ \text{kg} \cdot \text{m}^2 \cdot \text{s}^{-1}$, ¿a qué altura se encuentra de la superficie terrestre si el radio de la Tierra tiene un valor de 6 370 km?

S: $h = 402$ km

Fuerzas centrales 2.0

Aquí puedes ver una relación entre el momento de una fuerza, el momento angular y la rueda de una bicicleta.

bit.ly/UCM_Momento_Angular

3.3. El momento angular y Kepler

La justificación de las leyes de Kepler se obtiene a partir de la conservación del momento angular y del hecho de que la fuerza gravitatoria sea una fuerza central.

A. Primera ley o ley de las órbitas

Si la dirección del momento angular es constante, los vectores $\vec{r}$ y $\vec{p}$ han de estar siempre en el mismo plano y, por tanto, la órbita es plana. Además, si el sentido del momento angular es constante, el planeta recorrerá la trayectoria siempre en el mismo sentido.

B. Segunda ley o ley de las áreas

Supongamos un planeta orbitando alrededor de una estrella.

Si el planeta tarda Δt en pasar de M a M', el módulo del momento angular será:

$$L = rmv = rm \cdot \frac{\Delta \ell}{\Delta t}$$

A partir de la representación gráfica se obtiene:

$$L = rm \cdot \frac{r \cdot \Delta\varphi}{\Delta t} = mr^2 \cdot \frac{\Delta\varphi}{\Delta t}$$

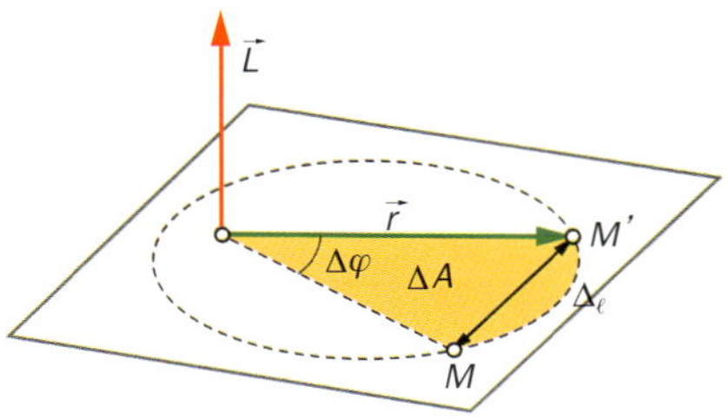

El área barrida, ΔA, es un triángulo mixtilíneo cuya medida es:

$$\Delta A = \frac{r\Delta\ell}{2} = \frac{r^2\Delta\varphi}{2}$$

Combinando las dos expresiones, se obtiene:

$$L = 2m \cdot \frac{\Delta A}{\Delta t}$$

El cociente $\frac{\Delta A}{\Delta t}$ es la velocidad a la que se barren las áreas y se denomina **velocidad areolar.**

Como el momento angular es constante, la velocidad areolar también debe serlo.

Cuando el planeta está en el afelio o el perihelio de su órbita, los vectores $\vec{r}$ y $\vec{v}$ son perpendiculares ($\alpha = 90°$; sen $\alpha = 1$), por lo que se obtiene:

$$\left|\vec{L}_{\text{Afelio}}\right| = \left|\vec{L}_{\text{Perihelio}}\right| \quad ; \quad (r \cdot v)_{\text{Afelio}} = (r \cdot v)_{\text{Perihelio}}$$

Como r es menor en el perihelio que en el afelio, la ecuación implica que v en el perihelio será mayor que en el afelio.

C. Tercera ley o ley de los periodos

Supongamos un astro orbitando alrededor de otro.

Los módulos de las fuerzas gravitatoria y centrípeta coinciden al ser ambas fuerzas centrales ($F_G = F_C$):

$$G \cdot \frac{Mm}{r^2} = m \cdot \frac{v^2}{r} \quad ; \quad G \cdot \frac{M}{r} = v^2$$

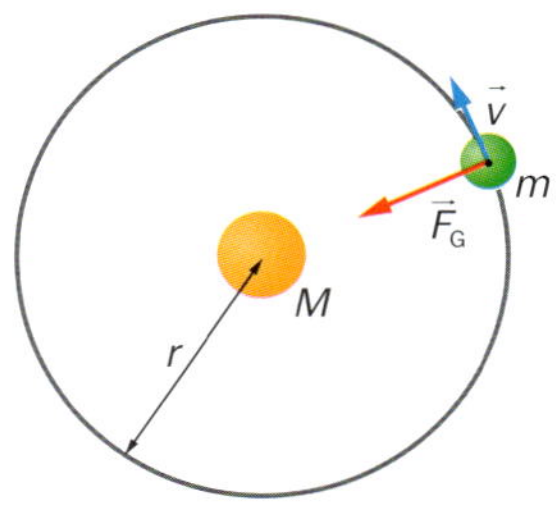

La velocidad del planeta será:

$$v = \frac{2\pi r}{T}$$

Siendo T el tiempo que tarda el astro en completar una órbita.

Combinando las dos expresiones se obtiene la tercera ley de Kepler:

$$T^2 = \frac{4\pi^2}{GM} \cdot r^3$$

El término $\frac{4\pi^2}{GM}$ es constante para cada astro central.

Esta ley permite calcular la masa de un planeta a partir del radio orbital y del periodo de revolución de alguno de sus satélites:

$$M_{\text{Planeta}} = \frac{4\pi^2 r^3_{\text{Satélite}}}{G T^2_{\text{Satélite}}}$$

Piensa y razona

2. El transbordador espacial de la NASA utiliza una plataforma rotatoria para hacer girar los satélites antes de ponerlos en órbita alrededor de la Tierra. El ánima rayada de un arma de fuego tiene unas estrías que le transmiten un movimiento de rotación a la bala cuando se dispara el arma. Un jugador de fútbol americano hace girar el balón cuando lanza un pase. ¿Por qué invertir tiempo, dinero y esfuerzo en hacer girar un satélite, una bala o un balón de fútbol americano?

Actividades resueltas

6. Ganímedes es el satélite más grande de Júpiter y del sistema solar. Descubierto por Galileo en 1610, tiene un periodo de 7,155 días y un radio orbital de 1 070 400 km. Determina la masa de Júpiter si la constante de gravitación universal tiene un valor de $6{,}67 \cdot 10^{-11}$ N · m² · kg⁻²

Estrategia de resolución

1. Partimos de la ecuación de la tercera ley de Kepler y despejamos la masa de Júpiter:

$$T^2_{\text{Ganímedes}} = \frac{4\pi^2}{G \cdot M_{\text{Júpiter}}} \cdot r^3_{\text{Ganímedes}} \quad ; \quad M_{\text{Júpiter}} = \frac{4\pi^2 r^3_{\text{Ganímedes}}}{G \cdot T^2_{\text{Ganímedes}}}$$

2. Sustituimos cada magnitud por su dato con las unidades en el Sistema Internacional:

$$M_{\text{Júpiter}} = \frac{4\pi^2 \cdot (1\,070\,400\,000 \text{ m})^3}{6{,}67 \cdot 10^{-11} \text{ N} \cdot \text{m}^2 \cdot \text{kg}^{-2} \cdot (618\,192 \text{ s})^2} = 1{,}9 \cdot 10^{27} \text{ kg}$$

Actividades

32. Partiendo de las leyes de Kepler, ¿por qué un planeta no puede cambiar su sentido de giro alrededor de su eje de rotación?

33. Marte tiene dos satélites, Fobos y Deimos, cuyas órbitas tienen radios de 9 400 y 23 000 km, respectivamente. El periodo de Fobos alrededor de Marte es de 7,7 horas. Halla el periodo de Deimos.

S: $T = 29{,}5$ h

34. El perigeo es el punto más próximo entre la Tierra y la Luna, donde esta se encuentra a $3{,}56 \cdot 10^3$ km de la Tierra y se desplaza con una velocidad de 3 978 km · s⁻¹. Calcula la distancia entre estos dos astros en el apogeo, su punto más alejado, donde la Luna se mueve a 3 499 km · s⁻¹.

S: $d_{\text{Apogeo}} = 4{,}05 \cdot 10^3$ km

35. Saturno tiene un gran número de satélites orbitando. Por ejemplo, Encélado, con un radio orbital de 238 040 km y un periodo de 1,37 días. Titán, otro de sus satélites, tiene un periodo orbital de 15,49 días, ¿cuál sería su radio orbital?

S: $r = 1{,}2 \cdot 10^6$ km

36. EvAU Marte, en su movimiento alrededor del Sol, describe una órbita elíptica. El punto de su órbita más cercano al Sol (llamado *perihelio,* como sabes) se encuentra a $206{,}7 \cdot 10^6$ km, mientras que el afelio está a $249{,}2 \cdot 10^6$ km. Si la velocidad de Marte en el perihelio es de 26,50 km · s⁻¹, determina:

a) La velocidad de Marte en el afelio.

b) La velocidad areolar de Marte a lo largo de su órbita. (No EvAU.)

S: *a)* $v = 21{,}98$ km · s⁻¹; *b)* $v = 2{,}74 \cdot 10^9$ km² · s⁻¹

37. Trabajando en grupos, cada estudiante debe realizar su aportación para resolver la actividad con el fin de que todos sean capaces de comprender la base teórica y la solución. El docente elegirá a una persona de cada grupo para explicar y resolver el problema.

Si se determina que un planeta A posee un periodo orbital de 1,48 días y un radio orbital de $2{,}41 \cdot 10^5$ m, y otro planeta B posee un periodo orbital de 92,64 horas y un radio orbital de 456 600 km, ¿pertenecen al mismo sistema extrasolar?

Sabías que...

Como profesor de Matemáticas y Astronomía en la escuela de Graz, Johannes Kepler debía componer un calendario astrológico con predicciones cada año. En su primer calendario predijo un invierno extraordinariamente frío y una incursión de los turcos. Al cumplirse, Kepler fue triunfalmente aclamado. Sin embargo, Kepler siempre llamó a la astrología la hija pequeña y alocada de la astronomía. Solo recurría a sus métodos cuando necesitaba dinero.

4. Movimiento orbital

En general, el movimiento de los cuerpos celestes se explica a partir de la ley de la gravitación universal. Entre los movimientos de estos cuerpos merece especial atención el que realiza un cuerpo alrededor del otro.

El **movimiento orbital** es el movimiento de un cuerpo alrededor de otro siguiendo una órbita circular o elíptica como consecuencia de la acción de la fuerza de la gravedad.

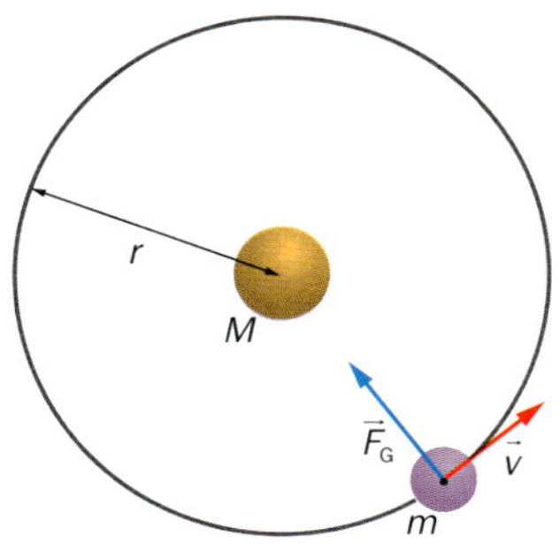

Consideremos un cuerpo celeste orbitando alrededor de otro. La fuerza gravitatoria es una fuerza central que se corresponde con la fuerza centrípeta que actúa sobre estos cuerpos. Si igualamos estas fuerzas:

$$\vec{F}_{\text{Gravitatoria}} = \vec{F}_{\text{Centrípeta}} \quad ; \quad \left|\vec{F}_{\text{Gravitatoria}}\right| = \left|\vec{F}_{\text{Centrípeta}}\right|$$

$$G \cdot \frac{Mm}{r^2} = m \cdot \frac{v^2}{r}$$

Despejando la velocidad, obtenemos lo que se denomina **velocidad orbital:**

$$v = \sqrt{\frac{GM}{r}}$$

Esta velocidad posee las siguientes características:

No depende de la masa del cuerpo en órbita.

Depende de la distancia entre los cuerpos celestes y es inversamente proporcional a la raíz cuadrada de la misma. Esta distancia está medida respecto a los centros de gravedad de cada uno de los cuerpos.

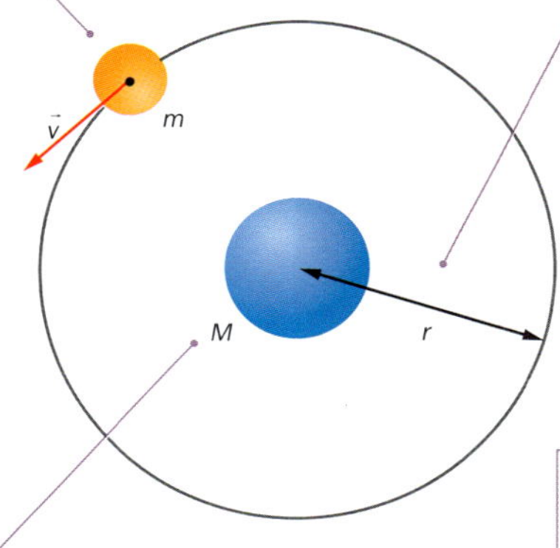

Depende de la masa del cuerpo central y es directamente proporcional a la raíz cuadrada de la misma.

Es directamente proporcional a la raíz cuadrada de la constante de gravitación universal: $G = 6{,}67 \cdot 10^{-9}\ \text{N} \cdot \text{m}^2 \cdot \text{kg}^{-2}$

Otra de las magnitudes importantes en el movimiento orbital es el tiempo que tarda un cuerpo celeste en describir una órbita completa alrededor de otro. Esta magnitud se denomina **periodo de revolución** (T) o **periodo orbital** y es el cociente entre la longitud de la órbita y su velocidad:

$$v = \frac{e}{t} \quad ; \quad v = \frac{2\pi r}{T} \quad ; \quad T = \frac{2\pi r}{v}$$

Conocer el movimiento orbital de la Tierra permite poner en órbita los satélites geoestacionarios, que mantienen siempre la misma posición con respecto a la superficie terrestre. Para conseguir esta aparente inmovilidad, es necesario cumplir los siguientes puntos:

- Su periodo de revolución debe ser igual que el de rotación de la Tierra para que el movimiento este-oeste del satélite quede contrarrestado y permanezca fijo en el cielo.
- Debe orbitar sobre el ecuador para evitar la oscilación norte-sur durante la descripción de su órbita.
- Debe encontrarse a 35 780 km de altura sobre la superficie terrestre y viajar a una velocidad de 10 900 km · h^{-1}.

Análisis dimensional

Vamos a realizar el análisis dimensional para determinar las dimensiones de la velocidad orbital:

$$v = \sqrt{\frac{G \cdot M}{r}}$$

Donde:

$$[v] = \sqrt{\frac{[G] \cdot [m]}{[r]}}$$

$$[G] = L^3 \cdot M^{-1} \cdot T^{-2}$$

$$[m] = M$$

$$[r] = L$$

Por lo que resulta:

$$[v] = \sqrt{\frac{L^3 \cdot M^{-1} \cdot T^{-2} \cdot M}{L}}$$

$$[v] = \sqrt{L^2 \cdot T^{-2}}$$

$$[v] = L \cdot T^{-1}$$

Actividades resueltas

7. EvB AU Dos satélites idénticos están en órbita circular alrededor de la Tierra, siendo r_1 y r_2 los respectivos radios de sus órbitas $(r_1 > r_2)$. ¿Cuál de los dos satélites tiene mayor velocidad? Razona tu respuesta.

Estrategia de resolución

1. Para deducir la ecuación que define la velocidad orbital, partimos de la igualdad entre la fuerza gravitatoria que ejerce la Tierra y la fuerza centrípeta que experimenta el satélite:

$$\vec{F}_{\text{Gravitatoria}} = \vec{F}_{\text{Centrípeta}}$$

$$\left|\vec{F}_{\text{Gravitatoria}}\right| = \left|\vec{F}_{\text{Centrípeta}}\right|$$

$$G \cdot \frac{Mm}{r^2} = m \cdot \frac{v^2}{r}$$

Recuerda que el signo negativo en la fuerza gravitatoria hace referencia a su naturaleza vectorial y al expresar su módulo no se indica.

2. Simplificamos en los dos términos la masa del satélite y despejamos su velocidad orbital:

$$v = \sqrt{\frac{GM}{r}}$$

La velocidad orbital está elevada al cuadrado y debes realizar la raíz cuadrada para calcularla.

3. La ecuación pone de manifiesto la relación inversa entre velocidad orbital y radio orbital. Por lo tanto, el satélite a menor distancia (r_2) poseerá mayor velocidad orbital.

Fuerzas centrales 2.0

Cambia las posiciones del Sol, de la Tierra, de la Luna y de la estación espacial para ver cómo afecta a sus fuerzas gravitatorias y a sus trayectorias orbitales.

bit.ly/Phet_g_orbitas

Actividades

38. La nave espacial *Lunar Prospector* permanece en órbita circular alrededor de la Luna a una altura de 100 km sobre su superficie. Halla la velocidad orbital de la nave y su periodo de revolución. Datos: masa de la Luna = $7{,}36 \cdot 10^{22}$ kg; radio lunar = 1 740 km.

S: $v = 1{,}63\ \text{km} \cdot \text{s}^{-1}$; $T = 1{,}97$ h

39. EvB AU Responde razonadamente a las siguientes cuestiones:

a) Explica qué es la velocidad orbital y deduce su expresión para un satélite que describa una órbita circular en torno a la Tierra.

b) Dos satélites, A y B, de distintas masas $(m_A > m_B)$ describen órbitas circulares de idéntico radio alrededor de la Tierra. Razona la relación que guardan sus respectivas velocidades.

S: *a)* $v = \sqrt{\frac{GM}{r}}$; *b)* $v_A = v_B$

Fuerzas centrales 2.0

Con esta aplicación podrás estudiar cómo influye la masa del planeta y el radio orbital en la velocidad orbital de un satélite.

bit.ly/GG_orbitas

40. La Tierra orbita alrededor del Sol a una distancia media de 149,6 millones de kilómetros. Si la masa del Sol es de $2 \cdot 10^{30}$ kg, determina la velocidad orbital de la Tierra.

S: $v = 29{,}9\ \text{km} \cdot \text{s}^{-1}$

41. Un satélite artificial describe una órbita circular situada a 500 km sobre la superficie de la Tierra. Si el radio de la Tierra es 6 400 km y su masa es $6{,}0 \cdot 10^{24}$ kg, calcula:

a) La velocidad orbital del satélite.

b) El periodo de revolución del satélite alrededor de la Tierra.

c) Partiendo de la ecuación de la velocidad orbital, elabora una hoja de cálculo que tabule esa velocidad en función de la distancia a la superficie terrestre si el primer satélite está a 500 km de la superficie y el último, a 5 000 km, variando la distancia cada 500 km.

S: *a)* $v = 7{,}6 \cdot 10^3\ \text{m} \cdot \text{s}^{-1}$; *b)* $T = 5{,}7 \cdot 10^3$ s; *c)* **bit.ly/v_orbital_vs_altura**

42. Se desea colocar un satélite de investigación a 5 000 km de altura de la superficie de Marte con una velocidad orbital de $3\,250\ \text{m} \cdot \text{s}^{-1}$. Si la masa y el radio del planeta rojo son $6{,}39 \cdot 10^{23}$ kg y 3 390 km, ¿la posición y la velocidad indicadas son las correctas?

S: No son coherentes con la ecuación de la velocidad orbital.

Sabías que...

La órbita elíptica de la Tierra alrededor del Sol tiene un radio mayor de 152 millones de kilómetros y un radio menor de 147 millones de kilómetros.

5. Interacción electrostática

La carga eléctrica, como la masa, es una propiedad fundamental de la materia. Fenómenos como un rayo o la desviación de un fino hilo de agua por una barra frotada con lana tienen su justificación en esta carga.

• *Fuerzas centrales 2.0*

En los libros de estudio figuran imágenes de los electrones y de los protones, pero ¿de verdad son los electrones bolitas amarillas y los protones bolitas rojas?

bit.ly/UNED_electrones

5.1. Perspectiva histórica

Los fenómenos electrostáticos son conocidos por el ser humano desde hace miles de años. Sin embargo, su estudio sistemático y, por tanto, su comprensión, se desarrolla en el siglo XVIII.

ANTIGUA GRECIA

El griego **Tales de Mileto** (624-546 a. C.) observó que el ámbar, al ser frotado, atraía cuerpos ligeros, como el serrín.

SIGLO XVI

William Gilbert (1544-1603) emplea los términos «electricidad» y «fuerza eléctrica» para describir los fenómenos de atracción y repulsión entre materiales como el ámbar y el vidrio.

SIGLO XVII

Otto von Guericke (1602-1686) construye la primera máquina electrostática capaz de producir y almacenar energía eléctrica estática por rozamiento.

SIGLO XVIII

Benjamin Franklin (1706-1790) desarrolla la idea de que la electricidad se comporta como un fluido invisible, emplea por primera vez el término «carga eléctrica» e inventa el pararrayos.

Joseph Priestley (1733-1804) plantea por primera vez la equivalencia entre la interacción eléctrica y la gravitatoria.

Charles Coulomb (1736-1806) establece la relación inversa entre la fuerza de dos cargas y el cuadrado de su distancia.

SIGLO XIX

Michael Faraday (1791-1867) demuestra que cualquier tipo de electricidad, ya sea la inducida por un imán, la producida por una batería o la estática, comparte el mismo origen.

James Clerk Maxwell (1831-1879) unifica los fenómenos eléctricos y magnéticos.

5.2. La carga eléctrica

En general, los cuerpos son eléctricamente neutros, es decir, tienen igual cantidad de cada tipo de carga. Su electrización, por diferentes acciones, como la fricción, consiste en la pérdida o ganancia de electrones.

Cuando la carga adquirida es positiva, corresponde a un defecto de electrones.

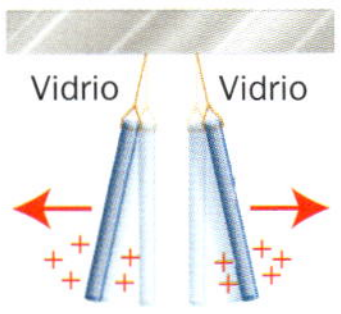

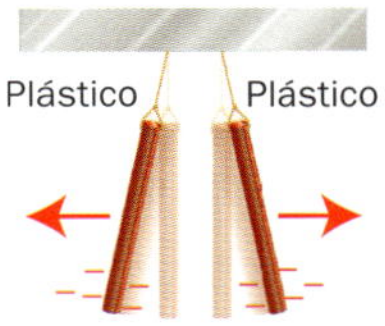

Cargas del mismo signo se repelen (fuerza de repulsión).

Cuando la carga adquirida es negativa, corresponde a un exceso de electrones.

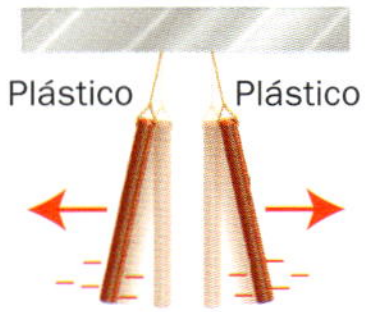

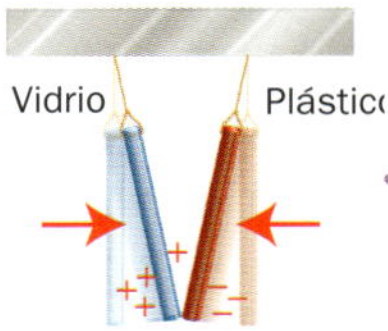

Cargas de distinto signo se atraen (fuerza de atracción).

En la electrización, la carga eléctrica total se conserva. Puede transmitirse, pero nunca crearse ni destruirse.

La carga de un cuerpo está cuantizada. Siempre es un número entero de veces la carga fundamental, que corresponde a la del electrón.

5.3. Ley de Coulomb

La base para cualquier proceso eléctrico es la carga de las partículas, pero se emplean distintos nombres para su estudio. Si se quiere describir el comportamiento de cargas en reposo, se denomina interacción electrostática.

Experimenta. Electrización por frotamiento

2. Vamos a poner de manifiesto la interacción entre cargas por frotamiento. Necesitas un par de monedas, una cerilla, un globo, un trozo de lana, otro de poliéster y un vaso de cristal. Dispón las monedas y la cerilla como se observa en la imagen.

El procedimiento es el siguiente:

- Frota el globo con el trozo de lana y acércalo a la cerilla. Si, en el proceso de frotamiento, la lana pierde electrones, ¿qué es lo que ha ocurrido desde el punto de vista de las cargas en el experimento?
- Frota el globo con el trozo de poliéster y acércalo a la cerilla. Si al frotar el globo con poliéster, este gana electrones, ¿qué es lo que ha ocurrido desde el punto de vista de las cargas en el experimento?
- Repite el proceso, pero encerrando el dispositivo de la cerilla y las monedas dentro de un vaso de cristal, ¿qué observas ahora? ¿Por qué cambia el resultado?

En 1785, el físico francés Charles de Coulomb (1736-1806), mediante un amplio trabajo experimental, cuantificó la fuerza de atracción o repulsión entre cargas puntuales en la ley que lleva su nombre, la **ley de Coulomb:**

La fuerza de atracción o repulsión que se ejercen mutuamente dos cargas puntuales, q_1 y q_2, es directamente proporcional al producto de las cargas e inversamente proporcional al cuadrado de la distancia que las separa, r.

$$\vec{F} = K \cdot \frac{q_1 \cdot q_2}{r^2}\, \vec{u}_r$$

K es la constante de Coulomb. En el vacío, $K = 8{,}9875 \cdot 10^9\ N \cdot m^2 \cdot C^{-2}$

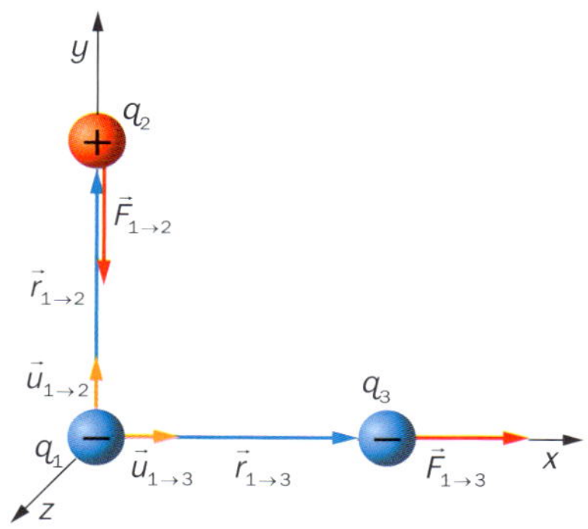

Actividades

43. Dos cargas puntuales q_1 y q_2, de 2 C y −3 C, respectivamente, se encuentran en el vacío. Si q_1 está en el punto (0, 0) m, y q_2, en el punto (3, 0) m, calcula la fuerza electrostática que la carga q_1 ejerce sobre q_2.

S: $\vec{F}_{\text{Electrostática}}(1 \to 2) = -6 \cdot 10^9\, \vec{u}_x$ (N)

44. Dos cargas puntuales se encuentran a 10^{-3} m de distancia. Si queremos que la fuerza electrostática entre ellas se reduzca a la mitad, ¿a qué distancia hay que situarlas?

S: $r = 1{,}41 \cdot 10^{-3}$ m

45. La fuerza electrostática entre dos cargas puntuales depende del medio donde se produce la interacción. ¿Qué magnitud de la ley de Coulomb muestra esta dependencia del medio? ¿Ocurría lo mismo en la ley de la gravitación universal?

46. Cuando hay tormenta, el coche es un refugio seguro porque los neumáticos no son conductores de la electricidad y nos aíslan del suelo y de la posible caída de un rayo. Sin embargo, los camiones que transportan mercancías inflamables están provistos de neumáticos que conducen la electricidad. ¿Cuál será el motivo?

Fuerzas centrales 2.0

Comprueba cómo influyen el valor de la carga, su signo y la distancia en el valor de la fuerza electrostática.

bit.ly/GG_Coulomb

A. Puntualizaciones sobre la ley de Coulomb

El módulo de la fuerza electrostática viene dado por la expresión:

$$|\vec{F}| = K \cdot \frac{|q_1| \cdot |q_2|}{r^2}$$

Es decir, en el cálculo del módulo no se tiene en cuenta el signo de las cargas eléctricas, de ahí que en la expresión del módulo aparezcan como valor absoluto.

Por otro lado, la ley de Coulomb tiene algunas limitaciones en su aplicación:

- Solo es válida para cargas puntuales o para cuerpos cargados que sean esféricos, pero cuyo radio sea despreciable frente a la distancia que existe entre ellos. Bajo estas condiciones, la fuerza electrostática será una fuerza central.
- En otros medios distintos al vacío o el aire se observa una disminución en la fuerza. Esto se debe a que aparecen fuerzas de interacción entre el medio y las cargas.

Cuando una carga está sometida a la acción simultánea de varias cargas eléctricas independientes, la fuerza resultante será la suma de cada una de las fuerzas que actúan sobre la carga, de acuerdo con el llamado **principio de superposición:**

$$\vec{F}_t = \sum_i \vec{F}_i$$

La unidad de la carga en el sistema internacional es el culombio en honor a Charles-Augustin de Coulomb. Esta unidad es muy grande y, por ello, se emplean fracciones de ella:

$$1\ \text{mC} = 10^{-3}\ \text{C} \qquad 1\ \mu\text{C} = 10^{-6}\ \text{C}$$

Principio de superposición

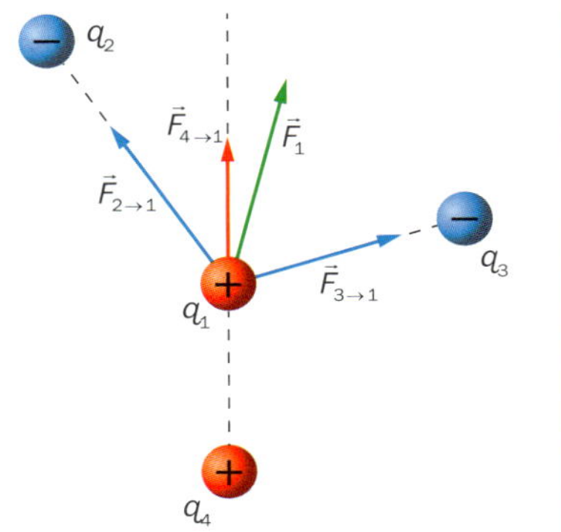

$$\vec{F}_1 = \vec{F}_{2\to1} + \vec{F}_{3\to1} + \vec{F}_{4\to1}$$

Actividades resueltas

8. Tres cargas eléctricas, $q_1 = 3{,}0\ \mu$C, $q_2 = -2{,}0\ \mu$C y $q_3 = 4{,}0\ \mu$C, están situadas en los vértices del rectángulo, como se muestra en la figura. Determina el vector y el módulo de la fuerza eléctrica a la que está sometida la carga q_2.

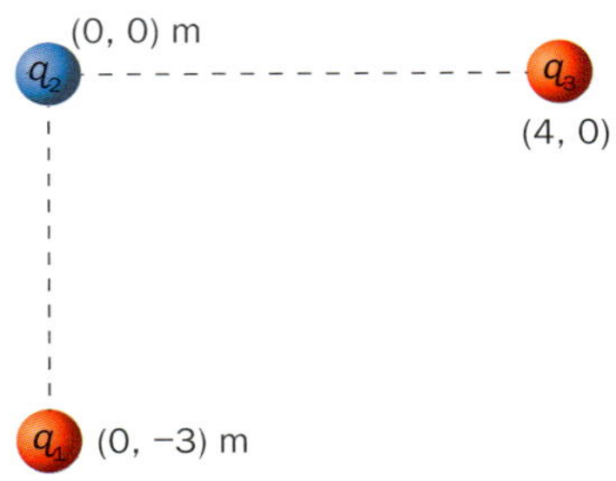

Estrategia de resolución

1. Representamos las fuerzas eléctricas a las que está sometida q_2 teniendo en cuenta el signo de las cargas.

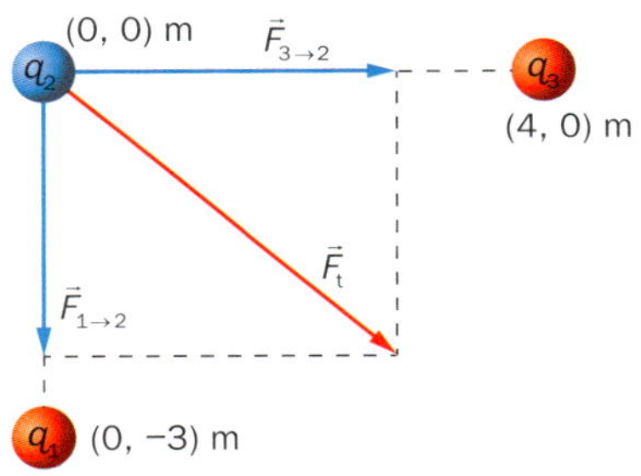

2. Calculamos el módulo de cada una de las fuerzas que están actuando sobre la carga q_3:

$$F_{1\to2} = k \cdot \frac{|q_1| \cdot |q_2|}{r^2_{1\to2}} = 6 \cdot 10^{-3}\ \text{N}$$

$$F_{3\to2} = k \cdot \frac{|q_3| \cdot |q_2|}{r^2_{3\to2}} = 4{,}5 \cdot 10^{-3}\ \text{N}$$

Recuerda que al calcular el módulo de la fuerza eléctrica no se tiene en cuenta el valor de la carga. Se sustituye por su valor absoluto.

3. La fuerza electrostática total a la que está sometida la carga q_2 viene determinada por el principio de superposición:

$$\vec{F}_t = \vec{F}_{1\to2} + \vec{F}_{3\to2}$$

4. Teniendo en cuenta la representación de las fuerzas eléctricas que actúan sobre q_2 y su sentido, determinamos el vector de la fuerza total que actúa sobre q_2:

$$\vec{F}_t = 4{,}5 \cdot 10^{-3}\ \vec{u}_x - 6 \cdot 10^{-3}\ \vec{u}_y\ (\text{N})$$

5. El módulo de la fuerza vendrá de la aplicación del teorema de Pitágoras a las componentes del vector:

$$F_t = \sqrt{F^2_{1\to2} + F^2_{3\to2}} = 7{,}5 \cdot 10^{-3}\ \text{N}$$

Actividades resueltas

9. Dos cargas de 5 µC están situadas en los puntos (4, 0) m y (−4, 0) m. Calcula la fuerza electrostática que experimenta una tercera carga de −6 µC situada en el punto (0, 5) m.

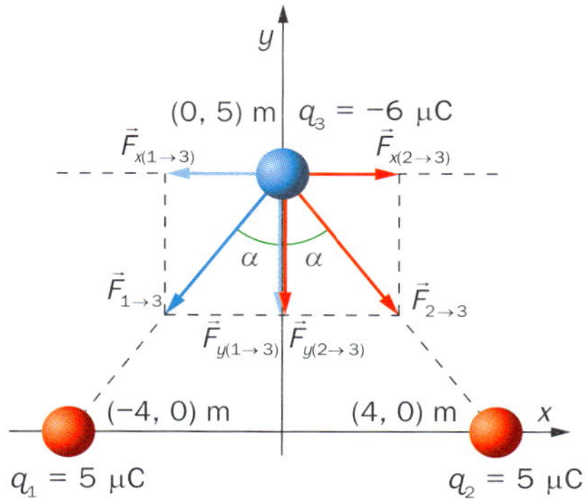

Estrategia de resolución

1. Representamos las fuerzas involucradas y descomponemos las que sean necesarias.
2. Calculamos el módulo de la fuerza electrostática correspondiente a la interacción entre las cargas q_1, q_3 y las cargas q_2, q_3:

$$F_{1\to 3} = K \cdot \frac{|q_1| \cdot |q_3|}{r^2} = 9 \cdot 10^9 \cdot \frac{5 \cdot 10^{-6}\ \text{C} \cdot 6 \cdot 10^{-6}\ \text{C}}{(6{,}40\ \text{m})^2} = 6{,}6 \cdot 10^{-3}\ \text{N}$$

$$F_{2\to 3} = K \cdot \frac{|q_2| \cdot |q_3|}{r^2} = 9 \cdot 10^9 \cdot \frac{5 \cdot 10^{-6}\ \text{C} \cdot 6 \cdot 10^{-6}\ \text{C}}{(6{,}40\ \text{m})^2} = 6{,}6 \cdot 10^{-3}\ \text{N}$$

3. Aplicamos las razones trigonométricas correspondientes para determinar las componentes x e y de la fuerza electrostática determinada:

$$F_{x(1\to 3)} = F_{1\to 3} \cdot \operatorname{sen}\alpha = \frac{4}{6{,}4} \cdot 6{,}6 \cdot 10^{-3} = 4{,}1 \cdot 10^{-3}\ \text{N}$$

$$F_{y(1\to 3)} = F_{1\to 3} \cdot \cos\alpha = \frac{5}{6{,}4} \cdot 6{,}6 \cdot 10^{-3} = 5{,}2 \cdot 10^{-3}\ \text{N}$$

$$F_{x(2\to 3)} = F_{2\to 3} \cdot \operatorname{sen}\alpha = \frac{4}{6{,}4} \cdot 6{,}6 \cdot 10^{-3} = 4{,}1 \cdot 10^{-3}\ \text{N}$$

$$F_{y(2\to 3)} = F_{2\to 3} \cdot \cos\alpha = \frac{5}{6{,}4} \cdot 6{,}6 \cdot 10^{-3} = 5{,}2 \cdot 10^{-3}\ \text{N}$$

4. Escribimos en forma vectorial la fuerza que cada una de las cargas, q_1 y q_2, ejercen sobre q_3:

$$\vec{F}_{1\to 3} = -4{,}1 \cdot 10^{-3}\ \vec{u}_x - 5{,}2 \cdot 10^{-3}\ \vec{u}_y\ (\text{N}) \qquad \vec{F}_{2\to 3} = 4{,}1 \cdot 10^{-3}\ \vec{u}_x - 5{,}2 \cdot 10^{-3}\ \vec{u}_y\ (\text{N})$$

5. Aplicamos el principio de superposición para determinar la fuerza total sobre q_3:

$$\vec{F}_3 = \vec{F}_{1\to 3} + \vec{F}_{2\to 3} = -1{,}04 \cdot 10^{-2}\ \vec{u}_y\ \text{N}$$

Actividades

47. EvB AU Dos partículas con carga, $q_1 = 2$ µC y $q_2 = 3$ µC, están situadas a una distancia $r = 10$ cm. Colocamos una carga $q = 1$ µC entre q_1 y q_2 sobre la línea que une sus centros, de forma que estén en equilibrio. Calcula la distancia de q_1 a la que tenemos que situarla. Datos: $K = 9 \cdot 10^9\ \text{N} \cdot \text{m}^2 \cdot \text{C}^{-2}$; 1 µC = 10^{-6} C.

S: A 4,5 cm de q_1.

48. Dos cargas puntuales iguales, q_1 y q_2, de $-1{,}2 \cdot 10^{-6}$ C cada una, están situadas en los puntos A (0, 8) m y B (6, 0) m. En el punto C (3, 4) m se coloca una tercera carga, q_3, de $-1{,}5 \cdot 10^{-6}$ C. Representa el esquema de fuerzas y calcula la fuerza electrostática total que actúa sobre la tercera carga q_3.

S: $\vec{F}_t = 0$

49. La fuerza de repulsión entre dos cargas puntuales es de $1{,}05 \cdot 10^{-4}$ N. Si las cargas están separadas 2 cm y sus valores son 2 nC y 70 nC, determina la constante eléctrica del medio donde se encuentran.

S: $K = 3 \cdot 10^8\ \text{N} \cdot \text{m}^2 \cdot \text{C}^{-2}$

50. ¿Por qué el módulo de la fuerza electrostática no ofrece información sobre si la fuerza entre las cargas es atractiva o repulsiva?

Fuerzas centrales 2.0

En el siguiente enlace podrás realizar simulaciones y ejercicios relacionados con la ley de Coulomb:

bit.ly/UMAN_Coulomb

5.4. Campo electrostático

Al igual que la interacción gravitatoria, la interacción electrostática es una acción a distancia. Y del mismo modo, es posible asociarle un campo: el campo electrostático.

El **campo electrostático** representa la perturbación que todo cuerpo, por el hecho de tener carga, provoca en el espacio que le rodea.

El campo electrostático se representa mediante una magnitud vectorial denominada intensidad de campo electrostático.

La **intensidad de campo electrostático,** $\vec{E}$, creada por una carga q en un punto del espacio a una distancia r de dicha carga, es la fuerza eléctrica que actúa sobre la unidad de carga de prueba positiva en dicho punto. Su unidad en el Sistema Internacional es $N \cdot C^{-1}$.

$$\vec{E} = \frac{\vec{F}}{q} = \frac{K \cdot \frac{q' \cdot q}{r^2}\,\vec{u}_r}{q} = K \cdot \frac{q'}{r^2}\,\vec{u}_r \quad ; \quad \vec{F} = q \cdot \vec{E}$$

Michael Faraday (1791-1867) fue el primer científico en introducir el concepto de campo para explicar las interacciones a distancia. En la actualidad, el concepto de campo sigue siendo fundamental en el desarrollo de teorías científicas, como la teoría cuántica de campos.

Estas son las características de la intensidad de campo electrostático:

Su **dirección** es radial, es decir, sigue la línea recta que une la carga con el punto.

Su **módulo** viene dado por el **valor absoluto** de la carga.

Para una **carga positiva,** tiene el **mismo sentido** que el vector unitario.

Para una **carga negativa,** tiene **sentido opuesto** al vector unitario.

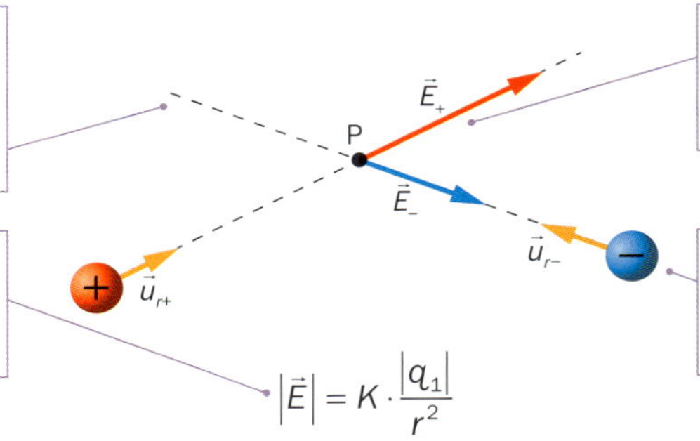

Para hallar el campo electrostático creado por varias cargas, se aplica el **principio de superposición,** por lo que el campo será la suma vectorial de los campos creados por cada una de las cargas.

$$\vec{E}_t = \sum_i \vec{E}_i$$

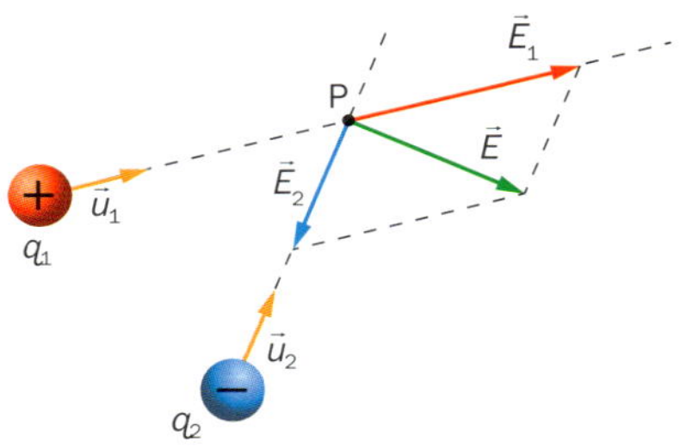

$\vec{E} = \vec{E}_1 + \vec{E}_2$

El campo electrostático se representa mediante líneas imaginarias, denominadas «líneas de campo», que describen el movimiento de una carga positiva sometida a dicho campo, mientras que una carga negativa se mueve justo al revés. Las líneas de campo se originan en las cargas positivas (fuentes) y finaliza en las cargas negativas (sumideros).

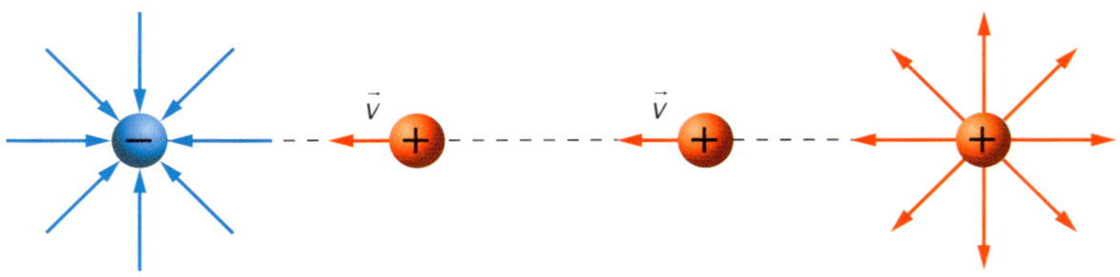

Actividades

51. Se trabaja en grupo para consensuar cada respuesta. Cuando se tenga la respuesta, se levanta la mano y el docente elige la persona del grupo que responde. Si la respuesta es correcta, el grupo obtiene tres puntos. Si no lo es, se repite el proceso asignando dos puntos si el siguiente grupo acierta o un punto al grupo que, finalmente, consiga responder correctamente. Gana el grupo que más puntos obtenga.

¿Cómo se modifica el módulo de la intensidad de campo electrostático si…

a) la carga se duplica?

b) la distancia se duplica?

c) la carga se duplica y la distancia se reduce a la mitad?

d) la carga se reduce a la mitad y la distancia se duplica?

Experimenta. Cómo varía la interacción electrostática

3. En la dirección **bit.ly/GG_Coulomb_inter** puedes observar la interacción electrostática entre cuatro cargas en función del signo de la carga y de la distancia. La línea roja gruesa indica fuerza atractiva. La línea roja fina indica que una partícula es neutra. La línea negra indica fuerza repulsiva. La línea gris indica la interacción entre dos partículas sin carga.

Determina el signo de las cargas para que las fuerzas atractivas en el sistema sean las máximas posibles sin necesidad de mover las cargas.

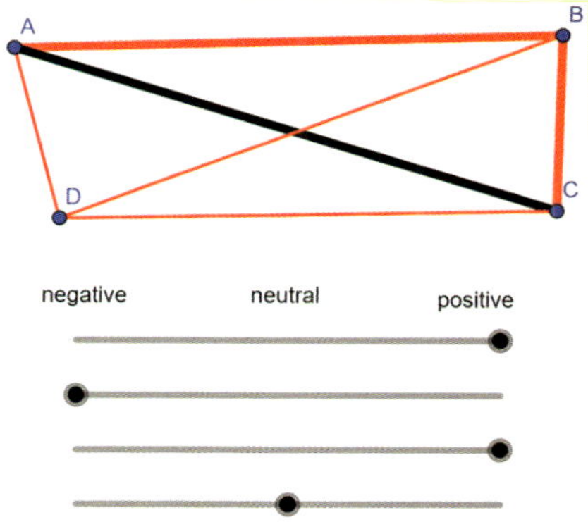

Actividades resueltas

10. Dos cargas puntuales q_1 y q_2, de 2,0 μC y –4,0 μC, respectivamente, están separadas 10 cm en el vacío. Representa los campos electrostáticos creados por estas cargas en el punto medio del segmento que las une y calcula el valor del campo electrostático en dicho punto.

Estrategia de resolución

1. Representamos la intensidad de campo electrostático de cada una de las cargas.

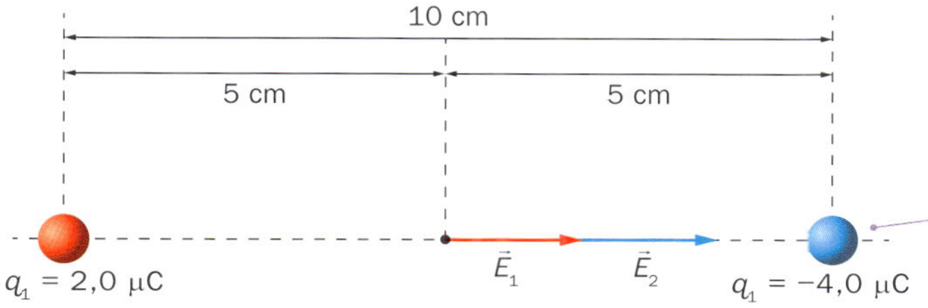

Recuerda: el signo de la carga determina el sentido del campo electrostático.

2. Por el principio de superposición, la intensidad de campo electrostático total será la suma vectorial de las intensidades de campo electrostático creadas por q_1 y q_2:

$$\vec{E} = \vec{E}_1 + \vec{E}_2$$

3. Calculamos el módulo de la intensidad de campo electrostático para cada carga:

$$\left|\vec{E}_1\right| = K \cdot \frac{|q_1|}{r_1^2} = 9 \cdot 10^9 \cdot \frac{2 \cdot 10^{-6}\ \text{C}}{(0{,}05\ \text{m})^2} = 7{,}2 \cdot 10^6\ \text{N} \cdot \text{C}^{-1}$$

$$\left|\vec{E}_2\right| = K \cdot \frac{|q_2|}{r_2^2} = 9 \cdot 10^9 \cdot \frac{4{,}0 \cdot 10^{-6}\ \text{C}}{(0{,}05\ \text{m})^2} = 1{,}44 \cdot 10^7\ \text{N} \cdot \text{C}^{-1}$$

Recuerda: las unidades deben estar en el Sistema Internacional, la carga en culombios y la distancia en metros.

Al calcular el módulo no se considera el signo de la carga, sino que se emplea su valor absoluto.

4. Observando el sentido de $\vec{E}_1$ y $\vec{E}_2$, obtenemos el valor del vector total:

$$\vec{E} = \vec{E}_1 + \vec{E}_2 = 7{,}2 \cdot 10^6\ \vec{u}_x + 1{,}44 \cdot 10^7\ \vec{u}_x = 2{,}16 \cdot 10^7\ \vec{u}_x\ (\text{N} \cdot \text{C}^{-1})$$

Actividades

52. En el vacío, la intensidad de campo electrostático creado por una carga puntual en un punto situado a 25 cm de esta es de 200 N · C^{-1}. Determina:

a) El valor de la carga.

b) Con los datos dados, ¿puede conocerse el signo de la carga? Justifica tu respuesta.

S: *a)* $q = 1{,}4 \cdot 10^{-9}$ C

53. Sean dos cargas en el vacío, q_1 y q_2, una positiva y otra negativa. Representa gráficamente el punto de la recta que las une donde el campo electrostático total se anula.

54. Calcula el vector intensidad de campo electrostático en un punto cuyo vector posición es $x = 20\ \vec{u}_x$ m respecto de una carga de valor $-8 \cdot 10^{-3}$ C. ¿Cuánto vale su módulo?

S: $\vec{E} = -1{,}8 \cdot 10^5 \vec{u}_x\ (\text{N} \cdot \text{C}^{-1})$; $E = 1{,}8 \cdot 10^5\ \text{N} \cdot \text{C}^{-1}$

Sabías que...

Fenómenos atmosféricos como los rayos, las auroras polares, tanto boreales como australes, o los fuegos de Santelmo observados durante las tormentas en los mástiles de los barcos se deben a la presencia de cargas eléctricas en la atmósfera.

Fuerzas centrales 2.0

En las siguientes simulaciones puedes observar el campo electrostático creado por dos cargas y estudiar cómo influyen en su valor la posición de las cargas y su valor.

bit.ly/GG_Felectrica

bit.ly/Phet-q-V

6. Comparación entre las interacciones gravitatoria y electrostática

Las interacciones gravitatoria y electrostática presentan importantes diferencias, pero también elementos comunes que es importante destacar.

SEMEJANZAS

Interacción gravitatoria	Interacción electrostática
Las fuerzas representativas de cada interacción son conservativas. Como verás en la siguiente unidad, el trabajo realizado por estas fuerzas solo depende de la posición final e inicial, no de la trayectoria recorrida. Por ello, ambas interacciones tendrán asociadas una intensidad de campo (gravitatorio o electrostático) y una energía potencial (gravitatoria o electrostática).	
Intensidad de campo gravitatorio: $\vec{g} = -G \cdot \frac{m}{r^2}\,\vec{u}_r$	Intensidad de campo electrostático: $\vec{E} = K \cdot \frac{q}{r^2}\,\vec{u}_r$
Las fuerzas representativas de cada interacción son centrales, es decir, están dirigidas hacia el punto donde se encuentra la masa (interacción gravitatoria) o carga (interacción electrostática) que las origina.	
Las fuerzas representativas de cada interacción son inversamente proporcionales al cuadrado de la distancia.	
Ley de la gravitación universal de Newton: $\vec{F}_G = -G \cdot \frac{m_1 \cdot m_2}{r^2}\,\vec{u}_r$	Ley electrostática de Coulomb: $\vec{F} = K \cdot \frac{q_1 \cdot q_2}{r^2}\,\vec{u}_r$
La distancia a la que las dos interacciones pueden actuar es infinita.	

DIFERENCIAS

Interacción gravitatoria	Interacción electrostática
Está presente en los cuerpos con masa.	Está presente en los cuerpos con carga neta, positiva o negativa.
La masa no está cuantizada, es decir, puede adoptar cualquier valor.	La carga está cuantizada al ser siempre un número entero de veces el valor de la carga elemental ($1{,}6 \cdot 10^{-19}$ C): la carga del electrón.
Una masa, en reposo o movimiento, siempre produce una interacción gravitatoria.	Una carga en reposo produce únicamente interacción electrostática. Si adquiere movimiento, además experimentará una interacción magnética.
La constante de gravitación universal (G) como su nombre indica, es universal y no depende del medio donde se encuentren las masas. $G = 6{,}67 \cdot 10^{-11}\ \text{N} \cdot \text{m}^2 \cdot \text{kg}^{-2}$	La constante de Coulomb (K) depende del medio en que se encuentren las cargas. Esta dependencia se manifiesta a través de la permitividad del medio o constante dieléctrica (ε): $K = \frac{1}{4\pi \cdot \varepsilon}$ Para el vacío, $\varepsilon_0 = 8{,}9 \cdot 10^{-12}\ \text{C}^2 \cdot \text{N}^{-1} \cdot \text{m}^{-2}$ y $K = 9 \cdot 10^9\ \text{N} \cdot \text{m}^2 \cdot \text{C}^{-2}$.
La interacción siempre es atractiva.	La interacción es atractiva o repulsiva según el signo de las cargas.
La intensidad de la fuerza es muy baja y solo es apreciable para cuerpos masivos, como los planetas. Esto se debe al valor de la constante de gravitación universal, que determina los valores de las fuerzas involucradas.	La intensidad de la fuerza es muy alta, incluso para cuerpos con carga muy pequeña. Esto se debe al valor de la constante electrostática, que determina los valores de las fuerzas involucradas.
Responsable de la estructura a gran escala del universo. 	Incluida dentro de la interacción electromagnética, domina a escala atómica y molecular. 

Actividades resueltas

11. Una partícula posee una carga, q_1, de 1 μC y se mantiene en equilibrio a una distancia de 50 cm de otra partícula cargada, q_2, como se observa en la figura. Si la carga q_2 tiene una masa de 100 g, determina el valor y el signo de la segunda partícula cargada.

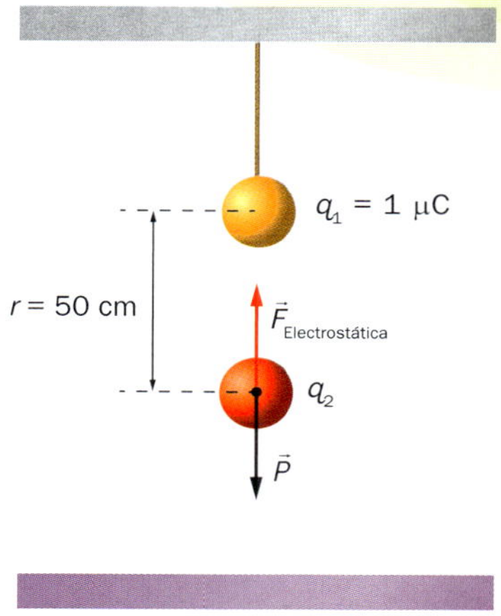

Estrategia de resolución

La partícula está en equilibrio si las fuerzas electrostática y gravitatoria poseen la misma dirección, el mismo módulo y distinto sentido.

$$\sum \vec{F} = 0 \quad ; \quad \vec{F}_{\text{Gravitatoria}} = -\vec{F}_{\text{Electrostática}} \quad ; \quad F_{\text{Gravitatoria}} = F_{\text{Electrostática}}$$

Partimos de los módulos de ambas fuerzas y los igualamos:

$$P = mg \quad ; \quad F_{\text{Electrostática}} = K \cdot \frac{|q_1| \cdot |q_2|}{r^2} \quad ; \quad mg = K \cdot \frac{|q_1| \cdot |q_2|}{r^2}$$

Despejamos la magnitud buscada, q_2, y sustituimos los datos:

$$|q_2| = \frac{mgr^2}{K|q_1|} = 2{,}72 \cdot 10^{-5}\ \text{C}$$

Las unidades de las magnitudes deben expresarse en el Sistema Internacional de Unidades.

Para determinar el signo de la carga, hay que fijarse en el sentido de la fuerza electrostática. El sentido de la fuerza indica que esta es atractiva. Por lo tanto, como q_1 es positiva, q_2 debe ser negativa para que la interacción sea atractiva: $q_2 = -2{,}72 \cdot 10^{-5}$ C.

Actividades

55. En el hidrógeno, el electrón y el protón se encuentran separados una distancia de $5{,}29 \cdot 10^{-11}$ m. Si la masa del protón es $1{,}67 \cdot 10^{-27}$ kg, la del electrón es $9{,}11 \cdot 10^{-31}$ kg y ambos tienen la misma carga ($1{,}602 \cdot 10^{-19}$ C), responde a las siguientes cuestiones:

a) ¿Cuál de las dos interacciones, gravitatoria o electrostática, será la predominante?

b) Si la relación existente entre las masas del protón y el electrón es aproximadamente de $m_{\text{Protón}} = 1\,830 \cdot m_{\text{Electrón}}$, ¿cuánto deberían aumentar las masas de estas partículas para que la fuerza gravitatoria fuese igual que la electrostática?

S: *a)* $F_{\text{Electrostática}} = 2{,}3 \cdot 10^{39} \cdot F_{\text{Gravitatoria}}$; *b)* Deberían aumentar $4{,}7 \cdot 10^{19}$ veces.

56. En grupos de trabajo, cada estudiante debe escribir su aportación a la resolución de la actividad en un folio que es compartido y va rotando entre los miembros del equipo. A continuación, con todas las aportaciones, el grupo consensúa la solución.

Representad en un esquema la fuerza gravitatoria y electrostática para los siguientes grupos: protón-electrón, protón-protón y electrón-neutrón. Si todos se encuentran a la misma distancia, ordenad de mayor a menor el módulo de las fuerzas representadas. Considerad que la masa del protón y la del neutrón son iguales.

S: $F_E(\text{p-e}) = F_E(\text{p-p}) > F_G(\text{p-p}) > F_G(\text{p-e}) = F_G(\text{e-n}) > F_E(\text{e-n}) = 0$

57. Cerca de su superficie, la Tierra tiene un campo electrostático de 150 $N \cdot C^{-1}$ dirigido hacia su centro. Para un protón y un electrón situados cerca de la superficie terrestre:

a) Representa los vectores campo gravitatorio y electrostático, y fuerza gravitatoria y electrostática correspondientes a cada una de las partículas.

b) Determina, como vector, la fuerza electrostática sobre cada una de las partículas.

S: *b)* $\vec{F}_{\text{Protón}} = -2{,}4 \cdot 10^{-17}\ \vec{u}_y$ N; $\vec{F}_{\text{Electrón}} = 2{,}4 \cdot 10^{-17}\ \vec{u}_y$ N

58. Establece la relación entre la fuerza gravitatoria y electrostática en el vacío en función de la masa para dos partículas iguales de 6 mC de carga. Elabora una hoja de cálculo y tabula la relación entre las interacciones si la masa varía entre 1 y 10 mg, de mg en mg.

S: bit.ly/Fg-Fe_vs_m

Fuerzas centrales 2.0

La naturaleza está gobernada por cuatro interacciones fundamentales.

bit.ly/UNED_4_fuerzas

Sabías que...

En 1979 se concedió el Premio Nobel de Física al estudio que determinó el mismo origen para la interacción nuclear débil (desintegración nuclear) y el electromagnetismo (partículas con carga), que se denominó **interacción electrodébil.**

En esta línea, se ha desarrollado la **teoría de la gran unificación,** que busca unir la interacción fuerte (estabilidad del núcleo) y la electrodébil. Esta teoría está aún sin confirmar.

El último paso vendría dado por la denominada **teoría del todo,** que busca conectar todas las interacciones, incluida la gravedad.

1. EvB AU Dos pequeñas esferas de la misma carga, q, y 5 g de masa cada una se cuelgan suspendidas del mismo punto mediante hilos iguales de masa despreciable e igual longitud (L = 75 cm). Determina cuál será el valor de la carga para que los hilos formen entre sí 60° al alcanzar el equilibrio. ¿Cuál será entonces el valor de la fuerza de repulsión entre las esferas?

Datos: $K = 9 \cdot 10^9\ \mathrm{N \cdot m^2 \cdot C^{-2}}$; $g = 9{,}8\ \mathrm{m \cdot s^{-2}}$

Estrategia de resolución

1. Representamos las fuerzas presentes en la situación descrita en la actividad:

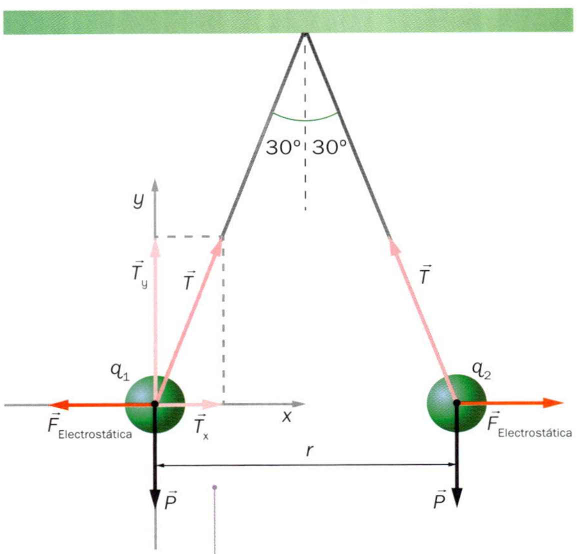

Como la tensión, T, no coincide con los ejes X e Y, se descomponen en sus componentes sobre ellos.

2. Para que las esferas se encuentren en equilibrio, y aplicando el segundo principio de la dinámica de Newton, la suma de las fuerzas aplicadas sobre las cargas debe ser cero:

Eje X

$$\sum \vec{F}_x = 0 \quad ; \quad F_{Electrostática} = T_x$$

Eje Y

$$\sum \vec{F}_y = 0 \quad ; \quad P = T_y$$

3. Sustituimos los módulos de las fuerzas por sus expresiones correspondientes:

Eje X

$$F_{Electrostática} = T_x$$

$$K \cdot \frac{|q_1| \cdot |q_2|}{r^2} = T \operatorname{sen} 30°$$

$$K \cdot \frac{|q|^2}{r^2} = T \operatorname{sen} 30°$$

Eje Y

$$P = T_y$$

$$mg = T \cos 30°$$

Como el triángulo formado es equilátero, el valor de r coincide con la longitud del hilo (75 cm).

4. Dividimos una expresión entre la otra para eliminar el término de la tensión y despejamos la carga:

$$\frac{K \cdot \frac{|q|^2}{r^2}}{mg} = \frac{T \operatorname{sen} 30°}{T \cos 30°} = \operatorname{tg} 30°$$

$$|q| = \sqrt{\operatorname{tg} 30° \cdot \frac{mgr^2}{K}} \quad ; \quad |q| = 1{,}33 \cdot 10^{-6}\ \mathrm{C}$$

No se puede conocer el signo de la carga, pero sí que son del mismo signo, ya que generan una fuerza de repulsión.

5. Conocida la carga, obtenemos la fuerza electrostática sustituyendo en su ecuación:

$$F_{Electrostática} = K \cdot \frac{|q|^2}{r^2} \quad ; \quad F_{Electrostática} = 2{,}82 \cdot 10^{-2}\ \mathrm{N}$$

2. EvB AU Las órbitas de dos de los satélites de Júpiter, llamados Europa e Ío, tienen radios de 671 100 y 421 800 km, respectivamente. Europa tarda 3,55 días en dar una vuelta completa alrededor del planeta. Calcula el periodo orbital de Ío.

Estrategia de resolución

1. Partimos de la tercera ley de Kepler y la aplicamos a cada uno de los satélites de Júpiter.

$$T^2 = \frac{4\pi^2}{GM} \cdot r^3$$

$$T_{Ío}^2 = \frac{4\pi^2}{GM_{Júpiter}} \cdot r_{Ío}^3 \quad ; \quad T_{Europa}^2 = \frac{4\pi^2}{GM_{Júpiter}} \cdot r_{Europa}^3$$

2. No disponemos del valor de la constante gravitacional, G, ni de la masa de Júpiter. Por ello, no podemos calcular el periodo de Ío de manera directa. En su lugar, planteamos la relación entre los periodos de ambos satélites:

$$\frac{T_{Ío}}{T_{Europa}} = \frac{\frac{4\pi^2}{GM_{Júpiter}} \cdot r_{Ío}^3}{\frac{4\pi^2}{GM_{Júpiter}} \cdot r_{Europa}^3} \quad ; \quad \frac{T_{Ío}^2}{T_{Europa}^2} = \frac{r_{Ío}^3}{r_{Europa}^3}$$

3. Despejando el período orbital de Ío y sustituyendo los valores de cada magnitud, calculamos el período orbital de Ío:

$$T_{Ío}^2 = T_{Europa}^2 \cdot \frac{r_{Ío}^3}{r_{Europa}^3} \quad ; \quad T_{Ío} = \sqrt{T_{Europa}^2 \cdot \frac{r_{Ío}^3}{r_{Europa}^3}} \quad ; \quad T_{Ío} = 1{,}77\ \text{días}$$

Al ser una relación entre distancias, no es necesario realizar la conversión al Sistema Internacional y podemos trabajar en km.

Descubre los fallos de estas actividades.
Consulta las soluciones en:
bit.ly/Encuentra_error_1BAC_U9

A la caza del ERROR

1. Dos masas puntuales de 5 y 10 kg están situadas en los puntos (0, 0) y (1, 0) m, respectivamente. Determina el punto P entre las dos masas donde la intensidad del campo gravitatorio es cero y representa gráficamente la situación.

Solución (cuatro errores)

1. Representamos la situación física descrita:

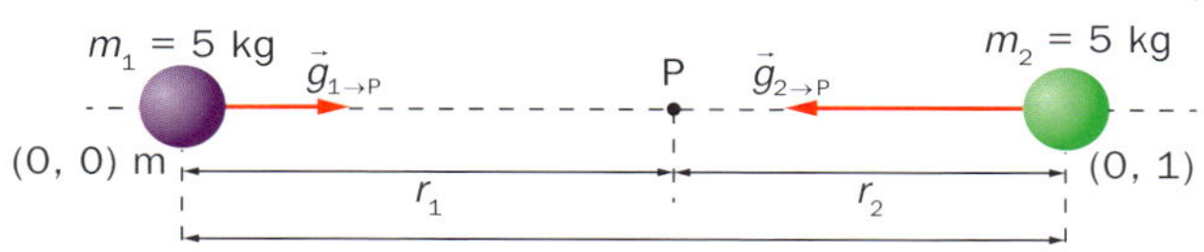

2. Para que la intensidad del campo gravitatorio en un punto se anule, se debe cumplir:

$$\vec{g}_P = \vec{g}_{1\to P} + \vec{g}_{2\to P} = 0 \quad ; \quad \vec{g}_{1\to P} = -\vec{g}_{2\to P} \quad ; \quad |\vec{g}_{1\to P}| = |\vec{g}_{2\to P}|$$

3. Sustituimos el módulo de la intensidad de campo gravitatorio por su expresión para cada una de las masas y sustituimos los datos conocidos:

$$G\cdot\frac{m_1}{r_1^2} = G\cdot\frac{m_2}{r_2^2} \quad ; \quad \frac{m_1}{r_1^2} = \frac{m_2}{r_2^2} \quad ; \quad \frac{5}{r_1^2} = \frac{10}{r_2^2}$$

$$\frac{r_2^2}{r_1^2} = \frac{10}{5} = 2 \quad ; \quad r_2^2 = 2r_1^2 \quad ; \quad r_2 = \sqrt{2}\cdot r_1$$

4. Teniendo en cuenta que $r_1 + r_2 = 1$, tenemos un sistema de dos ecuaciones con dos incógnitas que nos da:

$$r_1 = 0{,}41 \text{ m} \qquad r_2 = 0{,}59 \text{ m}$$

2. EvAU La figura representa la órbita de un planeta alrededor del Sol. Para cada una de las siguientes magnitudes, indica si su valor es el mismo en las posiciones A, B y C o en qué punto es más grande y en cuál más pequeño:

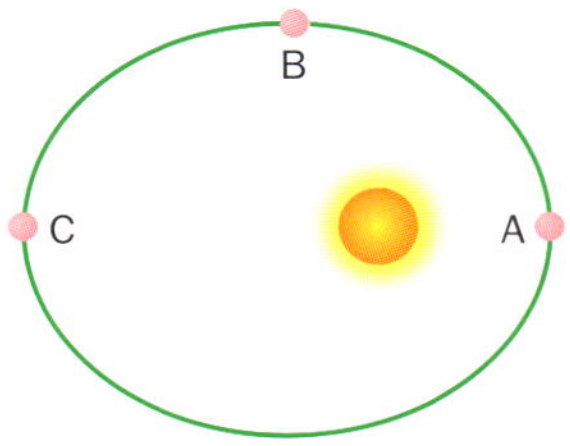

a) La energía cinética.

b) El momento angular respecto al Sol.

Solución (tres errores)

a) La energía cinética viene data por la expresión: $E_C = \frac{1}{2}mv^2$

La segunda ley de Kepler, la ley de áreas, determina que la velocidad areolar de un cuerpo celeste orbitando alrededor del Sol es constante. Así: $v_{\text{Aerolar A}} = v_{\text{Aerolar B}} = v_{\text{Aerolar C}}$

Como la energía cinética depende de la masa, que no varía para el cuerpo que orbita, y de la velocidad areolar, que, por la segunda ley de Kepler, vale igual en toda la trayectoria, deducimos que la energía cinética es constante en toda la trayectoria:

$$E_{C\,A} = E_{C\,B} = E_{C\,C}$$

b) El momento angular de un cuerpo que gira viene dado por la expresión:

$$\vec{L} = \vec{r} \wedge \vec{p} = \vec{r} \wedge m\cdot\vec{v} \qquad |\vec{L}| = rmv\,\text{sen}\,\alpha$$

Donde α = ángulo formado por $\vec{r}$ y $\vec{v}$.

Por lo tanto, el momento angular, $\vec{L}$, depende de la distancia del planeta al Sol, de la masa y de la velocidad del planeta y del ángulo formado por los vectores posición y velocidad. La primera ley de Kepler dice que los planetas giran en órbitas elípticas planas alrededor del Sol y no cambiará el ángulo. La masa y la velocidad areolar son constantes. Por lo tanto, el momento angular solo depende de la distancia entre el planeta y el Sol. Como vemos en el dibujo, $r_C > r_B > r_A$ y, por tanto, tendremos que:

$$|\vec{L}_A| < |\vec{L}_B| < |\vec{L}_C|$$

3. Dos cargas puntuales, de 2μC y −3μC, ejercen una fuerza electrostática de $5{,}4\cdot10^{-2}$ N en el vacío. Determina la distancia a la que se encuentran las cargas.

Solución (dos errores)

Partimos de la expresión del módulo de la ley de Coulomb:

$$|\vec{F}_{\text{Electrostática}}| = K\cdot\frac{|q_1|\cdot|q_2|}{r^2}$$

Sustituimos los valores teniendo en cuenta que la fuerza, al ser repulsiva, tiene el valor negativo:

$$-5{,}4\cdot10^{-2} = 9\cdot10^{9}\cdot\frac{2\cdot10^{6}\cdot(-3\cdot10^{-6})}{r^2} \quad ; \quad r = 1 \text{ m}$$

Las dos cargas se encuentran situadas a una distancia de 1 m.

4. Una carga q_1 de 1 μC y 1 g de masa se mantiene levitando del suelo 10 cm por debajo de otra carga q_2. ¿Cuánto vale la carga de q_2 para que la situación sea estable?

Solución (un error)

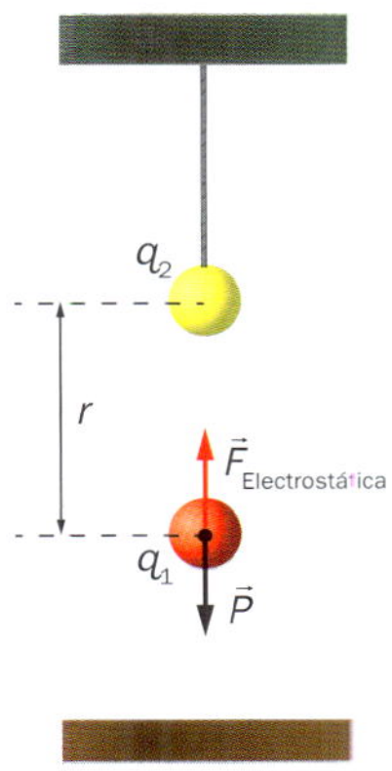

Por la segunda ley de Newton, la fuerza electrostática debe ser igual al peso de la partícula:

$$|\vec{F}| = |\vec{F}_{\text{Electrostática}}| \quad ; \quad mg = K\cdot\frac{q_1q_2}{r^2}$$

Despejando el valor de la carga buscada y sustituyendo:

$$q_2 = \frac{mgr^2}{Kq_1} \quad ; \quad q_2 = 1{,}1\cdot10^{-8}\text{ C}$$

Por lo tanto, q_2 será una carga positiva de 0,011 μC.

Problemas propuestos

Leyes de Kepler

1. EvB AU Enuncia las leyes de Kepler. Demuestra la tercera ley para el caso particular de órbitas circulares.

2. Justifica por qué, si un planeta A se encuentra cuatro veces más alejado del Sol que otro planeta B, su periodo orbital será ocho veces mayor que el del planeta B.

3. EvB AU Un satélite de masa 25 000 kg describe una órbita circular alrededor de un cierto planeta P cuya masa es de $6{,}0 \cdot 10^{27}$ kg, con un periodo orbital de 326 h.

a) Halla la distancia al centro del planeta a la que se encuentra el satélite.

b) Describe brevemente la primera ley de Kepler.

S: *a)* $r = 2{,}41 \cdot 10^{9}$ m

4. Trabajando en grupo, se abre un debate para encontrar la solución al problema. Todos los miembros del equipo respetarán el turno de palabra y nadie podrá intervenir por segunda vez hasta que no haya concluido la primera ronda.

Una estudiante determina que en su órbita alrededor de Júpiter, el satélite Ío describe un movimiento ondulatorio. ¿Son correctos sus datos? Justifica tu respuesta.

5. EvB AU ¿En qué relación están los periodos orbitales de Mercurio y Neptuno si los radios medios de sus órbitas en torno al Sol valen $5{,}79 \cdot 10^{10}$ m y $4{,}50 \cdot 10^{12}$ m, respectivamente?

S: $T_{Mercurio} = 1{,}46 \cdot 10^{-3} \cdot T_{Neptuno}$

6. Neptuno describe una órbita alrededor del Sol treinta veces mayor que la órbita terrestre. ¿Cuántos años terrestres tarda Neptuno en recorrer su órbita?

S: $T = 164{,}32$ años

7. EvB AU Un planeta gigante tiene dos satélites, S_1 y S_2, cuyos periodos orbitales son $T_1 = 4{,}52$ días terrestres y $T_2 = 15{,}9$ días terrestres, respectivamente:

a) Si el radio de la órbita del satélite S_1 es de $5{,}27 \cdot 10^{8}$ m, calcula la masa del planeta.

b) Calcula el radio de la órbita del satélite S_2 en km.

Dato: $G = 6{,}67 \cdot 10^{-11}$ N · m² · kg⁻²

S: *a)* $M = 5{,}68 \cdot 10^{26}$ kg; *b)* $R = 12{,}2 \cdot 10^{5}$ km

8. Aplica el análisis dimensional a la constante *K* de la tercera ley de Kepler para determinar sus unidades.

S: $[K] = T^2 \cdot L^{-3}$

9. Elige de forma razonada la respuesta correcta. En el movimiento de los planetas en órbitas elípticas y planas alrededor del Sol se mantiene constante:

a) La energía cinética.

b) El momento angular.

c) El momento lineal.

10. Dos planetas describen órbitas circulares en torno a una estrella de masa muy grande en comparación con ambos planetas. El planeta más cercano está a una distancia *R* de la estrella y tarda un mes en completar su órbita. El planeta más lejano se encuentra a una distancia 2*R*. ¿Cuánto tarda este último en describir una órbita completa?

S: $T = 2{,}83$ mes

Interacción gravitatoria

11. EvB AU Ley de gravitación universal. Características. Enuncia la ley de gravitación indicando su expresión matemática y explicando cada uno de sus términos. Demuestra la tercera ley de Kepler.

12. EvB AU Marte tiene dos lunas (satélites naturales), Deimos y Fobos (observa la figura). El radio de la órbita de Fobos es 9 378 km y tiene un periodo de 7,65 h. El periodo de la órbita de Deimos es de 30,21 h.

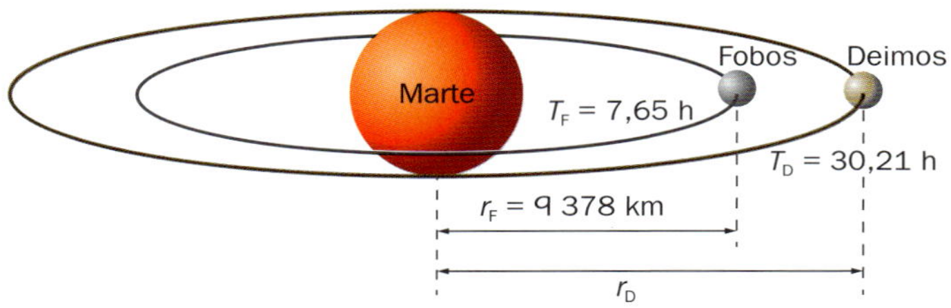

a) Aplica la tercera ley de Kepler y calcula el radio de la órbita de Deimos.

b) ¿Cuál de los dos satélites se mueve más rápido? Calcula la relación entre sus velocidades.

c) Calcula la fuerza gravitatoria (módulo, dirección y sentido) ejercida sobre Fobos en la situación de la figura:

- Por Marte.
- Por Deimos.

Datos: $G = 6{,}67 \cdot 10^{-11}$ N · m² · kg⁻²

Masa de Marte $= 6{,}42 \cdot 10^{23}$ kg

Masa de Fobos $= 1{,}07 \cdot 10^{16}$ kg

Masa de Deimos $= 2{,}24 \cdot 10^{15}$ kg

S: *a)* $r = 2{,}35 \cdot 10^{7}$ m; *b)* $v_{Fobos} = 1{,}58 \cdot v_{Deimos}$

c) $\vec{F}_{Marte \rightarrow Fobos} = -5{,}21 \cdot 10^{15}\ \vec{u}_x$ (N);

$\vec{F}_{Deimos \rightarrow Fobos} = 8{,}01 \cdot 10^{6}\ \vec{u}_x$ (N)

13. ¿Qué ocurrirá con el valor de la fuerza gravitatoria entre dos cuerpos si...

a) ...uno de los cuerpos triplica su masa?

b) ...se triplica la distancia entre los cuerpos?

c) ...uno de los cuerpos reduce su masa un tercio?

d) ...se reduce un tercio la distancia entre los cuerpos?

S: *a)* $F'_G = 3 \cdot F_G$; *b)* $F'_G = \frac{1}{9} \cdot F_G$; *c)* $F'_G = \frac{1}{3} \cdot F_G$; *d)* $F'_G = 9 \cdot F_G$

14. Nuestra galaxia, la Vía Láctea, se encuentra próxima a la galaxia M33, cuya masa se estima que es 0,1 veces la masa de la primera. Suponiendo que las galaxias son puntuales y que están separadas una distancia *d*, justifica razonadamente si existe algún punto entre las galaxias donde se anule la fuerza gravitatoria originada por ambas. En caso afirmativo, determina la distancia de ese punto a la Vía Láctea, expresando el resultado en función de *d*.

S: $x = 0{,}76 \cdot \mathrm{d}$

15. Dos cuerpos, 1 y 2, de masas 2 000 y 5 000 kg, respectivamente, se encuentran fijos. El cuerpo 1 se encuentra en el origen de coordenadas y el cuerpo 2 en el punto $(100, 0)$ m. Si se coloca una masa de 500 kg en el punto medio entre ambas masas, dibuja y calcula la fuerza gravitatoria total en el punto medio.

S: $\vec{F}_{\text{Gravitatoria}} = 4{,}002 \cdot 10^{-8}\ \vec{u}_x$ N

16. EvB AU Un satélite de masa 500 kg describe una órbita circular de radio 46 000 km en torno a la Tierra. Determina el módulo de la fuerza gravitatoria neta que sufre el satélite debido a la interacción con la Tierra y con la Luna cuando se encuentran los tres cuerpos alineados en la forma Luna-satélite-Tierra, sabiendo que la distancia Tierra-Luna es de 384 400 km.

Datos: $G = 6{,}67 \cdot 10^{-11}$ N · m² · kg⁻²; $M_{\text{Tierra}} = 6{,}42 \cdot 10^{23}$ kg; $M_{\text{Luna}} = 7{,}35 \cdot 10^{22}$ kg

S: $F = 10{,}10$ N con sentido hacia la Tierra

17. EvB AU Explica las características del campo gravitatorio terrestre.

18. Dos partículas de masas *m* y 2*m* están separadas una cierta distancia *r*. Explica qué fuerza actúa sobre cada una de ellas y cuál es la aceleración de dichas partículas.

S: $a_m = \frac{2Gm}{r^2}$; $a_{2m} = \frac{Gm}{r^2}$

19. ¿Qué es mayor, el peso de un entrecot de ternera de 525 g o la fuerza gravitatoria entre dos camiones de 30 y 27 t aparcados uno al lado del otro a 1,2 m?

S: $P = 5{,}15\ \text{N} > F_G = 3{,}75 \cdot 10^{-2}$ N

20. Si la masa de la Tierra tiene un valor de $5{,}98 \cdot 10^{24}$ kg y su radio medio es de 6 380 km, determina:

a) La fuerza de atracción gravitatoria que existe entre la Tierra y una astronauta que, con el traje, tiene una masa de 120 kg y se encuentra en una misión a 20 000 km de la superficie terrestre.

b) El valor de la intensidad del campo gravitatorio en dicho punto.

S: *a)* $F = 68{,}8$ N; *b)* $g = 0{,}57\ \text{m} \cdot \text{s}^{-2}$

21. ¿Qué significado tiene el signo negativo en la ecuación vectorial de la intensidad de campo gravitatorio?

22. Dos partículas de masas 3 y 5 kg se encuentran situadas en los puntos $A(-2, 1)$ y $B(3, 0)$ m. Representa la intensidad del campo gravitatorio resultante en el punto $(0, 0)$ m.

S: $\vec{g} = 1{,}26 \cdot 10^{-12}\ \vec{u}_x + 1{,}79 \cdot 10^{-11}\ \vec{u}_y\ (\text{N} \cdot \text{kg}^{-1})$

23. EvB AU Responde a las siguientes cuestiones:

a) Dos partículas, de masas *m* y 2*m*, se encuentran situadas en dos puntos del espacio separados una distancia *d*. ¿Es nulo el campo gravitatorio en algún punto cercano a las dos masas?

b) Dos masas de 10 kg se encuentran situadas, respectivamente, en los puntos $(0, 0)$ y $(0, 4)$ m. Representa en un esquema el campo gravitatorio que crean en el punto $(2, 2)$ m y calcula su valor.

Dato: $G = 6{,}67 \cdot 10^{-11}$ N · m² · kg⁻²

S: *a)* $x = \frac{d}{\sqrt{2} + 1}$ m respecto de la masa *m* y estando *x* en la línea que une ambas masas

b) $\vec{g} = -1{,}17 \cdot 10^{-10}\ \vec{u}_y\ (\text{N} \cdot \text{C}^{-1})$

24. Determina a qué altura sobre la superficie de la Tierra la aceleración gravitatoria se reduce a la mitad si el radio de la Tierra mide 6 400 km.

S: $h = 2\,651$ km

25. En una web se indica que la masa de Marte es $6{,}42 \cdot 10^{23}$ kg y que su volumen es $1{,}632 \cdot 10^{11}$ km³. Calcula la aceleración de la gravedad en la superficie del planeta Marte.

S: $g = 3{,}73\ \text{m} \cdot \text{s}^{-2}$

26. La masa de la Luna es 81 veces más pequeña que la de la Tierra y su radio es 4 veces menor. ¿Cuánto pesará en la Luna un hombre de 81 kg de masa si la intensidad del campo gravitatorio en la Tierra vale $9{,}81\ \text{m} \cdot \text{s}^{-2}$?

S: $P = 156{,}96$ N

27. El módulo del campo gravitatorio de la Tierra en su superficie es una constante de valor g_0.

a) Calcula a qué altura, *h*, desde la superficie, el valor del campo se reduce a la cuarta parte de g_0. Realiza primero el cálculo teórico y después el numérico utilizando únicamente el dato del radio de la Tierra, R_T, 6 370 km.

b) ¿Cómo se modifica el peso de un cuerpo cuando sube a la altura *h*? ¿Y su masa?

S: *a)* $h = 6\,370$ km; *b)* $P_h = \frac{1}{4} P_{Superficie}$; la masa es constante.

28. Un satélite artificial describe una órbita circular en el plano ecuatorial de la Tierra con una velocidad de $3\,077\ m \cdot s^{-1}$. Si sabemos que la masa de la Tierra es de $5{,}98 \cdot 10^{24}$ kg, y que su radio mide 6 400 km:

a) ¿A qué altura sobre la superficie terrestre está orbitando?

b) ¿Cuánto vale su periodo en horas?

S: *a)* $h = 3{,}57 \cdot 10^7$ m; *b)* $T = 23$ h 51 min

29. En grupos de cuatro personas, primero trabajamos en hallar la solución de manera individual; después, por parejas, para finalmente alcanzar una solución consensuada entre todos los miembros del grupo.

a) Explica qué es la velocidad orbital y deduce su expresión para un satélite que describa una órbita circular alrededor de la Tierra.

b) Dos satélites, A y B, con masas distintas, $m_A > m_B$, describen órbitas circulares de idéntico radio alrededor de la Tierra. Indica razonadamente la relación que guardan sus respectivas velocidades.

S: *b)* $v_A = v_B$

30. EvAU Determina el módulo de la fuerza de atracción gravitatoria que la Tierra y el Sol se ejercen entre sí.

Datos: Masa de la Tierra = $5{,}98 \cdot 10^{24}$ kg

Masa del Sol = $2 \cdot 10^{30}$ kg

Distancia de la Tierra al Sol = $1{,}5 \cdot 10^{11}$ m

$G = 6{,}67 \cdot 10^{-11}\ N \cdot m^2 \cdot kg^{-2}$

S: $F_{Gravitatoria} = 3{,}5 \cdot 10^{22}$ N

Interacción electrostática

31. Dos cargas puntuales que se encuentran en reposo, q_1 y q_2, están situadas a una distancia *r*. Si una de las cargas duplica su valor y la otra lo reduce hasta un cuarto, determina la nueva distancia, *r′*, para que la fuerza electrostática siga siendo la misma.

S: $r' = \frac{r}{\sqrt{2}}$

32. ¿Por qué el módulo de la fuerza electrostática no da información sobre si la fuerza entre las cargas puntuales consideradas es atractiva o repulsiva?

33. ¿Cómo será el signo del vector fuerza electrostática entre dos cargas puntuales de distinto signo? Justifica razonadamente tu respuesta.

34. Una carga puntual, q_1, de $2 \cdot 10^{-4}$ C está situada en el origen de coordenadas y otra carga puntual, q_2, de $-15 \cdot 10^{-4}$ C está situada en el punto $(0, 4)$ m. Determina la fuerza electrostática que experimentará una tercera carga puntual, q_3, de $1 \cdot 10^{-4}$ C situada en el punto $(3, 0)$ m.

S: $\vec{F}_{Electrostática} = -12{,}4\ \vec{u}_x + 43{,}2\ \vec{u}_y$ (N)

35. Dos cargas puntuales de 2 nC se sitúan en los vértices de la base de un triángulo equilátero de lado 2 cm que se encuentra situado sobre el eje de abscisas. El punto medio de la base está en el origen de coordenadas y el vértice superior, en el semieje positivo de ordenadas. Determina la fuerza que las cargas ejercerían sobre otra carga puntual de –2 nC situada en el vértice libre del triángulo.

S: $\vec{F}_{Electrostática} = -1{,}56 \cdot 10^{-4}\ \vec{u}_y$ N

36. Una carga puntual, q_1, de 8 nC se sitúa en el punto $(3, 0)$ m. Otra carga puntual, q_2, de –4 nC se coloca en el punto $(0, 4)$ m. Si se sitúa una tercera carga puntual, q_3, 2 nC en el punto $(3, 4)$ m, ¿a qué fuerza electrostática, como vector y módulo, estará sometida esta carga por la presencia de las otras dos cargas?

S: $\vec{F} = -8 \cdot 10^{-9}\ \vec{u}_x + 9 \cdot 10^{-9}\ \vec{u}_y$ (N); $F = 1{,}2 \cdot 10^{-8}$ N

37. Sean dos cargas puntuales negativas de –1,5 μC y –7 μC. Establece la relación entre las distancias a un mismo punto de estas cargas para que sus campos electrostáticos sean iguales. Elabora una hoja de cálculo donde tabules la distancia de una de las cargas en función de la distancia de la otra si esta varía desde 10 cm hasta 1 m, de 10 en 10 cm.

S: bit.ly/r2_vs_r1_E2_igual_E1

38. ¿A qué distancia se deben situar dos cargas puntuales de 2 nC y 6 nC para que la fuerza electrostática de repulsión entre ellas valga 5 N?

S: $r = 1{,}47 \cdot 10^{-4}$ m

39. Calcula y representa la fuerza electrostática total a la que está sometida la carga puntual q_3 de la figura si se encuentra en el vacío. Todas las distancias están en metros.

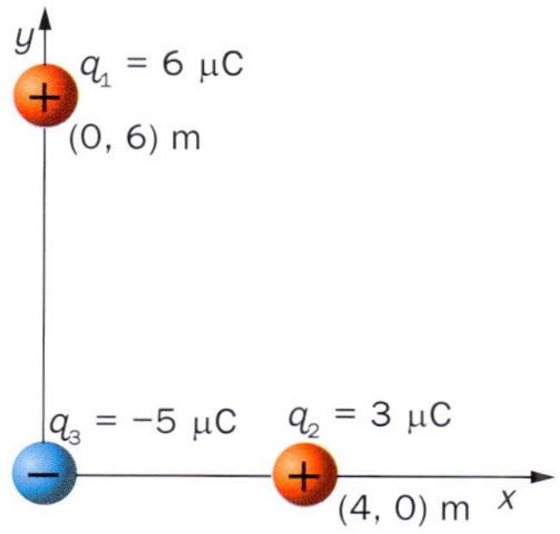

S: $\vec{F}_{\text{Electrostática}} = 8{,}4 \cdot 10^{-3}\ \vec{u}_x + 7{,}5 \cdot 10^{-3}\ \vec{u}_y\ (\text{N})$

40. Dos esferas de 2 kg de masa están colgadas de un techo en un punto común mediante cables de 50 cm de longitud. Al cargarlas, las dos esferas adquieren la misma carga y se repelen. Si los cables forman un ángulo de 20° con la horizontal, ¿cuál es la carga de las esferas?

S: $q = 9{,}6 \cdot 10^{-6}$ C

41. ¿Puede ser nulo el campo electrostático total en un punto situado en la línea que une dos cargas puntuales de distinto signo? Justifica tu respuesta con una representación gráfica.

42. Una carga puntual q_1 de 3,6 μC se encuentra en el punto $(3, 0)$ m. Otra carga puntual q_2 de 8,1 μC se encuentra en el punto $(-6, 0)$ m. ¿En qué punto del eje X entre las dos cargas el campo electrostático resultante es nulo?

S: $x = -0{,}6$ m

43. Dos cargas puntuales, q_1 y q_2, de 1 μC y 9 μC, respectivamente, se encuentran en reposo en los puntos $(0, 0)$ m y $(3, 0)$ m. En un determinado punto del espacio $(x, 0)$ el campo electrostático es nulo.

a) ¿Dónde debe estar el punto respecto de q_1 y q_2?

b) ¿Cuál es el valor de x?

S: *b)* $x = 0{,}75$ m

44. En grupo, cada miembro debe realizar una aportación a la solución. Todas las respuestas se debaten en grupo y se consensúa la respuesta.

Indicad qué ocurrirá con el campo electrostático creado por una carga q si:

a) La constante dieléctrica del medio, ε, reduce su valor a la mitad.

b) Si la distancia al punto considerado se triplica.

c) Si el valor de la carga se reduce a una décima parte.

S: *a)* $E' = 2E$; *b)* $E' = \frac{1}{9} \cdot E$; *c)* $E' = \frac{1}{10} \cdot E$

45. Determina la constante eléctrica de un medio si dos cargas puntuales de 2 μC y −0,3 μC experimentan una fuerza electrostática repulsiva de 1,2 N cuando están situadas a 1 cm de distancia.

S: $K = 2 \cdot 10^{8}\ \text{N} \cdot \text{m}^2 \cdot \text{C}^{-2}$

Problemas globales

46. Indica razonadamente la dirección y el sentido del campo electrostático necesario para que una carga se mantenga en equilibrio suspendida por encima del suelo si la carga es:

a) Un protón.

b) Un neutrón.

c) Un electrón.

47. ¿Qué carga debe tener una partícula de 10 g de masa para que permanezca en reposo dentro de un campo electrostático $\vec{E} = -220\ \vec{u}_y\ (\text{N} \cdot \text{C}^{-1})$?

S: $q = -4{,}4 \cdot 10^{-4}$ C

48. ¿Qué masa debe poseer una partícula de 5 μC de carga para permanecer levitando dentro de un campo electrostático $\vec{E} = 375\ \vec{u}_y\ (\text{N} \cdot \text{C}^{-1})$? ¿Sería posible la situación de equilibrio si la misma carga fuera negativa? Justifícalo.

S: $m = 1{,}9 \cdot 10^{-4}$ kg

49. Calcula y compara la fuerza gravitatoria y la fuerza electrostática de dos electrones situados a 1 mm de distancia.

Datos: Masa del electrón = $9{,}1 \cdot 10^{-31}$ kg

Carga del electrón = $-1{,}6 \cdot 10^{-19}$ C

S: $F_G = 5{,}5 \cdot 10^{-65}$ N; $F_E = 2{,}3 \cdot 10^{-22}$ N; $F_E = 4{,}2 \cdot 10^{42} \cdot F_G$

50. La fuerza electrostática entre el protón y el electrón del átomo de hidrógeno tiene un módulo aproximado de $8 \cdot 10^{-8}$ N. ¿A qué distancia habría que colocar las dos partículas para que la fuerza gravitatoria tuviese ese valor si sus masas son $1{,}67 \cdot 10^{-27}$ y $9{,}1 \cdot 10^{-31}$ kg, respectivamente?

S: $r = 1{,}13 \cdot 10^{-30}$ m

51. La Tierra presenta un campo electrostático cerca de su superficie dirigido hacia el centro del planeta. Establece la relación entre la carga y la masa de un objeto para que este levite por encima del suelo. ¿Es indiferente el signo de la carga? Justifica tu respuesta.

S: $m = -q \cdot \frac{\vec{E}}{\vec{g}}$

52. Calcula el módulo del campo gravitatorio y el campo electrostático de un cuerpo de 10 t de masa y una carga neta de 1nC en un punto situado a 1 m de él. A la vista del resultado, ¿qué conclusión obtienes?

S: $g = 6{,}67 \cdot 10^{-7}\ \text{N} \cdot \text{kg}^{-1}$; $E = 9\ \text{N} \cdot \text{C}^{-1}$

53. Investigad en grupos por qué la constante de proporcionalidad en la interacción gravitatoria, G, es universal y en la interacción electrostática, K, no.

54. EvAU Analogías y diferencias entre el campo electrostático y el campo gravitatorio.

Práctica 1. Galileo, un péndulo simple y la gravedad

En su libro *A hombros de gigantes*, Stephen Hawking narra cómo un joven Galileo Galilei descubrió la isocronía del péndulo simple, es decir, la independencia del periodo de la oscilación respecto a su amplitud. Este descubrimiento tuvo importantes consecuencias, como la construcción de relojes de mayor precisión o la determinación del valor de la gravedad de manera precisa, hechos muy importantes para el desarrollo de la física.

Objetivo

Determinar el valor de la aceleración de la gravedad cerca de la superficie terrestre empleando un péndulo simple.

Materiales

- Un soporte.
- Una nuez.
- Una pinza.
- Un hilo.
- Un calibre.
- Un cronómetro.
- Dos esferas con masas distintas.
- Una regla.

Base teórica

El movimiento de oscilación de un péndulo simple viene determinado por tres magnitudes: el periodo (T), la longitud del péndulo (ℓ) y la aceleración de la gravedad (g). Como podemos considerar la gravedad como una constante, el movimiento del péndulo dependerá del periodo y de la longitud:

$$T = 2\pi\sqrt{\frac{\ell}{g}} \qquad T^2 = \frac{4\pi^2}{g}\cdot \ell$$

Por lo tanto, representando gráficamente T^2 frente a ℓ, podemos obtener la pendiente de la recta y, por tanto, el valor de g.

Procedimiento

Partimos del montaje de la imagen y procedemos de la siguiente manera:

1. Medimos la longitud del hilo y el radio de la esfera para obtener una longitud total de 0,6 m. Los 0,6 m serán la longitud ℓ de la ecuación anterior. La mejor opción para medir el radio de la esfera es emplear un calibre.
2. Separamos la esfera de la posición de equilibrio y medimos el tiempo que tarda en realizar diez oscilaciones para determinar el periodo T.
3. Repetimos el procedimiento tres veces más para 0,6 m y diez oscilaciones y calculamos el valor medio del periodo.
4. Repetimos el procedimiento, pero con longitudes de 0,5; 0,4; 0,3 y 0,2 m.

Realizamos la representación gráfica en papel milimetrado de T^2 frente a ℓ.

La pendiente de la recta será el término $\frac{4\pi^2}{g}$, que nos permitirá calcular el valor de la aceleración de la gravedad, g.

Precauciones durante el procedimiento

- El hilo debe ser lo menos elástico posible y su masa, despreciable frente a la masa de la esfera.
- Las oscilaciones deben ser de pequeña amplitud para que la ecuación empleada sea válida.
- El movimiento del péndulo debe realizarse en un plano. Debe evitarse que realice un movimiento elíptico en el plano perpendicular al de oscilación. Observar la oscilación desde arriba, y no de frente, ayuda a controlar el movimiento.
- Las oscilaciones deben empezar a contarse a partir de la cuarta para evitar errores por un impulso inicial a la esfera.

Cuestiones

1. Después de haber realizado la práctica, ¿cuál es el valor que has obtenido para la aceleración de la gravedad?

2. Repite el procedimiento, pero con una esfera de distinta masa. ¿Qué valor obtienes para la aceleración de la gravedad ahora? ¿Qué conclusión obtienes de ello?

Hablando de ciencia...

En 1964, **Peter Higgs,** junto con otros investigadores, propone la existencia de una partícula llamada bosón de Higgs, que sería la responsable del origen de la masa en el universo. Este hecho se confirmó en 2012 y, un año después, el propio Higgs, junto con **François Englert,** recibe el Premio Nobel de Física por el descubrimiento teórico de esta partícula.

En el descubrimiento del bosón de Higgs es clave el trabajo desarrollado en los detectores ATLAS y CMS del CERN a cargo de sus directores, **Guido Tonelli** y **Fabiola Gianotti,** respectivamente. En diciembre de 2011, el CERN anunció las primeras pruebas de la existencia del bosón de Higgs, pero no será hasta julio de 2012 cuando comunique la confirmación.

El Conseil Européen pour la Recherche Nucléaire (CERN), en español **Organización Europea para la Investigación Nuclear,** es el mayor y más importante laboratorio del mundo en investigación de física de partículas.

Además del Premio Nobel de 2013, el CERN también ha sido pieza fundamental en otros dos, los concedidos en 1984 a **Carlo Rubbia** y **Simon van der Meer** por el descubrimiento de los bosones W y Z; y, en 1992, a **Georges Charpak** por la invención y el desarrollo de detectores de partículas.

La italiana Fabiola Gianotti (1960) es la directora del CERN desde enero de 2016. Esta investigadora es doctora en Física y lleva trabajando en el CERN desde 1996. Galardonada con múltiples premios, está considerada una de las principales pensadoras globales (según la clasificación de la revista *Foreign Policy*). En una entrevista, la propia investigadora explicó lo que supuso para ella el descubrimiento del bosón de Higgs: «El mecanismo Brout-Englert-Higgs se propuso como una teoría puramente matemática, teoría que, además, predice la existencia de una partícula muy especial que se ha buscado durante más de cincuenta años. Y la encontramos. Fue un momento realmente mágico».

- ¿Cómo ha cambiado la construcción de la ciencia desde los trabajos de Newton sobre gravitación hasta los de Higss sobre el bosón?

Práctica 2. Ley de Coulomb

Puedes trabajar en el simulador del enlace **bit.ly/GG_Coulom_num** con la ley de Coulomb. Si modificas los valores de la carga y su signo, observarás el módulo, la dirección y el sentido de la fuerza electrostática que se produce. También puedes observar la influencia de la posición de las cargas en la fuerza electrostática.

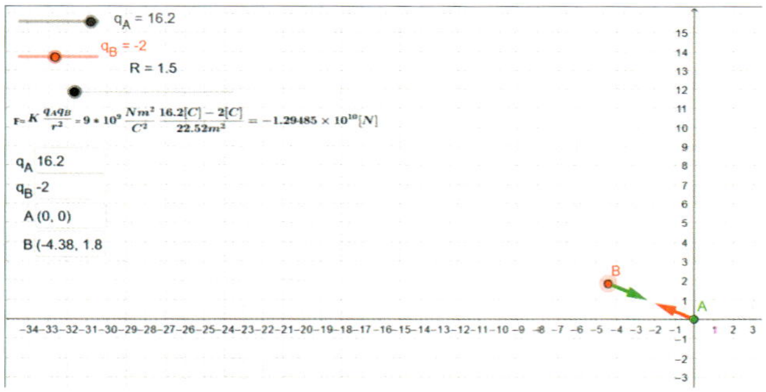

Cuestiones

1. Toma dos cargas de igual signo y sitúalas en la gráfica. Describe la dirección y el sentido de las fuerzas electrostáticas que aparecen. Repite la actividad para dos cargas de distinto signo.
2. Toma dos cargas y sitúalas en la gráfica. Observa el valor de la fuerza electrostática entre ellas. ¿Qué ocurrirá, teóricamente, si duplicas el valor de una de ellas? ¿Y si lo reduces a la mitad? Comprueba que tus suposiciones teóricas coinciden con los resultados.
3. Toma dos cargas y sitúalas en la gráfica. Observa el valor de la fuerza electrostática entre ellas. ¿Qué ocurrirá, teóricamente, si triplicas la distancia entre ellas? ¿Y si la reduces a un tercio? Comprueba que los resultados coinciden con tus suposiciones teóricas.

Atrévete a mirar

¿He aprendido realmente?

¿Qué nuevos conceptos he añadido a lo que ya conocía sobre la ley de la gravitación universal?

¿Cómo ha cambiado mi comprensión sobre el movimiento de los cuerpos celestes o de los satélites?

¿Cómo relaciono lo que ya conocía sobre la fuerza electrostática con lo que he aprendido?

¿Qué conceptos de la unidad me han planteado mayores dudas? ¿Cómo puedo superarlas?

¿Para qué me sirve establecer las distintas relaciones entre la velocidad orbital y el radio de la órbita o la masa del cuerpo central?

¿Qué aplicaciones puede tener lo aprendido sobre la fuerza electrostática y el campo gravitatorio?

10. Trabajo y energía mecánica

Contenidos

- La energía y sus formas
- Energía mecánica
- Trabajo
- Trabajo como transferencia de energía
- Campo eléctrico y energía

La energía está presente en todo el universo. Y, sin embargo, su definición no es fácil. El físico estadounidense Paul G. Hewitt, a través de la figura del símil, explicaba que la energía se puede comparar con un sustantivo, es decir, una cosa, y un verbo al mismo tiempo, ya que también es un proceso. Todo en el universo tiene energía, pero solo podemos observarla cuando se transfiere o se transforma.

Un litro de gasolina contiene energía debido a los enlaces existentes entre sus átomos. Podemos utilizar esta energía para, por ejemplo, hacer funcionar una moto:

- Cuando la moto se desplaza, la energía de la gasolina se transforma en movimiento, es decir, en energía cinética.
- Cuando el motor y el tubo de escape se calientan, la energía de la gasolina se convierte en energía calorífica.
- Si la moto sube por una carretera de montaña, por el cambio de altura la moto adquiere energía potencial.

De este ejemplo se deduce que la energía puede transformarse, pero, pase lo que pase, la cantidad de energía permanece constante: podemos transformar solo la energía que existe en el litro de gasolina, nada más. Es decir, aunque presente diversas formas, la energía inicial se conserva.

Cuestiones

1. ¿Todas las transformaciones que sufre la energía del litro de gasolina son útiles para nuestro viaje, es decir, podemos aprovecharlas en nuestro beneficio?
2. Un móvil perpetuo es aquel que, una vez en movimiento, no necesita un aporte de energía externa adicional para continuar en movimiento indefinidamente. ¿Crees que este tipo de dispositivos pueden existir desde el punto de vista energético?

«Dedicarse a la ciencia es sinónimo de placer, es intensa y con ella generas nuevos conocimientos, lo que permite a la humanidad progresar», Ada E. Yonath, Premio Nobel de Química 2009.

El reto

En esta unidad vamos a trabajar con el concepto de energía y sus características. Tomando como punto de partida la idea de Paul G. Hewitt, vamos a intentar poner de manifiesto esta magnitud para empezar a extraer conclusiones.

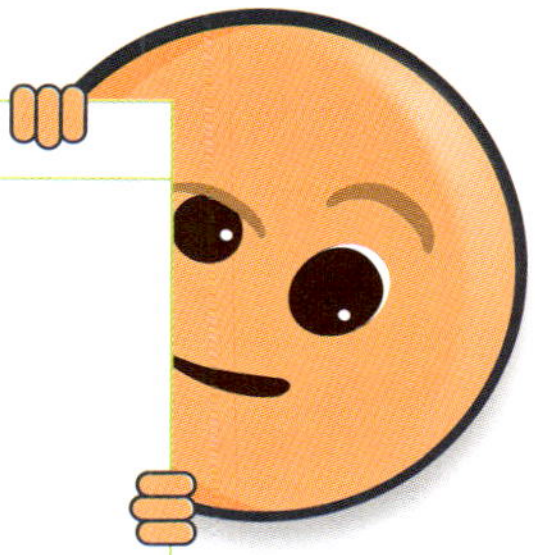

Experimento: Se transfiere y se conserva

Necesitas tres pelotas:

- Una grande, del tamaño de una pelota de fútbol o baloncesto.
- Una intermedia, como una pelota de tenis.
- Y una pequeña, del tamaño de una de pimpón.

Para realizar el experimento es mejor que las pelotas de tamaño mediano y pequeño no boten.

Toma la pelota grande y sujétala a la altura de tus hombros. ¿Posee energía la pelota en esa posición?

Déjala caer sin impulsarla. Cuando bota, ¿qué nueva altura alcanza?

Si la energía se conserva, ¿por qué no vuelve a tu mano?

Repite el proceso con las otras pelotas. ¿Alguna vuelve a tu mano?

Si las pelotas son de las que no botan, ¿dónde se ha ido la energía que poseían? ¿Ha desaparecido? ¿Se ha destruido?

Ahora, toma en una mano la pelota grande y en la otra la pelota mediana. Colócalas como se observa en la fotografía y a la altura de tus hombros. Déjalas caer. Para que salga bien, necesitarás algo de práctica. ¿Qué es lo que ha ocurrido con la pelota mediana? ¿Por qué ahora sí sobrepasa el punto inicial? ¿Se ha creado energía? ¿Es eso posible?

Repite el proceso, pero ahora fíjate en la pelota grande. ¿Qué altura alcanza ahora? ¿Por qué ocurre eso?

Cambia la pelota mediana por la pequeña y repite el proceso. ¿Qué altura alcanza? ¿Es mayor o menor que la altura alcanzada por la mediana? ¿Por qué?

Si las pelotas mediana y pequeña son de las que no botan, ¿por qué lo hacen ahora?

Repite todo, pero cambia el orden de las pelotas. Coloca debajo la pelota mediana (o pequeña) y encima, la grande. ¿Qué ocurre ahora? ¿Por qué ese cambio en el resultado?

Atrévete a mirar

¿Quiero aprender?

¿Qué significa para mí la palabra energía?

¿De qué formas soy capaz de indicar que se manifiesta la energía?

¿Cuáles son las características que definen la energía?

¿Una central hidroeléctrica crea energía a partir del agua embalsada?

¿Qué es para mí el trabajo? ¿Y para la ciencia física?

¿Puedo estar realizando un gran esfuerzo y, al mismo tiempo, alguien puede sostener que mi trabajo es nulo?

¿Una carga eléctrica tiene energía?

¿Pueden dos cargas interactuar sin estar en contacto?

1. La energía y sus formas

Todo en el universo implica energía y esta se presenta bajo diferentes formas. Al ser la energía un concepto complejo es conveniente comenzar a estudiarla a partir de las características que la definen y permiten formular la conocida **ley de la conservación de la energía.**

En el universo, la **energía no se crea ni se destruye,** únicamente **se transforma.**

La energía se transfiere. Si el coche golpea, por ejemplo, un contenedor de basura, parte de la energía de movimiento del coche se transfiere al contenedor, que puede caer al suelo o romperse como resultado de esta transferencia.

La energía se conserva. La energía eléctrica suministrada por la red se empleará en el funcionamiento de todos los dispositivos del coche.

La energía se degrada. El rozamiento del neumático con el asfalto disipa parte de la energía en forma de calor.

La energía se almacena en las baterías del coche.

La energía se transforma. La energía eléctrica de la batería se transforma en luminosa en los faros y en la energía de movimiento de las ruedas.

La energía se transporta. Los cables transportan la energía desde la fuente de energía hasta el coche.

A partir de estas ideas podemos definir la energía.

La **energía** es una magnitud física que pone de manifiesto la capacidad de un sistema físico para cambiar su propio estado o el de otros sistemas físicos.

La unidad de medida de la energía se denomina **julio (J)** en honor a **James Prescott Joule** (1818-1889), cuyos experimentos sirvieron para clarificar el concepto de energía y sus implicaciones.

En el estudio de la energía se diferencia entre **sistema** y **entorno**. El sistema es la región del universo que vamos a estudiar y el entorno es el resto del universo. En función del objeto de estudio, un sistema puede ser algo tan pequeño como un electrón o tan grande como una galaxia. En muchas ocasiones, los límites del sistema en estudio son difíciles de determinar, como, por ejemplo, en el caso de una masa gaseosa atmosférica.

Energía 2.0

El ser humano siempre ha buscado una fuente inagotable de energía. ¿Es posible obtener energía de la nada?

bit.ly/UNED_Energía_de_la_nada

¿Por qué nunca funciona una máquina de movimiento perpetuo?

bit.ly/TEDed_mov_perpetuo

Experimenta. La importancia del entorno en los procesos

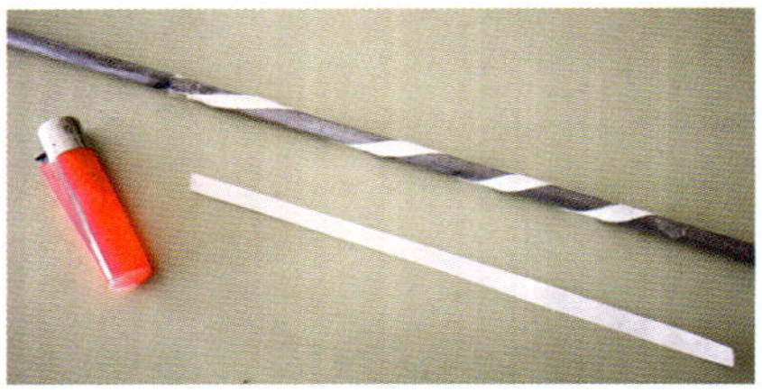

1. Corta dos tiras de papel de igual longitud (15 cm) y grosor (1 cm). Enrosca una de ellas en espiral bien pegada a una varilla metálica, como se muestra en la imagen. Sostén la otra en el aire con ayuda de una pinza. A continuación, aplica la llama de un mechero a cada tira.
   - ¿Se obtiene el mismo resultado?
   - ¿Comparten las dos tiras de papel el mismo entorno? ¿Cómo influye en el resultado?

La energía se clasifica en diferentes tipos en función de las múltiples formas que presenta.

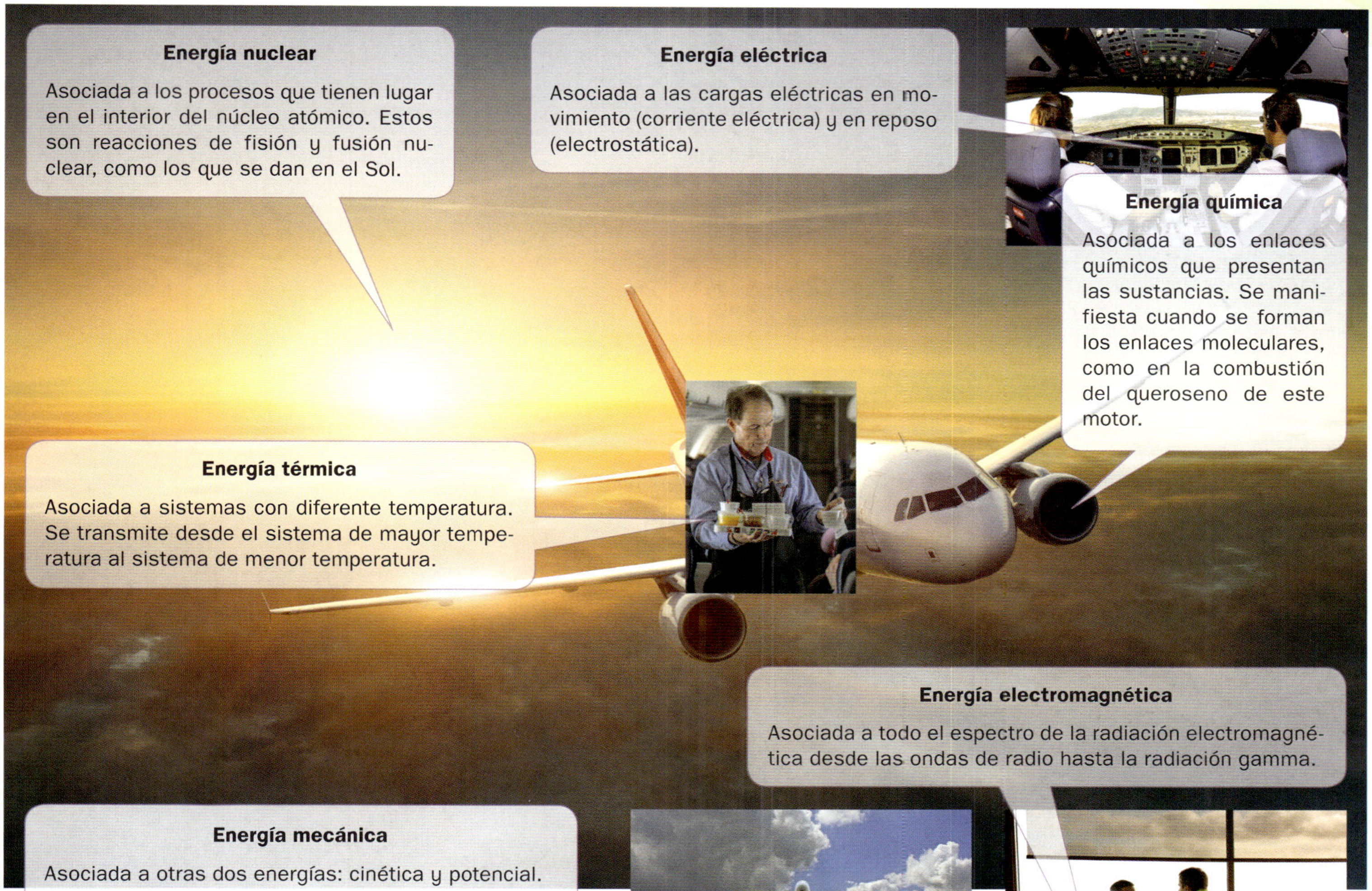

Energía nuclear

Asociada a los procesos que tienen lugar en el interior del núcleo atómico. Estos son reacciones de fisión y fusión nuclear, como los que se dan en el Sol.

Energía eléctrica

Asociada a las cargas eléctricas en movimiento (corriente eléctrica) y en reposo (electrostática).

Energía química

Asociada a los enlaces químicos que presentan las sustancias. Se manifiesta cuando se forman los enlaces moleculares, como en la combustión del queroseno de este motor.

Energía térmica

Asociada a sistemas con diferente temperatura. Se transmite desde el sistema de mayor temperatura al sistema de menor temperatura.

Energía electromagnética

Asociada a todo el espectro de la radiación electromagnética desde las ondas de radio hasta la radiación gamma.

Energía mecánica

Asociada a otras dos energías: cinética y potencial.

- **Energía cinética:** asociada a todo sistema físico en movimiento, es decir, que posee velocidad.
- **Energía potencial:** asociada a la posición de un sistema físico. Está relacionada con el tipo de fuerza aplicada.

Actividades

1. Observa la secuencia de imágenes del margen y justifica razonadamente si es posible o no producir energía de forma infinita por medio de la situación descrita.
2. La conocida ecuación del Albert Einstein, $E = m \cdot c^2$, relaciona dos magnitudes: masa y energía. ¿Quiere decir eso que la energía puede transformarse en masa y viceversa?
3. Imagina un molino y un punto tras sus aspas. Ahora quita el molino, ¿cómo se mueve el viento en ese punto, más rápido o más lento que cuando estaba el molino? Razona tu respuesta.
4. Explica las transformaciones energéticas que se produjeron cuando Ruth Beitia saltó 1,97 m en la prueba de salto de altura y ganó la medalla de oro en esa disciplina en los Juegos Olímpicos de Río de Janeiro 2016 (Brasil).
5. ¿Por qué no es lo mismo la energía nuclear que la energía química si ambas están relacionadas con el átomo?
6. Si respecto a la energía eléctrica podemos hablar de corriente eléctrica y electroestática, explica mediante un ejemplo la diferencia entre ambas manifestaciones.

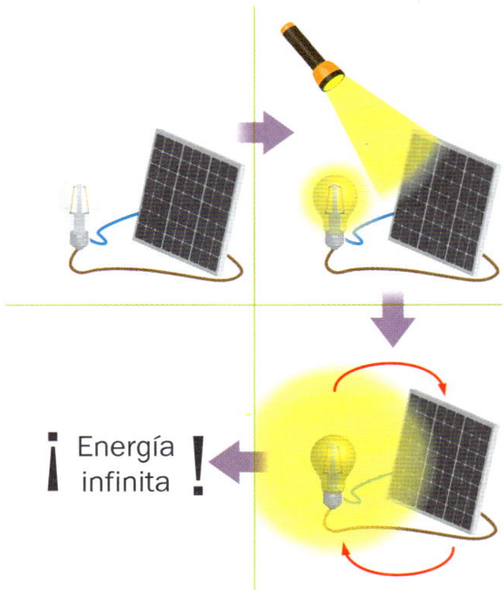

2. Tipos de energía

Una grúa eleva una carga de ladrillos en una obra, enciendes la linterna de tu móvil para buscar un objeto en el suelo, una portera de fútbol golpea el balón para sacar de puerta... Podemos hacer u observar muchos cambios a nuestro alrededor y todos ellos están relacionados con distintos tipos de energía.

2.1. Energía cinética

El movimiento de los cuerpos está relacionado con un tipo de energía.

La **energía cinética** es la forma de energía asociada al movimiento de los sistemas o, lo que es lo mismo, a su velocidad.

$$E_C = \frac{1}{2} \cdot m \cdot v^2$$

Por tanto, la energía cinética depende directamente de dos magnitudes: la masa y la velocidad del cuerpo o sistema considerado.

Análisis dimensional

Vamos a utilizar el análisis dimensional para determinar las dimensiones de la energía cinética:

$$E_C = \frac{1}{2} m v^2$$

$$[E_c] = [m] \cdot [v^2]$$

Donde:

$$[m] = M$$

$$[v] = L \cdot T^{-1}$$

Por lo que resulta:

$$[E_c] = M \cdot L^2 \cdot T^{-2}$$

Actividades resueltas

1. El patrón de un barco acelera y en 15 s duplica su velocidad. ¿Qué relación guardan las energías cinéticas del barco antes y después de duplicar su velocidad?

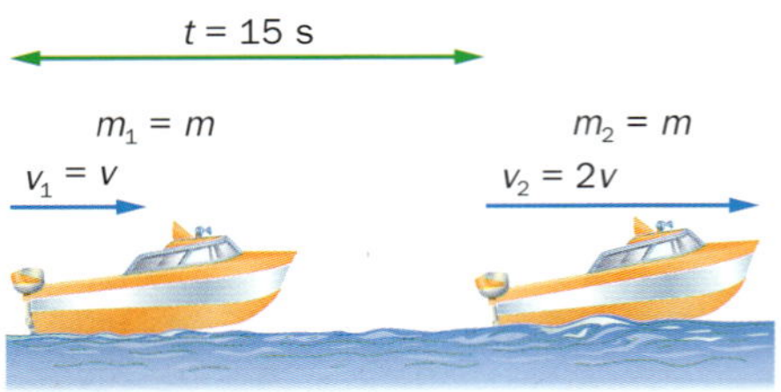

Estrategia de resolución

1. Representamos las magnitudes implicadas:
   $m_1 = m_2 = m$; $v_1 = v$; $v_2 = 2v$; $t = 15$ s
2. Sustituimos en la ecuación de la energía cinética las condiciones iniciales y finales del barco:

$$E_{C1} = \frac{1}{2} m_1 v_1^2 = \frac{1}{2} m v^2$$

$$E_{C2} = \frac{1}{2} m_2 v_2^2 = \frac{1}{2} m (2v)^2 = 2 m v^2$$

El cuadrado de la velocidad afecta a cualquier modificación que se produzca en ella, como duplicarla o reducirla a la mitad.

3. Dividimos la energía cinética final entre la inicial:

$$\frac{E_{C1}}{E_{C2}} = \frac{2 m v^2}{\frac{1}{2} m v^2} = 4 \quad ; \quad E_{C2} = 4 E_{C1}$$

Por tanto, duplicar la velocidad de un cuerpo implica cuadruplicar su energía cinética.

Actividades

7. La astrónoma Carolyn Shoemaker fue la codescubridora del cometa Shoemaker-Levy 9 (SL-9). En 1994, el cometa impactó en Júpiter entrando en su atmósfera a 60 km/s. La masa del SL-9 era comparable a una esfera de 27 km de diámetro y con una densidad similar a la del agua. Calcula la energía del impacto.

S: $E = 1{,}86 \cdot 10^{22}$ J

8. ¿Puede un sistema tener energía cinética negativa? ¿Y su variación puede ser negativa?

9. Un camión de bomberos tiene una masa total de 15 t. Si frena y pasa de 88 km · h^{-1} a 37 km · h^{-1}, ¿cómo variará su energía cinética?

S: $\Delta E_c = -3{,}7 \cdot 10^6$ J

10. Un vehículo de 500 kg de masa frena y reduce su velocidad a 80 km · h^{-1}. Si la variación de su energía cinética es de −69 500 J, ¿cuál era su velocidad inicial?

S: $v = 100$ km · h^{-1}

Los actuales cambios de protocolos web pueden dificultarte el acceso a alguno de los enlaces.

Para evitarlo, en la siguiente dirección te proporcionamos un nuevo enlace y el planteamiento correspondiente:

bit.ly/Enlace_2_0_1BAC_U10

2.2. Energía potencial

La energía potencial está directamente relacionada con la posición del sistema. Sin embargo, a diferencia de la energía cinética, se puede clasificar, en función de la naturaleza de la fuerza implicada, en **energía potencial gravitatoria, elástica** y **eléctrica.** Esta última se tratará más adelante en esta unidad.

Energía potencial gravitatoria

Su origen es la fuerza gravitatoria.

Se debe a la posición relativa de dos sistemas con masa. Para nosotros, una de esas masas será la Tierra.

$$E_P = m \cdot g \cdot h$$

La ecuación es solo válida para alturas pequeñas. El valor de g depende de la altura considerada.

Ejemplos: un globo aerostático o el agua de un embalse.

Energía potencial elástica

Su origen es la fuerza elástica.

Se debe a la deformación de un sistema elástico respecto a su estado de equilibrio.

$$E_P = \frac{1}{2} \cdot k \cdot (\Delta x)^2$$

El valor de la fuerza que actúa, siguiendo la ley de Hooke, varía con la posición. No es una fuerza constante.

Ejemplos: el muelle de un reloj o un arco de tiro.

Sabías que...

La expresión general de la energía potencial gravitatoria de un cuerpo de masa m que se encuentra a una distancia r de la Tierra es:

$$E_P = -G \cdot \frac{M_T \cdot m}{r}$$

G = constante gravitacional

M_T = masa de la Tierra

m = masa del objeto considerado

r = distancia entre el centro de la Tierra y el objeto

Actividades resueltas

2. Una araña de 17 g teje su tela en la tapa de un baúl. Si la energía potencial de la araña es de 0,092 J, ¿qué altura tiene el baúl desde el suelo hasta su tapa?

Estrategia de resolución

1. Planteamos la ecuación de la energía potencial: $E_P = mgh$
2. Sustituimos cada magnitud por su valor: $0{,}092 = 0{,}017 \cdot 9{,}81 \cdot h$
3. Despejamos la altura y calcularla: $h = \dfrac{0{,}092}{0{,}017 \cdot 9{,}81} = 0{,}55$ m

Recuerda operar siempre con las magnitudes en el SI.

Actividades

11. Un resorte de 62 cm de longitud, cuya constante elástica vale $1{,}5 \cdot 10^4$ N · m^{-1}, se comprime hasta que su longitud es de 38 cm. Calcula:

a) La energía potencial elástica del resorte comprimido.

b) ¿Cuál será la constante elástica de otro resorte capaz de almacenar la misma energía al comprimirse 25 mm?

S: *a)* $E_P = 432$ J; *b)* $k = 1{,}38 \cdot 10^6$ N · m^{-1}

12. Un ascensor de 575 kg de masa desciende desde la planta séptima, a 24 m de altura, hasta la primera planta. Si la variación de energía potencial es de –118 455,75 J, ¿a qué altura se encuentra la primera planta?

S: $h = 3$ m

Análisis dimensional

Vamos a utilizar el análisis dimensional para determinar las dimensiones de la energía potencial elástica:

$$E_P = \frac{1}{2} k (\Delta x)^2$$

$$[E_p] = [k] \cdot [\Delta x]^2$$

Donde:

$$[k] = M \cdot T^{-2}$$

$$[\Delta x] = L$$

Por lo que resulta:

$$[E_p] = M \cdot L^2 \cdot T^{-2}$$

Comprueba como el resultado coincide con el de la energía cinética.

2.3. Expresión general de la energía mecánica

Durante su vuelo, un avión comercial posee energía cinética a causa de su movimiento y energía potencial gravitatoria debida a la altura a la que se desplaza. Estas energías que posee el avión se pueden sumar y dar lugar a un nuevo tipo de energía.

La **energía mecánica** de un cuerpo es la suma de su **energía cinética** (debida a su movimiento) y de su **energía potencial** (debida a su posición). Su expresión general es:

$$E_M = E_C + E_P$$

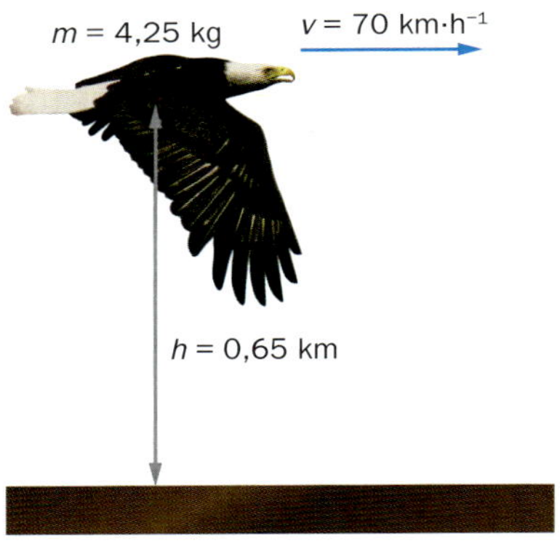

Actividades resueltas

3. Un águila de 4,25 kg de masa vuela a una altura de 0,650 km del suelo con una velocidad de 70 km · h^{-1}. Determina la energía mecánica del águila.

Estrategia de resolución

1. Planteamos las ecuaciones de cada una de las energías involucradas:

$$E_M = E_C + E_P \qquad E_C = \frac{1}{2}mv^2 \qquad E_P = mgh$$

2. Calculamos la energía cinética asociada al movimiento del águila:

$$E_C = \frac{1}{2}mv^2 = \frac{1}{2}\cdot 4{,}25\ \text{kg}\cdot\left(19{,}44\ \text{m}\cdot\text{s}^{-1}\right)^2 = 803{,}1\ \text{J}$$

3. Calculamos la energía potencial asociada a la posición del águila:

$$E_P = mgh = 4{,}25\ \text{kg}\cdot 9{,}81\ \text{m}\cdot\text{s}^{-2}\cdot 650\ \text{m} = 27\,100{,}1\ \text{J}$$

4. Determinamos la energía mecánica sumando los valores obtenidos:

$$E_M = 27\,903{,}2\ \text{J}$$

IMPORTANTE
Las unidades de las magnitudes deben expresarse siempre en el Sistema Internacional.

Actividades

13. Una ciclista en reposo empieza a pedalear por una carretera recta y horizontal hasta que alcanza una velocidad constante de 37 km · h^{-1}. Se mantiene a esa velocidad durante 17 km y, finalmente, se detiene a arreglar un pinchazo.

a) Explica los cambios de energía cinética, potencial y mecánica durante este trayecto.

b) Tras arreglar el pinchazo, la ciclista desciende, utilizando los frenos, por una carretera hasta la playa con velocidad constante. Explica ahora los cambios energéticos.

14. Calcula la energía mecánica de un Airbus A380 si posee una masa de 421 t, su velocidad de crucero es de 900 km · h^{-1} y su altura de vuelo es de 10 km.

S: $E_M = 5{,}4\cdot 10^{10}$ J

15. Un dron de 0,7 kg de masa vuela a una velocidad de 27 km · h^{-1}. Si posee una energía potencial de 143 J, ¿cuál es su altura de vuelo?

S: $h = 18$ m

16. Una avioneta de 0,8 t de masa vuela a una altura de 1,2 km. Si su energía mecánica vale $1{,}09\cdot 10^7$ J, determina su velocidad de vuelo.

S: $v = 219{,}2$ km · h^{-1}

17. Formamos grupos, cada uno con un folio, para responder a estas cuestiones:

¿Puede la energía mecánica de un sistema ser negativa? ¿Y su variación? Justificad la respuesta y poned un ejemplo para cada caso.

Obligatoriamente, cada miembro del grupo responde a las dos cuestiones y apunta sus respuestas en el folio. Una vez recopiladas las respuestas de todos los estudiantes del grupo, debatid entre vosotros hasta alcanzar un acuerdo sobre las respuestas que consideráis más acertadas. Estas serán presentadas al resto de la clase por la persona del grupo escogida por el docente.

Sabías que...

Un cochecito de cuerda acumula energía potencial elástica en un muelle que se tensa al dar cuerda.

Al destensarse, el muelle mueve un conjunto de engranajes y la energía potencial elástica se transforma en energía cinética.

Los engranajes transmiten su energía cinética al eje que está unido a las ruedas y el cochecito se desplaza.

Experimenta. Distintas caras de la energía

2. La energía se presenta en la naturaleza bajo múltiples formas. Vamos a revelar algunas de estas formas con la ayuda de una lata de refresco vacía, un globo, un abrelatas y un pañuelo de papel.

Utiliza el abrelatas para retirar los extremos de la lata y recubre uno de ellos con el globo, como se muestra en la imagen. Asegúrate de que queda bien tenso. Ten cuidado con los bordes de la lata porque pueden cortar.

Estira el globo y suéltalo. ¿Qué ocurre? ¿Qué tipos de energía se ponen de manifiesto?

Repite el procedimiento, pero ahora coloca una hoja del pañuelo de papel sobre el extremo donde no está el globo. Coloca la lata en posición vertical, como se observa en la imagen, estira del globo y suelta. ¿Qué tipos de energía se manifiestan ahora?

Al poner el papel, ¿aparecen nuevas formas de energía que no estaban presentes en el primer experimento?

Actividades

18. Un camión circula a 80 $km \cdot h^{-1}$ y al entrar en una población reduce su velocidad hasta 30 $km \cdot h^{-1}$. Si el valor absoluto de la variación de energía cinética ha sido de 2 121 700 J, ¿cuál es la masa del camión?

S: $m = 10$ t

19. Un patinete eléctrico de masa m se mueve a una velocidad v_1. Si la masa del patinete se reduce un tercio, ¿qué tiene que ocurrir con su velocidad, v_2, para que la energía cinética permanezca constante?

S: $v_2 = \sqrt{3} \cdot v_1$

20. Dos vehículos poseen la misma energía cinética y la masa del vehículo 1 es 2/3 de la masa del vehículo 2.

a) Expresa la velocidad del coche 1 en función de la velocidad del coche 2.

b) Realiza una hoja de cálculo donde tabules la velocidad del coche 1 en función de la velocidad del coche 2 si esta varía entre 0 y 120 $km \cdot h^{-1}$ de 10 en 10 $km \cdot h^{-1}$.

S: *a)* $v_1 = \sqrt{2/3} \cdot v_2$; *b)* **bit.ly/Ec_igual_m_diferente**

21. Un globo lleno de helio flota estático a 12 m de altura. Si la densidad del globo es de 0,250 $kg \cdot m^{-3}$ y su volumen es 125 cm^3, ¿qué energía potencial posee?

S: $E_P = 3{,}7 \cdot 10^{-3}$ J

22. Una grúa eleva bloques de ladrillos de 300 kg con una velocidad constante de 3 $km \cdot h^{-1}$ durante 30 s. Calcula la energía potencial del bloque de ladrillos a esa altura.

S: $E_P = 73\,575$ J

23. ¿Cuánto vale la constante elástica de un muelle si al comprimirlo 10 cm su energía potencial elástica es igual que la de otro muelle de constante elástica 600 $N \cdot m^{-1}$ comprimido 3 cm?

S: $k = 54\ N \cdot m^{-1}$

24. Se comprime un muelle hasta que almacena una energía potencial elástica de 150 J. Si su constante elástica es 120 $N \cdot cm^{-1}$, ¿cuánto se ha comprimido? ¿Almacenaría la misma energía si, en vez de comprimirse, se estirara la misma longitud? Justifica tus respuestas.

S: $l = 0{,}16$ m

25. La masa de una mosca es de unos 0,3 mg. Si puede alcanzar una velocidad de 70 $km \cdot h^{-1}$, calcula su energía mecánica máxima cuando vuela a 250 cm del suelo.

S: $E_M = 6{,}4 \cdot 10^{-5}$ J

26. Un equilibrista que pesa 65 kg camina sobre una cuerda a 10 m de altura y posee una energía mecánica de 6 440 J. Si su velocidad es constante, ¿cuánto vale?

S: $v = 5\ km \cdot h^{-1}$

27. En grupo, compartid un folio que rote entre vosotros. Cada estudiante del equipo debe anotar su aportación para poder completar la actividad.

Una ciclista con una velocidad de 30 $km \cdot h^{-1}$ inicia una subida de 3° de inclinación y 1,5 km de longitud. Si al final de la subida su velocidad es de 20 $km \cdot h^{-1}$ y la masa total es de 75 kg, determinad:

a) La variación de la energía cinética.

b) La variación de la energía potencial.

c) La variación de la energía mecánica.

S: *a)* $\Delta E_C = -1\,446{,}8$ J; *b)* $\Delta E_P = 57\,759{,}3$ J
c) $\Delta E_M = 56\,312{,}5$ J

3. Trabajo mecánico

Al igual que ocurre con otros conceptos empleados por la ciencia, la palabra trabajo tiene un significado diferente en la vida cotidiana y en el aula de física. En la calle este concepto se asocia con el esfuerzo físico y, en física, con la relación que existe entre la aplicación de una fuerza y el desplazamiento que esta provoca.

Análisis dimensional

Vamos a utilizar el análisis dimensional para determinar las dimensiones del trabajo:

$$W = F\,\Delta x \cos\alpha$$

$$[W] = [F]\cdot[\Delta x]\cdot[\cos\alpha]$$

Donde:

$$[F] = [m]\cdot[a] = \mathrm{M\cdot L\cdot T^{-2}}$$

$$[\Delta x] = \mathrm{L}$$

$$[\cos\alpha] = \text{adimensional}$$

Por lo que resulta:

$$[W] = \mathrm{M\cdot L\cdot T^{-2}\cdot L}$$

$$[W] = \mathrm{M\cdot L^2\cdot T^{-2}}$$

Comprueba cómo el análisis dimensional del trabajo coincide con el de la energía cinética y potencial.

El **trabajo** realizado por una fuerza constante que actúa sobre un cuerpo es el producto escalar de dicha fuerza por el desplazamiento producido en el cuerpo.

$$W = \vec{F}\cdot\Delta\vec{x} = F\cdot\Delta x\cdot\cos\alpha$$

α = ángulo formado por la fuerza aplicada y el desplazamiento producido

El trabajo es una magnitud escalar cuya unidad en el SI es el **julio (J),** que, como sabes, también es la unidad que mide la energía. A partir del concepto de trabajo se puede definir el julio.

Un **julio** es el trabajo realizado por una fuerza de 1 N aplicada en la dirección del movimiento para producir un desplazamiento de 1 m.

$$1\ \mathrm{J} = 1\ \mathrm{N}\cdot 1\ \mathrm{m} = 1\ \mathrm{kg\cdot m\cdot s^{-2}}$$

El trabajo es directamente proporcional a la fuerza aplicada y al desplazamiento producido. Por este motivo, cuanto mayor sea una de estas magnitudes, o las dos, mayor será el trabajo realizado.

La existencia de una fuerza actuando sobre un objeto no significa necesariamente que se esté realizando trabajo: si empujas una de las paredes de tu habitación, no estarás realizando trabajo, ya que tu fuerza no produce un desplazamiento de la pared. Observa cómo el esfuerzo físico de empujar la pared no guarda ninguna relación con que la fuerza aplicada esté realizando trabajo. En este caso, el esfuerzo físico existe y el trabajo mecánico no.

3.1. Análisis del trabajo

Como se ha indicado, se realiza trabajo cuando se aplica una fuerza sobre un objeto y, como resultado se produce su desplazamiento. Pero ¿cómo afecta el ángulo que forman la fuerza aplicada y el desplazamiento producido sobre el objeto?

$\alpha = 0°$

La fuerza y el desplazamiento tienen la misma dirección y sentido. Por tanto, el coseno del ángulo vale 1 y el trabajo es máximo.

$W = F\cdot\Delta x\cos\alpha$; $\cos\alpha = 1$; W es máximo

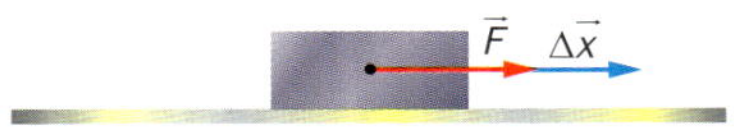

$\alpha = 90°$

La fuerza y el desplazamiento son perpendiculares, y el coseno del ángulo que forman es 0. Por lo tanto, el trabajo será nulo.

$W = F\cdot\Delta x\cdot\cos\alpha$; $\cos\alpha = 0$; $W = 0$

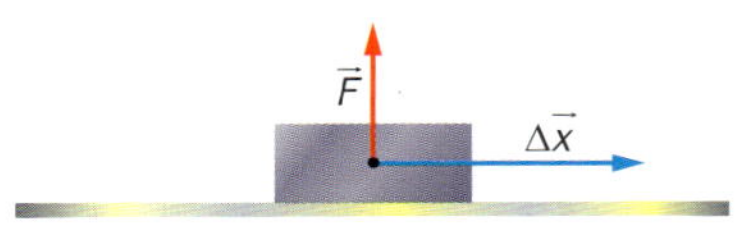

$0° < \alpha < 90°$

El coseno del ángulo que forman la fuerza y el desplazamiento es positivo, por tanto, el trabajo, o trabajo a favor del movimiento, también lo es.

$W = F\cdot\Delta x\cdot\cos\alpha$; $\cos\alpha > 0$; $W > 0$

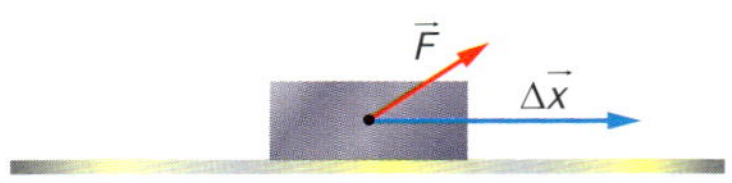

$90° < \alpha < 180°$

El trabajo, o trabajo en contra del movimiento, es negativo porque el coseno del ángulo que forman la fuerza y el desplazamiento también lo es.

$W = F\cdot\Delta x\cdot\cos\alpha$; $\cos\alpha < 0$; $W < 0$

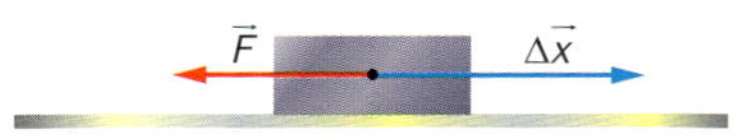

3.2. Representación gráfica del trabajo

Al representar la fuerza aplicada en función del desplazamiento, el área de la región delimitada por la gráfica y el eje horizontal equivale al trabajo realizado por dicha fuerza.

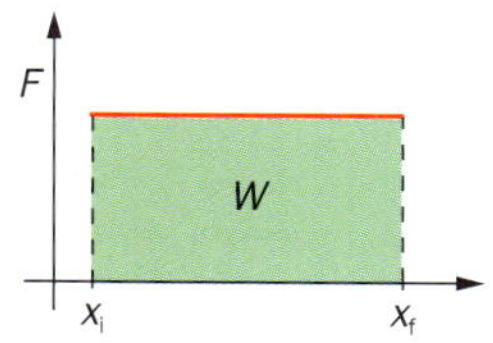

La fuerza es constante con el desplazamiento.

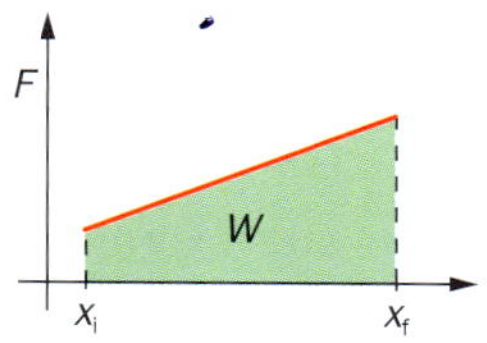

La fuerza varía linealmente con el desplazamiento.

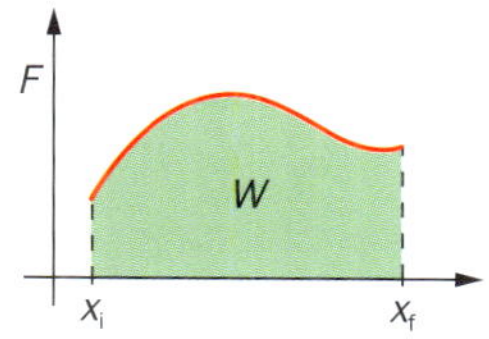

La fuerza es variable en el tiempo.

3.3. Trabajo de la fuerza de rozamiento

Por su definición, la fuerza de rozamiento es una fuerza que se opone al desplazamiento y, por tanto, su trabajo será siempre negativo. El ángulo formado por la fuerza de rozamiento y el desplazamiento es de 180° y eso se traduce en que el coseno del ángulo será –1.

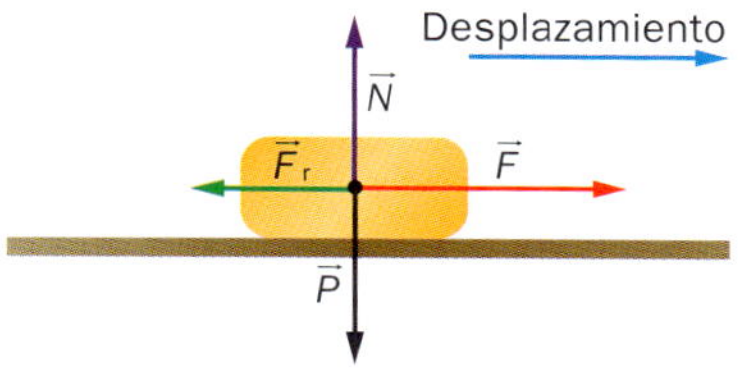

$$W_{F_r} = F_r \Delta x \cos 180° = -F_r \Delta x$$

$$F_r = \mu N = \mu P = \mu m g$$

$$W_{F_r} = -\mu m g \Delta x$$

Veremos que el signo negativo del trabajo realizado por la fuerza de rozamiento está directamente relacionado con la disipación de energía.

Actividades resueltas

4. Una niña tira de su trineo de 5 kg con una fuerza de 60 N subiendo una cuesta de 30° de inclinación durante 25 m. Si el coeficiente de rozamiento entre la nieve y el trineo es de 0,01, calcula el trabajo realizado por cada una de las fuerzas implicadas.

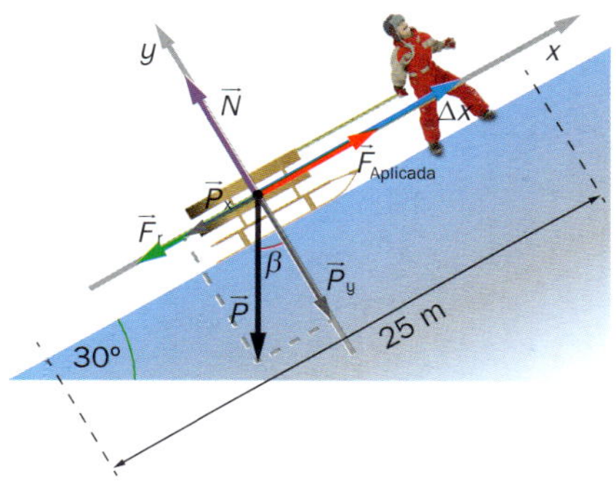

Estrategia de resolución

1. Representamos las fuerzas implicadas descomponiendo las que sean necesarias.
2. Planteamos la ecuación del trabajo: $W = \vec{F}\Delta\vec{x} = F\Delta x \cos\alpha$
3. Calculamos el trabajo realizado por las fuerzas implicadas:

$$W_{F_{Aplicada}} = F_{Aplicada} \Delta x \cos\alpha = 60\ \text{N} \cdot 25\ \text{m} \cdot \cos 0° = 1\,500\ \text{J}$$

$$W_P = P\Delta x \cos\alpha = mg\Delta x \cos(90° + \beta) = 5\ \text{kg} \cdot 9{,}81\ \text{m} \cdot \text{s}^{-2} \cdot 25\ \text{m} \cdot \cos(90° + 30°) = -613{,}1\ \text{J}$$

$$W_N = N\Delta x \cos\alpha = N\Delta x \cos 90° = 0\ \text{J}$$

$$W_{F_r} = F_r \Delta x \cos\alpha = \mu N \Delta x \cos\alpha = \mu P_y \Delta x \cdot \cos\alpha = \mu m g \cos\beta \cdot \Delta x \cos\alpha$$

$$W_{F_r} = 0{,}01 \cdot 5\ \text{kg} \cdot 9{,}81\ \text{m} \cdot \text{s}^{-2} \cdot \cos 30° \cdot 25\ \text{m} \cdot \cos 180° = -10{,}6\ \text{J}$$

$$W_{F_{Aplicada}} = 1\,500\ \text{J};\ W_P = -613{,}1\ \text{J};\ W_N = 0\ \text{J};\ W_{F_r} = -10{,}6\ \text{J}$$

IMPORTANTE

Recuerda que, antes de empezar a trabajar con la calculadora, debes activar la opción *Grados* para las razones trigonométricas.

Actividades

28. Calcula la expresión del trabajo realizado por la fuerza de rozamiento para un cuerpo que desciende por la acción de su propio peso por un plano inclinado α grados.

¿Existirá diferencia en la expresión del trabajo de la fuerza de rozamiento si el cuerpo asciende por la acción de una fuerza *F*? Justifica tu respuesta.

S: $W = -\mu m g \Delta x \cos\alpha$

29. Un niño arrastra una caja de 4,5 kg de masa. Si la fuerza aplicada desplaza la caja con una velocidad constante de 5 $\text{m} \cdot \text{s}^{-1}$ y el coeficiente de rozamiento entre el suelo y la caja tiene un valor de 0,3, calcula:

a) El trabajo realizado si el niño desplaza la caja 15 m.

b) El trabajo realizado por la fuerza de rozamiento.

S: *a)* $W = 198{,}7$ J; *b)* $W = -198{,}7$ J

3.4. Potencia

En la vida diaria se oye «ese muro es un peligro en potencia» o «esa fragancia es muy potente». Sin embargo, en física la potencia relaciona las magnitudes del trabajo y el tiempo. A veces es tan importante la cantidad de trabajo realizado como el tiempo invertido en hacerlo. Un coche deportivo posee un motor de gran potencia porque este realiza el trabajo necesario para que el coche adquiera una gran velocidad en poco tiempo.

Unidades de potencia
Kilovatio (kW): 1 kW = 10^3 W
Megavatio (MW): 1 MW = 10^6 W
Caballo vapor (CV): 1 CV = 735,5 W
Horsepower (HP): 1 HP = 745,7 W

La **potencia** es una magnitud escalar que expresa el trabajo realizado por unidad de tiempo.

$$P = \frac{W}{t}$$

Su unidad en el Sistema Internacional es el **vatio (W)** en honor a **James Watt,** constructor de la primera máquina de vapor en 1776. Un **vatio** equivale a un **julio por segundo.**

La potencia se puede determinar también en función de la fuerza constante que actúa y de la velocidad con que varía su punto de aplicación:

$$P = \frac{W}{t} = \frac{F \cdot \Delta x \cdot \cos\alpha}{\Delta t}$$

El término $\frac{\Delta x}{\Delta t}$ hace referencia a la velocidad media (v_m), así la potencia se puede expresar:

$$P = F \cdot v_m \cdot \cos\alpha$$

Actividades resueltas

5. En las pruebas de acceso al cuerpo de bomberos, la persona aspirante debe subir una cuerda de 6,5 m de longitud sin ayuda de los pies en un máximo de 10 s. Calcula la potencia mínima que debe desarrollar una persona con una masa de 73 kg para superar la prueba.

Estrategia de resolución

1. Partimos de las ecuaciones que definen la potencia y el trabajo:

$$P = \frac{W}{t} \quad ; \quad W = \vec{F}\Delta\vec{x} = F\Delta x \cos\alpha$$

Observa que el ángulo entre la fuerza y el desplazamiento es 0.

2. La fuerza mínima será la que permita moverse con aceleración nula. Por lo tanto, a partir de la segunda ley de Newton obtenemos:

$$F_t = ma \quad ; \quad F_{Aplicada} - F_P = ma \quad ; \quad a = 0 \quad ; \quad F_{Aplicada} = F_P$$

3. Sustituimos en la expresión de la potencia:

$$P = \frac{W}{t} = \frac{F\Delta x}{t} = \frac{F_P \Delta x}{t} = \frac{mg\Delta x}{t}$$

4. Sustituyendo los valores, calculamos la potencia:

$$P = 465{,}5 \text{ W}$$

Cuando se hable de potencia y para evitar errores, vamos a denominar al peso F_P.

Sabías que...

El kilovatio hora (kW · h) **no** es una unidad de potencia, sino de energía y trabajo. Esta unidad se refiere a la energía suministrada o consumida en 1 hora cuando la potencia de consumo es de 1 kW.

$1 \text{ kW} \cdot \text{h} = 10^3 \text{ J} \cdot \text{s}^{-1} \cdot 3600 \text{ s} = 3{,}6 \cdot 10^6 \text{ J}$

Actividades

30. Uno de los ascensores más rápidos del mundo está en el centro financiero CTF de Guangzhou (China). Con una potencia de 330 kW, sube los 530 m del rascacielos en menos de 26 s. ¿Qué fuerza desarrolla el motor para llevarte desde el *hall* a la azotea?

S: $F = 16\,189$ N

31. Para elevar una carga con una velocidad constante de 10,8 km · h^{-1}, se necesita una grúa con un motor de 2,5 CV de potencia. ¿Cuál es el peso de la carga?

S: $F_P = 612{,}9$ N

Laboratorio en el aula. ¿Aplicar una fuerza siempre produce trabajo?

1. Aplicar una fuerza siempre supone un esfuerzo físico, pero no siempre implica la realización de trabajo. Para comprobar este hecho, vas a necesitar una superficie rugosa, un dinamómetro y un pequeño recipiente.

Coloca el recipiente sobre la superficie rugosa y engánchalo al dinamómetro. Lleva a cabo las siguientes acciones:

- Tira suavemente del dinamómetro enganchado al recipiente sin que este último se desplace. Observa cómo el dinamómetro indica que se está aplicando una fuerza. ¿Se está realizando trabajo sobre el recipiente?
- Tira del dinamómetro hasta que el recipiente se ponga en movimiento y el dinamómetro no cambie de valor continuamente. ¿Ahora se está realizando trabajo sobre el recipiente?
- Tira del dinamómetro de forma que el recipiente se desplace, pero el dinamómetro no cambie su valor. ¿Cuánto vale el trabajo total sobre el recipiente que se desplaza a velocidad constante?

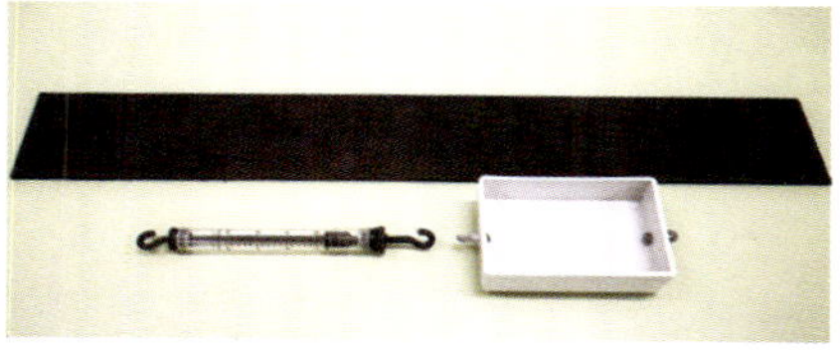

Actividades

32. Una moto de 250 kg se mueve con una aceleración constante de 0,75 $m \cdot s^{-2}$ sobre una superficie horizontal. Si la fuerza de rozamiento tiene un valor de 175 N, calcula el trabajo que realiza el motor al recorrer 1 km.

S: $W = 3{,}63 \cdot 10^5$ J

33. El docente forma equipos de cuatro personas y asigna un número del 1 al 4 a cada miembro de cada equipo. Resolvemos la actividad entre todos los integrantes del equipo. El primer grupo en terminar cada apartado levanta la mano. El docente elige el número de la persona que resolverá la actividad. Si no contesta correctamente, la persona con el mismo número del siguiente grupo en terminar responderá.

Un piloto tira de su maleta con ruedas por la terminal del aeropuerto durante 100 m con una fuerza de 125 N. Calcula el trabajo realizado en los siguientes casos:

a) La fuerza y el desplazamiento tienen el mismo sentido.

b) La fuerza y el desplazamiento forman un ángulo de 45°.

c) La fuerza y el desplazamiento forman un ángulo de 90°.

S: *a)* $W = 1{,}25 \cdot 10^4$ J; *b)* $W = 8{,}84 \cdot 10^3$ J; *c)* $W = 0$ J

34. Una grúa eleva una carga de 500 kg a 30 m de altura y luego los desplaza 4 m para dejarlos sobre una plataforma:

a) ¿Qué trabajo se realiza en cada movimiento?

b) ¿Cuánto tiempo invierte en subir la carga si la grúa tiene un motor de 5 CV?

S: *a)* $W_{Elevación} = 1{,}47 \cdot 10^5$ J; $W_{Desplazamiento} = 0$ J; *b)* $t = 40$ s

35. Un ascensor tiene una masa de 575 kg y transporta a tres personas de 65, 72 y 81 kg de masa cada una. Si el ascensor tarda 50 s en subir 30 m, calcula:

a) El trabajo realizado en la subida.

b) La potencia media desarrollada en HP.

S: *a)* $W = 2{,}33 \cdot 10^5$ J; *b)* $P = 6{,}2$ HP

36. Un montacargas de 2,5 CV de potencia sube bloques de ladrillos de 300 kg de masa. Determina la expresión que calcula la altura subida en función del tiempo invertido. Elabora una hoja de cálculo en la que tabules la altura alcanzada por la carga en función del tiempo si este varía entre 0 y 30 s. Hazlo para variaciones de tiempo de 2 s.

S: bit.ly/Montacargas_ladrillos

37. Un coche de masa *m* se desplaza a velocidad constante por una carretera horizontal. Si el coeficiente de rozamiento vale μ, calcula para un desplazamiento *d* del coche:

a) El trabajo realizado por el motor y la fuerza de rozamiento.

b) El trabajo total sobre el vehículo.

S: *a)* $W_{Motor} = -W_{F_r} = \mu m g d$; *b)* $W = 0$

Sabías que...

Para sus nuevos proyectos espaciales basados en viajes a la Luna o Marte, la NASA está desarrollando el motor Space Launch System (SLS), de 65 m de longitud y con una capacidad de carga de hasta 70 t. Para ello, este motor desarrolla una potencia de 12 millones de HP, el equivalente a 13 400 locomotoras, lo que le permite alcanzar una velocidad de 36 000 km/h.

4. Trabajo como transferencia de energía

El trabajo es una magnitud que, al igual que la energía, se expresa en julios. ¿Esto quiere decir que el trabajo es una forma de energía? La batería de un móvil nos permite, por ejemplo, almacenar energía, ¿podríamos almacenar trabajo de forma similar utilizando baterías?

La definición del concepto de trabajo nos permitirá diferenciarlo de la energía.

El **trabajo** es una manera de **transferir** energía entre sistemas físicos, pero no es una forma de energía.

Por lo tanto, un cuerpo, por el hecho de estar en movimiento o estar a una temperatura determinada, posee energía cinética o térmica, respectivamente. Sin embargo, un cuerpo no posee trabajo, ya que el trabajo es la acción de transferir o transformar la energía.

Además, un cuerpo solo puede realizar trabajo si previamente posee energía que pueda transferir. Una central hidroeléctrica solo producirá electricidad si se realiza trabajo para transferir la energía potencial del agua almacenada hasta las turbinas. El proceso inverso no tiene por qué ser posible, es decir, puedes gastar energía empujando un muro, pero no realizar trabajo al no conseguir desplazarlo.

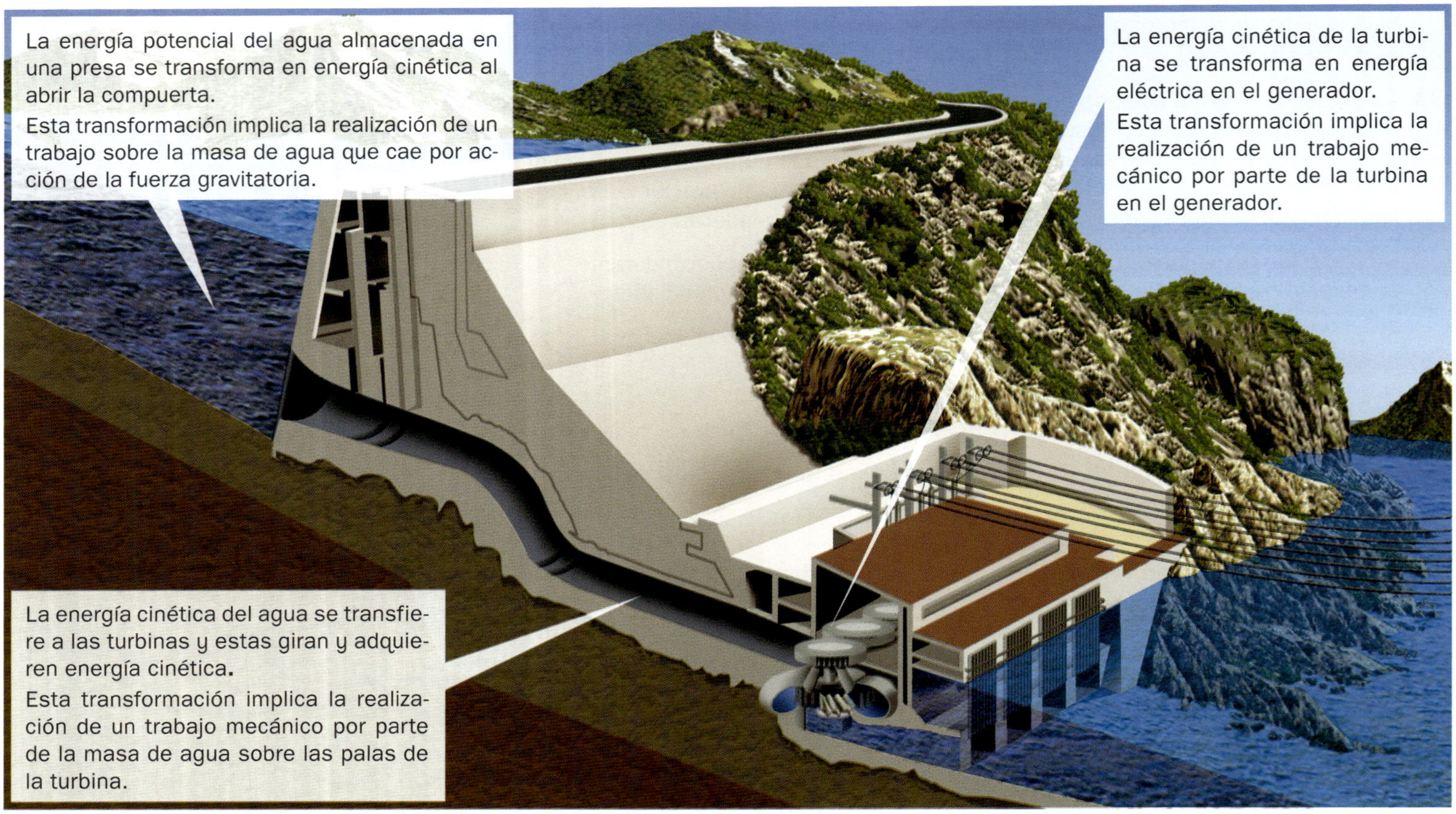

No toda la energía potencial se transformará en energía eléctrica, ya que parte de esta energía se disipa en las tuberías y la maquinaria a causa del rozamiento y las fugas. Esta energía disipada también realizará un trabajo, pero no aprovechable.

La transferencia de energía entre sistemas físicos, y, por tanto, la realización de trabajo, es la base teórica según la cual nuestra sociedad obtiene la energía necesaria para su desarrollo. Distintos tipos de energía (solar, eólica, geotérmica o mareomotriz) se transforman, por ejemplo, en energía eléctrica gracias al trabajo efectuado sobre los dispositivos (turbinas, hélices, etc.) de las centrales de producción de energía. El ser humano no solo busca nuevas formas de energía, sino también nuevos mecanismos para aprovecharla.

Experimenta. Transformación de la energía

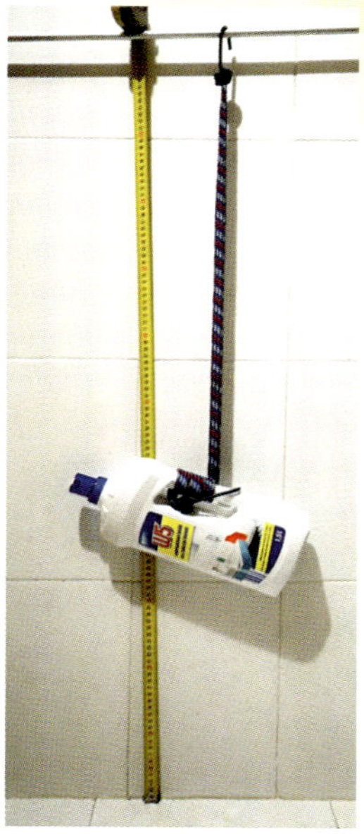

3. Vamos a comprobar cómo se transforma la energía. Necesitas agua, un recipiente de plástico, un metro, enganches elásticos de diferente grosor y una balanza.

- Llena una botella con agua hasta la mitad, pésala y sujétala al enganche elástico.
- Coloca la cinta métrica como se muestra en la imagen.
- Sube la botella 10 cm y suéltala. ¿Qué distancia se alarga desde el reposo? Apunta su valor. Puedes grabar la caída con un móvil para medir con más precisión.
- Sube la botella 20 cm y repite el procedimiento. ¿Cuánto se alarga ahora?
- Por último, vuelve a subir la botella 30 cm y repite el procedimiento sin olvidar apuntar la distancia.

Si en el proceso están involucradas la energía potencial gravitatoria, la potencial elástica y la cinética, ¿cómo se transforman unas en otras durante el proceso?

Ahora, llena la botella completamente de agua, apunta su masa y repite el procedimiento. ¿Cómo influye la masa en los resultados?

Por último, repite todo el proceso con un enganche elástico diferente. ¿Cómo son los resultados ahora?

Actividades

38. Partiendo de los resultados obtenidos en el *Experimenta 3. Transformación de la energía*, cuando una persona hace *puenting:*

a) ¿Es lo mismo que tenga una masa de 60 kg que de 90 kg?

b) ¿Es lo mismo saltar desde 30 m que desde 60 m?

c) ¿Puede emplearse la misma cuerda para todas las situaciones?

39. ¿En qué se parecen y en qué se diferencian el trabajo y la energía? ¿Puede existir trabajo sin energía? ¿Y energía sin trabajo? Razona tus respuestas.

40. Explica el trabajo que realiza una patinadora y las transformaciones de energía que se producen cuando entrena en el *half-pipe.*

41. Observa la imagen de la presa del *Epígrafe 4:*

a) Suponiendo que la presa esté llena de agua, ¿qué factor es el que limita la posibilidad de realizar mayor o menor trabajo?

b) ¿Puede ser la energía eléctrica que va a la red mayor que la energía potencial almacenada en la presa?

c) ¿La energía cinética en las palas podría ser menor que la energía potencial almacenada en la presa?

d) ¿Se puede obtener una transformación del 100 % de la energía potencial almacenada en el agua en energía eléctrica de la red de suministro?

42. Algunas empresas hidroeléctricas generan electricidad mediante centrales reversibles o de bombeo. Da una respuesta contrastada a cada uno de los siguientes puntos y realiza una infografía:

- Definición y estructura básica.
- Transformaciones energéticas.
- Ventajas.
- Inconvenientes.
- Centrales reversibles en España.
- Central de Bath County.

43. En grupos de cuatro personas, primero trabajamos en hallar la respuesta de manera individual, después, por parejas, para finalmente alcanzar una respuesta consensuada por el grupo.

Describid una situación que ponga de manifiesto cada uno de los siguientes hechos:

a) Un sistema que posee energía, pero no realiza trabajo.

b) Un sistema que no posee energía, pero realiza trabajo.

c) Un sistema que disipa parte de la energía, que está transformando.

d) Un sistema que transforma la energía, pero no realiza trabajo.

Energía 2.0

Lidia Valentín Pérez se proclamó campeona mundial de halterofilia en la modalidad de 75 kg en 2017. Observa el vídeo de la prueba que le supuso la medalla de oro. Analiza cuándo se realiza trabajo, cuándo no y las transformaciones energéticas que se producen.

bit.ly/L_Valentin_Trabajo_Energía

5. Trabajo y energía cinética

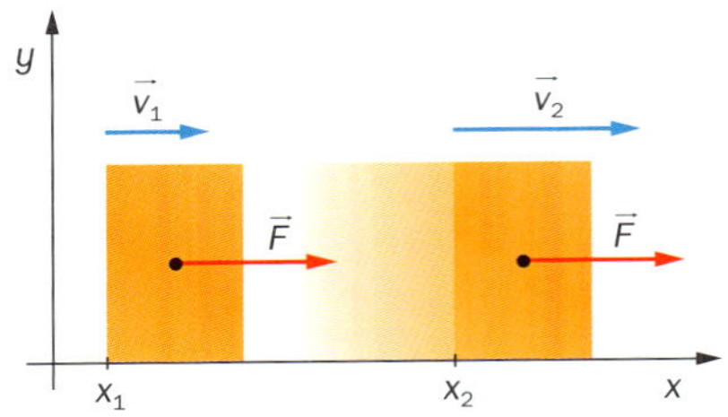

Supongamos que una fuerza constante, $\vec{F}$, actúa sobre un cuerpo de masa, m. Como resultado, el cuerpo se desplaza horizontalmente con aceleración constante. Los conceptos fundamentales que definen la situación son:

- Ecuación general del trabajo: $W = \vec{F}\Delta\vec{x} = F\Delta x \cos\alpha$
- Ecuación fundamental de la dinámica: $\sum \vec{F} = m\vec{a}$
- Ecuación de la aceleración en un movimiento rectilíneo uniformemente acelerado:

$$v_2^2 = v_1^2 + 2a\Delta x \quad ; \quad a = \frac{v_2^2 - v_1^2}{2\Delta x}$$

Sustituimos cada una de las magnitudes en la ecuación que define el trabajo:

$$W = F\Delta x \cos\alpha = F\Delta x \cos 0 = F\Delta x = ma\Delta x = m\frac{v_2^2 - v_1^2}{2\Delta x} \cdot \Delta x = m\frac{v_2^2 - v_1^2}{2}$$

Organizando los términos, obtenemos:

$$W = m \cdot \frac{v_2^2 - v_1^2}{2} = \frac{1}{2}mv_2^2 - \frac{1}{2}mv_1^2 = E_{C_2} - E_{C_1} = \Delta E_C \quad ; \quad W = \Delta E_C$$

El trabajo realizado por la fuerza total que actúa sobre un cuerpo se emplea en modificar la energía cinética de dicho cuerpo.

$$W = \Delta E_C$$

El trabajo realizado por los perros se emplea en modificar la energía cinética del trineo, que aumentará, disminuirá o se mantendrá constante en función de las necesidades de la carrera.

Este enunciado se denomina **teorema de las fuerzas vivas** o **teorema de la energía cinética.** A partir de su expresión, se obtienen una serie de conclusiones:

- Si el trabajo realizado por la fuerza es positivo, la energía cinética aumenta: la velocidad final es mayor que la inicial. Por ejemplo, una moto acelera al llegar a una recta.
- Si el trabajo realizado por la fuerza es negativo, la energía cinética disminuye: la velocidad final es menor que la inicial. Por ejemplo, una moto frena antes de entrar en una curva.
- Si el trabajo realizado es nulo, la energía cinética del sistema no se modifica: velocidad constante. Por ejemplo, una moto viaja a una velocidad constante de 110 km · h^{-1} por la autopista.

Este teorema está relacionado con la variación del módulo de la velocidad, no con la variación de su dirección y sentido. Por ello, en un movimiento circular uniforme, la fuerza no realiza trabajo. En este movimiento, aunque varían la dirección y el sentido de la velocidad, no lo hace su módulo, que es la magnitud involucrada en el teorema.

Se obtiene un resultado análogo si recordamos que en el movimiento circular uniforme el vector aceleración y, por tanto, el vector fuerza, es perpendicular a la dirección del movimiento porque solo existe la componente normal. Por ello, si el ángulo entre la fuerza y el desplazamiento es de 90°, el coseno valdrá 0 y el trabajo será nulo.

Actividades

44. Una ambulancia de masa 2,5 t se dirige a un accidente. La conductora acelera y la ambulancia pasa de 60 km · h^{-1} a 105 km · h^{-1}. ¿Qué trabajo ha realizado el motor? Al llegar al accidente, la ambulancia se para. ¿Qué trabajo realizan los frenos?

S: $W_{Acelerando} = 7{,}2 \cdot 10^5$ J; $W_{Frenando} = -1{,}06 \cdot 10^6$ J

45. Un ciclista detiene la marcha al encontrarse con un semáforo en rojo. Si los frenos realizan un trabajo de 325 J para detener la bicicleta, calcula la velocidad inicial que llevaba el ciclista. Considera que el conjunto ciclista-bicicleta tiene una masa de 70 kg.

S: $v = 11$ km · h^{-1}

Actividades resueltas

6. Una persona arrastra un baúl de 35 kg durante 6 m. Para ello, emplea una soga que forma 27° con la horizontal y realiza una fuerza de 85 N. Despreciando el rozamiento y considerando que parte del reposo, responde a las siguientes cuestiones:

a) Determina el trabajo realizado sobre el baúl.

b) Calcula el incremento de energía cinética que experimenta el baúl.

c) Determina la velocidad final del baúl.

Estrategia de resolución

En primer lugar, hay que dibujar la situación descrita representando las fuerzas implicadas.

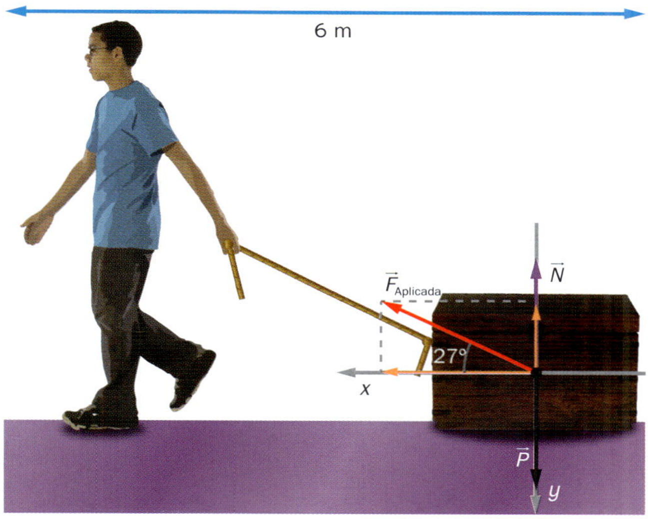

a) 1. El trabajo realizado será el resultante del trabajo de todas las fuerzas existentes:

$$W_{Total} = W_{F_{Aplicada}} + W_P + W_N$$

2. El trabajo realizado por una fuerza perpendicular al desplazamiento es nulo:

$$W_N = N \Delta x \cos 90° = 0 \text{ J}$$

$$W_P = P \Delta x \cos 270° = 0 \text{ J}$$

3. Calculamos el trabajo realizado por la fuerza aplicada:

$$W_{F_{Aplicada}} = F_{Aplicada} \Delta x \cos \alpha = 85 \text{ N} \cdot 6 \text{ m} \cdot \cos 27° = 454{,}4 \text{ J}$$

4. El trabajo total será la suma de todos los trabajos calculados:

$$W_{Total} = W_{F_{Aplicada}} + W_N + W_P = 454{,}4 \text{ J}$$

b) Calculamos el incremento de la energía cinética con el teorema de las fuerzas vivas:

$$W_{Total} = \Delta E_C = 454{,}4 \text{ J}$$

c) Obtenemos la velocidad final del baúl con el incremento de energía cinética:

$$\Delta E_C = E_{C_2} - E_{C_1} = \frac{1}{2} m v_2^2 - \frac{1}{2} m v_1^2$$

v_1 es nula al partir el cuerpo del reposo, por tanto:

$$\Delta E_C = \frac{1}{2} m v_2^2$$

$$v_2 = \sqrt{\frac{2 \Delta E_C}{m}} = 5{,}1 \text{ m} \cdot \text{s}^{-1}$$

Actividades

46. Una moto de 225 kg de masa circula a una velocidad de 112 km · h^{-1} por una autovía. A 100 m hay una salida con una señal que obliga a circular a 70 km · h^{-1}. La motocicleta frena de forma gradual hasta alcanzar la velocidad indicada en la salida. Calcula:

a) El trabajo realizado sobre la motocicleta.

b) ¿Qué fuerza han desarrollado los frenos de la motocicleta?

S: *a)* $W = -66\,354$ J; *b)* $F = 663{,}5$ N

47. Un autobús, de 4,5 t, circula por la ciudad a 25 km · h^{-1}. El conductor acelera y el motor realiza un trabajo de $4{,}8 \cdot 10^4$ J. ¿Cuál es la nueva velocidad del autobús?

S: $v = 30$ km · h^{-1}

48. ¿Qué relación hay entre el trabajo realizado por los motores de dos coches si la masa de un coche es un tercio de la del otro, ambos parten del reposo y alcanzan la misma velocidad tras 100 m?

S: $W = 3W'$

49. Un par de caballos tiran de un bloque de 500 kg durante 0,7 km. Si ejercen una fuerza horizontal de 1 480 N entre los dos y el coeficiente de rozamiento es de 0,3, determina:

a) El trabajo realizado por los caballos y por la fuerza de rozamiento.

b) Si los caballos partían del reposo, ¿qué velocidad llevan tras recorrer 0,7 km?

S: *a)* $W_{Caballos} = 1{,}036 \cdot 10^6$ J; $W_{Rozamiento} = -1{,}030 \cdot 10^6$ J; *b)* $v = 17{,}6$ km · h^{-1}

Sabías que...

Christiaan Huygens (1629-1695) propuso en 1669 por primera vez la regla de que la suma extendida a todos los cuerpos del sistema del producto de la masa por el cuadrado de la velocidad permanece constante antes y después de una colisión elástica. A la cantidad $m \cdot v^2$ se le dio el nombre de *vis viva* («fuerza viva»).

6. Trabajo y energía potencial

El trabajo de una fuerza puede modificar la posición o la forma de un determinado cuerpo.

Energía 2.0

Estira y comprime los resortes para comprender las relaciones entre fuerza, constante elástica, desplazamiento y energía potencial.

bit.ly/Phet-Hook

Energía potencial gravitatoria

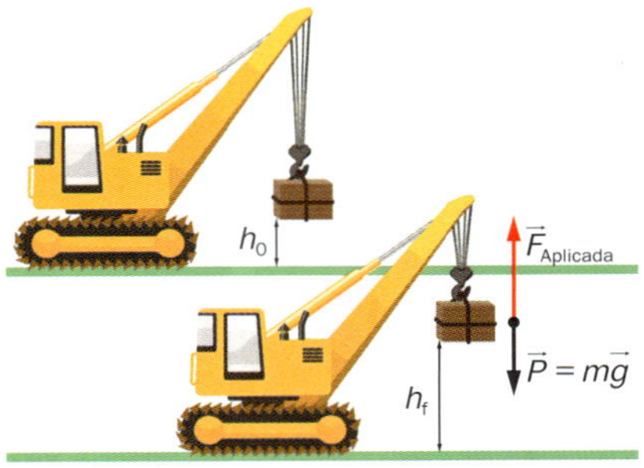

Para que el bloque ascienda con velocidad constante, la fuerza total ejercida sobre este debe ser nula, según la segunda ley de Newton. Por lo tanto, la fuerza aplicada, $\vec{F}$, por la grúa debe ser igual, pero de sentido opuesto al peso del bloque, $\vec{P}$.

$$W = \vec{F}\Delta\vec{x}$$

$$W = F\Delta x \cos\alpha = F\Delta x$$

$$W = P\Delta x = mg(h_f - h_0)$$

$$W = E_{P_f} - E_{P_0} = \Delta E_P$$

El trabajo realizado por la grúa se invierte en incrementar la energía potencial del bloque.

Energía potencial elástica

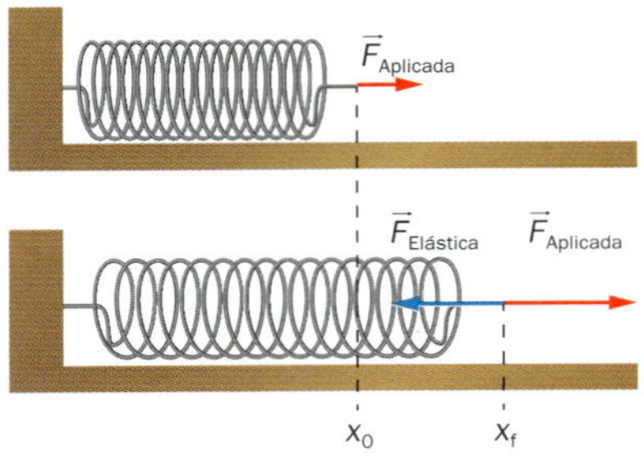

Al estirar un muelle mediante una fuerza, se realiza un trabajo que modifica la energía potencial elástica del propio muelle. La fuerza varía con la posición y sigue la ley de Hooke.

$$F_{Aplicada} = k\Delta x = k(x_f - x_0)$$

Como vimos, el trabajo es el área obtenida al representar la fuerza aplicada frente al desplazamiento.

$$W = \frac{1}{2}k(\Delta x)^2 = \Delta E_P$$

El trabajo realizado en el muelle se invierte en aumentar su energía potencial elástica.

Como podemos deducir de los dos resultados anteriores, tenemos que:

El **trabajo** realizado por una **fuerza externa** que provoca un cambio en la posición de un sistema viene dado por la expresión:

$$W = \Delta E_P$$

Como la fuerza total sobre el bloque o el muelle es nula, el trabajo total también lo será:

Energía potencial gravitatoria

$$W_{Total} = W_{F_{Aplicada}} + W_P = 0;\ W_{F_{Aplicada}} = \Delta E_P$$

$$\Delta E_P + W_P = 0;\ W_P = -\Delta E_P$$

El trabajo de la fuerza gravitatoria sobre un cuerpo que modifica su posición a velocidad constante es igual a la variación de la energía potencial gravitatoria cambiada de signo.

Energía potencial elástica

$$W_{Total} = W_{F_{Aplicada}} + W_{F_{Elástica}} = 0;\ W_{F_{Aplicada}} = \Delta E_P$$

$$\Delta E_P + W_{F_{Elástica}} = 0;\ W_{F_{Elástica}} = -\Delta E_P$$

El trabajo de la fuerza elástica sobre un cuerpo que modifica su longitud a velocidad constante es igual a la variación de la energía potencial elástica cambiada de signo.

Según asciende la escaladora por la pared del rocódromo y va ganando altura, el trabajo muscular realizado produce una variación en el valor de la energía potencial gravitatoria de la deportista.

Actividades

50. Una grúa eleva una carga de 300 kg desde un piso a 2 m del suelo hasta otro a 17 m. ¿Qué trabajo ha realizado?

S: $W = 44\,145$ J

6.1. Fuerzas conservativas

Las fuerzas que están asociadas a una energía potencial, como la gravitatoria o la elástica, se engloban dentro de las denominadas **fuerzas conservativas.**

Por ejemplo, para zonas donde la gravedad permanece constante, es decir, cerca de la superficie, el trabajo se puede expresar como:

$$W_{1\to2} = -\Delta E_P = -\left(E_{P_2} - E_{P_1}\right) = E_{P_1} - E_{P_2}$$

$$W_{1\to2} = mgh_1 - mgh_2 = mg\left(h_1 - h_2\right)$$

El trabajo realizado por la fuerza gravitatoria en el desplazamiento de un sistema desde la posición 1 a la posición 2 vendrá dado por la ecuación:

$$W_{1\to2} = mg\left(h_1 - h_2\right)$$

El trabajo realizado por las **fuerzas conservativas** solo depende de la posición final e inicial del sistema físico y es independiente de la trayectoria seguida durante el desplazamiento.

Actividades resueltas

7. Un montañero, de 72,2 kg de masa, realizó la ascensión descrita en la imagen. Responde a las cuestiones:

a) ¿Qué trabajo realizó desde el campo 3 hasta la cima?

b) Justifica, sin considerar el rozamiento, cuándo se realiza más trabajo: en el camino seguido desde el campo 1 hasta la cima o en una ascensión directa.

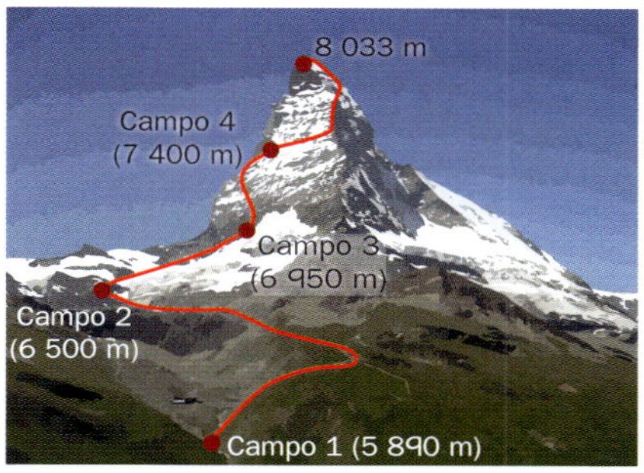

Estrategia de resolución

a) Al encontrarnos en un campo conservativo, el trabajo realizado se invierte en variar la energía potencial del montañero:

$$W = \Delta E_P$$

Aplicamos la ecuación a la situación descrita:

$$W_{F_{Aplicada}} = \Delta E_P = E_{P_{Cumbre}} - E_{P_{Campo\ 3}} = mg\left(h_{Cumbre} - h_{Campo\ 3}\right)$$

La fuerza del montañero debe vencer su peso y, por tanto, el trabajo realizado por él será el mismo que el del campo gravitatorio, pero cambiado de signo.

Sustituimos los datos y calculamos el trabajo realizado:

$$W_{F_{Aplicada}} = 767\,069\ \text{J}$$

b) Obviando el rozamiento, al estar en un campo conservativo, el montañero realizará el mismo trabajo si sigue la ruta diseñada que si realiza una ascensión directa, dado que en ambos casos la posición inicial y la posición final son la misma.

Actividades

51. Trabajando en grupo en el que cada miembro debe realizar una aportación para la resolución de las cuestiones. Respetando el turno de palabra, nadie podrá hacer una segunda aportación hasta que todos hayan hecho la primera. Una persona controlará el turno de palabra.

a) Encontrad y describid sistemas que estén formados exclusivamente por fuerzas conservativas.

b) ¿Por qué crees que es difícil encontrar este tipo de sistemas conservativos?

c) ¿Qué medidas se deben tomar para que, por ejemplo, una montaña rusa pueda aproximarse a un sistema conservativo?

52. Al colgar un bloque de madera de 20 kg de un muelle suspendido del techo, este se estira 8,1 cm. Calcula:

a) La constante elástica del muelle.

b) El trabajo realizado en su elongación.

S: *a)* $k = 2{,}4 \cdot 10^3\ \text{N} \cdot \text{m}^{-1}$; *b)* $W = 7{,}9\ \text{J}$

53. Si la energía pone de manifiesto la capacidad de un sistema para producir una transformación, ¿qué significa que posea una energía negativa?

54. ¿Qué trabajo realiza un montacargas que porta 350 kg cuando sube los 8 pisos de la obra donde está instalado, si cada piso tiene una altura de 3 m?

S: $W = 82\,404\ \text{J}$

7. Trabajo y energía mecánica

Si dejamos caer un cuerpo libremente, sobre él solo actuará la fuerza del peso y se producirán dos efectos relacionados con su energía cinética y potencial gravitatoria:

- Una disminución de la energía potencial gravitatoria del cuerpo al encontrarse cada vez más cerca del suelo, es decir, a menos altura.
- Un aumento de la energía cinética del cuerpo al ir aumentando progresivamente su velocidad desde el punto de partida hasta llegar al suelo.

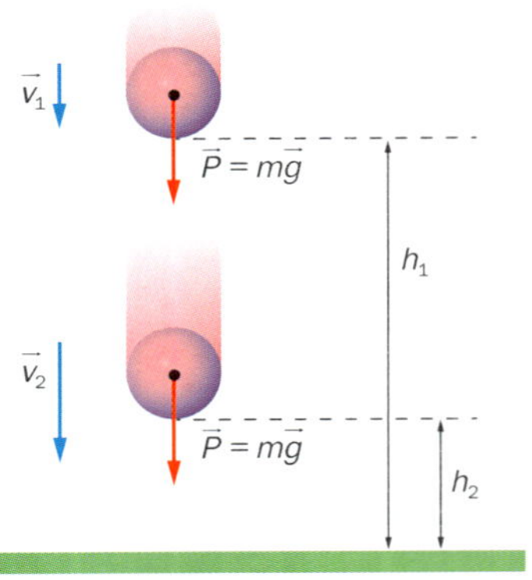

Como dedujimos anteriormente, en la relación entre el trabajo y las energías cinética y potencial, el trabajo realizado por la fuerza gravitatoria será:

- Trabajo del peso y la variación de la energía potencial: $W_P = -\Delta E_P$
- Trabajo del peso y la variación de la energía cinética: $W_P = \Delta E_C$

Como los dos trabajos están realizados por la misma fuerza, deben ser iguales y, por tanto:

$$-\Delta E_P = \Delta E_C \quad ; \quad \Delta E_C + \Delta E_P = 0 \quad ; \quad \left(\frac{1}{2}mv_2^2 - \frac{1}{2}mv_1^2\right) + (mgh_2 - mgh_1) = 0$$

$$\frac{1}{2}mv_2^2 + mgh_2 = \frac{1}{2}mv_1^2 + mgh_1 \quad ; \quad E_{C2} + E_{P2} = E_{C1} + E_{P1}$$

$$E_{M_2} = E_{M_1} \quad ; \quad E_M = \text{constante} \quad ; \quad \Delta E_M = 0$$

Esta expresión se conoce como el **principio de conservación de la energía mecánica** y solo es válida cuando actúan únicamente fuerzas conservativas.

La **energía mecánica** de un sistema físico permanece constante si las fuerzas que actúan sobre él son conservativas:

$$E_M = \text{constante} \quad ; \quad \Delta E_M = 0$$

Si hay **fuerzas no conservativas**, como el rozamiento o la fuerza magnética, el trabajo realizado por ellas sí depende de la trayectoria y, por tanto, la energía mecánica no se conserva. Por ejemplo, si coges una pelota y la dejas caer desde tu mano, tras botar no volverá a tu mano: parte de la energía potencial que tenía se ha disipado por los trabajos realizados por la fuerza de rozamiento y por la de deformación de la pelota en el bote, dos fuerzas no conservativas.

• *Energía 2.0*

En la siguiente aplicación puedes simular ser un patinador y experimentar con la conversión entre energías con y sin rozamiento.

bit.ly/E-Skater

También puedes analizar el movimiento de un péndulo y su análisis energético.

bit.ly/Phet_pendulo

Actividades

55. Una maceta de 1,5 kg cae al suelo desde 14 m de altura. Calcula:

a) La energía potencial cuando ha recorrido 6 m.

b) La velocidad cuando se encuentra a 1 m del suelo.

S: *a)* $E_P = 118$ J; *b)* $v = 16$ m · s^{-1}

56. ¿Puede una manzana que cae libremente desde una rama a 2,25 m de altura llegar al suelo con una velocidad de 27 km · h^{-1}?

S: No. La velocidad real es 24 km · h^{-1}.

57. Una bala de lana de 5 kg se deja caer sobre una báscula desde 1,5 m de altura. ¿Cuánto se comprimirá el muelle de la báscula si su constante elástica es de 1 800 N · m^{-1}?

S: $x = 0{,}29$ m

58. Determina la expresión que equipara una colisión contra un muro de un vehículo que circula a una velocidad v con la colisión producida desde una altura h. Elabora una hoja de cálculo en la que tabules la altura de caída equivalente a una colisión a diferentes velocidades comprendidas entre 0 y 160 km · h^{-1}. Realiza la misma actividad con GeoGebra. Compara los resultados en la siguiente dirección:

bit.ly/GeoGebra_Em-Seguridad_Vial

• *Energía 2.0*

¿Cómo ahorra energía una nave interplanetaria?

bit.ly/UNED_ahorro_energía

7.1. Fuerzas no conservativas

Normalmente, un sistema físico está sometido a la acción de fuerzas conservativas y no conservativas. En esta situación, el trabajo realizado será la suma de ambos tipos de fuerzas.

$$W_{\text{Total}} = W_{\text{Fuerzas conservativas}} + W_{\text{Fuerzas no conservativas}}$$

Con independencia del tipo de fuerza, el trabajo total se invertirá en modificar la energía cinética. Por otro lado, el trabajo de las fuerzas conservativas se invertirá en modificar la energía potencial, pero cambiada de signo. Así, la ecuación anterior será:

$$\Delta E_C = -\Delta E_P + W_{\text{Fuerzas no conservativas}}$$

$$W_{\text{Fuerzas no conservativas}} = \Delta E_C + \Delta E_P = \Delta E_M$$

El **trabajo** realizado por las **fuerzas no conservativas** sobre un sistema físico se emplea en modificar su energía mecánica:

$$W_{\text{Fuerzas no conservativas}} = \Delta E_M$$

El rozamiento es una de las fuerzas no conservativas más importantes. El trabajo realizado por esta fuerza, de valor negativo, disminuye la energía mecánica en forma de disipación.

Actividades resueltas

8. Un coche teledirigido de 500 g está subiendo por una rampa de 30° cuando se queda sin pilas. Su velocidad en ese momento era de 18 km · h^{-1} y el coeficiente de rozamiento entre las ruedas y el suelo, de 0,2. Calcula la altura que alcanzará tras quedarse sin pilas.

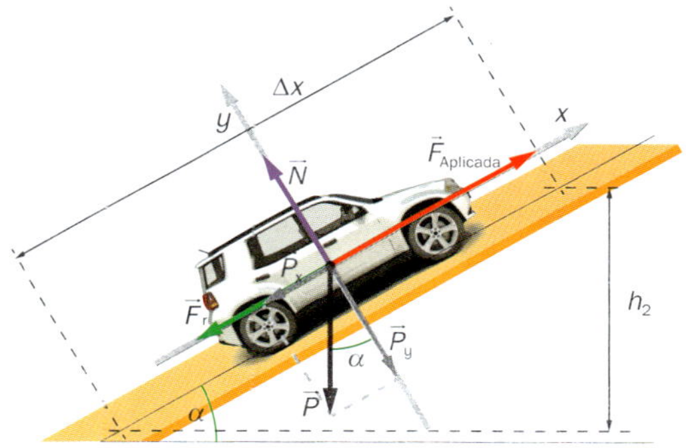

Estrategia de resolución

1. Partimos de la relación entre el trabajo del rozamiento y la variación de la energía mecánica:

$$W_{F_r} = \Delta E_M = \Delta E_C + \Delta E_P$$

$$F_r \Delta x \cos\alpha = \left(\frac{1}{2}mv_2^2 - \frac{1}{2}mv_1^2\right) + \left(mgh_2 - mgh_1\right)$$

2. La velocidad final y la altura inicial son nulas. El ángulo entre la fuerza de rozamiento y el desplazamiento es 180°, por tanto, su coseno es –1:

$$-F_r \Delta x = -\frac{1}{2}mv_1^2 + mgh_2$$

3. Desarrollamos la fuerza de rozamiento y la introducimos en la ecuación anterior:

$$-F_r \Delta x = -\mu N \Delta x = -\mu P \cos\alpha \cdot \Delta x = -\mu mg \cos\alpha \cdot \Delta x$$

$$-\mu mg \cos\alpha \cdot \Delta x = -\frac{1}{2}mv_1^2 + mgh_2$$

$$-\mu g \cos\alpha \cdot \Delta x = -\frac{1}{2}v_1^2 + gh_2$$

4. Usando trigonometría, relacionamos Δx con el seno del ángulo y con la altura buscada:

$$\operatorname{sen}\alpha = \frac{h_2}{\Delta x} \quad ; \quad \Delta x = \frac{h_2}{\operatorname{sen}\alpha}$$

5. Sustituimos en la ecuación de la fuerza de rozamiento y de la energía, y despejamos la altura buscada:

$$h_2 = \frac{v_1^2}{2g\left(1 + \dfrac{\mu}{\operatorname{tg}\alpha}\right)}$$

6. Sustituimos los datos, confirmando que están en el SI, y calculamos la altura alcanzada por el coche teledirigido:

$$h_2 = 0{,}95 \text{ m}$$

Actividades

59. En una montaña rusa, un coche con una masa de 1 000 kg pasa por una cima a 40 m de altura con una velocidad de 5 m · s^{-1}. Teniendo en cuenta que la siguiente cima está a 20 m de altura y el coche pasa por ella a 2,5 m · s^{-1}, responde a las siguientes preguntas:

a) ¿Se cumple el principio de conservación de la energía? ¿Y el de conservación de la energía mecánica?

b) ¿Cuánto vale el trabajo realizado por la fuerza de rozamiento?

S: $W_{F_r} = -205\,575$ J

8. Rendimiento y energía

Muchas de las máquinas que utilizamos transforman la energía (eléctrica, química, etc.) que reciben en energía mecánica. Sin embargo, el trabajo que realizan, o **trabajo útil**, es siempre inferior al trabajo teórico, llamado **trabajo total.** Esto se debe a la presencia de fuerzas de disipación, fundamentalmente la fuerza de rozamiento, que originan un trabajo negativo.

Por ejemplo, el motor del ascensor transforma la energía eléctrica que se le suministra en energía mecánica para subir o bajar objetos (energía potencial) a cierta velocidad (energía cinética).

Energía suministrada > trabajo útil

Energía suministrada = trabajo útil + energía disipada

En las máquinas es interesante hablar de potencia. En este caso hay que diferenciar entre la potencia total, asociada al trabajo total o teórico, y la potencia útil, asociada al trabajo útil. La potencia total siempre es mayor que la potencia útil.

Potencia total: $P_t = \frac{W_t}{t}$ Potencia útil: $P_u = \frac{W_u}{t}$

El **rendimiento de una máquina (η)** es la razón entre el trabajo útil y el trabajo total o, lo que es lo mismo, entre la potencia útil y la potencia total de la máquina.

$$\eta = \frac{W_u}{W_t} \cdot 100 = \frac{P_u}{P_t} \cdot 100$$

No existe una máquina con un rendimiento del 100 %; eso implicaría la no existencia de fuerzas de rozamiento.

• *Energía 2.0*

Los conceptos de energía y de máquina están muy relacionados. Además, ambos conceptos experimentaron un gran avance con la Revolución Industrial.

¿Sabes lo que era la máquina mandrinadora?

bit.ly/UNED_mandrinadora

¿Sabes quiénes eran los luditas?

bit.ly/UNED_luditas

Actividades resueltas

9. El motor de un elevador de 425 kg y 18 kW de potencia total sube una carga de 1,2 t a 45 m en 1 minuto. Calcula el trabajo total, la potencia útil y el rendimiento del motor.

Estrategia de resolución

1. Partimos de la expresión del trabajo:

$$W_u = \vec{F}\Delta\vec{x} = F\Delta x \cos\alpha = F\Delta x = mg\Delta x$$

2. Sustituimos los datos del enunciado:

$$W_u = (1\,200 \text{ kg} + 425 \text{ kg}) \cdot 9{,}81 \text{ m} \cdot \text{s}^{-2} \cdot 45 \text{ m} = 717\,356 \text{ J}$$

La masa en el Sistema Internacional se expresa en kilogramos.

3. Calculamos la potencia útil a partir de su ecuación y del trabajo útil del motor:

$$P_u = \frac{W_u}{t} = \frac{717\,356 \text{ J}}{60 \text{ s}} = 11\,956 \text{ W}$$

El tiempo en el Sistema Internacional se expresa en segundos.

4. Calculamos el rendimiento a partir de su ecuación:

$$\eta = \frac{P_u}{P_m} \cdot 100 = \frac{11\,956 \text{ W}}{18\,000 \text{ W}} \cdot 100 = 66{,}4 \text{ \%}$$

Actividades

60. Un ascensor de 520 kg transporta tres personas, de 75 kg, 57 kg y 27 kg. Si asciende a una altura de 30 m en 45 s, calcula:

a) El trabajo realizado por el motor en el viaje de subida.

b) Si la potencia total es de 7,5 kW, ¿cuál es su rendimiento?

S: *a)* $W_u = 2 \cdot 10^5$ J; *b)* $\eta = 59$ %

Laboratorio en el aula. Transferencia de energía

2. La energía se conserva en todos los procesos de transformación o transferencia que tienen lugar en la naturaleza. Vamos a realizar una aproximación sencilla a este hecho.

Los materiales necesarios son una barra con soporte, un muelle, una regla, una nuez, dos pinzas y una balanza.

Mide la masa del muelle y monta el dispositivo que aparece en la figura. Comprime al máximo el muelle y suéltalo. Apunta la altura máxima que alcanza. Si grabas la experiencia, podrás obtener mejor este dato:

- ¿Qué energía presenta el muelle cuando está complemente comprimido?
- ¿Qué energía presenta el muelle en el punto más alto de su trayectoria?
- ¿Cuánto vale la energía del muelle en el punto más alto?

Si consideramos que en el proceso no se disipa energía, ¿serías capaz de diseñar un método aproximado para calcular la constante elástica del muelle?

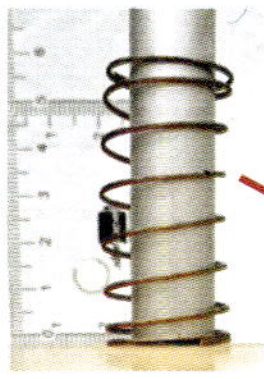

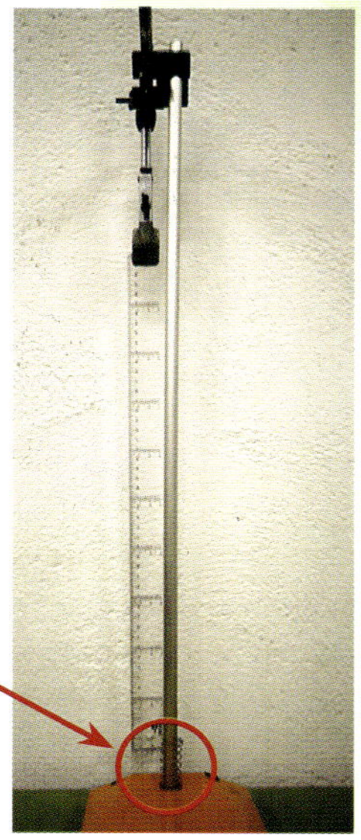

Actividades

61. Desde una terraza situada a 20 m de altura se lanza un balón de fútbol de 550 g con una velocidad inicial de 72 km · h^{-1}, formando un ángulo de 20° con la horizontal. Calcula:

a) La energía mecánica del balón cuando ha descendido la mitad de la altura.

b) La velocidad del balón cuando llega al suelo.

S: *a)* $E_M = 217{,}9$ J; *b)* $v = 101{,}4$ km · h^{-1}

62. Desde el punto más alto de un plano inclinado de 30° y 10 m de longitud, cae un cuerpo de 6 kg con una velocidad inicial de 18 km · h^{-1}. Si no existe fuerza de rozamiento, calcula:

a) La velocidad del objeto cuando llega al final del plano inclinado.

b) Al llegar a la zona plana, el cuerpo choca contra un muelle de $k = 1\,500$ N · m^{-1}. ¿Cuánto se comprimirá el muelle?

c) Tras comprimirse el muelle, este impulsa el objeto, que inicia el camino de regreso al plano inclinado. ¿Qué altura alcanzará el objeto? Justifica tu respuesta.

S: *a)* $v = 40$ km · h^{-1}; *b)* $x = 70{,}2$ cm; *c)* $h = 5$ m

63. Una patinadora de 65 kg de masa se deja caer por una rampa de 15 m de longitud y una inclinación de 24°. Si el coeficiente de rozamiento entre los patines y el suelo vale 0,15, ¿qué velocidad tendrá la patinadora al final de la rampa?

S: $v = 8{,}93$ m · s^{-1}

64. Una carretilla elevadora coloca embalajes de 150 kg a una altura de 7 m. En el proceso, la carretilla consume $1{,}5 \cdot 10^4$ J. Calcula:

a) El rendimiento de la carretilla elevadora.

b) La energía disipada por la carretilla elevadora en el proceso.

S: *a)* $\eta = 68{,}7$ %; *b)* $E_{Disipada} = 4\,699{,}5$ J

65. Un coche de 0,9 t necesita 9 s para pasar de 0 a 100 km · h^{-1}. Determina:

a) La potencia desarrollada por el motor en el proceso.

b) La información técnica del vehículo indica que tiene una potencia de 35 kW. ¿Es correcta? Justifica tu respuesta.

S: *a)* $P = 3{,}86 \cdot 10^4$ W

66. Desde una altura *h* se deja caer una pelota al suelo. Si se desprecia el rozamiento con el aire, calcula la expresión de la velocidad con la que llega al suelo en función de la altura de lanzamiento. A partir de esa expresión, elabora una hoja de cálculo en la que tabules la velocidad alcanzada por la pelota hasta llegar al suelo en función de la altura cada 10 m si esta varía desde los 0 m hasta los 150 m.

S: bit.ly/Caída_pelota

Energía 2.0

En la siguiente simulación puedes experimentar con las diferentes energías involucradas en el movimiento de un muelle:

bit.ly/Phet_Muelle_E_MAS

9. Campo eléctrico y energía

El campo electrostático creado por cargas puntuales en reposo es un campo conservativo y, por tanto, es posible expresar una energía potencial asociada a él.

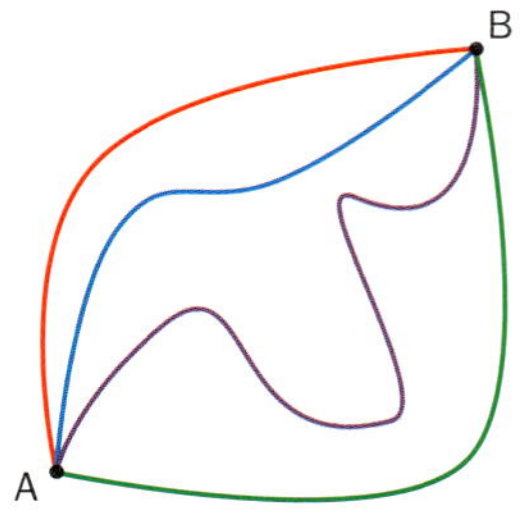

En un campo conservativo, el trabajo realizado por la fuerza entre el punto A y el punto B no depende de la trayectoria seguida; únicamente depende de las posiciones A y B.

$W_{A \to B} = W_{A \to B} = W_{A \to B} = W_{A \to B}$

La **energía potencial electrostática** asociada a un sistema de dos cargas q y q' separadas una distancia r viene dada por la expresión:

$$E_P = k \cdot \frac{q \cdot q'}{r} \quad ; \quad k = \text{constante de Coulomb} = 9 \cdot 10^9\ \text{N} \cdot \text{m}^2 \cdot \text{C}^{-2} \text{ (en el vacío)}$$

Para poner de manifiesto la influencia de una carga en una región del espacio, se toma una carga de prueba positiva y de valor la unidad (+1 C). De esta manera se define una nueva magnitud denominada **potencial eléctrico**.

El **potencial eléctrico (*V*)** en un punto del espacio es la energía potencial eléctrica que correspondería a la unidad de carga positiva situada en dicho punto.

$$V = \frac{E_P}{q'} = k \cdot \frac{q}{r} \quad ; \quad E_P = q' \cdot V$$

La unidad en el Sistema Internacional para el potencial eléctrico es $J \cdot C^{-1}$ o **voltio (V)** en honor al científico italiano **Alessandro Volta** (1745-1827), que desarrolló la pila eléctrica en 1800.

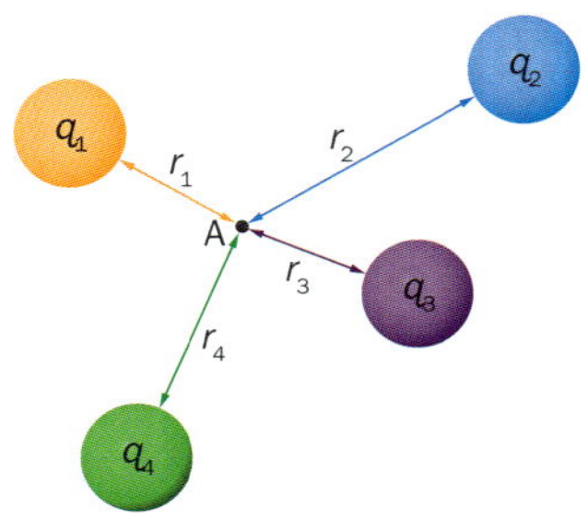

Para un conjunto de cargas, el potencial eléctrico creado por ellas en un punto A vendrá dado por la suma de los potenciales eléctricos que cada carga crea en dicho punto. Este es el llamado **principio de superposición.**

$$V_A = V_{A1} + V_{A2} + V_{A3} + V_{A4} = k\frac{q_1}{r_1} + k\frac{q_2}{r_2} + k\frac{q_3}{r_3} + k\frac{q_4}{r_4} = k\left(\frac{q_1}{r_1} + \frac{q_2}{r_2} + \frac{q_3}{r_3} + \frac{q_4}{r_4}\right)$$

De forma general, el principio de superposición se expresa:

$$V = \sum_i V_i = k \sum_i \frac{q_i}{r_i}$$

Actividades resueltas

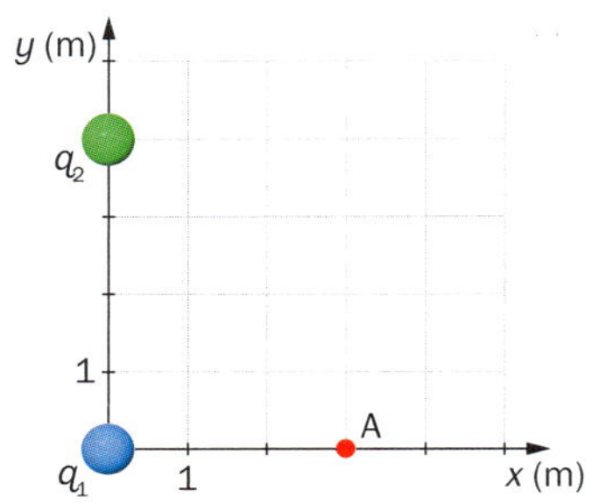

10. Se tienen dos cargas, q_1 y q_2, de −2 μC y 5 μC, en los puntos (0, 0) y (0, 4) m, respectivamente. Calcula el potencial eléctrico en el punto A que se observa en la figura.

Estrategia de resolución

1. Aplicamos el principio de superposición al potencial creado en el punto:

$$V_A = V_1 + V_2$$

2. Calculamos la distancia de q_2 al punto aplicando el teorema de Pitágoras:

$$r_2 = \sqrt{3^2 + 4^2} = \sqrt{25} = 5\ \text{m}$$

3. Sustituimos los datos de cada una de las cargas:

$$V_A = V_1 + V_2 = k\frac{q_1}{r_1} + k\frac{q_2}{r_2} = k\left(\frac{q_1}{r_1} + \frac{q_2}{r_2}\right) \quad ; \quad V_A = 9 \cdot 10^9 \cdot \left(\frac{-2 \cdot 10^{-6}\ \text{C}}{3\ \text{m}} + \frac{5 \cdot 10^{-6}\ \text{C}}{5\ \text{m}}\right) = 3\,000\ \text{V}$$

Actividades

67. Dos cargas de −1 μC y 4 μC se encuentran en los puntos (−2, 0) y (3, 0) m, respectivamente. Calcula el valor del potencial debido a las dos cargas en el punto (0, 0).

S: $V = 7\,500$ V

68. Halla la energía potencial de una carga de 5 mC en un punto del espacio de 3 000 V de potencial. ¿Qué energía tendría en el mismo punto una carga de −200 μC?

S: $E_P = 15$ J; $E_P = -0{,}6$ J

9.1. Trabajo y potencial eléctrico

El trabajo en un campo conservativo se relaciona con la energía potencial y esta se relaciona con el potencial eléctrico. Juntando estas ideas podemos relacionar el trabajo realizado al desplazar una carga entre los puntos A y B con el potencial eléctrico existente en A y en B.

$$W_{A\to B} = -\Delta E_P = E_{P_A} - E_{P_B} = qV_A - qV_B = q(V_A - V_B)$$

$$W_{A\to B} = q(V_A - V_B)$$

La expresión $V_A - V_B$ se denomina **diferencia de potencial.**

La **diferencia de potencial** entre dos puntos A y B de un campo eléctrico se define como la variación de la energía potencial de una unidad de carga positiva o el trabajo realizado al trasladar esa unidad de carga positiva desde el punto A al punto B.

$$V_A - V_B = \frac{E_{P_A} - E_{P_B}}{q} = \frac{W_{A\to B}}{q}$$

Dado que estamos en un campo conservativo, la energía mecánica de las cargas permanece constante, lo que tiene consecuencias importantes:

- Una carga positiva se moverá espontáneamente (trabajo mayor que cero) cuando se desplace hacia potenciales decrecientes. Esto significa que la energía potencial de la carga positiva disminuye y, por tanto, su energía cinética aumenta para mantener constante la energía mecánica. Es decir, la carga positiva acelera en su movimiento.
- Una carga negativa se moverá espontáneamente (trabajo mayor que cero) cuando se desplace hacia potenciales crecientes. Esto significa que la energía potencial de la carga disminuye y, por tanto, su energía cinética aumenta para mantener constante la energía mecánica. Es decir, la carga negativa acelera en su movimiento.

Actividades resueltas

11. Para mover una carga de 6 mC de un punto A hasta un punto B, se realiza un trabajo de 0,135 kJ. Si el potencial en el punto A vale 40 kV, ¿cuál será el potencial en el punto B?

Estrategia de resolución

1. Partimos de la ecuación que relaciona la diferencia de potencial con el trabajo:

$$W_{A\to B} = q(V_A - V_B)$$

2. Sustituimos los valores y se despeja el potencial en B:

$$135\ \text{J} = 6\cdot 10^{-3}\ \text{C}\cdot(40\,000\ \text{V} - V_B) \quad ; \quad V_B = 17\,500\ \text{V}$$

Recuerda poner las unidades en el Sistema Internacional.

Actividades

69. Se forman equipos de trabajo en los que cada miembro debe formular una solución a la cuestión planteada. Después de escuchar a todos los estudiantes del equipo, el grupo abre un debate para decidir cuál es la solución correcta y la mejor forma de exponerla. El docente elegirá a la persona que explicará la respuesta en cada equipo.

Un conjunto de puntos con el mismo valor de potencial eléctrico forma una superficie equipotencial. Si una carga positiva se desplaza entre dos puntos de este tipo de superficie, ¿cuánto vale el trabajo realizado en ese desplazamiento?

70. ¿Qué trabajo se realiza al trasladar una carga de 6 μC desde un punto con un potencial de 5 kV a otro de 1 kV? ¿Es un proceso espontáneo? Justifica tu respuesta.

S: $W = 0{,}024$ J

71. Una carga de –3 μC se desplaza de un punto A hasta un punto B de potencial 12 kV. Si el trabajo realizado es $7{,}5\cdot 10^{-3}$ J, ¿cuánto vale el potencial en el punto A?

S: $V_A = 9\,500$ V

Sabías que...

El **LINAC 4** del **CERN** es un acelerador lineal de partículas basado en diferencias de potencial alternas. Inaugurado en 2017, es capaz de llevar un haz de partículas hasta los 160 MeV y será clave en los experimentos del periodo que va del año 2025 al 2035.

Fabiola Gianotti, directora del CERN, ha expresado que «esta fase incrementará considerablemente el potencial de los experimentos del LHC para descubrir nueva física y medir las propiedades del bosón de Higgs con mayor detalle».

Energía 2.0

En esta página puedes calcular el potencial eléctrico debido a dos cargas puntuales:

bit.ly/V-2q-GeoGebra

En esta otra simulación puedes visualizar el potencial:

bit.ly/Phet-q-V

1. Un cuerpo de 10^4 g se lanza por una superficie horizontal sin rozamiento a una velocidad de 108 km · h^{-1} contra el extremo libre de un muelle horizontal de constante elástica 2 N · cm^{-1}. Responde a las siguientes cuestiones:

a) ¿Cómo varían las distintas energías involucradas cuando el cuerpo alcanza el muelle y este se comprime?

b) ¿Cuál es la longitud máxima de compresión del muelle en las condiciones indicadas?

c) ¿Qué ocurriría energéticamente si se considera la existencia de la fuerza de rozamiento en todo el recorrido?

Estrategia de resolución

Inicialmente, al existir únicamente fuerzas conservativas, la energía mecánica se conserva y solo depende de la variación de la energía cinética. Al llegar al muelle aparecerá la energía potencial elástica. Por último, se debe tener en cuenta cómo afecta el trabajo realizado por el rozamiento.

Primero representamos gráficamente la situación descrita:

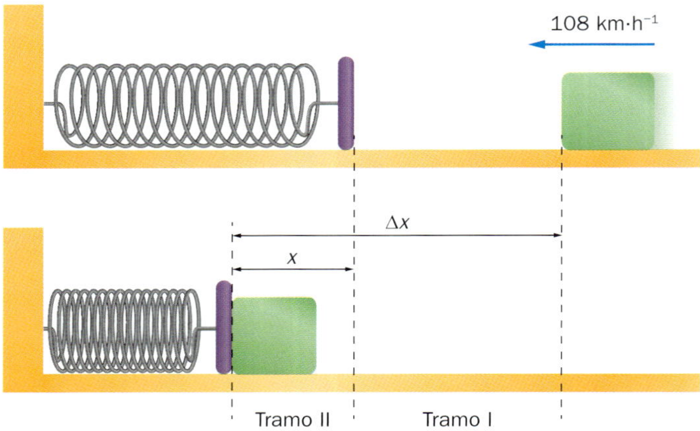

A continuación, realizamos los cambios de unidades necesarios:

$$10^4\ \text{g} = 10^4\ \text{g} \cdot \frac{1\ \text{kg}}{10^3\ \text{g}} = 10\ \text{kg}$$

$$108\ \text{km} \cdot \text{h}^{-1} = 108\ \frac{\text{km}}{\text{h}} \cdot \frac{1\,000\ \text{m}}{1\ \text{km}} \cdot \frac{1\ \text{h}}{3\,600\ \text{s}} = 30\ \text{m} \cdot \text{s}^{-1}$$

$$2\ \text{N} \cdot \text{cm}^{-1} = 2\ \frac{\text{N}}{\text{cm}} \cdot \frac{100\ \text{cm}}{1\ \text{m}} = 200\ \text{N} \cdot \text{m}^{-1}$$

a) Analizamos las energías por tramos: el primero, antes de llegar al muelle, y el segundo, tras la colisión.

Tramo I: ninguna fuerza realiza trabajo sobre el cuerpo porque el peso y la normal son perpendiculares al desplazamiento. Por tanto, partiendo del teorema de las fuerzas vivas, la variación de la energía cinética es nula:

$$W = \Delta E_C \quad ; \quad W = 0 \quad ; \quad \Delta E_C = 0$$

Dado que el cuerpo no cambia de altura, la energía potencial permanece constante y la variación también es nula:

$$\Delta E_P = 0$$

La energía mecánica es la suma de las energías cinética y potencial y, al permanecer constantes, esta también lo hará:

$$\Delta E_M = \Delta E_C + \Delta E_P \quad ; \quad \Delta E_C = \Delta E_P = 0 \quad ; \quad \Delta E_M = 0$$

Tramo II: la variación de la energía potencial gravitatoria es nula al no cambiar la altura. La velocidad del cuerpo va disminuyendo mientras el muelle se contrae hasta que el cuerpo se para $(v = 0)$ y no posee energía cinética. Simultáneamente, el muelle se contrae y se produce un incremento gradual de la energía potencial elástica, que alcanza su valor máximo cuando llega al punto donde más se va a comprimir. En ese instante, la energía cinética es nula. Es decir, hay una transferencia de energía desde el objeto al muelle y la energía cinética se transforma en potencial elástica. La variación de energía mecánica, como antes, será nula:

$$\Delta E_M = 0 \quad ; \quad \Delta E_M = \Delta E_C + \Delta E_{P_{\text{Elástica}}} \quad ; \quad \Delta E_C + \Delta E_{P_{\text{Elástica}}} = 0$$

b) Partimos de la ecuación de variación de la energía mecánica:

$$\Delta E_M = \Delta E_C + \Delta E_{P_{\text{Elástica}}} = 0$$

$$\frac{1}{2} m v_2^2 - \frac{1}{2} m v_1^2 + \frac{1}{2} k x^2 = 0$$

Teniendo en cuenta que la velocidad final es nula, podemos despejar x para conocer la longitud de compresión máxima:

$$x = \sqrt{\frac{m v_1^2}{k}} \quad ; \quad x = 6{,}7\ \text{m}$$

c) La variación de la energía mecánica para la presencia de fuerzas no conservativas viene dada por la expresión:

$$\Delta E_M = W_{F_r}$$

Como vimos, la variación de la energía mecánica teniendo en cuenta que el cuerpo finalmente se detiene será:

$$\Delta E_M = -\frac{1}{2} m v_1^2 + \frac{1}{2} k x^2$$

El trabajo realizado por la fuerza de rozamiento será:

$$W_{F_r} = F_r \Delta x \cos 180° = -F_r \Delta x = -\mu m g \Delta x$$

Igualando las dos expresiones y despejando:

$$x = \sqrt{\frac{m}{k}\left(v_1^2 - 2\mu g \Delta x\right)}$$

Al comparar las expresiones de x en los apartados *a)* y *c)* se observa que, al aumentar la distancia recorrida por el cuerpo (Δx) o el coeficiente de rozamiento (μ), la energía disipada será mayor y la compresión producida en el muelle, menor.

Descubre los fallos de estas actividades.
Consulta las soluciones en: bit.ly/Encuentra_error_1BAC_U10

A la caza del ERROR

1. Un bloque de 2 kg asciende por un plano inclinado de 30°. La velocidad inicial del bloque es de 36 km · h^{-1} y, por la acción de la fuerza de rozamiento, se detiene después de recorrer 8 m. Calcula los cambios de energía que se producen.

Solución (tres errores)

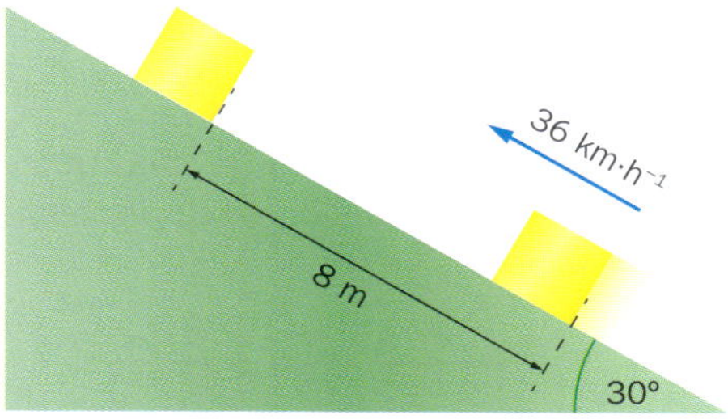

- Variación de la energía cinética:

$$\Delta E_C = E_{C_2} - E_{C_1} = \frac{1}{2}mv_2^2 - \frac{1}{2}mv_1^2$$

$$\Delta E_C = \frac{1}{2}\cdot 2\cdot 0^2 - \frac{1}{2}\cdot 2\cdot 36^2 = -1\,296 \text{ J}$$

- Variación de la energía potencial:

$$\Delta E_P = E_{P_2} - E_{P_1} = mgh_2 - mgh_1 = mg\left(d\cos\alpha - h_1\right)$$

$$\Delta E_P = 2\cdot 9{,}81\cdot(8\cdot\cos 30°) = 136 \text{ J}$$

- Variación de la energía mecánica:

$$\Delta E_M = \Delta E_C + \Delta E_P = -1\,296 \text{ J} + 136 \text{ J} = -1\,160 \text{ J}$$

La disminución de energía mecánica se debe al trabajo realizado por el rozamiento como corresponde a un campo conservativo.

2. Se deja caer un cuerpo desde una altura de 3 km. Si despreciamos el rozamiento con el aire, ¿cuál será la velocidad del cuerpo cuando llegue al suelo?

Solución (dos errores)

Al despreciar el rozamiento, $\Delta E_M = 0$, por tanto:

$$\left(\frac{1}{2}mv^2 + mgh\right)_{3\text{ km}} = \left(\frac{1}{2}mv^2 + mgh\right)_{\text{Suelo}}$$

Como la velocidad inicial y la altura final son nulas, tenemos:

$$\left(mgh\right)_{3\text{ km}} = \left(\frac{1}{2}mv^2\right)_{\text{Suelo}}$$

Despejando y sustituyendo los valores:

$$v = \sqrt{\frac{gh}{2}} = \sqrt{\frac{9{,}81\cdot 3}{2}} = 3{,}83 \text{ km}\cdot\text{s}^{-1}$$

El objeto llega al suelo con una velocidad de 3,83 km · s^{-1}.

3. Para trasladar una carga eléctrica de 2,5 nC desde un punto A hasta otro B, sabemos que no es un proceso espontáneo y que el trabajo en valor absoluto es de 7,5 J. ¿Cuál es la diferencia de potencial, $V_A - V_B$, entre estos dos puntos?

Solución (dos errores)

La relación entre la diferencia de potencial y el trabajo es:

$$V_A - V_B = \frac{W_{A\to B}}{q}$$

Sustituimos cada magnitud por su valor en el Sistema Internacional y con el signo correspondiente:

$$V_A - V_B = \frac{7{,}5}{2{,}5\cdot 10^6} = 3\cdot 10^6 \text{ V}$$

El resultado es coherente con la teoría. Para toda carga positiva, el proceso no será espontáneo si se desplaza a zonas de potencial creciente $(V_B > V_A)$.

4. Dos cargas puntuales, q_1 y q_2, de 25 nC cada una, están situadas en los puntos (3, 0) y (−3, 0) cm. Halla:

a) El módulo de la fuerza electrostática entre las cargas.

b) El potencial electrostático en el punto (0, 4) cm.

Solución (tres errores)

a) Aplicamos la ley de Coulomb a las dos cargas, sustituimos los valores y se calcula la fuerza:

$$\left|\vec{F}_e\right| = k\frac{|q_1|\cdot|q_2|}{r^2}$$

$$\left|\vec{F}_e\right| = 9\cdot 10^9\cdot\frac{25\cdot 10^{-9}\cdot 25\cdot 10^{-9}}{0{,}03^2} = 6{,}25\cdot 10^{-3} \text{ N}$$

b) Determinamos la distancia de cada carga al punto elegido:

$$r_1 = r_2 = \sqrt{3^2 + 4^2} = 5 \text{ cm}$$

El potencial en el punto (0, 4) viene dado por la expresión:

$$V_{(0,\,4)} = k\sum_i \frac{q_i}{r_i} = 9\cdot 10^9\cdot\left(\frac{25\cdot 10^{-9}}{5} + \frac{25\cdot 10^{-9}}{5}\right) = 90 \text{ V}$$

El potencial en el punto (0, 4) tendrá un valor de 90.

5. Un motor con una potencia de 9 800 W eleva un montacargas de 0,5 t a 50 m de altura. Despreciando el rozamiento, determina el tiempo que tardará el motor en elevar el montacargas.

Solución (dos errores)

Calculamos el trabajo que realiza el motor:

$$W = mgh = 0{,}5\cdot 9{,}81\cdot 50 = 245{,}25 \text{ J}$$

Utilizamos la ecuación de la potencia para calcular el tiempo:

$$P = \frac{W}{t} \quad ; \quad t = \frac{P}{W} \quad ; \quad t = \frac{9\,800}{245{,}25} = 40 \text{ s}$$

Problemas propuestos

La energía y sus formas

1. Existe una mujer relacionada directamente con la ley de la conservación de la masa de Lavoisier y la ley de la conservación de la energía del conde Rumford. A partir de información contrastada, busca el nombre de esta mujer y su relación con ambas leyes.

2. La deportista polaca Anita Wlodarczyk posee el récord del mundo de lanzamiento de martillo en 82,98 m. Explica las transformaciones energéticas que se producen desde que la atleta empieza a girar el martillo hasta que este vuelve al suelo.

3. Tomamos un libro y lo dejamos caer desde cierta altura. Su energía potencial se irá transformando en cinética hasta que llegue al suelo y se pare. ¿Podemos considerar que la energía ha desaparecido al estar el libro en el suelo y en reposo? Justifica la respuesta.

4. A partir de la clasificación de los tipos de energía, indica a qué tipo pertenecen los siguientes ejemplos:

a) Energía sonora de un altavoz.

b) Energía mareomotriz.

c) Energía del horno microondas.

Trabajo

5. Partiendo de la definición de trabajo, ¿cuáles son las condiciones que deben cumplirse para que un sistema físico lo realice?

6. Un niño tira de un camión de juguete de 0,5 kg de masa con la ayuda de una cuerda que forma 40° con la horizontal. Lo arrastra hasta su casa durante 20 m ejerciendo una fuerza de 5 N. El coeficiente de rozamiento entre las ruedas y el suelo es de 0,4. Realiza lo siguiente:

a) Representa en un esquema todas las fuerzas que actúan sobre el camión de juguete.

b) Calcula el trabajo realizado por cada una de las fuerzas que actúan sobre el camión.

S: *b)* $W_N = W_P = 0$; $W_F = 76{,}6$ J; $W_{F_r} = -13{,}5$ J

7. Un hombre sube un carro de la compra de 35 kg de masa por una rampa mecánica del supermercado de 15° de inclinación durante 15 m. El hombre aplica una fuerza de 250 N paralela a la rampa que tiene un coeficiente de rozamiento con las ruedas de 0,3:

a) Representa todas las fuerzas que actúan sobre el carro de la compra.

b) Determina el trabajo total realizado sobre el carro.

S: *b)* $W_{Total} = 924$ J

8. Un montacargas sube a velocidad constante una cuba de 325 kg de cemento hasta una altura de 7 m. Si se desprecia el rozamiento, determina:

a) La fuerza ejercida por el cable del montacargas sobre la cuba de cemento.

b) El trabajo realizado por el montacargas para subir la cuba.

S: a) $F = 3\,188$ N; b) $W = 22\,316$ J

9. En la gráfica se muestra la acción de una fuerza horizontal sobre un sistema físico en función de la distancia.

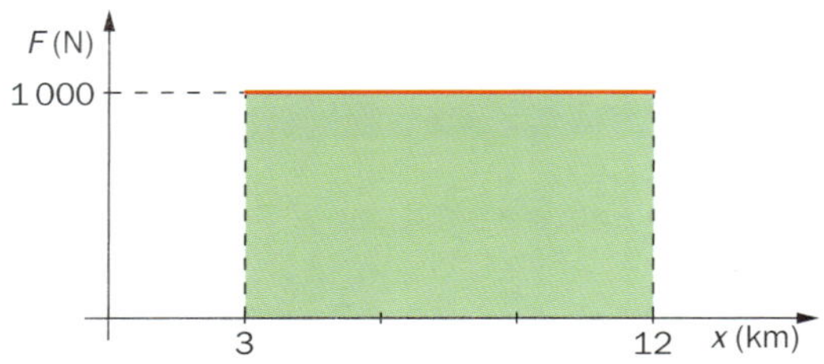

a) Calcula el trabajo realizado por la fuerza empleando la ecuación física.

b) Calcula el trabajo realizado gráficamente y compáralo con el del apartado anterior.

S: W con ecuación = W con gráfica = $9 \cdot 10^6$ J

10. La siguiente gráfica muestra la acción de una fuerza que varía con el tiempo. Calcula el trabajo realizado por la fuerza entre los puntos indicados en la gráfica.

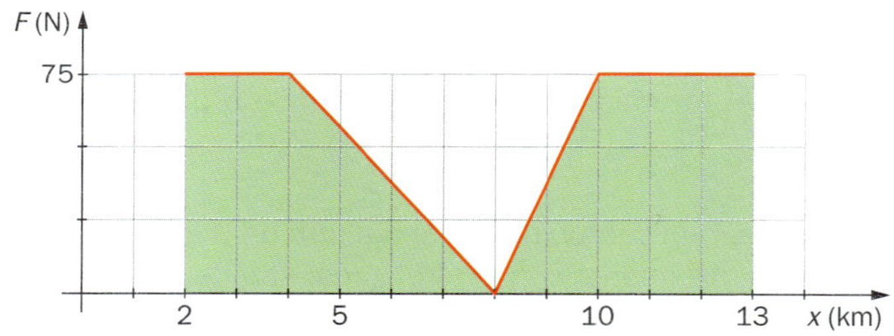

S: $W_{2\to13} = 6 \cdot 10^5$ J

11. EvB AU Un cuerpo se desliza hacia arriba por un plano inclinado que forma un ángulo con la horizontal. Razona qué trabajo realiza la fuerza peso al desplazarse una distancia *d* sobre el plano.

Trabajo y potencia

12. Una persona extrae un cubo de agua de 4,5 kg de un pozo de 10 m de profundidad en 47 s. Una polea eléctrica tarda 25 s en realizar la misma acción.

a) Calcula los trabajos realizados por la persona y la polea.

b) Calcula la potencia desarrollada en cada método.

S: $W_{Persona} = W_{Polea} = 441{,}5$ J; $P_{Persona} = 9{,}4$ W; $P_{Polea} = 17{,}7$ W

13. El consumo de agua en una ciudad es de $4,2 \cdot 10^3$ m^3 diarios. Los depósitos que la contienen se encuentran a 85 m por encima del río. Calcula:

a) El trabajo diario de las bombas para llenar los depósitos.

b) La potencia de las bombas expresada en W y en CV.

S: *a)* $W = 3,5 \cdot 10^9$ J; *b)* $P = 40534$ W $= 55$ CV

14. ¿Qué potencia desarrolla una máquina si levanta 1,250 t de mineral a una velocidad media de 19,8 $km \cdot h^{-1}$? Expresa el resultado en HP.

S: $P = 90,4$ HP

15. Un turismo se desplaza por una carretera horizontal a una velocidad de 110 $km \cdot h^{-1}$. Si la potencia desarrollada por el coche es de 135 CV, determina la fuerza aplicada por el motor para mantener dicha velocidad.

S: $F = 3248$ N

Energía mecánica, cinética y potencial

16. ¿Qué influye más en la energía cinética de un sistema, duplicar su velocidad o cuadruplicar su masa? Justifícalo.

17. Una avioneta de 4 t despega y para alcanzar su velocidad de crucero se debe producir un incremento en su energía cinética de $1,2 \cdot 10^7$ J. Determina esta velocidad de crucero en $km \cdot h^{-1}$.

S: $v = 279$ $km \cdot h^{-1}$

18. Cuando un cuerpo en movimiento choca contra un muelle, va perdiendo velocidad de forma progresiva hasta que se detiene. ¿Podemos considerar que la energía ha desaparecido? Si no ha desaparecido, ¿qué ha sucedido con la energía cinética del cuerpo?

19. Una montañera inicia el ataque a la cima del Everest (8 848 m) desde el campo 4. Si la montañera y el equipo que porta tiene una masa total de 70 kg y, al llegar a la cima, su energía potencial se ha incrementado en 589 189 J, determina la altura a la que se encuentra el campo 4.

S: 7 990 m

20. Un pájaro de masa *m* vuela a una altura *h* con una velocidad *v* de valor $\sqrt{3gh}$. ¿Cuánto vale su energía mecánica?

S: $E_M = \frac{5}{2} \cdot E_P$

21. EvB AU El terremoto de Nepal de 2015 desencadenó en el Everest una enorme avalancha de nieve. Calcula la energía de 10 000 toneladas de nieve tras caer desde 7 000 m de altura a 6 500 m.

S: $E = -4,9 \cdot 10^{10}$ J

22. Un muelle horizontal de constante elástica 250 $N \cdot m^{-1}$ con un extremo fijo en la pared está comprimido 10 cm por un cuerpo de 500 g. Se suelta este cuerpo y sale despedido al liberarse el muelle:

a) ¿Qué variaciones de energía sufren el muelle y el cuerpo mientras se estira el muelle?

b) ¿A qué velocidad se separa el cuerpo del muelle? Exprésala en $km \cdot h^{-1}$.

S: *b)* $v = 8$ $km \cdot h^{-1}$

23. Se desea estudiar cómo influyen la masa y la velocidad en la energía cinética de los cuerpos. Para ello se analizan diferentes objetos con velocidades y masas distintas con estos resultados:

Objeto	1	2	3	4
***m* (kg)**	20	30	10	20
***v* ($m \cdot s^{-1}$)**	30	20	20	10

A partir de estos datos completa la siguiente tabla:

$\frac{m_1}{m_4}$	$\frac{v_1}{v_4}$	$\frac{E_{C_1}}{E_{C_4}}$	$\frac{m_2}{m_3}$	$\frac{v_2}{v_3}$	$\frac{E_{C_2}}{E_{C_3}}$
...	...	...	...	...	...

¿Qué conclusiones puedes extraer al observar las relaciones anteriores sobre cómo influye la masa y la velocidad en la energía cinética de los cuerpos?

24. ¿Puede un cuerpo tener energía? ¿Y tener trabajo? Justifica tu respuesta.

Trabajo y energía

25. ¿Qué relación existe entre trabajo y variación de energía cinética y potencial de un cuerpo bajo la acción de varias fuerzas? ¿Qué implica que la energía mecánica no se conserve?

26. Uno de los coches deportivos más famosos de la historia, de 1 255 kg de masa, era capaz de pasar de 0 a 100 $km \cdot h^{-1}$ en 3,3 s. Despreciando el rozamiento, ¿qué potencia media necesitaba su motor? Expresa el resultado en kW y CV.

S: $P = 147$ kW $= 200$ CV

27. Un coche de 1,5 t se desplaza a 95 $km \cdot h^{-1}$ cuando, a 50 m, ve una señal de 60 $km \cdot h^{-1}$ y empieza a frenar. Calcula:

a) La variación de la energía cinética que sufrirá el automóvil para cumplir con la señal.

b) El trabajo realizado por los frenos.

c) La fuerza aplicada por los frenos.

S: *a)* $\Delta E_C = -313\,907$ J; *b)* $W = -313\,907$ J; *c)* $F = 6\,278$ N

28. Indica si son verdaderas o falsas las siguientes afirmaciones. Expresa de forma correcta las que sean falsas:

a) Existe una función de energía potencial asociada a cualquier fuerza.

b) El trabajo de una fuerza conservativa entre dos puntos es mínimo si el desplazamiento se realiza por la línea recta que une ambos puntos.

c) La energía mecánica permanece constante si todas las fuerzas que actúan sobre ella son conservativas.

d) El trabajo realizado por una fuerza conservativa se invierte únicamente en modificar la energía potencial.

29. Un trineo de 100 kg se desliza por una pista de nieve horizontal. Un par de perros tiran de él con una fuerza F que forma un ángulo de 30° con la horizontal. Si el coeficiente de rozamiento entre el trineo y la nieve es de 0,1, calcula:

a) La fuerza que deben aplicar los perros para que el trineo se desplace con velocidad constante.

b) El trabajo realizado por los perros en un desplazamiento de 1 km.

S: *a)* $F = 107$ N; *b)* $W = 92\,665$ J

30. Dos cuerpos de masas distintas, m_1 y m_2, tienen la misma energía cinética, $E_{C1} = E_{C2}$. Si se mueven con la misma dirección y sentido y se aplica la misma fuerza para detenerlos, responde a las siguientes cuestiones de forma razonada:

a) ¿Cuál de los dos recorrerá mayor distancia antes de pararse por acción de la fuerza?

b) ¿En cuál de los dos casos se realiza mayor trabajo?

c) Si ahora $E_{C1} > E_{C2}$, responde nuevamente a las cuestiones *a)* y *b)*.

31. Se deja caer una moneda de 10 g de masa desde una altura de 1,75 m a un pozo de los deseos de 8 m de profundidad. ¿Qué valor tiene el trabajo en este proceso? ¿Quién realiza este trabajo? ¿Cuál es la velocidad de la moneda cuando llega al agua?

S: $W = 0{,}96$ J; $v = 13{,}8\ \text{m} \cdot \text{s}^{-1}$

32. Un coche de juguete de 2 kg se lanza por una rampa inclinada hacia arriba con una velocidad de 21,6 $\text{km} \cdot \text{h}^{-1}$. El coche asciende y al descender pasa por el punto de partida a una velocidad de 13,7 $\text{km} \cdot \text{h}^{-1}$. Si el coeficiente de rozamiento es de 0,2 y la rampa tiene una inclinación de 25°:

a) ¿Se cumple el principio de conservación de la energía mecánica? Justifica tu respuesta.

b) ¿Qué trabajo realiza la fuerza de rozamiento en el ascenso del bloque?

S: *b)* $W = -10{,}8$ J

33. Una jugadora de curlin lanza la piedra, de 17,5 kg de masa, a una velocidad de 25 $\text{km} \cdot \text{h}^{-1}$. Para hacer diana la piedra debe recorrer 44 m. Calcula la fuerza de rozamiento y el trabajo realizado.

S: $F_r = -9{,}6$ N; $W_{F_r} = -421{,}4$ J

34. ¿Puede una grúa de 20 CV de potencia subir una carga de 1 200 kg a 20 m de altura en 15 s?

35. Un coche de 1 200 kg de masa acelera de 0 a 90 $\text{km} \cdot \text{h}^{-1}$ en 17 s. Calcula:

a) La variación de la energía cinética del coche.

b) La potencia desarrollada por el motor.

c) La altura donde hay que colocar el coche para que tenga la misma energía potencial que cinética.

d) Si la potencia del motor es de 65 CV, ¿cuál es el rendimiento del coche?

S: *a)* $\Delta E_C = 375\,000$ J; *b)* $P = 22\,059$ W; *c)* $h = 32$ m; *d)* 46 %

36. Un acróbata salta desde 4 m de altura sobre una plancha conectada a un muelle con una constante recuperadora de $4 \cdot 10^5\ \text{N} \cdot \text{m}^{-1}$. Si la masa del acróbata es de 71 kg, calcula:

a) La velocidad del acróbata en el momento de tocar la plataforma.

b) La longitud que se comprime el muelle.

c) La energía elástica del muelle comprimido.

S: *a)* $v = 8{,}9\ \text{m} \cdot \text{s}^{-1}$; *b)* $\Delta x = 0{,}12$ m; *c)* $E_P = 2\,786$ J

Campo eléctrico y energía

37. Justifica razonadamente el signo de la carga de una partícula que se desplaza en la dirección y el sentido de un campo eléctrico uniforme de forma que su energía potencial aumenta.

38. Considera dos cargas eléctricas, $+q$ y $-q$, situadas entre dos puntos A y B. Razona cuál sería el potencial electrostático en el punto medio del segmento que une los puntos A y B.

39. Una partícula cargada negativamente pasa de un punto A, cuyo potencial es V_A, a otro B, del tal forma que $V_B > V_A$. Razona si la partícula gana o pierde energía potencial. ¿Y si la partícula es positiva?

40. Dos puntos, A y B, pertenecen a la misma superficie equipotencial. ¿Se realiza trabajo al trasladar una carga positiva desde A hasta B? ¿Y si la carga fuese negativa? Justifica tus respuestas.

41. Dadas dos cargas eléctricas puntuales, contesta razonadamente:

a) ¿Puede ser nulo el potencial en algún punto de la recta que une las dos cargas?

b) Si las cargas se separan el doble de su posición inicial, ¿se produciría una reducción a la mitad de la energía potencial?

42. Dadas dos cargas eléctricas como las de la figura, calcula:

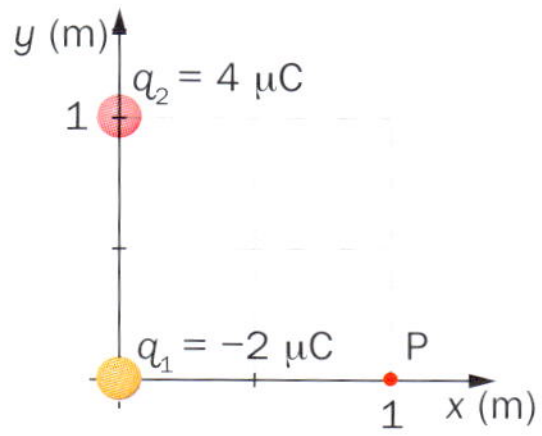

a) El potencial eléctrico en P.

b) El trabajo necesario para trasladar una carga de $-5{,}0 \cdot 10^{6}$ C desde el infinito hasta el punto P.

S: *a)* $V = 7{,}5 \cdot 10^{3}$ V; *b)* $W = 3{,}7 \cdot 10^{-2}$ J

43. EvB AU Dos partículas con igual carga $Q = 2$ μC están situadas en dos de los vértices de un triángulo equilátero de lado $L = 2$ m. Calcula el trabajo necesario para llevar una carga $q = 1$ μC desde el punto A hasta el punto B, vértice libre del triángulo.

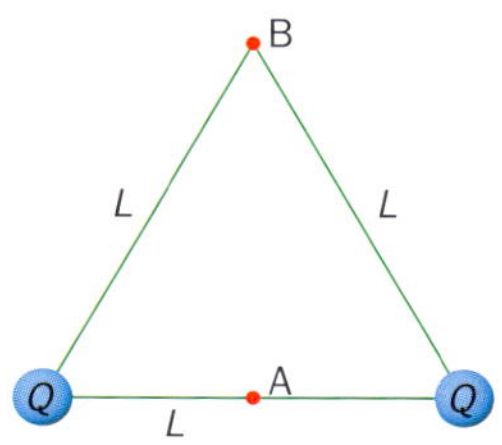

Dato: 1 μC $= 10^{-6}$ C

S: $W = 1{,}8 \cdot 10^{-2}$ J

44. EvB AU Una carga de $2 \cdot 10^{-4}$ C está situada en el origen de coordenadas y otra de $-15 \cdot 10^{-4}$ C está situada en el eje *Y* a 4 m del origen. Calcula:

a) El potencial electrostático en el punto $(3, 0)$ y en el punto $(3, 4)$.

b) El trabajo realizado para llevar una carga de 2 C desde el punto $(3, 0)$ al punto $(3, 4)$.

S: *a)* $V_{(3,0)} = -2{,}1 \cdot 10^{6}$ V; $V_{(3,4)} = -4{,}1 \cdot 10^{6}$ V;
b) $W = 4{,}0 \cdot 10^{6}$ J

45. EvB AU Una carga puntual de +50 μC se sitúa en el punto $(5, 0)$ de un sistema de referencia (todas las distancias se dan en metros). Otra carga, de −20 μC, se fija en el punto $(-1, 0)$. Halla el potencial eléctrico en el punto $(0, 0)$.

S: $V_{(0,0)} = -9 \cdot 10^{4}$ V

46. ¿Cuál es el valor de una carga puntual si, al trasladarla de manera espontánea entre dos puntos con una diferencia de potencial de $6{,}5 \cdot 10^{6}$ V, el trabajo realizado vale 0,052 J?

S: $q = 8$ nC

47. ¿Qué diferencia de potencial debe existir entre dos puntos del espacio si queremos trasladar espontáneamente un electrón con un trabajo de $4 \cdot 10^{-20}$ J? ¿Y si fuera un protón?

S: $V_{Electrón} = -0{,}25$ V; $V_{Protón} = 0{,}25$ V

Problemas globales

48. EvB AU En un instante t_1 la energía cinética de una partícula es 37 J, y su energía potencial, 12 J. En un instante posterior t_2 la energía cinética de la partícula es de 18 J.

a) Si únicamente actúan fuerzas conservativas sobre la partícula, ¿cuál es su energía potencial en el instante t_2? Justifica tu respuesta.

b) Si la energía potencial en el instante t_2 fuese 6 J, ¿actuarían fuerzas no conservativas sobre la partícula? Justifica tu respuesta.

S: *a)* $E_P = 31$ J; *b)* Actúan fuerzas no conservativas.

49. Un patinador acrobático debe realizar el circuito, sin rozamiento, de la figura. Si el conjunto patín-acróbata tiene una masa total de 80 kg y en el punto 1 se deja caer, halla:

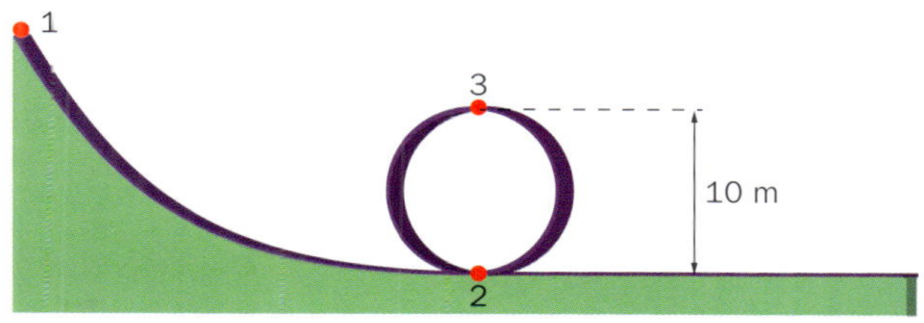

a) La velocidad mínima en el punto 3 para conseguir hacer la acrobacia.

b) La altura mínima del punto 1 para completar la acrobacia.

c) Las energías mecánica, cinética y potencial en el punto 3.

d) El trabajo realizado entre los puntos 1 y 2.

S: *a)* $v_3 = 7$ m · s^{-1}; *b)* $h = 12{,}5$ m
c) $E_{C3} = 1\,960$ J; $E_{P3} = 7\,848$ J; $E_{M3} = 9\,808$ J;
d) $W = 9\,810$ J

50. El motor de una carretilla elevadora tiene una potencia de 5 CV. Si es capaz de elevar cargas de 250 kg a una altura de 5 m en 7,5 s, calcula:

a) El incremento de energía potencial que sufre la carga.

b) El trabajo útil de la carretilla.

c) El rendimiento del motor.

d) La energía disipada por la máquina.

S: *a)* $\Delta E_P = 12\,262{,}5$ J; *b)* $W = 12\,262{,}5$ J;
c) 44,5 %; *d)* $E = 15\,300$ J

51. EvB AU Dada la distribución de cargas representada en la figura, calcula el trabajo mínimo necesario para trasladar una carga $q_3 = 1$ nC desde el infinito hasta el punto A. Considera que el potencial eléctrico en el infinito es nulo.

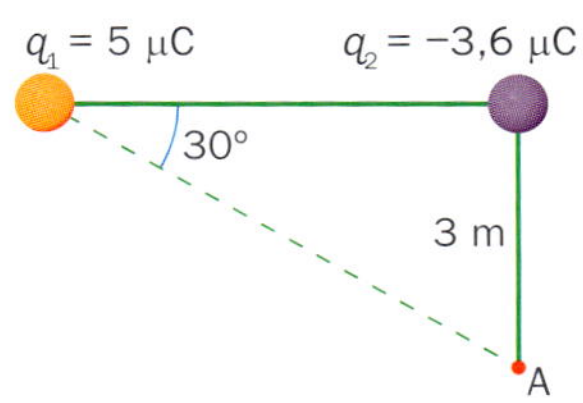

S: $W = 3{,}3 \cdot 10^{-6}$ J

Práctica 1. Conservación de la energía y las energías potenciales

La conservación de la energía es uno de los principios que rigen los procesos en la naturaleza. Desde las partículas fundamentales hasta los grandes objetos del universo, todos están regidos por la energía y su conservación.

Objetivo

Observar experimentalmente la ley de la conservación de la energía a través de la conversión de la energía potencial elástica en energía potencial gravitatoria y buscar las causas de la falsa apariencia del no cumplimiento de la conservación de la energía.

Materiales

- Un soporte metálico.
- Dos pinzas.
- Un muelle.
- Una regla.
- Una balanza.
- Varias tuercas y arandelas.
- Una nuez.

Procedimiento

En primer lugar, vamos a determinar la constante elástica, *k*, del muelle con el que vamos a realizar la experiencia. Para ello partimos de la ley de Hooke:

$$F = k \cdot \Delta x$$

Primero realizamos el montaje que aparece en la imagen.

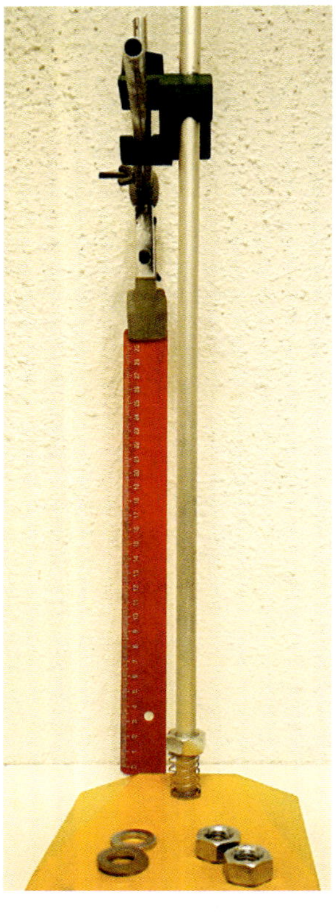

Procedemos de la siguiente manera:

- Anotamos la longitud del muelle cuando se encuentra en reposo.
- Medimos la masa de una tuerca, expresada en kilogramos, y la colocamos en el dispositivo.
- Medimos la contracción, expresada en metros, que ha experimentado el muelle.
- Medimos la masa de una segunda tuerca y la colocamos también en el dispositivo. Medimos la nueva contracción.
- Por último, repetimos el procedimiento para una tercera tuerca.

Determinamos el peso $(P = mg)$ de las tuercas en cada una de las medidas y, con ayuda de un papel milimetrado, representamos el valor de cada peso frente a la contracción del muelle que se ha producido. La pendiente de la gráfica obtenida nos permite determinar la constante elástica del muelle. Puedes emplear también una hoja de cálculo para realizar este paso.

A continuación, pasamos a realizar el estudio sobre la conservación de la energía:

- En primer lugar, comprimimos totalmente el muelle y medimos la contracción del muelle que se produce.
- Partiendo de la ecuación de la energía potencial elástica, calculamos la energía que se almacena al comprimirlo.
- Colocamos una arandela en el dispositivo y comprimimos al máximo el muelle.
- Soltamos la arandela y observamos hasta qué punto asciende. Se recomienda emplear una cámara para grabar la acción y facilitar la medida precisa de la altura alcanzada.
- Repetimos el procedimiento tres veces y obtenemos un valor medio para la altura alcanzada por la arandela.

Con el dato de la altura alcanzada, expresada en metros, calculamos la energía potencial gravitatoria de la arandela en el punto más alto de su trayectoria.

Cuestiones

1. Compara los valores de las energías potencial elástica y potencial gravitatoria. ¿Cómo son? ¿Cómo deberían ser?
2. ¿Cuáles son las posibles causas de la aparente no conservación de la energía?
3. Si se emplean arandelas más grandes, ¿cómo piensas que será la diferencia entre los valores de las dos energías potenciales? Razona tu respuesta.

Hablando de ciencia...

Cuando Emmy Noether (1882-1935) quiso estudiar matemáticas, las mujeres no podían matricularse en la Universidad. Emmy consiguió un acceso restringido que permitía su participación como oyente siempre que contara con el consentimiento del profesor. Cuando cambiaron las leyes en la Universidad y fue admitida como una alumna más, logró terminar sus estudios y doctorarse. Tras acabar sus estudios, estuvo trabajando sin sueldo como profesora durante siete años. En muchas de sus clases era un hombre el que constaba como profesor titular para evitar ciertas reticencias de la Universidad. A pesar de todo ello, Emmy Noether nunca abandonó su sueño de aprender matemáticas.

A principios del siglo XX, Albert Einstein (1879-1955) revolucionó el mundo de la física con su teoría de la relatividad. En su teoría general de la relatividad, el famoso científico obtenía un resultado que era perturbador: esta teoría parecía contradecir el principio de conservación de la energía. Esa conclusión preocupaba a Einstein, y buscar una solución a este hecho se convirtió en un elemento clave para la aceptación de la relatividad por parte de la comunidad científica.

El teorema de Noether resuelve el problema mediante el concepto de simetría. Decimos que una propiedad física o matemática es simétrica cuando se preserva al introducir un cambio. Por ejemplo, el tiempo es simétrico para ti, ya que no depende del lugar donde te encuentres.

De forma muy simplificada, Emmy Noether demostró que, para saber si se conservará la energía de un sistema, solo es necesario atender a la simetría de las ecuaciones que describen dicho sistema. En concreto, la conservación de la energía solo necesita de la simetría del tiempo en las ecuaciones matemáticas que la caracterizan. Su trabajo es clave para la física más sofisticada de la actualidad, como la física de partículas o la teoría cuántica de campos.

- ¿Por qué la teoría de la relatividad de Einstein debía ser consistente con la ley de la conservación de la energía?
- Busca información contrastada y responde. ¿Qué es la medalla Fields? ¿Cuántas mujeres la han recibido a lo largo de la historia?

Práctica 2. Energía mecánica, potencial y cinética

En **bit.ly/GeoGebra_E_caída** encontrarás un simulador que te permitirá observar cómo evolucionan las magnitudes energía mecánica, potencial y cinética en un cuerpo en caída libre desde una determinada altura.

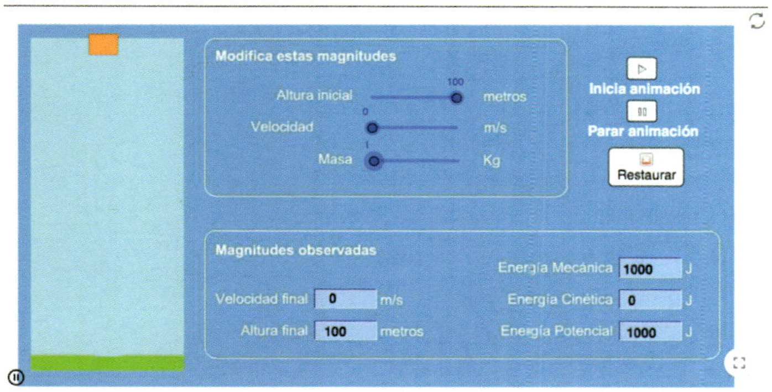

Para una altura de 100 m y una masa de 2 kg, calcula las tres energías en el punto más alto, en el intermedio y en el suelo. ¿Coinciden con los datos del simulador?

Cuestiones

Ahora, elige tú una altura inicial y responde a las siguientes cuestiones:

1. ¿Qué ocurre con la energía mecánica durante todo el recorrido? ¿Qué condiciones deben existir para que esto se produzca?
2. Si aumentas la masa del cuerpo, ¿cómo influye en los valores de la energía? ¿Y en la velocidad final del cuerpo al llegar al suelo? Justifica tus respuestas.
3. A mitad de la trayectoria, la energía cinética y la potencial son la mitad cada una de la mecánica, y la altura recorrida es la mitad de la altura total. Entonces, ¿por qué en ese punto la velocidad no es la mitad de lo que valdrá al llegar al suelo?

Atrévete a mirar

¿He aprendido realmente?

¿Qué nuevos conceptos he añadido a lo que ya conocía sobre energía?

¿Cómo relaciono lo que ya conocía sobre el trabajo con lo aprendido?

¿Cómo ha cambiado mi comprensión del comportamiento de las cargas?

¿Qué conceptos de la unidad me han planteado mayores dudas? ¿Cómo puedo superarlas?

¿Para qué me sirve relacionar el trabajo y la diferencia de potencial en el movimiento de las cargas?

¿Cómo planteo la resolución de las actividades sobre energía?

¿Qué aplicaciones puede tener lo aprendido sobre el movimiento de las cargas?

11. Movimiento armónico simple

Contenidos

- Movimientos periódicos
- Movimiento armónico simple (MAS)
- Velocidad y aceleración en el MAS
- Dinámica y energía del MAS
- Movimiento circular uniforme y MAS

Tacoma es una ciudad portuaria situada a unos cincuenta kilómetros de Seattle (Washington, Estados Unidos), famosa en el mundo de la ingeniería civil por el colapso del puente que unía la ciudad de Tacoma con el resto del condado de Pierce en 1941.

Leon Moisseiff, diseñador y muy respetado ingeniero, entre cuyas construcciones se encontraba el Golden Gate Bridge, propuso emplear en el puente vigas esbeltas de muy poco espesor (2,4 m). Según su diseño, el puente sería más delgado y elegante. Y, además, se reducirían notablemente los costes de construcción, que en ese momento eran un factor determinante.

Sus cálculos, de acuerdo con el conocimiento de la época, eran correctos: las vigas de ese tamaño podrían soportar el peso de los tableros y de los vehículos. Pero ocurrió algo inesperado. Entra en **bit.ly/Puente_Tacoma** para ver imágenes de lo que sucedió: te sorprenderá.

Hasta entonces, ni los diseñadores ni los ingenieros habían visto nada semejante. Al igual que un poste que sostiene una señal se puede acabar partiendo al aplicarle una fuerza periódica, el puente colapsó por efecto de las corrientes de aire tras producirse una vibración autosostenida en el tiempo.

Hoy en día, este efecto es también conocido en la ingeniería aeronáutica, donde se le llama «flameo» *(fluttering)*. Si una aeronave se mantiene a la velocidad de flameo durante un tiempo prolongado, se producirán daños estructurales. El flameo puede originar desde un simple zumbido, que apenas se nota en cabina, hasta una vibración completamente sostenida que hace vibrar todo el avión y origina problemas de aeronavegabilidad y posibles roturas.

Cuestiones

1. ¿Conoces algún caso más en el que, debido a una vibración sostenida en el tiempo, se haya producido la rotura de una estructura?
2. ¿Habías oído hablar de este fenómeno? ¿Y del fenómeno de la resonancia en objetos y estructuras?

«La inteligencia es la habilidad de adaptarse a los cambios», Stephen Hawking.

El reto

Galileo Galilei observó que el tiempo que transcurre en el desplazamiento entre posiciones extremas de un péndulo dependía de la longitud del hilo y no de la amplitud de su movimiento o de la masa situada en el extremo.

Echa un vistazo a: **bit.ly/Vídeo_pend_olas**

Si hacemos oscilar varios péndulos de longitudes gradualmente aumentadas, podremos observar que la diferencia entre sus recorridos se va incrementando progresivamente y que, con cada nueva oscilación, va dando lugar a patrones interesantes. Finalmente, los péndulos volverán a coincidir en lo que sería el «mínimo común múltiplo» de sus frecuencias.

Experimento: péndulo de olas

Construye un péndulo de olas para poder comprobar los diferentes movimientos oscilatorios que aparecen en función de la longitud del hilo y determina las frecuencias de cada péndulo para poder compararlas entre sí.

Necesitas: hilo y tijeras para cortarlo, diez masas (si son iguales en tamaño, el efecto óptico es más cautivador), una regla o un flexómetro, un bastidor al que atar los hilos de los péndulos y un cronómetro con el que medir los periodos de oscilación.

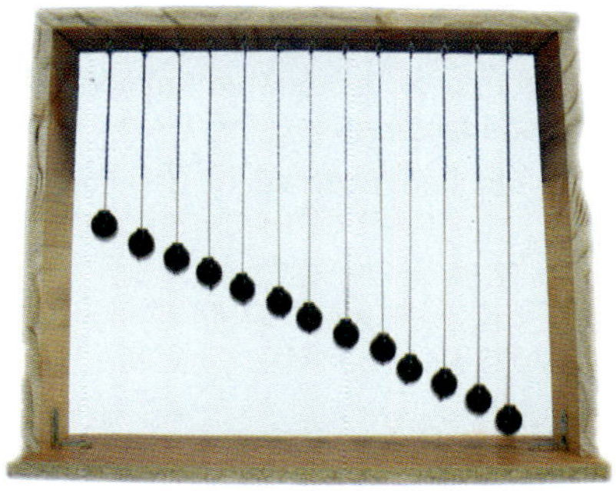

1. Construcción de los péndulos: corta tantos trozos de hilo como masas tenga y ata cada una de ellas a un trozo de hilo.
2. Construcción del péndulo de olas:
   - Ata al bastidor cada uno de los hilos garantizando que la distancia entre ellos es la misma y que la distancia de cada masa al suelo es progresiva. Asegúrate de que la progresión es constante: 1 cm, 2 cm, 3 cm.
   - Comprueba que no se produce ningún roce entre la masa y el hilo durante la oscilación de cada péndulo; esto ocasionaría un rozamiento que modificaría las condiciones de oscilación libre.
3. Comprobación del funcionamiento del péndulo de olas:
   - Con la ayuda de una regla o de un trozo de madera, desplaza paralelamente al eje del bastidor todas las masas simultáneamente.
   - Déjalas libres y observa qué patrones de comportamiento sigue cada bola.

Mide la longitud de cada péndulo y determina el valor del periodo (tiempo de oscilación) de cada uno de ellos.

Represente en unos ejes de coordenadas la longitud del péndulo y el periodo de oscilación. ¿A qué tipo de función se parece?

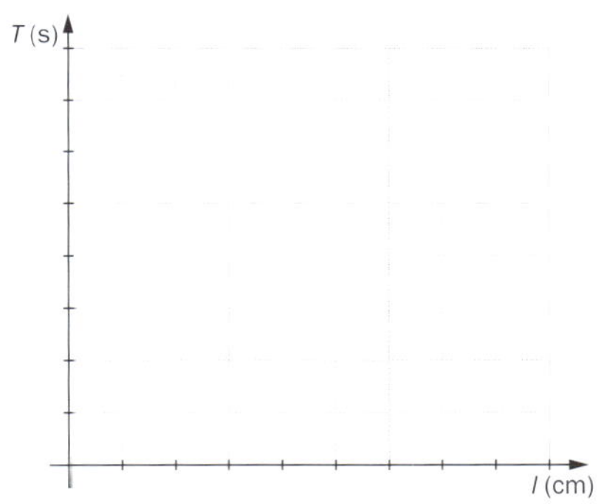

Atrévete a mirar

¿Quiero aprender?

¿Qué conozco acerca de las oscilaciones? ¿Y qué sé de las vibraciones?

¿Entiendo la diferencia entre movimiento periódico, oscilación y vibración? ¿Y entre frecuencia y periodo?

¿Comprendo la diferencia que existe entre la amplitud y la elongación en un movimiento periódico?

¿Cómo se denomina al movimiento que se produce en un muelle vertical tras sacarlo de su posición de equilibrio? ¿Identifico movimientos similares a este en mi entorno?

¿Sería capaz de determinar el valor de la aceleración de la gravedad a partir del estudio de la oscilación de un péndulo en relación con su posición de equilibrio?

1. Movimientos periódicos

El movimiento de la Luna en torno a la Tierra, el de la rueda de una bicicleta, el de un péndulo con respecto a su posición de equilibrio, el de una cuerda de una guitarra cuando la pulsamos o el de un objeto atado a un muelle que es desplazado de su posición de equilibrio son todos movimientos periódicos.

El ejemplo más sencillo de movimiento periódico es el movimiento circular uniforme (MCU), en el que el móvil vuelve a pasar por la misma posición cada cierto tiempo y repite la misma secuencia de movimiento una y otra vez.

Un **movimiento periódico** es aquel que se repite a intervalos de tiempo iguales.

Las magnitudes características del movimiento periódico son:

- **Periodo** (T) es el tiempo empleado en repetir el movimiento. Su unidad en el SI es el segundo (s).
- **Frecuencia** (ν) es el número de recorridos completos que realiza el móvil en la unidad de tiempo. Su unidad en el SI es el inverso del segundo (s^{-1}) o hercio (Hz).

Estas dos magnitudes se relacionan entre sí mediante la fórmula: $T = \dfrac{1}{\nu}$

Sabías que...

El movimiento del corazón puede considerarse un movimiento periódico en el que el periodo varía en función de diversos factores.

¿Podrías identificar alguno de ellos?

1.1. Movimientos oscilatorio y vibratorio

Los movimientos oscilatorio y vibratorio son movimientos periódicos que tienen lugar a un lado y a otro de una posición de equilibrio estable.

Se denomina **posición de equilibrio estable** a la posición que ocuparía un objeto si no existiera interacción alguna.

La posición de equilibrio estable de un péndulo es la posición fija que mantiene si nada lo desplaza, y la de un sistema formado por una masa unida a un muelle es aquella en la que no se produce movimiento alguno.

Con el nombre de **oscilación** o de **vibración** se hace referencia al movimiento en torno a la posición de equilibrio que se produce por la acción de una fuerza.

La frecuencia a la que tiene lugar la oscilación vendrá determinada por la causa que la origina:

- Si esta se mantiene en el tiempo, se denomina **oscilación forzada** y su frecuencia será la misma que la de la causa que lo origina. Por ejemplo, en el movimiento de la pantalla de un altavoz, la oscilación depende de la fuerza que ejerce el dispositivo sobre ella.
- En caso contrario, el cuerpo oscilará a una frecuencia denominada **frecuencia natural.** Por ejemplo, al pulsar la cuerda de una guitarra, la oscilación de cada partícula depende de factores externos a la pulsación, como son la tensión de la cuerda o su grosor.

Generalmente, se produce rozamiento entre las partículas del sistema. Este rozamiento ocasiona una pérdida de energía que producirá el cese de las oscilaciones con el paso del tiempo. Sin embargo, si la oscilación es forzada, podría mantenerse en el tiempo.

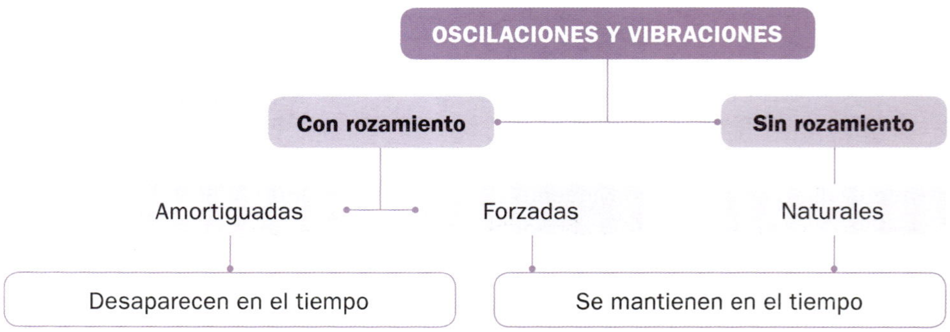

Sabías que...

Los puentes están dotados de zapatas, cuyo objetivo es amortiguar las vibraciones que se producen en el tablero debido al paso de vehículos.

A. Estudio del movimiento oscilatorio

Supondremos en nuestro estudio que no se produce pérdida de energía por rozamiento y que, por tanto, el movimiento se mantiene en el tiempo.

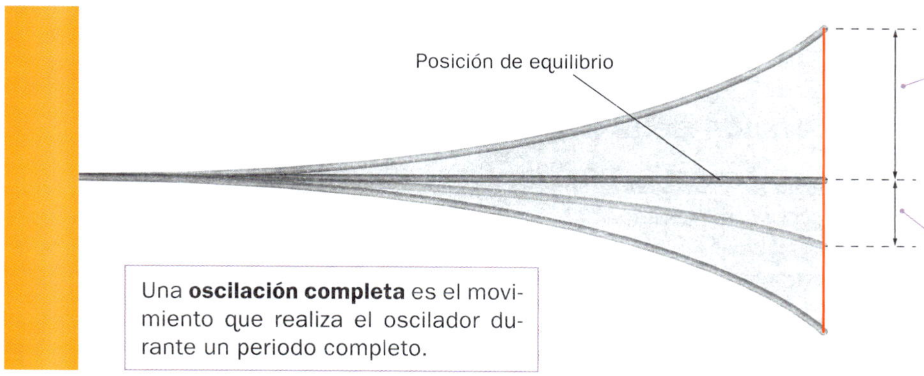

Una **oscilación completa** es el movimiento que realiza el oscilador durante un periodo completo.

La **amplitud** de la vibración es el desplazamiento entre la posición de equilibrio estable y el extremo. Es el máximo desplazamiento que puede tener lugar durante una vibración. La amplitud se recorre en la cuarta parte del periodo.

La **elongación** es la distancia que, en un instante dado, separa a una partícula o cuerpo sometidos a oscilación de su posición de equilibrio estable.

B. Diferencia entre oscilación y vibración

Aunque sean tratados de manera similar, realmente los conceptos de oscilación y vibración no son idénticos. La diferencia entre ellos se encuentra en el valor del periodo del movimiento.

Los movimientos oscilatorios son relativamente lentos. Cuando las oscilaciones son muy rápidas se denominan **vibraciones.**

El movimiento correspondiente a una vibración se denomina movimiento vibratorio. Así, el movimiento de un péndulo es un **movimiento oscilatorio,** mientras que el de la membrana de un tambor es un **movimiento vibratorio.**

Laboratorio en el aula. Las oscilaciones son isócronas

1. ¿Depende el periodo de una oscilación de su amplitud? Vamos a comprobar si la respuesta es afirmativa o no. Para ello, construye un péndulo con la ayuda de los materiales que hay a tu disposición en el aula. Necesitarás un trozo de cuerda (puede servir el cordón de cualquier zapatilla) al que atar una masa en uno de sus extremos.

Determina el periodo del péndulo realizando diez oscilaciones y dividiendo el tiempo total entre diez para minimizar el error cometido al medir.

Repite la misma acción variando la amplitud del movimiento oscilatorio y, de esta forma, comprueba que las oscilaciones son isócronas, esto es, que su periodo no depende de la amplitud de la oscilación.

Actividades

1. Determina el tiempo que transcurre entre dos impactos producidos por un martillo neumático que vibra a una frecuencia de 33,33 Hz.

S: $t = 0{,}03$ s

2. Determina la frecuencia a la que oscila un péndulo que recorre la distancia entre sus extremos en 2 s.

S: $\nu = 0{,}25$ Hz

3. ¿Cuál es el periodo del péndulo de un reloj que marca los segundos al alcanzar las posiciones extremas?

S: $T = 2$ s

Sabías que...

El cuerpo humano es sensible a las vibraciones. Una vibración mantenida en el tiempo puede llegar a ser nociva para las personas. En particular, puede ocasionar problemas vasculares, de huesos o de articulaciones, nerviosos o musculares.

Así, un ventilador que impulse aire directamente sobre el cuerpo de una persona durante toda una noche puede ocasionar pérdidas de movilidad, dolores o parálisis parciales.

Cinemática 2.0

En este enlace dispones de un *applet* en el que poder realizar la experiencia virtualmente:

bit.ly/FisicaLab_MAS

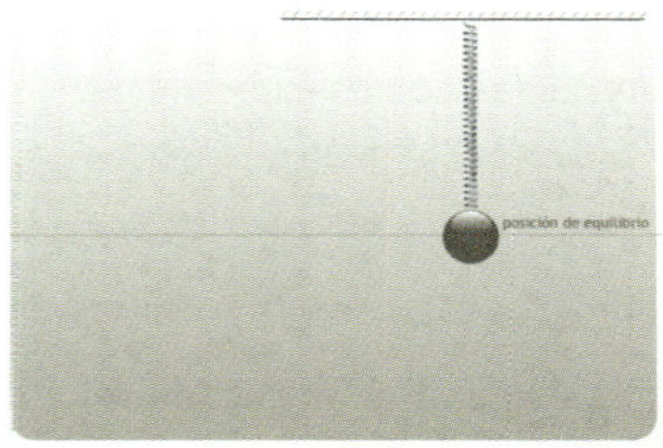

2. Movimiento armónico simple (MAS)

De todos los movimientos vibratorios que tienen lugar en la naturaleza, los más importantes son los armónicos simples. Se denominan así porque las ecuaciones del movimiento *(x, v, a)* se pueden expresar mediante funciones armónicas, como son el seno y el coseno, de una sola variable.

➡ • *Cinemática 2.0*

En el siguiente enlace dispones de un *applet* en el que la fuerza recuperadora de un muelle ocasiona que un objeto se desplace según un MAS:

bit.ly/Fendt_Muelle_oscilante

Una gráfica representa simultáneamente los desplazamientos que están teniendo lugar.

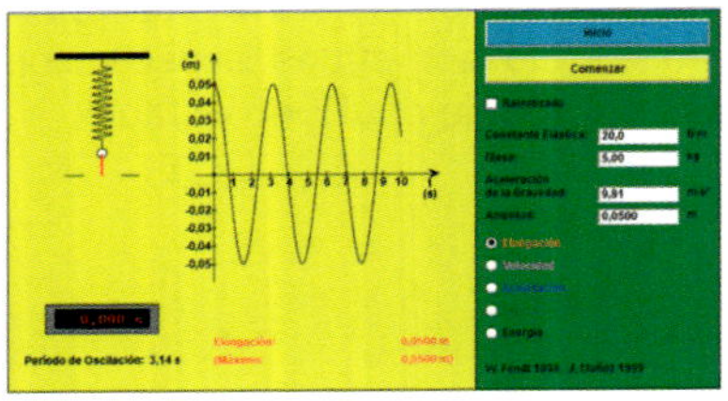

2.1. Ecuación de la posición en el MAS

El caso más sencillo de movimiento armónico es el de una masa unida a un muelle que oscila en torno a una posición de equilibrio después de haber sido desplazada. Por efecto de la fuerza recuperadora del muelle, es impulsada a volver a la posición de equilibrio, y, al no existir ninguna interacción capaz de detenerla en dicha posición, seguirá oscilando.

La gráfica de la posición con respecto al tiempo de este movimiento es:

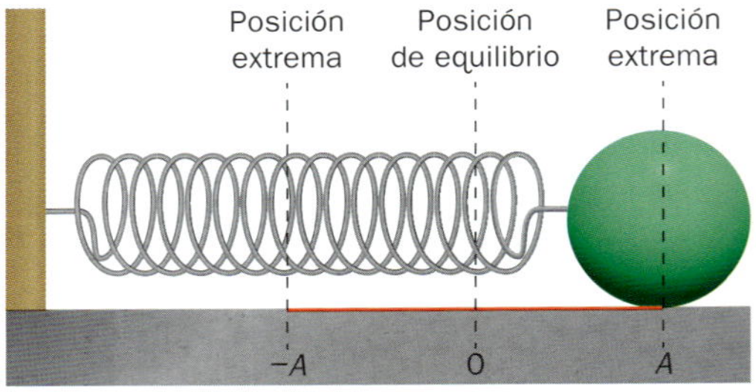

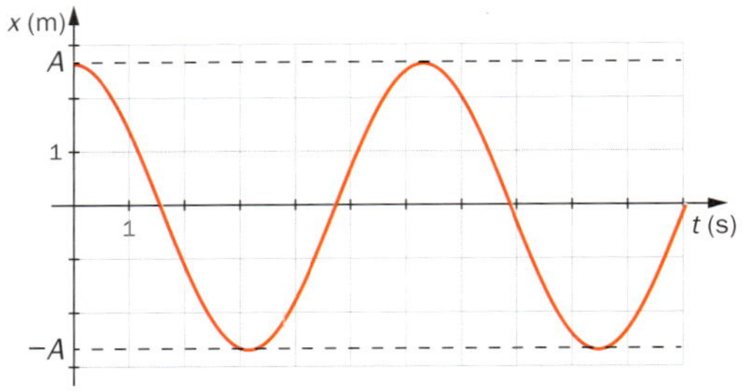

A este tipo de movimiento se le denomina **movimiento armónico simple (MAS).**

La expresión matemática que corresponde a esta gráfica es la función coseno:

$$x(t) = A \cdot \cos(\varphi)$$

Donde el valor del ángulo permite intuir un movimiento periódico. Este valor del ángulo es posible determinarlo mediante una simple proporción:

$$\frac{2\pi \text{ rad}}{T \text{ s}} = \frac{\varphi \text{ rad}}{t \text{ s}}$$

El tiempo transcurrido en volver hasta la posición de equilibrio es el periodo, *T*.

Ángulo

Tiempo

$$\varphi = \frac{2\pi}{T} \cdot t \text{ (rad)}$$

Frecuencia angular (ω)

Obtenemos entonces expresión matemática del movimiento armónico simple:

$$x(t) = A \cdot \cos(\omega \cdot t)$$

- *A* es la amplitud del movimiento.
- *x* es la elongación del movimiento en un instante *t* dado.
- ω es la frecuencia angular del movimiento: $\omega = \frac{2\pi}{T} = 2\pi\nu$
- *t* es el valor del tiempo en el instante correspondiente.
- $\omega \cdot t$ es la fase del movimiento.

Cuando el MAS no comienza en la posición de máxima amplitud, se introduce un valor denominado fase inicial, φ_0. Así, resulta la expresión general del movimiento armónico simple:

$$\boxed{x(x) = A \cdot \cos(\omega \cdot t + \varphi_0)}$$

Para calcular el valor de φ_0 basta con estudiar el instante inicial, $t = 0$ s:

$$x(0) = A \cdot (\cos\varphi_0) \quad ; \quad \varphi_0 = \arccos\left(\frac{x(0)}{A}\right)$$

! Importante

Existen dos expresiones posibles para la ecuación de un movimiento armónico simple: con el coseno o con el seno.

Son válidas ambas expresiones:

$$x(t) = A \cdot \cos(\omega \cdot t + \varphi_0)$$
$$x(t) = A \cdot \text{sen}(\omega \cdot t + \varphi_0)$$

Como $\cos(0) = \text{sen}\left(\frac{\pi}{2}\right)$, tomar una expresión u otra modifica el valor de la fase inicial, φ_0.

Actividades resueltas

1. Un bloque atado a un muelle es desplazado de su posición de equilibrio. Tarda 0,5 s en recorrer el segmento de 8 cm que forma su movimiento armónico simple. Calcula:

a) El periodo y la frecuencia del movimiento.

b) El número de vibraciones que realiza en un minuto.

c) La ecuación del movimiento.

d) La posición del bloque a 1,25 s de comenzar a moverse.

Estrategia de resolución

a) Para determinar el valor del periodo, es necesario calcular el tiempo que tarda en realizar una oscilación completa (ida y vuelta). Si tarda 0,5 s en recorrer la distancia entre los dos extremos (ida), el periodo será el doble de este valor. Así:

$$T = 2 \cdot 0{,}5\ \text{s} = 1\ \text{s}$$

Calculamos el valor de la frecuencia:

$$\nu = \frac{1}{T} \quad ; \quad \nu = \frac{1}{1\ \text{s}} = 1\ \text{Hz}$$

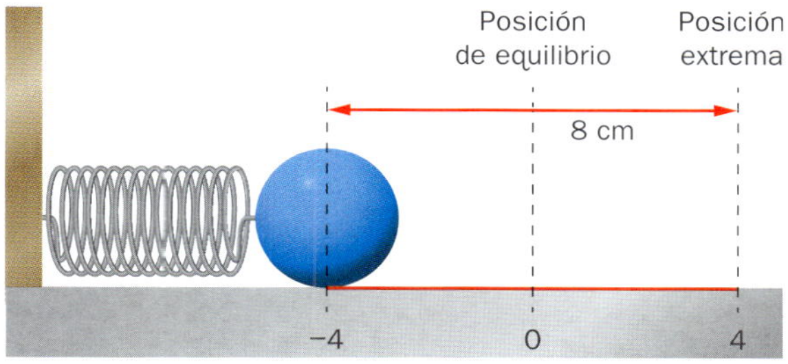

b) Para hallar el número de vibraciones que tienen lugar en un minuto, basta con realizar la conversión:

$$1\ \text{Hz} = \frac{1\ \text{oscilación}}{1\ \text{s}} \cdot \frac{60\ \text{s}}{1\ \text{min}} = 60\ \text{oscilaciones} \cdot \text{min}^{-1}$$

c) Para calcular la ecuación del movimiento, determinamos la amplitud y la frecuencia angular. La amplitud es la mitad del segmento que recorre el bloque:

$$A = \frac{8 \cdot 10^{-2}\ \text{m}}{2} = 4 \cdot 10^{-2}\ \text{m}$$

Recuerda convertir las unidades al SI.

La frecuencia angular viene dada por la expresión:

$$\omega = \frac{2\pi}{T} \quad ; \quad \omega = \frac{2\pi}{1\ \text{s}} = 2\pi\ \text{rad} \cdot \text{s}^{-1}$$

La vibración comienza cuando la amplitud es máxima, lo que para una función coseno implica un desfase $\varphi_0 = 0$. La expresión del movimiento es, por tanto:

$$x(t) = A\cos(\omega t + \varphi_0) \quad ; \quad x(t) = 4 \cdot 10^{-2} \cdot \cos(2\pi \cdot t)\ (\text{m})$$

d) Calculamos la posición del bloque a los 1,25 s sustituyendo este valor en la expresión del movimiento:

$$x(1{,}25\ \text{s}) = 4 \cdot 10^{-2} \cdot \cos(2\pi \cdot 1{,}25) = 0\ \text{m}$$

En ese instante, pasa por la posición de equilibrio.

! Importante

Recuerda que la unidad del SI para la medida de ángulos es el radián. Por tanto, los ángulos que se introducen en la expresión del MAS se encuentran en radianes. Comprueba que tu calculadora realiza los cálculos teniendo en cuenta esta consideración.

Actividades

4. El movimiento de una partícula viene dado por la expresión, en unidades del SI:

$$x(t) = 3\,\text{sen}\left(\frac{\pi}{2}t\right)$$

a) Calcula el periodo y la frecuencia del movimiento.

b) Determina el tiempo que tardará la partícula en recorrer la distancia que une las posiciones extremas.

S: *a)* $T = 4$ s; $\nu = 0{,}25$ Hz; *b)* 2 s

5. Determina la distancia que recorre en 10 s un objeto que se desplaza siguiendo la expresión $x(t) = 2\,\text{sen}(\pi t)$.

S: $x = 40$ m

3. Velocidad y aceleración en el MAS

3.1. Velocidad en el MAS

! Importante

Recuerda que:

$$\frac{d}{dx}(\text{sen}(x)) = \cos(x)$$

$$\frac{d}{dx}(\cos(x)) = -\text{sen}(x)$$

Y que:

$$\frac{d}{dx}(A \cdot \text{sen}(x)) = A \cdot \cos(x)$$

$$\frac{d}{dx}(A \cdot \cos(x)) = -A \cdot \text{sen}(x)$$

En el estudio de cinemática determinamos que la velocidad instantánea de una partícula viene dada por la derivada del vector de posición con respecto del tiempo. Atendiendo a esta consideración:

$$v(t) = \frac{d}{dt}(x(t)) = \frac{d}{dt}(A \cdot \cos(\omega \cdot t + \varphi_0))$$

$$v(t) = -A \cdot \omega \cdot \text{sen}(\omega \cdot t + \varphi_0)$$

El valor máximo de la velocidad será $\pm A \cdot \omega$.

La expresión de la velocidad también es periódica, pero con un desfase de $\frac{\pi}{2}$ con respecto a la posición.

Esta expresión da idea de que:

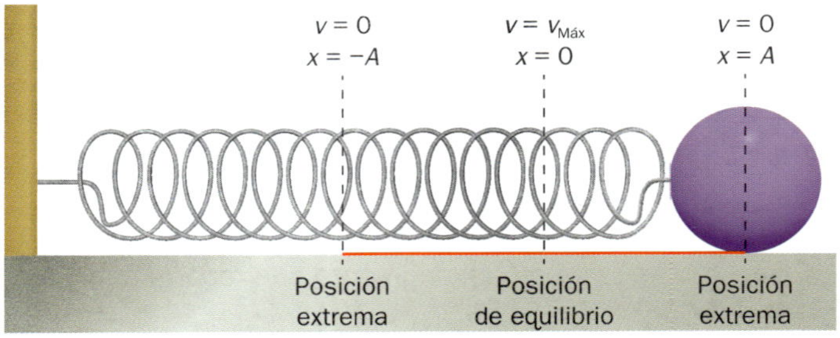

Es posible obtener una nueva relación sustituyendo la expresión:

$$\text{sen}(\omega \cdot t + \varphi_0) = \sqrt{1 - \cos^2(\omega \cdot t + \varphi_0)} \quad ; \quad v(t) = -A \cdot \omega \cdot \sqrt{1 - \cos^2(\omega \cdot t + \varphi_0)}$$

Teniendo en cuenta la expresión de la ecuación de posición y elevando al cuadrado los dos miembros, obtenemos:

$$v(t) = -\omega \cdot \sqrt{A^2 - (A \cdot \cos(\omega \cdot t + \varphi_0))^2} \quad ; \quad v^2(t) = \omega^2 \cdot (A^2 - x^2(t))$$

Elongación de $x(t)$

! Importante

La frecuencia angular en el MAS también recibe el nombre de **pulsación.**

Actividades resueltas

2. Determina la velocidad máxima de una partícula que realiza un MAS y cuya posición viene definida por la expresión:

$$x(t) = \cos\left(\frac{3\pi}{2} \cdot t + \pi\right)$$

Estrategia de resolución

A partir de la expresión $x(t) = A\cos(\omega t + \varphi_0)$ identificamos que $A = 1$ m, $\omega = \frac{3\pi}{2}$ rad · s^{-1} y $\varphi_0 = \pi$ rad. Como la velocidad máxima en un MAS viene dada por:

$$v_{Máx} = \pm A\omega \quad ; \quad v_{Máx} = (1\text{ m}) \cdot \left(\frac{3\pi}{2}\text{ rad} \cdot \text{s}^{-1}\right) = 4{,}71\text{ m} \cdot \text{s}^{-1}$$

Actividades

6. ¿Cuál es la amplitud del MAS que realiza un objeto si oscila 20 veces por segundo y su velocidad máxima es de 50 m · s^{-1}.

S: $x = 0{,}4$ m

3.2. Aceleración en el MAS

Empleando el mismo procedimiento que el utilizado para la velocidad, se obtiene el valor de la aceleración:

$$a(t) = \frac{d}{dt}(v(t)) = \frac{d}{dt}(-A \cdot \omega \cdot \text{sen}(\omega \cdot t + \varphi_0))$$

$$a(t) = -A \cdot \omega^2 \cdot \cos(\omega \cdot t + \varphi_0)$$

El valor máximo de la aceleración será $\pm A \cdot \omega^2$.

La expresión de la aceleración también es periódica, pero con un desfase de $-\pi$ con respecto a la posición.

A partir de la expresión, puede deducirse que:

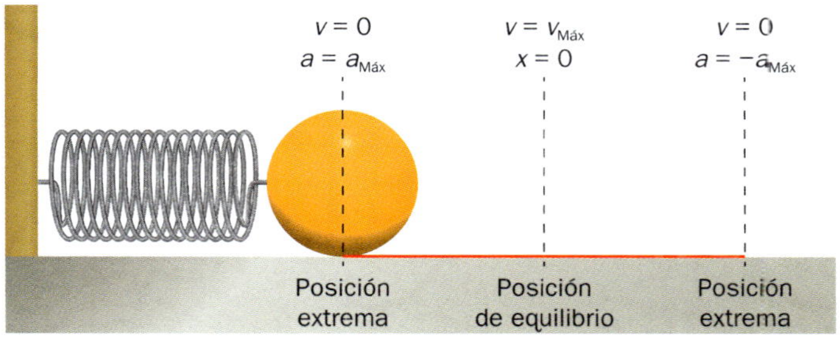

También es posible obtener una nueva relación a partir de la expresión de la posición. Como $x(t) = A \cdot \cos(\omega \cdot t + \varphi_0)$ se puede sustituir en la expresión anterior, obtenemos:

$$a(t) = -\omega^2 \cdot x(t)$$

Actividades resueltas

3. Una partícula vibra con un movimiento armónico simple cosenoidal cuya amplitud es de 20 cm, y adquiere una velocidad máxima de $4 \text{ m} \cdot \text{s}^{-1}$. Si su fase inicial es nula:

a) Determina la expresión de la posición, la velocidad y la aceleración del MAS.

b) Calcula la posición, la velocidad y la aceleración en el instante $t = 2$ s.

Estrategia de resolución

a) Para determinar la expresión de la posición, necesitamos hallar las variables del MAS. Como $v_{Máx} = 4 \text{ m} \cdot \text{s}^1$ y $A = 20 \cdot 10^{-2}$ m, podemos calcular la frecuencia angular:

$$v_{Máx} = \pm A \cdot \omega \quad ; \quad \omega = \frac{4 \text{ m} \cdot \text{s}^{-1}}{20 \cdot 10^{-2} \text{ m}} = 20 \text{ rad} \cdot \text{s}^{-1}$$

A partir de este valor, determinamos la expresión de posición, velocidad y aceleración:

$$x(t) = A \cdot \cos(\omega t) \quad ; \quad x(t) = 0{,}2 \cdot \cos(20t)$$

$$v(t) = -A \cdot \omega \text{ sen}(\omega t) \quad ; \quad v(t) = -0{,}2 \cdot 20 \cdot \text{sen}(20t)$$

$$a(t) = -\omega^2 \cdot x(t) \quad ; \quad a(t) = -20^2 \cdot 0{,}2 \cdot \cos(20t)$$

b) En el instante $t = 2$ s, los valores de las expresiones del movimiento son:

$$x(2 \text{ s}) = 0{,}2 \cdot \cos(20 \cdot 2) = -0{,}13 \text{ m}$$

$$v(2 \text{ s}) = -20 \cdot 0{,}2 \cdot \text{sen}(20 \cdot 2) = -2{,}98 \text{ m} \cdot \text{s}^{-1}$$

$$a(2 \text{ s}) = -20^2 \cdot 0{,}2 \cdot \cos(20 \cdot 2) = 53{,}36 \text{ m} \cdot \text{s}^{-2}$$

Actividades

7. Un oscilador armónico recorre 2 mm a 50 Hz. Halla su aceleración máxima.

S: $a = 98{,}7 \text{ m} \cdot \text{s}^{-2}$

! Importante

La ecuación de la posición también podría expresarse en función del seno:

$$x(t) = A \cdot \text{sen}(\omega \cdot t)$$

En este caso, la velocidad sería:

$$v(t) = \frac{dx(t)}{dt} = A \cdot \omega \cdot \cos(\omega \cdot t)$$

Y la aceleración:

$$a(t) = \frac{dv(t)}{dt} = -A \cdot \omega^2 \cdot \text{sen}(\omega \cdot t)$$

Manteniéndose las expresiones:

$$v^2(t) = \omega^2 \cdot (A^2 - x^2(t))$$

$$a(t) = -\omega^2 \cdot x(t)$$

4. Gráficas

En la siguiente gráfica aparecen representadas las expresiones de posición, velocidad y aceleración del MAS con respecto al tiempo:

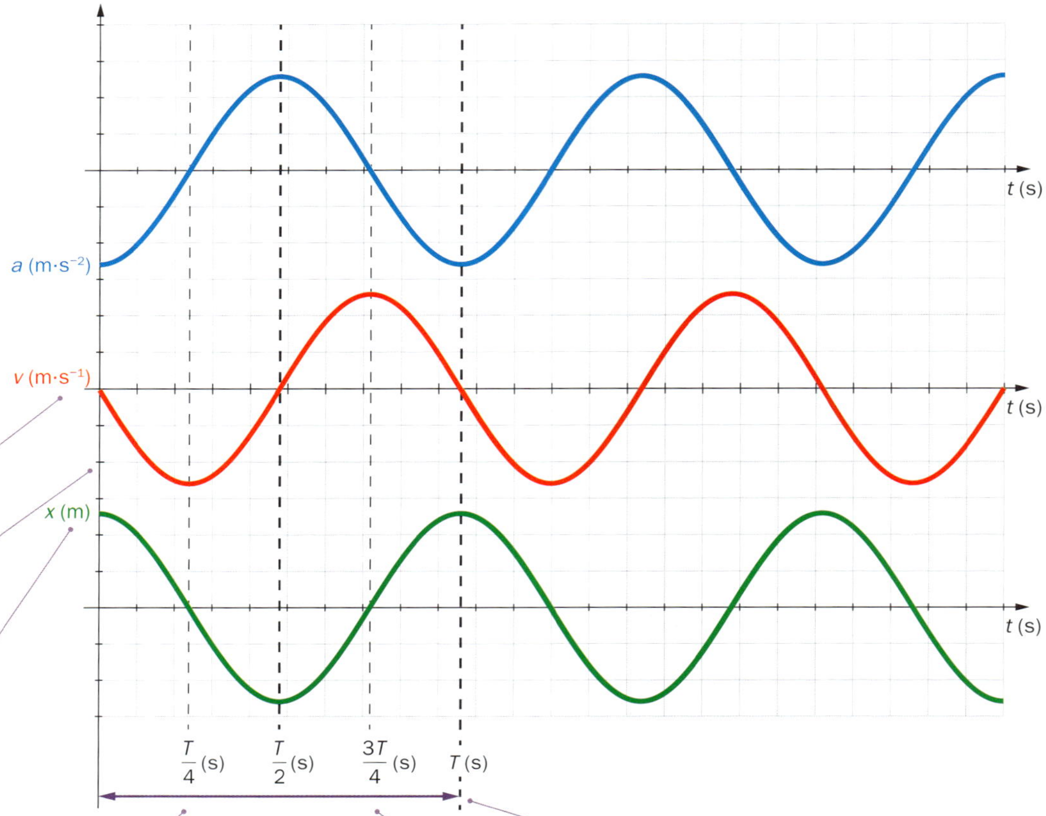

La velocidad es nula en los extremos del movimiento, en valores donde la elongación es máxima, es decir, igual a la amplitud.

La velocidad toma valores máximos cuando posición y aceleración se anulan, es decir, es máxima en la posición de equilibrio.

La gráfica de la velocidad tiene un retraso de $-\frac{\pi}{2}$ con respecto a la de posición.

En el primer tramo del MAS se producen crecimientos opuestos en el valor de la posición y de la aceleración.

Las expresiones de la posición y aceleración son nulas simultáneamente.

Las tres expresiones son periódicas y tienen el mismo periodo: T.

Cinemática 2.0

Para poder entender mejor la importancia de la comprensión de las gráficas del MAS, entra en:

bit.ly/Fendt_Muelle_oscilante

En los siguientes enlaces puedes variar los parámetros del MAS para comprobar cómo se modifican las gráficas de su posición, velocidad y aceleración:

bit.ly/FisLab_MAS

bit.ly/GeoGebra_MAS_cinemática

En la siguiente representación aparecen la posición, la velocidad y la aceleración con respecto al valor de la fase $(\omega t + \varphi_0)$. Podemos observar claramente en ella la periodicidad:

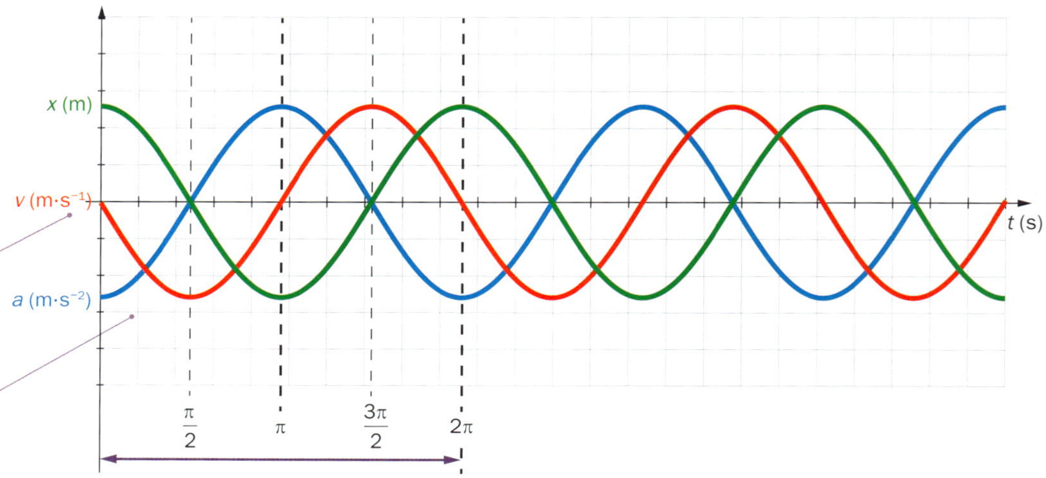

Para calcular la diferencia de fase entre dos puntos, basta con restar el valor de la fase de ambos.

Dos puntos están en fase si vibran con la misma elongación y en el mismo sentido.

Actividades resueltas

4. Un objeto realiza un movimiento armónico simple entre dos posiciones que se encuentran separadas entre sí 10 cm. En el momento inicial, el objeto se encontraba aumentando su velocidad con una elongación de 2,5 cm. Si la frecuencia del movimiento es 3 Hz, determina:

a) La expresión del MAS del objeto.

b) La diferencia de fase entre el instante inicial y el primer segundo.

Estrategia de resolución

a) Según los datos del enunciado, el valor de la amplitud es $A = 0{,}05$ m, y el de la frecuencia angular es:

$$\omega = 2\pi \cdot (3\ \text{Hz}) = 6\pi\ \text{rad} \cdot \text{s}^{-1}$$

A partir de estos valores, la expresión del movimiento viene dada por:

$$x(t) = 0{,}05 \cdot \cos(6\pi t + \varphi_0)$$

Para determinar la fase inicial, atendemos a las condiciones iniciales del movimiento:

$$x(0\ \text{s}) = 0{,}025\ \text{m} \quad ; \quad 0{,}025 = 0{,}05 \cdot \cos(6\pi \cdot 0 + \varphi_0) \quad ; \quad \varphi_0 = \frac{\pi}{3}$$

Con lo que la expresión definitiva del movimiento es:

$$x(t) = 0{,}05 \cdot \cos\left(6\pi t + \frac{\pi}{3}\right)$$

b) Para calcular la diferencia de fase, es preciso determinar las dos fases.

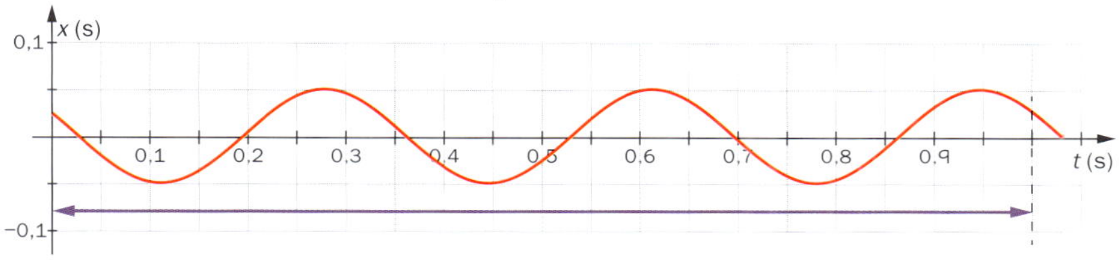

La fase inicial ha sido calculada anteriormente y la fase para $t = 1$ s es:

$$\varphi_1 = 6\pi \cdot 1 + \frac{\pi}{3} = 6\pi + \frac{\pi}{3}\ \text{rad}$$

La diferencia de fase, por tanto, será:

$$\Delta\varphi = \varphi_1 - \varphi_0 = \left(6\pi + \frac{\pi}{3}\right) - \frac{\pi}{3} = 6\pi\ \text{rad}$$ lo que equivale a 3 oscilaciones completas.

Los actuales cambios de protocolos web pueden dificultarte el acceso a alguno de los enlaces.

Para evitarlo, en la siguiente dirección te proporcionamos un nuevo enlace y el planteamiento correspondiente:

bit.ly/Enlace_2_0_1BAC_U11

Existen dos soluciones para la ecuación $\cos(\varphi_0) = 0{,}5$:

- $\cos(\varphi_0) = \frac{\pi}{3}$, donde el sistema se dirige al punto de equilibrio incrementando su velocidad.
- $\cos(\varphi_0) = -\frac{\pi}{3}$, donde el sistema se dirige hacia el extremo disminuyendo su velocidad hasta detenerse.

Actividades

8. EvB AU Un muelle con una masa colgada de su extremo inferior oscila armónicamente. En la gráfica se representa la velocidad del muelle en función del tiempo.

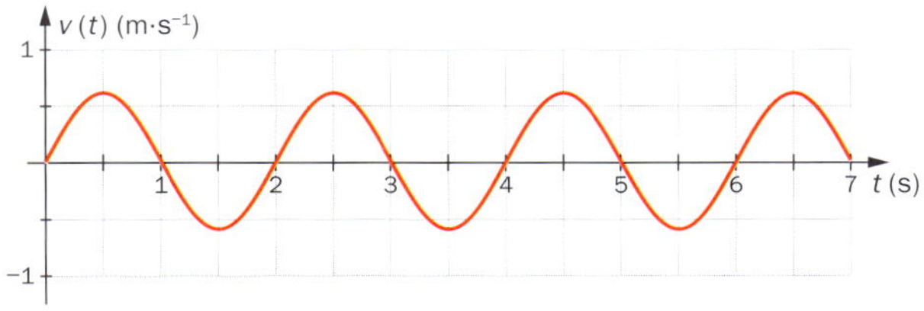

a) Determina la amplitud y la frecuencia de dichas oscilaciones.

b) Escribe la ecuación $x(t)$ que describe la posición del muelle con respecto a su posición de equilibrio ($x = 0$ m) y a su aceleración $a(t)$ en cualquier instante.

S: *a)* $A = 0{,}191$ m; $v = 0{,}5\ \text{s}^{-1}$; *b)* $x(t) = -0{,}191\cos(\pi t)$ m; $a(t) = 0{,}191\pi^2\cos(\pi t)\ \text{m} \cdot \text{s}^{-2}$

9. EvB AU Una partícula real za un movimiento vibratorio armónico simple a lo largo de un segmento de 8 cm de longitud y tarda en recorrerlo 0,05 s. Si en el instante inicial su elongación es máxima, determina:

a) La ecuación de la elongación del movimiento en función del tiempo.

b) La posición en el instante $t = 1{,}85$ s y la diferencia de fase con el instante inicial.

S: *a)* $x(t) = 0{,}04\cos(20\pi t)$; *b)* $x = -0{,}04$ m; $\Delta\varphi = 37\pi$ rad

10. EvB AU Una partícula realiza un movimiento armónico simple a lo largo de un segmento AB recto de 20 cm de longitud y con un periodo de 4 s. Si en el instante inicial ($t = 0$ s) se encuentra en el extremo A, determina la velocidad y aceleración al pasar por el punto medio entre A y la posición de equilibrio O:

S: $v = -0{,}14\ \text{m} \cdot \text{s}^{-1}$; $a = -0{,}12\ \text{m} \cdot \text{s}^{-2}$

5. Dinámica del MAS

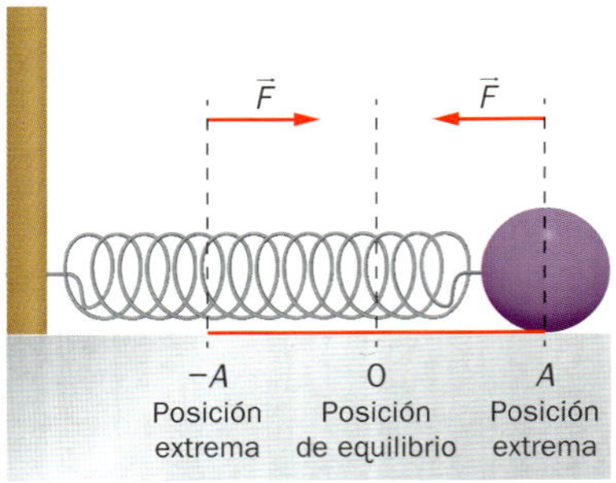

Al estudiar la cinemática del MAS, mencionamos la fuerza recuperadora que interactuaba para devolver el objeto a la posición de equilibrio. Para explicar esta fuerza, al igual que en los casos del movimiento rectilíneo y del movimiento circular, es necesario considerar la segunda ley de Newton empleando la expresión de la aceleración antes calculada.

Tipo de movimiento	Aceleración	Segunda ley de Newton
Rectilíneo (MRUA)	$a = \frac{v - v_0}{t}$	$\sum F = m \cdot a$
Circular uniforme (MCU)	$a_n = \frac{v^2}{R}$	$\sum F = m \cdot \frac{v^2}{R}$
Armónico simple (MAS)	$a_{MAS} = -\omega^2 \cdot x$	$\sum F = m \cdot (-\omega^2 \cdot x)$

La fuerza recuperadora, en el caso del MAS debido a un muelle, viene dada por la expresión:

$$\sum \vec{F} = -k\vec{x} = m \cdot \left(-\omega^2 \cdot x\right) \vec{u}_x = -\omega^2 \cdot m \cdot x \, \vec{u}_x$$

Recuerda

La fuerza recuperadora de un muelle viene dada por la ley de Hooke y es proporcional a la elongación del muelle:

$$\vec{F} = -k \cdot \vec{x}$$

- El valor de k se denomina constante elástica o recuperadora. Se mide en $N \cdot m^{-1}$ y toma el valor, conforme a la expresión anterior, de:

$$k = \omega^2 \cdot m$$

- El valor de la frecuencia angular del MAS depende únicamente del valor de la constante recuperadora y de la masa del bloque. De la última expresión, puede deducirse que:

$$\omega = \sqrt{\frac{k}{m}}$$

- Es posible determinar el periodo del movimiento a partir de la expresión de la frecuencia angular:

$$\omega = \frac{2\pi}{T} \quad ; \quad T = \frac{2\pi}{\omega} = 2\pi \cdot \sqrt{\frac{m}{k}}$$

- El valor de la frecuencia del MAS será el del inverso del periodo:

$$\nu = \frac{1}{T} = \frac{1}{2\pi} \cdot \sqrt{\frac{k}{m}}$$

Laboratorio en el aula. Comprobando el valor de *k*

2. Comprobad la veracidad de la expresión $k = \omega^2 \cdot m$ con la ayuda de un dinamómetro de baja constante recuperadora.

- Tomad los datos del dinamómetro. El valor de la constante recuperadora se encuentra impreso en el exterior del dinamómetro.
- Situad el dinamómetro y colgadlo de un elemento fijo, para que no exista ningún tipo de influencia externa a la hora de llevar adelante la experiencia.
- Colgad en el extremo móvil del dinamómetro una masa conocida, determinada con anterioridad empleando una báscula o similar. Esta masa ha de permitir al dinamómetro oscilar con libertad.
- Desplazad la masa de la posición de equilibrio y medid el tiempo que tarda el dinamómetro en realizar varias oscilaciones. El periodo de la oscilación será este tiempo dividido entre el número de oscilaciones realizadas.
- Determinad la velocidad angular conforme a las expresiones estudiadas.

¿Es cierta la expresión $k = \omega^2 \cdot m$?

Actividades resueltas

5. Se deposita una caja de 20 kg sobre una plataforma atada a un muelle, cuya constante recuperadora es de 500 N · m⁻¹. Determina la frecuencia de la oscilación que se produce y la fuerza recuperadora cuando la oscilación se encuentra en $x = 1$ cm.

Estrategia de resolución

Obtenemos la frecuencia de la oscilación a partir de la expresión del periodo:

$$\nu = \frac{1}{T} = \frac{1}{2\pi} \cdot \sqrt{\frac{k}{m}} \quad ; \quad \nu = \frac{1}{2\pi} \cdot \sqrt{\frac{500\ \text{N} \cdot \text{m}^{-1}}{20\ \text{kg}}} = 0{,}796\ \text{Hz}$$

Calculamos la fuerza recuperadora a partir de la expresión de la ley de Hooke:

$$|\vec{F}| = k|\vec{x}| \quad ; \quad |\vec{F}| = (500\ \text{N} \cdot \text{m}^{-1}) \cdot (0{,}01\ \text{m}) = 5\ \text{N}$$

6. EvAU Un transductor ultrasónico, de los usados en medicina, es un disco muy delgado, de masa $m = 0{,}1$ g, que se hace oscilar como si fuese un oscilador armónico simple de frecuencia 1 MHz por medio de un circuito electrónico de control. Si la máxima fuerza restauradora que se puede aplicar al disco sin que se rompa es 40 kN, determina:

a) La amplitud A de las oscilaciones para ese caso máximo.

b) La velocidad máxima del transductor que corresponde a esa amplitud.

Estrategia de resolución

El transductor funciona oscilando verticalmente y, en su oscilación, describe un MAS.

a) Realizamos primeramente la conversión a unidades del SI:

$$40\ \text{kN} = 40 \cdot 10^3\ \text{N} \qquad 1\ \text{MHz} = 10^6\ \text{Hz}$$

Sabemos que la fuerza máxima en el caso de un oscilador armónico tendrá lugar cuando la aceleración sea máxima. Así:

$$F_{\text{Máx}} = m \cdot a_{\text{Máx}}$$

De la misma manera, sabemos que en un movimiento armónico simple la aceleración máxima toma el valor:

$$a_{\text{MAS máx}} = \omega^2 \cdot x_{\text{Máx}} = \omega^2 \cdot A$$

A partir de estas dos expresiones, es posible obtener el valor de la amplitud máxima:

$$F_{\text{Máx}} = m \cdot \omega^2 \cdot A \quad ; \quad A = \frac{40 \cdot 10^3\ \text{N}}{(0{,}1 \cdot 10^{-3}\ \text{kg}) \cdot (2\pi \cdot 1 \cdot 10^6\ \text{Hz})^2} = 1{,}013 \cdot 10^{-5}\ \text{m}$$

b) La velocidad máxima en el caso de movimiento armónico simple es:

$$v_{\text{Máx}} = \omega \cdot A \quad ; \quad v_{\text{Máx}} = (2\pi \cdot 1 \cdot 10^6\ \text{Hz}) \cdot (1{,}013 \cdot 10^{-5}\ \text{m}) = 63{,}6\ \text{m} \cdot \text{s}^{-1}$$

Recuerda, no obstante, que en un MAS esta velocidad se alcanza cuando el móvil pasa por la posición de equilibrio y no en el punto de elongación máxima.

Actividades

11. ¿Cuál es la constante recuperadora del MAS cuando una partícula de 10 g vibra a 50 Hz?

S: $k = 986{,}96\ \text{N} \cdot \text{m}^{-1}$

12. De un resorte de constante elástica k se cuelga un cuerpo de masa m y se hace oscilar con su frecuencia natural. ¿Cómo se modifica la frecuencia al cuadruplicar la masa?

S: La frecuencia disminuye a la mitad.

13. En grupos de dos o tres personas, entrad en **bit.ly/FisicaLab_MAS** y experimentad con la bola, cuya masa es de 100 g. Determinad el valor de la constante recuperadora.

S: $k = 1{,}37\ \text{N} \cdot \text{m}^{-1}$

5.1. El péndulo simple

Un péndulo simple es un sistema físico formado por una masa puntual que cuelga de un hilo inextensible y sin masa. Cuando el péndulo es desplazado de su posición de equilibrio, comienza un movimiento oscilatorio en torno a esa posición por efecto del conjunto de fuerzas que actúan en el sistema.

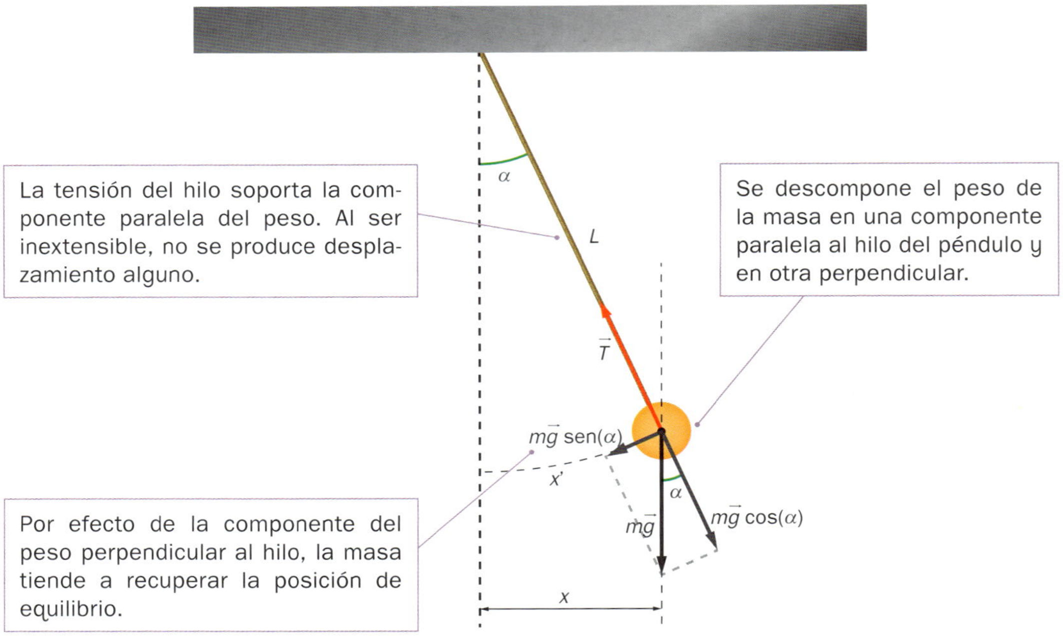

La fuerza recuperadora para el péndulo, considerando L su longitud, será:

$$F = -m \cdot g \cdot \text{sen}(\alpha) = -m \cdot g \cdot \frac{x}{L}$$

Para considerar el movimiento como un MAS, sería necesario poder sustituir la fuerza recuperadora por la de un muelle. Para el caso del péndulo, sucede que la distancia que le separa de la posición de equilibrio (la distancia que ha recorrido el péndulo) no es la componente horizontal x, sino otra, a la que llamaremos x'. Así, la fuerza recuperadora del sistema con muelle sería:

$$F = -k \cdot x'$$

Por tanto, es necesario encontrar una relación entre x y x' para poder considerar el movimiento del péndulo como un MAS. Esta relación existe para valores del ángulo α inferiores a 14°. La aproximación paraxial considera que, para valores del ángulo inferiores a 14°, el valor del ángulo (en radianes) es una buena aproximación de su seno. Esta aproximación también es válida para la tangente si el ángulo es inferior a 10°. De este modo, es posible establecer una relación entre x y x' en este caso. Así, para $\alpha < 14°$:

$$x' = \alpha \cdot L \cong \text{sen}(\alpha) \cdot L = \frac{x}{L} \cdot L \quad ; \quad x' \cong x$$

Los valores de la constante recuperadora y del periodo, en este caso, son:

$$F = -m \cdot g \cdot \frac{x}{L} = -k \cdot x' \quad ; \quad k = \frac{m \cdot g}{L}$$

$$T = 2\pi \cdot \sqrt{\frac{m}{k}} \quad ; \quad T = 2\pi \cdot \sqrt{\frac{m}{\left(\frac{m \cdot g}{L}\right)}} = 2\pi \cdot \sqrt{\frac{L}{g}}$$

Cuando las oscilaciones de un péndulo simple son de baja amplitud $(\alpha < 14°)$, se considera que su masa describe un movimiento armónico simple.

Cinemática 2.0

En este enlace dispones de un *applet* en el que un péndulo oscila en torno a la posición de equilibrio:

bit.ly/Fendt_Péndulo

Una gráfica representa los desplazamientos que están teniendo lugar en tiempo real.

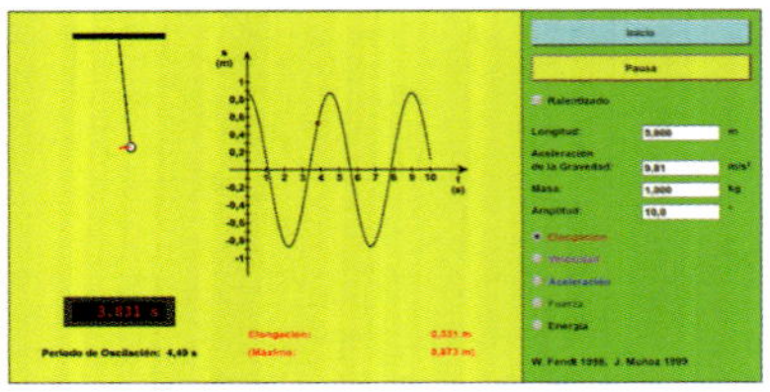

! Importante

En este enlace dispones de más información acerca de la aproximación que hemos realizado. Comprobarás que el error cometido no excede del 1 %:

bit.ly/FísicaLab_paraxial

Laboratorio en el aula. El periodo del péndulo no depende de su masa

3. ¿Depende el periodo de la masa que oscila?

Al deducir la fórmula del periodo de un péndulo, se obtuvo una expresión independiente de la masa. Comprobaremos, mediante esta experiencia, que no hay dependencia entre el periodo y la masa del péndulo simple.

Para ello, en grupo, construid un péndulo con ayuda de los materiales que tengáis a vuestra disposición en el aula. Necesitaréis un trozo de cuerda (por ejemplo, el cordón de una zapatilla) al que atar en uno de sus extremos una masa al menos diez veces mayor que la de la cuerda.

Con un cronómetro, determinad el periodo del movimiento dividiendo el tiempo que transcurre al realizar un número de oscilaciones completas entre dicho número.

Repetid la misma acción variando la masa, que debéis situar en el extremo, garantizando que la longitud del péndulo es siempre la misma, ya que esta sí tiene influencia.

Actividades resueltas

7. La gráfica de la figura corresponde a un péndulo de 10 kg de masa que realiza un movimiento armónico simple. Calcula:

a) La velocidad inicial.

b) La aceleración en los instantes $t = 20$ s y $t = 60$ s.

c) El valor y sentido que tendrá la fuerza que actúa sobre el cuerpo en los instantes $t = 2{,}5$ s y $t = 17{,}5$ s.

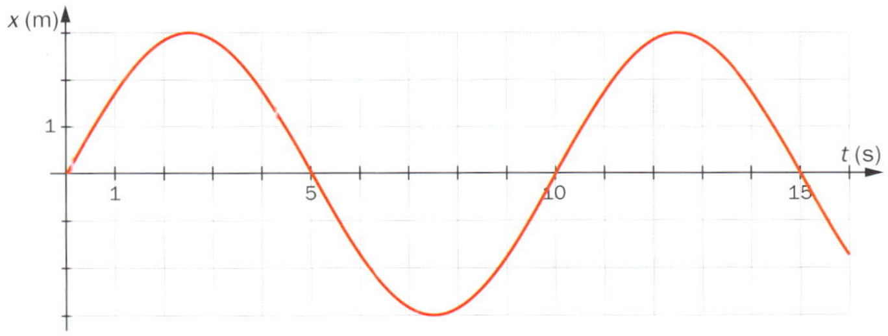

Estrategia de resolución

a) A partir de la gráfica del enunciado, obtenemos la expresión del MAS:

$$T = 10\ \text{s} \quad ; \quad \omega = \frac{2\pi}{10\ \text{s}} = \frac{\pi}{5}\ \text{rad} \cdot \text{s}^{-1}$$

$$A = 3\ \text{m} \quad ; \quad x(t) = 3 \cdot \text{sen}\left(\frac{\pi}{5} \cdot t\right)$$

La velocidad inicial será la velocidad máxima al encontrarse en la posición de equilibrio. Teniendo en cuenta el desfase posición-velocidad, obtenemos:

$$v_0 = v_{\text{Máx}} = A\omega = \frac{3\pi}{5}\ \text{m} \cdot \text{s}^{-1}$$

b) En los instantes 20 s y 60 s, la masa pasa por la posición de equilibrio, al ser el periodo 10 s y la fase inicial nula. En la posición de equilibrio, la aceleración es cero. Por tanto:

$$a(20\ \text{s}) = a(60\ \text{s}) = 0\ \text{m} \cdot \text{s}^{-2}$$

c) La expresión de la fuerza recuperadora viene dada por $F = -kx$. Necesitamos obtener el valor de la constante recuperadora. Para calcularlo, debemos determinar la longitud del péndulo, que puede obtenerse a partir del valor del periodo:

$$T = 2\pi \cdot \sqrt{\frac{L}{g}} \quad ; \quad L = \left(\frac{10\ \text{s}}{2\pi}\right)^2 \cdot g = 24{,}85\ \text{m}$$

Así, el valor de la constante recuperadora será:

$$k = \frac{mg}{L} \quad ; \quad k = \frac{10\ \text{kg} \cdot 9{,}81\ \text{m} \cdot \text{s}^{-2}}{24{,}85\ \text{m}} = 3{,}95\ \text{N} \cdot \text{m}^{-1}$$

Los instantes 2,5 s y 17,5 s corresponden a posiciones donde la masa está en el extremo. Por este motivo, las fuerzas recuperadoras serán:

$$F_{2{,}5\ \text{s}} = -kx\ 2{,}5\ \text{s} = -3{,}95\ \text{N} \cdot \text{m}^{-1} \cdot 3\ \text{m} = -11{,}85\ \text{N}$$

$$F_{17{,}5\ \text{s}} = -kx\ 17{,}5\ \text{s} = -3{,}95\ \text{N} \cdot \text{m}^{-1} \cdot (-3\ \text{m}) = 11{,}85\ \text{N}$$

6. Energías en el MAS

Para el estudio energético del MAS, podemos suponer que no hay fuerzas de fricción o rozamiento. De esta manera, la energía mecánica permanece constante y estará compuesta de energía cinética y energía potencial elástica.

6.1. Energía cinética

Para obtener la expresión de la energía cinética del MAS, basta con sustituir la expresión de la velocidad del MAS en la expresión de la energía cinética:

$$\begin{cases} v = -A \cdot \omega \cdot \text{sen}(\omega t + \varphi_0) \\ E_C = \dfrac{1}{2} m v^2 \end{cases} \quad ; \quad E_C = \frac{1}{2} \cdot m \cdot \left(-A \cdot \omega \cdot \text{sen}(\omega \cdot t + \varphi_0)\right)^2$$

Si introducimos en la expresión la constante recuperadora, obtenemos una expresión de la energía cinética en función del tiempo:

$$k = \omega^2 \cdot m \quad ; \quad E_C = \frac{1}{2} \cdot k \cdot A^2 \cdot \text{sen}^2(\omega \cdot t + \varphi_0)$$

También podemos obtener otra expresión en función de la posición, partiendo de la expresión de la velocidad que la relaciona con la posición:

$$\begin{cases} v = \omega \cdot \sqrt{A^2 - x^2} \\ E_C = \dfrac{1}{2} m v^2 \end{cases} \quad ; \quad E_C = \frac{1}{2} \cdot k \cdot (A^2 - x^2)$$

Energía 2.0

En este enlace puedes encontrar varios *applets* con los que entender mejor lo referente a energías en el MAS, además de otras animaciones con las que poder interactuar acerca de los contenidos vistos anteriormente:

bit.ly/Fis_Geogebra_MAS

Y puedes seguir experimentando con la energía del MAS, en el siguiente enlace y escogiendo *energía:*

bit.ly/Phet-Muelle-E-MAS

6.2. Energía potencial

Según la definición de energía potencial, esta es el trabajo que es preciso realizar para desplazar el oscilador desde la posición de equilibrio hasta una posición *x* cualquiera. Coincide, entonces, con la energía potencial elástica, que es:

$$E_P = \frac{1}{2} \cdot k \cdot x^2$$

Representando las dos energías frente a la amplitud del MAS, obtenemos:

Cuando la elongación es máxima, la energía potencial es máxima y la energía cinética es cero.

Las dos gráficas corresponden a parábolas con el vértice en la misma vertical.

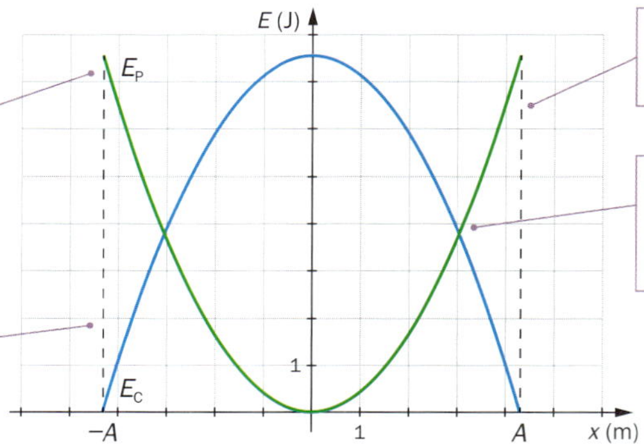

Las dos gráficas son doblemente simétricas.

Existe una elongación donde las dos energías tienen el mismo valor.

Actividades resueltas

8. Calcula la elongación donde la energía potencial y la cinética son iguales en un MAS.

Estrategia de resolución

Igualamos las dos expresiones del MAS para obtener el valor de la elongación, *x*:

$$\begin{cases} E_P = \dfrac{1}{2} k \cdot x^2 \\ E_C = \dfrac{1}{2} k \cdot (A^2 - x^2) \end{cases} \quad ; \quad \frac{1}{2} k \cdot x^2 = \frac{1}{2} k \cdot (A^2 - x^2) \quad ; \quad x = \frac{A}{\sqrt{2}}$$

6.3. Energía mecánica

La energía mecánica es la suma de las energías cinética y potencial:

$$E_M = E_C + E_P = \frac{1}{2} \cdot k \cdot \left(A^2 - x^2\right) + \frac{1}{2} \cdot k \cdot x^2 \quad ; \quad E_M = \frac{1}{2} \cdot k \cdot A^2$$

Según esta última expresión, la energía mecánica únicamente depende de las características del oscilador armónico. Si no hay rozamiento alguno, la energía permanece constante.

Si representamos todas las energías vistas frente a la elongación, obtenemos las siguientes gráficas:

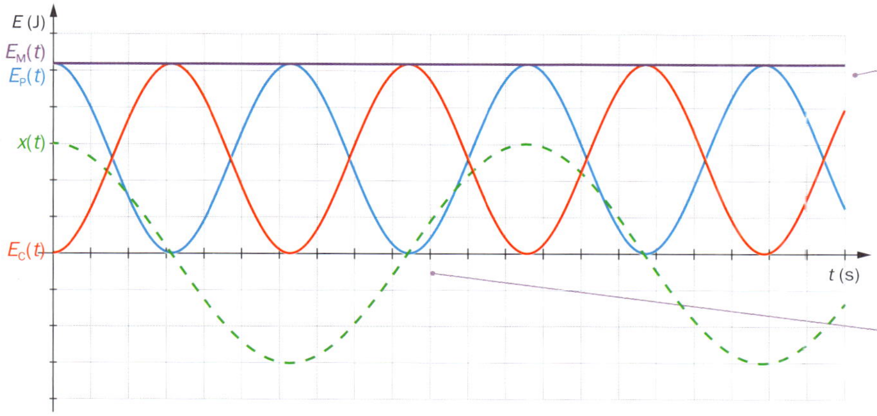

El valor de la energía mecánica se mantiene en el tiempo (si no existe rozamiento).

Fíjate que el periodo de la elongación es el doble que el período de la expresión de la energía potencial.

Actividades

14. Razona cómo cambiarían la amplitud y la frecuencia de un movimiento armónico simple si aumentara la energía mecánica o disminuyera la masa oscilante.

15. Un cuerpo situado sobre una superficie horizontal lisa y unido al extremo de un resorte efectúa un movimiento armónico simple. Los valores máximos de su velocidad y aceleración son 0,6 $m \cdot s^{-1}$ y 7,2 $m \cdot s^{-2}$, respectivamente.

a) Determina el periodo y la frecuencia del movimiento.

b) Razona cómo variaría la energía mecánica del cuerpo si:

- Se duplica únicamente la frecuencia.
- Se duplica la aceleración máxima sin variar el periodo.

S: *a)* $A = 0{,}05$ m; $\nu = 1{,}91$ Hz; *b)* Se cuadruplica; se duplica.

16. EvAU Un bloque de 0,12 kg situado sobre una superficie horizontal lisa y unido al extremo de un resorte oscila con una amplitud de 0,20 m.

a) Si la energía mecánica del bloque es de 0,6 J, determina, razonadamente, la constante elástica del resorte y el periodo de las oscilaciones.

b) Calcula los valores de la energía cinética y de la energía potencial cuando el bloque se encuentra a 0,10 m de la posición de equilibrio.

S: *a)* $k = 30\ N \cdot m^{-1}$; $T = 0{,}4$ s; *b)* $E_C = 0{,}45$ J; $E_P = 0{,}15$ J

17. EvAU Un bloque de 8 kg se desliza por una superficie horizontal sin rozamiento con una velocidad de 10 $m \cdot s^{-1}$ e incide sobre el extremo libre de un resorte, de masa despreciable y constante elástica $k = 400\ N \cdot m^{-1}$, colocado horizontalmente.

a) Analiza las transformaciones de energía que tienen lugar desde el instante anterior al contacto del bloque con el resorte hasta que este, tras comprimirse, recupera la longitud inicial.

b) Calcula la compresión máxima del resorte. ¿Qué efecto tendría la existencia de rozamiento entre el bloque y la superficie?

S: *b)* 1,41 m

7. Movimiento circular uniforme y MAS

EL MAS también puede considerarse como una proyección (una sombra) de un punto que realiza un MCU en torno a otro punto. Así:

El periodo del MAS coincide con el periodo del MCU, que es el tiempo que tarda en dar una vuelta completa.

La fase del MAS viene dada por el ángulo de giro en el MCU:

$$\varphi(t) = \omega \cdot t + \varphi_0$$

φ_0 corresponde al ángulo que indica la posición inicial del móvil $(t = 0\ \text{s})$.

El desfase entre dos instantes del MAS es el ángulo comprendido entre dos posiciones del MCU.

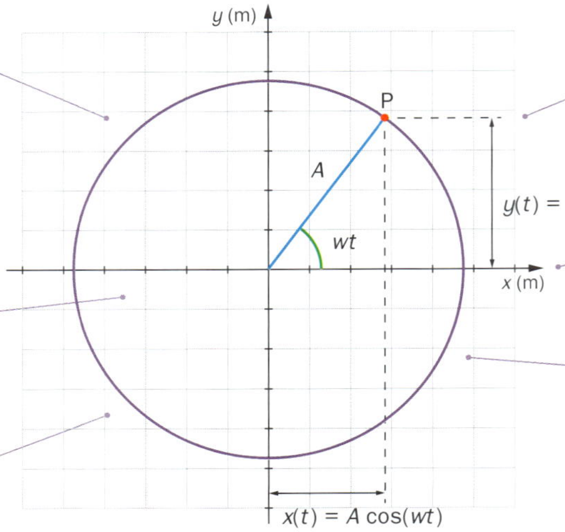

El MAS puede considerarse una proyección sobre el eje X o Y del MCU.

La velocidad angular del MAS coincide con la velocidad angular del MCU.

Como la trayectoria es una circunferencia:

$$\left(x(t)\right)^2 + \left(y(t)\right)^2 = A^2$$

la amplitud del MAS es el radio del MCU.

Existen numerosos ejemplos que muestran la relación de un MAS con un MCU:

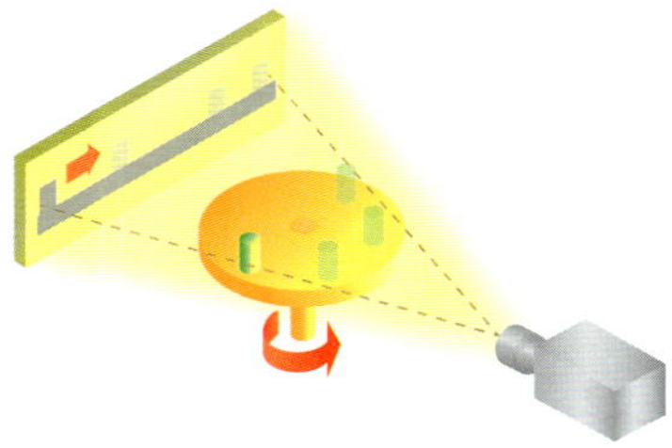

Actividades resueltas

9. El cuentarrevoluciones de un coche indica que su motor gira a 3 000 rpm. Este giro se transmite a los pistones, que realizan un MAS cuyo recorrido total es de 10 cm. Determina:

a) La expresión del movimiento de los pistones asumiendo que comienzan en el extremo superior.

b) El valor de la aceleración máxima que experimentan.

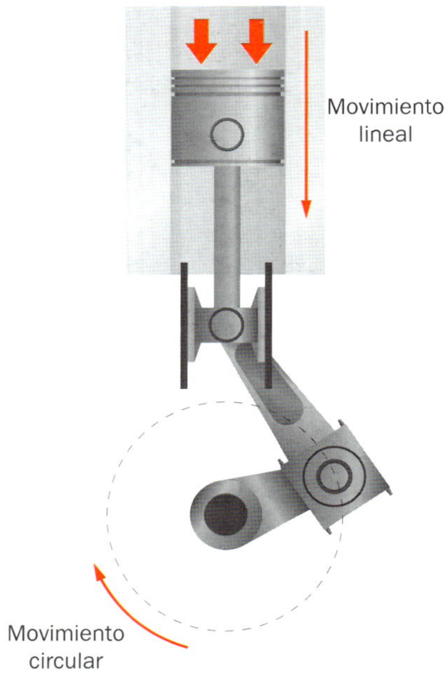

Estrategia de resolución

Como se ve en la imagen, los pistones del motor realizan un movimiento armónico simple cuya frecuencia coincide con la frecuencia del motor.

a) Calculamos el valor de la frecuencia angular del movimiento:

$$\omega = 3\,000\ \frac{\text{vueltas}}{\text{min}} \cdot \frac{2\pi\ \text{rad}}{1\ \text{vuelta}} \cdot \frac{1\ \text{min}}{60\ \text{s}} = 100\pi\ \text{rad} \cdot \text{s}^{-1}$$

Si el recorrido total es de 10 cm, entonces la amplitud del MAS es de 5 cm. Por lo tanto, la expresión del desplazamiento del pistón será:

$$x(t) = A \cdot \cos(\omega t) \quad ; \quad x(t) = 0{,}05 \cdot \cos(100\pi \cdot t)$$

b) El valor de la aceleración máxima de los pistones será el valor de la aceleración máxima del MAS:

$$a_{\text{Máx}} = A \cdot \omega^2 \quad ; \quad a_{\text{Máx}} = 0{,}05 \cdot (100\pi)^2 = 500\pi^2\ \text{m} \cdot \text{s}^{-2}$$

Actividades resueltas

10. Un acelerómetro es un dispositivo capaz de detectar vibraciones y transmitirlas a un aparato medidor. Se sitúa un acelerómetro sobre el bastidor de un motor de explosión para detectar las vibraciones causadas por dichas explosiones. Si en el motor tienen lugar dos explosiones por cada giro completo y el acelerómetro indica una frecuencia de 8 Hz:

a) ¿A cuántas revoluciones por minuto gira el motor?

b) Si el acelerómetro se desplaza un total de 0,5 mm (distancia entre el punto más alto que alcanza y el punto más bajo), determina la expresión de su movimiento.

Estrategia de resolución

a) Como el acelerómetro devuelve una señal de 8 Hz, se están produciendo 8 explosiones por segundo. Si en cada vuelta de motor se producen dos explosiones:

$$\omega_{\text{Motor}} = \left(8\ \frac{\text{explosiones}}{\text{s}}\right)\cdot\left(\frac{1\ \text{rev.}}{2\ \text{explosiones}}\right)\cdot\left(60\ \frac{\text{s}}{\text{min}}\right) = 240\ \text{rpm}$$

b) Si el desplazamiento del acelerómetro es de 0,5 mm, entonces la amplitud del movimiento es de 0,25 mm. La frecuencia angular del acelerómetro viene dada por la frecuencia de su movimiento (8 Hz). Entonces la expresión del MAS del acelerómetro será

$$\begin{cases}\omega_{\text{Acelerómetro}} = 2\pi\cdot(8\,\text{Hz})\\ y(t) = A\cdot\text{sen}(\omega\cdot t)\end{cases} \quad ; \quad y(t) = 0{,}25\cdot 10^{-3}\cdot\text{sen}(16\pi\cdot t)$$

Acelerómetro.

Actividades

18. Se proyecta sobre una pared la sombra de una marioneta que, en realidad, gira en una pequeña plataforma circular de 3 cm de radio. La proyección ocasiona que las imágenes se amplíen conforme a la escala 4:1. Si la sombra de la marioneta tarda 3 s en moverse desde un extremo hasta el otro, determina:

a) La velocidad de giro de la plataforma en rpm.

b) La amplitud del MAS que describe la sombra de la marioneta.

c) La velocidad máxima de la sombra de la marioneta.

S: *a)* $\omega = 10$ rpm; *b)* $A = 12$ cm; *c)* $v_{\text{Máx}} = 0{,}13\ \text{m}\cdot\text{s}^{-1}$

19. Un vaquero mueve su soga a tal altura que hace que un observador lejano lo perciba como un MAS. Si la soga gira a 3 vueltas por segundo y tiene una longitud de 1,5 m, determina la velocidad máxima que alcanza el extremo de esta.

S: $v_{\text{Máx}} = 28{,}3\ \text{m}\cdot\text{s}^{-1}$

20. La señal que devuelve un acelerómetro que transmite las vibraciones de una manivela es la siguiente:

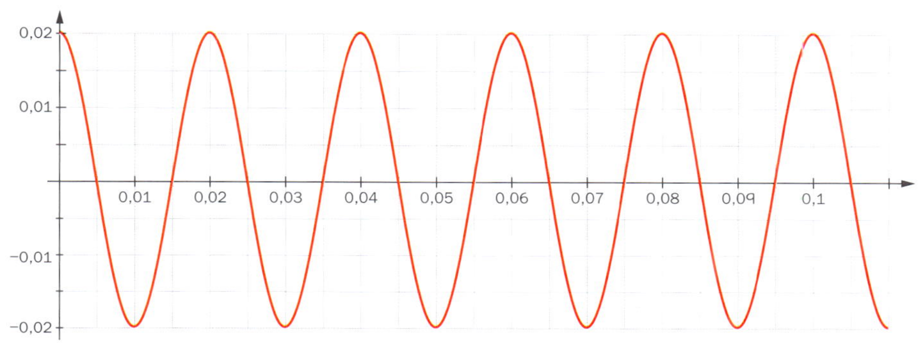

Si el acelerómetro vibra en fase con el giro de la manivela, determina la diferencia de fase entre los instantes $t = 0{,}5$ s y $t = 1$ s.

S: $\Delta\varphi = 157{,}08$ rad

Cinemática 2.0

Puedes experimentar con la cinemática del MAS asociado a un movimiento circular en la siguiente dirección:

bit.ly/Vascak_MAS_Circular

1. Sobre un plano horizontal sin rozamiento se tiene una masa $m = 1$ kg unida a un muelle, de masa despreciable, fijo por su otro extremo a una pared. Para mantener estirado el muelle una longitud $x = 3$ cm respecto de su posición de equilibrio, se requiere una fuerza de $F = 6$ N. Si se deja el sistema masa-muelle en libertad:

a) ¿Cuál es el periodo de oscilación de la masa?

b) Halla el trabajo realizado por el muelle desde la posición inicial, $x = 3$ cm, hasta su posición de equilibrio, $x = 0$.

c) ¿Cuál será el módulo de la velocidad de la masa cuando se encuentre a 1 cm de su posición de equilibrio?

d) Si el muelle se hubiese estirado inicialmente 5 cm, ¿cuál sería su frecuencia de oscilación?

Estrategia de resolución

a) Para calcular el periodo, primero hallamos la constante recuperadora:

$$F = k \cdot x \quad ; \quad k = \frac{6\ \text{N}}{0{,}03\ \text{m}} = 200\ \text{N} \cdot \text{m}^{-1}$$

$$T = 2\pi \cdot \sqrt{\frac{m}{k}} \quad ; \quad T = 2\pi \cdot \sqrt{\frac{1\ \text{kg}}{200\ \text{N} \cdot \text{m}^{-1}}} = 0{,}44\ \text{s}$$

b) El trabajo pedido se corresponde con la energía potencial en el extremo. Así:

$$E_p = \frac{1}{2} \cdot k \cdot A^2 = \frac{1}{2} \cdot (200\ \text{N} \cdot \text{m}^{-1}) \cdot (3 \cdot 10^{-2}\ \text{m})^2 = 0{,}09\ \text{J}$$

c) Cuando la masa se encuentre a 1 cm:

$$\omega = \sqrt{\frac{k}{m}} \qquad v = \omega \cdot \sqrt{A^2 - x^2}$$

$$v = \sqrt{\frac{200\ \text{N} \cdot \text{m}^{-1}}{1\ \text{kg}}} \cdot \sqrt{0{,}03^2 - 0{,}01^2} = 0{,}4\ \text{m} \cdot \text{s}^{-1}$$

d) La frecuencia de oscilación no depende de la amplitud. Por tanto, seguiría siendo la misma frecuencia.

2. Una partícula que realiza un movimiento armónico simple de 10 cm de amplitud tarda 2 s en efectuar una oscilación completa. Si en el instante $t = 0$ s su velocidad era nula y la elongación positiva, determina:

a) La expresión matemática que representa la elongación en función del tiempo.

b) La velocidad y la aceleración de oscilación en el instante $t = 0{,}25$ s.

Estrategia de resolución

a) Dado que en la posición inicial la velocidad es nula (está en un extremo del MAS) y la elongación es positiva $(x(0\ \text{s}) = A)$, la fase inicial, φ_0, es nula:

$$\omega = \frac{2\pi}{2\ \text{s}} \quad ; \quad x(t) = A\cos(\omega t + \varphi_0) \quad ; \quad x(t) = 0{,}1\ \cos(\pi t)$$

b) Necesitamos calcular las derivadas correspondientes:

$$x(t) = 0{,}1\ \cos(\pi t) \quad ; \quad \begin{cases} v(t) = \dfrac{\text{d}}{\text{d}t} x(t) = -0{,}1\pi\ \text{sen}(\pi t) \\ a(t) = \dfrac{\text{d}}{\text{d}t} v(t) = -0{,}1\pi^2 \cos(\pi t) \end{cases}$$

Con lo que, para el instante 0,25 s:

$$v(0{,}25\ \text{s}) = -0{,}22\ \text{m} \cdot \text{s}^{-1} \quad ; \quad a(0{,}25\ \text{s}) = -0{,}7\ \text{m} \cdot \text{s}^{-2}$$

3. La figura representa la elongación de un oscilador armónico en función del tiempo. Determina:

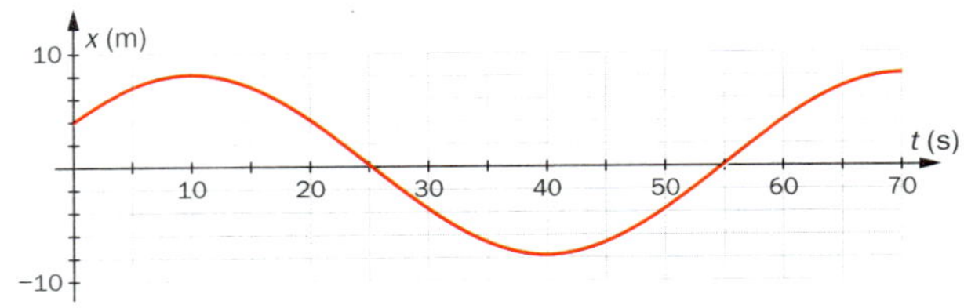

a) La expresión matemática que representa la elongación en función del tiempo.

b) La velocidad y la aceleración de oscilación en $t = 25$ s.

Estrategia de resolución

a) A partir de la gráfica, deducimos que el valor del periodo es $T = 60$ s y que la amplitud es 8 m.

Para determinar la ecuación de la elongación, hallamos primero la frecuencia angular:

$$\omega = \frac{2\pi}{T} \quad ; \quad \omega = \frac{2\pi}{60\ \text{s}}$$

$$x(t) = A\cos(\omega t + \varphi_0) \quad ; \quad x(t) = 8 \cdot \cos\left(\frac{\pi}{30} \cdot t + \varphi_0\right)$$

Para determinar el valor de la fase inicial, atendemos a las condiciones iniciales $(t = 0\ \text{s},\ x = 4\ \text{m})$:

$$x(0\ \text{s}) = 8 \cdot \cos\left(\frac{\pi}{30} \cdot 0\ \text{s} + \varphi_0\right) = 4 \quad ; \quad \begin{cases} \cancel{\varphi_{0\_1} = \dfrac{\pi}{3}\ \text{rad}} \\ \varphi_{0\_2_2} = \dfrac{-\pi}{3}\ \text{rad} \end{cases}$$

Desestimamos la primera solución porque para valores iniciales del tiempo proporciona una gráfica en descenso. Así, la expresión de la elongación en función del tiempo es:

$$x(t) = 8 \cdot \cos\left(\frac{\pi}{30} \cdot t - \frac{\pi}{3}\right)\ \text{m}$$

b) Necesitamos calcular las derivadas correspondientes:

$$v(t) = \frac{d}{dt} x(t) = -\frac{8\pi}{30} \cdot \text{sen}\left(\frac{\pi}{30} \cdot t - \frac{\pi}{3}\right)$$

$$a(t) = \frac{d}{dt} v(t) = -\frac{8\pi^2}{30^2} \cdot \cos\left(\frac{\pi}{30} \cdot t - \frac{\pi}{3}\right)$$

$$v(25\ \text{s}) = -\frac{4\pi}{15}\ \text{m} \cdot \text{s}^{-1} \quad ; \quad a(25\ \text{s}) = 0\ \text{m} \cdot \text{s}^{-2}$$

Descubre los fallos de estas actividades.
Consulta las soluciones en:
bit.ly/Encuentra_error_1BAC_U11

A la caza del ERROR

1. Un cuerpo realiza un movimiento vibratorio armónico simple. Escribe la ecuación de dicho movimiento en unidades del SI en los siguientes casos (considera la fase inicial nula):

a) Su aceleración máxima es igual a $5\pi^2$ cm · s^{-2}, el periodo de las oscilaciones es 2 s y la elongación del punto al iniciarse el movimiento es 2,5 cm.

b) Su velocidad es 3 cm · s^{-1} cuando la elongación es 2,4 cm, y la velocidad es 2 cm · s^{-1} cuando su elongación es 2,8 cm. La elongación al iniciarse el movimiento es nula.

Solución (dos errores)

a) Del periodo obtenemos la frecuencia angular y de la aceleración máxima, la amplitud:

$$\omega = \frac{2\pi}{t} = \frac{2\pi}{2} = \pi \text{ rad} \cdot \text{s}^{-1}$$

$$a_{\text{Máx}} = A \cdot \omega^2 = 5\pi^2 \text{ cm} \cdot \text{s}^{-2} \quad ; \quad A = 5 \text{ m}$$

Ahora podemos hallar las ecuaciones del movimiento:

$$x(t) = A \cdot \cos(\omega t) \quad ; \quad x(t) = 5 \cdot \cos(\pi t)$$

b) Como la elongación al iniciarse el movimiento es nula:

$$x(t) = A \cdot \cos(\omega t) \quad ; \quad v(t) = \frac{d}{dt}x(t) = -A \cdot \omega \cdot \text{sen}(\omega t)$$

Planteamos un sistema de ecuaciones en los dos casos:

$$v = \omega \cdot \sqrt{A^2 - x^2} \quad ; \quad \begin{cases} 0{,}03 = \omega \cdot \sqrt{A^2 - 0{,}024^2} \\ 0{,}02 = \omega \cdot \sqrt{A^2 - 0{,}028^2} \end{cases}$$

Cuya solución es:

$$\omega = 1{,}55 \text{ rad} \cdot \text{s}^{-1} \quad ; \quad A = 0{,}03 \text{ m}$$

Siendo entonces la ecuación:

$$x(t) = A \cdot \cos(\omega t) = 0{,}03 \cdot \cos(1{,}55t)$$

2. Una astronauta emplea un péndulo de 3 m de longitud para determinar la gravedad en un planeta recién descubierto. El péndulo realiza oscilaciones de 50 cm de amplitud con una frecuencia de 20 Hz. ¿Cuál será el valor de la gravedad en ese lugar?

Solución (un error)

Atendiendo a la expresión:

$$T = \frac{1}{2\pi} \cdot \sqrt{\frac{L}{g}} \quad ; \quad g = \left(\frac{1}{2\pi}\right)^2 \cdot \frac{L}{T}$$

Simplemente sustituimos los valores para poder encontrar el valor del periodo:

$$g = \left(\frac{1}{2\pi}\right)^2 \cdot \frac{3 \text{ m}}{0{,}05 \text{ s}}$$

Por tanto, la gravedad en el planeta es:

$$g = 1{,}51 \text{ m} \cdot \text{s}^{-2}$$

3. Una partícula de 2 kg de masa está realizando un MAS comenzando a 30 cm de su posición de equilibrio. Si la partícula tarda en desplazarse hasta su máximo negativo un tiempo de 2,25 s:

a) Calcula el tiempo necesario para que la partícula llegue a $x = -0{,}15$ m.

b) ¿Cuál será la energía mecánica de dicha partícula?

Solución (un error)

a) A partir de los datos del enunciado, podemos deducir:

$$T = 2 \cdot 2{,}25 = 4{,}5 \text{ s} \quad ; \quad \omega = \frac{2\pi}{4{,}5 \text{ s}} = 1{,}4 \text{ s}$$

Si el movimiento empieza en $x = 0{,}30$ m, ha de recorrer una amplitud y media hasta llegar a $x = -0{,}15$ m. Esto corresponde a un periodo y medio. Por lo tanto, tarda en alcanzar esa posición:

$$t = 4{,}5 \text{ s} + 2{,}25 \text{ s} = 6{,}75 \text{ s}$$

b) La energía mecánica vendrá dada por:

$$\omega = \sqrt{\frac{k}{m}} \quad ; \quad k = \omega^2 m$$

$$E_M = \frac{1}{2} k \cdot A^2 \quad ; \quad E_M = \frac{1}{2} \cdot (1{,}4 \text{ rad} \cdot \text{s}^{-1})^2 \cdot (2 \text{ kg}) \cdot (-0{,}30 \text{ m})^2$$

Siendo, entonces, $E_M = 0{,}176$ J.

4. La energía mecánica de un oscilador armónico es de 2 J y la fuerza máxima que actúa es de 8 N. Escribe la ecuación del movimiento sabiendo que el periodo de vibración es de 0,5 s. Considera la fase inicial nula.

Solución (un error)

La energía mecánica viene dada por la expresión:

$$\omega = \sqrt{\frac{k}{m}} \quad ; \quad k = \omega^2 m$$

$$E_M = \frac{1}{2} \cdot k \cdot A^2 \quad ; \quad E_M = \frac{1}{2} \cdot m \cdot \omega^2 \cdot A^2$$

El valor de la fuerza máxima viene dado por:

$$F_{\text{Máx}} = m \cdot a_{\text{Máx}} = m \cdot (A \cdot \omega^2)$$

Dividiendo una expresión entre la otra, obtenemos:

$$\frac{E_M}{F_{\text{Máx}}} = \frac{\frac{1}{2} m \cdot \omega^2 \cdot A^2}{m \cdot A \cdot \omega^2} \quad ; \quad A = \frac{1}{2} \cdot \frac{E_M}{F_{\text{Máx}}} = \frac{1}{2} \cdot \frac{2 \text{ J}}{8 \text{ N}} = 0{,}125 \text{ m}$$

Con lo que la ecuación del movimiento será:

$$x(t) = A \cdot \cos(\omega t + \varphi_0)$$

$$x(t) = 0{,}125 \cdot \cos(4\pi t)$$

Problemas propuestos

Cinemática del MAS

1. Determina las expresiones de la posición, la velocidad y la aceleración (en unidades del SI) de un objeto unido a un muelle que desarrolla un MAS y que tarda 2 s en recorrer los 30 cm que hay de distancia entre los puntos más distantes. La posición para el instante inicial es la de equilibrio y, después, se mueve hacia posiciones positivas.

S: $\varphi = \left(0{,}5\pi t - \frac{\pi}{2}\right)$ rad; $x(t) = 0{,}15 \cdot \cos(\varphi)$ m;
$v(t) = -0{,}075\pi \cdot \text{sen}(\varphi)$ m · s^{-1};
$a(t) = -0{,}0375\pi^2 \cdot \cos(\varphi)$ m · s^{-2}

2. La posición de un objeto móvil viene dada, en unidades del SI, por la expresión:

$$x(t) = 4\,\text{sen}(2\pi t)$$

a) Calcula el periodo del movimiento y la fase inicial.

b) Halla la distancia entre los extremos que alcanza el móvil.

S: *a)* $T = 1$ s; $\varphi_0 = 0$ rad; *c)* $d = 8$ m

3. Un objeto realiza un MAS que viene dado por la expresión:

$$x(t) = \cos\left(\pi t - \frac{3\pi}{2}\right)$$

Realiza una gráfica donde representes la posición, la velocidad y la aceleración del objeto con respecto al tiempo.

S: bit.ly/1BAC11-FINAL4

4. Razona cómo varían la velocidad máxima y la aceleración máxima de un oscilador en las siguientes condiciones:

a) Si se duplica la amplitud y la frecuencia.

b) Si se duplica la amplitud y no varía la frecuencia.

c) Si se duplica la frecuencia y no varía la amplitud.

d) Si se duplican periodo y amplitud.

e) Si la frecuencia pasa a ser la mitad.

f) Si frecuencia y amplitud pasan a ser la mitad.

5. Determina el valor de las fases inicial y en el instante $t = 1{,}5$ s de un móvil que se mueve con una velocidad:

$$v(t) = -7{,}5\,\text{sen}\left(2\pi t - \frac{\pi}{3}\right)$$

S: $\varphi_0 = -\pi/3$ rad; *b)* $\varphi_{1,5} = 8\pi/3$ rad

6. La ecuación del movimiento armónico simple de un móvil es $x(t) = A\cos(\omega t + \varphi_0)$. ¿Cuál es el valor de la fase inicial si en la posición inicial el móvil se encuentra en la posición de equilibrio y avanza hacia valores crecientes de x?

S: $\varphi_0 = -\pi/2$

7. ¿Cuándo coinciden el sentido de la velocidad y el de la aceleración en un movimiento armónico simple?

S: Cuando el móvil se acerca a la posición de equilibrio desde las posiciones extremas.

8. Una partícula describe un MAS definido por la expresión $x(t) = 10\cos(\pi t)$. Calcula la velocidad y la aceleración de la partícula cuando se encuentra en $x = 8$ m.

S: $v = 18{,}85$ m · s^{-1}; $a = -78$ m · s^{-2}

9. Se construyen dos osciladores, uno vertical y otro horizontal, con resortes de idéntica constante recuperadora, $k = 100$ N · m^{-1}, y masas de 500 g. En los dos, se separan las masas de su posición de equilibrio 5 cm. Si no hay rozamiento, halla para ambos sistemas:

a) La amplitud del movimiento armónico simple.

b) La elongación máxima del muelle.

c) La velocidad máxima del oscilador.

S: *a)* $A = 5$ cm; *b)* $x_{\text{Máx-v}} = 9{,}9$ cm; $x_{\text{Máx-h}} = 5$ cm;
c) $v_{\text{Máx}} = 0{,}7$ m · s^{-1}

10. Un cuerpo que se mueve describiendo un movimiento armónico simple a lo largo del eje X presenta, en el instante inicial, una aceleración nula y una velocidad de $\vec{v}(0) = -5\,\vec{u}_x\,(\text{cm} \cdot \text{s}^{-1})$. La frecuencia del movimiento es de 0,25 Hz. Determina:

a) La elongación en el instante inicial.

b) La expresión de la elongación en función del tiempo.

S: *a)* $x = 0$ cm; *b)* $x(t) = 3{,}18 \cdot 10^{-2}\cos(0{,}5\pi t + 0{,}5\pi)$

Dinámica del MAS

11. Un objeto de 200 g está situado sobre una mesa atado a un muelle de constante elástica 200 N · m^{-1}. De repente, es desplazado 5 cm de su posición de equilibrio. Determina la expresión que define su posición, con fase inicial nula, si el origen del SR está en la posición de equilibrio.

S: $x(t) = 0{,}05 \cdot \cos(31{,}62t)$ m;
$v(t) = -1{,}58 \cdot \text{sen}(31{,}62t)$ m · s^{-1};
$a(t) = -50 \cdot \cos(31{,}62t)$ m · s^{-2}

12. Un objeto está unido a un muelle horizontal de constante elástica $k = 2 \cdot 10^4$ N · m^{-1}. Despreciando el rozamiento:

a) ¿Qué masa ha de tener el objeto si se desea que oscile con una frecuencia de 50 Hz?

b) ¿Cuál es la máxima fuerza que actúa sobre el objeto si la amplitud de las oscilaciones es de 5 cm?

S: *a)* $m = 202{,}6$ g; *b)* $F = 1\,000$ N

13. Una pequeña plataforma horizontal sufre un movimiento armónico simple en sentido vertical de 3 cm de amplitud y cuya frecuencia aumenta progresivamente. Sobre ella reposa un pequeño objeto.

a) ¿Para qué frecuencia dejará el objeto de estar en contacto con la plataforma?

b) ¿Cuál será la velocidad de la plataforma en ese instante?

S: *a)* $v = 2{,}88$ Hz; *b)* $v = 0$ m · s^{-1}

14. Un cuerpo de masa 250 gramos unido a un muelle realiza un movimiento armónico simple con una frecuencia de 5 Hz. Si la energía total de este sistema elástico es 10 J, ¿cuál es la constante elástica del muelle? ¿Cuál es la amplitud del movimiento?

S: $k = 246{,}74\ \text{N}\cdot\text{m}^{-1}$; $A = 0{,}28$ m

15. Un bloque de masa 1 kg se encuentra acoplado a un muelle horizontal de constante elástica $k = 16\ \text{N}\cdot\text{m}^{-1}$ que le permite oscilar sin rozamiento. Estando el bloque en reposo en su posición de equilibrio, recibe un martillazo que le hace alcanzar, casi instantáneamente, una velocidad $v(0) = 40\ \text{cm}\cdot\text{s}^{-1}$. Aplicando el principio de conservación de la energía, calcula:

a) La amplitud, *A*, de las oscilaciones subsecuentes.

b) La velocidad del bloque cuando está en una posición tal que su elongación es la mitad de la amplitud.

S: *a)* $A = 0{,}1$ m; *b)* $v = 34{,}64\ \text{cm}\cdot\text{s}^{-1}$

16. De dos resortes con la misma constante elástica *k* se cuelgan sendos cuerpos con la misma masa. Uno de los resortes tiene el doble de longitud que el otro. ¿Vibrarán los cuerpos con la misma frecuencia? Razona tu respuesta.

17. Entra en **bit.ly/Péndulo_Reloj_vídeo** y determina la gravedad del lugar. Dato: la longitud de la cadena del reloj es de 0,5 m (supón una aproximación paraxial).

S: $g = 3{,}42\ \text{m}\cdot\text{s}^{-2}$

Energías en el MAS

18. Al colgarle un objeto de 250 g, un resorte se alarga 3 cm. Se emplea este mismo muelle con una masa de 1 kg que separamos 5 cm de su posición de equilibrio. Calcula:

a) La constante recuperadora del muelle.

b) La amplitud, el periodo y la frecuencia de las oscilaciones.

c) La fuerza máxima que ha de soportar el resorte.

d) La energía potencial (gravitatoria + elástica) cuando el objeto esté situado en el punto superior de la oscilación, suponiendo como origen de alturas el punto inferior.

S: *a)* $k = 81{,}75\ \text{N}\cdot\text{m}^{-1}$; *b)* $A = 5$ cm; $T = 0{,}7$ s; $\nu = 1{,}43$ Hz; *c)* $F_{\text{Máx}} = 13{,}90$ N; *d)* $E_P = 1{,}18$ J

19. Determina la posición donde se igualan las energías cinética y potencial en un MAS cuya expresión es:

$$x(t) = 3\cos\left(\pi t - \frac{\pi}{2}\right)$$

S: $x = \pm 2{,}12$ m

20. ¿A qué fracción de energía total corresponde la energía potencial cuando la elongación es la mitad de la amplitud en un movimiento armónico simple?

S: $E_P = 0{,}25\cdot E$

21. Una partícula de 0,1 kg de masa se mueve con un movimiento armónico simple y realiza un desplazamiento máximo de 0,12 m. La partícula se mueve desde su máximo positivo hasta su máximo negativo en 2,25 s. El movimiento empieza cuando el desplazamiento es $x = +0{,}12$ m.

a) Calcula el tiempo necesario para que la partícula llegue a $x = -0{,}06$ m.

b) ¿Cuál será la energía mecánica de dicha partícula?

S: *a)* $t = 1{,}5$ s; *b)* $E = 1{,}38\cdot 10^{-3}$ J

Problemas globales

22. Una plataforma circular con un pequeño saliente gira sobre sí misma alrededor de un eje vertical a 200 rpm. Un proyector situado en un lateral proyecta la sombra del saliente sobre una pared, realizando un MAS cuya amplitud es de 1 m. Con la ayuda de una **hoja de cálculo,** determina las posiciones por las que pasa en los cinco primeros segundos de su movimiento. Considera la fase inicial nula e intervalos de tiempo de 0,05 s.

S: bit.ly/1BACH11-22

23. Resuelve usando una **hoja de cálculo.** Determina las posiciones que ocupa un péndulo que oscila realizando un MAS en los límites de la aproximación paraxial. Considera intervalos de 0,1°. Compara dichas posiciones con las que se consideran al asociar la oscilación del péndulo a la de un muelle. Determina el error relativo y el absoluto en cada una de las posiciones.

S: bit.ly/1BACH11-23

24. Construye un *applet* de **GeoGebra** en el que realices una asociación entre el movimiento circular uniforme y el movimiento armónico simple en vertical y en horizontal. Crea un deslizador en el que el tiempo pueda tomar valores entre 0 y 100 s y otro con el que poder variar el valor de la frecuencia angular. Muestra en pantalla el valor de las elongaciones correspondientes a la fase del MCU.

a) Comprueba con los valores de las elongaciones que se cumple, siendo *R* el radio del MCU.

b) Muestra en pantalla las energías potencial y cinética asociadas a cada posición y comprueba que el valor de la energía mecánica es constante en todo momento.

25. En grupos de dos o tres personas, y utilizando el programa **GeoGebra,** realizad las gráficas de posición, velocidad y aceleración de un MAS con respecto al tiempo con estas condiciones:

a) La fase inicial no puede ser nula.

b) Las expresiones de posición, velocidad y aceleración se definen como objetos auxiliares para que no se muestren en pantalla.

Se considera ganador el equipo que logre obtener mayor número de expresiones en 12 minutos.

Práctica 1. MAS en muelles verticales

Realizaremos el estudio del MAS que se produce al desplazar de su posición de equilibrio una masa atada a un muelle vertical.

Objetivo

Determinar distintas variables implicadas en el movimiento armónico simple empleando simulaciones virtuales.

Materiales

Realizarás la práctica con la aplicación **bit.ly/Phet-Muelle-E-MAS.**

En la imagen se encuentra una descripción básica de su funcionamiento.

Variando las características del resorte, se producirá una variación en las condiciones del movimiento armónico. Al situar una masa en el extremo inferior y desplazarla de la posición de equilibrio, comenzará el MAS.

Existe la posibilidad de sustituir la fuerza gravitatoria por la de otro planeta.

Dispones también de una regla para medir distancias, de un cronómetro para medir tiempos y de marcas móviles.

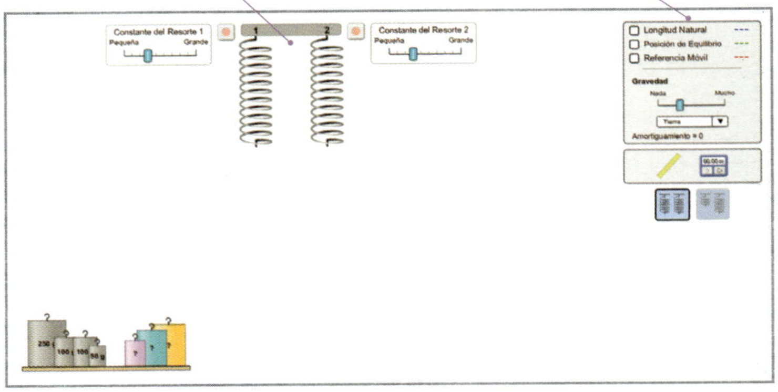

Se encuentran disponibles diferentes masas, algunas de ellas desconocidas, con las que comprobar la dependencia del MAS con respecto al valor de la masa que oscila.

Procedimiento

Determinación del valor de la constante elástica del resorte (constante de recuperación)

Para empezar con la práctica, entra en la aplicación y selecciona la opción *Introducción.*

Sitúa la masa de 100 g en el extremo inferior del resorte. Ayudándote de la referencia móvil (cuadro de la parte superior derecha) y de la regla graduada, desplaza la masa 10 cm con respecto a su posición de equilibrio.

Calcula el valor del periodo empleando el cronómetro disponible. Una vez calculado el periodo, determina el valor de la constante del resorte sabiendo que:

$$k = \omega^2 m$$

Comprueba el valor que has calculado empleando la ley de Hooke ($F = kx$), donde la fuerza será el peso de la masa empleada y el valor de x será la elongación del resorte.

- Comprobación de la veracidad del valor de la constante del resorte empleando el mismo procedimiento con otras masas. ¿Serías capaz de determinar el valor de las masas desconocidas a partir de la frecuencia angular sin medir la elongación del resorte?
- Comprobación de la independencia de los valores hallados con respecto de la atracción gravitatoria del planeta. En la parte derecha del *applet* puedes cambiar el valor de la atracción gravitatoria. Repite los pasos anteriores considerando valores de atracción gravitatoria inferiores (Luna) y superiores (Júpiter).

Determinación de la velocidad máxima del MAS empleando energías potenciales

Haz clic ahora en la pestaña *Laboratorio*, que está en la parte inferior de la aplicación. En la nueva pantalla aparece a la izquierda una ventana con una gráfica en la que se muestra la relación existente entre energía potencial gravitatoria, elástica y cinética.

Ayudándote de la masa de 100 g, determina el valor de la constante del muelle. Posteriormente, desplaza 20 cm la masa de la posición de equilibrio para que realice un MAS.

- Determina los valores de la energía potencial gravitatoria y elástica en los puntos de equilibrio, inferior y superior del MAS. Ayúdate para ello de la regla graduada. Ten en cuenta que en la posición de equilibrio existe energía potencial elástica, dado que el muelle soporta el peso de la masa.
- Determina el valor de la energía cinética máxima. A partir del principio de conservación de la energía, determina el valor de la energía cinética máxima. Determina, a continuación, el valor de la velocidad máxima a partir de la expresión de la energía cinética.

Determinación de la energía disipada por rozamiento

Debido a los rozamientos, que actúan como amortiguador, el sistema deja gradualmente de oscilar. Hay un porcentaje de energía que es disipada en forma de calor y una energía que deja de estar presente (la energía cinética).

- Ayudándote de las gráficas situadas en la parte izquierda, ¿serías capaz de determinar la cantidad de energía que se disipa debido a la amortiguación?

Hablando de ciencia...

El puente de Brooklyn fue inaugurado en 1883, pero pocos saben que la contribución de Emily Warren fue decisiva. Su marido lideraba el proyecto de construcción hasta que cayó enfermo, debido a una descompresión durante tareas de cimentación del puente.

Fue entonces cuando Emily adquirió los conocimientos necesarios para realizar la supervisión diaria del proyecto y llegó a ocupar el cargo de ingeniero jefe en la última fase de la construcción.

Ella, junto con su marido enfermo, planificaron en conjunto la construcción. Su interés hizo que adquiriera de forma prácticamente autodidacta un gran conocimiento sobre resistencia de materiales y análisis de tensiones.

Actualmente, el puente de Brooklyn tiene una placa dedicada a la memoria de Emily, su marido y su suegro, quien empezó a desarrollar y construir el puente.

En la ceremonia de inauguración, Abram Stevens Hewitt, entonces alcalde de Nueva York, pronunció estas palabras: «El puente es un monumento a la sacrificada devoción de una mujer y a su capacidad para la educación superior, de la cual había sido largamente excluida».

Práctica 2. MCU y MAS

Entra en **bit.ly/Educaplus_MAS.** Dispones de la proyección de un objeto que realiza un movimiento circular. Fíjate en la bola que se encuentra subida sobre la plataforma que está realizando un MCU.

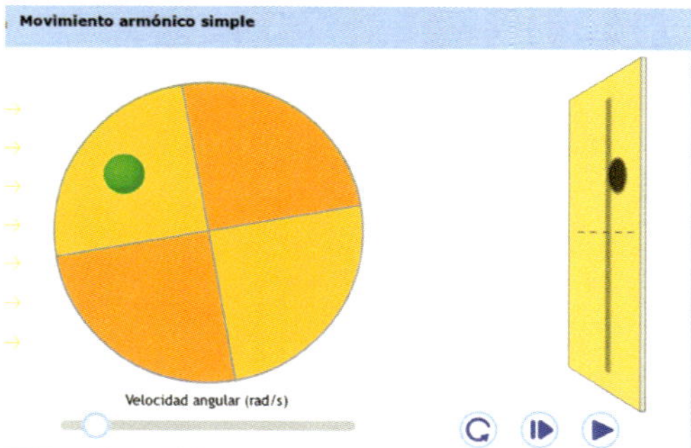

- Determina las vueltas que da en un minuto ayudándote de un temporizador.
- Determina ahora el período del MAS que realiza la proyección de la bola ayudándote de un cronómetro.
- Realiza la conversión de unidades correspondiente para poder comparar los dos valores anteriores. ¿Coinciden?

Práctica 3. El péndulo

Entra en **bit.ly/Fendt_Péndulo.** Dispones de un péndulo. Identifica inicialmente si es posible considerar la oscilación del péndulo como un MAS.

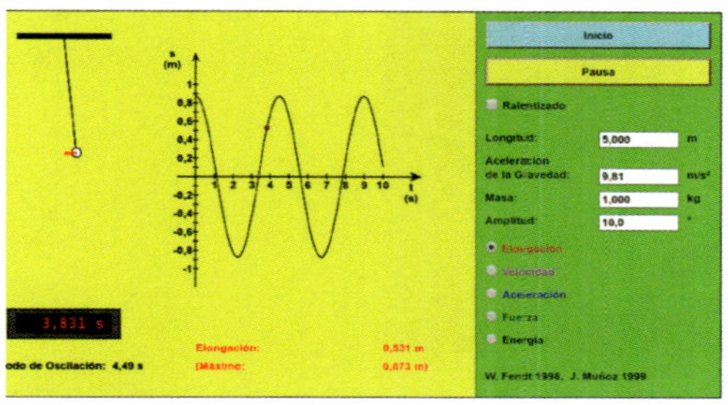

- ¿Es posible realizar la aproximación paraxial? ¿Coincide la elongación máxima con el valor del ángulo?
- Atendiendo al valor del ángulo correspondiente a la oscilación del péndulo, ¿a partir de qué valores no sería posible considerar el movimiento del péndulo como el de un MAS?
- Considera ahora el valor de la aceleración en cada uno de los extremos del MAS. Determina el valor de la aceleración máxima del MAS correspondiente. ¿Qué error relativo se comete al considerar una aceleración en lugar de la otra? ¿Te parece que es una aproximación fiable?

Atrévete a mirar

¿He aprendido realmente?

¿He entendido las diferencias entre oscilación y vibración? ¿Comprendo la diferencia entre un MAS y una oscilación?

¿He logrado descubrir a mi alrededor cuerpos cuyo movimiento podría asimilar a un MAS?

¿He logrado relacionar y aplicar los conceptos de cinemática, dinámica y energías anteriormente estudiados?

¿Consigo identificar qué tipo de ejercicio es más conveniente abordarlo mediante la dinámica y qué tipo considerando las energías?

¿He descubierto la importancia de la aportación de las matemáticas para el estudio físico de casos concretos?

Proyecto 2: Subir un globo de agua a una determinada altura

El objetivo

El objetivo de este proyecto es aplicar todos los conocimientos adquiridos en las unidades de Física a la consecución de un objetivo real y realizar el estudio oportuno de la base física en la que se sustenta la solución aplicada.

El objetivo que se propone es el siguiente:

Trasladar, mediante el procedimiento que se desee, un globo de agua desde el suelo hasta una altura de unos cinco metros, el equivalente a un segundo piso, y depositarlo sobre una superficie sin que sufra daño alguno.

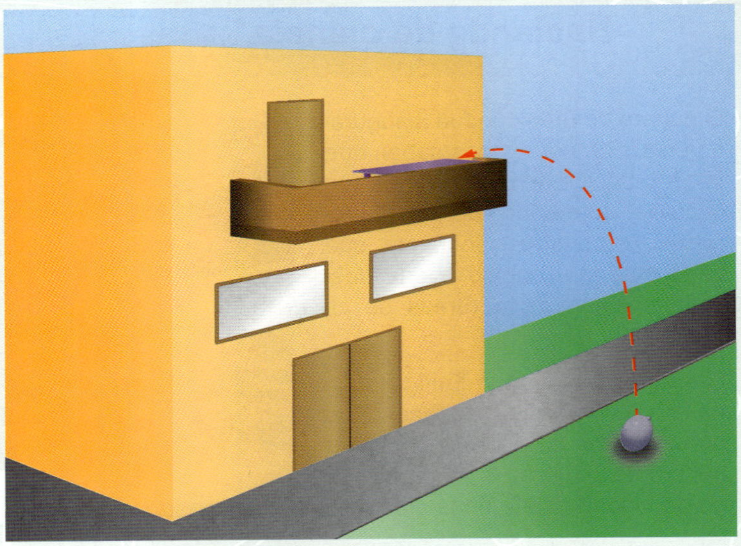

El producto final

Aunque son muchas y variadas las posibilidades, al menos se propone la elaboración de los productos que se describen a continuación.

A. Memoria de proyecto

Este documento debe explicar la base física en la que se basa el diseño elaborado para la consecución del objetivo. No es necesario un desarrollo profundo de la física implicada en el proceso, pero es necesario elaborar un estudio **cinético**, uno **dinámico** y uno **energético** del problema.

- Como ejemplo del estudio cinético, se puede estudiar si el movimiento va a ser parabólico o en vertical y estimar la velocidad inicial y final, el tiempo empleado, el desplazamiento, etc.
- En el análisis dinámico se puede estudiar si durante el movimiento han existido más fuerzas además del peso del cuerpo. Esto sucedería si se utiliza algún sistema de transporte en contraposición con un lanzamiento.

- Al examinar el aspecto energético se investigarán las energías inicial y final en sus diferentes manifestaciones y si se cumple la ley de conservación de la energía o existen pérdidas por rozamiento y deformación debido a la colisión.

Recuerda que es necesario aportar bibliografía a la memoria tanto de documentos escritos como digitales.

B. Documento gráfico

Este producto debe mostrar la consecución del objetivo planteado. Se ha de observar cómo el globo, inicialmente en reposo, comienza su movimiento desde el suelo y finaliza en la altura indicada sin romperse. Convendría que se analizase en detalle el momento de la salida y el de la llegada sin perder de vista que se ha de apreciar claramente la trayectoria realizada, de manera que se pueda observar si es lineal, parabólica o de otro tipo.

Si bien no hay límite para la forma del producto entregado, este debe estar procesado de acuerdo con unas normas mínimas:

- **Formato de imagen:** tanto si es una presentación como un portafolio, el proyecto deberá poseer una portada, una explicación de cada una de las imágenes que lo acompañan y, si es posible, también de las magnitudes cinemáticas (posición, velocidad, aceleración) o de las magnitudes dinámicas (diagrama de fuerzas) correspondientes.
- **Formato de vídeo:** deberá procesarse con una portada, estar narrado —no basta con dejar el sonido original o colocar música de fondo— y poseer una conclusión o final. Se considerará un aporte extra la incorporación de alguna imagen procesada que incluya las mismas magnitudes físicas mencionadas en el caso de la fotografía.

☐ C. Portafolio del proyecto

En este elemento se deben explicar, de forma ordenada, cronológica y detallada, los diferentes pasos del proceso realizado, desde el inicio hasta la elaboración de los materiales finales, incluyendo el diseño y la realización de la actividad.

Tiene como finalidad que el equipo registre y analice su forma de trabajo con el objetivo de tomar conciencia de las dinámicas de trabajo en equipo y si este ha sido realmente cooperativo (todos los miembros participan de todas las etapas del proceso) o solo colaborativo (cada miembro se encarga de una etapa y el producto final es la sucesión de resultados individuales).

Se valorará:

- El **análisis** de cada una de las **etapas** por parte del equipo.
- El **grado de integración** de cada uno de los miembros.
- El **análisis** de los **problemas** encontrados y de las **soluciones** aportadas.
- La inclusión de una **metacognición final** donde se trabaje la competencia de aprender a aprender. Se analizará si la experiencia ha implicado una mejora de la forma en la que se aprende.

Pasos que debéis seguir

El trabajo deberá llevarse a cabo en grupos con un máximo de cuatro miembros que se repartirán los roles habituales en los trabajos cooperativos: al menos, los de coordinador, secretario, portavoz, encargado de logística y mediador en conflictos.

Aunque podéis escoger vuestro propio camino, os sugerimos una serie de pasos:

1. **Buscad información** sobre los diversos procedimientos que otras personas han realizado con anterioridad. No es cuestión de copiar, sino de obtener ideas para diseñar vuestro propio sistema. En el trabajo se premiará la originalidad.

2. Reuníos y producid una **lluvia de ideas**. Apuntad todas las posibilidades que se os ocurran por inverosímiles que os parezcan.

3. De todas las ideas, **seleccionad** las dos más sencillas, porque son las que tienen más posibilidades de éxito.

4. Pasad a la **parte práctica** e intentad conseguir vuestro objetivo. Comenzad con poca cantidad de agua. Recordad que se ha de registrar gráficamente el proceso físico y tomar nota de cómo se ha trabajado para realizar el portafolio.

   Analizad hasta dónde es capaz de lograr el sistema, una vez decidido su propósito, si vamos aumentando la masa del globo.

5. **Organizad todos los datos** obtenidos y realizad un guion para explicarlo todo en el documento gráfico.

6. Estudiad la **parte física** para la elaboración de la memoria del proyecto.

7. **Procesad toda la información gráfica** para la elaboración del documento gráfico.

8. El último paso siempre será **la elaboración del portafolio** del proyecto, ya que debe recoger las conclusiones de la realización de la experiencia y de su análisis.

Programa de análisis

Si bien no es necesario, es posible utilizar algún programa de física para analizar el movimiento y la ciencia implicada. Aunque hay posibilidades muy variadas y en ningún caso sirven para obviar el trabajo que se ha de realizar, pueden servir de toma de contacto inicial con el software utilizado en ciencia.

Una posibilidad que conviene tener en cuenta, por ser multisistema y permitir el análisis de imagen y vídeo para obtener datos físicos, es el software Tracker **(physlets.org/tracker).**

Este paquete permite la entrada de una grabación de vídeo y, mediante un rastreo del objeto en un entorno controlado, la obtención sencilla de los datos de posición, velocidad y aceleración. Si además se introduce un determinado modelo, es posible, a su vez, obtener los valores dinámicos o energéticos implicados. Para más información, acudid a su comunidad y a sus videotutoriales.

Anexo I: GeoGebra

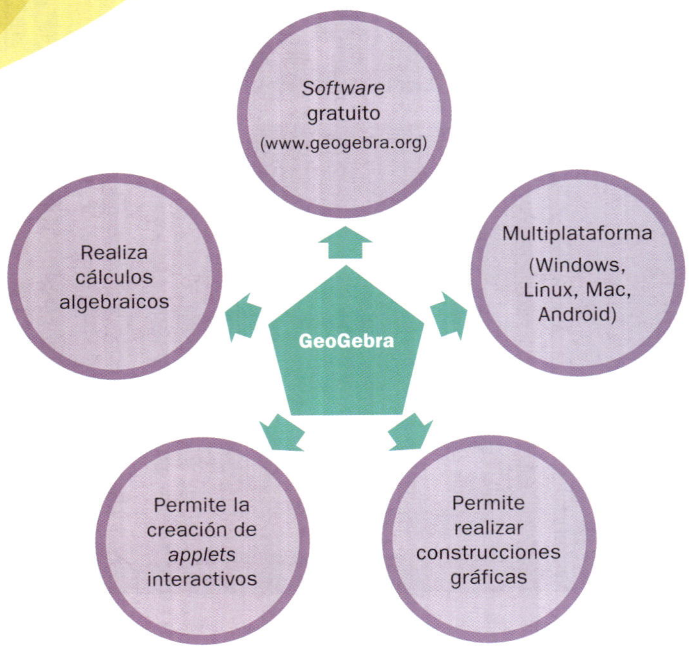

GeoGebra es un *software* no comercial capaz de realizar construcciones 3D, *applets* interactivos o construcciones gráficas. Aunque no cumple completamente con los estándares del *software* libre, muchas de sus características lo sitúan más cerca de la Free Software Foundation que de cualquier *software* comercial.

Desde la página web **(www.geogebra.org)** puedes descargar la versión compatible con tu sistema operativo; además, el programa permite trabajar en línea.

Con GeoGebra es posible desde representar funciones hasta calcular derivadas. También permite crear programaciones tanto gráficas como numéricas y realizar cálculos matemáticos y construcciones geométricas de todo tipo.

GeoGebra es un *software* muy versátil, con utilidad en muchas unidades de las asignaturas de Matemáticas y de Física y Química en Bachillerato. En este curso no emplearemos todo su potencial y, simplemente, haremos uso de las funciones de GeoGebra Classic.

Vista gráfica

La interfaz principal de GeoGebra es la siguiente:

Puedes realizar cualquier construcción con los botones de la barra superior.

Vista algebraica (entrada): aquí puedes introducir manualmente las entidades que necesites para desarrollar tus actividades.

Vista gráfica: aquí aparecen representadas todas las entidades que introduzcas en la *Vista algebraica*.

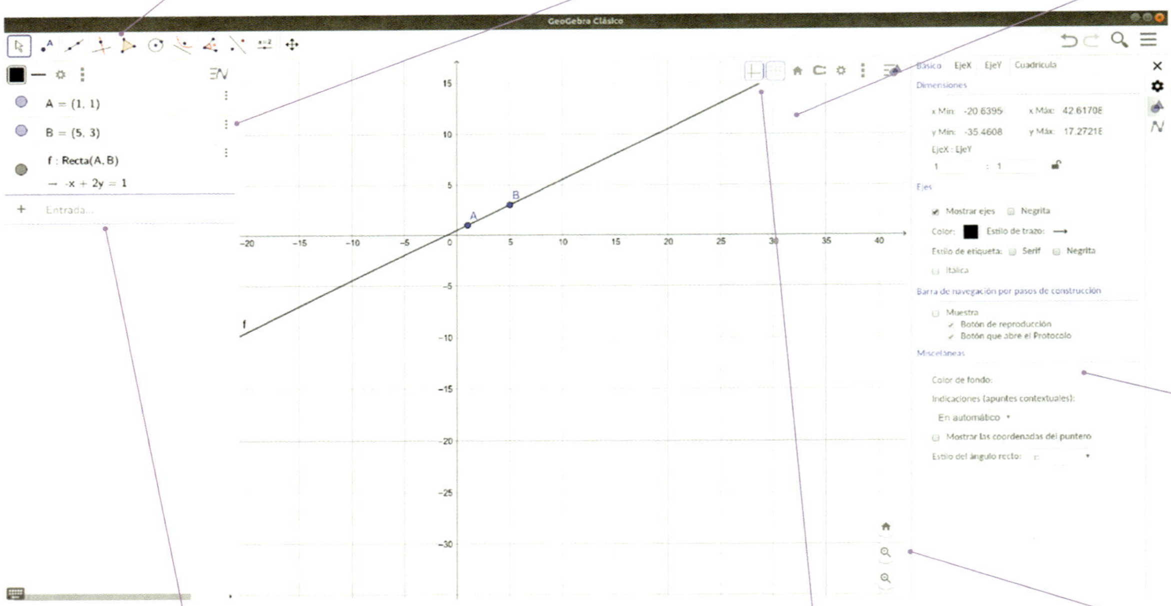

Menú de configuración: con este menú podrás configurar el entorno de GeoGebra.

Puedes modificar la posición de cada menú (abajo, izquierda, derecha).

Puedes acercar o alejar la vista haciendo clic sobre estos botones o utilizando la rueda del ratón.

Listado de entidades: aparecen en lista todas las entidades presentes en el *applet*.

GeoGebra permite emplear como sistema de referencia coordenadas cartesianas, polares o isométricas.

Es importante destacar que GeoGebra nombra las variables y los puntos con mayúscula y los vectores y las rectas con minúscula. Si deseas emplear una palabra para nombrar una entidad, se tiene en cuenta la primera letra según la consideración anterior.

Trabajando con GeoGebra

El programa permite utilizar distintos métodos para cada construcción.

- Formas de definir un punto:
  - Escribir en la *Barra de entrada* una expresión del tipo A = (1, 1).
  - Con los botones de la barra superior, pulsando en •A. Posteriormente, hay que hacer clic en la *Vista gráfica* para crear un nuevo punto. Las coordenadas del punto quedarán determinadas al soltar el botón del ratón.
- Formas de definir una recta:
  - Con la *Barra de entrada,* habiendo definido primero los puntos A y B por los que pasa, mediante el comando: Recta (A, B).
  - Con los botones de la barra superior, se selecciona el botón y, posteriormente, se hace clic sobre los puntos por cuyas coordenadas se desea que pase la recta.

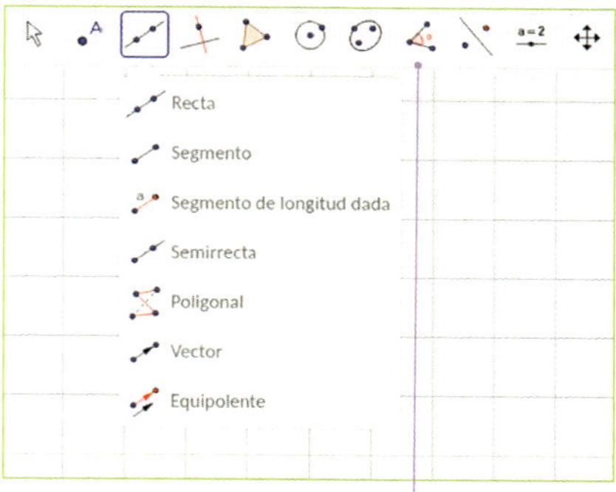

Cada botón muestra un desplegable que contiene en su interior numerosas entidades.

- Formas de definir una recta perpendicular a otra que pasa por un punto:
  - Con la *Barra de entrada* y el comando: Perpendicular (A, f).

    Donde f es el nombre con el que GeoGebra denomina a la recta.
  - Con los botones, pinchando en y seleccionando la recta de la que se quiere su perpendicular y el punto por el que se desea que pase.
- Formas de definir el punto de corte entre dos rectas:
  - Con la *Barra de entrada,* utilizando el comando: Interseca (i, j).

    Donde i y j son los nombres con los que GeoGebra denomina a ambas rectas.
  - Con los botones de la barra superior, pinchando en •A para, posteriormente, hacer clic en el punto aproximado de corte entre las dos rectas. Para que el punto esté contenido en una recta, observaremos que esta aumenta de grosor cuando colocamos el puntero del ratón sobre ella. Para que forme parte de ambas rectas, es decir, sea su punto de intersección, observaremos que las dos aumentan de grosor al situar el puntero cerca de su punto de corte.

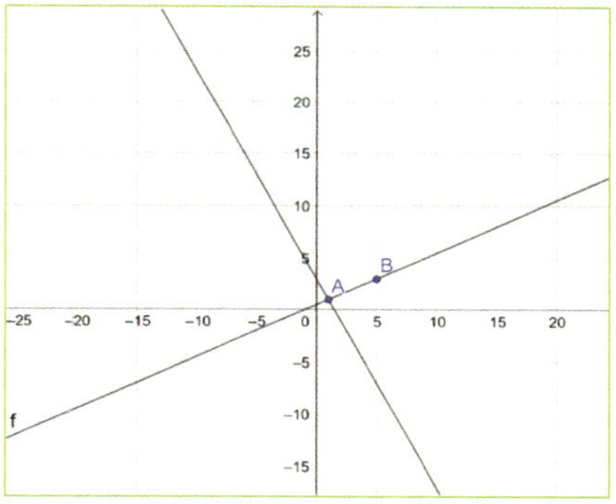

En ocasiones, uno de los métodos resulta más sencillo e intuitivo para determinadas construcciones. Por ejemplo, para definir las proyecciones de un vector sobre una recta (componentes paralela y perpendicular a la recta):

1. Trazamos una perpendicular a la recta sobre la que se desea proyectar el vector que pase por el extremo de este.
2. Definimos el punto de corte entre las dos rectas.
3. Unimos con un vector el punto de aplicación del primer vector con este último punto definido.
4. Unimos con otro vector el punto de corte de las rectas con el extremo del vector.

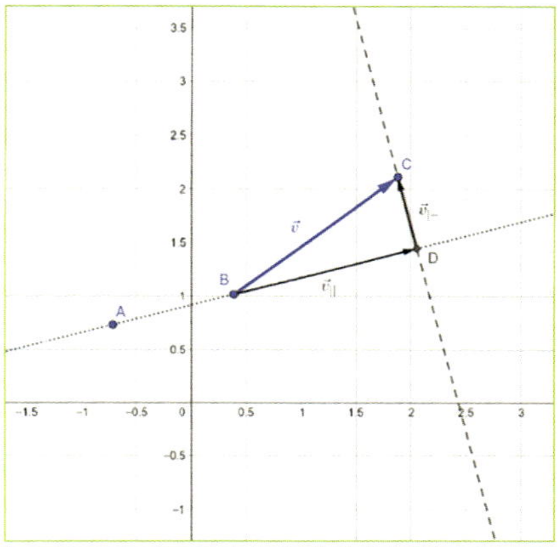

Puedes dar color y grosor a los vectores haciendo clic derecho y variando sus propiedades.

Recursos

En **www.geogebra.org/materials** dispones de construcciones para el libre uso de todos los usuarios. También puedes diseñar tus construcciones y compartirlas en la Red.

1. ¿Qué es la nomenclatura inorgánica?

En los inicios de la química no se disponía de un sistema para nombrar las sustancias, por lo que se empleaban nombres comunes como, por ejemplo, «cal viva» o «gas de la risa». El desarrollo de esta ciencia a lo largo de la historia ha propiciado el descubrimiento de miles de compuestos químicos, por lo que, en la actualidad, resultaría imposible recordar esa enorme cantidad de nombres. Por este motivo se ha diseñado un sistema de nomenclatura de los compuestos que indica su composición. La Unión Internacional de Química Pura y Aplicada (IUPAC, por sus siglas en inglés, Intenational Union of Pure and Applied Chemistry) es la institución responsable de establecer las normas para la definición de los compuestos.

1.1. Electronegatividad

La electronegatividad expresa la tendencia de un átomo a atraer los electrones hacia sí cuando se combina químicamente con otro átomo. Cada elemento químico tiene una electronegatividad diferente.

En nomenclatura química se utilizan las conocidas como electronegatividades convencionales, que se organizan a partir de la siguiente figura en orden decreciente de electronegatividad.

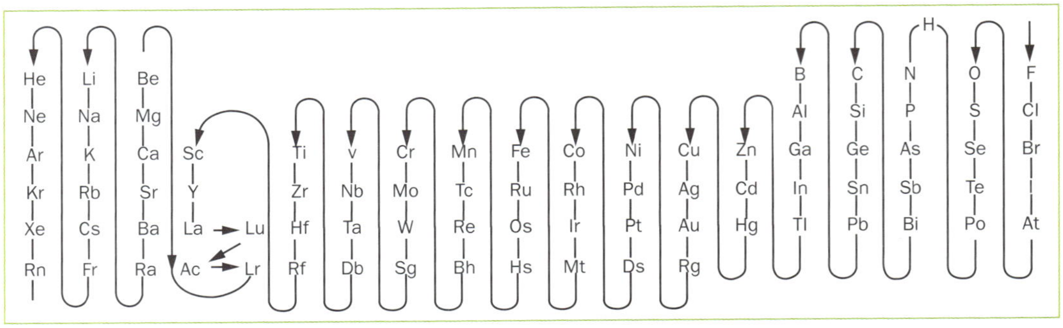

Los compuestos se formulan, como norma general, haciendo mención en primer lugar del elemento menos electronegativo y se nombran al revés, comenzando por el primero en la serie.

1.2. Número o estado de oxidación de un elemento

El **número** o **estado de oxidación** de un elemento químico indica el número de electrones que pone en juego cuando forma un compuesto determinado. Los elementos que ceden sus electrones tienen un estado de oxidación positivo, mientras que aquellos que los captan tienen un estado de oxidación negativo. El número de oxidación nos permite conocer la estequiometría de un compuesto y, por tanto, la cantidad de átomos de cada elemento presente en la fórmula. Se suele representar sobre el elemento y puede ir entre paréntesis para diferenciarse de la carga del ion.

El número de oxidación se puede obtener a partir de unos criterios simples:

- El número de oxidación de los elementos libres, ya sea en estado monoatómico (Au, He) o poliatómico (Cl_2, S_8), es cero.
- En el caso de iones monoatómicos, el número de oxidación coincide con su carga. Así pues, el número de oxidación del Na^+ es +1 y el del O^{2-} es –2.
- El número de oxidación del hidrógeno es +1 cuando se combina con un no metal (HCl, H_2O, H_2S) o con un semimetal (NH_3, PH_3) y –1 cuando lo hace con un metal (NaH, FeH_3).
- El número de oxidación del oxígeno es –2 cuando se une formando óxidos (Na_2O) y –1 cuando lo hace formando peróxidos (Na_2O_2).
- La suma de los números de oxidación de una estructura coincide con la carga de esta o es cero si carece de ella:

$$\overset{(+6)}{S}\,\overset{(-2)}{O_3} \rightarrow 6+3\cdot(-2)=0 \qquad \overset{(-2)}{O_3}\,\overset{(-3)}{Cl_2} \rightarrow 3\cdot(-2)+2\cdot(-3)=0$$

$$\overset{(-3)(+1)}{\left(NH^4\right)^+} \rightarrow -3+4\cdot 1=+1$$

$$\overset{(+4)(-2)}{\left(SO_3\right)^{2-}} \rightarrow 4+3\cdot(-2)=-2 \qquad \overset{(+5)(-2)}{\left(NO_3\right)^-} \rightarrow 5+3\cdot(-2)=-1$$

Nomenclatura 2.0

La IUPAC dispone en **iupac.org** de un espacio web en el que informa a los interesados de sus actividades. En esta página puedes encontrar sus recomendaciones para formular adecuadamente.

Si te interesa recabar información adicional, puedes consultar los siguientes enlaces:

Libro Rojo de la IUPAC

Inglés:

bit.ly/IUPAC_Red_Book_2005

Español:

bit.ly/IUPAC_Libro_Rojo_2005

Recomendaciones

Colegio Químicos Asturias y León:

bit.ly/Nomenclatura_2005_Asturias

! Importante

Los nombres de los compuestos químicos se deben escribir siempre en minúsculas.

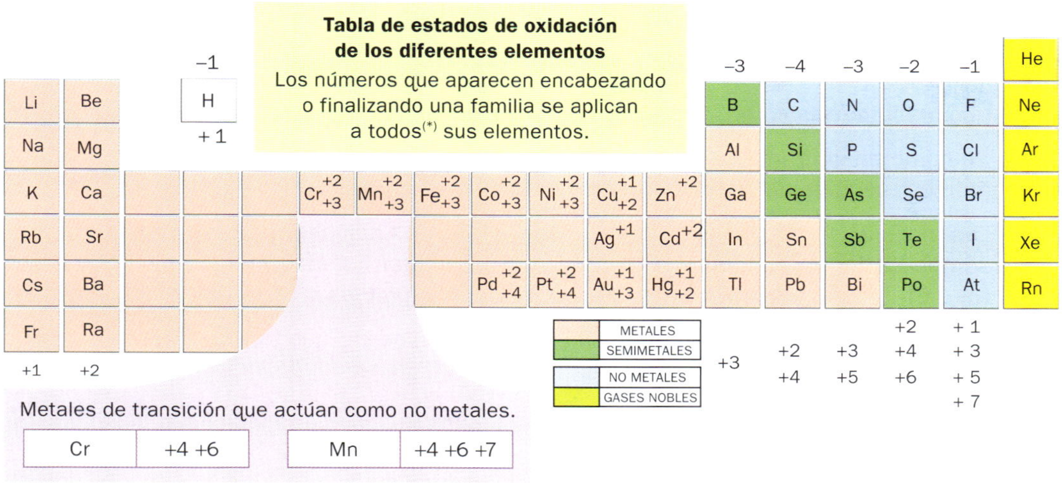

(*) Los elementos del segundo periodo no poseen los mismos estados de oxidación que el resto de la familia. Algunos de ellos son:

F: –1

O: –1, –2

N: –1, 1, 2, 3, 4, 5

2. Nomenclatura de sustancias simples

2.1. Estructuras monoatómicas

En general, cualquier sustancia simple monoatómica se formula utilizando el símbolo del elemento y se denomina mediante el nombre del elemento de acuerdo con las siguientes reglas:

- Si es un **átomo neutro:** se añade el prefijo mono– al nombre del elemento. Por ejemplo: el H es monohidrógeno, el N es mononitrógeno y el O es monooxígeno.
- Si es un **anión,** es decir, un átomo que ha captado electrones y posee carga negativa:
  - Se nombra añadiendo el sufijo –uro al nombre del elemento y, a continuación, sin espacio, se escribe la carga del anión entre paréntesis. Si esta es única, se puede omitir.
  - Se formulan con el símbolo del elemento y la carga correspondiente en superíndice.

Anión	Nomenclatura IUPAC
S^{2-}	sulfuro(2–) o sulfuro
Cl^{-}	cloruro(1–) o cloruro

- Si es un **catión,** es decir, un átomo que ha cedido electrones y posee carga positiva:
  - Se nombra empleando el nombre del elemento seguido, sin espacio, de la carga entre paréntesis. La IUPAC también admite, para referirse a los números de oxidación, el sistema *Stock,* en el que se indican entre paréntesis con numeración romana.
  - Se formulan con el símbolo del elemento y la carga correspondiente en superíndice.

Catión	Nomenclatura IUPAC	Nomenclatura Stock
K^{+}	potasio(1+)	potasio(I)
Be^{2+}	berilio(2+)	berilio(II)

! Importante

Los números de carga corresponden al superíndice que se coloca tras el elemento y son números naturales que se escriben delante del signo de la carga:

O^{2-} óxido(2–)

En consecuencia, indican la cantidad de unidad de carga de un determinado signo, no la carga del ión.

De esta manera, Fe^{2+} indica que posee dos cargas positivas, no que su carga total sea +2.

Actividades

1. En los siguientes compuestos indica cuál de los dos elementos se nombrará en primer lugar.

a) KBr   *c)* CaO   *e)* MgH_2 *g)* CO_2 *i)* Ag_2O

b) NaCl   *d)* O_2Cl *f)* HCl   *h)* NH_3 *j)* P_2O_5

S: *a)* Br; *b)* Cl; *c)* O; *d)* Cl; *e)* H; *f)* Cl; *g)* O; *h)* H; *i)* O; *j)* O

2. Ordena de mayor a menor la electronegatividad de estos elementos: Br, H, K, Ra, Fe, Ba.

S: Br, H, Fe, Ba, Ra, K

2.2. Estructuras homopoliatómicas

Corresponden a sustancias simples formadas por más de un átomo de un **mismo** elemento.

- Estructuras **neutras** como, por ejemplo, (dicloro):
  - Se nombran utilizando un prefijo numeral (di–, tri–, tetra–...), en función del número de átomos, seguido del nombre del elemento.

    Las moléculas gaseosas (H_2, N_2, O_2, O_3) y las de los halógenos (F_2, Cl_2, Br_2, I_2) se presentan en forma diatómica o triatómica. Se nombran usando prefijos multiplicadores (di–, tri–), aunque es frecuente que aparezcan sin prefijos.
  - Se formulan con el símbolo del elemento y un subíndice, que indica el número de átomos que componen la molécula.

P_4	tetrafósforo
S_8	octaazufre

- Si es un **anión** homopoliatómico como, por ejemplo, C_2^{2-} (dicarburo(2–)):
  - Se nombran con un prefijo numeral (di–, tri–, tetra–...) seguido del nombre del elemento acabado en –uro e indicando la carga entre paréntesis.
  - Se formulan con el símbolo del elemento, el subíndice, que indica el número de átomos que componen la molécula, y la carga, en superíndice.

I_3^-	triyoduro(1–)
S_2^{2-}	disulfuro(2–)

- Si es un **catión** homopoliatómico como, por ejemplo, H_3^+ (trihidrógeno(1+)):
  - Se nombran con prefijo numeral (di–, tri–, tetra–...) seguido del nombre del elemento e indicando la carga entre paréntesis.
  - Se formulan con el símbolo del elemento, el subíndice, que indica el número de átomos que componen la molécula, y la carga, en superíndice.

Bi_5^{3+}	pentabismuto(3+)
S_4^{2+}	tetraazufre(2+)

! Importante

La IUPAC acepta para el dioxígeno (O_2) y el trioxígeno (O_3) los nombres comunes de **oxígeno** y **ozono,** respectivamente.

También las diferentes formas del oxígeno reciben algunos nombres comunes aceptados por la IUPAC:

O	oxígeno
O^-	óxido(1–)
O^{2-}	óxido(2–) u óxido
O_2^-	dióxido(1–) o superóxido
O_2^{2-}	dióxido(2–) o peróxido
O_3^{2-}	trióxido(2–) u ozónido

Recuerda

Los prefijos numerales utilizados en química son:

1	mono–	6	hexa–
2	di–	7	hepta–
3	tri–	8	octa–
4	tetra–	9	nona–
5	penta–	10	deca–

La IUPAC y la RSEQ (Real Sociedad Española de Química) recuerdan que no está permitido abreviar los prefijos aunque la siguiente palabra comience por vocal. De esta manera, se dirá «pentaóxido» y no «pentóxido».

Actividades resueltas

1. Completa las tablas:

Sustancia	Nomenclatura	Sustancia	Nomenclatura	Sustancia	Nomenclatura
$\mathbf{S_2}$	diazufre	Br^-	**bromuro(1–)**	**H**	monohidrógeno
$\mathbf{S^{2-}}$	sulfuro(2–)	O_2^-	**dióxido(1–)**	C_3^{4-}	**tricarburo(4–)**
$\mathbf{S_2^{2-}}$	disulfuro(2–)	Ca^{2+}	**calcio(2+)**	$\mathbf{O_2^+}$	dioxígeno(1+)
$\mathbf{S_2^{2+}}$	diazufre(2+)	P	**monofósforo**	N_3^-	**trinitruro(1–)**

Actividades

3. Nombra o formula las siguientes sustancias, según corresponda:

a) telururo
b) ozono
c) Mg^{2+}
d) nitruro(3–)
e) B^{3+}
f) octaazufre
g) Li^+
h) arseniuro(3–)
i) cobre (2+)
j) pentabismuto(3+)
k) C^{4-}
l) dicarburo(2–)

S: *a)* Te^{2-}; *b)* O_3; *c)* magnesio(2+); *d)* N^{3-}; *e)* boro(3+); *f)* S_8; *g)* litio(1+); *h)* As(3–); *i)* Cu^{2+}; *j)* Bi_5^{3+}; *k)* carburo(4–); *l)* C_2^{2-}

3. Nomenclatura de compuestos

Un compuesto, o, lo que es lo mismo, una sustancia heteropoliatómica, es la combinación de dos o más elementos químicos. Es importante tener en cuenta una serie de cuestiones previas con respecto a estas sustancias:

- Se formulan citando, en primer lugar, el elemento menos electronegativo y, después, el más electronegativo, de acuerdo con las electronegatividades convencionales.
- La carga del conjunto ha de ser nula para estructuras neutras. La suma de los productos del número de átomos de cada elemento por sus números de oxidación debe ser cero.

El siguiente esquema muestra que, formalmente, existen dos vías principales para formar compuestos: el enlace con átomos de hidrógeno y el enlace con átomos de oxígeno.

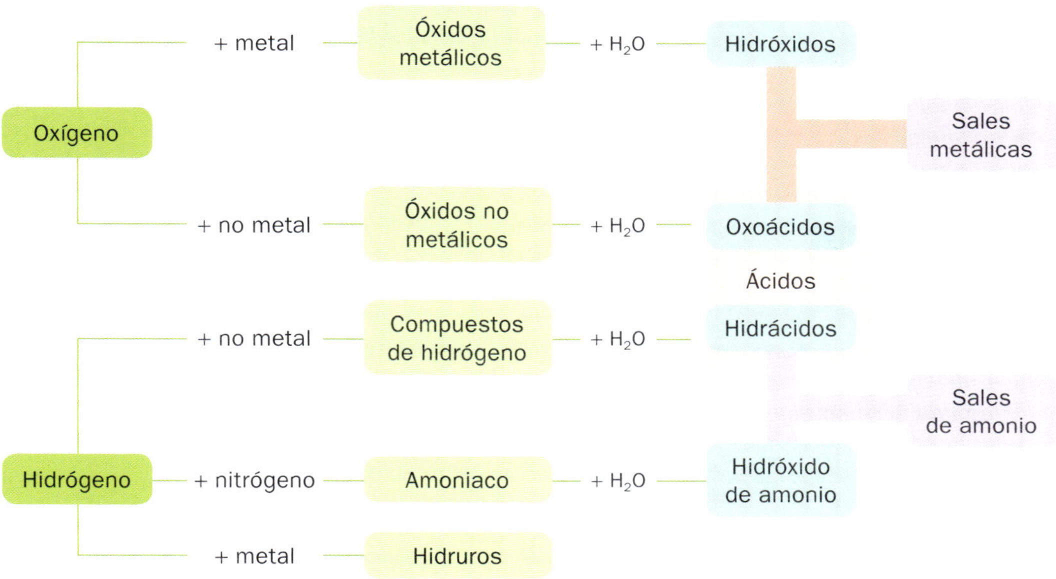

En los compuestos con hidrógeno y oxígeno, estos elementos pueden actuar como los más electronegativos o no. La nomenclatura química se debe adaptar y debe adecuar las normas a cada circunstancia.

A partir de las reglas de la IUPAC de 2005, conviven tres tipos de nomenclatura:

- **Nomenclatura de composición** o **estequiométrica:** informa acerca del tipo de átomos que componen la sustancia y de la proporción en que se encuentran. Los nombres dan poca información sobre la distribución de los átomos en la molécula. Para la nomenclatura de composición, distinguimos tres posibilidades:
  - Número de carga: indica el número de oxidación con signo entre paréntesis.
  - Prefijo multiplicador: antiguamente denominada **sistemática,** emplea prefijos para indicar las cantidades de cada átomo presentes en el compuesto.
  - Número de oxidación: antiguamente denominada **Stock,** indica el número de oxidación entre paréntesis empleando números romanos.
- **Nomenclatura de sustitución:** pone énfasis en sustituir una parte de la molécula. Los nombres se basan en el nombre de un compuesto de partida (progenitor) en el que se han sustituido algunos átomos por otros (derivado).
- **Nomenclatura de adición:** considera una molécula a la que se van uniendo grupos, denominados **ligandos.** Se nombra comenzando por los ligandos en orden alfabético y se formula entre corchetes con los ligandos detrás del átomo central en orden alfabético.

Aunque los nombres de composición ofrecen menos información estructural, serán los que utilicemos casi de manera exclusiva, ya que el uso de nombres de sustitución y de adición requiere conocer la estructura de los compuestos.

Recuerda

Internet es una fuente de recursos inagotable. Dispones de multitud de horas de trabajo de profesores que han decidido compartir sus explicaciones de manera libre y gratuita.

Sin embargo, es preciso que sepas seleccionar la información que tienes a tu alcance. En ocasiones, está desactualizada.

Nomenclatura 2.0

Existen numerosas webs destinadas a aprender y practicar la nomenclatura inorgánica.

Algunas de ellas pueden ser:

bit.ly/Nomenclatura_uv

bit.ly/Alonso_N_inorgánica

3.1. Compuestos binarios con oxígeno

Cuando el oxígeno emplea como número de oxidación –2, los compuestos que se forman serán óxidos metálicos o **no metálicos** en función de si el otro elemento es metal o no metal.

Para nombrar estos compuestos, se suele utilizar la nomenclatura de composición según las tres variantes siguientes:

M_2O_x – NM_2O_x

Número de carga	«óxido de» + nombre del elemento + (carga) Ejemplos: Fe_2O_3 → óxido de hierro(3+) NO_2 → óxido de nitrógeno(4+)
Prefijo multiplicativo carga	Prefijo (mono–, di–, tri–, tetra–...) + «óxido de» + prefijo (di–, tri–, tetra–...) + nombre del elemento Ejemplo: CO → monóxido de carbono
Número de oxidación	«óxido de» + nombre del elemento + (n.º oxidación) Ejemplos: Fe_2O_3 → óxido de hierro(III) Ni_2O → óxido de níquel(IV)

Es necesario tener en cuenta lo siguiente:

- En aquellos elementos que poseen un único número de oxidación no se indica ni el número de carga ni el de oxidación.
- El uso del prefijo mono– resulta superfluo y solo se debe emplear en aquellos casos en los que su ausencia pueda inducir a error. El monóxido de carbono (CO) y el dióxido de carbono (CO_2) son ejemplos de ello, ya que únicamente el oxígeno posee prefijo y su ausencia no permitiría diferenciarlos. Por el contrario, en el óxido de nitrógeno (NO) no es necesario porque se diferencia claramente del óxido de dinitrógeno (N_2O).
- El número de carga únicamente existe para los compuestos iónicos, en este caso, para las combinaciones de oxígeno con un metal.

Fórmula	Número de carga	Prefijo multiplicador	Número de oxidación
FeO	óxido de hierro(2+)	óxido de hierro	óxido de hierro(II)
Fe_2O_3	óxido de hierro(3+)	trióxido de dihierro	óxido de hierro(III)
Cu_2O	óxido de cobre(1+)	óxido de dicobre	óxido de cobre(I)
Na_2O	óxido de sodio	óxido de disodio	óxido de sodio
BaO	óxido de bario	óxido de bario	óxido de bario
CO	–	monóxido de carbono	óxido de carbono(II)
CO_2	–	dióxido de carbono	óxido de carbono(IV)
Cr_2O_3	–	trióxido de dicromo	óxido de cromo(III)
CrO_3	–	trióxido de cromo	óxido de cromo(VI)
N_2O	–	óxido de dinitrógeno	óxido de nitrógeno(I)
NO	–	óxido de nitrógeno	óxido de nitrógeno(II)

Cuando el no metal pertenece al grupo 17 (flúor, cloro, bromo, iodo), su composición con oxígeno no se considera un óxido, sino un haluro. Por el criterio de electronegatividad, este se nombra primero, acabado en el sufijo –uro y seguido de «de oxígeno».

Fórmula	Número de carga	Prefijo multiplicador	Número de oxidación
OCl_2	–	dicloruro de oxígeno	–
O_3Br_2	–	dibromuro de trioxígeno	–
O_5I_2	–	diyoduro de pentaoxígeno	–
O_7Cl_2	–	dicloruro de heptaoxígeno	–

! Importante

Con anterioridad a la publicación de las normas de la IUPAC del año 2005, los compuestos de oxígeno con un haluro se nombraban como los óxidos, con este elemento escrito en último lugar.

Cl_2O → óxido de dicloro

Cl_2O_5 → pentaóxido de dicloro

Es importante atender a la bibliografía, tanto escrita como digital, porque aún existen infinidad de fuentes de información con este formato, actualmente **no aceptado.**

3.2. Peróxidos

En los peróxidos, el oxígeno actúa con número de oxidación –1 en lugar de –2, como en el caso de los óxidos. Son combinaciones de un dióxido(2–) (O^{2-}) generalmente con un metal que actúa como catión. Para nombrar estos compuestos, se suele utilizar la nomenclatura de composición con las tres variantes siguientes:

$M_2(O_2)_n$

Número de carga	«dióxido(2–) de» + nombre del elemento + (carga) Ejemplos: $Fe_2(O_2)_3$ → dióxido(2–) de hierro(3+) Na_2O_2 → dióxido(2–) de sodio
Prefijo multiplicativo carga	Prefijo (di–, tri–, tetra–...) + «óxido de» + prefijo (di–, tri–, tetra–...) + nombre del elemento Ejemplo: HgO_2 → dióxido de mercurio
Número de oxidación	«peróxido de» + nombre del elemento + (n.º oxidación) Ejemplos: FeO_2 → peróxido de hierro(II) BeO_2 → peróxido de bario

! Importante

La denominación «agua oxigenada» no es válida para designar el compuesto peróxido de hidrógeno (H_2O_2), ya que corresponde a la disolución de dicho compuesto en agua y no al compuesto en sí.

Por eso se puede hablar de agua oxigenada de diferentes volúmenes, equivalente a diferentes concentraciones.

La siguiente tabla recoge algunos ejemplos.

Fórmula	Número de carga	Prefijo multiplicador	Número de oxidación	Sustitución
K_2O_2	dióxido(2–) de potasio	dióxido de potasio	peróxido de potasio	–
$Mg_2(O_2)_2 = MgO_2$	dióxido(2–) de magnesio	dióxido de magnesio	peróxido de magnesio	–
$Ni_2(O_2) = NiO_2$	dióxido(2–) de níquel(2+)	dióxido de níquel	peróxido de níquel(II)	–
$Ni_2(O_2)_3 = Ni_2O_6$	dióxido(2–) de níquel(3+)	hexaóxido de diníquel	peróxido de níquel(III)	–
H_2O_2	dióxido(2–) de hidrógeno	dióxido de dihidrógeno	peróxido de hidrógeno	dioxidano

3.3. Hidróxidos

Un hidróxido es un compuesto iónico formado por la unión de un anión hidróxido (OH^-) con un metal que empleará un número de oxidación positivo. Se nombran empleando la nomenclatura de composición de acuerdo con las siguientes variantes:

$M(OH)_n$

Número de carga	«hidróxido de» + nombre del elemento + (carga) Ejemplos: $Fe(OH)_3$ → hidróxido de hierro(3+) NaOH → hidróxido de sodio
Prefijo multiplicativo carga	Prefijo (di–, tri–, tetra–...) + «hidróxido de» + nombre del elemento Ejemplo: $Hg(OH)_2$ → dihidróxido de mercurio
Número de oxidación	«hidróxido de» + nom. del elemento + (n.º oxidación) Ejemplos: $Co(OH)_2$ → hidróxido de cobalto(II) $Mn(OH)_2$ → hidróxido de manganeso(II)

La siguiente tabla contiene algunos ejemplos.

Fórmula	Número de carga	Prefijo multiplicador	Número de oxidación
LiOH	hidróxido de litio	hidróxido de litio	hidróxido de litio
$Al(OH)_3$	hidróxido de aluminio	trihidróxido de aluminio	hidróxido de aluminio
$Sn(OH)_2$	hidróxido de estaño(2+)	dihidróxido de estaño	hidróxido de estaño(II)
$Sn(OH)_4$	hidróxido de estaño(4+)	tetrahidróxido de estaño	hidróxido de estaño(IV)

3.4. Compuestos binarios con hidrógeno

Son compuestos formados por el hidrógeno con cualquier otro elemento. Para nombrarlos, se suele utilizar la nomenclatura de composición con las tres variantes habituales. En función de la electronegatividad del elemento, se pueden diferenciar dos tipos de compuestos:

MH_n – NMH_n

Número de carga	«hidruro de» + nombre del elemento + (carga) Ejemplos: FeH_3 → hidruro de hierro(3+) CoH_2 → hidruro de cobalto(2+)
Prefijo multiplicativo carga	Prefijo (di–, tri–, tetra–...) + «hidruro de» + nombre del elemento Ejemplo: AlH_3 → trihidruro de aluminio
Número de oxidación	«hidruro de» + nombre del elemento + (n.° oxidación) Ejemplos: FeH_2 → hidruro de hierro(II) AuH→ hidruro de oro(I)

! Importante

Para el caso del NH_3 (trihidruro de nitrógeno) y del H_2O (óxido de hidrógeno), continúa admitiéndose la nomenclatura tradicional de amoniaco y agua, respectivamente.

En los hidruros no metálicos no existe la nomenclatura de composición con número de carga. A continuación se ofrecen algunos ejemplos:

Fórmula	Número de carga	Prefijo multiplicador	Número de oxidación	Sustitución
CoH_2	hidruro de cobalto(2+)	dihidruro de cobalto	hidruro de cobalto(II)	–
CoH_3	hidruro de cobalto(3+)	trihidruro de cobalto	hidruro de cobalto(III)	–
AuH	hidruro de oro(1+)	hidruro de oro	hidruro de oro(I)	–
AuH_3	hidruro de oro(3+)	trihidruro de oro	hidruro de oro(III)	–
LiH	hidruro de litio	hidruro de litio	hidruro de litio	–
MgH_2	hidruro de magnesio	dihidruro de magnesio	hidruro de magnesio	–
BH_3	–	trihidruro de boro	hidruro de boro	borano
CH_4	–	tetrahidruro de carbono	hidruro de carbono(IV)	metano
SiH_4	–	tetrahidruro de silicio	hidruro de silicio(IV)	silano
NH_3	–	trihidruro de nitrógeno	hidruro de nitrógeno(III)	azano
PH_3	–	trihidruro de fósforo	hidruro de fósforo(III)	fosfano
AsH_3	–	trihidruro de arsénico	hidruro de arsénico(III)	arsano
SbH_3	–	trihidruro de antimonio	hidruro de antimonio(III)	estibano

Cuando el hidrógeno se combina con los elementos de los grupos 16 y 17, según el criterio de electronegatividad, se debe nombrar primero este último elemento al que se añade el sufijo –uro. Estos son algunos ejemplos:

Fórmula	Número de carga	Prefijo multiplicador	Número de oxidación	Sustitución
H_2O	–	–	–	oxidano
H_2S	–	sulfuro de dihidrógeno	sulfuro de hidrógeno	sulfano
H_2Se	–	seleniuro de dihidrógeno	seleniuro de hidrógeno	selano
H_2Te	–	telururo de dihidrógeno	telururo de hidrógeno	telano
HF	–	fluoruro de hidrógeno	fluoruro de hidrógeno	fluorano
HCl	–	cloruro de hidrógeno	cloruro de hidrógeno	clorano
HBr	–	bromuro de hidrógeno	bromuro de hidrógeno	bromano
HI	–	yoduro de hidrógeno	yoduro de hidrógeno	yodano

! Importante

Cuando los compuestos de un elemento de los grupos 16 y 17 con hidrógeno se encuentran en disolución acuosa, se nombran con la palabra «ácido» seguida del elemento al que se añade el sufijo –hídrico.

H_2S (ac)	ácido sulfhídrico
H_2Se (ac)	ácido selenhídrico
H_2Te (ac)	ácido telurhídrico
HF (ac)	ácido fluorhídrico
HCl (ac)	ácido clorhídrico
HBr (ac)	ácido bromhídrico
HI (ac)	ácido yodhídrico

En este caso no se está nombrando al compuesto, sino a la disolución, por tanto, no se puede utilizar en nomenclatura para referirnos a estas estructuras.

3.5. Sales binarias

Son compuestos formados por dos elementos de diferente electronegatividad, metal y no metal o dos no metales, que se nombran con la nomenclatura de composición con las variantes:

M – NM

Número de carga	Elemento más electronegativo acabado en –uro + «de» + menos electronegativo + (carga) Ejemplos: $FeCl_3$ → cloruro de hierro(3+) CuH_2→ hidruro de cobre(2+)
Prefijo multiplicativo carga	Prefijo (di–, tri–, tetra–...) + elem. más electronegativo acabado en –uro + «de» + menos electronegativo. Ejemplo: CrS_2 → disulfuro de cromo
Número de oxidación	Elemento más electronegativo acabado en –uro + «de» + menos electronegativo + (n.° oxidación) Ejemplo: AuF_3 → fluoruro de oro(III)

En los hidruros no metálicos no existe la nomenclatura de composición con número de carga. Estos son algunos ejemplos:

Fórmula	Número de carga	Prefijo multiplicador	Número de oxidación
SF_6	–	hexafluoruro de azufre	fluoruro de azufre(VI)
$HgCl_2$	cloruro de mercurio(2+)	dicloruro de mercurio	cloruro de mercurio(II)
$FeBr_3$	bromuro de hierro(3+)	tribromuro de hierro	bromuro de hierro(III)
PCl_5	–	pentacloruro de fósforo	cloruro de fósforo(V)

Actividades resueltas

2. Completa la siguiente tabla de hidróxidos:

Fórmula	Número de carga	Prefijo multiplicador	Número de oxidación
$Mn(OH)_3$	hidróxido de manganeso(3+)	trihidróxido de manganeso	hidróxido de manganeso(III)
$Pd(OH)_2$	hidróxido de paladio(2+)	dihidróxido de paladio	hidróxido de paladio(II)
NH_4OH	hidróxido de amonio(1+)	hidróxido de amonio	hidróxido de amonio

3. Completa la siguiente tabla:

Fórmula	Número de carga	Prefijo multiplicador	Número de oxidación
Cs_2O_2	dióxido(2–) de cesio	dióxido de dicesio	peróxido de cesio
Au_2O_2	dióxido(2–) de oro(1+)	dióxido de dioro	peróxido de oro(I)
ZnO_2	dióxido(2–) de cinc(2+)	dióxido de cinc	peróxido de cinc

Actividades

4. Completa en tu cuaderno la siguiente tabla:

Fórmula	Número de carga	Prefijo multiplicador	Número de oxidación
$Cu(OH)_2$			
	dióxido(2–) de cobre(2+)		
		dióxido de paladio	
	hidróxido de plomo(2+)		
AgH			
			selenuro de niquel(III)
		dihidróxido de estaño	
$Fe_2(O_2)_3$			
	óxido de plomo(2+)		
			peróxido de mercurio(I)
			telururo de antimonio(V)

Recuerda

Como sucedía con los hidruros no metálicos, las sales binarias compuestas por dos no metales no tienen nomenclatura de número de carga.

Sabías que...

Aunque no son muy numerosos, existen cationes heteropoliatómicos. Uno de los más importantes es un derivado del amoniaco:

NH_4^+ → amonio

Importante

La terminación correcta para los no metales es «–uro», en particular para el arsenuro, antimonuro, selenuro y telururo.

No están, pues, admitidos nombres acabados en –iuro como «arseniuro» o «seleniuro».

3.6. Ácidos oxoácidos

Son compuestos ternarios formados por un metal, hidrógeno con número de oxidación +1 y oxígeno con número de oxidación −2, de la forma $H_nX_mO_p$.

$H_aX_bO_c$		
	Tradicional	«ácido» + prefijo si procede (hipo−, per−...) + nombre del elemento + sufijo (−oso, −ico...) Ejemplos: H_2SO_4 → ácido sulfúrico HNO_3 → ácido nítrico
	Adición	Prefijo (di−, tri−, tetra−...) + «hidroxido» + prefijo (di−, tri−, tetra−...) + «oxido» + prefijo (di−, tri−, tetra−...) + nombre del elemento Ejemplos: H_2SO_4 → dihidroxidodioxidoazufre $HClO_3$ → hidroxidodioxidocloro
	Hidrógeno	Prefijo (di−, tri−, tetra−...) + «hidrogeno» + «(» + prefijo (di−, tri−, tetra−...) + «oxido» + prefijo (di−, tri−, tetra−...) + nombre del elemento + sufijo −ato + «)» Ejemplos: HNO_3 → hidrogeno(trioxidonitrato) H_2SO_3 → dihidrogeno(trioxidosulfato)

! Importante

En el caso de los ácidos oxoácidos, la IUPAC admite la nomenclatura tradicional. El uso de prefijos y sufijos tiene que ver con la cantidad de números de oxidación que tiene el elemento:

- Si solo hay un número de oxidación, se pone −ico como sufijo.
- Si hay dos números de oxidación, se emplea −oso para la menor e −ico para la mayor como sufijos.
- Si fueran tres números, las combinaciones serían, de menor a mayor:

  hipo− −oso−, −oso, −ico
- En el caso de cuatro, la combinación de prefijos y sufijos es, de menor a mayor:

  hipo− −oso, −oso, −ico, per− −ico

Para la **nomenclatura tradicional aceptada,** es necesario tener en cuenta:

- De manera formal, las fórmulas de los oxoácidos se pueden deducir a partir de las fórmulas de los óxidos no metálicos a las que se les añade una o varias moléculas de agua.
- En nomenclatura tradicional aceptada, en cuanto a los oxoácidos del P, As, Sb, Si y B:
  - Los correspondientes a fórmulas construidas con una sola molécula de agua son muy inestables y se nombran con el prefijo meta−. Por ejemplo:

    HPO_2 → ácido metafosforoso HPO_3 → ácido metafosfórico
  - Los más estables se construyen con dos moléculas de agua más que en el caso anterior y se nombran con el prefijo orto−. La nueva fórmula resulta de sumar una molécula de agua a los anteriores casos:

    H_3PO_3 → ácido ortofosforoso H_3PO_4 → ácido ortofosfórico
  - Los oxoácidos que tienen dos átomos del elemento central se nombran utilizando el prefijo di−:

    $H_4P_2O_5$ → ácido difosforoso $H_4P_2O_7$ → ácido difosfórico

La **nomenclatura de adición** considera el átomo central rodeado de grupos hidróxido (OH^-) y óxido (O^{2-}) conocidos como ligandos:

- Se formula primero el átomo central y después los ligandos en orden alfabético. Para determinar el número y tipo de ligandos se procede:

$$H_2CO_3 \xrightarrow[\text{los } OH^- \text{ posibles}]{\text{Extraemos todos}} [CO_2(OH)_2] \xrightarrow[\text{los } O^{2-} \text{ posibles}]{\text{Identificamos todos}} [CO_2(OH)_2]$$

- Se nombra comenzando por los ligandos en orden alfabético con el prefijo numeral correspondiente y se finaliza con el nombre del elemento central:

$[CO_2(OH)_2]$ → dihidroxidooxidocarbono

Número de hidróxidos (di) — Número de oxígenos (oxido) — 1 átomo de C (carbono)

! Importante

Cuando se forma un compuesto ternario, los vocablos *óxido*, *hidrógeno* e *hidróxido* se escriben sin tilde.

H_2SO_4 → dihidrogeno(trioxidosulfato)

$[SO_2(OH)_2]$ → dihidroxidodioxidoazufre

La **nomenclatura de hidrógeno** es una variante de la de adición y sigue el mismo proceso, pero únicamente con el hidrógeno; el resto de la estructura se nombra entre paréntesis según la siguiente regla:

Primero, se indica el número de oxígenos con prefijos numéricos seguido de la palabra «oxido» sin tilde. A continuación, el elemento de la izquierda acabado con el sufijo –ato. Por último, se indica la carga entre paréntesis al final y sin separación. Si hay hidrógenos, esta palabra se antepone al resto, que se escribe entre paréntesis:

H_2SO_4 → dihidrogeno(tetraoxidosulfato)

Hidrógenos y su número | Oxígenos y su número | No metal acabado en –ato

Estos son algunos ejemplos:

Fórmula	Nomenclatura tradicional	Nomenclatura de adición	Nomenclatura de hidrógeno
$HClO$	ácido hipocloroso	hidroxidocloro	hidrogeno(oxidoclorato)
$HClO_2$	ácido cloroso	hidroxidooxidocloro	hidrogeno(dioxidoclorato)
$HClO_3$	ácido clórico	hidroxidodioxidocloro	hidrogeno(trioxidoclorato)
$HClO_4$	ácido perclórico	hidroxidotrioxidocloro	hidrogeno(tetraoxidoclorato)
H_2SO_3	ácido sulfuroso	dihidroxidooxidoazufre	dihidrogeno(trioxidosulfato)
H_2SO_4	ácido sulfúrico	dihidroxidodioxidoazufre	dihidrogeno(tetraoxidosulfato)
HPO_2	ácido metafosforoso	hidroxidooxidofósforo	hidrogeno(dioxidofosfato)
H_2CrO_4	–	dihidroxidodioxidocromo	dihidrogeno(tetraoxidocromato)
$H_2Cr_2O_7$	–	dihidroxidopentaoxidodicromo	dihidrogeno(heptaoxidodicromato)
$H_4P_2O_7$	ácido difosfórico	tetrahidroxidotrioxidodifósforo	tetrahidrogeno(heptaoxidodifosfato)
$HBrO$	ácido hipobromoso	hidroxidobromo	hidrogeno(oxidobromato)

> **! Importante**
>
> Los nombres tradicionales utilizados para los ácidos de cromo y manganeso ácido crómico, ácido dicrómico, ácido mangánico y ácido permangánico no son actualmente aceptados por la nomenclatura de la IUPAC 2005.

3.7. Oxoaniones

Los oxoaniones son aniones que proceden de los oxoácidos cuando pierden alguno de sus hidrógenos y se quedan cargados negativamente. Admiten dos nomenclaturas:

$NM_yO_z(n^-)$

Tradicional	Como el oxoácido: sustituyendo –oso por – to e –ico por –ato Ejemplos: SO_4^{2-} → ion sulfato ClO_4^- → ion perclorato
Composición	Prefijo (di–, tri–, tetra–...) + «oxido» + prefijo (di–, tri–, tetra–...) + catión acabado en –ato + (carga) Ejemplo: CO_3^{2-} → trioxidocarbonato(2–)

En la nomenclatura tradicional, se busca el ácido del que procede y se nombra igual, sustituyendo el sufijo –oso por –ito e –ico por –ato.

En la nomenclatura por composición se procede de forma similar a la nomenclatura de hidrógeno de los ácidos, pero añadiendo al final entre paréntesis la carga del ion:

HCO_3^- → hidrogeno(trioxidocarbonato)(1–) — Carga ion

Hidrógenos y su número | Oxígenos y su número | Elemento acabado en –ato con número

Fórmula	Tradicional	Composición (prefijo multiplicador)
SO_4^{2-}	sulfato(2–)	tetraoxidosulfato(2–)
CO_3^{2-}	carbonato(2–)	trioxidocarbonato(2–)
BrO^{1-}	hipobromito(1–)	oxidobromato(1–)
HSO_3^-	hidrogenosulfito(1–)	hidrogeno(trioxidosulfato)(1–)
$H_2PO_4^-$	dihidrogenofosfato(1–)	dihidrogeno(tetraoxidofosfato)(1–)

> **! Importante**
>
> Los oxoaniones de los metales de transición Cr y Mn no tiene nombres comunes o tradicionales aceptados para los ácidos, pero sí para los mencionados oxoaniones. Estos son:
>
> CrO_4^{2-} → cromato
>
> $Cr_2O_7^{2-}$ → dicromato
>
> MnO_4^{2-} → manganato
>
> MnO_4^- → permanganato

3.8. Sales ternarias

Compuestos formados por un oxoanión y un metal que actúa como catión hasta formar un compuesto neutro. Se pueden nombrar con tres nomenclaturas:

$M_x(NM_yO_z)_n$

Tradicional	Oxoanión + catión + (carga o n.º de oxidación) Ejemplos: $AlPO_4$ → fosfato de aluminio $Cu(IO_2)_2$ → Iodito de cobre(II)
Adición	Oxoanión + (carga) + «de» + catión + (carga) Ejemplo: $Cu(NO_3)_2$ → trioxonitrato(1–) de cobre(2+)
Composición	Prefijo (bis–, tris–, tetrakis–...) + (oxoanión) + prefijo (di–, tri–, tetra–...) + catión Ejemplo: $Fe_2(SO_4)_3$ → tris(tetraoxosulfato) de dihierro

! Importante

Para nombrar el coeficiente numeral que hay sobre el oxoanión, no se utilizan los mismos prefijos con el fin de evitar posibles malinterpretaciones.

2	bis–
3	tris–
4	tetrakis–
5	pentakis–
6	hexakis–

En la siguiente tabla se recogen algunos ejemplos.

Fórmula	Nomenclatura tradicional	Nomenclatura de adición	Nomenclatura de composición
$CuCrO_4$	cromato de cobre(2+)	tetraoxidocromato(2–) de cobre(2+)	tetraoxidocromato de cobre
$Ca(MnO_4)_2$	permanganato de calcio	tetraoxidomanganato(1–) de calcio	bis(tetraoxidomanganato) de calcio
$Al_2(SO_3)_3$	sulfito de aluminio	trioxidosulfato(2–) de aluminio	tris(trioxidosulfato) de dialuminio

Actividades

5. Completa las siguientes tablas en tu cuaderno:

Fórmula	Nomenclatura tradicional	Nomenclatura de adición	Nomenclatura de composición
	nitrito de potasio		
	seleniato de plata		
		dioxidosulfato(2–) de hierro(3+)	
			tetraoxidosulfato de disodio
			tetraoxidosulfato de magnesio

Fórmula	Nomenclatura tradicional	Nomenclatura de adición	Nomenclatura de hidrógeno
HIO			
$HBrO_4$			
		hidroxidooxidonitrógeno	
		trihidroxidooxidofósforo	
			dihidrogeno(trioxidocarbonato)
			trihidrogeno(trioxidofosfato)

Fórmula	Número de carga	Prefijo multiplicador	Número de oxidación
			hidróxido de plata
			peróxido de potasio
$Al_2(O_2)_3$			
PtO_4			
			peróxido de mercurio(I)
Cu_2O			
Ag_2O_2		dióxido de diplata	
	dióxido de hierro(2+)		
RbOH			
	hidróxido de platino(4+)		

Actividades

6. Nombra o formula, según corresponda, en tu cuaderno:

Fórmula	Nomenclatura IUPAC
Br^-	
	dióxido(1−)
Zn^{2+}	
	nitruro(3−)
	oro(3+)

Fórmula	Nomenclatura IUPAC
O_3	
	disulfuro(2−)
As	
N_3^-	
N_3^+	

7. Completa la tabla en tu cuaderno:

Fórmula	Nomenclatura IUPAC	Composición (prefijo multiplicador)
		oxidobromato(1−)
	nitrato(1−)	
PO_4^{3-}		
		hidrogeno(trioxidoselenato)(1−)
SO_4^{2-}		

8. Rellena la siguiente tabla en tu cuaderno:

Fórmula	Nomenclatura tradicional	Nomenclatura de adición	Nomenclatura de hidrógeno
	ácido nitroso		
		hidroxidodioxidoyodo	
			tetrahidrógeno(heptaoxidodifosfato)
H_2SO_4			
H_2CO_3			

9. Completa la tabla en tu cuaderno:

Fórmula	Número de carga	Prefijo multiplicador	Número de oxidación
$Au(OH)_3$			
			hidróxido de paladio(II)
		dihidróxido de níquel	
	hidróxido de bismuto(5+)		
			hidróxido de cobre(I)

10. Termina la siguiente tabla en tu cuaderno:

Fórmula	Nomenclatura tradicional	Nomenclatura de adición	Nomenclatura de composición
	telurato de potasio		
$Ca(NO_2)_2$			
		trioxidosulfato(2−) de magnesio	
			tetraoxidofosfato de trisodio
$Fe(NO_3)_2$			

11. Completa la tabla en tu cuaderno:

Fórmula	Número de carga	Prefijo multiplicador	Número de oxidación	Sustitución
PCl_3	–			–
O_3Br_2	–		–	–
$HgCl_2$				–
			sulfuro de sodio	–
	–			arsano
SbH_3	–			
			hidróxido de cinc	
		dióxido de rubidio		
$Ca(OH)_2$				
	hidróxido de arsénico(3+)			
				fosfuro de cesio
		dióxido de hidrógeno		

SISTEMA PERIÓDICO DE LOS ELEMENTOS
Propiedades periódicas

Key box (example cell): 2 · 4,0026 · 0 · He · $1s^2$ · Helio

Número atómico · Masa atómica · Valencia · Símbolo · Configuración electrónica · Nombre

Metal	■ Sólido
No metal	■ Líquido
Semimetal	■ Gaseoso
Gas noble	■ Sintético

Each cell reads: atomic number, symbol, atomic mass, valence, electron configuration, name.

	1	2	3	4	5	6	7	8	9	10	11	12	13	14	15	16	17	18
1	1 H 1,00794 ±1 $1s^1$ Hidrógeno																	2 He 4,0026 0 $1s^2$ Helio
2	3 Li 6,941 1 $1s^2 2s^1$ Litio	4 Be 9,012 2 $1s^2 2s^2$ Berilio											5 B 10,811 ±3 $1s^2 2s^2 2p^1$ Boro	6 C 12,0107 2,± 4 $1s^2 2s^2 2p^2$ Carbono	7 N 14,007 1,2, ±3,4,5 $1s^2 2s^2 2p^3$ Nitrógeno	8 O 15,999 -2 $1s^2 2s^2 2p^4$ Oxígeno	9 F 18,998 -1 $1s^2 2s^2 2p^5$ Flúor	10 Ne 20,180 0 $1s^2 2s^2 2p^6$ Neón
3	11 Na 22,980 1 {Ne}$3s^1$ Sodio	12 Mg 24,305 2 {Ne}$3s^2$ Magnesio											13 Al 26,981 3 {Ne}$3s^2 3p^1$ Aluminio	14 Si 28,086 4 {Ne}$3s^2 3p^2$ Silicio	15 P 30,974 ± 3,5 {Ne}$3s^2 3p^3$ Fósforo	16 S 32,066 ± 2,4,6 {Ne}$3s^2 3p^4$ Azufre	17 Cl 35,453 ±1,2,5,7 {Ne}$3s^2 3p^5$ Cloro	18 Ar 39,948 0 {Ne}$3s^2 3p^6$ Argón
4	19 K 39,098 1 {Ar}$4s^1$ Potasio	20 Ca 40,078 2 {Ar}$4s^2$ Calcio	21 Sc 44,956 3 {Ar}$3d^1 4s^2$ Escandio	22 Ti 47,867 2,3,4 {Ar}$3d^2 4s^2$ Titanio	23 V 50,941 2,3,4,5 {Ar}$3d^3 4s^2$ Vanadio	24 Cr 51,996 2,3,4,5,6 {Ar}$3d^5 4s^1$ Cromo	25 Mn 54,938 2,3,4,5,6,7 {Ar}$3d^5 4s^2$ Manganeso	26 Fe 55,845 2,3 {Ar}$3d^6 4s^2$ Hierro	27 Co 58,933 2,3 {Ar}$3d^7 4s^2$ Cobalto	28 Ni 58,693 2,3 {Ar}$3d^8 4s^2$ Níquel	29 Cu 63,546 1,2 {Ar}$3d^{10} 4s^1$ Cobre	30 Zn 65,39 2 {Ar}$3d^{10} 4s^2$ Cinc	31 Ga 69,723 3 {Ar}$3d^{10} 4s^2 4p^1$ Galio	32 Ge 72,61 4 {Ar}$3d^{10} 4s^2 4p^2$ Germanio	33 As 74,921 ± 3,5 {Ar}$3d^{10} 4s^2 4p^3$ Arsénico	34 Se 78,96 ± 2,4,6 {Ar}$3d^{10} 4s^2 4p^4$ Selenio	35 Br 79,904 ±1,3,5,7 {Ar}$3d^{10} 4s^2 4p^5$ Bromo	36 Kr 83,80 0 {Ar}$3d^{10} 4s^2 4p^6$ Criptón
5	37 Rb 85,468 1 {Kr}$5s^1$ Rubidio	38 Sr 87,62 2 {Kr}$5s^2$ Estroncio	39 Y 88,906 3 {Kr}$4d^1 5s^2$ Itrio	40 Zr 91,224 2,3,4 {Kr}$4d^2 5s^2$ Circonio	41 Nb 92,906 2,3,4,5 {Kr}$4d^4 5s^1$ Niobio	42 Mo 95,94 2,3,4,5,6 {Kr}$4d^5 5s^1$ Molibdeno	43 Tc 98,906 7 {Kr}$4d^5 5s^2$ Tecnecio	44 Ru 101,07 2,3,4,6,8 {Kr}$4d^7 5s^1$ Rutenio	45 Rh 102,906 2,3,4,6 {Kr}$4d^8 5s^1$ Rodio	46 Pd 106,42 2,4 {Kr}$4d^{10} 5s^0$ Paladio	47 Ag 107,868 1 {Kr}$4d^{10} 5s^1$ Plata	48 Cd 112,411 2 {Kr}$4d^{10} 5s^2$ Cadmio	49 In 114,818 3 {Kr}$4d^{10} 5s^2 5p^1$ Indio	50 Sn 118,710 2,4 {Kr}$4d^{10} 5s^2 5p^2$ Estaño	51 Sb 121,760 ± 3,5 {Kr}$4d^{10} 5s^2 5p^3$ Antimonio	52 Te 127,60 ± 2,4,6 {Kr}$4d^{10} 5s^2 5p^4$ Teluro	53 I 126,905 ±1,3,5,7 {Kr}$4d^{10} 5s^2 5p^5$ Yodo	54 Xe 131,29 0 {Kr}$4d^{10} 5s^2 5p^6$ Xenón
6	55 Cs 132,91 1 {Xe}$6s^1$ Cesio	56 Ba 137,33 2 {Xe}$6s^2$ Bario	57 La 138,91 1 {Xe}$5d^1 6s^2$ Lantano	72 Hf 178,49 2,3,4 {Xe}$4f^{14} 5d^2 6s^2$ Hafnio	73 Ta 180,95 2,3,4,5 {Xe}$4f^{14} 5d^3 6s^2$ Tantalio	74 W 183,84 2,3,4,5,6 {Xe}$4f^{14} 5d^4 6s^2$ Volframio	75 Re 186,21 2,4,6,7 {Xe}$4f^{14} 5d^5 6s^2$ Renio	76 Os 190,23 2,3,4,6,8 {Xe}$4f^{14} 5d^6 6s^2$ Osmio	77 Ir 192,22 2,3,4,6 {Xe}$4f^{14} 5d^7 6s^2$ Iridio	78 Pt 195,08 2,4 {Xe}$4f^{14} 5d^9 6s^1$ Platino	79 Au 196,997 1,3 {Xe}$4f^{14} 5d^{10} 6s^1$ Oro	80 Hg 200,59 1,2 {Xe}$4f^{14} 5d^{10} 6s^2$ Mercurio	81 Tl 204,38 1,3 {Xe}$4f^{14} 5d^{10} 6s^2 6p^1$ Talio	82 Pb 207,19 2,4 {Xe}$4f^{14} 5d^{10} 6s^2 6p^2$ Plomo	83 Bi 208,98 3,5 {Xe}$4f^{14} 5d^{10} 6s^2 6p^3$ Bismuto	84 Po 208,98 4,6 {Xe}$4f^{14} 5d^{10} 6s^2 6p^4$ Polonio	85 At 209,99 - {Xe}$4f^{14} 5d^{10} 6s^2 6p^5$ Astato	86 Rn 222,02 0 {Xe}$4f^{14} 5d^{10} 6s^2 6p^6$ Radón
7	87 Fr (223,02) 1 {Rn}$7s^1$ Francio	88 Ra (226,03) 2 {Rn}$7s^2$ Radio	89 Ac (227,03) 3 {Rn}$6d^1 7s^2$ Actinio	104 Rf (261,11) {Rn}$5f^{14} 6d^2 7s^2$ Rutherfordio	105 Db (262,11) {Rn}$5f^{14} 6d^3 7s^2$ Dubnio	106 Sg (263,12) {Rn}$5f^{14} 6d^4 7s^2$ Seaborgio	107 Bh (264,12) {Rn}$5f^{14} 6d^5 7s^2$ Bohrio	108 Hs (265,13) {Rn}$5f^{14} 6d^6 7s^2$ Hassio	109 Mt (268) {Rn}$5f^{14} 6d^7 7s^2$ Meitnerio	110 Ds (271) {Rn}$5f^{14} 6d^8 7s^2$ Darmstadtium	111 Rg (272) {Rn}$5f^{14} 6d^{10} 7s^1$ Roentgenio	112 Cn (285) {Rn}$5f^{14} 6d^{10} 7s^2$ Copernicio	113 Uut (284) {Cn} $7p^1$ Ununtrio	114 Fl (289) {Cn} $7p^2$ Flerovio	115 Uup (288) {Cn} $7p^3$ Ununpentio	116 Lv (293) {Cn} $7p^4$ Livermocio	117 Uus (294) {Cn} $7p^5$ Ununseptio	118 Uuo (294) {Cn} $7p^6$ Ununoctio

Lantánidos	6	58 Ce 140,12 3,4 {Xe}$4f^1 5d^1 6s^2$ Cerio	59 Pr 140,91 3,4 {Xe}$4f^3 5d^0 6s^2$ Praseodimio	60 Nd 144,24 3 {Xe}$4f^4 5d^0 6s^2$ Neodimio	61 Pm 144,91 3 {Xe}$4f^5 5d^0 6s^2$ Prometio	62 Sm 150,36 2,3 {Xe}$4f^6 5d^0 6s^2$ Samario	63 Eu 151,96 2,3 {Xe}$4f^7 5d^0 6s^2$ Europio	64 Gd 157,25 3 {Xe}$4f^7 5d^1 6s^2$ Gadolinio	65 Tb 158,93 3,4 {Xe}$4f^9 5d^0 6s^2$ Terbio	66 Dy 162,50 3 {Xe}$4f^{10} 5d^0 6s^2$ Disprosio	67 Ho 164,93 3 {Xe}$4f^{11} 5d^0 6s^2$ Holmio	68 Er 167,26 3 {Xe}$4f^{12} 5d^0 6s^2$ Erbio	69 Tm 168,93 2,3 {Xe}$4f^{13} 5d^0 6s^2$ Tulio	70 Yb 173,04 2,3 {Xe}$4f^{14} 5d^0 6s^2$ Iterbio	71 Lu 174,97 3 {Xe}$4f^{14} 5d^1 6s^2$ Lutecio
Actínidos	7	90 Th 232,04 3 {Rn}$6d^2 7s^2$ Torio	91 Pa 231,04 4 5 {Rn}$5f^2 6d^1 7s^2$ Protactinio	92 U 238,03 3 4 5 6 {Rn}$5f^3 6d^1 7s^2$ Uranio	93 Np (237,05) 3 4 5 6 {Rn}$5f^4 6d^1 7s^2$ Neptunio	94 Pu (244,06) 3 4 5 6 {Rn}$5f^6 6d^0 7s^2$ Plutonio	95 Am (243,06) 3 4 5 6 {Rn}$5f^7 6d^0 7s^2$ Americio	96 Cm (247,07) 3 {Rn}$5f^7 6d^1 7s^2$ Curio	97 Bk (247,07) 3 4 {Rn}$5f^9 7s^2$ Berquelio	98 Cf (251,08) 3 {Rn}$5f^{10} 7s^2$ Californio	99 Es (252,08) - {Rn}$5f^{11} 7s^2$ Einstenio	100 Fm (257,10) - {Rn}$5f^{12} 7s^2$ Fermio	101 Md (258,10) - {Rn}$5f^{13} 7s^2$ Mendelevio	102 No (259,10) - {Rn}$5f^{14} 7s^2$ Nobelio	103 Lr (262,11) - {Rn}$4f^{14} 6d^1 7s^2$ Laurencio